湖泛的形成与预控

范成新　申秋实　尹洪斌 等　著

科学出版社

北京

内 容 简 介

湖泛是 21 世纪初以来频繁发生于太湖等富营养湖体的一类突出水污染问题，它是指在适当的气象等条件下，湖泊局部水域因长时间聚积藻、草等生物质，在微生物作用和底泥的参与下，形成边界可辨、散发恶臭的大尺度黑色水团，从而导致水质恶化和一些生物死亡的极端污染与生态灾害现象。本书主要依托作者十多年来围绕太湖湖泛的形成和预控两方面的研究成果，从湖泛的形成特征与条件、湖泛的黑臭物源与发生机制、湖泛的环境效应与风险、湖泛的泥藻等预控措施和方法等方面进行了系统总结，是一部将湖泊水污染问题的理论与应用研究紧密结合的专著，具有较好的可读性。

本书可供从事水资源保护、水污染治理、生态环境工程、环境化学、生物地球化学、水文物理学、环境气象学和湖泊流域管理学等领域的科研技术人员、规划设计人员、政府管理人员以及高等院校相关专业师生阅读和参考。

图书在版编目（CIP）数据

湖泛的形成与预控 / 范成新等著. —北京：科学出版社，2024.6
ISBN　978-7-03-078662-3

Ⅰ.①湖…　Ⅱ.①范…　Ⅲ.①湖泊污染-形成　②湖泊污染-预防
③湖泊污染-污染控制　Ⅳ.①X524

中国国家版本馆 CIP 数据核字（2024）第 111301 号

责任编辑：杨新改 / 责任校对：杜子昂
责任印制：徐晓晨 / 封面设计：东方人华

科学出版社 出版
北京东黄城根北街 16 号
邮政编码：100717
http://www.sciencep.com
北京中石油彩色印刷有限责任公司印刷
科学出版社发行　各地新华书店经销
*
2024 年 6 月第 一 版　开本：787×1092　1/16
2024 年 6 月第一次印刷　印张：31　插页：2
字数：700 000
定价：198.00 元
（如有印装质量问题，我社负责调换）

The Black Bloom: Formation and Prevention

by Fan Chengxin, Shen Qiushi, Yin Hongbin et al.

Science Press
Beijing

本书作者名单

（以姓氏汉语拼音为序）

陈　超　范成新　冯紫艳　何　伟

何　翔　刘　成　刘国锋　卢　信

商景阁　邵世光　申秋实　孙飞飞

吴雨琛　尹桂平　尹洪斌　张　雷

钟继承

前　言

　　"湖泛"现象最早出现于 20 世纪 90 年代中期，但当时并未引起人们的重视，直到 2007 年发生于太湖贡湖水源地的藻源性黑臭灾害事件，才使人们开始正视这一水环境污染问题。由于早期关于湖泛的研究工作缺乏，有关预防性治理技术储备严重不足，难以对其进行针对性防范。经过国家、省市各有关部门在科研、技术和装备研发方面的大量投入，才逐步揭示了湖泛形成的原因，建立了科学的巡查、监测预警方法，确立了有效的预防和控制技术手段，取得了一大批系统性理论和技术研究成果。2022～2023 年两年太湖藻类水华发生面积大幅缩小，藻源性湖泛发生次数已大幅减少，湖泛的预控取得了巨大成效。

　　本书系统汇集了作者们 10 多年来的相关研究成果，围绕湖泛的形成、预控中所涉及的生物地球化学原理和方法，用精细化图表，将广泛应用的湖泛泥藻预控技术，从理论和应用层面进行分析和阐述。本书在弄清生物质（藻、草）和底泥（沉积物）是湖泛形成的充分非必要条件基础上，系统研究和分析了湖泛的形成特征与条件、湖泛黑臭的形成物源与产生机制、湖泛灾害的环境效应与风险，最后重点针对已在我国实施的藻类和底泥两种湖泛黑臭组分来源的控制技术，举例分析了湖泛预控过程和工艺优化途径。通过总结和提炼，希望帮助读者从理论上深入理解湖泛（尤其是藻源性湖泛）的形成机理、影响因素、环境效应和风险，以及预控措施和方法，为湖泛问题的进一步研究，乃至开拓对其他水污染问题的治理思路，提供帮助和借鉴。

　　全书共分 15 章，大致分四部分：第一部分为湖泛的特征与形成条件（第 1～4 章），主要分析湖泛的类型及形成特征，藻草生物质、底泥和水文气象在湖泛形成中影响和重要性；第二部分为湖泛的物源与形成机制（第 5～8 章），主要阐述藻源性湖泛致黑致臭物来源与供给，致黑致臭形成过程及其微生物作用机制；第三部分为湖泛污染效应与风险（第 9～12 章），主要研究湖泛形成中的水污染危害，形成前后底泥、间隙水及泥-水界面物质分布变化及迁移转化，以及泥藻分布和气象变化下的湖泛发生风险；第四部分为湖泛的预控措施和方法（第 13～15 章），主要阐述在藻源性湖泛易发区开展的藻体物理处理方法（打捞取出、深潜高压）及其技术优化和风险，分析底泥疏浚对不同湖区湖泛的控制作用和效果，以及对处于湖泛不同风险状态的水层曝气和氧化材料投放所产生的预控作用和影响等。

　　本书出版先后受国家自然科学基金"浅水湖聚藻区显黑质粒的物化特征及稳定性机制"（50979102）、"浅水湖泊聚藻区水土介质中二甲基三硫醚主要前驱物解析与转化驱动研究"（20907057）、"浅水湖聚藻区沉积物还原性硫组分变化及其对水体黑臭的诱发机制"（41371479）、"藻源性缺氧湖区沉积物-水界面还原态硫形成过程及机制研究"（51409241），国家重大水专项专题"湖泛易发区域底泥去除技术研发与集成"（2012ZX07101-010），国家重点研发计划课题"典型湖泊精准环保清淤与绿色利用技术研究"（2022YFC3202703），江苏省太湖水污染防治办公室"太湖湖泛的底泥诱发风险及防控技术研究与示范"

（TH2013214），以及水利部太湖流域管理局和江苏省水利部门等相关课题的资助。在本书撰写过程中，各章撰写人员如下：第 1 章，范成新；第 2 章，范成新、申秋实、尹桂平、冯紫艳；第 3 章，范成新、刘国锋、尹洪斌、申秋实、尹桂平；第 4 章，范成新，申秋实，刘国锋，商景阁，尹桂平、孙飞飞；第 5 章，范成新、申秋实、刘国锋、邵世光；第 6 章，尹洪斌、刘国锋、申秋实、吴雨琛；第 7 章，卢信、尹洪斌、刘成、刘国锋、邵世光；第 8 章，范成新、冯紫艳、卢信、尹洪斌；第 9 章，范成新、申秋实、商景阁、刘国锋、尹桂平、卢信、冯紫艳；第 10 章，刘国锋、申秋实、邵世光、商景阁、范成新；第 11 章，申秋实、张雷、商景阁、刘国锋、尹桂平、卢信、冯紫艳、范成新；第 12 章，范成新、商景阁、申秋实、尹桂平、卢信、刘成；第 13 章，范成新、邵世光、刘成、申秋实；第 14 章，申秋实、钟继承、陈超、刘国锋、尹桂平、刘成、卢信、何伟、范成新；第 15 章，范成新、邵世光、刘成、商景阁、申秋实、何翔、刘国锋。全书由范成新统稿和审定。

在本书出版之际，作者诚挚感谢国家自然科学基金委员会、科学技术部、生态环境部、江苏省水利厅、水利部太湖流域管理局、江苏省环境监测总站、无锡市水利局等国家和地方部门在研究项目安排和管理上给予的大力支持，感谢湖泊与环境国家重点实验室提供的实验条件。另外，特别感谢中国科学院南京地理与湖泊研究所张运林、江苏省水利厅河湖处张建华、江苏省生态环境厅太湖处刘朝阳、江苏省水文水资源勘测局无锡分局郑建中和常州分局纪海婷等为本书提供了图片和资料。

由于作者水平有限，书中难免有疏漏和谬误之处，恳切地请有关专家和广大读者给予指正、指教和建议。

作 者

2023 年 11 月于南京

目 录

第1章 湖泛的形成历史、类型及特征

以感官获取周边环境的直观感觉是人的一种基本认知能力。对水体而言，人们往往依据对水的颜色（水色）、清澈程度（浑浊度）、漂浮物（浮油、浮渣）和味觉等，初步判断其可使用功能和质量的好坏，其中水体的"黑臭"是人们通过感官直觉感受到而成为最早受关注的地表水污染问题之一（Wheeler，1969）。水体黑臭最常发生于城市河道（罗纪旦，1987；Cao et al，2020），但自 20 世纪末起，该类污染现象被频繁发现于国内外湖泊水体，如意大利 Garda 湖、美国 Lower Mystic 湖、日本霞浦湖，以及我国的太湖、滇池、巢湖、乌梁素海和湖北南湖等（Duval and Ludlam，2001；Pucciarelli et al，2004；范成新，2015；沈吉等，2020），其中太湖水体黑臭问题尤为突出。

发生于湖泊水体中的黑臭现象被称为"湖泛"（朱喜，1996a，1996b），也曾被称为"湖乏"（顾岗，1996）、"污水团"（孔繁翔等，2007）、"黑水团"（刘国锋等，2009b）和"黑臭"（陈正勇等，2012）等。其定义主要来自陆桂华和马倩于 2009 年所发表的文章，是指"湖泊富营养化水体在藻类大量暴发、积聚和死亡后，在适宜的气象、水文条件下，与底泥中的有机物在缺氧和厌氧条件下产生生化反应，释放硫化物、甲烷和二甲基三硫等硫醚类物质，形成褐黑色伴有恶臭的'黑水团'，从而导致水体水质迅速恶化、生态系统受到严重破坏的现象"（图 1-1）。但随着湖泛事件的历史追溯和现场实际勘查，不仅有藻源性的，还有因水草大量死亡所导致的草源性湖泛。

(a)宜兴沙塘港口(2008年5月26日)

(b)宜兴大浦港口(2008年5月26日)

(c)宜兴牿渎港东(2010年7月23日)

(d)贡湖水韵广场(2020年6月7日)

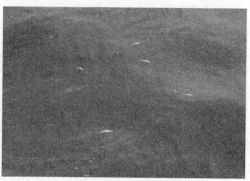

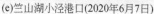
(e)竺山湖小泾港口(2020年6月7日) 　　　　　　　　　(f)漂浮的死亡鱼体

图 1-1　太湖西岸和贡湖西岸湖泛发生水域现场

1.1　太湖湖泛历史发展过程

太湖湖泛的问题由来已久,早期的记载较为零散,监测数据普遍缺乏,甚至感官描述的信息也不完整。但一般公认为,太湖湖泛最早约发生于 20 世纪 90 年代初(顾岗,1996;朱喜和张扬文,2002;陆桂华和马倩,2009)。随着湖泛现象的发生和发展,人们对湖泛事件的重视程度逐步上升,勘查和监控水平也逐步提高,从对湖泛现象资料数据的获取手段上,大致可划分为三个阶段:2007 年前,主要为定性记载;2007~2008 年间,主要为半定量勘查;2009 年以来,主要为定量化例行和卫星遥感监测。

1.1.1　1990~2006 年太湖湖泛问题的历史追溯

据历史记载和资料统计,2007 年之前太湖水体出现或至少出现 10 次湖泛黑臭现象(顾岗,2006;朱喜,1996a;朱喜和张扬文,2002;朱喜,2007;陆桂华和马倩,2009;范成新,2015),但实测的记录仅有 5 次(陆桂华和马倩,2009)。进入 2000 年后,几乎每年夏季湖泛现象都有发生(卢伯生,2004)。但在 2007 年前所发生的诸次湖泛事件中,以 1990 年和 1994 年发生在水源取水口的湖泛事件影响最大,后果最为严重。

1990 年 7 月上旬起,由于蓝藻大量繁殖,数量过多,在太湖北部沿岸曾形成厚达 0.5 m 的藻类聚集层。以梅梁湖作为无锡市主要水源地的梅园水厂(图 1-2),因藻体严重阻塞沙滤,日取水量锐减,7 月 6~29 日之间供水量仅 4 万~10 万 t/d(朱喜,1997),日产水量由 20 万 t 减为 5 万 t,而且自来水呈淡绿色,有腥臭味,造成受影响区 30 余万居民用水困难,迫使 119 家工厂停产,损失 1.3 亿元[①],死鱼 4.5 万 kg(顾岗,1996),造成严重经济损失和恶劣的社会影响(金相灿等,1995)。这次蓝藻大暴发事件持续时间长(24 d),水体出现严重腥臭味和大量鱼类死亡(水体缺氧或无氧)等,成为首个被认为是“湖泛”的污染事件(顾岗,1996;朱喜和张扬文,2002),湖泛持续发生时间约 3 d。

---

① 引自无锡市建委锡建环(92)第 3 号文。

图 1-2　最早被观察到湖泛的已保留为景观的无锡梅园取水口（左）及混水池（右）

1994 年 7 月 1～5 日，由于前期连续高温，"干黄梅"天气下地区降雨偏少（顾岗，1996），整个梅梁湖和太湖西北部分湖区约 120 km^2 水域被绿色油漆状蓝藻层所覆盖，使得所有位于梅梁湖的取水口为蓝藻围困；西南风搅动着湖底，带着腐烂藻体的底泥和水体混合在一起（朱喜，1997），造成局部水体形成腥臭（湖泛），先后使得中桥新水厂、梅园水厂和马山水厂锐减，自来水同样也出现了发臭，严重影响了周围居民的生产和生活。这次被称为"太湖蓝藻事件"的污染现象，实际上已经具有"湖泛"的"臭"和"大面积"的基本特征，只是由于藻类数量太大，藻体的绿色掩盖了其腐败发黑部分对人的视觉感受。由于排除藻体堵塞取水口，解决水厂取水问题是当下人们最紧迫的目的，注意力主要放在了解决取水口附近的藻体堵塞甚至制水厂内的工艺处理方面，因此该次事件并未留下与黑臭有关的现场水质数据。按照现在人们对湖泛的认识，以对取水口附近五里湖和梅梁湖水域的感官描述，可认为此事件表象上具备了湖泛发生前一些特征的"准湖泛"条件。

1995 年 7 月 5～8 日，由于前期高温，梅梁湖聚集大量藻类；再加上暴雨，城镇发臭的污水经梁溪河泄入梅梁湖，使得湖体溶解氧（DO）接近于零，促使藻类大批死亡，湖水产生恶臭（湖泛），梅园水厂在 7 月 5 日起不得不全面停产，影响 10 万户市民的生活和工业生产（朱喜，1997）。

1995 年后，湖泛现象虽仍不时在太湖北部五里湖和梅梁湖等水域出现，但可能与太湖排污治理力度的加大，以及水文气象变化等有关，湖泛发生的面积普遍较小，持续时间短（一般仅 1 天或半天）。除梅梁湖最北部的大渲口（梁溪河入口）和渔港乡较敏感外，其他发生位置均远离取水口或略偏僻，使得以月甚至季为频率的专业湖面采样勘查人员难以观察到，所以一半以上发生的湖泛事件信息是来自于太湖船民（主要是渔民和沿湖旅游疗养管理者）的口述或转述。除发生位置和持续时段（天数）相对准确外，湖泛的发生规模（面积）甚至发生日期，都难以被准确记载。根据太湖水利环保工作者、民间环保研究者以及太湖渔民的回忆、叙述的口传信息搜集和整理，1995～2006 年间发生的湖泛事件有（表 1-1）：1995 年 7 月和 1998 年 8 月梅梁湖北大渲口，2000 年 7 月梅梁湖渔港乡，2002 年 7 月大渲口南，2003 年 8 月马山南部月亮湾，2005 年 6 月竺山湖西北（朱喜，1997；朱喜和张扬文，2002；朱喜，2004；陆桂华和马倩，2009；范成新，2015）。虽然发生的上述湖泛事件在这10 年间造成的影响都较小，持续时间也都相对短暂，但湖泛的发生区域出现了由五里湖→

梅梁湖→竺山湖的变化。这种带有时间偶然和空间蔓延的现象，也为更大更多的湖泛在太湖北部其他湖区的形成积蓄着必然性风险。

表 1-1 1990～2006 年太湖湖泛发生情况统计

发生时段	湖区	位置	持续天数（d）	面积（km²）	参考文献
1990 年 7 月 6～29 日	梅梁湖	犊山口梅园水厂	24	(0.1)	顾岗，2006；朱喜，1996b
1994 年 7 月 1～5 日	梅梁湖	梅园水厂南	5	(0.2)	顾岗，2006；朱喜，1996b
1995 年 7 月 5～8 日	梅梁湖	大渲口到梅园水厂	4	(0.2)	朱喜，1996b；1997
1996 年 7 月	五里湖	梁溪河口	1	(0.1)	范成新，2015
1998 年 8 月 1～10 日	梅梁湖	大渲口	10	(0.1)	朱喜和张扬文，2002；陆桂华和马倩，2009
2000 年 7 月	梅梁湖	渔港乡	0.5	(0.1)	范成新，2015
2002 年 7 月	梅梁湖	大渲口南	0.5	(0.1)	卢伯生，2004；范成新，2015
2003 年 8 月	湖心北岸	月亮湾	1	(0.1)	陆桂华和马倩，2009；范成新，2015
2005 年 6 月	竺山湖	百渎口南	2	(1)	范成新，2015

注：括号内（估计）数字非实测值。

1.1.2 2007～2008 年湖泛事件及发生过程

1. 2007 年"5·29 太湖供水危机"事件

发生于 2007 年 5 月 29 日～6 月 3 日的太湖贡湖南泉水厂水源地湖泛黑臭事件，史上称之为"5·29 太湖供水危机"，又称"2007 年太湖蓝藻污染事件"。该次水污染事件被新华社以"太湖蓝藻暴发敲响生态警钟"为题评为"2007 年国内十大新闻"的第二位；美国著名的 *Science* 杂志于 2 个月后即发文此次湖泛事件（Guo et al，2007）。

基于对各方面信息整理，事件发生前后过程大致如下：

1）湖泛发生前

3 月 20 日，贡湖小溪港附近当地渔民发现有藻类水华。

4 月 18 日，卫星图片显示，太湖月亮湾和西南水域出现大片藻类水华（图 1-3）。

4 月 23 日，梅梁湖东北部等水域逐步出现蓝藻暴发迹象（图 1-3）。

5 月 2 日，梅梁湖所有监测点藻类叶绿素 a 含量超过 40 μg/L，鼋头渚水域达 179 μg/L。

5 月 4 日，太湖充山水厂取水口关闭（图 1-4）。

5 月 6 日，藻类叶绿素 a 含量：梅梁湖小湾里牵龙口水厂（取水能力 60 万 t/d）水源地达到 259 μg/L，位于贡湖和梅梁湖交界的贡湖南泉水厂水源地为 139 μg/L，贡湖锡东水厂水源地为 53 μg/L，太湖西北部湖湾则均超过 40 μg/L（叶建春，2008）。

5 月 6 日，启动"引江济太"工程。常熟枢纽引水流量从 160 m³/s 增加到 240 m³/s、望亭水利枢纽入湖流量从 100 m³/s 增加到 200 m³/s，同时关闭望虞河东岸口门，减少太浦闸泄量至 15 m³/s，并及时启用梅梁湖泵站（叶建春，2008）。

5 月 8 日，梅梁湖区水华明显减弱，但相连的贡湖东北湖区出现约 30 km² 面积的藻华（图 1-3）；江苏省政府在无锡召开太湖水环境治理工作会议，邀请了 20 多位专家参加商量蓝藻防控对策。

5 月 16 日，太湖"湖泛"出现，位置在梅梁湖犊山口（2007 年太湖首次湖泛）。现场观察到梅梁湖犊山口水域水质发黑（叶建春，2008）。

5 月 19 日，贡湖南泉取水口东北部岸边带和梅梁湖东部出现大面积藻类水华，水华聚集程度较之 5 月 8 日明显加大，两湖区水华有分别向南泉取水口位置蔓延趋势。

5 月 21 日下午，无锡市政府通过《太湖蓝藻防治应急预案》，从预警、调水、打捞和拦截等方面提出快速反应的应急措施。

5 月 22 日，小湾里牵龙口水源厂停止供水，现场监测发现，小湾里水厂水源地附近蓝藻大量死亡，水质继续发黑发臭（叶建春，2008），湖泛现象仍在持续。同日，无锡市紧急安排锡东水厂承担的供水份额从 20％提高到 30％，其余 70％则全由南泉水源地提供（注：贡湖水厂取水能力 100 万 t/d，取水口离岸距离约 300 m；锡东水厂当年取水能力 20 万 t/d，取水口离岸距离 2 km）。

5 月 25～27 日，无锡地区最高气温由 25 日 30.7℃增加到 27 日 34.2℃，为历年同期最高值。

5 月 27 日，贡湖和梅梁湖两股藻类水华已经完全汇合（汇合时刻未知）；南泉取水口

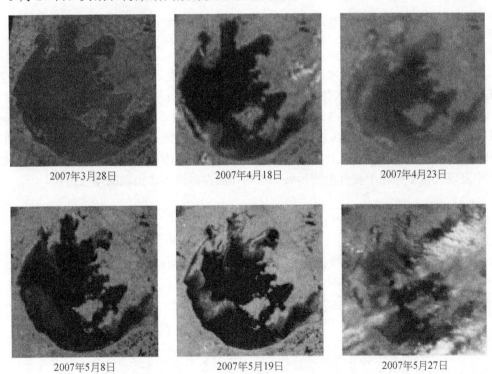

图 1-3　2007 年 3～5 月底间卫星资料解译的藻类分布图

水体 DO 从约 6 mg/L 急剧下降，次日接近 0 mg/L（至 6 月 1 日仍在 0 mg/L 附近波动）；NH$_3$-N 则自约 0.3 mg/L 的水平急剧上升（31 日达到最高的 5 mg/L）；总氮和总磷也分别从约 4 mg/L 和约 0.1 mg/L 开始上升（次日总氮接近 11 mg/L 高值；总磷则在 31 日达到约 0.5 mg/L）（图 1-3）。

　　5 月 28 日凌晨，贡湖南泉水厂附近湖泛发生（图 1-4）。

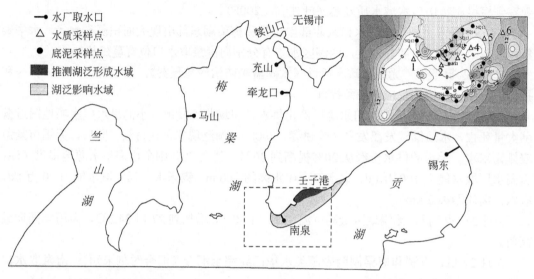

图 1-4　太湖贡湖南泉水厂取水口湖泛影响范围示意图（2007 年 6 月 2 日）

2）湖泛发生中

　　5 月 28 日 7 时，贡湖南泉水源地水体视觉感官发黑、嗅觉刺激性臭味。上午，有市民打市长热线电话，质问家中自来水有臭味的原因（受饮用水影响人口约 200 万人）。

　　5 月 28 日上午 9 时至下午 5 时，南泉水源地溶解氧从 2.2 mg/L 下降到 0（正常＞4 mg/L，图 1-5），藻类 5000 万 cells/L 以上，氨氮从 1.98 mg/L 上升到 12.7 mg/L，化学耗氧量（COD）从 10 mg/L 上升到 20 mg/L 以上，总有机碳 14.86 mg/L，高出正常状态 4 倍（叶建春，2008），原水中发现大量多存在于被有机物污染的淡水和活性污泥中才出现的球衣菌属。

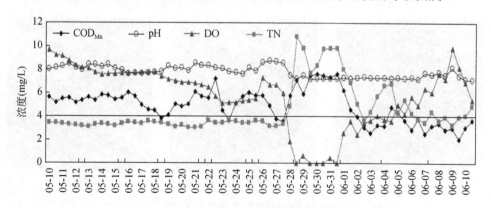

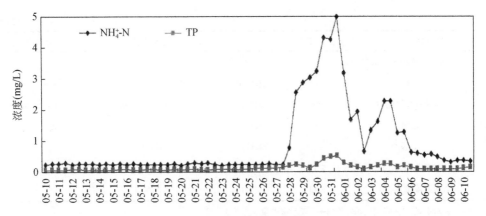

图 1-5　贡湖南泉水厂取水口主要水质指标自动监测结果（引自叶建春，2007）

5 月 29 日中午，无锡市民出现抢购瓶装水（5 月 30 日到 6 月 1 日市区主要大型超市组织供应 40 万箱瓶装水）。

5 月 30 日上午，加大了"引江济太"调水流量，由原来的 170 m³/s 提高到 240 m³/s；同时加快实施梅梁湖调水。市民在贡湖南泉水厂取水口附近拍摄到部分藻体与黑臭水体仍未消退的场景（图 1-6），并在网站上发布。

5 月 30 日，张晓健团队采集湖泛水团样品，检出了大量的有机污染物（表 1-2），发现包括甲硫醇（CH₃SH）、二甲基硫醚（DMS）、二甲基二硫醚（DMDS）和二甲基三硫醚（DMTS）在内的挥发性有机硫化物（VOSCs）是这次水污染事件中引起恶臭的主要嗅味物质（Zhang et al，2010）。

图 1-6　2007 年 5 月 30 日贡湖水厂取水口附近蓝藻水华

表 1-2　2007 年贡湖水厂取水口附近水体中主要污染物特征（引自 Zhang et al，2010）

	化合物	含量（µg/L）		气味类型	嗅觉阈值
		5 月 30 日	6 月 2 日		
挥发性硫化物	硫化氢	+	未检出	臭鸡蛋	0.62 ng/L（气体）
	甲硫醇	204/+++	未检出	腐烂洋葱味	0.15 ng/L（气体）
	二甲基硫醚	939/+++	0.01/+	腐烂的甘蓝或藻类	8.3 ng/L（气体）
	二甲基二硫醚	2.51/++	46.1/+++		9.2 ng/L（气体）
	二甲基三硫醚	未检出	17.17/+++		10 ng/L（气体）
	二甲基四硫醚	未检出	+		
其他挥发性有机物	β-环柠檬醛	8.14/++	21/++	烟草	19 µg/L（水）
	甲苯	0.46/++	0.44/++		
	2-甲基异莰醇	未检出	未检出	霉味	µg/L（水）
	土嗅素	未检出	未检出	土腥味	µg/L（水）

续表

	化合物	含量（µg/L）		气味类型	嗅觉阈值
其他化合物	多硫化合物 S_6、S_8	+	未检出		
	苯酚	+	未检出	酸味或焦糊味	
	吲哚及其衍生物	++	未检出	烂草味、蒜粪味、鱼腥味	µg/L（水）
	己醛	+	未检出	鱼腥味	µg/L（水）
	辛醛	+	未检出	鱼腥味	
	微囊藻毒素-LR	7.59	0.73		
	微囊藻毒素-RR	9.43	0.60		

注："+"表示痕量，"++"表示多，"+++"表示很多量。

5月31日，贡湖水厂水源地氨氮含量6.55 mg/L，溶解氧为0.33 mg/L；江苏省委书记主持无锡市太湖水源地水体污染情况现场办公会（叶建春，2008）。

5月31日下午和6月1日凌晨，江苏省气象部门在无锡、苏州等太湖沿岸地区实施了火箭人工增雨作业，2小时内发射了13枚人工增雨火箭弹，无锡市大部分地区降雨20 mm，太湖水面降雨量5 mm左右。晚间，央视东方时空栏目报道"因蓝藻导致太湖水质恶化"。

6月1日下午，中国科学院南京地理与湖泊研究所研究人员在贡湖水厂取水口现场附近见及许多漂浮状腐烂发臭藻华及污水团，通过对布设的6个水质采样点（图1-4）分析反映，近沿岸带芦苇丛区（5#和6#样点）的TN、TP和叶绿素a浓度远远高于水厂取水口附近水域（秦伯强等，2007），其中TP（0.9～1.05 mg/L）和叶绿素a（500～980µg/L）含量是太湖常规监测值的10～20倍。

6月1日晚，无锡市太湖蓝藻治理工作应急指挥部对到锡的53家新闻媒体开放，让媒体了解最新的水质状况和应急处置措施。

6月2日，由江苏省水利厅率中国科学院南京地理与湖泊研究所、河海大学、东南大学等专家组成考察小组，赶赴湖泛发生现场实地调查（陆桂华和张建华，2011）。考察组查看估计，贡湖水厂南泉取水口东北约1.5 km处，仍有约3.0 km² 边界明显的水域发黑发臭。

6月3日，中国科学院南京地理与湖泊研究所组织人员在南泉取水口附近、黑色仍未褪去及对照水域布设10多个底泥调查点（图1-4，图1-7），发现取水口东北壬子港附近芦苇区岸边的3个样点，其表层0～2 cm底泥有机碳和总氮含量异常偏高，其中一个样点（31°24′32.6″N，120°14′07.2″E）的有机碳含量高达13.01%，是其他样点表层含量的约3～4倍[①]，疑似为本次湖泛发生源位置之一（调查结果和报告后由无锡水文局上报，作为无锡市政府"6699行动"中应急疏浚的依据）。

2007年太湖至少共发生两次湖泛事件，一次是发生于5月16～22日，位置在梅梁湖的犊山口至小湾里水厂间，持续时间7天。由文献（叶建春，2007）描述的岸边带长度估计，该次湖泛面积约为2 km²。另外一次发生于5月28日至6月3日，位置在南泉水厂取水口及其东北水域，持续时间7天。

---

① 中国科学院南京地理与湖泊研究所，贡湖南泉水厂取水口底泥调查及污染分析报告，2007年6月。

图 1-7　贡湖水厂取水口附近岸边区取样（2007 年 6 月 3 日）

3）湖泛发生后

6 月 6 日，经 1～4 日间制水厂内处理，出厂自来水水样送至北京和上海权威检测中心鉴定，符合国家饮用水标准；6 月 6 日，自来水厂制水工艺全面恢复常态；至此贡湖南泉水源区湖泛事件解除（图 1-8）。

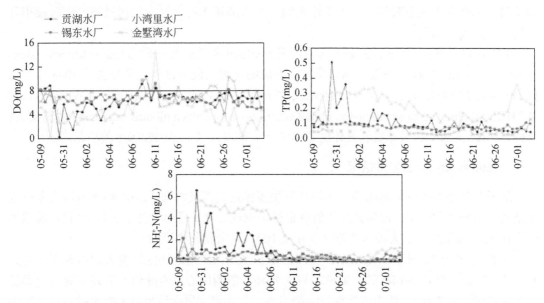

图 1-8　太湖梅梁湾和贡湖湾 4 个水厂取水口 2007 年 5～7 月期间 DO、NH_4^+-N 和
TP 变化（引自叶建春，2007）

6 月 10 日，无锡市自来水基本恢复正常。

6 月 11 日，国务院在江苏无锡召开了太湖水污染防治座谈会。

6 月 15 日，中国气象局国家卫星气象中心发布 2007 年第 5 期水情监测报告：太湖中西部及北部出现大范围（约 800 km²）异常高绿度值的蓝藻分布信息（图 1-9），占整个太湖水面面积的 35.5%，该次蓝藻暴发未对饮用水源地产生影响。

图 1-9　2007 年 6 月 15 日太湖 MODIS 影像图（中国气象局国家卫星气象中心）

6 月 29～30 日，国务院在无锡召开"三湖"流域水污染综合治理工作座谈会。

6 月底，无锡市召开治理太湖、保护水源动员大会，来自无锡市各市（县）区和 26 个部门当场领受了治理太湖、保护水源的"军令状"。无锡市确定的《治理太湖、保护水源"6699行动"》，包括六大应急对策、六大工作机制、九大清源工程、九大治污措施；同时推出环保优先"八大行动"。

8 月 31 日，国际著名杂志 *Science* 第 317 卷 Ecology 专栏发表文章"Doing battle with green monster of Taihu Lake"披露太湖蓝藻暴发形成的灾害，此后该杂志又分别于 2008 年 1 月 11 日和 4 月 7 日在 Letters 和 Science News 专栏刊登"Taihu Lake not to blame for Wuxi's woes"和"Harmful algea takes advantage in global warming：More algea blooms expected"两篇文章；此外，BBC、CNN 等国外知名媒体也专门进行了报道，进一步引起国际关注。

2. 2008 年湖泛灾害发生情况

从所有公布的湖泛资料而言，无论从发生规模还是持续时间，2008 年是太湖迄今以来湖泛发生最严重的一年。该年共发生的有记录的湖泛 8 次，最早发现于 5 月 19 日，最迟为 8 月 19 日，分别发生于太湖西北岸区（图 1-10）、竺山湖和梅梁湖。

2008 年 5 月 26 日至 6 月 9 日，太湖西部宜兴周铁镇附近湖区发现大面积湖泛，最大面积达 17 km^2（陆桂华和马倩，2009）。江苏省环境监测中心以专题研究形式也对该次湖泛进行了实际水域查勘[①]，认为该次湖泛主要发生于竺山湖（周铁镇附近）的殷村港—沙塘港之间水域，面积 6.75 km^2，持续时间 15 天（5 月 26 日至 6 月 9 日）。首次湖泛是 5 月 19 日形成于西北岸边的林庄港—大浦港—官渎港，末次湖泛是 8 月 19 日结束于竺山湖的百渎口（表 1-3）。据 5 月 26 日现场调查，湖泛现场分为核心区和外围过渡区。核心区水体通体稠黑，有明显似下水道恶臭味，水体无蓝藻，溶解氧接近 0；过渡区水色较核心区浅，恶

---

① 江苏省环境监测中心，太湖湖泛成因初步分析及对策建议（内部），2009 年 4 月。

臭味轻，夹杂有悬浮的蓝藻，表层水体溶解氧浓度小于 2 mg/L，但底部溶解氧接近 0。核心区和过渡区均有死鱼现象。湖泛区域主要包括太湖宜兴大浦口附近水域，以及竺山湖沙塘港附近水域。综合现场调查资料，大浦口湖泛区持续到 6 月 2 日，面积从 $0.65 \sim 6.23$ km^2 不等（平均 3.44 km^2），最大值出现在 5 月 27 日；沙塘港段湖泛区持续到 6 月 9 日，面积从 $1 \sim 12.5$ km^2 不等（平均 6.75 km^2），最大值出现在 6 月 1 日。虽然该次湖泛发生的面积为太湖迄今最大，但由于都是发生在非水源区域，所产生的社会影响较小。

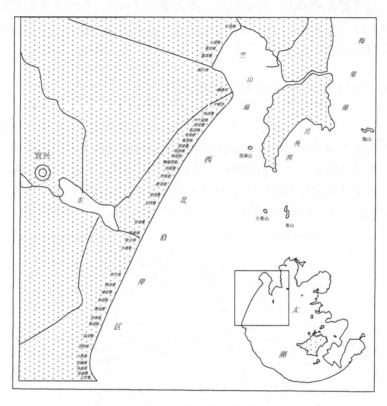

图 1-10　太湖西北岸区河流名称及位置

表 1-3　2007～2008 年太湖湖泛发生情况统计

年份	发生时段	湖区	位置	持续天数（d）	参考文献
2007	5.16～22	梅梁湖	犊山口—小湾里水厂	7	叶建春，2008；王成林，2011
	5.28～6.3	贡湖	南泉水厂取水口及其东北水域	7	叶建春，2008；陆桂华和马倩，2009
2008	5.19～6.2	西北岸区	林庄港—大浦港—官渎港	16	江苏省环境监测中心，2009；王成林，2010
	5.26～6.3	西北岸区	毛渎港—符渎港	9	江苏省环境监测中心，2009
	5.26～6.9	竺山湖	殷村港—沙塘港	15	江苏省环境监测中心，2009
	5.27	西北岸区	社渎港	1	
	5.27	西北岸区	洋溪港	1	

续表

年份	发生时段	湖区	位置	持续天数（d）	参考文献
	6.3	湖心北岸区	月亮湾码头附近	1	
2008	7.10～12	竺山湖	百渎口及其东部	3	江苏省环境监测中心，2009
	8.19	竺山湖	百渎港入河口南	1	江苏省环境监测中心，2009

连续两年发生灾害影响大、发生范围广的太湖湖泛问题，加深了人们对湖泛问题的进一步认识，极大地增加了重视程度。2009年4月江浙沪两省一市第二次联度会议上，明确提出"确保饮用水安全、确保不发生大面积湖泛"的"两个确保"要求。

1.1.3　2009～2021年历次湖泛发生强度统计

自2009年4月10日起，江苏省水文部门开始对蓝藻和湖泛开展逐日巡查监测和日报例行制度，对太湖北部重点水域进行湖泛巡查巡测。经对巡查水域和线路的逐步完善，巡查区域覆盖了湖泛易发区域（西北部沿岸、竺山湖、月亮湾、梅梁湖、贡湖）以及梅梁湖、贡湖和东部几处敏感取水区（图1-11）。另外生态环境部门以及科研院所等单位也采用其他方式（如卫星遥感等），参与到湖泛发生信息的定量化调查、解析和研究中。

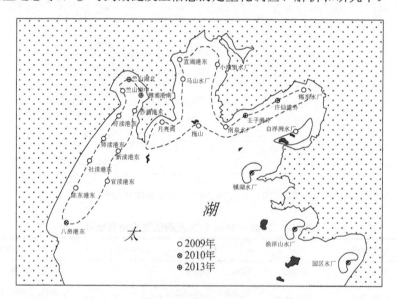

图1-11　太湖湖泛巡查线路及历年巡查点分布

根据江苏省水文水资源监测部门的巡查结果，以及参考同时段公开发表的卫星遥感分析的成果资料（表1-3），经统计2009～2021年13年间太湖共发生湖泛事件104次，平均每年发生8次（表1-4）。年湖泛发生次数3～17次，其中2014年发生次数最少，为3次；2017年发生次数最多，为17次。湖泛主要发生于太湖西北宜兴岸区（纪海婷等，2020），其次在竺山湖、梅梁湖、太湖湖心北岸（月亮湾），以及贡湖。

表 1-4　2007 年来太湖湖泛发生区域和时段情况及发生强度统计

年份	发生时段	湖区	位置	持续天数（d）	面积（km²）	BBI$_i$	BBI
2007	5.16~22	梅梁湖	犊山口—小湾里水厂	7	2*	14.0	35.0
	5.28~6.4	贡湖	南泉水厂取水口及其东北水域	7	3.0	21.0	
2008	5.19~6.2	西北岸区	林庄港—大浦港—官渎港	16	3.44	55.04	206.7
	5.26~6.3	西北岸区	毛渎港 符渎港	9	4.01	36.09	
	5.26~6.9	竺山湖	殷村港—沙塘港	15	6.75	101.25	
	5.27	西北岸区	社渎港	1	0.25	0.25	
	5.27	西北岸区	洋溪港	1	5.36	5.36	
	6.3	湖心北岸区	月亮湾	1	0.5	0.50	
	7.10~12	竺山湖	百渎口及其东部	3	2.75	8.25	
	8.19	竺山湖	百渎港入河口南	1	1*	1	
2009	5.11	竺山湖	竺山湖心至东岸太平场	1	16.42	16.42	21.86
	5.11~14	西北岸区	沙塘港至师渎港	4	2	8.00	
	6.3~5	西北岸区	八房港近岸软围隔内	3	0.2	0.60	
	7.7~11	湖心北岸区	月亮湾	5	0.2	1.00	
	7.16~31	梅梁湖	三山西北部渔港	16	0.02	0.32	
	7.20~24	贡湖	小溪港河口**	5	0.2	1.00	
	7.21~24	湖心北岸区	月亮湾灵湖码头	4	0.02	0.08	
	7.22~23	西北岸区	欧渎港至郑渎港	2	0.3	0.60	
	8.21	湖心北岸区	月亮湾	1	1	1.00	
	8.22	西北岸区	八房港近岸	1	0.2	0.20	
	8.23	湖心北岸区	月亮湾	1	0.5	0.50	
	9.9	西北岸区	大浦港口段	1	0.8	0.80	
2010	7.23~26	西北岸区	师渎港及附近水域	4	5.2	20.80	53.08
	7.25	梅梁湖	渔港村	1	0.1	0.10	
	8.14~18	西北岸区	师渎港及附近水域	5	1.7	8.50	
	8.16	湖心北岸区	月亮湾	1	0.3	0.30	
	8.20~21	西北岸区	沙塘港—官渎港	2	11.69	23.38	
2011	5.22~24	贡湖	小溪港河口西 600~700 m 水域**	3	0.12	0.36	50.28
	7.27~30	西北岸区	乌溪港、八房港、大浦港、师渎港	4	9.2	36.80	
	8.1~4	西北岸区	八房港	4	0.3	1.20	
	8.21	西北岸区	符渎港、欧渎港	1	0.5	0.50	
	9.7~8	西北岸区	大浦港南—郑渎港及八房港	2	2.5	5.00	
	9.17	西北岸区	林庄港	1	0.02	0.02	
	9.24	西北岸区	官渎港—社渎港—烧香港	1	6.4	6.40	

续表

年份	发生时段	湖区	位置	持续天数（d）	面积（km²）	BBI$_i$	BBI
	5.16~19	贡湖	黄泥田港闸—新港闸	4	0.23	0.92	
	5.16~19	贡湖	许仙港闸附近**	4	0.01	0.04	
	5.28~30	贡湖	大溪港闸—小溪港闸以西近岸**	3	0.12	0.36	
	6.12	湖心北岸区	月亮湾牛头渚桃坞西侧	1	0.02	0.02	
	6.19~21	梅梁湖	闾江口以南	3	0.4	1.20	
	6.26	西北岸区	符渎港以南 600 m 近岸	1	0.015	0.02	
2012	6.29	西北岸区	菱渎港以北 2 km	1	0.2	0.20	26.90
	7.8~11	西北岸区	符渎港南 2.5 km—北 0.7 km	4	1.25	5.00	
	7.9~11	梅梁湖	渔港套闸外	3	0.34	1.02	
	7.12~15	西北岸区	欧渎港—新渎港	4	1.95	7.80	
	7.28~30	湖心北岸区	月亮湾码头西 1 km 处近岸	3	0.15	0.45	
	9.18	西北岸区	师渎港-新渎港	1	8.67	8.67	
	9.30~10.7	梅梁湖	闾江口	8	0.15	1.20	
	6.19~20	湖心北岸区	月亮湾灵湖码头及以西近岸	2	0.1	0.20	
	6.19~27	贡湖	黄泥田港—壬子港	9	0.65	5.85	
2013	6.25~27	梅梁湖	闾江口—武进港	3	0.12	0.36	9.92
	6.27~28	贡湖	庙港—杨干港	2	0.3	0.60	
	9.16	湖心北岸区	月亮湾灵湖码头近岸	1	0.01	0.01	
	9.18	西北岸区	陈东港北—朱渎港近西岸	1	2.9	2.90	
	6.10	湖心北岸区	月亮湾灵湖码头近岸	1	0.4	0.40	
2014	8.25	湖心北岸区	月亮湾灵湖码头近岸	1	0.1	0.10	0.60
	8.27	湖心北岸区	月亮湾灵湖码头近岸	1	0.1	0.10	
	6.5	西北岸区	符渎港南—毛渎港	1	0.38	0.38	
	6.15~17	湖心北岸区	月亮湾灵湖码头近岸	3	0.28	0.84	
2015	6.15~19	西北岸区	符渎港南—毛渎港	5	0.5	2.50	27.48
	6.22~23	西北岸区	符渎港南—毛渎港	2	2.2	4.40	
	7.28	西北岸区	林庄港—八房港	1	15.36	15.36	
	7.27~28	梅梁湖	闾江口—盘乌湾	2	2	4.00	
	6.13~14	梅梁湖	闾江口—月亮湾	2	0.18	0.36	
	6.16~17	梅梁湖	闾江口	2	2.4	4.80	
2016	7.18	梅梁湖	马山中心河口千波桥	1	0.1	0.10	5.42
	7.26	湖心北岸区	月亮湾灵湖码头	1	0.06	0.06	
	7.29	湖心北岸区	月亮湾灵湖码头	1	0.1	0.10	
2017	5.15~19	西北岸区	符渎港附近	5	2.5	12.50	194.7
	5.18	西北岸区	师渎港附近	1	1	1.00	

续表

年份	发生时段	湖区	位置	持续天数（d）	面积（km²）	BBI_i	BBI
	5.19～22	梅梁湖	闾江口	4	3	12.00	
	5.20～27	竺山湖	田鸡山—符渎港	8	4.5	36.00	
	5.22～24	西北岸区	林庄港—朱渎港	3	1	3.00	
	5.24～26	梅梁湖	杨湾—三山**	3	0.8	2.40	
	5.25～28	西北岸区	大浦港—洪巷港	4	2.3	9.20	
	6.2	西北岸区	符渎港北部—毛渎港口	1	0.7	0.70	
	6.5～6	西北岸区	符渎港北部	2	0.2	0.40	
2017	6.5	竺山湖	沙塘港口—田鸡山	1	1.3	1.30	194.7
	6.13	西北岸区	符渎港附近	1	0.2	0.20	
	6.17～20	西北岸区	符渎港北部	4	0.6	2.40	
	6.22～29	西北岸区	符渎港	8	6	48.00	
	7.1～2	西北岸区	符渎港	2	1.3	2.60	
	7.6～13	西北岸区	符渎港—新渎港	8	4.8	38.40	
	7.9～10	西北岸区	百渎港口	2	0.4	0.80	
	7.15～21	西北岸区	符渎港—师渎港	7	3.4	23.80	
	6.4～14	西北岸区	符渎港—师渎港	11	3.4	37.40	
	6.20～24	西北岸区	符渎港—毛渎港南	5	1.2	6.00	
2018	6.28 至 7.7	西北岸区	符渎港—茭渎港南	10	7	70.00	169.2
	7.7～10	西北岸区	百渎港以南—殷村港东北	4	1.7	6.80	
	7.27 至 8.1	西北岸区	符渎港北—郏渎港南	6	7	42.00	
	7.28～29	西北岸区	百渎港—殷村港东北	2	3.5	7.00	
	5.17～23	西北岸区	符渎港及附近水域	7	3.1	21.70	
	6.9～23	西北岸区	符渎港及附近水域	15	7.5	112.50	
	6.11～12	湖心北岸区	月亮湾	2	0.2	0.40	
	6.12～15	竺山湖	百渎口	4	7.5	30.00	
2019	6.26 至 7.1	西北岸区	沙塘港—符渎港—旧渎港	6	2.8	16.80	206.8
	6.30	西北岸区	八房港	1	3.1	3.10	
	6.30 至 7.2	西北岸区	陈东港南—林庄港	3	3.3	9.90	
	7.2～5	竺山湖	百渎口南	3	2.2	6.60	
	7.25～26	西北岸区	旧渎港	2	1.7	3.40	
	7.27	竺山湖	百渎港	1	2.4	2.40	
	5.27～31	西北岸区	符渎港及附近水域	5	2	10.00	
2020	5.30 至 6.2	贡湖	小溪港闸—许仙港、庙港—黄泥田港	4	0.8	3.20	72.0
	6.3～9	西北岸区	符渎港以南水域	4	2	8.00	

续表

年份	发生时段	湖区	位置	持续天数（d）	面积（km²）	BBI$_i$	BBI
2020	6.5～9	竺山湖	百渎口—小金港以南	5	0.7	3.50	72.0
	6.5～9	贡湖	大溪港闸、许仙港、张桥港闸、壬子港闸、黄泥田港等附近水域	5	1.9	9.50	
	6.7	湖心北岸区	月亮湾灵湖码头	1	1	1.00	
	6.13～17	西北岸区	符渎港及附近水域	5	4	20.00	
	6.14～17	西北岸区	陈东港及附近水域	4	1.2	4.80	
	6.15～17	竺山湖	百渎口及附近水域	3	1	3.00	
	7.2～6	西北岸区	符渎港北	5	1.8	9.00	
2021	6.13～21	西北岸区	欧渎港、符渎港水域	9	3	27.00	35.8
	6.14～18	湖心北岸区	月亮湾	5	0.6	3.00	
	6.15	竺山湖	小金港附近	1	0.3	0.30	
	6.27至7.1	西北岸区	符渎港附近水域	5	1.1	5.50	
平均值				3.7	2.1	10.0	77.7
最大值				16	16.4	112.5	206.8 '

*为估计数；**为草源性湖泛。

注：①表中资料主要来源于江苏省水利厅、江苏省生态环境厅、江苏省水文水资源勘测局无锡分局和纪海婷等（2020）；②2008年5月19日发生于大浦港口附近的湖泛记载来自于王成林等（2011）；③卫星一号等遥感资料主要来源于李旭文等发表的文章。

　　2007～2021年的15年间，太湖共发生湖泛114次，湖泛年均发生次数7.1次（表1-5）；包括不同发生区域的湖泛年总发生天数25.5 d，不同发生时间的年总发生面积12.7 km²。另外，平均单次湖泛持续时间约为3.7 d，平均单次湖泛面积2.1 km²。湖泛最早发生时间为5月11日（2009年宜兴沙塘港至师渎港），最迟为10月7日（2012年梅梁湖闸江口），年内首次湖泛发生和末次湖泛结束的时间跨度最长为145天（2012年），平均为70.7天，即年湖泛发生的平均风险时间为两个多月（表1-5）。将每次发生的湖泛位置绘制于太湖水面后（图1-12），可以看出，湖泛主要发生在太湖的西北岸区、竺山湖、北湖心北岸（月亮湾）、梅梁湖和贡湖。

表1-5 2007～2021年太湖湖泛发生情况统计

年份	总次数	总天数	总发生面积（km²）	平均单次持续时间（d）	平均单次面积（km²）	最早发生日期	最迟结束日期	发生和结束最长跨度（d）
2007	2	14	5	7.0	2.5	5月16日	6月3日	19
2008	8	47	24.1	5.9	3.0	5月19日	8月19日	92
2009	12	44	21.9	3.7	1.8	5月11日	9月9日	122
2010	5	13	19.0	2.6	3.8	7月23日	8月21日	27
2011	7	16	19.0	2.3	2.7	5月22日	9月24日	126
2012	13	40	13.5	3.1	1.0	5月16日	10月7日	145

续表

年份	总次数	总天数	总发生面积（km²）	平均单次持续时间（d）	平均单次面积（km²）	最早发生日期	最迟结束日期	发生和结束最长跨度（d）
2013	6	18	4.1	3.00	0.7	6月19日	9月18日	92
2014	3	3	0.6	1.00	0.20	6月10日	8月27日	79
2015	6	14	20.7	2.3	3.5	6月5日	7月28日	54
2016	5	7	2.84	1.4	0.6	6月13日	7月29日	47
2017	17	64	34	3.8	2.0	5月15日	7月21日	68
2018	6	38	23.8	6.3	4.0	6月4日	8月1日	58
2019	10	44	33.8	4.4	3.4	5月17日	7月27日	72
2020	10	41	16.4	4.1	1.6	5月27日	7月6日	41
2021	4	20	5	5.0	1.3	6月13日	7月1日	19
小计	114	424	243.7	—	—	—	—	—
平均	7.1	25.5	12.7	3.7	2.1	—	—	70.7

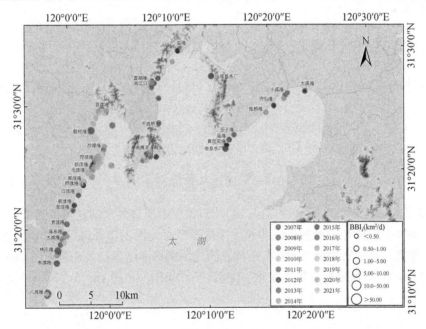

图 1-12 2007～2021 年太湖湖泛发生位置分布

1.2 太湖湖泛发生强度及变化

为表征湖泛发生的程度，刘俊杰等（2018）提出以当年平均单次湖泛的持续时间（D）与当年平均单次湖泛的发生面积（A）及当年湖泛发生次数（N）的乘积，来表征全年湖泛强度指数（I）。由于从年度上来平均化分析湖泛的强度时，会掩盖单次湖泛的危害性信息，辛华荣等（2020）提出以每场湖泛的持续天数（T）与其平均面积（A）的乘积，对湖泛强度进行计算，该法既可获得每场湖泛的强度，同时也可计算全年的湖泛强度。

实际上大约自 2003 年起，太湖每年都要发生 1 次或 1 次以上的湖泛（卢伯生，2004），但由于重视不足和受当时的测量调查方法的限制，2007 年之前发生的湖泛，几乎全为人的视觉和嗅觉感官定性甚至是口口相传确定的，不具有时空统计意义。水利部门正式开展湖泛巡查的例行工作始于 2009 年（4 月），但 2007～2008 年间，不同研究者采用不同方法的定量结果（表 1-3），仍可被视为有效统计资料。比如 2007 年 6 月初对贡湖的现场调查（陆桂华和张建华，2011），以及水利部太湖流域管理局 2007 年 5 月 16～22 日的调查结果（叶建春，2008）等。另外公开发表的 2008 年太湖湖泛发生情况均未披露，实际上该年的湖泛事件非常突出，据水利部太湖流域管理局调查（房玲娣和朱威，2011）、江苏省水文水资源勘测局调查（内部会商交流资料），2008 年在太湖西北岸区、竺山湖和梅梁湖至少发生 7 次湖泛，其中 5 月 26 日至 6 月 9 日在竺山湖的殷村港—沙塘港间，发生的湖泛最大面积达 13.5 km²，平均约 6.75 km²，持续时间 15 天，被认为是太湖湖泛发生强度最大的一次。在定量研究太湖湖泛发生强度及历史变化时，忽略对 2007～2008 年湖泛事件的统计分析，将会明显不完整。

1.2.1　太湖湖泛强度变化

以面积与时间的乘积表示湖泛强度（black bloom index，BBI），单次湖泛强度：

$$\mathrm{BBI}_i = \overline{A}_i \cdot \Delta t_i \tag{1-1}$$

其中，BBI_i 为某年第 i 次湖泛强度（km²·d）；$\overline{A}_i$ 为该年第 i 次湖泛发生的平均面积（km²）；Δt_i 为该年第 i 次湖泛的持续时间（d）。则年度湖泛发生强度为

$$\mathrm{BBI} = \sum_{i=1}^{n} \mathrm{BBI}_i = \sum_{i=1}^{n} \overline{A}_i \cdot \Delta t_i \tag{1-2}$$

其中，BBI 为某年度湖泛发生强度（km²·d），即该年内所有各次湖泛发生强度的总和。

根据 2007～2021 年记录的太湖各次发生的湖泛平均面积和平均持续时间（表 1-4），按式（1-1）计算，绘制出太湖 2007 年来按时间先后顺序各次湖泛发生强度（BBI_i）的变化图（图 1-13）。由图表分析可见，在 15 年间，平均 BBI_i 为 9.9 km²·d，其中单次最大 BBI_i

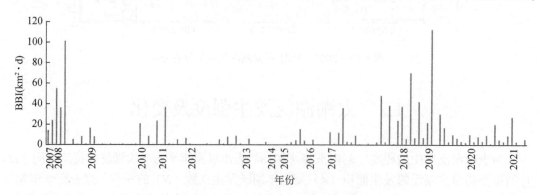

图 1-13　2007～2021 年在太湖发生的各次湖泛强度

为 112.5 km²·d，发生于 2019 年 6 月 9~23 日西北岸区的符渎港及附近水域的湖泛，平均发生面积约 15 km²，持续时间约 7.5 天（表 1-4）；其次是发生于 2008 年 5 月 26 至 6 月 9 日竺山湖殷村港—沙塘港 BBI_i 为 101.25 km²·d 的湖泛，面积 6.75 km²，持续时间 15 天。

太湖湖泛强度大致可分为高强度、中等强度和低强度 3 个等级。从湖泛强度的集中度上直观分析，高强度湖泛主要集中发生于 2007~2008 年和 2017~2019 年两个时间段，BBI_i 大约在 40~100 km²·d 之间；中等强度出现在 2010~2011 年、2015~2017 年和 2020~2021 年之间，BBI_i 约在 10~30 km²·d 之间。湖泛同等强度在年际的集中性，可能与诱发湖泛形成的藻类生物量、气象条件（如风情和温度）等有关。

从年际上分析，2007~2021 年太湖湖泛发生强度明显呈现两个峰形的起伏变化（图 1-14），两组峰分别代表 2007~2014 年和 2014~2021 年，两峰之间大致以 2014 年为交接（该年是湖泛发生强度最低年，仅为 0.6 km²·d）。两峰（最大年湖泛强度）位置落在 2008 年和 2019 年，年湖泛强度分别达到 206.7 km²·d 和 206.8 km²·d。由于 2007 年之前的湖泛观察定量化程度较低，而 2021 年后的湖泛现象尚有待继续观察和分析。

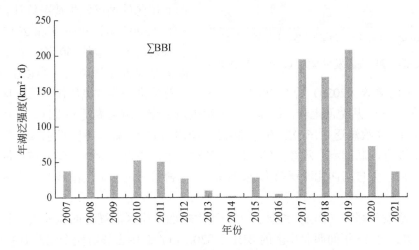

图 1-14　太湖湖泛发生强度年际变化（2007~2021 年）

由于太湖外源和湖泛治理力度的逐步加大，以及气象等自然因素的影响，2022~2023 年全太湖仅发生 1 次湖泛（2022 年 6 月 19 日~7 月 2 日，面积 0.18 km²，BBI 为 16.5 km²·d），初步推测，太湖湖泛再次进入谷底状态。太湖湖泛发生现象是否存在周期性峰谷变化规律，尚有待长期调查和定量评估信息推断。

1.2.2　太湖西北岸区湖泛发生强度问题

2007 年 5 月 29 日发生于贡湖水厂的水危机事件，虽使湖泛问题浮出水面，但当时对水危机事件的定性是"蓝藻大暴发"问题，实际上，真正让人们对湖泛问题重视的事件，是紧接着 2008 年春夏季在太湖西北部发生的涉及面积更广、持续时间更长的特大湖泛灾害。自从 2008 年 5 月 19 日在林庄港—大浦港—官渎港巡查中发现太湖西北岸边区发生湖泛黑臭后，该湖区的湖泛事件逐渐以密集发生的方式出现，使得针对湖泛的研究和预控成为太湖水污染监测和治理中的重点。

太湖西北岸区大致以横塘河（沙塘港）最北点起，一直沿西岸向南直到江苏、浙江交界处的兰佑港（兰佑）结束，岸线约 29 km 长，穿越约 35 条河港入湖口（参见图 1-10）。

太湖西北部近岸水域是太湖湖泛发生频次和面积最具代表性的湖区。据 2008 年江苏省环境监测中心、无锡市水文水资源勘测局、常州市水文水资源勘测局等部门调查，以及卫星遥感解译结果，2008～2021 年间，太湖宜兴滨岸的西北沿岸区，共形成 8 次具有时空可分隔的湖泛（黑臭水团），其中最大面积达到约 17 km^2（陆桂华和马倩，2009，2010）。依据属地湖泛巡查结果对该区 2009～2018 年湖面巡查记录的湖泛事件统计，该区域发生了

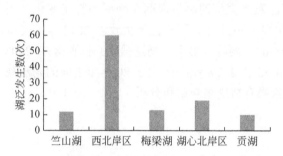

29 次湖泛，累计 117 d，最大爆发面积为 9.2 km^2（纪海婷等，2020），但结合环境卫星的解译分析，无论湖泛发生次数和面积，结果明显较多较广。

对表 1-4 中 2007～2021 年发生在太湖西北岸区的湖泛发生情况统计，15 年中除 3 年（2007 年、2014 年和 2016 年）外，总共发现湖泛事件 60 次，占该时间段太湖湖泛总发生次数的一半以上（52.6%，

图 1-15　太湖各湖区湖泛发生次数（2007～2021 年）

图 1-15）。纪海婷等（2020）曾对 2009～2018 年间符渎港—茭渎港段湖泛发生区域绘制了热力图（图 1-16），从空间上看，符渎港—师渎港段近岸水域为湖泛易发区，其中符渎港附近水域共发生 19 次湖泛（16 次发生于 2015～2018 年间）、师渎港附近水域发生 6 次，两段之间的毛渎港、邾渎港、欧渎港等水域也多次发生，使得符渎港—茭渎港段间湖泛热力几乎连成一体，并自南向北湖泛热力逐渐递增，使得符渎港和师渎港成为全太湖湖泛最易发生水域。

若以湖泛发生强度（BBI）统计，由于发生在西北岸区的湖泛面积较大、持续时间较长，2007～2021 年 15 年间西北岸区的 BBI 为 820.7 km^2·d，则占该时段全湖总 BBI 的 72.7%，即接近 3/4（图 1-17）。

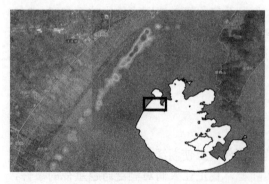

图 1-16　太湖西北符渎港—茭渎港段湖泛发生区域
热力图

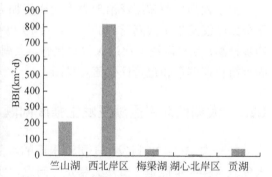

图 1-17　太湖各湖区湖泛发生强度 BBI
（2007～2021 年）

1.2.3 太湖湖泛发生面积监测方法差异

虽然现场巡查基本不受气象条件（如云层等）影响，具有较高的时间分辨率（0.5 d）等优点，但对于以 km² 尺度发生的湖泛，以船只在现场沿肉眼观察黑水团边缘、勾勒湖泛"轮廓"的方式，一般会产生面积误差。据李旭文（2012a）和张思敏（2017），应用"环境一号"卫星 CCD 曾捕捉到 2010～2015 年间发生在西北岸区的 8 次湖泛事件，图 1-18 为其中 4 次湖泛面积信息提取的图片。

 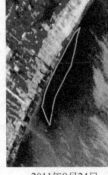  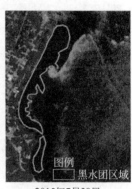

2010年8月21日　　　　2011年9月24日　　　　2012年9月18日　　　　2015年7月28日

图 1-18　"环境一号"卫星 CCD 捕捉到的 2010～2015 年间巡查遗漏的发生湖泛区域（李旭文，2012a；张思敏，2017）

对比 2009～2015 年将太湖西北岸区及竺山湖 8 次湖泛面积"环境一号"卫星监测分析的结果，现场巡查容易发生两种类型的误差（表 1-6）：一是未发现已实际形成的湖泛区域，如 2009 年 5 月 11 日竺山湖湖心至东岸太平场间的 16.42 km²，2010 年 8 月 20～21 日在沙塘港—官渎港间的 11.69 km²，2011 年 9 月 24 日官渎港—社渎港—烧香港 6.4 km²，2012 年 9 月 18 日师渎港—新渎港间的 8.67 km²，以及 2015 年 7 月 28 日乌溪港—兰山嘴（兰佑港）的 15.36 km²。最小的面积为 6.4 km²，最大的为 16.42 km²，基本属于太湖湖泛面积较大的发生状况。二是对于发生湖泛的区域，所估算的湖泛面积与"环境一号"卫星分析的面积差异较大。其中出现负误差 2 次（-2.85 km² 和-3.31 km²）、正误差 1 次（1.21 km²），发生负误差是在现场巡查面积分别为 1.7 km² 和 2.9 km² 的情况下发生的，其误差分别达到 -167.6% 和-141.1%；而正误差则仅 13.2%，说明当现场巡查和卫星遥感都监测到同一地区和时间发生的湖泛时，现场巡查所获得的面积结果要小于卫星遥感监测结果。

湖泛本身是人的肉眼在可见光波段感知为暗、墨色的水体，往往是调查者综合现场气味、鱼虾死亡、与外围对照水体水色差异、溶解氧极低等因素作出的判断。当湖泛发生面积足够大时，由于黑水团的"轮廓"难以通过现场船只发现正常水体和湖泛水体的颜色差的位置，即使巡查人员身在湖泛水体中，由于人眼对色差太敏感，而对同一颜色的强弱辨别能力相对较差，在阳光强弱大、观察方向等影响下，判断力下降，因此造成误差和漏报。

表 1-6　太湖西北岸区及竺山湖湖泛位置面积现场巡查与卫星监测比较

观测时间	现场巡查		"环境一号"卫星		差值（km²）
	位置	面积（km²）	位置	面积（km²）	
2009.5.11	—	—	竺山湖湖心至东岸太平场	16.42①	
2010.8.14～18	师渎港及附近	1.7	新渎港至陈东港	4.55②（2010.8.17）	-2.85
2010.8.20～21	—	—	沙塘港—官渎港	11.69①	—
2011.7.27～30	八房港、师渎港、陈东港	9.2	大浦口—洪巷港	5.94①（2011.7.28）	+1.21
			兰山嘴（兰佑）	2.05①（2011.7.28）	
2011.9.24	—	—	官渎港—社渎港—烧香港	6.4②	—
2012.9.18	—	—	师渎港—新渎港	8.67②	—
2013.9.18	陈东港北—朱渎港近西岸	2.9		6.21②	-3.31
2015.7.28	—	—	乌溪港—兰山嘴（兰佑港）	15.36②（2015.7.28）	—

①数据来源于李旭文等（2012a）；②数据来源于张思敏（2017）。

　　对于"环境一号"卫星 CCD 数据，尚无法确立具有普适性、且能在不同时相间精细识别和比较的湖泛反射率阈值范围，不过这些因素并不影响人们对湖泛黑水团的解译。在空间方面，通过和在同一影像上对照水体的比较，以及湖泛本身的色调纹理特征、分布范围、延伸和规模，可以识别湖泛（李旭文等，2012a）。在时间方面，湖泛黑水团是"时变"较快的生态灾害现象，平均发生天数为 3.7 d（表 1-3），有时一次发生的湖泛在两天之内就会在面积上发生巨大差别（图 1-19）。湖泛发生之前一般是常态水色或蓝藻水华，发生期内水色要比周边常态水色更暗黑。因此，剔除水浅区域底泥、沼泽化等显示的暗黑影像特征，可相对客观地识别湖泛现象及其时空分布，比起来自人的视觉判断更为准确。如果能将时间分辨率提高至 1 天甚至半天，并且可完全不受云层等因素的影响，环境卫星 CCD 类数据的分析将可能逐步取代现场巡查工作。

8月20日　　　　　　　　　8月21日

图 1-19　2010 年 8 月一次湖泛面积两天之间的变化

1.3　湖泛的定义及发生特征

1.3.1　"湖泛"术语

　　语言是集体的习俗，术语（terms）是传播知识、技能，进行交流等不可缺少的工具，是体现其所在时代科学技术水平的最小语言单位。对于湖泊水体的黑臭现象，民间和官方对其有多种俗称。完全依据人的感官的词语主要有"黑臭"和"水色异常"，依据其可移动性的词语有"污水团"，还有将以上两者结合的词语有"黑水团"等。除了水体明显发黑发臭外，事发现场还可见有气泡上浮甚至黑水上涌现象，与鱼池的"泛塘"极为相似。由于这种泛塘现象发生于湖体中，便产生了"湖泛"这样一个新的俗称（朱喜，1996a；顾岗，1996；朱喜和张扬文，2002；周凯，2007）。

　　按术语的类型，"湖泛"一词为名词性术语，其句法关系为主谓结构，它可在特定学科领域（湖泊科学）中用来表示概念称谓的集合，具有通过文字或语音来表达或限定科学概念的约定性语言符号的特征。另外，"湖泛"一词是所指（概念）和能指（印迹或形象）的统一体，符合索绪尔（Fardinand de Saussure）意义的语言符号。因此在"5·29太湖水危机"事件后，"湖泛"一词逐步整合和取代以往使用的其他俗称，而成为科技术语（陆桂华和马倩，2009；申秋实等，2011；李旭文等，2012a；代立春等，2013）。

　　与太湖湖泛相似的黑臭现象在国外湖泊、海洋水体中也有发生，并研究得更早，因此在英文术语应用方面有一些不同。1968年，巴西Sioli在对亚马孙地区的水化学和地质学研究中，将河流水体按颜色分成黑水、白水和清澈水3种，对自然水体提出了"black water"一词（Maia et al，2009）。此后black water一词主要用于对亚马孙河流域有机质或有机碳含量高、颗粒物含量小的河水的分类，但不涉及水体缺氧环境下的黑臭特征（Rai and Hill，1981）。美国马萨诸塞州的Lower Mystic湖是一深水湖，在其化变层（chemocline）顶部正下方的15.5～16.0 m处，存在一个处于缺氧状态下的黑色水层。1965年，人们曾发现该湖的永滞层（monimolimon）发生了 H_2S 气体的逸出现象（Duval and Ludlam，2001）。1979年，Stahl在一露天矿湖网箱养鱼的缺氧区，也发现了两种受硫化亚铁所致的black water层，一类是上层水较黑，另一类是1 m厚的下层水发黑。

　　与湖泛"水团"特征相似的污染现象是水体中出现黑色斑块，称之为"black spot"（Michaelis et al，1992）。20世纪80年代起，在德国的瓦登海（Wadden Sea）、意大利Garda湖，以及美国西海岸中俄勒冈的Cape Foulweather等水体或水域，也多次发生（Rusch et al，1998；Pucciarelli et al，2008）。该现象此后以"black spot"作为术语被应用。但black spot所描述的现象与湖泛现象有较

图1-20　意大利Garda湖的black spot现象

大差别。如瓦登海和 Garda 湖浅滩上的黑斑都是在沉积物表层发黑，虽然涉及的湖区可能数量多，但每个斑块的面积仅为几 dm^2 到几 m^2 不等（Freitag et al，2003），不成片相连（图 1-20）；而湖泛则主要发生于水体中，尺度以 km^2 面积计，且成片（或成条或团）分布，范围较大（陆桂华和马倩，2009）（图 1-1）。

在我国湖泛研究尤其早期的中英文科技文献中，对于"湖泛"的英文词表达，虽也直接采用过 black water（Zhou et al，2015）和 black spot（s）（刘国锋等，2009b；沈爱春等，2012；代立春等，2013），但更多的是根据作者对湖泛现象的不同感受和理解，选用或借用了 foul bloom（Guo，2007）、black water agglomerate（Yang et al，2008；Lu et al，2013）、black water cluster（陆桂华和马倩，2009；谢卫平等，2013）、lake flooding（戴玄吏等，2010）、anaerobic water aggregation（王成林等，2011）、black water aggregation（陈荷生，2011）、black-odor（吕佳佳，2011）、black bloom（申秋实等，2011；He et al，2013；Feng et al，2014；Liu et al，2015）、black-odor water（陈正勇等，2012）、black color water blooms（李旭文等，2012a）、black water bloom（Duan et al，2014）、hypoxia（邢鹏等，2015）、odorous black water agglomerate（王国芳，2015）、black patch events（刘俊杰等，2018）、black water event（辛华荣等，2020）等词语。在这些词语中，要么在规模上、要么在感官上或性质上，缺乏对湖泛现象指代的准确性或全面性，或是所用词语过于口语化或词组字数过长等缺憾（表 1-7）。

表 1-7　"湖泛"中英文用词来源及与其指代现象的对应性

	相近词语	应用文献	特征关键字	关键字含义	指代对应性
中文	湖乏	顾岗，1996	乏	无力，减退	性质描述欠恰当
	湖泛	朱喜和张扬文，2002；周凯，2007	泛	冒出，广泛	现象和尺度描述恰当
	污水团	孔繁翔等，2007；谢平，2008	污水	生活或生产排出的污染水体	非生活或生产原因
	黑水团	刘国锋等，2009b；盛东等，2010	团	球形，聚集一起	较恰当，但易扩散或移动
	黑臭（水）	陈正勇等，2012；刘海洪等，2014	黑臭	令视觉、嗅觉不快的感受	过于直白，欠术语性内涵，湖泊性质不突出
英文	black spot（s）	Michaelis et al，1992；Rusch et al，1998；Pucciarelli et al，2008；刘国锋等，2009b；代立春等，2013；沈爱春等，2012	spot	斑点	尺度过小
	black-odor	吕佳佳，2011	black-odor	令视、嗅觉不快的感受	过于直白，欠术语内涵
	black-odor water	陈正勇等，2012	black-odor	令视、嗅觉不快的感受	过于直白，欠术语内涵
	anaerobic water aggregation	王成林等，2011	aggregation	聚集体	缺感官特征
	black water aggregation	陈荷生，2011	aggregation	聚集体	缺感官特征

续表

	相近词语	应用文献	特征关键字	关键字含义	指代对应性
英文	black water agglomerate	Yang et al，2008；Lu et al，2013；Zhou，2015；Wang et al，2014	agglomerate	大团、聚结	用固体块状物指代，欠恰当
	black water cluster	陆桂华和马倩，2009；谢卫平等，2013	cluster	集群	多为原发而非群聚
	black water event	辛华荣等，2020	event	事件或（重大）事情	不适合用于常态化污染
	black patch events	刘俊杰等，2018	patch	色斑、（与周围不同的）小块	尺度过小
	black water bloom	Duan et al，2014	bloom	大量出现	规模和状态较吻合
	black color water blooms	李旭文等，2012a	bloom	大量出现	规模和状态较吻合
	foul bloom	Guo，2007	foul	难闻的，令人不快的	侧重于嗅觉
	hypoxia	邢鹏等，2015	hypoxia	缺氧、低氧	侧重于非感官特征
	odorous black water agglomerate	王国芳，2015	agglomerate	大团，聚结	用固体块状物指代，欠恰当
	lake flooding	戴玄吏等，2010	flooding	泛滥，淹没	侧重水量造成的后果，欠准确
	black bloom	申秋实等，2011；Lu et al，2013；He et al，2013；Rutkin，2014；Feng et al，2014；Liu et al，2015；李佐琛，2015a；Shen，2014；Huang，2015；Yu et al，2016；李未等，2016；Zhang et al，2016；冯胜等，2017；Zhou et al，2020	bloom	开花，最盛期，大量出现	符合视觉状态与规模

　　随着人们对现场和模拟结果的多次观察，调查者们发现湖泛水体中悬浮大量极细微褐黑色颗粒物，典型湖泛区会出现（硫化氢、甲烷等）气体逸出水面、大面积黑水、底泥上泛（陆桂华和马倩，2009），大量出现与藻华（algal bloom）相似的开放（bloom）的状态。对水体而言，正常人群的视觉感受距离可达数至十数千米，而嗅觉感受往往以数百米甚至米计，因此对于以千米和亚千米为常见计量尺度的湖泊而言，人的视觉敏感程度要超越嗅觉感受程度。这也使得对水体黑色（black）的厌恶程度要比水体臭味（odour）反映强烈，将 black 作为术语中的一词具有重要的特征性。另外，湖泛发生的规模和动态也是非常重要的特征状态。表 1-7 中有多达 4 个词（black water bloom，black color water blooms，foul bloom 和 black bloom）推荐使用了"bloom"一词，相比于其他词语，该词能更准确地描述湖泛发生时，现场"大量出现"（黑色水体）的视觉动态。另外从术语的概念限定性、字词简短性等构词习惯，"black bloom"是"湖泛"一词的较恰当英文表述。自从 2010 年范成新和申秋实等在《水科学进展》杂志发表的文章（申秋实等，2011）中，第一次采用了"black bloom"作为"湖泛"一词的英文术语后，该术语逐步得到国内相关研究组和同行学者的广

泛应用（Lu et al，2013；He et al，2013；Feng et al，2014；Liu et al，2015；李佐琛，2015；Shen，2014；Huang，2015；Yu et al，2016；李未等，2016；Zhang，2016；冯胜等，2017；Zhou et al，2020）。2014 年美国 New Scientist 专栏作家 Aviva Rutkin 博士也将 black bloom 用来作为对因藻或沉积物造成巴西圣保罗海岸大范围黑水的科学用语（Rutkin，2014）。如同术语"藻华"和"水华"与"algal bloom"的中英文对应关系，"black bloom"可被用于包括湖泊"湖泛"在内的所有大尺度水体黑臭现象的指代用词（范成新，2015）。

1.3.2　湖泛类型

水体的污染类型除了外部现象上的差别外，最主要还是取决于污染原因或污染来源。在太湖湖泛研究的早期，曾出现河源说、泥源说和生源说。河源说是指太湖周边有企业或污水处理厂的污水未经处理，或处理不完全或企业偷排等行为而发生的原因。它是工厂或污水处理厂为躲避排污处理费和减少污水处理成本，实施超标或偷排而形成的，对入湖河道脉冲式排放，结果以条带型"水团"进入湖泊水体，造成局部水体缺氧和厌氧而发生底泥致黑和致臭物质产生的现象（孙飞飞等，2010；陈荷生，2011）；泥源说是指湖底底泥中因富含有机质，在水温上升等外在因素作用下，底泥中微生物对有机质分解速度急剧加快，所产生的不完全分解产物，连同因缺氧环境产生的硫化物，随挥发性气体上浮而污染上覆水体的现象。生源说则是指湖泛的发生是由于大量（聚集状）水生生物体（如藻体和高等水生植物）后死亡，并沉降于湖底分解缺氧产生。就这些假设，2008 年 9 月中国科学院南京地理与湖泊研究所与水利部太湖流域管理局水资源保护局合作，对太湖西部和北部湖泛易区进行了上述四种假说的污染源下湖泛易发类型模拟研究[①]。结果反映，仅有来自于生活和工业生产排放的重污染河水在河口和湖体，以及重污染区底泥都不能营造形成湖泛的缺氧条件，只有可以大量聚集的水体生物质才具有这些物质基础。因此太湖的湖泛主要为生源性的，即藻源性和草源性的。

就生源说开展的模拟研究反映，所有足够量"聚集"于一处的死亡底栖生物、浮游动物和鱼类聚积确都可形成湖泛（卢信等，2015），但在湖体内很难自然形成，因此实际真正能参与湖泛形成的水生生物，都是同属低等植物的藻类和高等水生植物（俗称水草），它们是实际水体中湖泛形成的基本生物质。1987 年，德国科学家经长期观察和原位实验获知，水下潮滩沉积物上的 black spot（黑斑）与藻类被掩埋有关（Michaelis et al，1992），发现风暴和潮汐将死亡藻类掩埋于沙砾后形成厌氧，模拟丝状绿藻或淀粉的原位掩埋 5～15 d 后会发生变黑现象，证实对大型藻类的掩埋是产生 black spot 的主因（Rusch et al，1998）。水体中能发生浮游动物聚积的可能性虽然微乎其微，但有些水体黑臭现象（如 black spot）也有可能一定程度地参与其中。在贫中营养的意大利 Garda 湖滨岸，由于紫晶喇叭虫属（*Stentor amethystinus*）原生动物与小球藻（*Chlorella* sp.）形成共生，在富磷水体中呈暴发性生长繁殖，于湖岸边形成了斑点状 black spot（Pucciarelli et al，2008）。

蓝藻是富营养湖泊中形成水华的最常见的藻类。无细胞核，具有拟核，因而称为蓝细

---

① 中国科学院南京地理与湖泊研究所，太湖黑水团易发生类型试验研究报告，2009 年 5 月。

菌。无色素体，有类囊体，有藻胆素营养，生殖细胞都不具鞭毛，细胞壁上具有黏质缩氨肽（图 1-21）。蓝藻类的细胞形状有球形、卵形、椭圆形、圆柱形、楔形、茄形、纤维形等，单细胞或形成片状、球形、不规则形、团块状、丝状等群体。没有多细胞体。蓝藻营养细胞和生殖细胞都不具鞭毛。蓝藻类细胞壁由两层组成，内层是纤维素的，外层是胶质衣鞘，以果胶质为主。衣鞘（sheath）在有些种类很稠密，有相当的厚度，有明显的层理。有的种类则没有层理，含水程度极高，以致不易观察到。相邻细胞的衣鞘可相溶和，衣鞘中有时具棕、红、灰等非光合作用色素。细胞壁上含有蓝藻特有的黏质缩氨肽。蓝藻的原生质体分为外围的色素区和中央区两部分。中央区在细胞中央，色素区在中央区周围，含有各种色素、蓝藻淀粉和假空泡等。此外蓝藻还有非真正细胞核的拟核，叶绿素 a、β-胡萝卜素、藻胆素等组成的色素，以及淀粉类同化物（孔繁翔和宋立荣，2009）。蓝藻中的这些蛋白质、氨基酸、淀粉等，以及易互相连接形成单位体积或水面上的大群体生物量的特性，为藻源性湖泛的形成提供了物质基础。

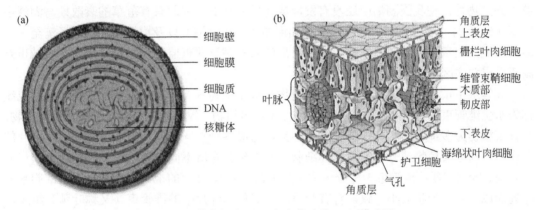

图 1-21　蓝藻细胞（a）和水草叶片（b）模式图

　　微囊藻属（又称微胞藻）的群体呈球形团块状或不规则形成穿孔的网状团块。公共胶被均匀无色。细胞球形或长圆形，互相贴靠。细胞内常有无数颗粒状泡沫形的假空泡。常见的有铜绿微囊藻、水华微囊藻、具缘微囊藻和不定微囊藻等。微囊藻多生长在有机质丰富的水体中，营浮游生活。pH 值以 8～9.5 为宜。温暖季节，水温在 28～32℃时繁殖快，生长旺盛，使水体呈灰绿色，形成水华，肉眼可见，其浮膜似铜绿色油漆，有臭味。人们通常把微囊藻水华俗称为"湖靛"。湖泊中的藻体具有很大的漂移性，这也使得藻源性湖泛的发生区域和位置往往有很大差异。因此，有时人们也会根据形成湖泛的发生地点和持续时间的不同，将藻源性湖泛细分成迁移型和原发型等。

　　2007 年发生于太湖的污水团前，梅梁湖所有同属单细胞低等生物的大型水生植物大量聚集时，也可能发生湖泛现象（图 1-22），称为"草源性"湖泛（申秋实等，2014；Shen et al，2014；卢信等，2015；Zhou et al，2020）。2009 年后，在太湖发现草源性湖泛的区域，都是菹草或以菹草为主要优势种的水生植物区，因此迄今为止发生的草源性湖泛都被认为与菹草的死亡腐败有关。

　　菹草（*Potamogeton crispus*）为眼子菜科沉水维管束植物，其根状茎细长，略扁平，多

图 1-22   太湖草源性湖泛（贡湖沙渚港，2012 年 5 月）

分枝，侧枝短。菹草以构造较特殊的石芽进行繁殖，一般在秋季发芽，冬、春季生长，翌年春夏之交（5 月前后）生长达到极盛期，夏季则大量衰败死亡，有很强的生长季节性。菹草可在单位面积上产生巨大的生物质量，1 hm² 水面可产鲜菹草 15 万～22.5 万 kg。但如果其营养体植株不在入夏前被收割取出水体，随着水温的上升，其残体则会在春夏之交和进入夏季后会快速腐烂。在我国东部湖泊常见的沉水植物中，只有菹草和伊乐藻（*Elodea nuttallii*）是在入夏前后进入衰败期。伊乐藻为外来物种，在我国湖泊中还没有发展成为优势种群，因此只有菹草的衰败期与湖泛易发期（5～9 月）吻合。在贡湖北岸（许仙港和大、小溪港）以及梅梁湖北部（杨湾至三山岛）水域，大量生长着菹草群落，在调整后的太湖湖泛巡查监测点布设上，这些水域也是湖泛重点关注区域。

高等水生植物包括蕨类植物、裸子植物与被子植物等，均有维管组织系统，因此也统称为水生维管束植物。从分类学而言，可分为挺水植物、浮叶植物、沉水植物和漂浮植物。维管束植物为多细胞植物体，细胞分化明显，组成各种不同功能的组织。有根、茎、叶的分化。不同分类植物或分化的植物体细胞，其结构会有所不同。高等水生植物叶片横切面由表皮、叶肉组织、维管束 3 部分组成 [图 1-21（b）]。叶片的上下表皮各由一层细胞紧密排列而成，细胞形状大小一致，含有少量的叶绿体；叶片中的维管束（又称叶脉）组织，由木质部和韧皮部成束状结构排列形成，束鞘细胞包裹于维管束周围；叶肉组织有栅栏状和海绵状叶肉细胞，它们分布在维管束外，或以环状规律性或松性排列其周边，但有些植物的叶片无栅栏组织和海绵组织分化（陈小峰等，2008）。相较于根部，茎叶部是衰亡状水生植物腐烂相对较快的组织，占据的生物量也较大，大面积凋落一般发生在每年的 10～11月，浮叶植物及沉水植物凋落物的腐烂分解基本上在冬季来临之前完成（孙淑雲等，2016）。但对那些生长季在冬春、夏季前结束生长的水草（如菹草），在微生物和高温作用下，大量聚集和死亡会有藻源性湖泛发生风险。另外洪、旱引起湖泊水位短期内的骤升或骤降、台风对浮叶和挺水植物甚至沉水植物的茎叶的侵袭等，也会形成大量的植物残体和局部水域的高生物量聚积等，在腐烂分解过程中，有可能导致局部水域的草源性湖泛。

国外报道的一些因有机质含量高而使水体发黑或形成黑斑的现象，实际上也可归并到草源性湖泛范畴。如巴西亚马孙地区的 Lago Tupé 湖因大量有机负荷的生物耗氧，造成了水体发黑，但发黑主要是由腐殖类物质（树叶和地表死亡植物）累计于湖泊底部造成的（Rai and Hill，1981）。

1.3.3 湖泛的感官特征和定义

人的感官是感受外界事物刺激的器官，包括眼、耳、鼻、舌、身等，主要分为视觉、听觉、嗅觉、味觉和触觉，大脑是一切感官的中枢。对于处于污染状态的湖水而言，人们只需通过视觉和嗅觉感官器官的直接接触，大脑就可获得其特征信息；物理性质是指物质不需要经过化学变化或没有发生化学反应就表现出来的性质。因此，以视觉和嗅觉感官和物理性质的测定，可以对湖泛的特征进行初步描述。

1. 湖泛的视觉特征

视觉是一个生理学词汇。光作用于视觉器官，使其感受细胞兴奋，其信息经视觉神经系统加工后便产生视觉。大约有 80% 以上的外界信息是经视觉获得，因此视觉是人类最重要的感觉。正常人在地面上可以看到 1.6 km 远的树木和房屋，但晴朗天气在宽阔的海洋和湖泊水面上，裸眼可以看到 10～25 km 远处的船只，站得越高看得越远。视觉变化给人们的感受是最为直接的，就水体而言，人的眼睛在现场对其的感知主要在于颜色、明暗、大小和动静四个方面。因此人们通过现场调查，以视觉感官的文字描述（陆桂华和马倩，2009）和影像记录（图 1-1）可以反映其一部分表观特征。表 1-8 为以藻源性湖泛为例的现场视觉感知。

表 1-8 藻源性湖泛现象的现场视觉感知

	视觉感知	备注
颜色	水体浑浊，呈褐黑色或灰黑色	湖泛发生初期有漂浮藻体，使表层水体呈褐黑色和绿色相混杂 [图 1-1（a）]
明暗	略暗（与非湖泛区相比）	边缘清晰，呈团状、条状等不规则形状
大小	常见范围在 0.1 km² 至数 km² 之间	也可短时间超过 10 km² 范围
动静	时有气泡冒出和黑水上涌，具有移动性	有时可见水面漂浮以湖鳅为主（死亡）的鱼类 [图 1-1（f）]

颜色是通过眼、脑和人们生活经验所产生的对光的视觉感受。以藻源性湖泛为例，湖泛发生区水体普遍浑浊，呈褐黑色（陆桂华和马倩，2009）或灰黑色或是墨绿色（刘国锋等，2010b，纪海婷等，2020）。光进入水中会产生吸收和散射而衰减，湖泛发生水体中有数量众多的悬浮颗粒（固体介质），使水体成为多相不均匀体系，大大降低了光的散射系数。据研究，黑水现象主要是由较高浓度的溶解有机物和较低的后向散射系数造成的（Duan et al，2014；李佐琛等，2015b）。首先湖泛水体中其悬浮颗粒物的后向散射系数值极低，其次，水体中含有大量的因藻类生物残体分解形成的颗粒物，以及带有复杂基团和共轭化学键的溶解性或游离态物质 [如溶解性有机质（DOM），并且在缺氧状态下，水体还出现了常态下难以存在的低价态溶解性物质（如二价铁、二价硫）等种类多样的黑色或褐色金属硫化物，它们对入射光会产生较大程度的吸收。这些物质对光的吸收与后向散射一起对进入水体的光进行衰减，使得水体对几乎所有的光（包括波长较短的蓝、紫光）都可产生高效吸收和后向散射。由于溶解有机物和浮游植物吸收的增加，再加上后向散射的减少，

导致这些水域被视觉感知为"黑色"(Duan et al,2014)。对于藻源性湖泛发生初期而言,水面或水中往往还呈现未腐败甚至活性藻体,其时还会在发生区(特别是在滨岸区)水面上形成与绿色与黑色相混杂的颜色[图1-1(a)],所以Duan等(2014)的研究认为,湖泛的真实颜色可能为深绿色。色彩的层次和空间关系主要依靠色彩的对比来实现,但湖泛水体主要的颜色是黑和灰,而黑和灰都属于非彩色光,因此它们的明暗度实际就是从其深浅程度、层次和明暗比较显示出其视觉特征。湖泛水体的明暗度与非湖泛区相比偏暗(也与水体颜色有关),在日光照射下,往往会呈现边缘较为清晰的不规则形状,常见的有团状、条状和斑块状。

湖泛发生水域的尺度大小差异很大,根据观察的单次湖泛发生到消失一般需要3~4 d,因此现场用船只巡查将有足够的时间对其尺度大小进行估测。重点依据颜色、气味和溶解氧(DO<2 mg/L)的感官和现场测定结果对湖泛位置和轮廓进行定位,通过(溶解氧)包络线估算其范围。湖泛主要发生在5~9月间,尤其以6~7月最多(刘俊杰等,2019)。对2009~2018年太湖湖泛巡查统计,单次湖泛的发生面积在0.01~9.2 km²之间(辛华荣等,2020),范围大多在0.1~0.5 km²之间。10年间发生了75次湖泛,绝大多数是藻源性湖泛,主要出现在湖西沿岸区(沙塘港—八房港)、月亮湾和梅梁湖北部。所发生的5次草源性湖泛,其中4次在贡湖北岸许仙港、小溪港和大溪港外水域,另有1次在梅梁湖北岸杨湾至三山岛水域,发生的面积和时长都远不及藻源性湖泛,平均面积为0.25 km²,持续时间一般3~5 d。

湖泛水体看似平静实则处于不断运动中。从整体水平上看,它还是一个可变化形状和可移动的"水团"。据分析,2007年5月底在贡湖岸边河口形成的污水团(湖泛),在湖面风场、水厂取水产生的引流以及望虞河引江吞吐流共同作用下,发生了向南泉水厂取水口移动(孔繁翔等,2007);2008年5月26日~6月9日间,在太湖无锡宜兴近岸水域发生的"湖泛",其范围每日有所变化,平均为7.5 km²(陆桂华和马倩,2009)。另外从垂向上,湖泛内部又有不断上升气体,主要为硫化氢(H$_2$S)和甲烷(CH$_4$)(Yang et al,2008;Zhang et al,2021a),有时还会带出突出于水面的低平"开花"(bloom)状水柱。

2. 湖泛的嗅觉特征

嗅觉是一种感觉,它是由化学物质(一般为气体分子)进入鼻腔,刺激嗅觉感受器,感觉系统(即嗅神经系统和鼻三叉神经系统)将气味传入大脑而产生的。水中的嗅味定义为由于存在具有一定蒸气压的物质刺激了在鼻腔和鼻窦中的感受器官而引起的感觉。一般引起嗅觉产生反应的浓度(小于几个μg/L)比味觉(大于几个mg/L)要低得多。产生气味的物质一旦超过嗅阈值(用鼻子刚能感觉到的浓度)时,则嗅味的强度随浓度升高而增加。由人的主观因素支配的感觉强度是无法定量测量的,产生嗅味物质的阈值浓度因人不同而有很大差异。除了视觉感受外,嗅觉也是人们评判湖泛水体性质的主要现场感官。

湖泛发生过程中会产生多种低阈值的致臭物质,通过人的嗅觉尚不能判断异味物质的种类、浓度及结构,但对异味的强度、嫌恶性是人们常用的鉴定和评价方法。李林(2005)曾用表格汇总了水体中有异味物质的异味类型与化合物、来源、气味特征及文献出处。在所汇总的7大类异味化合物中,与藻类和水草有关的有土霉类、草木类、腐败类、鱼腥类、果蔬类等 5 类 17 种化合物（包括未知），其中涉及藻类的有 13 种，涉及水草的有 4 种（表 1-9）。

表 1-9　与藻类和水草有关的异味化合物种类［改自李林（2005）］

来源		异味类型	化合物	气味特征
藻类	蓝藻	土霉类	Geosmin（土嗅素，地霉素）	土腥味
			2-MIB（2-甲基异莰醇）	霉味
		草木类	β-环柠檬醛	草味/烟草味
		腐败类	硫醇类	硫黄味
	鞭毛藻	鱼腥类	反式，顺式-2,4-癸二烯醛	鱼肝油味
	鞭毛藻和硅藻	鱼腥类	正己醛和正庚醛	鱼腥味
	锥囊藻	鱼腥类	七烯醛和十二烯醛	鱼腥味
	锥囊藻和黄群藻	鱼腥类	反式，顺式，顺式-2,4,7-十碳三烯	鱼腥味
	藻	果蔬类	反式，顺式-2,6-壬二烯醛	黄瓜味
		腐败类	未知物	鱼腥味/烂草味
	藻分解	果蔬类	未知物	烂草味
水草	草	草木类	顺-3-己烯醇	甜草味
			顺-3-己烯醇醋酸酯	甜草味
	草腐烂	腐败类	二甲基二硫化物、二甲基三硫化物、甲氧基吡嗪、吲哚	烂草味、蒜粪味

弄清不同物源（藻类和水草）的异味类型和气味特征虽然十分重要，但要在湖泛水体现场采用嗅觉的方式来辨别致嗅物化合物种类几乎是不可能的。实际（湖泛）水体可能具有 2 种甚至 5 种以上致嗅物，它们之间会充分混杂，为嗅觉的选择性带来困难。另外，仅通过感官信息也不可能对湖泛水体中单一和混杂致臭物的浓度进行定量、半定量。因此，在湖泛定性调查中，可以采用嗅觉方法，但要定量测定湖泛嗅觉特征，则需要将水样带入实验室进行处理和分析。

Yang 等（2008）对 2007 年 5、6 月间发生湖泛的贡湖岸边两处水体做了第一时间的采样分析，发现二甲基三硫醚（DMTS）含量异常高（11399 ng/L 和 1768 ng/L）。戴玄吏等（2010）采用常规分析和气相色谱-质谱（GC-MS）对采集于 2009 年 5 月 30 日和 7 月 10 日同一水域湖泛发生期的水体进行分析，结果反映，湖泛区水中的硫醚类物质含量远高于非湖泛区，其含量由湖泛发生中心向边缘明显减小。二甲基二硫醚（DMDS）含量（以所有检出的有机物按质量分数 100% 计）变化：7.28%（中心）→3.52%（边界）→0%（非湖泛区）；DMTS 含量变化：10.52%（中心）→1.22%（边界）→0%（非湖泛区）。该结果虽为半定量分析结果，但从二甲基硫醚占检出有机物的 50% 以上，硫醚类化合物占 70% 以上来看，硫醚类致臭物应是藻源性湖泛的主要致臭组分。上述新的分析证据反映，二甲基硫化物不仅可以出现在藻源性湖泛水体中，而且含量还非常大，是湖泛水体的主要致臭物。对照表 1-9 所列的异味物质（包括未知物），并未看见来自藻源和草源的有哪两种物质是相同的，特别是二甲基硫化物，只出现在腐烂的水草区，而未见于藻类（蓝藻）聚集水域，这与对实际湖泛水体的分析结果产生了明显偏差。

　　虽然表 1-9 中的嗅觉分析结果来自于藻类和水草生长或腐败的水体，但由于湖泛发生的时间和空间的不确定性，实际上该表所示分析结果与实际正在发生湖泛中的水体嗅觉相一致。特别是当湖泛现场出现多种致臭物呈混杂逸散时，仅凭人的嗅觉实际上不仅难以辨别致臭物的种类，甚至难以准确说出是哪类嗅味或气味，这也是多年来人们在湖泛调查中，对气味的感受（如下水道恶臭、硫化氢味、烂白菜味等）并不一致，与表 1-9 中的气味特征也不相同。显然湖泛现场的致臭物的混杂性，使得人的嗅觉系统难以对其准确提取其气味特征。

　　自 2007 年杨敏等对太湖贡湖湖泛区水体采样仪器分析后，先后有多人多次对太湖不同湖区（特别是湖泛水域）进行了测定，给出了主要致臭物的含量值（表 1-10），从致臭物组成上初步揭示了湖泛水体的嗅觉特征。对 2007～2019 年间与湖泛发生有关的致臭物进行测定分析，发现发生藻源性湖泛的典型致臭物主要有二甲基硫醚（dimethyl sulfide，DMS，又称二甲基硫或甲硫醚）、二甲基二硫醚（dimethyl disulfide，DMDS，又称二甲基二硫）、二甲基三硫醚（dimethyl trisulfide，DMTS，又称二甲基三硫）、土嗅素（Geosmin，GSM 或 GEO）、2-甲基异莰醇（2-methylisoborneol，2-MIB）、β-环柠檬醛（β-cyclocitral）、β-紫罗兰酮（β-ionone）等；在仅有一次调查的草源性湖泛水体中，发现有二甲基硫醚类（DMS、DMDS 和 DMTS）化合物。比较表 1-9 与表 1-10，具有鱼腥味和黄瓜味的藻体异味化合物

表 1-10　太湖湖泛的常见异味物质浓度及其阈值（OTC，单位：ng/L）

取样水域	Yang 等 (2007)	Chen 等 (2010a)	Ma 等 (2013)	Yu 等 (2016)	Liu 等 (2017)	Yu 等 (2019)	水体嗅味阈值浓度 (OTC)	（藻区）最大浓度/阈值比值
	贡湖				西岸区	东部		
	藻区					草区		
二甲基硫醚 (DMS)	—	0～201.18 (32.17)	6.2×10^4	—	—	16	0.3～1000	0.2～2×10^5
二甲基二硫醚 (DMDS)	—	—	—	2.6×10^3	—	8	30d	86.7
二甲基三硫醚 (DMTS)	1.7×10^3～1.1×10^4	0～69.55 (7.73)	1.2×10^4	4.5×10^4	—	8	10d	7～4500
土嗅素 (GSM)	—	0～11.29 (3.33)	—	10	—	—	3.8a	2.5～2.8
2-甲基异莰醇 (2-MIB)	—	0～18.69 (4.50)	—	21	—	—	15a，j	1.2～10.5
β-环柠檬醛	—	0～538.12 (133.13)	1.4×10^3	6.5×10^3	1.2×10^4	—	19000a	0.02～0.63
β-紫罗兰酮	—	0～50.44 (17.62)	—	—	5.2×10^3	—	7a	7.2～742.9

注：括号内的值为平均值；OTC 值来自 Mallevialle 和 Suffet（1987），Young 等（1996），Watson 和 Ridal（2002）；
a. Peter 和 Von Gunten（2007）；d. Huang 等（2019）；j. Piriou 等（2009）。

（烯醛类、正醛类、三烯类等），在实际藻源性湖泛水体中并未被监测到，同样具有烂草味、甜草味和蒜粪味的水草异味化合物（烯醇类、烯醇醋酸酯类、甲氧基吡嗪和吲哚类等）在草源性湖泛水体中，也未被检出。另外，在藻源性湖泛水体中常出现的β-紫罗兰酮（松木味，浓度低时紫罗兰味），在前人对含藻水体的分析中却未被检出或列入。以上这些差异说明含藻或含草系统形成湖泛过程中，还隐含着致臭物形成的完整过程和机理，还有很多未被揭示。

嗅觉阈值（odor threshold value，有时简称嗅阈）是指引起人嗅觉最小刺激的物质浓度（或稀释倍数）。嗅觉阈值有很多种，主要有感觉阈值（也称检知阈值）和识别阈值（也称认知阈值）。通俗而言，嗅觉阈值就是人的感觉器官能够嗅觉到的最低嗅觉浓度。感觉阈值是虽然不知是什么性质的气味，但可以感觉到有气味的最小浓度。识别阈值是可以感觉到是什么气味的最小浓度。湖泛现场通过嗅觉识别或确定湖泛的发生区域，采用的是感觉阈值。由于湖泛区异味物质较多，识别气味物质（或分子）实际依赖的是分析方法。

不同的嗅味物质具有不同的嗅觉阈值，物质浓度与嗅阈值的比值常被用来分析各嗅味物质对嗅味的贡献。将藻源性湖泛区各次调查所出现的最大浓度与水体嗅味阈值浓度（OTC）相比，所得比值见表 1-10。由表可见，在所列的藻源性湖泛曾出现的 5 种嗅味物质中，二甲基三硫醚（DMTS）和二甲基硫醚（DMS）的比值相对较大，湖泛发生时，其含量有可能达到阈值的千倍甚至十万倍量级；二甲基二硫醚（DMDS）次之，大约可达到百倍级。土嗅素（GSM）和 2-甲基异莰醇（2-MIB）虽也超过阈值，但在实际湖面现场，由于比值相对较低，加上气象条件的干扰等，实际难以被嗅觉捕获和判断。于建伟等曾在 2007 年太湖藻源性湖泛发生后，利用气相色谱法定性和 GC-MS 定量，分析出污染水团（湖泛）中的致嗅物，主要是硫醚类物质，其中二甲基三硫醚最高（11399 ng/L，约是阈值的 1000 多倍），也认为 2-MIB 等常见藻类分泌物非主要致臭物。对于草源性湖泛，同样若对表 1-6 中发生期的数据进行分析，出现的三种二甲基硫化物的浓度与相应阈值的比值，虽都大于 1 但都比较小，在实际草源性湖泛现场，不易为嗅觉捕获。因此仅依靠嗅觉判断，难以确定湖泛的发生，此时须依赖视觉的判断。

藻类和水草聚积分解时，嗅味物质可以从细胞内大量释放至水中，导致湖水出现异味。藻类厌氧腐解过程中，藻细胞中的蛋白质、脂肪、碳水化合物等复杂的有机物经水解和厌氧发酵后会进一步转化为氨基酸、多肽、单糖等，再经微生物进一步分解生成分子量更小的物质，如脂肪酸类化合物（乙酸、丙酸、丁酸）、H_2、CH_4 以及系列挥发性硫化物（硫化氢、CH_3SH、DMDS、DMTS 和 DMS 等）（李玉祥，2009；Chen et al，2010a），部分水华藻类还会释放次生代谢产物（如 2-MIB、GSM，也被认为主要是放射菌所释放的分泌物等）。这些致臭物质的不断产生，超过了人的嗅觉阈值，就将使得人的嗅觉系统感受到湖泛水体的特征性异味。

3. 溶解氧

不依赖于人的视觉和嗅觉感官，湖泛的最典型特征就是水体缺氧。2007 年 5 月 28 日贡湖水厂湖泛发生时，监测人员赶到事发水域测定水体的溶解氧（DO）为 0 mg/L，此时水体已处于厌氧状态（叶建春，2007）；5 月 31 日为 0.33 mg/L，也即处于严重缺氧。2008 年

5 月 26 日至 6 月 9 日几乎与 2007 年的时间相同，发生在竺山湖的大面积湖泛，其 26 日的 DO 含量为 0.1 mg/L（陆桂华和马倩，2009），其后几天表层水体的 DO 含量平均也仅为 1.4 mg/L，处于 0.1（厌氧）～4.0 mg/L（富氧）之间，较之太湖正常 DO（约 7.5 mg/L）低 6 mg/L 左右。虽然许多喜底层生活的鱼类在 DO 小于 2 mg/L 仍可生存（管远亮和陈宇，2008），但当太湖水面出现死亡泥鳅等鱼类漂浮（陆桂华和马倩，2009），表明湖泛发生区底层甚至上层水体已处于缺氧或厌氧状态。

自 2009 年以来，江苏省水文水资源勘测部门在每年的 4～10 月开展了太湖湖泛易发区逐日巡查，为湖泛灾害的预测预报提供了充分的第一手资料。湖泛是否发生的现场判定主要依据 3 个方面的信息：气味、颜色和溶解氧，其中溶解氧是唯一非感官的现场即测指标。实际上现场肉眼见及已发湖泛水体发黑和死鱼等状态时，水体溶解氧含量一般都已为零或接近于零。但湖泛的发生是有形成—增强—持续—衰落—消失生消过程的，不同阶段测定溶解氧含量将会有不同的结果。太湖湖泛的持续时长在 1～16 d 之间，平均为 3～4 d。发生湖泛的首日时，溶解氧含量虽很低但却不低至接近零。据统计（表 1-11），在湖泛发生的首日，贡湖、湖西区和梅梁湖（包括月亮湾）水域的 DO 均值分别为 2.74 mg/L、1.52 mg/L 和 1.60 mg/L（辛华荣等，2020），此后随着湖泛的发展，DO 才发生急剧下降以致趋于零。

表 1-11　湖泛发生首日核心区水体物化特征（辛华荣等，2020）

湖区	项目	水温（℃）	DO（mg/L）	COD$_{Cr}$（mg/L）	TN（mg/L）	NH$_4^+$-N（mg/L）	TP（mg/L）
湖西区	值域	23.2～34.2	0～2.90	22.8～1679.4	2.62～123.0	0.12～45.3	0.115～14.50
	均值	28.1	1.52	116.9	10.54	3.77	0.855
贡湖	值域	20.2～29.1	0.41～7.10	21.0～65.5	1.06～8.01	0.04～7.81	0.061～0.280
	均值	24.9	2.74	30.1	3.06	1.77	0.165
梅梁湖/月亮湾	值域	21.4～30.5	1.38～1.71	64.3～64.3	2.88～7.05	1.56～3.89	0.312～0.722
	均值	27.4	1.60	64.3	4.42	2.67	0.470
GB 3838—2002 标准	Ⅲ类	—	5	20	1.0	1.0	0.05
	Ⅴ类	—	2	40	2.0	2.0	0.2

对太湖易发湖泛区（贡湖、湖西区和梅梁湖/月亮湾）水域首日 DO 均值取平均，约为 1.953 mg/L（近似于 2.0 mg/L）。据此，江苏省水文水资源勘测部门依据水面下 0.5 m 处 DO 浓度 2.0 mg/L 为阈值，结合视觉和嗅觉的感官判断，以水体 DO≤2.0 mg/L 即确认湖泛现象已发生。DO 还被用于巡测中湖泛区面积的测定，通过比较湖泛区及其周边的水体溶解氧水平，勾画出湖泛实时发生区（表层 0.5 m 水体溶解氧浓度低于 2.0 mg/L）的长度和宽度，继而用于湖泛区面积的估算。

水体缺氧（hypoxia，oxygen depletion）现象广泛存在于海洋的近岸带（Diaz and Rosenberg，1995；Selman et al，2009；Chen et al，2007）、海湾（Anonymous，2001；Hagy et al，2004）和河口（Luo et al，2009），以及内陆水体的湖泊（Stahl，1979；Rai and Hill，1981；Pucciarelli et al，2008；Bouffard et al，2013）、水库（Desa et al，2009）、沼泽（Suthers et al，1986）、河流（Rabouille，et al，2008）等开放性水域中，它是指水体中的溶解氧已

降低到对系统中大多数生物体不利存活的现象（Diaz and Rosenberg，2008）。根据溶解氧含量的多少，人们一般将缺氧性水体分为缺氧（hypoxia，≤2 mg/L）、严重缺氧（severe hypoxia，≤1 mg/L）和厌氧（anoxic，≤0.2 mg/L）三类（Hagy et al，2004）。

缺氧水体对生态环境的破坏作用十分巨大。以古氧相（paleo-oxygenation facies）划分（Rhoads and Morse，1971），水体溶氧量大于 1 mL/L 为富氧（aerobic），钙质壳生物勉强生长；溶氧量小于 0.1 mL/L 为厌氧（anaerobic），后生动物消失；溶氧量为 0.1~1 mL/L 为贫氧（dysaerobic），仅可发育以软体为主的生物群。一般认为危害鱼类生存的氧含量底限为 2 mg/L。太湖湖泛水域 DO 绝大多数情况处于缺氧（≤2 mg/L）状态，使得鱼类要么逃离要么死亡；在湖泛严重水域，DO 多低于 0.1 mg/L 的厌氧水平，此时壳类和软体生物已难以存活，这也就说明人们为何在湖泛现场可观察到大量死亡的泥鳅。缺氧环境甚至对微小生物的组成和时空分布都可能产生影响。Li 等（2012）于太湖藻源性缺氧区不同点位取样，用 16S 核糖 RNA 的末端限制性片段长度多态性和所选样品的克隆文库分析发现，缺氧区自由态和颗粒吸附态细菌的组成在时间和空间上都有不同变化，反映与水体氧含量有关。

由于湖泛水团受风浪和湖流等开放环境的影响，单纯的现场调查还难以对湖泛现象中 DO 的变化特征进行表征。2008 年 6 月，中国科学院南京地理与湖泊研究所首次在室内采用大型再悬浮发生装置，模拟出水深 1.8 m 太湖梅梁湾泥-水系统的藻源性湖泛现象（刘国锋，2009），发现在鲜藻大量聚积下，中等风速（3~4 m/s）和水温 25℃时，下层水体不到 2 d 即进入缺氧（DO<2 mg/L）状态。2011 年 8 月 28 日至 9 月 27 日，沈爱春等（2012）在太湖杨湾水域进行为期 30 d 的现场围隔（3 个 10 m×10 m）蓝藻堆积过程试验，在第 4 天时虽仅见有浅褐色出现，但此时水体溶解氧就已降至 0.2 mg/L 左右。

湖泛未发生前当藻体聚积到一定规模，将会逐步产生因藻体呼吸而造成的 DO 减少和缺氧，这一过程伴随藻体向底部沉降、微生物对藻体的分解和降解等作用，直至水体（特别是底部）趋于无氧状态。实际上，在控制上层复氧的静止环境下，大约在不到 1 h 内就可完全消耗掉水-沉积物界面处的溶解氧（刘国锋，2009），形成厌氧强还原环境。

水体中溶解氧的含量，一般可反映包括藻类和高等水生植物的生长以及水体受有机污染的状况。通过分析各水质指标的相关性，将溶解氧作为藻类预警应急监测的重要指标之一。水体中溶解氧的来源为大气复氧和光合作用，首先大气中的氧气通过水气交换进入水体表层，通过水体的涡动扩散及对流作用，将表层的富氧水带入水体内部深层；其次浮游植物或水生植物会通过光合作用向水体释放氧气。对水体氧的消耗，则主要是由于水生生物的呼吸、死亡生物体的降解。水中溶解氧的分布和变化受水温及其他物理、生化过程的相互作用和制约。湖泛的形成期和持续阶段，是在温度和微生物等因素作用下水体极端性耗氧过程，对水体溶解氧时空变化的了解，有助于掌握湖泛发生和发展状态和进程。

1.3.4 湖泛形成的水环境特征

无论藻体聚积区或是发生藻源或草源性湖泛水域，水质都将呈现恶化状态，其中 COD_{Cr}、总磷、总氮和氨氮等主要水质参数，往往能上升至发生水域的历史异常水平。如 2007 年 5 月底，受湖泛影响的贡湖水厂取水口氨氮含量为 5.0~6.5 mg/L（叶建春，2007），

COD_{Mn}、总磷、总氮分别达到 16.2 mg/L、0.436 mg/L、15.9 mg/L（陆桂华和马倩，2009），检测到的污染物最高含量 COD_{Mn} 为 53.6 mg/L、总磷 1.05mg/L 和总氮 23.4mg/L（秦伯强等，2007），每项参数均超出我国 GB 3838—2002 地表水环境质量的 V 类水标准（即劣 V 类），分别是地表水III类标准的 8.9 倍、21 倍和 23.4 倍。2008 年 5 月 26 日发生于太湖西部竺山湖的湖泛区，COD_{Mn}、总磷、总氮和氨氮平均含量分别为 16.5 mg/L、0.693 mg/L、10.2 mg/L 和 6.75 mg/L（陆桂华和马倩，2009），每项指标同样达到水质劣 V 类水平。

自 2009 年起，江苏省水文水资源勘测部门针对湖泛易发水域及敏感水域进行巡查，由初始设置 16 个水质监控点，到 2010 年增加到 20~24 个监控点（图 1-11）。通过对水质的分析，获取了太湖连续、完整的湖泛发生信息和大量的相关水质参数。2009~2018 年 10 年间，共捕捉到湖泛发生事件 75 次（藻源性湖泛 70 次，草源性湖泛 5 次），单次湖泛发生面积在 0.01~9.2 km^2 之间，其中湖西区湖泛平均面积最大，达 2.1 km^2，贡湖湾湖泛平均面积相对最小，为 0.2 km^2（辛华荣等，2020）。

2009~2018 年 10 年间现场观察的太湖单次湖泛持续时间为 1~16 d，见及湖泛发生日视作湖泛发生"首日"，将水质监测点分析的湖泛发生首日水质指标进行统计（表 1-4）反映，各湖区主要污染物的值域范围：COD_{Cr} 含量在 64.3~116.9 mg/L 之间，平均值为 70.4 mg/L；总磷（TP）含量在 0.165~0.855 mg/L 之间，平均值为 0.497 mg/L；总氮（TN）含量在 3.06~10.54 mg/L 之间，平均值为 6.01 mg/L；氨氮（NH_4^+-N）含量在 1.77~3.77 mg/L 之间，平均值为 2.73 mg/L。其中 2010 年 7 月 23 日（见及日）发生于湖西区郑渎港外水域的湖泛水质，是截至 2020 年太湖湖泛发生区水质污染最严重的状态，主要指标 COD_{Cr}、高锰酸盐指数（COD_{Mn}）、TP、TN 和 NH_4^+-N，分别高达 1679.4 mg/L、152 mg/L、14.5 mg/L、123.0 mg/L 和 45.3 mg/L，溶解氧含量连续 2 天为 0 mg/L，pH 值低至太湖多年罕见的 6.66。另外，7 月 23 日同一天发生于湖西区旧渎港东水域的湖泛水体，其 COD_{Cr}、高锰酸盐指数（COD_{Mn}）、TP、TN 和 NH_4^+-N 也分别达到 1148.4 mg/L、155 mg/L、10.4 mg/L、120 mg/L 和 36.5 mg/L 高含量，几乎是有史以来的第二高含量（COD_{Mn} 列第一），pH 值也低于 7，为 6.9。湖泛核心区水域在整个湖泛期间多日平均的 COD_{Cr}、TP、TN 和 NH_4^+-N 的上限值（见表 1-11），分别为我国《地表水环境质量标准》（GB 3838—2002）III类标准的 84、290、123 和 45.3 倍；V 类标准的 42、72.5、61.5 和 22.6 倍。

在草源性湖泛发生时也会使水体发黑发臭，其主要致黑致臭物与藻源性湖泛极为相似（Shen et al，2014），只是水体发黑的程度和产生的致臭物量要明显较低（卢信等，2015）。2012 年 5 月 16 日在贡湖沙渚港和许仙港口两大型水生植物生长区，由于水草大量死亡，发生了草源性湖泛（申秋实等，2014）。实际上，太湖的草源性湖泛现象在 20 世纪 80 年代就已经出现（张继恒，1992），主要发生于东太湖的北部和东部，当地人和渔民俗称之为"茭黄水"。茭黄水是源自一种太湖 20 世纪 50 年代引入的一种叫菰（茭草）的挺水植物，其污染现象严重时实际也是水体发生的"黑臭"（张继恒，1993）。污染湖水时段可达 5 个月（6~10 月），又黑又臭的"茭黄水"到处流窜，鱼虾水族窒息逃亡，受害水域曾达 4.4 万亩（约 29.3 km^2），严重影响湖面渔民和下游居民饮用水。1990 年实地考察和地形图量算，东太湖茭草积有 3455 ha，占湖区水域的 25.3%。主要分布于植物沉积和淤积比较大的水深 0.5~1.0 m 的北部和东部浅滩水域，覆盖率普遍在 80%左右，茂密区可达 95%以上。茭黄水发生比较严重的时期主要在 20 世纪 80 年代末和 90 年代初，每年随着东太湖水生植物的演替，茭草不再成为优势种群或得到优化和利用，茭黄水现象才逐渐消失。据对江苏省水利厅 2009～2021 年每年 4～10 月太湖湖泛易发区逐日巡查结果统计，在 1994～2021 年 27 年中，仅发生了 5 次为草源性湖泛，集中在 2009～2017 年之间。

1.3.5　湖泛的定义

　　水体产生黑臭的直接原因虽是由于溶解氧的不足，但其根源则是有机物腐败。对于河道而言，污染物的排放是造成水体黑臭的根源。有关河流黑臭的原因，有研究指出河流黑臭现象其实是一种生化现象，是水体中有机物质的厌氧分解。认为水体中的有机物质在分解过程中耗氧大于复氧，造成缺氧环境，厌氧微生物分解有机物产生大量的臭味气体逸出水面进入大气，致使水体黑臭。Rommano 在 1963 年指出，表征水体黑臭的指示物质是由放线菌在有机污染物存在下所产生的土嗅素（Geosmin）、2-甲基异莰醇（2-MIB）和萘烷醇。湖泊的黑臭现象（湖泛）虽然总的来讲是来自污染物的排放，但根源是湖体内藻、草等生物质的聚积，另外所产生的主要嗅味物质并非是土嗅素、2-甲基异莰醇和萘烷醇，而是二甲基硫醚类（DMDS 和 DMTS 等），显然湖泛的发生原因与河流黑臭有本质上不同。

　　人们对湖泛的研究，总体时间还不长，不同的研究者根据自己从某一方面的分析给出其定义（表 1-12）。2021 年 10 月从"百度"和"360 百科"对"湖泛"一词的搜索结果是"湖泛是指在湖岸边、入湖口和湖汊聚集的蓝藻与发酵上浮的淤泥相混合，在厌氧状态下分解造成水质发黑发臭的现象"。该表述来自于 2020 年 4 月 15 日江苏省办公厅印发的《江苏省太湖湖泛应急预案》（www.xhby.net/js/sh/202004/t20200422_6614419.shtml）。定义是对于一种事物的本质特征或一个概念的内涵和外延的确切而简要的说明。关于湖泛的定义，自人们对湖泛现象重视以来，一直在不断地进行探索（表 1-12）。陆桂华和马倩（2009）基于太湖的野外藻源性湖泛现象的监测和分析，首次给出湖泛定义，见表 1-12。该定义在湖泛研究早期的很长一段时间为广大科技工作者所广泛应用。

表 1-12　不同研究者和来源给出的湖泛定义

来源	定义内容
《江苏省太湖湖泛应急预案》（2020）	湖泛是指在湖岸边、入湖口和湖汊聚集的蓝藻与发酵上浮的淤泥相混合，在厌氧状态下分解造成水质发黑发臭的现象
陆桂华和马倩（2009）	湖泛是指湖泊富营养化水体在藻类大量暴发、积聚和死亡后，在适宜的气象、水文条件下，与底泥中的有机物在缺氧和厌氧条件下产生生化反应，释放硫化物、甲烷和二甲基三硫等硫醚类物质，形成褐黑色伴有恶臭的"黑水团"，从而导致水体水质迅速恶化、生态系统受到严重破坏的现象
陈荷生（2011）	"黑水团"（湖泛）是水体中水-土界面耗氧性有机物在厌氧环境背景、微生物及细菌作用下发生强烈生化反应后呈现的生态灾变现象
邢鹏等（2015）	湖泛是指湖泊水体中（包括沉积物）富含大量藻源性（或者草源性）的生物质，在微生物的分解作用下，大量消耗氧气，出现厌氧分解，微生物在还原条件下，促进许多"黑臭"物质的形成，进而影响水质和湖泊生态系统结构与功能乃至造成环境灾难
范成新（2015）	湖泛是指在适当的气象和地形等条件下，富营养湖泊局部水域因长时间聚积大量藻体或水草等生物质，在微生物和底泥参与下，形成边界可辨、散发恶臭的可移动黑色水团，并导致水质恶化和一些生物死亡的极端污染现象

随着人们对湖泛现象调查和研究的深入，特别是生物地球化学、分子生物学以及模拟技术的应用和范围的扩大，湖泛的内涵被不断丰富，外延也在扩展，对湖泛的认识也向着更全面方向发展。陈荷生（2011）基于湖泛最先发生于沉积物-水界面这样的实验事实，并抓住耗氧性有机物的微生物生化反应本质，提出了"黑水团"（湖泛）是水体中水-土界面耗氧性有机物在厌氧环境背景、微生物及细菌作用下发生强烈生化反应后呈现的生态灾变现象的定义（表1-12）。邢鹏等（2015）基于从微生物角度对湖泛发生过程的大量研究结果，给出了进一步的定义：湖泛是指湖泊水体中（包括沉积物）富含大量藻源性（或者草源性）的生物质，在微生物的分解作用下，大量消耗氧气，出现厌氧分解，微生物在还原条件下，促进许多"黑臭"物质的形成，进而影响水质和湖泊生态系统结构与功能乃至造成环境灾难（表1-12）。范成新根据控制条件下大量的湖泛模拟结果以及水草也可形成湖泛的事实，并发现湖泛只发生于湖湾和近岸、具有明显轮廓和移动性，以及往往伴有水生生物（如鱼体等）死亡（图1-23），给出了"湖泛是指在适当的气象和地形等条件下，富营养湖泊局部水域因长时间聚积大量藻体或水草等生物质，在微生物作用和底泥参与下，形成边界可辨、散发恶臭的可移动黑色水团，并导致水质恶化和一些生物死亡的极端污染现象"的定义。

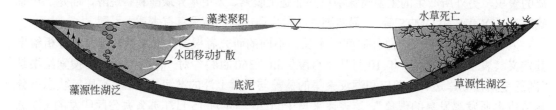

图 1-23　藻源性和草源性湖泛发生现象示意图

越来越多的研究结果证明，低氧环境是湖泛发生的最基本条件。而湖泛水体的缺氧和厌氧环境，并非来自气象和水文要素的提供，主要是微生物分解湖体中藻、草生物质，大量消耗氧气造成的结果（或后果）。湖泛不仅有藻源性的，还有草源性的，因此湖泛的定义中应将草源性（水草）的因素加入进来（Shen et al，2014；辛华荣等，2020）。另外，新近的研究还反映，湖泛发生过程的实质是以功能微生物降解有机质驱动的 C、S 和 Fe 的生化过程或元素生物地球化学过程。生物质在稳定风向或静水岸边的有效聚积和高温缺氧是营造湖泛形成和爆发的前提，水体主要致黑致臭物分别为以 FeS 为主的金属硫化物和以二甲基硫醚或硫醇为主的挥发性有机硫化物，藻（草）生物质和底泥（包括其中有机质）是促进和维持湖泛形成的主要物质来源。随着对湖泛本质特征研究的继续和深入，湖泛概念的内涵和外延还将越加明晰，对其的说明也将更加确切和简要，其定义也将在科学性、严谨性方面将得到完善。

第 2 章　藻类和水草等生物质聚集与湖泛的形成关系

水体产生黑臭的直接原因虽是由于溶解氧的不足，但其根源则是有机物腐败。对于抽象为一维的河道而言，因人为活动来自岸边或上游的有机性污染物，对黑臭段水体的影响是直接的和充分的；而对二维的湖泊，由于河口区稀释扩散以及湖流的运动作用，使得河流入湖水团对湖泛发生区水体的接触呈间接性，影响要小得多。即使在入湖前为高浓度的有机污染水团，但一旦移动至开阔区甚至近岸带，其浓度将大大下降，有机污染性明显削弱。另外，对湖泛形成"河源说"假设，在人们的模拟研究中没有得到证实（孙飞飞等，2010），显然湖体中哪些"有机性"的物质或污染物能在有限的空间内形成高含量？以确定其是否为湖泛现象中的"有机物"源，是研究湖泛形成中的关键问题之一。

排除来自河源污染来源，能够造成湖泊局部水体形成高含量的有机性污染物，最可能是"生源性"的生物体（如浮游植物、浮游动物、高等水生植物、大型底栖动物和鱼类等）。"聚积"和"聚集"（或积聚和集聚）是人们常用的近义词汇。"集"乃集中之意，是把同类的或者不同类的用某种手段方式放在一起；而"积"乃积累之意，有一个融合和叠加逐渐增多甚至由量变引起质变的含义。另外，聚集和集聚都有聚合在一起，集中的意思，集聚是指会合、聚会，而聚集（aggregation）表示类之间的关系是整体与部分的关系，同种个体暂时性地聚合在一起，其行动无组织和协作。聚积和积聚则是指聚蓄、积蓄（build up）和累积（accumulate）。由于湖泊中生物体在局部水域数量上的增加，是一种因某种方式的集中和会合，因此属于"聚集"行为。湖泊中除微小生物体（如细菌）外，常见水生生物体为浮游植物（藻类）、浮游动物、底栖动物和高等水生植物（俗称水草）。生物质是湖泛形成的最主要物质基础，自 2007 年以来的历次湖泛事件中，尚未发现事件发生前没有生物质参与的黑臭现象。已知的湖泛主要有两类，即藻源性湖泛和草源性湖泛，因此确定湖泛的物质源的有效方法就是在控制条件下，对取自湖泊的水体投入指定量藻体或草体进行湖泛的模拟。

2.1　生物质聚集的湖泛模拟

自然环境或诱发环境的人工再现，须依赖于环境模拟技术，而真实环境模拟技术往往借助于模拟装置得以实现。对于湖泛的形成而言，野外现场调查或巡查巡测等虽能在第一时间观察到湖泛的形成状态，但难以对其发生原因、影响因素和完整过程进行定量和机理描述。另外，从现场实验学对包括黑斑（black spots）等黑臭现象的模拟，也见于对瓦登海（Neira and Rackeman，1996；Rusch et al，1998；Freitag et al，2003）和在太湖开展的水面围隔的研究，这些研究多是在自然状态下或人工添加到沉积物表面后观察其变化情况，或缺乏定量化，或难以开展具有统计意义的重现性实验。湖泛是一类水环境灾害事件，即使不包括消退过程，其形成过程往往需要数天至十数天，几乎全程低氧环境，研究湖泛过程需要特殊装置的支持。

2.1.1 湖泛模拟装置性能与生源性湖泛模拟

1. 湖泛模拟装置原理

湖泛主要发生在浅水湖藻体易聚集的下风向近岸带水域，在近岸的这些水域，由于风引起的沿岸流和反射波浪等作用，往往会使得水体处于一种不稳定状态。采用野外观测和跟踪的方法现场研究湖泛的形成和持续过程，因环境条件的不可控性和不可重复性，往往使得所获结果不具有统计学意义，所产生的环境效应常不能得到明确的解释，限制了人们对湖泛现象的规律总结和研究理论的提升。

足够高的水柱高度（水深）可控制气-水界面的复氧速率，体系中水动力状态的定量化可模拟风浪强度（风力和波高等）影响，底部颗粒和泥藻再悬浮状态应接近实际湖底沉积物-水界面的物质源，因此模拟体系的水深可比性、系统的动力对应性以及底泥的原状性是进行湖泛模拟的基本条件。另外，对模拟系统的温度（常温）和光照（暗光）也需要达到稳定控制程度。因此，在 2004 年研制的 Y 型再悬浮装置（范成新，2004）及实验方法基础上，进行改进，以满足对湖泛现象的模拟。图 2-1 为湖泛模拟装置示意图，该装置考虑了实际上下层湖体水柱的动态环境差异，运用水柱中悬浮物总量及垂向分布与风浪强度对应关系（尤本胜等，2007）以及力的传递原理，在沉积物-水界面，斜向施加可电动控制强度大小的水动力，并在上部水柱调节藻体垂向分布状态，组成多管柱平行（刘国锋，2009），

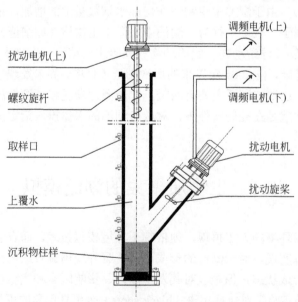

图 2-1   湖泛发生实验装置剖面图

定量模拟≤2 m 水深湖体、0～12.9 m/s 风速下，藻体和底泥从可静止分层到（再）悬浮混匀状态。另外根据需要，该装置还可在实验前和实验中向水柱中添加藻体、化学品等实验材料，并可垂向分层取样用于过程分析，为湖泛过程的研究给予了装备手段的支持。

2. 湖泛模拟中的实验条件

湖泛形成过程中主要的广度因子是生物质量、聚集时间，相关的强度因子则是与水文气象有关的温度、水动力、光照和大气压等。虽然溶解氧（DO）、氧化还原电位（E_h）、酸碱性（pH）等在湖泛形成中也很重要或变化很大，但从本质而言，这些因子是湖泛发生过程中的结果而非原因。

生物质量是指定湖区中藻、草等生物质能在单位空间里实际聚集的量或量级；聚集时间则以（太湖）实际观察到湖泛最大持续时长（16 d）为参考时间。至于对水文气象因子的条件，以太湖湖泛易发时间（5～9 月）及湖泛区巡查资料统计，显示湖泛核心区水温在20.2～34.2℃之间（辛华荣等，2020），因此实验温度条件需能在室温及其精度内可控；湖泛主要发生在浅水岸边区，为抵抗来自气-水界面的复氧，有利于湖泛发生的水动力为不超过中等风情的偏小风条件（陆桂华和马倩，2009），因此风情可营造为静风至中风等级；光照在近表层可有中等强度日光，但模拟湖泛时有高生物质量（如厚藻）对光的遮挡（Vörös et al，1998），以及中等风情的动力扰动所产生的沉积物再悬浮及藻颗粒（或群体）在中下层的无序分布，中层甚至上层水柱弱光，下层水柱低光或无光，光合有效辐射（PAR）明显受到衰减（张运林等，2005）。较低的大气压有助于湖泛的形成（Zhang et al，2016），经室内湖泛模拟实际观察，对于以鲜藻为物源的模拟，湖泛易于在生物呼吸深度作用时段的黎明前后发生。

包括藻、草在内的所有生源性湖泛研究，主要采用图 2-2 所示的两套实验装置，分别放置于中国科学院南京地理与湖泊研究所湖泊与环境国家重点实验室（6 柱型）和江苏无锡太湖湖泊生态系统研究站（9柱型）。实验装置的水柱最大有效高度（即有效水深）可设置到 165～180 cm；室温根据需要在（20～34）℃±1℃范围内可控；通过变化上下扰动旋桨速度模拟水体风力静风～飓风（0～12.9 m/s）动力环境；水柱光照的强弱通过调节顶部白炽灯亮度，以及在外管壁包裹锡箔纸遮挡模拟。所有湖泛实验研究的底泥柱全部采集于太湖指定湖区，以无扰动技术从管体下部顶入，达 20 cm 厚度时封闭

图 2-2　实际使用的湖泛模拟装置（湖泊与环境国家重点实验室·南京）

（刘国锋等，2009b；Shen et al，2014）；实验水体（每柱 15 L 左右）全部采用定量滤纸预过滤，去除悬浮颗粒和大尺寸藻体，由上部沿壁无扰动加入。实验中不断观察和感受水柱颜色和上部管口气味变化（图 2-2）。

2008 年 8 月 26 日，在湖泊与环境国家重点实验室采用取自太湖梅梁湾的藻体，控制环境温度 25℃±1℃，中等风情下，以试验性方式，首次成功模拟出太湖藻源性湖泛的形成［图 2-3（a）］；另外以秋末冬初的鲜藻体实验，2008 年 12 月 12 日同样也模拟出湖泛的发生［图 2-3（b）］，为开展湖泛形成过程和机理研究，提供参数选择和时相分析参考。

(a)夏季模拟(2008年8月26日)　　　　　　　　(b)冬季模拟(2008年12月12日)

图 2-3　太湖藻源性湖泛模拟形成状态

3. 不同生物体的湖泛形成模拟

湖泊中水生生物主要有浮游植物（藻类）、浮游动物、底栖动物、游泳动物（如鱼类）、高等水生植物等，在高生产力水体中，它们有可能在局部水域形成高生物量的聚集，理论上其生物质量可在单位体积或面积上达到极值，另外水生生物的新老交替和死亡-新生的生命轮转，生物聚集体内呈死活生物质共存。对于已呈聚集的死亡生物体，它们将会悬浮在水柱中、漂浮于湖面或是沉降到湖底，成为湖泊的生物内源。无论水体或是表层底泥，若生物残体或生物碎屑出现局部聚集倾向，在其经历微生物腐败和分解中，是否也会产生湖泛黑臭现象，有必要对其可能性进行甄别（视觉感官定性判断其湖泛是否形成）。二甲基硫醚（DMDS/DMTS）是湖泛形成中的主要嗅味特征物，而且一般致臭物向大气的逸出要早于水体发黑，即嗅觉异味感受先于视觉，因此除以视觉感官定性判断湖泛是否发生外，还可通过分析水柱中二甲基硫醚的形成和含量，定量比较生物体之间的湖泛易发性。

1）生源性湖泛模拟实验条件

藻源性湖泛模拟实验中，以采集于太湖竺山湖殷村港岸边的柱状底泥和水体作为所有实验水柱的泥-水系统。藻体取岸边表层堆积的藻体，离心去水后备用；浮游动物采用 13# 网，以"8"字形捞取（主要是枝角类和桡足类大型浮游动物）；底栖动物则是采集太湖河蚌，将其壳去除，取其剪碎后肉体；鱼类则是采集太湖岸边常集群活动的小杂鱼，将鱼体捣碎后制作成肉泥；高等水生植物（水草）则是采集太湖贡湖岸边的菹草（*Potamogeton crispus*），将其剪成 3～5 cm 长后备用。根据 2008 年 6 月藻源性湖泛模拟实验的初步结果，水温 28℃、水柱中鲜（湿）生物体大约 1000 g/m^2 状态将有可能形成湖泛。对所有生物体选择两种聚集密度（1000 g/m² 和 5000 g/m²，鲜重），进行湖泛发生和形成模拟实验。其中浮游动物由于季节性问题，采集较为困难，实际只设置了低量聚集密度（1000 g/m²，鲜重）。

实验温度为 28~30℃；水深接近实际湖体水深（1.8 m）；风情条件中等风（3~4 m/s 风速）；光照为自然光。

2）不同水生生物体湖泛形成的视觉变化

在系统中投加浮游植物（藻类）、浮游动物、底栖动物、鱼类和高等水生植物（俗称水草），以给定的实验条件模拟湖泛发生的结果表明，所有死亡水生生物体在投加 1000 g/m² 和 5000 g/m²（鲜重）后，均发生了湖泛黑臭现象（图 2-4，表 2-1）。其中在鲜重为 5000 g/m² 下，投加藻体于第 3 天发生了湖泛；投加鱼类（杂鱼肉泥）发生的湖泛最早，仅需 2 d；对于低投量组（1000 g/m²，鲜重），虽也形成了湖泛现象，但发生所需时间明显延长，最长达到 8 d（表 2-1）。

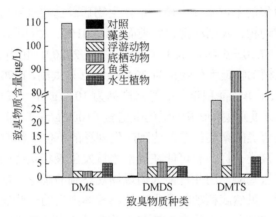

图 2-4　不同生物体诱发湖泛发生后二甲基硫化物类含量比较（第 11 天）

表 2-1　不同水生生物体（鲜重）湖泛形成模拟的视觉比较（25℃±1℃）

鲜生物量（g/m²）		浮游植物		浮游动物		底栖动物		鱼类		高等水生植物	
		1000	5000	1000	5000	1000	5000	1000	5000	1000	5000
视觉	1 d	无色	无色	无色	—	无色	无色	无色	无色	无色	无色
	2 d	无色	无色	无色	—	无色	无色	无色	无色	无色	无色
	3 d	无色	灰色	无色	—	无色	无色	无色	浅黑	无色	灰色
	4 d	灰色	浅黑	灰色	—	无色	灰色	灰色	黑色	无色	灰色
	5 d	灰色	黑色	灰色	—	无色	灰色	灰色	黑色	灰色	灰色
	6 d	浅黑	深黑	灰色	—	灰色	黑色	浅黑	深黑	灰色	浅黑
	7 d	浅黑	深黑	浅黑	—	灰色	黑色	黑色	深黑	浅黑	浅黑
	8 d	黑色	深黑	浅黑	—	浅色	黑色	黑色	深黑	浅黑	黑色
	9 d	黑色	深黑	黑色	—	黑色	深黑	深黑	深黑	浅黑	黑色
	10 d	黑色	深黑	黑色	—	黑色	深黑	黑色	深黑	黑色	黑色
	11 d	黑色	深黑	黑色	—	黑色	深黑	黑色	深黑	黑色	黑色

3）不同生源性湖泛形成后典型嗅味物含量比较

对采集于不同水生生物体湖泛模拟形成后上部水柱水样，采用 GC-MS 气质联用仪器，分析湖泛典型致臭物二甲基硫醚类物质的含量（卢信等，2015）。在所有生物质中，添加藻类时产生的挥发性有机硫化物（VOSCs）浓度相对高于其他实验组（图 2-4），其原因一方面是藻类代谢过程中会产生 VOSCs（Ginzburg et al，1998；Hu et al，2007）；另一方面是太湖蓝藻中含硫氨基酸含量较高（李克朗，2009），因而藻类死亡降解过程中也会产生大量的 VOSCs。

由图谱峰型解析反映，仅有底泥和湖水的对照样也出现了极低含量的 DMS 和 DMDS，但未出现 DMTS。虽然不同生物类型中，高等水生植物有较高的 DMS，底栖动物有最高的 DMDS 和 DMTS，其他生物体（包括对照）的含量相对变化不大，表明其他有机物源也可能参与了 DMS 和 DMDS 的形成。

据已有实际调查数据反映，太湖局部水域的藻类数量可达 13.2×10^8 cells/L，生物量达 10^8 mg/L（范成新，1996），即约 216 g/m^2 干重，按系数折合干物质，则相当于鲜藻浆 14400 g/m^2 或藻泥饼 1440 g/m^2；高等水生植物生物量可达 8226 g/m^2（张圣照，1996），因此太湖实际最大可能聚集的单位水体内藻、草体生物质量远超过室内模拟湖泛发生的投放强度。而对太湖的浮游动物、底栖动物和鱼类而言，2016 年太湖滨岸带浮游动物最大生物量发现在竺山湖，为（17.70±6.48）mg/L（温超男等，2020），相当于鲜重 118 g/m^2 左右；1980～1995 年，太湖底栖动物最大生物量为 224.6 g/m^2（东太湖，1990 年 12 月）；按 1952～2000 年渔获量估算，太湖单位面积年鱼虾等水产品为 10.5 g/m^2（秦伯强等，2004），对比采用不同水生生物体（鲜重）模拟形成湖泛的低值量（1000 g/m^2），即使是在太湖滨岸水域，浮游动物、底栖动物和鱼类的聚集都难以达到产生湖泛的单位生物质量聚集程度。

高等水生植物也与藻类一样，有可能在局部水域发生聚集状态的水生生物，而且体内可包含有一定量的含硫氨基酸，因此目前人们现场观察到的湖泛，都可能是由藻或草生物质的局部聚集而产生的。虽然底栖动物及水生植物残体产生的一些硫化物数量也比较多，但与蓝藻相比，这些生物在湖泊水体中大量聚集并形成死亡的概率极小。因此可以推断：藻源性湖泛是太湖中最为常见的一种湖泛。

2.1.2　藻体聚集状态对藻源性湖泛形成影响

1. 藻体的聚集性

生源性湖泛中绝大多数是藻源性的。在太湖，藻源性湖泛产生原因主要以蓝藻暴发为主，因而会造成其湖泊局部水域的形成。蓝藻中的微囊藻（*Microcystis*）是生命力特别旺盛的一类藻类，它的个体尺寸不过 4～8 μm，约相当于一根头发丝的二十分之一大小。含量较少时，它们以个体分散在水中；若遇适宜的条件会快速生长，并会产生群体效应，聚集在一起，当集聚到一定规模就会在水面形成油漆状的藻类水华，或简称藻华（algal bloom）。

藻类属于低等植物，其组成相对简单，尤其是原核生物藻类，由于其碎屑颗粒小、比表面积大，因此分解速度较快也较完全。在适宜的气象条件下，4 d 之内就可以在微生物等帮助下，将自身干重的 50% 左右物质分解掉（尚丽霞等，2013）。包括藻体和水草在内的所有低等植物，在其生命停止后，就将进入腐解、腐烂的分解过程。腐解作用是指微生物对新鲜有机物的破坏和分解。对于藻体的腐解而言，快速的分解速率可使得藻类碎屑在短期内将大量无机盐（包括氮、磷营养盐）释放到水体中，并且随藻类聚集量的增大，营养盐释放强度增大（李柯等，2011）。藻类的腐解过程十分复杂，包括藻体组织的水解、矿质成分及可溶性有机物的溶解、各类有机组分的酶解和生物降解等。其基本过程可分为两个阶段，第一阶段是藻类残体的快速解体及有机物的释放，第二阶段是难溶性的有机物在微生物以及胞外酶作用下缓慢分解（曹培培等，2014），这两个阶段都将消耗大量的氧气，为营造湖泛黑臭发生创造低氧条件。

淡水藻类的大部分门类都有形成有害水华的种类，包括属于原核生物的蓝藻，以及属于真核藻类的绿藻、甲藻、隐藻、金藻等，其中蓝藻门是淡水藻华中最常见也是最普遍的藻类。常见的"藻华"看起来在水面像一层绿色的油漆，隐藻水华就像一团黑水。在太湖等我国大部分淡水湖泊，夏季前后的藻华大多数是以蓝藻为优势种。蓝藻门中能形成水华的常见属主要有：微囊藻（*Microcystis*）、鱼腥藻（*Anabeana*）、束丝藻（*Aphanizomenon*）、拟柱孢藻（*Cylindrospermopsis*）、节球藻（*Nodularia*）、浮丝藻［原来归入颤藻（*Oscillatoria*）］等。据陈宇炜等（1998）对 1991～1997 年太湖梅梁湾藻类种类和生物量进行的调查研究，水华蓝藻优势种微囊藻属主要为铜绿微囊藻（*M. aeruginosa*）、水华微囊藻（*M. flos-aquae*）和惠氏微囊藻（*M. wesenbergii*），占微囊藻总量的 90%以上，微囊藻优势种群在不同月份中也有一定的差异。虽然近 10 多年来，太湖蓝藻水华中水华束丝藻和螺旋鱼腥藻的生物量有所增加（孔繁翔和宋立荣，2011），但微囊藻属仍是太湖蓝藻水华的主要种属。因此，太湖的藻源性湖泛主要起因于水华蓝藻的聚集。

理论上湖泛的形成与水华藻体的种类和分级有关，不过由于对其大体量藻体分离和室内纯培养的实施难度很大，在湖泛形成研究中，实际通常仍以一次性于湖体采集藻体作为受试（蓝藻）藻体材料并多重对照或平行等，以消除部分差异。湖泛模拟实验中，从藻体考虑的因素主要为：藻体的生物量、新鲜度，以及聚集位置等。

蓝藻藻体在湖面的大量聚集，会在水面上形成一层翠绿色的膜，既阻碍空气中的氧气溶入水中又阻碍水中的二氧化碳逸出水面进入大气。在夜间因微囊藻的呼吸作用导致水中的氧气大量消耗，藻体层的覆盖，严重影响着氧气向水中的补充速度；另一方面，呼吸作用还使得二氧化碳在水中大量积累，逐步提高的二氧化碳分压（p_{CO_2}）会进一步控制着水中已经相对低的氧分压（p_{O_2}）。藻体在湖面的聚集往往并非以同样的堆积密度聚集在一起，以藻体单位生物量来反映藻体聚集规模是常用方法（刘国锋，2009；Shen et al，2013），一般采用单位体积（g/L）或单位面积（g/m^2）水体所含藻体生物质量（鲜重）表示。20 世纪 80 年代末，7 月为太湖浮游植物生长高峰时期，铜绿微囊藻、水华微囊藻和小型色球藻数量达 8000 万 cells/L；1987～1988 年夏季西太湖宜兴区、梅梁湖（三山湖）及贡湖浮游植物生物量就分别高达 16.50mg/L、11.11 mg/L 和 14.64 mg/L（黄漪平等，2001）。30 多年来，太湖藻类单位数量有了大幅度增加，据调查（李春华等，2013），2010 年太湖藻源性湖泛易发区的西部湖滨带春季和夏季的藻密度分别为 188 万 cells/L 和 1.75 亿 cells/L。

2. 藻体的聚集状态

藻的聚集使藻密度在短期内增加，是湖泛发生的重要前提。对湖泛形成前的太湖藻含量调查统计反映（刘俊杰等，2018），在持续的适宜温度和适当风场条件下，湖泛发生前 1 日的藻密度达到 500 万 cells/L 以上的占比为 77.1%，藻密度在 1000 万～2000 万 cells/L 区间的比例最高，达 31.3%，其次为 2000 万～3000 万 cells/L，而达到 3000 万 cells/L 以上的比例最小，为 6.3%。藻密度 500 万 cells/L 可作为湖泛发生所需"藻源"基础量。

当浮游植物的生物量（或聚集量）足够大时，浮游动物和鱼类对其的捕食影响可以忽略，藻体的消失主要来自浮游植物的沉降。当藻体处于不可逆环境时，藻体会自然死亡，主要影响因素是自我遮蔽、营养物耗尽、CO_2 胁迫、光胁迫等。据对夏季太湖藻类易聚湖区局部调查，藻体在水表面的"堆积"厚度可达 30～100 cm，如此大的聚集厚度，处于下层的藻体受到光的照射将大大减低，因呼吸 CO_2 大量集聚，同时溶解态氮磷营养物被藻体等耗竭，当不利环境条件超过其耐受限度后，即会发生藻细胞的死亡（孔繁翔和宋立荣，2011）。根据对实际湖泛形成的调查，开展湖泛现象实验性模拟至少需要满足以下条件：①足够高的水柱，以达到浅水湖水深（太湖约 1.6～2.0 m）要求；②满足泥-水系统的原状性，并能在连续模拟中实时分层采样；③能在实验系统定量模拟风浪状态，营造湖体水动力和水层复氧条件；④适当的光温环境，营造水底低光和环境>22℃常温条件。另外，藻体生物量和状态（如腐解程度）的不同，都会对湖泛的形成过程产生重要影响。

鲜重是指生物体（或细胞）在自然状态下测得的重量，为模拟实际湖体藻源性湖泛的发生，需采样鲜藻作为生物质材料。对 2005～2006 年中国科学院太湖湖泊生态系统研究站的藻类调查结果分析，太湖藻类细胞数与藻类生物量存在如图 2-5 所示的线性关系（$y=0.0002x+1.7398$，$R^2=0.524$），其中 y 为生物量（mg/L），x 为藻细胞数（10^4 cells/L）。但涉及将鲜（湿）生物体作为研究材料时，一般是以鲜（湿）生物体来进行计量，然后根据需要再换算成藻体干生物量。据古小治分析，鲜藻浆的含水量为 98%～99%；经离心过的藻泥或压滤过的藻饼含水量为 80%～85%，即相当于藻浆中 1%～2%为干物质；藻泥中有 15%～20%为干物质。藻密度 500 万 cells/L 被作为湖泛发生所需"藻源"基础量（刘俊杰等，2018），最多到 3000 万 cells/L，乃至更多。按照上述关系式计算，对于 500 万～3000 万 cells/L 水体，大约相当于藻体生物量为 2.74～7.74 mg/L。据对太湖的 20 多次藻水分离结果分析（陆桂华和张建华，2011），在以蓝藻为主的藻类细胞数平均为 4.0×10^9 cells/L 时，

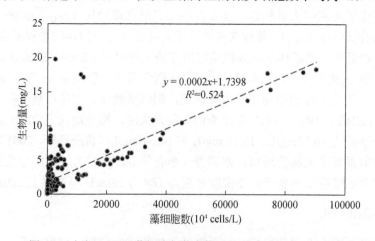

图 2-5　太湖 6～9 月藻细胞与藻生物量关系（2005～2006 年）

含固率仅为 2.9%（约合 29 g/L）。每个藻细胞的质量与藻的种类有关，即使从湖体采集的藻体都为同一个种类的蓝藻（如铜绿微囊藻），其个体质量在很大程度上也与季节、参与的群体大小、所处生长阶段和水层位置等有关。

2.2　藻源性湖泛形成过程模拟

2.2.1　藻体生物量对湖泛形成的影响

1. 藻源性湖泛形成实验

于 2008 年 5 月湖泛曾发区太湖西北部竺山湖（120.02944°E，31.45056°N），采集若干柱状底泥（ϕ110 mm）和湖水为实验材料，进行前处理后，于第 2 天用湖泛模拟装置（图 2-1）进行藻源性湖泛发生模拟。实验用鲜藻统一取自太湖湖泊生态系统研究站站区试验平台（2009 年 6 月 12 日进行藻体第一次收集）。柱状沉积物样（厚度约为 20 cm）无扰动从装置底部装入，上部竺山湾湖水小心无扰动注加至水深 1.8 m 左右，按实际设计鲜藻量，向每个实验柱中添加离心好的一定量藻体。藻体添加后，实验温度设置为（28±1）℃，光照采用室内自然光，于每天 12：30 到 15：30 进行中等风浪水动力环境扰动模拟，并分别在上午 8：30，下午 15：30 时测量溶解氧（DO），记录水柱中视觉（颜色）和嗅觉（气味）变化，以及有无气泡等物理现象。每天上午 8：30 时通过取样嘴，采集距上水面 20 cm 处，以及距土界面 10 cm 高度的水样，用 GF/C（Whatman）滤膜抽滤水样，获得截留样和滤液，冷冻，备用测定所需指标。

高浓度藻体湖泛形成实验是藻量对湖泛影响的预实验，太湖湖泛巡查和调查记录反映，太湖湖泛最长持续时间为 16 d，考虑到湖泛发生前低氧环境的营造，室内湖泛模拟时间选择不小于 20 d。考察低含量和高含量藻体发生湖泛的大致量级，为不同含量藻体湖泛实验的藻体投入量做参考。实验装置共使用了 3 个模拟系统，鲜藻投加量分别为：1#柱不投加，2#柱 0.95 g，3#柱 71.27 g，相当于单位面积分别为 0 g/m²、100 g/m² 和 7500 g/m²。第 1～18 天为每天实验，18 d 以后仅在第 25 天观察和取样分析一次，全部实验于第 25 天实验后结束。

实验过程中，1#和 2#柱始终为无色、无味，即无藻体投加和低藻量（100 g/m²）条件不会发生湖泛现象（表 2-2）。3#柱于实验的第 2 天水体出现微黄色，并出现微臭味；第 3 天柱体颜色出现灰黑色，同时臭味在变浓；第 4 和 5 天黑色明显加深、臭味较浓；在第 6 天，柱体通管呈深黑色，臭味浓烈，并一直持续到第 11 天。在第 12 天开始柱体颜色有所减轻，黑色略变淡，其后在 13～25 d 水体一直保持灰黑色，并仍有臭味。

表 2-2　藻源性湖泛实验性模拟感官变化（28℃±1℃）

	天数	1	2	3	4	5	6	7	8	9	10	11	12	13	14	15	16	17	18	25
	1#	无	无	无	无	无	无	无	无	无	无	无	无	无	无	无	无	无	无	无
视觉	2#	无	无	无	无	无	无	无	无	无	无	无	无	无	无	无	无	无	无	无
	3#	无	微黄	浅黑	黑	黑	深黑	深黑	深黑	深黑	深黑	深黑	黑	黑	黑	黑	黑	黑	黑	黑

续表

天数		1	2	3	4	5	6	7	8	9	10	11	12	13	14	15	16	17	18	25
嗅觉	1#	无	无	无	无	无	无	无	无	无	无	无	无	无	无	无	无	无	无	无
	2#	无	无	无	无	无	无	无	无	无	无	无	无	无	无	无	无	无	无	无
	3#	无味	微臭	臭	臭	浓臭	浓臭	浓臭	浓臭	浓臭	浓臭	浓臭	浓臭	臭	臭	臭	臭	臭	臭	臭

2. 不同藻量湖泛模拟实验

根据藻源性湖泛模拟实验结果，以发生湖泛的高藻量（鲜藻 71.27 g/柱）和未发生湖泛的低藻量为藻量参考，对其中 8 个实验柱（1#～8#柱）的鲜藻量按如下数量进行投放：0 g、0.95 g、4.75 g、9.50 g、23.76 g、47.52 g、71.27 g 和 95.03 g，藻密度分别对应 0 g/m²、100 g/m²、500 g/m²、1000 g/m²、2500 g/m²、5000 g/m²、7500 g/m² 和 10000 g/m²。

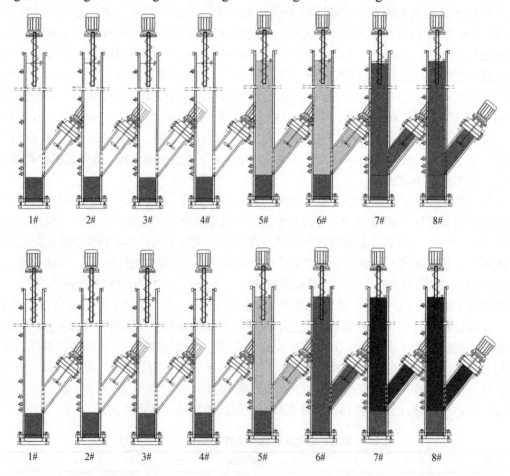

图 2-6　不同鲜藻量湖泛模拟实验加藻后第 4 天（上）和第 8 天（下）的视觉结果

实验观察反映，1#～4#在整个实验过程中水柱未出现黑色（图 2-6 和图 2-7），表明在实验环境下，水体中藻密度 0～1000 g/m² 的聚集量内，没有形成湖泛现象；鲜藻量在 2500 g/m²、5000 g/m²、7500 g/m² 和 10000 g/m² 的 5#～8#柱，从第 2 天起水柱颜色即开始发生变化，都经历微黄色→浅黑色→黑色的水体黑色形成过程（表 2-3），藻量最高的两个实验柱（7#和 8#），还出现了"深黑色"的状态，表明，当藻类聚集量超过 1000 g/m² 下，湖泛现象都会发生。但不同的藻体聚集量在湖泛形成的进程中和持续时间上会出现一定差别。比如 5#（2500 g/m²）柱，经过第 2～3 天的微黄色后，第 4 天形成浅黑色，第 5～7 天持续变黑后，于第 8 天起黑色逐渐减弱，至第 12 天时，水体颜色几乎恢复到起始状态。6#（5000 g/m²）柱则于第 4 天就出现浅黑色，在第 9 天才开始减弱，但直至实验结束黑色（灰色）仍未消除。7#（7500 g/m²）～8#（10000 g/m²）柱发生黑色最早（3 天），它们之间的差别主要在于进入"深黑色"状态的时间、持续时长和减弱时间。7#（7500 g/m²）柱在第 8 天达到深黑色，仅持续 1 d，第 8 天就开始减弱，持续 7 d 的黑色后减弱至浅黑色直至实验结束；8#柱经过 2 d 的黑色过程后，即于第 6 大就进入深黑色状态，并持续 6 d（第 6～11 天），此后以保持黑色状态直至实验结束。

图 2-7　不同鲜藻量湖泛模拟实验（第 8 天）

表 2-3　不同藻量模拟实验视觉感官变化（28℃±1℃）

实验柱号		1#	2#	3#	4#	5#	6#	7#	8#
藻类	g/柱	0	0.95	4.75	9.50	23.76	47.52	71.27	95.03
聚集量	g/m²	0	100	500	1000	2500	5000	7500	10000
	1 d	无色	无色	无色	无色	无色	无色	无色	无色
	2 d	无色	无色	无色	无色	微黄色	微黄色	微黄色	微黄色
	3 d	无色	无色	无色	无色	微黄色	灰色	浅黑色	浅黑色
模拟	4 d	无色	无色	无色	无色	浅黑色	浅黑色	黑色	黑色
天数	5 d	无色	无色	无色	无色	黑色	黑色	黑色	黑色
	6 d	无色	无色	无色	无色	黑色	黑色	黑色	深黑色
	7 d	无色	无色	无色	无色	黑色	黑色	黑色	深黑色
	8 d	无色	无色	无色	无色	浅黑色	黑色	深黑色	深黑色

续表

实验柱号		1#	2#	3#	4#	5#	6#	7#	8#
模拟天数	9 d	无色	无色	无色	无色	浅黑色	浅黑色	黑色	深黑色
	10 d	无色	无色	无色	无色	灰色	浅黑色	黑色	深黑色
	11 d	无色	无色	无色	无色	灰色	灰色	黑色	深黑色
	12 d	无色	无色	无色	无色	无色	灰色	黑色	黑色
	13 d	无色	无色	无色	无色	无色	灰色	黑色	黑色
	14 d	无色	无色	无色	无色	无色	灰色	黑色	黑色
	15 d	无色	无色	无色	无色	无色	灰色	黑色	黑色
	16 d	无色	无色	无色	无色	无色	灰色	浅黑色	黑色
	17 d	无色	无色	无色	无色	无色	灰色	浅黑色	黑色
	18 d	无色	无色	无色	无色	无色	灰色	浅黑色	黑色
	25 d	无色	无色	无色	无色	无色	灰色	浅黑色	黑色

　　在湖泛形成中，人的嗅觉感受也出现不同变化，可用无味、微臭、臭和浓臭4级定性加以区别（表2-4）。感官跟踪反映，实验过程中1#～3#柱未出现嗅觉变化（无嗅味），4#～8#柱则随着藻类聚集量的增加，出现的异味越浓，且持续的时间越长。聚藻量为1000 g/m^2（4#柱）时，虽在第4～9天出现微臭，但味觉程度并未加深（视觉上水柱也未产生黑色），实际湖泛现象并未发生或其进程被中止；第5#～8#水柱则都经历了"无味→微臭→臭→浓臭→臭"的过程，其中发生"浓臭"的时长分别为3 d、4 d、8 d和8 d，即大致随着聚藻量的增加发生高浓度臭味的时间延长。另外，5#（2500 g/m^2）柱虽发生了湖泛，但实验的第12天就自动消失，而8#（10000 g/m^2）柱则自第2天发生异味后，一直延续到实验结束臭味仍未消去。

表2-4　不同藻量模拟湖泛实验嗅觉感官变化（28℃±1℃）

实验柱号		1#	2#	3#	4#	5#	6#	7#	8#
藻类聚集量	g/柱	0	0.95	4.75	9.50	23.76	47.52	71.27	95.03
	g/m^2	0	100	500	1000	2500	5000	7500	10000
模拟天数	1 d	无味	无味	无味	无味	无味	无味	无味	无味
	2 d	无味	无味	无味	无味	微臭	微臭	微臭	微臭
	3 d	无味	无味	无味	无味	臭	臭	臭	臭
	4 d	无味	无味	无味	微臭	臭	臭	臭	臭
	5 d	无味	无味	无味	微臭	浓臭	浓臭	浓臭	浓臭
	6 d	无味	无味	无味	微臭	浓臭	浓臭	浓臭	浓臭
	7 d	无味	无味	无味	微臭	浓臭	浓臭	浓臭	浓臭
	8 d	无味	无味	无味	微臭	臭	浓臭	浓臭	浓臭
	9 d	无味	无味	无味	微臭	臭	臭	浓臭	浓臭
	10 d	无味	无味	无味	无味	臭	臭	浓臭	浓臭

续表

实验柱号		1#	2#	3#	4#	5#	6#	7#	8#
模拟天数	11 d	无味	无味	无味	无味	臭	臭	浓臭	浓臭
	12 d	无味	无味	无味	无味	无味	臭	浓臭	浓臭
	13 d	无味	无味	无味	无味	无味	微臭	臭	臭
	14 d	无味	无味	无味	无味	无味	微臭	臭	臭
	15 d	无味	无味	无味	无味	无味	微臭	臭	臭
	16 d	无味	无味	无味	无味	无味	微臭	微臭	臭
	17 d	无味	无味	无味	无味	无味	微臭	微臭	臭
	18 d	无味	无味	无味	无味	无味	微臭	微臭	臭
	25 d	无味	无味	无味	无味	无味	微臭	微臭	臭

比较表 2-3 和表 2-4 视觉和嗅觉两种感官的变化，发生湖泛的实验柱（5#～8#），其显黑和发臭的时间点、差异性程度和持续时长基本相互对应。感官反映，湖泛过程中黑臭的形成具有一定的同步性。此外，从 4#柱的感官表明，藻体大量聚集出现嗅觉异味，并不一定能形成视觉感受到的湖泛发生。因此，湖泊藻体生物量越高，越容易发生湖泛现象；并可推测，在所给定的环境状态和藻源条件下，发生湖泛的最低生物量应在 1000～2500 g/m^{2}之间。由于藻材料的复杂性（藻类组成、生长期等），不同实验所需鲜藻的收集时间可能有数十天甚至季节上的变化，因此发生湖泛的最低鲜藻生物量难以确定于一个定数，处于某个区间范围，更易为实验者把控。

2.2.2　藻体鲜活性对湖泛形成的影响

取竺山湖殷村港口底泥，应用湖泛发生装置，模拟藻类鲜活性对竺山湖湖泛发生的影响。实验底泥均采用竺山湖原状底泥，所加的上覆水均采集于竺山湖。1#柱为空白对照样，未加藻体；2#和 3#柱各加经离心后的鲜藻和黄色死藻 9.50 g，相当于鲜藻量 1000 g/m^2，其中鲜藻和死亡藻体实验测试的叶绿素 a 含量分别为 809.2 mg/m^3 和 4.2 mg/m^3。实验环境调整为（25±1）℃，设置中等风力条件，模拟藻源性湖泛的形成，全过程（25 d）感官观察水柱黑臭的变化。实验过程中，采集上下层（表层 20 cm 和下层 10 cm）水样体积若干，分析叶绿素 a、溶解氧、氨氮、磷酸根磷、有机碳等含量。

1. 感官变化

表 2-5 为装置模拟下，藻体的鲜活和死亡对湖泛形成影响过程的感官记录。由表可见，未加藻体的空白对照（1#柱）全部过程未出现视觉和嗅觉上的差异；加鲜藻量 1000 g/m^{2}的 2#柱，水柱全程视觉未见变化，但在第 4～13 天出现微臭异味，表明已有致臭物产生，但致黑物没有形成；加死亡藻体 1000 g/m^{2}的 3#柱，水柱自第 2 天起，就出现变化，第 4天就由微黄色→浅黑色→黑色，第 8 天出现约 1 d 时长的深黑色。相应的嗅觉变化也是于第 2 天起，自微臭→臭→浓臭，其中浓臭持续时间达 8 d。

表 2-5　藻体的鲜活和死亡对湖泛形成影响的感官变化过程（25℃±1℃）

项目	藻体状态	天数（d）																		
		1	2	3	4	5	6	7	8	9	10	11	12	13	14	15	16	17	18	25
视觉 1#	0	无	无	无	无	无	无	无	无	无	无	无	无	无	无	无	无	无	无	无
2#	鲜藻	无	无	无	无	无	无	无	无	无	无	无	无	无	无	无	无	无	无	无
3#	死藻	无	微黄色	浅黑色	黑色	黑色	黑色	黑色	深黑色	黑色	黑色	黑色	黑色	黑色	黑色	黑色	浅黑色	浅黑色	浅黑色	浅黑色
嗅觉 1#	0	无	无	无	无	无	无	无	无	无	无	无	无	无	无	无	无	无	无	无
2#	鲜藻	无	无	无	微臭	微臭	微臭	微臭	微臭	微臭	微臭	微臭	微臭	微臭	无	无	无	无	无	无
3#	死藻	无味	微臭	臭	浓臭	浓臭	浓臭	浓臭	浓臭	浓臭	浓臭	浓臭	浓臭	臭	臭	臭	微臭	微臭	微臭	微臭

虽然藻体加入量均为 1000 g/m^2（湿重），但死亡状态的藻体更容易形成湖泛。将表 2-5 与表 2-3 和表 2-4 从水体黑、臭感官进行对比，死亡藻体发生湖泛的黑臭感官，已可与 6# 柱（鲜藻 5000 g/m^2）的程度比较，即死亡藻体聚集诱发湖泛的发生，较之鲜活藻体对生物质量的要求明显较低。

2. 叶绿素 a 含量变化

水柱叶绿素 a（Chl a）含量可反映活性藻体的生物质量大小。对实验的前 14 d 采集的湖泛模拟水柱的表层（距水面 20 cm）和底层（距离底泥-水界面 10 cm）水样分析，空白样（1#）和死藻样（3#）在整个模拟过程中，叶绿素 a 含量几乎都处于 0 mg/m^3，说明采用的泛黄的死藻藻体在同样藻量下，鲜藻柱水体叶绿素 a 含量远比死藻柱体高（图 2-8）。鲜藻上层比下层含量相应更高。特别是在实验的前 5 天，下层含量最大 200 mg/L，而上层却高达 800 mg/L 左右，这是由于鲜藻前期活性很好、主要浮在柱体表层。随着实验的进行，水体缺氧，部分藻体死亡沉入下部水体，表现为下层叶绿素 a 增加的现象，沉入底部的藻体在厌氧环境下开始腐败、分解，叶绿素 a 含量又开始逐渐下降。由实验观测记录得知：虽然鲜藻柱叶绿素 a 含量很高，但并未产生湖泛现象，而叶绿素 a 含量几乎低至零的死藻柱，却发生湖泛现象，这说明水体中的藻体均为活体时，湖泛不会形成，只有活性藻体死亡，才有可能发生。野外湖泛发生现场观测也发现，发生湖泛的地点，湖面多无明显的藻类聚积，模拟实验结果与实际情况基本相符。

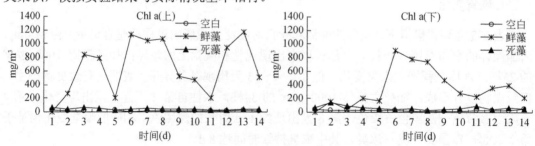

图 2-8　湖泛模拟中藻类鲜活性叶绿素 a 变化

3. 溶解氧 DO 含量变化

图 2-9 为藻体鲜活性对湖泛模拟系统水柱上下层中 DO 含量影响，可见，随实验进程，水体中 DO 含量均出现较大幅度的下降，但死藻和鲜藻柱中 DO 都远比对照样柱低，说明只要有大量藻体聚积，不论其是活藻还是死藻，都会对水体造成严重缺氧的影响。水柱高度 1.8 m，上下层 DO 含量的变化趋势一致，但下层的含量值略低于上层。另外，虽然鲜藻中活体藻类数量巨大，实验中并没有出现视觉所能觉察的湖泛现象，但水柱（2#）中的上下层 DO 却在大部分时间中，不仅低于 2 mg/L，而且还低于实际发生湖泛、加装等量生物质死藻体的水柱（3#），甚至趋近于零。该结果一方面反映湖泊低氧并非藻源性湖泛发生的特征氧环境，以 DO<2 mg/L 作为确定湖泛状态仍须以视觉结果为准。同时也暗示，相对静止的湖体，即使没有藻类，其水柱的复氧作用也会较弱，甚至低至接近 DO<2 mg/L。

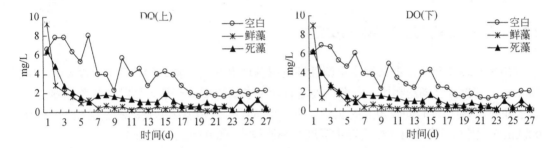

图 2-9　藻体鲜活性对水柱上下层 DO 含量影响

死藻和鲜藻柱在实验中都出现 DO 下降，但两者原因不完全相同。死藻柱是由于死亡藻体在适宜的温度下需进行有机质的耗氧分解；而鲜藻柱则是在整个实验过程中，基本能保持较高的鲜活状态（图 2-8），以较高密度的方式聚集在有限空间内，除动态进入表层的一小部分藻体能进行光合作用外，其他处于中低层位的藻体的光合能力受到抑制，但呼吸作用却仍需要大量耗氧，使水体 DO 含量大幅下降，同时不断放出 CO_2。水柱中 CO_2 浓度的升高一定程度上也会对水柱中的氧气产生驱赶作用，使得水体中的溶解氧含量更加受到抑制。当藻体聚集度不足以产生藻源性湖泛时，实验过程中藻体中短期不会出现死亡（或大量死亡）现象。因此直至实验结束，水柱中 Chl a 含量表征的鲜藻仍大量存活，控制水柱中的氧含量主要来自于活性藻体的呼吸作用。

藻体在水柱中分布的均匀性则对 DO 含量也会有一定影响。以水柱中总有机碳（TOC）为例（图 2-10），虽然死藻与鲜藻所加藻量（湿重）一致，但水体中 TOC 在实验前期相差较大。死藻在上下层中的含量分布较均匀，初期溶解在水体中的 TOC 含量较高，但随着降解的发生，TOC 含量逐渐下降；而鲜藻的上下层 TOC 含量却相差较大，上层最大值为 27.18 mg/L，下层最大值为 15.28 mg/L。初期鲜藻刚加入柱体时，主要浮在水体表层（约 20 cm 内）去竞争光，很少有藻体死亡，将溶解性生物质释放到水柱中；随着光合作用和呼吸作用的进行，鲜藻水柱中逐步积累起一些溶解性碳（图 2-10），再加上少量死亡藻体的分解和生物质的释放使得水柱中维持较低量的 TOC 含量水平。

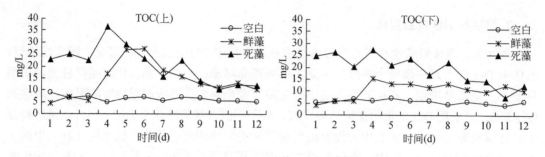

图 2-10　藻类鲜活性对水体总有机碳影响

2.3　草源性湖泛形成的植物类型及与其组分关系

2.3.1　草源性湖泛形成的植物类型

2009～2017 年间太湖共发生草源性湖泛黑臭现象 6 次（表 2-6），其中贡湖 4 次、梅梁湖 1 次。与藻源性湖泛相比，草源性湖泛有两个主要特点：一是一旦发生草源性湖泛（茭黄水除外），则持续时间较短且时长较稳定（3～5 d）；二是现场见及的湖泛面积小（0.01～0.8 km²），因此每次 BBI（湖泛发生强度）都比较小（0.04～2.4 km²·d）。

表 2-6　太湖草源性湖泛发生记录和原因

发生时间	湖区	位置	持续天数（d）	见及面积（km²）	BBI
2009.7.20～7.24	贡湖	小溪港河口	5	0.2	1
2011.5.22～5.24	贡湖	小溪港河口西 600～700 m 水域	3	0.12	0.36
2012.5.16～5.19	贡湖	许仙港闸附近	4	0.01	0.04
2012.5.28～5.30	贡湖	大溪港闸至小溪港闸以西近岸	3	0.12	0.36
2017.5.24～5.26	梅梁湖	杨湾—三山	3	0.8	2.4
总计			18.00	1.25	4.16
平均			3.6	0.25	0.83

图 2-11　东太湖茭草大量繁殖后局部死亡状况（1988 年）

在太湖实际水体中已被观察到与湖泛发生有关的水生植物种群主要有菰（俗称茭草和蒿草）、芦苇和菹草。因茭草［*Zizania latifolia* Griseb（Turcz）］引发的湖泛于 20 世纪 80 年代起就已在东太湖的东北部发生，被渔民称之为"茭黄水"（图 2-11）。当时"茭黄水"所形成的水体黑臭主要在草港以南至朱家港一带，范围约 2 万亩（13.3 km²）（高培础和黄粟嘉，1992；张继恒，1993），严重水域在新开路港至戗港一段，面积约 6.0 km²。80 年代中期至 90 年代中期的 10 年中，几乎每年都会发生，污染湖水达 5 个月（6～10 月）约 150 d 之久。如果以 BBI 计算，约为 900～1995 km²·d。在茭草大量繁殖区的湖底，沉积物厚度一般在 0.3～0.7 m，局部淤积厚度达 1.5 m 以上。聚积一个冬春季后，随着春夏气温的升高，淤积层发酵，至 5 月茭黄水易发区的水色开始发黄再发黑变臭（张继恒，1993）。经过 20 多年来对东太湖围网养殖和生物资源的优化管理，茭黄水现象已基本绝迹。

李文朝（1997）曾在 20 世纪 90 年代初对东太湖"茭黄水"现象典型断面进行过研究，发现茭草聚集区水底底泥表层（0～20 cm）的密度仅为 0.2 g/cm³ 左右，总有机碳（TOC）含量表层 10 cm 达到 17%以上（图 2-12）。模拟发生的茭草腐败过程造成的水体耗氧物质（COD$_{Cr}$）含量大幅增加，东太湖单位面积上的草体高残留量（1774 g/m²）及夏季水体高温造成的新残落的茭草茎叶快速腐烂分解，是发生茭黄水的主要原因。

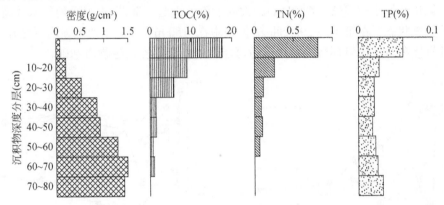

图 2-12　东太湖典型茭草区沉积物密度、TOC 及氮磷含量（李文朝，1997）

太湖西部沿岸、月亮湾及贡湖北部沿岸生长有大量芦苇等挺水植物，在湖泛易发期往往发现有湖泛形成其中。曹勋（2015）曾采用室内模拟方法，研究了包括挺水植物芦苇在内的太湖优势水生植物在冬季低温环境下残体的分解过程，发现分解可分为快速分解和缓慢分解两个明显阶段（图 2-13）。在分解的第一个阶段是植物残体的快速溶解阶段，其后是

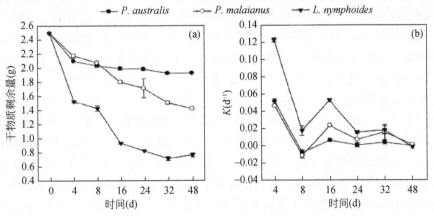

图 2-13　水生植物分解过程中残体干物质剩余量及分解速率的变化（曹勋，2015）

难溶性的物质与微生物以及胞外酶作用缓慢分解阶段（王博等，2009）。显然在第一阶段，快速腐解使得湖泊水体迅速进入低氧状态。比较芦苇、马来眼子菜、荇菜 3 种水生植物间的分解速率，差异较显著（$p<0.01$），芦苇（挺水植物）的降解速率比马来眼子菜（沉水植物）、荇菜（浮叶植物）要小，但从图 2-13 中可见，芦苇大约腐解到第 8 天，其降解速率已与易降解的马来眼子菜和荇菜接近。

在芦苇区中发生的湖泛，多见有藻体聚集现象。在贡湖北部沿岸，岸边约 50～200 m 几乎都高密度生长芦苇，2007 年 5 月在南风、西南风、东风下风向，大太湖的蓝藻水华漂移到贡湖南泉水厂东部沿岸的芦苇丛及港汊中，堆积后腐烂沉降到底泥，形成黑水团（孔繁翔等，2007）。为探究蓝藻、芦苇残体及其混合分解过程对水质的影响，余岑涔等（2018）比较了芦苇、蓝藻和芦苇+蓝藻混合 3 种生物质聚集情景，结果反映，虽然单独蓝藻和单独芦苇与对照相比也发生了下降，但将蓝藻-芦苇进行混合的一组，其水体形成的缺氧程度明显较深、氧化还原电位更低（图 2-14）。大约于第 5 天起，蓝藻-芦苇分解组水体就进入严重缺氧的厌氧状态，在第 10～20 天间 E_h 值基本在-150 mV 左右（处于强还原性），显示芦苇强化并直接参与了厌氧环境的营造，为可能发生的湖泛提供生物质基础。

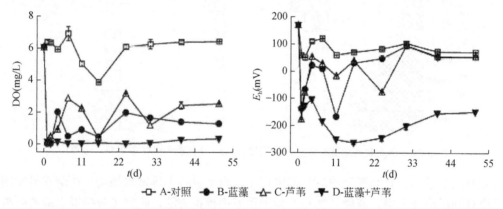

图 2-14　草、藻分解中水体溶解氧和氧化还原电位变化（余岑涔等，2018）

沉水植物与藻类相聚集也会发生湖泛。Zhou 等（2020）在有黑藻和浮游植物存在下的两个水生微宇宙环境中，原位进行 90 天的湖泛模拟及比较研究，溶解氧（DO）均发生大幅下降，只不过黑藻在 30℃水温下，比藻类发生的湖泛要弱。自 2009 年来在太湖水面调查见及的草源性湖泛主要来自以菹草为主的高等水生植物聚集区，因此，以菹草群丛为主区发生的湖泛被认为是目前最易发生的草源性湖泛类型。2010 年在湖泊与环境国家重点实验室，应用模拟装置模拟了以菹草作为代表性草源性湖泛过程。模拟实验向水柱中投加了 1000 g/m^2（鲜重）的菹草残体，以藻类、浮游动物、底栖动物（河蚌）、鱼类（小杂鱼）作为对照，湖泛均在第 4～6 天之间形成（表 2-1）。但现场感官反映，以菹草为实验材料的水柱于第 5 天显示出湖泛发生（图 2-15），视觉感官颜色在灰色→浅黑色→黑色间变化。

在太湖北部的贡湖和梅梁湖，发现的草源性湖泛中，涉及的优势沉水植物是菹草。菹草（*Potamogeton crispus*）为眼子菜科多年生沉水植物，生长于湖沼、河沟、池塘和稻田等水体，为许多草型湖泊的优势种，对富营养化水体有较强的适应能力。但菹草容易在富营养化湖泊过量生长，且具有季节暴发性；春末夏初菹草的盖度和生物量都很大，形成了极大的初级生产力。菹草死亡腐烂分解，会引起湖泊内源性营养物负荷的积累，对水体造成二次污染。

实际上在太湖沿岸，很多水生植物都可以形成大规模生长，并可以较大单位面积生物量于冬春季死亡消失，却未见有湖泛的发生。曹培培等（2014）对取自太湖贡湖湾的 6 种代表性水生植物（挺水植物芦苇和荇草，浮叶植物莲和荇菜，沉水植物菹草和狐尾藻），研究了它们在温度、水分、养分等外部环境同样的条件下，不同生物量密度下的分解过

图 2-15　不同水生生物体湖泛形成模拟
（左 1 柱为投放水草组）

程及其成分的变化过程，也反映出浮叶植物的分解速率最快，沉水植物其次，挺水植物最慢的实验结果，但发现其中菹草、芦苇和荇草 3 种植物的分解速率会随生物量密度的增大而增加，这也正是自 20 世纪 80 年代以来，有记载的与草源性湖泛形成相关性最高的 3 种水生植物。现在对这种现象的初步解释是，植物残体生物量的增大会影响微生物群落的数量，这样生物分解作用中释放到水体中的物质的绝对数量也更多，从而导致水体 pH 值、溶解氧等发生变化，促进（或抑制）微生物活性，造成不同生物量密度梯度组间的分解速率形成差异（Galicia and Garcia-Oliva，2011；张四海等，2011）。但由于尚缺少进一步的植物聚集量和种类间的对比，以及生物质分解速率与藻源性湖泛形成关系等方面的研究，尚不能排除其他植物种类与太湖藻源性湖泛之间的联系。

2.3.2　草源性湖泛的形成与植物体成分关系

当大型水生植物体在水中经腐解碎化后，会逐步形成粗营养成分，其中主要含有粗蛋白质、粗脂肪、粗纤维、总糖和粗灰分等成分，除粗灰分主要为无机化合物外，其他都为可以参与植物生物降解的有机物质。表 2-7 为湖泊常见高等水生植物与藻类干物质常规营养成分（石今朝等，2021；王艳丽等，2006；王郝为和吴端钦，2018；钱仲仓和杨泉灿，2016；郑会超等，2016；李克朗，2009；陈颖等，1998），可见，相比于藻类和沉水植物，挺水植物有较高的粗纤维、较低的粗蛋白和粗脂肪；沉水植物含有相对有较高的总糖和粗灰分；藻类则有最高含量的粗蛋白和粗脂肪。无论水生高等植物或低等植物（藻类），它们的降解都将提高水体的有机负荷，而过高的有机负荷又将是湖泛形成的主要因素之一（孔繁翔等，2007）。根据对死亡底栖动物（河蚌）和游泳动物（鱼类）的湖泛模拟结果（表2-1）可推测，足够高的脂肪聚集量也会引发湖泛的形成，只是在实际水体中，以脂肪高度聚集单位水域的可能性不大。

植物体内还储存一类高分子碳水化合物——淀粉，它与纤维素一样都属于多糖。植物多糖的种类很多，按在植物体内的功能可分为两类：一类是形成植物体的支持组织，如纤维素；一类为植物的储存养料，可溶于热水成为胶体溶液，经酶水解后生成单糖以提供能量，如淀粉等。根据在植物细胞的存在部位的不同，植物多糖可分为细胞内多糖、细胞壁多糖和细胞外多糖。淀粉属于多聚葡萄糖，在适当的环境中会水解成葡萄糖。植物能利用太阳光合成淀粉，并将淀粉贮藏在果实、种子、根、茎内的植物体中。虽然人们一般不单独测定水生植物（包括藻类）体内的淀粉含量，据研究，海藻体内的多糖含量占50%以上。蛋白质和多糖（或总糖）都是高等水生植物和藻类的主要组成物质，它们之间的含量差异较大（表2-7），分析湖泛与不同粗营养成分的关系，将有助于获得水生植物与藻类甚至不同水生植物间的湖泛易发性差异信息。

表 2-7　湖泊常见高等水生植物与藻类干物质常规营养成分（%）

项目	挺水植物		沉水植物		藻类	
	芦苇 P. australis	茭草（叶） Z. Latifolia	菹草 P. crispus	微齿眼子菜 P. maackianus	蓝藻（太湖）	绿藻（小球藻） Chlorella sp.）
粗蛋白	6.23±0.03	12.26±0.19	15.60	18.88	40.45	55～67
粗脂肪	1.13±0.01	3.4～4.2	5.26	5.87	12.96	8～13
粗纤维	38.39±0.27	36.11±0.22	19.23	12.51	—	1～4
总糖	34.5	6.0	32.58	35.16	5.0	10～20
粗灰分	6.14±0.01	4.8	15.07	11.19	9.6	5～8

1. 蛋白质对湖泛形成的影响

蛋白质（protein）是构成植物细胞的基本物质之一。在植物生长过程中，地上部分茎叶细胞中不断有蛋白质的合成，供构建新的细胞组织和器官的需要，这部分蛋白质被称之为植物叶蛋白，它们属于功能性蛋白质类。由于是存在于植物茎、叶中，所以是一种最大的可再生的蛋白质资源。叶蛋白是一类多聚合物质，含有17～18种氨基酸和维生素。虽然大型水生植物的粗蛋白普遍低于藻类，但不同高等水生植物体内的粗蛋白含量也会有一定差异（表 2-7）。干物质中，挺水植物粗蛋白含量比沉水植物约低 3%～10%，比藻类则低30%左右。

蛋白胨（peptone）是有机化合物，是将肉、酪素或明胶用酸或蛋白酶水解后干燥而成的外观呈淡黄色的粉剂，具有肉香的特殊气息。蛋白质经酸、碱或蛋白酶分解后也可形成蛋白胨。蛋白胨富含有机氮化合物，不同的生物体需要特定的氨基酸和多肽，因此存在着各种蛋白胨，一般来说，用于蛋白胨生产的蛋白包括动物蛋白、植物蛋白和微生物蛋白等3 种。实验中的植物蛋白胨（大豆蛋白胨，BR）代替作为蛋白质投加实验。实验在装有 100 g 混合沉积物（取自月亮湾芦苇区）的 500 mL 锥形瓶中，分别添加蛋白胨 0 g、0.01 g、0.2 g、0.5 g、1.5 g 和 3.0 g，灭菌，再分别接种 SRB118 菌种（20 mL）。用无菌水注满，密闭避光30℃培养 30 d。每隔一天取样，测定硫化氢 H_2S（以 S^{2-} 表示）、二价铁（Fe^{2+}）和黑度。

1）S^{2-}变化

从图 2-16 中可以看出，蛋白质能有效地促进硫的还原，特别是在实验前期，除对照外，所有蛋白质添加处理，都使得 S^{2-}含量出现增高，并于第 2 天出现大小不同的峰值，然后迅速下降，大约至第 7 天后趋于平稳。加入 1.5 g 蛋白质在第 2 天达到的峰值为 0.609 mmol/L，第 3 天即大幅下降到 S^{2-}接近 0.1 mmol/L；加入 3.0 g 蛋白样品 S^{2-}含量则是第 2 天达到极大值 0.476 mmol/L，接着含量逐步下降至第 7 天后趋于平稳。虽然加入 0.5 g 增加的 S^{2-}含量比之 1.5 g 和 3.0 g 小，但总体已明显超过低含量投加。蛋白质中含有大量的含硫氨基酸，低氧环境下的微生物降解使得硫释放出来参与湖泛的形成，另一方面还促进系统底泥中高价硫向低价硫的转化，为硫还原反应提供了更多的电子底物。但是对于较低蛋白质含量（如 0~0.2 g）的处理，蛋白质的添加产生的供电子底物较少，并不能显著促进 S^{2-}的生成。

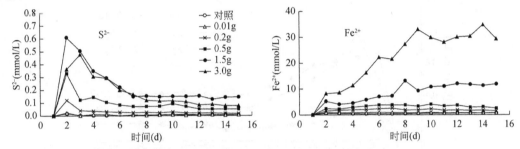

图 2-16　蛋白质量对水中 H$_2$S 和 Fe^{2+}形成的影响

2）Fe^{2+}变化

向湖泛模拟系统中投加较高量蛋白质会明显增加 Fe^{2+}的产生，但低浓度（0.01 g）蛋白质添加并不能明显促进 Fe^{2+}积累（图 2-16）。Fe^{2+}含量的增加几乎在一开始就形成促进作用，而不是延迟一段时间。除 Fe^{2+}含量是随 1.5 g 和 3 g 蛋白质添加量同步上升外，其他投加量所产生的 Fe^{2+}浓度大致在第 2~4 天后，就不再升高，线型平坦，反映在低含量蛋白质环境下，Fe^{2+}的升高受限。1.5 g 蛋白质添加量的 Fe^{2+}浓度随培养时间迅速增加，第 8 天到达峰值 8.32 mmol/L；而 3 g 的添加量 Fe^{2+}浓度随培养时间迅速增加，第 14 天到达峰值 34.74 mmol/L，平均值达到 22.03 mmol/L。

图 2-17　泥-水-菌体系中蛋白质量对水体颜色的影响（第 15 天）

2 和 5~9 号瓶分别为对照、0.01 g、0.2 g、0.5 g、1.5 g 和 3.0 g 蛋白质投加量

3）黑度变化

图 2-17 为投加不同量蛋白胨第 15 天时实验体系的视觉感官情况，可见，只有投加高含量蛋白质的泥-水体系实验瓶中发生了湖泛现象。定量分析体系中黑度（FeS）值反映，包括对照在内，较第 1 天的数值而言，第 2～15 天的黑度值均出现上升（图 2-18），其线型变化形态与 S^{2-} 含量的变化（图 2-16）非常相似，说明水体湖泛致黑物的发生与 S^{2-} 有密切关系，而相比于 Fe^{2+} 的线型变化，则没有相关性。另外，实验还反映，蛋白胨最大投加量（3.0 g）所产生的黑度值没有 1.5 g 投加量所产生的高，添加 1.5 g 蛋白质样品黑度第 2 天达到 0.663 mmol/L，平均值达到 0.449 mmol/L；而添加 3.0 g 蛋白质样品黑度第 3 天达到 0.782 mmol/L。这也与 S^{2-} 的变化结果一致，反映实验中水体中的 Fe^{2+} 是明显过量的，限制黑度的主要因子是还原性硫在水体中的含量。

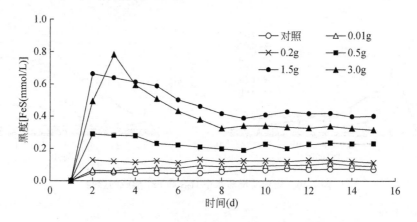

图 2-18　蛋白质量对水中黑度（FeS）形成的影响

蛋白质的不同添加量对水体 pH 并没有显著影响，基本在 pH 值为 7.0 左右，处于大多数微生物生长的最佳范围，不应影响到系统中 SRB 的繁殖。

2. 纤维素对湖泛形成的影响

纤维素（cellulose）是由葡萄糖组成的大分子多糖，是自然界中分布最广、含量最多的一种多糖，占植物界碳含量的 50% 以上，分子量达到 50000～2500000，相当于 300～15000 个葡萄糖基。纤维素主要是通过植物光合作用产生，是植物细胞壁的主要成分。大型水生植物又称维管束植物，此类植物为多细胞植物体，有根、茎、叶的分化。组织内有维管束是与低等植物（如蓝藻）在组织结构上的主要区别之一。纤维素一般不溶于水及有机溶剂，也不溶于稀碱溶液中。因此，常温下比较稳定难以分解，通常是通过微生物（主要是细菌）产生的纤维素酶分解。

湖泛的致黑物主要是硫化亚铁（FeS）固形物，是由低氧环境中的 S^{2-} 和 Fe^{2+} 形成的。纤维素的存在通过微生物降解为营造低氧环境提供物源。实验在装有 100 g 混合沉积物的 500 mL 锥形瓶中，分别添加纤维素 0 g、0.01 g、0.2 g、1.5 g 和 3.0 g，灭菌，再分别接种 SRB 118 菌种（20 mL）。接种完毕后用无菌水注满，密闭避光 30℃培养 30 d。每隔一天取样，测定 S^{2-}（以 H_2S 表示）、二价铁（Fe^{2+}）和黑度。其中分析 S^{2-} 和 Fe^{2+} 是间接评估湖泛发生的可能性,以参照硫化亚铁(FeS)浓度梯度获得的黑度,定量和半定量确定湖泛发生的程度。

1)S^{2-}变化

在有 SRB 菌存在,且含有沉积物的 500 mL 水体中加入纤维素样品的实验组中,随着纤维素量的增加,水体中 S^{2-}含量呈先增加后减小的变化(图 2-19)。其中在添加 3.0 g 纤维素组,自第 2 天起 S^{2-}含量就大幅递增,第 5 天达到极大值 0.394 mmol/L,随后含量逐渐下降,至第 13~15 天时,S^{2-}的含量处于 0.1 mmol/L 左右水平;添加 1.5 g 纤维素样品组,S^{2-}浓度的上升时间明显出现推迟,大约自第 5 天开始递增,至第 9 天达到极值(0.277 mmol/L)。除上述添加量外,其他两种添加处理(0.01 g 和 0.2 g),S^{2-}含量只是在实验后期略有增加变化,但整个过程含量变化几乎与对照相似,即木质素类物质的低聚集量在 10 d 之内不能增加 S^{2-}的形成。

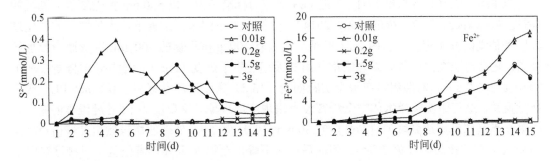

图 2-19　纤维素量对水中 H_2S 和 Fe^{2+} 形成的影响

2)Fe^{2+}变化

在有 SRB 菌、沉积物的水中,添加不同量纤维素反映,随着纤维素向体系中添加,Fe^{2+}的含量变化与 S^{2-}有明显不同(图 2-19)。对高投加量(1.5 g 和 3 g),几乎随投加量(或聚集量)的增加呈相应上升趋势,但对低投入量,则全过程几乎与对照一样没有变化。对于纤维素 1.5 g 和 3.0 g 的实验组,实验进行到第 14 天时,水体 Fe^{2+}含量已分别达到 10.9 mmol/L 和 15.6 mmol/L 水平。比较相同时刻(14 d)时 S^{2-}的含量值,Fe^{2+}浓度大约高 S^{2-}浓度两个数量级(156~218 倍)。显然,纤维素的添加不仅促进了硫的还原,还促使高价态铁向 Fe^{2+}转化并产生浓度的积累。比较模拟植物体纤维素添加下 S^{2-}和 Fe^{2+}浓度变化曲线,Fe^{2+}的浓度增加阶段要迟于 S^{2-}的增加,且 Fe^{2+}含量的增加较为缓慢,积累是在 S^{2-}峰值下降之后开始的。铁元素在一般湖泊沉积物中大量存在,据分析太湖沉积物中的含量约为 28.9~44.8 mg/g(尹洪斌等,2008b)。

3)黑度变化

泥-水-菌体系中投加不同量纤维素模拟水生植物对湖泛形成的影响反映,加入 3.0 g 纤维素样品的实验瓶最早变黑(第 4 天),投加 1.5 g 纤维素的瓶约在第 7 天起发黑,并于大约第 9 天达到深黑色程度([FeS] =0.230 mmol/L),而 3.0 g 处理的瓶则黑色已经基本褪去(图 2-20)。包括对照在内的其他低剂量实验瓶均未出现黑色。

图 2-20　泥-水-菌体系中纤维素量对水体颜色的影响（第 15 天）

2 和 16～19 号瓶分别为对照、0.01 g、0.2 g、1.5 g 和 3.0 g 纤维素投加量

以 FeS：Vc（抗坏血酸）=1：1 的 FeS 溶液为标准溶液，以 550 nm 吸光度值为湖泛的"黑度（blackness）"值（Feng et al，2014），分析添加不同量纤维素下，水体黑度的变化过程以评估湖泛发生程度。由图 2-21 可见，在装有 100 g 沉积物的 500 mL 锥形瓶中投加纤维素，包括对照在内的所有处理组都从第 2 天起发生了黑度（FeS）的增加，但低量投加组（0.01 g 和 0.2 g）与对照组，在整个实验期间（15 d）黑度值都没有超过 0.1 mmol/L，实际视觉反映，这三组实验瓶水体中全程都没有出现变黑现象。反观投加 1.5 g 纤维素的瓶，大约第 9 天其黑度则达到峰值（[FeS]=0.230 mmol/L），而 3.0 g 处理的瓶虽然黑度峰值（0.176 mmol/L）到达得最早（第 5 天）；但此后很快下降，至第 9 天其黑度值基本已接近对照组（图 2-21），视觉上看其黑色已基本褪去。

比较图 2-19（左）和图 2-21，投加最高的纤维素量（每瓶 3.0 g）可使得水体出现高 S^{2-} 含量，可为形成最大程度的黑度值提供了条件。但相应 Fe^{2+} 含量的增加却不与 S^{2-} 同步（图 2-19 右），随着 3.0 g 纤维素投加量瓶中的 S^{2-} 含量逐步减少，黑度值出现下降。与此相反，1.5 g 投加量瓶中的 S^{2-} 却开始逐步增加（同时 Fe^{2+} 的含量也呈上升趋势，满足供给），从而形成在实验的中后期，3.0 g 高含量纤维素中的黑度不仅弱于低投加量（1.5 g），甚至出现消失的结果。因此添加 3 g 纤维素的样品黑度值呈先增加后下降，以及 1.5 g 纤维素样

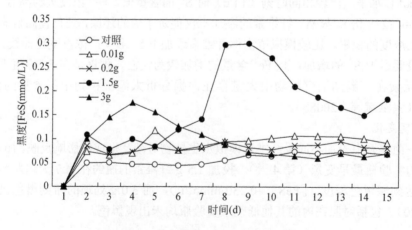

图 2-21　纤维素量对水体黑度形成的影响

品的黑度峰值出现较晚的原因，都是与水体 S^{2-} 含量增减变化有关。黑度变化过程反映，水体纤维素（聚集）量的大小对湖泛发生的时间和程度均能产生较大影响，决定水体发生草源性湖泛显黑时间和程度并非主要受纤维素量控制，而是泥-水-厌氧菌体系中，S^{2-} 含量为主要因素控制的（图 2-19）。

另外对水体的 pH 分析反映，纤维素对水体的 pH 影响很大。随着纤维素添加量的增加（0 g→1.5 g），体系中的 pH 虽逐渐从 7.05 降低到 5.76 但仍为大多数微生物生长的适宜范围；而加入 3 g 纤维素的样品后，其最终 pH 降低到 4.98，此时酸度对硫酸盐还原菌（SRB）的生长可能形成一定影响，从而间接抑制了体系中 S^{2-} 的产出。

3. 淀粉对湖泛形成的影响

淀粉（starch）是植物中普遍存在的物质形态，它是作为动植物储藏的养分，与纤维素一样属于多糖（polysaccharide）。淀粉是高分子碳水化合物，是由葡萄糖分子聚合而成的，也称为一种葡聚糖。它有两种结构形式，一种是直链淀粉，另一种是支链淀粉。淀粉一般不溶于水，无还原性，但可以部分水解，水解后为 2 分子葡萄糖，后者属于总糖，具有还原性。另外，与纤维素的聚合方式不同，淀粉比纤维素更容易分解成具有还原性的单糖。可以为多种微生物提供碳源，因此添加淀粉可提供厌氧微生物的生长，促进硫的还原。

实验在装有 100 g 混合沉积物的 500 mL 锥形瓶中，分别添加淀粉 0.1 g、0.5 g、1.0 g、1.5 g、2.5 g 和 3 g，灭菌，再分别接种 SRB118 菌种（20 mL）。接种完毕后用无菌水注满，密闭避光 30℃培养 30 d。每隔一天取样，测定硫化氢（以 S^{2-} 表示）、二价铁（Fe^{2+}）和黑度。

1）S^{2-} 变化

从图 2-22 可以看出，与对照相比，只有在淀粉添加量达到较高量（2.5 g 和 3.0 g）时，才能促进 S^{2-} 的还原；其他相对低的投入量（0.1～1.5 g），培养体系中硫的还原几乎未发生。实验发现，2.5 g 的淀粉投加量较之 3.0 g 的投加量所产生的 S^{2-} 含量明显要高，前者至第 8 天即使得 S^{2-} 浓度达到极大值（0.275 mmol/L）；而 3.0 g 投加量的处理虽也出现 S^{2-} 含量上升，但迟至第 8 天才出现浓度上升，且全实验过程中未出现峰值，第 15 天时含量仅为 0.145 mmol/L（但推测 15d 之后应会出现峰值）。

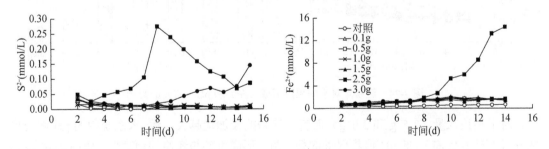

图 2-22　淀粉量对水中 H_2S 和 Fe^{2+} 形成的影响

2）Fe^{2+} 变化

虽然所有的淀粉添加处理都反映，系统中 Fe^{2+} 含量相比于对照都有所增加，但同 S^{2-} 相似，低浓度淀粉的添加也都不能明显促进 Fe^{2+} 的积累，甚至给予实验中最大添加量（3.0 g）

之后，也未见对 Fe^{2+} 的积累有明显的促进作用。在选择的不同添加系列中，仅有 2.5 g 淀粉添加组给出的结果为：随淀粉投加量的增加，体系中 Fe^{2+} 含量呈逐步上升（图 2-22）。

3）黑度变化

实验中视觉感官反映，淀粉添加量在 0～1.5 g 的处理实验过程中均没能有效地促进黑色物质产生，仅有高投加量的 2.5 g 和 3.0 g 两个处理瓶中出现了深黑色（图 2-23）。比较图 2-22 中 S^{2-} 和 Fe^{2+} 含量的变化可见，虽然 3.0 g 淀粉投加量的处理组中 Fe^{2+} 含量的变化几乎与其他低含量处理一样不明显，但在实验中后期出现了强烈的硫的还原作用，使得系统中 S^{2-} 含量出现明显增加（图 2-22）。

图 2-23   泥-水-菌体系中淀粉量对水体颜色的影响（第 15 天）

2 和 11～15 号瓶分别为对照、0.01 g、0.2 g、0.5 g、1.5 g、2.5 g 和 3.0 g 淀粉投加量

结合黑度值分析结果（图 2-24 左），大多数淀粉处理的黑度值（FeS）都超过 0.05 mmol/L 含量值，且除 2.5 g 添加量的线型呈锐形峰，其他处理大致从实验开始到结束都呈缓慢增加，即对黑度产生贡献。这种贡献可以推测是部分淀粉出现水解成葡萄糖的原因。而葡萄糖具有还原性，在体系硫酸还原菌的作用下，使得泥-水体系中的高价态硫还原。但从第 15 天时的视觉效果看，低投加量组均未产生视觉上变黑，说明形成的 S^{2-} 的浓度还不足以达到水体显黑的程度。

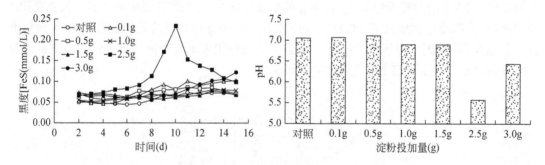

图 2-24   淀粉量对水中黑度形成（左）和 pH（右）的影响

对于高投入量（2.5 g 和 3.0 g）而言，淀粉的投加量越大，泥-水系统中的 pH 就会出现降低（图 2-24 右）。低 pH 值将促进淀粉水解，形成可参与还原的葡萄糖。由图 2-24（右）可见，加入 2.5 g 和 3.0 g 淀粉后，系统的 pH 分别降低到 5.57 和 6.44。在这样的偏酸性条件下，淀粉易水解成的葡萄糖，继而在 SRB 作用下参与了硫的还原过程。在藻源性湖泛模拟水体或实际湖泛水体，均尚未见 pH 低于 6.4 的情况，因此 pH 低于 6.0（如加入 2.5 g 淀粉造成 pH 低于 5.57）可能来自实验中的随机误差。

2.3.3　草、藻生物质下湖泛易发性和持续性比较

以单一营养成分添加，模拟在湖泊中藻体和高等水生植物聚集下的湖泛显黑结果表明，足够量的粗蛋白或多糖（纤维素和淀粉）存在，均可发生湖泛黑臭现象。但在同一湖泛易发环境中，相同优势度下，它们的湖泛易发性和持续性也是人们关心的重要问题。易发性应主要体现在等同聚集量下诱发湖泛形成的生物体降解速率，湖泛的持续性则应与生物体聚集量下降解物对湖泛状态维持的有效供给程度有关。

1. 湖泛形成的易发性

由于蛋白质、纤维素和淀粉 3 种营养成分的添加量均是在 0～3.0 g 之间，水体黑度（FeS）随时间的变化具有波动或大小等区别，因此将不同量物源模拟结果放入同一黑度纵坐标图（图 2-25）中进行比较，并结合视觉效果的记录，可大致判断它们的湖泛形成易发性。

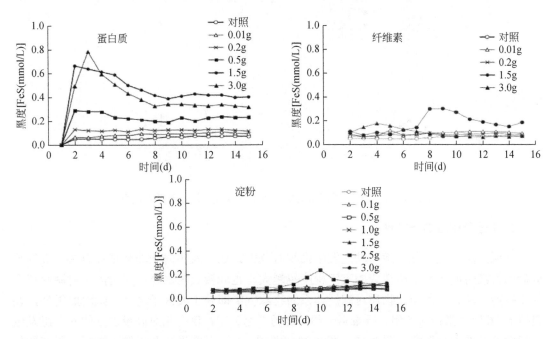

图 2-25　不同量蛋白质、纤维素和淀粉聚集下湖泛水体黑度比较

1）黑度峰值出现时间

向湖泛模拟体系中投加代表性生物质，均出现了黑度峰值现象。其中蛋白质投加出现了 3 个峰，纤维素出现 2 个峰，淀粉出现 1 个峰，且这些峰与对应的蛋白质和多糖的高投加量有关（淀粉为第 2 高投加量）。结合模拟实验的现场感官影像（图 2-17、图 2-20 和图 2-23），模拟系统发生黑臭现象的次数与黑度峰形的数量相同，提示湖泛的易发性可从峰值出现时间作出判断。

蛋白质投加实验湖泛最早发生时间为第 2 天（0.5 g 和 1.5 g）；纤维素投加实验最早发

生时间在第 4 天（3.0 g）；淀粉占投加实验下的最早发生时间在第 10 天（2.5 g），显然湖泛的易发性排序为：蛋白质＞纤维素＞淀粉。

2）黑度数值大小

湖泛模拟实验采用的均是研磨成干粉剂状投加，省去了鲜生物体（如藻体和水生植物体）在实际水中的碎化过程。黑度值越大越容易给出湖泛的判断在实验过程中视觉感受和数值对应比较中得到证实。在相当投加量下，实验期蛋白质类投加所产生的黑度值明显高于纤维素和淀粉，纤维素类的黑度值又略高于淀粉类（图 2-26）。0.01 g 和 0.2 g 低投加量下，蛋白质在全过程（2~15 d）内黑度值都高于纤维素；比较 0.5 g 的中投加量（纤维素没有设置该投加量），蛋白质所产生的黑度值（约 0.3 mmol/L）也明显高于淀粉（约 0.04~0.07 mmol/L）；对比高投加量（1.5g~3.0 g），蛋白质出现的黑度值均在 0.35~0.7 mmol/L之间，而纤维素仅有 1.5 g 和淀粉仅有 2.5 g 实验组超过 0.2 mmol/L。

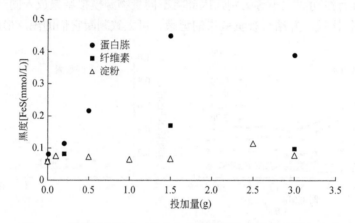

图 2-26　模拟过程黑度平均值与典型营养成分投加量散点关系

2. 湖泛形成后的持续性

水域湖泛的发生强度除与湖泛发生面积有关外，还与发生时长即持续性有关。湖泛形成后的持续时间越长，所造成的灾害程度也越大，也间接反映水体中关键因子对湖泛黑臭的支持能力越强，其中生物质对湖泛体系的物源供给即是主要因子之一。除对照组外，在模拟的 16 组（蛋白质 5 组、纤维素 4 组、淀粉 7 组）中，仅有相对高投加量的 6 个组发生了视觉可见的湖泛现象（图 2-17、图 2-20 和图 2-23）。若将发生和未发生湖泛的黑度数值（FeS 含量）进行比较，仅有这 6 组的黑度值超过 0.15 mmol/L（图 2-25）。

在可形成湖泛的蛋白质 3 种投加量中，所有处理的黑度值在第 2 天以后均超过0.15 mmol/L 甚至更高浓度值，时长为 14 d。由于投加量跨度自 0.5~3.0 g，可以推测：至少在此 0.5~3.0 g 蛋白质投加范围，湖泛黑臭的持续时间可以达到最长的 14 d；在可形成湖泛的纤维素 2 种投加量中，1.5 g 投加量超过黑度 0.15 mmol/L 的有 8 d，3.0 g 投加量的有 2 d，因此也可以理解为在 1.5~3.0 g 投加量范围，均可发生湖泛，持续时间在 2~8 d 之间变化；可形成湖泛的淀粉投加量仅有 1 种（2.5 g），持续时间 3 d（表 2-8）。

表 2-8　不同营养组分高投加量模拟下超过阈值的黑度值持续时长

		0.5 g	1.0 g	1.5 g	2.5 g	3.0 g
超过黑度值 0.15 mmol/L 天 数（d）	蛋白质	≥14	（≥14）	≥14	（≥14）	≥14
	纤维素			8	（4）	2
	淀粉	0	0	0	3	0

　　以黑度值 0.15 mmol/L 作为湖泛（视觉）发生的阈值，则 100 mL 泥水系统中，超过 0.5 g 蛋白质的投加，都会发生持续 14 d 的湖泛现象（包括 1.5 g 和 2.5 g 投加量插值情况）；纤维素在 1.5～3.0 g 的投加，湖泛持续时间由 8 d 逐渐降低到 2 d。插值分析反映，在 2.5 g 的纤维素投加量下，湖泛持续时间约为 4 d；淀粉投加下，仅在 2.5 g 投加量时发生湖泛，持续时间 3 d（表 2-8）。以等量营养成分投加量下黑度值持续时长分析，也同样反映，蛋白质还具有更长的湖泛持续时间，其次是纤维素，最后是淀粉。

　　从太湖现场观察均反映，目前能被确认的湖泛仅两种，即藻源性湖泛和草源性湖泛。结合 2008 年以来有现场定量观察的湖泛发生区湖泛持续时间记录，藻源性湖泛最长为 16 d（表 1-4），草源性湖泛最长持续时间为 5 d（表 2-6），即藻源性湖泛的最长持续时间约为草源性湖泛最长持续时间的 3 倍。另外，从蛋白质、纤维素和淀粉投加实验黑度峰值出现时长分别为 2 d、4 d 和 10 d 可以判断，高生物量聚集下，大型水生植物湖泛的易发性要远小于藻源性湖泛，大致 50% 甚至更低。

　　藻类的粗蛋白含量在 40% 以上（蓝藻 40.45%，绿藻 55%～67%），粗纤维很少（如绿藻为 1%～4%），在湖泛形成过程中，它们几乎不需要包括纤维素在内的多糖帮助；挺水植物体内则是以多糖含量为主，如挺水植物的粗纤维含量接近 40%（芦苇 38.39%，茭草 36.11%），而粗蛋白含量仅为 6.23%～12.26%（表 2-7）；沉水植物在粗蛋白和多糖含量上居中。很多蓝藻在细胞外能产生大量的黏液质的多糖物质，这些多糖通常称之为细胞外被多糖，是一种生物多聚物，其含量可达细胞干重的 5% 左右。蓝藻胞外多糖具有一定的生理活性，其主要功能有：防止脱水、被其他生物吞噬和抗菌剂的毒害；螯合细胞生命活动所必需的阳离子如 Ca^{2+} 和 Fe^{2+}（李定梅，1997）。漂浮植物中浮萍在生长发育受阻的环境条件下，其体内的淀粉含量最高约占干重的 75%（刘苗苗等，2013）。对于芦苇等挺水植物而言，青芦苇中含有很多以葡萄糖为主的各种糖类和淀粉，主要储存于茎和根状茎（刘雪蕊，2020），淀粉含量可达 46.1%，远比粗蛋白和粗脂肪含量要高。显然高等水生植物体内的淀粉含量要远高于藻类，而藻体内的蛋白质含量则远高于高等水生植物。

　　蛋白质和多糖（主要代表物淀粉和纤维素）是藻类的主要组成物质，通过以上的实验证明，蛋白质更易于引发湖泛。由于蛋白质含量的多少在湖泛的易发性方面具有非常重要的决定性，因此，在折合干生物质量相同的聚集状态下，藻源性湖泛较之草源性湖泛具有更大的易发风险。

3. 太湖湖泛强度与藻类水华含量的关系

　　藻源性湖泛是形成太湖湖泛的最主要类型，从已有的现场观察和泥水系统室内模拟均反映，藻源性湖泛的发生需要足够量藻体的聚集。有记载的太湖藻体大量聚集事件可追溯到 20 世纪 50 年代末和 60 年代中期（图 2-27），那时人们就分别在太湖北部的五里湖（目前已建闸与大太湖主体分离）和梅梁湖鼋头渚局部水域见到湖靛（藻类水华）；70 年代中期在焦山附近亦见有大片水华漂浮（范成新，1996）。此后，人们观察到的水华面积越来越大，80 年代初，每逢夏季五里湖和梅梁湖约 2/5 湖区便会出现水华；80 年代末则发展到梅梁湖的 3/5（黄漪平等，2021），且西部岸边局部也有大量聚集。1990 年 7 月，梅梁湖沿岸局部水域藻体个数高达 13.2×10^8 cells/L，生物量达 108 mg/L；1996 年 9 月 13 日，在梅梁湖闾江口岸边区，藻体生物量更是高达 132.2 mg/L（范成新等，1998）。此后在 2007 年湖泛事件发生之前的几年，仍不时有藻类大量聚集于岸边的事件出现（孔繁翔等，2007），即每年春夏季局部水域藻类的规模性聚集成为常态。然而，1990 年藻华大暴发，梅梁湖北岸局部藻类聚集量达到每升 13 亿个，并未有黑臭现象报道，虽然不可怀疑藻类的聚集作为湖泛发生的主要物质条件，但到底在多大的尺度上促进湖泛的形成，或者说人们能否以藻类的大尺度空间聚集状态来推测湖泛的形成，仍需要足够的证据。

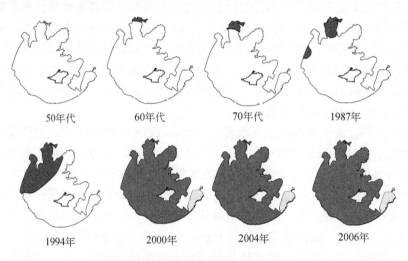

图 2-27　2007 年前太湖蓝藻水华分布位置示意图

吴东浩等（2021）基于太湖 31 个站点的逐月监测数据，分析了 2007～2019 年太湖藻型湖区和草型湖区的叶绿素 a 变化特征，结果表明，藻型湖区和草型湖区中表征藻类生物量的叶绿素 a 浓度的拐点出现同步，均为发生于 2016 年（图 2-28）；而促进藻类生长的限制性营养元素磷其拐点则提前一年（为 2015 年）。另外，研究也反映有两个重要的相关性，即太湖最低月平均水温、前冬积温、年平均水温、年均风速与藻、草型湖区叶绿素 a 浓度显著相关；另一个是沉水植物分布面积与草型湖区叶绿素 a 浓度之间呈显著相关。

谷孝鸿等（2019）曾对 2007～2016 年间太湖北部湖泛易发湖区及湖心区藻类（叶绿素 a）含量进行分析，在太湖湖泛发生较严重的 2008 年，太湖北部的叶绿素 a 含量确有一明显上升的峰值过程，而没有发生湖泛的湖心区其含量却未升高（图 2-29）。从蓝藻水华的年发生时长而言（图 2-30），2007～2013 年间大致在 135 天左右，2014～2016 年则明显下降，仅约 75 天；另外从 2007～2016 年间的太湖水华发生面积变化分析，则可分成 3 种规模：

2007～2008 年水华年发生面积约 200 km²，2009～2014 年间则下降在 140～160 km²，2015～1016 年降至 120 km² 左右。

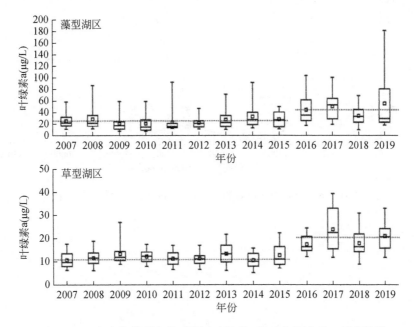

图 2-28　2007～2019 年太湖藻型和草型湖区叶绿素 a 浓度年际变化（吴东浩等，2021）

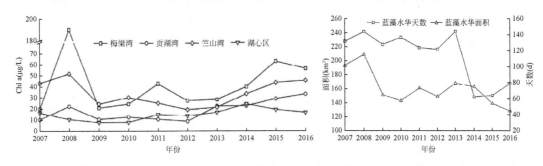

图 2-29　太湖各湖区叶绿素 a 含量年际变化　　　图 2-30　太湖蓝藻发生面积与天数变化

若将太湖年平均蓝藻强度（algal bloom index，ABI）也按式（1-2）方法，对蓝藻水华面积（km²）与持续时间（d）计算，并与年平均湖泛强度（BBI）之间进行散点分析（图 2-31），可以看出，两者的相关性并不高（R^2=0.3228）。从大尺度空间而言，藻类易聚且湖泛易发之间即使都集中在同一个风险区域（太湖北部湖区），但藻类的聚集具有空间异质性，同时还需要藻体在聚集地具有足够的停留时间等（详见第 12 章）；另外，发生水华的水域面积远较湖泛发生面积大，年平均蓝藻强度甚至可达到 28000 km²·d（图 2-31），但发生湖泛却多为是局部性的，其 BBI 也仅约为 1/100。因此，以大尺度藻类水华发生状况来推测湖泛发生风险和强度，需结合其他相关条件和因素的分析。

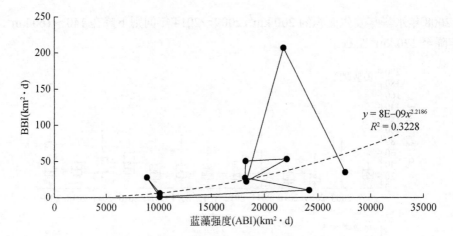

图 2-31　太湖北部湖区叶绿素 a 含量年际变化（2007～2016 年）

第3章　底泥对藻源性湖泛形成的影响

并非所有藻类易聚湖湾都经常发生湖泛，如梅梁湖除闾江口和渔港村一带水域、竺山湖除百渎口附近及殷村港和沙塘港水域，这两个湖区在20世纪80年代至21世纪20年代，春夏季经常受蓝藻水华暴发影响，但湖泛事件的发生次数和发生强度远小于预期（表1-4），隐喻着除了藻类作为湖泛的主要物源外，还存在其他物质参与湖泛形成的可能。湖盆中主要有水体、生物体、气体和沉积物等环境介质。虽然引起湖泛的物质之一（S^{2-}）可以以 H_2S 等形式存在于湖水中，但其并非来自大气源的供给；除了藻体能提供湖泛所需的可能致黑物（金属硫化物）和致臭物（如有机物）组分外，最可能与湖泛有关的环境介质为湖底的沉积物——底泥。

受入湖河口和污染源等位置和排放强度的不同、底泥厚度和性质的差异，以及受湖体动力再悬浮和湖流携带作用的影响等，湖盆内的底泥及其中的物质种类和含量的分布异质性非常大（黄漪平等，2001；房玲娣和朱威，2011）。根据1997年8月至2007年12月间10多个项目共1585个样点的调查，太湖大于10 cm厚度的软性底泥面积为1817.2 km²，占全湖面积的77.6%（图3-1）；全湖底泥总蓄积量19.21亿 m³（范成新和张路，2009）。去除2008～2017年间疏浚出湖体0.49亿 m³，2017年底约为18.72亿 m³。

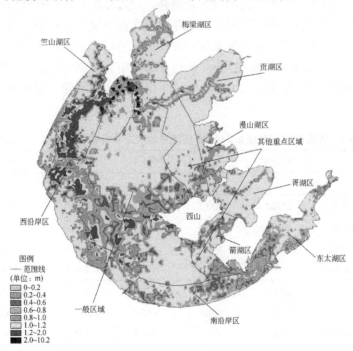

图3-1　太湖底泥厚度等值线分布图（2018年）

上海勘测设计研究院有限公司，太湖生态清淤专项规划（2021—2035），2021年12月

对水体污染事件产生影响的底泥的性质，主要取决能参与污染发生的物源种类、数量及其有效性等。对于河口和湖湾众多的太湖，湖泛曾发区虽主要分布于北部湖区和西部滨岸带，但对曾发区域的底泥性质、数量关系等，分析与湖泛形成之间的关联性，可为深入了解底泥在太湖湖泛形成中的地位和作用提供帮助。

3.1　湖区底泥异质性与湖泛的形成

空间异质性是空间缀块性（patchiness）和梯度（gradient）的总和，是指生态学过程和格局在空间分布上的不均匀性及其复杂性。底泥及其污染物的分布则主要涉及非生物环境的空间异质性。底泥分布的异质性主要体现在水平和垂向两个方面，这种异质性分布会对底泥参与的环境与生物地球化学过程和水环境灾害产生较大影响。对于一个湖泊而言，底泥就是主要来自集水区内岩石土壤等经河流、风力、重力等外力作用搬运入湖的湖相碎屑沉积，其次就是可能形成的化学和生物沉积。进入湖泊的这些沉积物其常见分布，一般是从湖盆边缘向湖心依次为湖滨砾石带、砂质带、砂泥质带，以及中心部分的泥质带。它是以湖岸向湖心逐渐减小的横向能量相一致的分布，从滨岸的浅水区至停滞的深水区，通常会依次出现交错层理—波状层理—水平层理（沈吉等，2010）。在水文物理作用背景下，底泥的污染性分布则受污染源位置、源强、污染物排放方式和湖区形态等因素影响，通常都会出现明显不同于底泥分布的异质性。从表层而言，越接近污染排放源（如入湖口），底泥受污染机会和程度越大，其中的污染物含量越高，反之亦然。在一些河口和湖湾，底泥中物质含量的差异十分明显。极端区域甚至相距数米底泥表层中目标物质的含量就已出现统计学差异。2018年，中国科学院南京地理与湖泊研究所对水利部门采集的太湖全湖754底泥表层（0～10 cm）样品主要营养物分析，从划分的其中6个湖区的总氮（TN）、总磷（TP）、烧失重（LOI）数值及标准偏差（SD）比较，不仅湖区间甚至同一湖区内，均有较明显的异质性（表3-1）。

表 3-1　太湖各湖区表层 0～10 cm 底泥主要污染物含量（2018 年 4～8 月）

湖区		梅梁湖	贡湖	竺山湖	西沿岸区	重点湖区	东太湖
样本数		51	81	27	183	146	49
总氮（mg/kg）	平均值	2792.2	1817.5	2607.7	1928.7	2019.8	2662.9
	最大值	5095.4	3538.3	4215.7	4692.1	8936.1	5470.6
	最小值	1224.3	648.5	1400.8	977.7	976.5	1404.9
	标准偏差	865.7	398.5	729.2	546.9	825.4	967.3
总磷（mg/kg）	平均值	503.1	378.6	879.2	407.5	409.0	594.7
	最大值	1020.4	633.0	1927.0	1560.4	1304.8	1429.0
	最小值	224.8	180.5	238.2	157.4	91.0	323.2
	标准偏差	168.3	88.3	507.1	166.1	156.4	208.3

续表

湖区		梅梁湖	贡湖	竺山湖	西沿岸区	重点湖区	东太湖
LOI（%）	平均值	5.9	5.7	5.7	5.2	5.5	7.0
	最大值	10.6	9.0	9.2	9.0	11.7	11.0
	最小值	3.8	3.4	3.9	2.4	3.0	4.4
	标准偏差	1.3	0.8	1.4	0.9	1.4	1.8

另外在垂向上，湖泊一旦形成后物质向湖底的沉积作用就随之开始，并逐步使得湖盆底部抬高。带有自然和人类活动环境特征的外部陆生或湖内自生矿物，以及生物残体等颗粒物，通过连续的沉降过程在湖底按时间顺序累积，于不同垂向位置（或高程）上被相对固定下来，形成具有层理结构的沉积物层。受外污染源排放或受湖内自生物沉降影响的污染沉积物，也将会在垂向上按一定的时间分辨精度进行排列。由于化学品的使用大约是自20 世纪中叶开始，因此叠加在环境背景上的受污染沉积物一般是位于底泥的上层，且越接近表层，污染物含量通常越高。虽然受现代人类环境影响的沉积物通常不超过 1 m（远小于水平以千米计），但沉积物内部垂向上氧化还原等环境差异大，敏感性污染物（包括铁硫等）不仅在含量上分布大，甚至还有污染物形态的差异问题，因此垂向分布上的污染物异质性远大于水平分布。作为流体的间隙水（或孔隙水），虽然可以将沉积物内部一部分污染物的异质性差异匀化，但沉积物内部仍然具有巨大的垂向差异。虽然没有藻类的聚集，（藻源性）湖泛将不可能形成，但底泥是湖泛水体中致黑物及部分致臭物的主要供给来源，且在湖盆内是唯一相对不可移动的固态环境介质，因此理论上以范围和深度大小划分的尺度及其所形成的异质性，与湖泛的易发性或存有潜在性联系。

3.1.1　不同湖区底泥与湖泛形成及效应差异

2008～2009 年，中国科学院南京地理与湖泊研究所开展了太湖重点区域湖泛（黑水团）风险试验及太湖湖泛易发生类型研究项目，采集了太湖藻类聚集区接近死亡的藻类和原位底泥，在室内进行了湖泛形成过程的模拟试验，对太湖湖泛发生发展的认识积累了大量的基础数据。研究结果表明：①所选取的太湖重点湖区的沉积物-湖水系统在藻类聚集达到一定程度后，于较高的温度条件下，会发生湖泛现象，反映湖泛发生阈值有可能介于藻类聚积量在 1000～5000 g/m² 之间；②在藻量堆积密度相同的情况下，梅梁湖的小湾里和竺山湖殷村港是最易发生湖泛现象的水域，其他敏感湖区的排列大致为：贡湖南泉＞西部沿岸林庄港、贡湖金墅湾；③在藻量堆积密度相同的情况下，竺山湖殷村港和西部沿岸林庄港底泥在接受污水影响下，仍出现水体发黑现象，黑水现象的出现时间大致随污水浓度的增加而提前；④底泥中有机质含量对湖泛的发生有明显的促进作用，主要表现在有机质含量愈高，湖泛发生的时间愈有所提前。

2008～2009 年对取自太湖湖泛易发区和水源敏感区（图 3-2）柱状底泥和上覆水，按接近实际湖体水深，模拟低藻、中藻和高藻量聚集程度下的湖泛发生过程。采样地点分别为：①竺山湖殷村港口（2008 年 5 月 26 日至 6 月 9 日湖泛发生区，是湖西区最早发现水

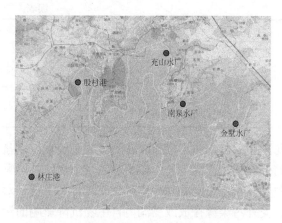

图 3-2　太湖湖泛模拟湖区底泥采样点分布

域）；②壬子港口（2007 年 5 月底"太湖水危机"湖泛主要发生区，采样时附近底泥已进行了疏浚）；③金墅湾水源（供应苏州市白洋湾和相城水厂）；④小湾里水源地（2007 年 5 月 16～22 日曾发藻源性湖泛）；⑤林庄港口（2008 年 5 月 19 至 6 月 2 日曾发藻源性湖泛）。

试验模拟条件：温度为（28±1）℃；水动力为中等风情（相当于 3～4 m/s 风速）；添加藻体量（鲜重）为低藻量 9.5 g/柱（相当于 1000 g/m²），中藻量 47.5 g/柱（相当于 5000 g/m²），高藻量 95.0 g/柱（相当于 10000 g/m²）。用混合污水（COD_{Cr} 1000～5000 mg/L）置换湖水：10%置换量（相当于 COD_{Cr} 100～500 mg/L），50%置换量（相当于 COD_{Cr} 500～2500 mg/L），100%置换量（相当于 COD_{Cr} 500～2500 mg/L）。

对湖泛感官现象的发生时间（表 3-2）进行比较可见，在低藻量下，所有各试验湖区的底泥均未诱发或引发湖泛的产生，而只在模拟的中藻量和高藻量下才产生对感官具有感受区别和程度的湖泛黑臭。在中、高藻量聚集下，所有有底泥存在的湖区，其湖泛的嗅觉发生时间都小于或等于视觉发生时间，除梅梁湖小湾里样品模拟中是同一天出现外，大多相差 1 天。在中藻量（5000 g/m²）聚积模拟下，梅梁湖小湾里发生视觉和味觉现象的时间为 4 天，该样点底泥在所有样点中发生最早；其次是竺山湖殷村港，为 5 天（视觉）；贡湖南泉、金墅湾均在第 7 天发生；西沿岸林庄港则未发生，甚至专门为其延长试验时间到第 11 天，均未发生湖泛现象，是中藻量模拟中唯一没有形成湖泛黑水现象的区域。

表 3-2　不同敏感水域的湖泛感官的发生时间（d）

敏感水域	中藻量（5000 g/m²）		高藻量（10000 g/m²）	
	视觉	嗅觉	视觉	嗅觉
竺山湖殷村港	5	4	4	3
贡湖南泉	7	6	5	4
贡湖金墅湾	7	6	6	5
梅梁湖小湾里	4	4	4	3
西沿岸林庄港	11（仍未发生）	11（仍未发生）	8	7

在高藻量（10000 g/m²）聚积模拟下，湖泛发生时间较中藻量有所提前。其中竺山湖殷村港和梅梁湖小湾里的嗅觉出现时间提前到第 3 天，贡湖的两个敏感水域南泉和金墅湾则分别提前到第 4 和第 5 天，西沿岸林庄港则由中藻量时的未出现变为出现，但时间达到第 7 天（嗅觉）和第 8 天（视觉）。

并非仅有太湖的污染底泥会诱发藻源性湖泛的形成。周麒麟等（2019）利用采集于巢湖南溎河口水域的柱状沉积物、上覆水和聚积藻类开展了有关研究,在上覆水中投入鲜藻 47.5 g（5000 g/m²）,于（29±1）℃和 3.2 m/s 风速条件下进行黑臭（湖泛）模拟实验。结果表明,表层底泥没有处理的对照组在培养到第 8 天时发生水体发黑现象,并持续了 11 天才消失。虽然南溎河口水域的黑臭问题被认为主要是合肥市污水排放影响（范成新等,2022）,但该实验可以说明,只要满足合适的条件,在沉积物和藻类参与下,巢湖水体也会发生藻源性湖泛黑臭现象,与太湖的差异仅体现在发生所需时间和持续时长上。

3.1.2 湖区底泥面积和泥量对湖泛形成的影响

太湖湖泛易发区主要分布于北部的梅梁湖、贡湖、竺山湖和西部沿岸带,此外还有属于北湖心区北部马山半岛南岸的月亮湾（图 3-3）。据 2002 年 10～12 月水利部门组织的太湖疏浚底泥调查（房玲娣和朱威,2011）,不同湖区的底泥分布及所占百分比统计（表 3-3）反映:除北湖心区（37.5%）,所有发生湖泛湖区的有泥区面积占 50% 以上,其中位于宜兴市的西沿岸北区 40 km² 的近岸带全区均有底泥分布。

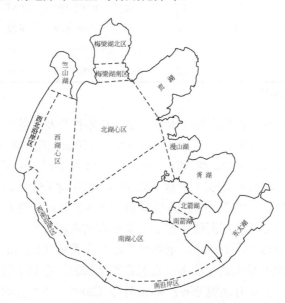

图 3-3 太湖各湖区分布

表 3-3 太湖各湖区底泥分布（2002 年）

	湖区名称	平均水深 (m)	湖区面积 (km²)	占面积百分比（%）		底泥厚度范围 (m)	不同厚度底泥面积占湖区百分比（%）		
				有泥区	无泥区		$0<H \leqslant 1$ m	$1 m<H \leqslant 1.5$ m	$H>1.5$ m
曾发湖泛区	西沿岸北段	2.2	40	100	0	0.02～4.50	0.56	0.12	0.32
	竺山湖	1.9	57.2	74.4	25.6	0.00～4.35	0.23	0.26	0.26
	北湖心区	2.9	447.4	37.5	62.5	0.00～7.70	0.24	0.03	0.11
	梅梁湖北区	2.2	97	62.9	37.1	0.00～6.82	0.25	0.20	0.17

续表

	湖区名称	平均水深（m）	湖区面积（km²）	占面积百分比（%）		底泥厚度范围（m）	不同厚度底泥面积占湖区百分比（%）		
				有泥区	无泥区		$0<H\leqslant1$ m	1 m$<H\leqslant1.5$ m	$H>1.5$ m
曾发湖泛区	贡湖	1.9	173.9	87.6	12.4	0.00～9.42	0.80	0.02	0.05
	东太湖	1.4	120.7	59.5	40.5	0.00～1.27	0.59	0.00	0.00
	平均	2.1	156.0	70.3	29.7	—	0.44	0.11	0.15
未发湖泛区	梅梁湖南区	2.5	24.8	44.4	55.6	0.00～9.70	0.17	0.05	0.22
	漫山湖	1.9	84.3	75.8	24.2	0.00～3.20	0.66	0.06	0.04
	脊湖	1.7	124.7	12.1	87.9	0.00～1.60	0.11	0.01	0.00
	北箭湖	1.8	26.7	71.9	28.1	0.00～2.60	0.41	0.18	0.17
	南箭湖	1.8	21.7	41.3	58.7	0.00～0.23	0.41	0.00	0.00
	南沿岸区	2	63.1	76.7	23.3	0.00～5.80	0.66	0.05	0.06
	南湖心区	2.9	689.9	69.6	30.4	0.00～7.10	0.39	0.00	0.22
	西沿岸区南段	2.3	77.3	83.5	16.5	0.00～3.67	0.65	0.11	0.08
	西湖心区	2.9	300.3	100	0	0.02～6.25	0.35	0.09	0.56
	平均	2.2	157.0	63.9	36.1	—	0.48	0.08	0.18
	全太湖	2.2	2349	65.9	34.1	0.00～9.70	0.40	0.07	0.19

注：引自房玲娣和朱威（2011）。

从底泥分布占比分析，在尚未发生太湖"水危机事件"及实施生态环保疏浚前的2002年，全太湖≥10 cm 的软性底泥占全湖面积65.9%，<10 cm 的区域占34.1%。在曾发生湖泛的6个湖区（东太湖曾发生草源性湖泛）中，面积为40 km²的西沿岸北段全部为软泥覆盖（100%），竺山湖（74.4%）、梅梁湖北区（62.9%）、东太湖（59.5%）和北湖心区（37.5%）也有大量的软性底泥分布。关于贡湖底泥的分布，表3-3中列出的为占湖区面积的87.6%。沈吉等（2010）同样采用浅层剖面仪调查了太湖全湖的底泥分布，认为贡湖湾仅小部分区域为软泥覆盖，主要分布于贡山周边，全湾平均泥深非常薄（0.3 m），而且大部分区域出露硬质黄土，即至少50%是无底泥状态；袁旭音等（2003）在基于浅层剖面仪调查的底泥分布图上，贡湖湖区几乎没有底泥分布；范成新等（2000）基于杆测结果，给出贡湖湖区的底泥覆盖率为44.1%，这一结果相对比较接近贡湖底泥分布实际。

在太湖未发生湖泛的9个区域，软性底泥占比为12.1%（脊湖）～100%（西湖心区），虽然未发生湖泛区的底泥平均占比（63.9%）比发生过湖泛的6个区域平均值（70.3%）略低，但平均湖区面积相当，反映湖泛的形成不依赖湖区软性底泥的覆盖程度。但对于曾发藻源性湖泛的5个湖区（西沿岸北段、竺山湖、北湖心区、梅梁湖北区、贡湖），其藻源性总湖泛强度∑BBI（y）与湖区的底泥分布百分比（x）之间存在二次项关系（$y=0.1182x^2-3.0548x-54.406$，$R^2=0.9929$）；另外进一步分析，将∑BBI（$y$）与5个曾发湖区底泥量占全湖百分比（$x$）进行拟合，则发现呈幂函数关系（$y=2021.1x^{-2.413}$，$R^2=0.9281$）（图3-4）。由该两图的非线性结果暗示：①在湖泛形成条件具备下，湖区底泥分布占比大的湖区，易于发生湖泛现象；②在湖泛形成条件具备下，湖区底泥量占全湖百分比小（或底泥薄）的湖区，易于发生湖泛现象。

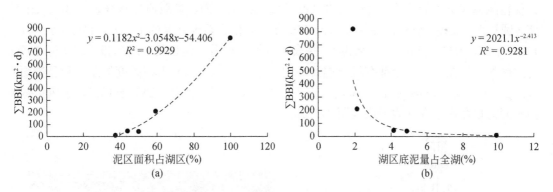

图 3-4　湖区有泥区面积（a）和泥量（b）占比与藻源性总湖泛强度关系

　　没有藻类聚集的湖区，即使底泥分布占比大，也难以发生湖泛；同时，没有软性底泥存在湖区，湖泛也不易发生（蔡萍等，2015）。对于易发湖泛区域，底泥分布面积大的湖区，具有与上覆水体中藻类更大的接触机会，藻体死亡沉降到下层遇到底泥的机会比底泥分布占比小的区域更大，死亡藻体（或是藻屑）与底泥产生作用的有效面积就大，底泥为湖泛的发生在单位面积上提供的致黑甚至致臭组分就多，从而为诱发藻源性湖泛的发生提供更加充分的物质条件。另外，对湖泛易发区，湖区底泥量占全湖百分比越少，说明湖区底泥的平均厚度越小，底泥层越薄（但分布面积的占比不一定小）。在太湖，底泥平均厚度占全湖百分比小的区域，主要是西沿岸北段（1.90%）和竺山湖（2.11%），而该两区域恰好是 2007~2021 年间总湖泛强度$\sum\text{BBI}$ 为最大的两个区域（820.7 km^2·d 和210.0 km^2·d）。虽然目前藻源性湖泛易发湖区仅在人为划定的 5 个自然湖区发现，且湖泛事件的记录可能存有遗漏，但该结果仍大致反映出，湖泛的发生不取决于湖区底泥的绝对分布面积和蓄积量或厚度，而可能主要与湖区底泥占湖区面积的百分比及底泥的有效厚度有关。

3.1.3　底泥表层有效泥量对湖泛形成的影响

　　已有的观察反映，即使气象条件适合，藻体在浅水岸边的大量和长时间的堆积却并非一定会形成湖泛（王成林等，2011），这可能反映了藻体和气象因素是发生湖泛的必要但非充分条件。在德国瓦登海发生的黑斑，以及发生于太湖北部和西部的湖泛，其发生地点都位于有沉积物的分布区（Michaelis et al，1992；Freitag et al，2003），其中黑色的斑点甚至还浸入沉积物内部数十厘米。作者对太湖藻源性湖泛过程模拟也多次观察到（刘国锋，2009；申秋实等，2011；He et al，2013），水体的最先变黑均从底泥表层水体开始，并从水体发黑之前，模拟系统的管壁下部就已附着许多细小气泡，隐喻底泥强烈参与了湖泛的发生，引发出人们对底泥在湖泛形成中地位和作用产生极大关注（孔繁翔等，2007；陆桂华和马倩，2010；沈爱春等，2012；范成新，2015）。

　　底泥对湖泛形成的有效性部分主要集中于底泥表层的厘米级深度内。为研究底泥表层有效泥量与湖泛的易发性，取去除上层 20 cm 厚度湖泛易发的竺山湖区岸边柱状底泥若干，只保留颜色灰黄色的下层底泥作为湖泛有效底泥的依托面。截取原柱状样表层 0～2 cm 厚度（圆柱形）底泥（圆形湿泥块质量为 456.51 g），按完整圆柱泥的 1、1/2、1/4、1/8、1/16、1/32、1/64、1/128 和 0（无有效泥），去表层有效底泥量，匀化后，均匀投入已去除 20 cm 表层底泥的依托面上，全部有机玻璃管柱均小心加入 165 cm 水柱高度的湖水和藻量均为 47.5 g（藻密度为 5000 g/m^2）。采用大型再悬浮模拟装置，恒温（25℃±1℃）、小风状态模拟不同泥量存在下湖泛的形成（图 3-5）。

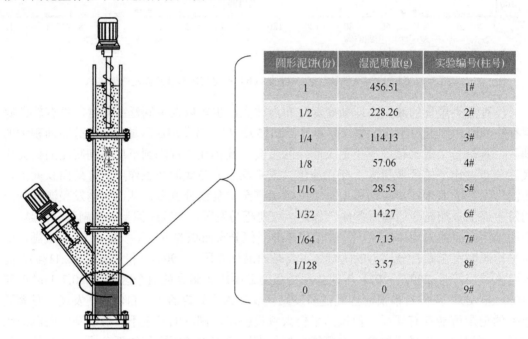

圆形泥饼(份)	湿泥质量(g)	实验编号(柱号)
1	456.51	1#
1/2	228.26	2#
1/4	114.13	3#
1/8	57.06	4#
1/16	28.53	5#
1/32	14.27	6#
1/64	7.13	7#
1/128	3.57	8#
0	0	9#

图 3-5　表层不同有效底泥量的湖泛模拟示意及实验设计

根据竺山湖表层底泥有效数量对湖泛形成影响的感官变化结果（表 3-4）可以看出，首先，全部为有效泥覆盖的 1#实验柱，视觉和嗅觉感官出现的湖泛现象均最早（约 2～3 d 时发生）；无底泥存在的 9#柱，在藻体几乎全部分解的最后时间（＞11 d），才出现了轻微的湖泛现象（浅黑和微臭），这可能是藻体降解逐步产生的无机低价硫（ΣS^{2-}）与水柱中极少量的游离铁（Fe^{2+}）结合的结果。但从表层不同份额有效底泥量存在模拟结果而言，当满足对湖泛形成的最低量后，底泥有效数量的多少对湖泛形成的影响差异不大。除 5#柱（湿泥 28.53 g）外，其他实验柱（2#～4#和 6#～8#）无论视觉和嗅觉的差别都很小（表 3-4）。该结果说明，表层有效底泥是否存在对湖泛形成来说极其关键，而不在于数量。这也从另一方面反映，湖泛形成的诱发阶段，对底泥中的有效物质供给量要求较低（比如 Fe^{2+}），主要限制因素在于藻类分解及其在体系中形成的有机和无机硫化物组分及其含量。

表 3-4　表层底泥有效数量对湖泛形成影响的感官变化

		有效量	1 d	2 d	3 d	4 d	5 d	6 d	7 d	8 d	9 d	10 d	11 d	12 d	13 d
视觉变化	1#	1	无色	微黄	微黄	黑色	黑色	黑色	黑色	黑色	黑色	黑色	浅黑	浅黑	浅黑
	2#	1/2	无色	无色	无色	无色	无色	无色	无色	无色	无色	浅黑	浅黑	黑色	黑色
	3#	1/4	无色	无色	无色	无色	无色	无色	无色	无色	无色	浅黑	浅黑	黑色	黑色
	4#	1/8	无色	无色	无色	无色	无色	无色	无色	无色	浅黑	浅黑	黑色	黑色
	5#	1/16	无色	无色	无色	无色	无色	无色	无色	浅黑	浅黑	黑色	黑色	黑色	黑色
	6#	1/32	无色	无色	无色	无色	无色	无色	无色	无色	无色	浅黑	浅黑	黑色
	7#	1/64	无色	无色	无色	无色	无色	无色	无色	无色	浅黑	浅黑	黑色
	8#	1/128	无色	无色	无色	无色	无色	无色	无色	无色	浅黑	浅黑	黑色	黑色
	9#	0	无色	无色	无色	无色	无色	无色	无色	无色	无色	无色	浅黑	浅黑
嗅觉变化	1#	1	无味	微臭	臭味	臭味	浓臭	浓臭	浓臭	浓臭	臭味	臭味	臭味	臭味	微臭
	2#	1/2	无味	无味	无味	无味	无味	无味	无味	微臭	微臭	臭味	臭味	臭味	臭味
	3#	1/4	无味	无味	无味	无味	无味	无味	无味	微臭	微臭	臭味	臭味	臭味
	4#	1/8	无味	无味	无味	无味	无味	无味	无味	微臭	臭味	臭味	臭味	臭味
	5#	1/16	无味	无味	无味	无味	无味	微臭	微臭	臭味	臭味	臭味	臭味
	6#	1/32	无味	无味	无味	无味	无味	无味	无味	微臭	微臭	微臭	臭味	臭味
	7#	1/64	无味	无味	无味	无味	无味	无味	无味	微臭	臭味	臭味	臭味
	8#	1/128	无味	无味	无味	无味	无味	无味	无味	微臭	臭味	臭味	臭味
	9#	0	无味	无味	无味	无味	无味	无味	无味	无味	无味	微臭	微臭	微臭

注：有效量指湖底均匀放置能诱发藻源性湖泛形成的量，以圆形投影面积 2 cm 厚表层底泥分数份额表示的泥量。

3.2　湖区底泥物化性质与湖泛强度的长效关系

3.2.1　湖泛发生湖区底泥主要物理性质差异

底泥的物理性质是底泥不需要发生化学变化就表现出来的性质。与湖泛有关的底泥物理参数有很多，其中包括与人体感官有关的色泽、气味，与颗粒个体有关的粒度和比表面积，以及与大体量有关的含水率、容重、孔隙度等。另外还有一类是与底泥内部物质的化学变化表现出来的性质，如酸碱性（如 pH）和氧化还原电位（E_h）等。湖泛的发生强度以湖泛发生面积（km²）与其持续时间（d）乘积表示，是一种兼顾时空尺度的指数式定量方法（刘俊杰等，2018）。由于底泥属于相对不可移动的环境介质，因此底泥在湖底对水体的影响是以长效方式持续存在的。就藻源性湖泛形成而言，湖区底泥性质与该区域的偶发性湖泛形成有无长效关系，这对湖泛治理方向的确定具有一定的指导性意义。

太湖湖泛的发生位置涉及数十个，但从湖区和相对集中性分布而言，主要分布于 5 个湖区，即西沿岸北段、竺山湖、月亮湾、梅梁湖和贡湖。其中西沿岸北段是南部从江苏浙江分界起向北至新塘港口的宜兴沿岸带；月亮湾位于马山半岛南部近岸水域，虽然底泥性质差别较大，但从地貌单元上属于太湖北湖心区一部分（图 3-3）。

1. 底泥粒径

由于底泥是以矿物颗粒为主的大量颗粒物的集合体，具有较高的密实性，难以以单一颗粒的某性质（如粒度和比表面积等）建立与湖泛的关系。但参与湖泛发生的底泥都位于表层。底泥的平均粒径（如中值粒径）是反映颗粒性质的重要参数。一般认为粒径 4 μm 为黏土与粉砂的分界线，62.5 μm 为粉砂与砂的分界线。据对太湖湖泛曾发区表层底泥粒径分析和占比统计（表 3-5），<5 μm 粒径的底泥占比很小，一般在 10%以下，大多数都在 5～50 μm 之间（粉砂），即岩性属于黏土质粉砂性质。底泥粒径占比最大的 3 个区段为 10～25 μm、25～50 μm 和 50～100 μm，其中处于河流入湖区的西沿岸北段和北湖心区的月亮湾，10～25 μm 和 25～50 μm 区段占比明显较高；而竺山湖、梅梁湖和贡湖，则以 25～50 μm 含量占比最高，10～25 μm 和 50～100 μm 的占比则两者相差不大。大于 100 μm 粒径的粗颗粒占比都很小甚至没有，西沿岸北段和贡湖底泥中占比为 0%，月亮湾、竺山湖和梅梁湖占比分别为 0.4%、0.7%、1.4%。

表 3-5   太湖湖泛曾发湖区底泥粒径占比（%）

粒径（μm）	≤1	1～2.5	2.5～5	5～7	7～10	10～25	25～50	50～100	>100
西沿岸北段（n=22）	1.8	0.7	1.2	1.6	2.5	38.4	37.2	16.6	0
竺山湖（n=7）	3.4	2.9	4.9	3.7	3.8	22.5	36.2	21.9	0.7
月亮湾（n=2）	1.6	2.0	3.4	3.9	5.1	38.7	28.1	16.8	0.4
梅梁湖（n=13）	3.8	1.8	3.1	4.1	4.3	24.9	33.8	22.8	1.4
贡湖（n=6）	1.6	1.7	3.0	2.7	3.2	21.1	40.9	25.8	0

底泥细颗粒的含量越多，意味着底泥的黏着性越强，对有机质具有较高的吸附性；反之亦然。湖泛的形成需要有足够高含量的藻类有机残体，因此理论上表层底泥的颗粒越细，对上覆水中藻类沉降残体越容易接纳，为水底缺氧和厌氧环境提供了更为有利的分解转化条件。虽然各湖区湖泛的易发性大致为西沿岸北段＞竺山湖＞北湖心（月亮湾）＞梅梁湖＞贡湖（见图 1-15 和图 1-17），但从表 3-5 所列的各湖区底泥粒径占比而言，湖区表层底泥的粒度与湖泛发生指数之间关系并不明显。

2. 底泥含水率

含水率是指岩土或底泥等实际含水多少的指标，表层底泥的含水率反映底泥与上覆水体的交互程度，也可反映表层底泥疏松度。据对太湖 5 个藻源性湖泛易发湖区表层底泥含水率统计（表 3-6），平均值在 51.3%～62.7%之间，标准偏差（SD）为 3.6%～7.2%，总体各湖泛曾发区表层底泥含水率并不高。为从湖区尺度考察底泥含水率与湖泛之间的关联性，将 2007～2021 年间各湖区的 15 年间的累积湖泛指数定义为总湖泛强度（ΣBBI）。分析太湖 5 个湖泛发生水域与ΣBBI 间未见明显的对应关系（图 3-6）。

表 3-6　太湖藻源性湖泛易发湖区表层底泥主要物化性质

湖区	$\sum$BBI（km$^2\cdot$d）	含水率（%）		pH		E_h（mV）	
		平均值	SD	平均值	SD	平均值	SD
西沿岸北段	820.7	52.2	3.6	7.78	0.7	171.4	31.3
竺山湖	210.02	56.9	6.1	7.06	1.5	109.3	129.1
北湖心（月亮湾）	10.06	51.3	7.2	7.70	—	130.5	—
梅梁湖	41.86	62.7	5.3	7.36	0.6	−55.4	143.9
贡　湖	45.8	56.1	6.8	6.8	0.4	90.4	56.4

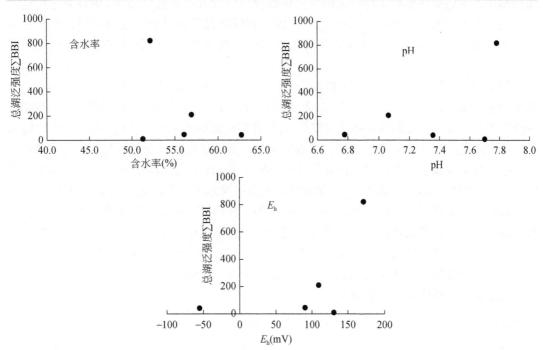

图 3-6　太湖湖泛易发区表层底泥主要物理指标与湖泛强度关系

3. 底泥 pH 和 E_h

底泥的 pH 是底泥沉积早期成岩过程中指示酸碱程度的一个重要指标，它对沉积物中的主要生源物质、重金属的活性或有效态有重要环境意义。对于湖泛现象中的主要致黑物（金属硫化物）而言，底泥（特别是表层底泥）中如具有更多的有效态活性硫（$\sum S^{2-}$）和低价态硫化显黑重金属离子，将会更有利于形成湖泛。生产力较高的湖泊，表层底泥的 pH 值基本接近中性和偏碱性，极少数状态下为偏酸性（表 3-6）。而对金属离子（如 Fe^{2+}）而言，保持或促进体系中或介质/界面上有更多的有效态和游离态金属离子浓度，这需要 pH 值足够小。如果不依赖其他环境因素，仅凭酸碱中性的底泥系统要求其能向泥-水界面和上覆水提供低价态金属离子，是难以持续实现的。

表层底泥往往是由许多无机和有机氧化还原单一体系所复合的泥-水-生综合体，在该复杂体系中，除氧体系和有机质体系外，铁、锰、硫等是自然环境中广泛分布的变价元素，在某些情况（如湖泛形成环境）下，也可能成为决定氧化还原电位的体系。因此，在自然环境中氧化还原反应进行的方向和强度，很大程度上取决于整个复合体系的氧化还原电位（E_h）。

大部分氧化还原反应都受介质酸碱度 pH 的影响，但在湖泛发生体系中，从现场以及模拟实验测定中得到的 pH 值普遍低于湖泛发生前的偏弱碱性（约 7.5 左右）状态，最低约为 7（中性）。虽然从偏碱性变化到中性发生了约 1.3 个 pH 单位，但从 E_h-pH 关系而言，湖泛形成过程中酸碱度的变化对水体的关键体系（氧体系、有机质体系）总体影响较小，而控制体系中还原性铁和还原性硫的氧化还原反应进行方向和强度的铁、硫体系也可能上升为决定体系氧化还原电位的关键体系，因此在湖泛易发水域的表层底泥中，整个复合体系的氧化还原电位（E_h）状态，也可反映当时的物质和环境条件具备下湖泛潜在的发生性。

但从湖泛易发区表层底泥 pH 和 E_h 与湖泛指数关系的宏观时空尺度分析（图 3-7），在藻体尚未到湖区聚集前，表层底泥 pH 和 E_h 似乎越高越有利于藻源性湖泛的发生，也即在湖泛发生前，原具有较高碱性和具有较高 E_h 的表层底泥所产生的湖泛危害性更大。间隙水是底泥中游离态物质与上覆水交换前的液体介质，其环境特征对游离态物质行为的影响更为直接。分析太湖 5 个湖泛曾发区表层底泥间隙水的 pH 和 E_h 值与总湖泛强度 ΣBBI 关系（图 3-7），大致反映底泥间隙水 pH 值越低，湖泛强度越大。但间隙水的 E_h 值与湖泛指数的关系则仍同表层底泥一样，即对于曾发湖泛的区域而言，底泥及其间隙水中氧化还原电位越高，进入湖泛低氧状态时，可变化的复合氧化还原电位值越大，可转化的可变价态的重金属离子和硫离子量越多，为湖泛发生提供的致黑元素就越大。图 3-6 和图 3-7 是来自有湖泛发生记载的 5 个湖区分析结果，并不适合未发生过湖泛的区域。另外，目前发生的湖区数量较少，还缺乏统计学意义。

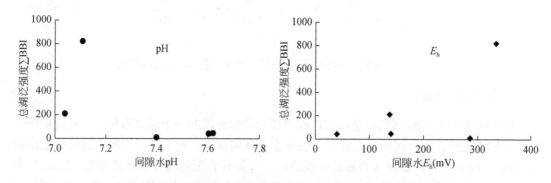

图 3-7　太湖湖泛易发区底泥间隙水中 pH 与 E_h 指标与湖泛强度关系

3.2.2　湖泛发生湖区底泥主要物质含量差异

太湖的水域面积约为 2338.1 km²，湖岸线曲折，全长约 393.2 km。在过去的 15 年中产生湖泛现象的 5 个湖区岸线，大致可分为两类：一种为直线型或稍有弯曲，天然的直线型湖岸几乎是不存在的，一般为人工硬质堤岸；另一种岸线为曲折型，由曲折形岸线所形成相对封闭或独立于湖体开阔区的水域，一般称作湾，分为 U 型和圆弧形（范成新等，2022）。与太湖湖泛有关的直线型湖岸有西北湖岸和贡湖北岸，曲折型湖岸为梅梁湖和竺山湖（U型），以及北湖心岸边的月亮湾（圆弧形）。无论是直线型或是曲折型岸线，发生湖泛的该两类湖岸水域均稍有迎湖向（水向）弯曲特征，由于太湖春夏季盛行风向为东南~南风，因此太湖所有 5 个易发湖泛的湖区，均为迎风向水域。

对于我国东部富营养化水体而言，迎风向水域夏秋季极易出现藻类聚集，足够的聚集时长下会增加包括底泥在内的湖区生物质有机性污染。太湖西部及北部属于入湖湖区，时常接纳来自西北部/北部集水域及大运河水系和无锡城市的（污染）水体，因此太湖发生湖泛的 5 个湖区是太湖污染水体的主要接纳区域之一。在这样的物源输入状态下，湖区的泥源性和藻源性内负荷较大，湖底底泥承载着较其他湖区相对大且各不相同的环境压力，在表层底泥主要污染物含量上体现出各自差异。湖泛在形成和持续过程中需要来自底泥的物源供给甚至对低氧环境的营造，那么，在有湖泛面积和时间定量记录的 15 年（2007~2021年）中，太湖湖区底泥与湖泛的长尺度关系必然受到重视。因此，底泥中主要物质及其形态含量是否在区域尺度上，与湖区多年尺度发生的总湖泛强度（ΣBBI）具有关联性，无论从表观或是从宏观水环境事件分析而言，都具有重要意义。

2000~2021 年间涉及太湖湖泛发生区域的底泥物质或污染物分析有很多，但大多为零星的非系统性调查（向勇等，2006；温海龙，2011；祁闯等，2019；任杰等，2021）。较具统计学意义太湖底泥污染规模性调查主要来自水利部太湖流域水资源保护局（2002 年 10~12 月；2018 年 10~12 月）和江苏省水利厅（2018 年 4~11 月）组织的 3 次调查，其中 2002~2003 年的调查（263 个样点）涉及的测试项目较多；2018 年同年的调查有两次但目的不同，水利部太湖流域水资源保护局（316 个样点）以保护太湖饮用水源和湖岸底质环境；江苏省水利厅（754 个样点）主要针对太湖湖泛发生和底泥内源重点污染问题。考虑到太湖的湖泛现象 20 世纪 90 年代就已有出现，2007 年起发展迅速，以 15 年（2007~2021 年）间的总湖泛强度（ΣBBI）作为累积的环境效应，采用 2002 年前后的调查资料（房玲娣和朱威，2011）更具有关联性意义，2018 年的调查结果[①]作为补充和对照。

1. 主要营养物

将太湖 5 个发生湖泛湖区（西北沿岸区、竺山湖、梅梁湖、北湖心区和贡湖）的总湖泛强度（ΣBBI）与 2002 年上述 5 湖区表层（0~10 cm）底泥的主要营养物或其形态（有机质、总磷、总氮和氨氮）含量做散点分析（图 3-8），与湖区 ΣBBI 存在有关联和无关联两类。其中有机质和总氮（TN）表现出线型的负相关关系，其中 TN 的关系相对明显（R^2=0.9521）；而总磷（TP）和氨氮（NH$_3$-N）则无关联性。

将 2018 年 4~11 月调查的有机质（以烧失重 LOI 表示）、TP 和 TN 与 ΣBBI 分析（图 3-9），表层底泥有机质含量与总湖泛强度（ΣBBI）依然存在负相关性（R^2=0.7062），但 TP 和 TN 无关联。除了磷元素为湖泛形成的非必需元素外，还可能与 2007~2018 年间在太湖湖泛发

---

① 中国科学院南京地理与湖泊研究所，江苏省工程勘测研究院有限责任公司，太湖底泥及间隙水分析报告，2018 年11 月。

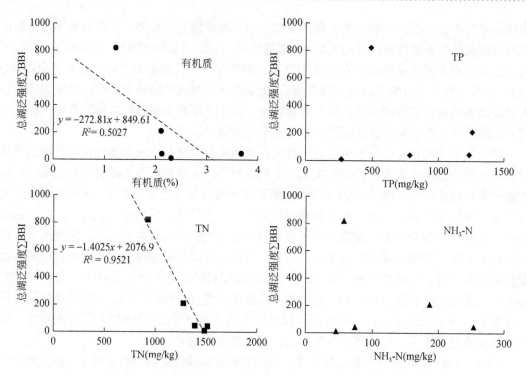

图 3-8 太湖湖泛易发区底泥主要营养物含量与总湖泛强度关系（2002 年数据）

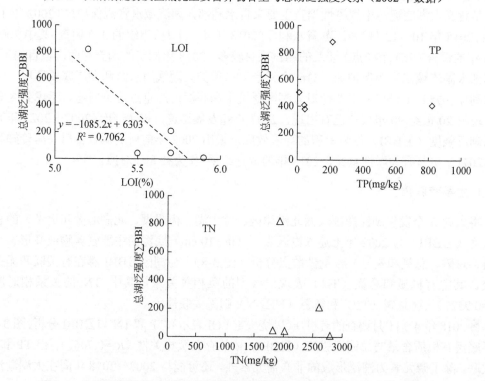

图 3-9 太湖湖泛易发区底泥主要营养物含量与总湖泛强度关系（2018 年数据）

生湖区实施了大规模环保疏浚工程有关。疏浚使得 30 cm 左右厚度的表层底泥被疏挖出湖体，原来的表层底泥的营养物等含量与疏浚后新生表层已几乎完全不同，因此，采用 2018 年时的底泥中营养物含量与 2007～2021 年的总湖泛强度$\sum$BBI 进行分析，在时间上已没有实际意义。湖底的有机物降解以及基于有机质转化，增加自由电子活性和促进电子转移是表层沉积物早期成岩过程中最主要生物地球化学过程，底泥中有机质以及其降解的难易程度，是底泥表层能否达到深度缺氧或厌氧的物质基础之一。虽然底泥中总磷含量与有机质也存在相关性，但总氮与有机质的负关联性更加明显，因此图 3-8 和图 3-9 所示的湖区表层底泥有机质和 TN 含量与$\sum$BBI 具有负相关性，将为人们提供重要参考。

　　一般底泥的污染与底泥中的污染物含量呈正相关，但图 3-8 和图 3-9 中与$\sum$BBI 有关联污染物（有机质）却为负相关关系。虽然太湖湖泛涉及的湖区较少，影响或诱发湖泛发生的因素很多，但$\sum$BBI 为多年累积性结果，即从长尺度上看，较高背景含量的表层底泥有机质和总氮含量，反而有利于阻止多年（5 年）后湖泛的形成和湖泛强度的累进。虽然湖泛的致黑物（金属硫化物）组分与有机质和总氮无直接关联，但后两者在底泥中的含量对藻源性湖泛易发区湖泛的形成及其长效性影响，值得进一步研究。

2. 重金属元素

　　虽然自然界中能够形成黑色（包括灰黑、棕黑、棕褐色）的金属硫化物可以有 Ag_2S、Bi_2S_3、CuS、Cu_2S、CoS（α）、FeS、HgS、NiS（α）、PdS、PbS、Sb_2S_3、SnS、Tl_2S 等，涉及 12 种元素 13 种化合物（参见第 5 章表 5-1），但湖泊底泥中常见可与低价硫（S^{2-}）形成致黑物的金属元素为铁（Fe）、汞（Hg）、铜（Cu）和铅（Pb）。图 3-10 为将太湖 5 个易发生湖泛湖区的总湖泛强度（$\sum$BBI）与 2002 年上述 5 湖区表层（0～10 cm）底泥的常见重金属或形态（Fe^{2+}、Mn^{2+}、Hg、Cu、Pb、Cr）含量所做的散点图。由图可见，所有可形成金属硫化物的 4 种重金属（Fe^{2+}、Hg、Cu、Pb）与$\sum$BBI 均未见有对应关系。

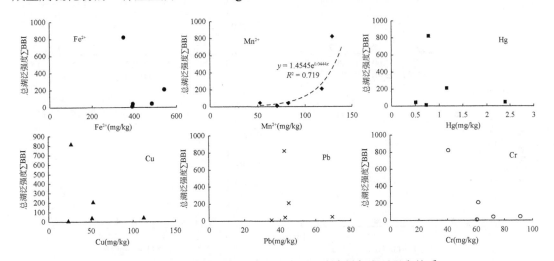

图 3-10　太湖湖泛易发区底泥重金属元素含量与湖泛强度关系

　　铁、锰元素是湖泊水体中常见的伴生元素，它们在水底的常见价态（+2 和+3 价）受氧化还原电位的影响很大，但在表层底泥中多为+2价（Fe^{2+}、Mn^{2+}）形态存在。分析发现，虽然底泥中 Fe^{2+} 与 ΣBBI 缺乏相关性，但其伴生元素的离子 Mn^{2+} 与 ΣBBI 却存在指数关系（$R^2=0.719$）。硫化锰（MnS，别名硫化亚锰）颜色为肉红色，因此从视觉而言，对湖泛的致黑性贡献较低。铬（Cr）是太湖底泥中常见重金属之一，虽然由于双水解作用使其低价态与 Cr（Ⅲ）与高浓度 [S^{2-}] 无法形成黑色 Cr_2S_3，但由于与 Cu 和 Pb 具有一定的伴生性，因此其对致黑反应的"惰性"可被用于其他伴生金属元素的参照。由图 3-10 可见，各湖泛发生湖区底泥中总 Cr 含量与 ΣBBI 散点图中的散点分布，非常接近底泥中总 Cu 和总 Pb 元素与 ΣBBI 的分布状态，反过来是否可推断：太湖主要湖泛发生区表层底泥中 Cu、Pb 元素在总量上与对于湖区的累积湖泛强度不存在对应关系。

3.2.3　湖泛发生湖区底泥间隙水中主要物质含量差异

对太湖 5 个湖泛易发湖区 2002 年底泥间隙水中 COD_{Cr}、TP、TN 和 NH_3-N 平均含量与总湖泛强度（ΣBBI）散点分析，所有污染指标与 ΣBBI 均没有表现出关联性（图 3-11）。表层底泥间隙水中的物质含量的维持主要受控于响应层位的底泥，但太湖属于浅水湖，间隙水中物质含量也易受动力作用的影响，虽然相对于底泥而言间隙水对上层水体的影响更为直接，但从散点图关系看，间隙水中这几项参数的统计学含量难以对其后多年发生的湖泛形成影响。

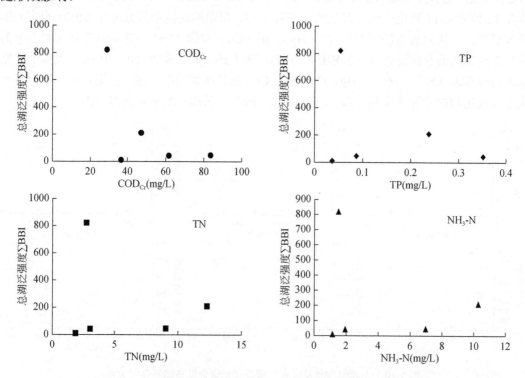

图 3-11　湖泛发生湖区底泥间隙水中主要物质含量与 ΣBBI 散点图

表层底泥相对稳定的环境是氧化还原电位状态，在氧化还原电位控制环境下的所有可变价元素，将会对上覆水形成年际性或周期性的规律性影响。如果湖区的藻类聚集是季节性常态，则年际出现于间隙水中的可变价态的元素（如重金属），将对水底环境产生规律性影响。分析太湖湖泛发生湖区底泥间隙水中 Fe^{2+} 和 Mn^{2+} 含量与 ΣBBI 散点图，只有 Fe^{2+} 含量与 ΣBBI 存有一定的相关性（$R^2=0.691$）。对照太湖湖泛发生湖区底泥和间隙水中 Fe^{2+}、Mn^{2+} 含量与湖泛强度关系（图 3-10 和图 3-12），有可能反映二价态铁和锰含量与未来发生的藻源性湖泛程度存在物质关联。

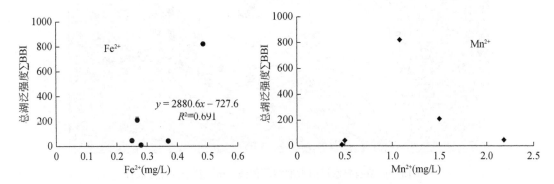

图 3-12 湖泛发生湖区底泥间隙水中 Fe^{2+} 和 Mn^{2+} 含量与 ΣBBI 散点图

湖泛的形成除了对关键物源物质（如致黑金属硫化物组分元素）的需求外，可能还要求在藻类聚集阶段底泥参与特殊环境条件的形成与维持，如深度低氧和低 pH 等。因此，湖泛曾发区表层底泥/间隙水中关联物质的具有空间统计意义的平均含量与长时间尺度累积性湖泛发生程度（ΣBBI）之间虽具有因果关系，但这种关系是间接的、甚至是不确定的。湖底底泥属相对不可移动的环境固态介质，对水环境的作用主要发生在其近表层或泥-水界面，而长效的影响不仅来自于表层和下层底泥，应还与水体（水柱）中不断沉降并新加入的底泥物质性质有关。总湖泛强度（ΣBBI）是涉及 15 年（2007～2021 年）的累积结果，因此随着时间的推移，原下层底泥的物化性质对湖泛形成的影响作用逐步减弱，而新加入的沉降物影响作用则相应增加，表层底泥的物源和性质的逐步变化，必然改变了原底泥的物化性质，使得其所需组分对湖泛的参与方式和供给效率等发生了不同，这种变化对湖泛形成的影响与原来的底泥背景性质相比显然更为重要。

3.3 贡湖"5·29"湖泛影响区底泥特异性分析

贡湖北岸是最早被人们认为其底泥与湖泛形成有关的湖区。2007 年 5 月 28 日至 6 月 4日，贡湖水厂南泉取水口东北水域发生面积大约 3 km² 的湖泛。在湖泛尚未消退的 6 月 3日，经对水厂取水口周边底泥勘察后，于有泥区采集了 15 个柱状底泥（见图 1-7 和图 3-13），重点关注可能与湖泛有关的表层底泥因素有：粒度、垂向含水率、孔隙率、E_h、pH 分布等物性，总氮（TN）、总磷（TP）、有机质（以 LOI 表示）营养物以及 Cd、Co、Cr、Cu、Ni、

Pb、Zn 等重金属污染物[①]。

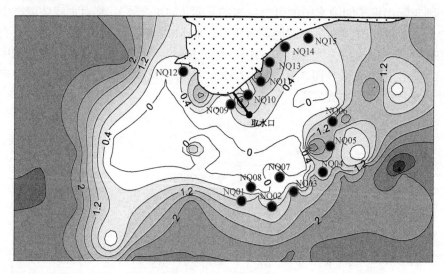

图 3-13　贡湖南泉水厂附近底泥等值线（m）及采样点分布图

3.3.1　贡湖"5·29"湖泛区底泥物理性质

贡湖底泥属黏壤土，以粗粉砂和细粉砂为主（表 3-7）。工程区附近底泥以粉砂土为主，约占 77.6%，属于较细小的颗粒，上层底泥含水率 67.1%。有机质含量（以烧失量 LOI 计）为 2.5%，低于全太湖平均值，属于有机质含量较低的区域。全磷含量 590 mg/kg；全氮含量 600 mg/kg，低于全太湖平均值，仅为梅梁湖底泥平均含量的一半。对 NQ04 样点的底泥粒度分析表明，南泉取水口附近的水下软性底泥为黏壤土，与相邻湖区梅梁湖（粉砂）不同，粒径细于 8ϕ（0.0039 mm）的黏粒含量为 23.15%，远高于梅梁湖。

表 3-7　贡湖等相邻湖区底泥粒度组成（%）

采样点	经度	分类	极细砂 (3~4ϕ)	粗粉砂 (4~6ϕ)	细粉砂 (6~8ϕ)	黏土 (>8ϕ)	中值粒径 (mm)
贡湖（NQ04）	120°15′58″	黏壤土	0.04	36.96	39.84	23.15	0.009
梅梁湖心	120°10′03″	粉砂	0.02	39.41	49.18	11.38	0.012

对采集自仍处黑臭状态的岸边水域 3 个柱状样（NQ13~NQ15）和 1 个对照样（NQ12）的含水率和孔隙率进行分析，结果表明位于贡湖北岸的 NQ13 和 NQ14 两处的表层底泥含水率和孔隙率均较大，而处于梅梁湖东南部的 NQ12 和近岸芦苇区（NQ15）则相对较小（图 3-14）。如 NQ13 测点，表层含水率达到了 90%，几乎是表层底泥可能达到的极限含水率，NQ15 测点含水率仅略大于 50%。含水率的大小间接反映沉积物的疏松程度，表层底泥的疏松度大小往往与底泥接纳新近沉降物的速率和数量有关。NQ13 底泥仅在 0~7.5cm 深度

[①] 中国科学院南京地理与湖泊研究所，贡湖南泉水厂取水口底泥调查及污染分析，2007 年 6 月。

间，含水率已下降近 75%，可见在 NQ13 样点，表层底泥的松软度变化非常大，隐喻近期可能接纳了密度极低的易悬浮性沉降物。

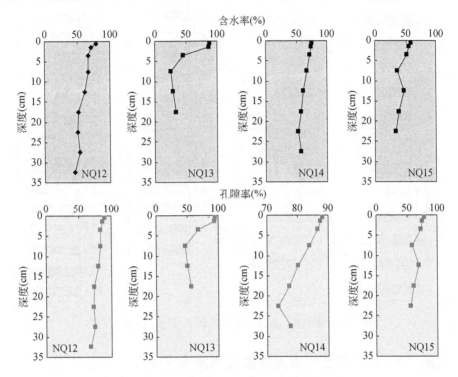

图 3-14　贡湖南泉水厂底泥含水率与孔隙率垂向分布（2007 年 6 月 3 日）

　　与含水率变化曲线极其相似，各采样点底泥的孔隙率也呈表层大下层小的变化趋势（图 3-14）。但就表层 0～2 cm 的底泥，NQ13 和 NQ14 样点的孔隙率几乎接近 90%，松散度已到极高的程度。由于水体的流动性较大，不易通过分析获得实时上覆水中的易悬浮沉降物与表层底泥物质源的关系。但 NQ13 样点约在深度 5 cm 起，孔隙率突然减小到仅不足 50%（相当于硬性底泥孔隙率水平）。物性这种非连续性说明覆盖在该湖泛区的松散性底泥与下层底泥缺乏应有的泥层过渡性，即沉降物在沉积时间上并非长久，其来源与湖泛形成存在关联性。

　　选取南泉水厂取水口南北各 2 个底泥样点，分析其底泥氧化还原电位（E_h 值）和 pH 垂向变化，结果表明（图 3-15）：表层底泥 E_h 值较高，下层略低，NQ10 测点上下层数值变动不大。pH 值则几乎相反变化，表层相对较低，而底层较高，NQ10 上下层基本未变。但对比分析后发现，NQ03 样点的 0～2 cm 层底泥 pH 仅为 5.3，而其他样点则处于 8～9。

　　一般将温度 20～25℃时，底泥 E_h<+200mV 作为指示处于还原状态。由图 3-15 可见，处于开敞水域的 NQ01 和 NQ03 表层 0～5 cm 底泥 E_h 值基本高于 200 mV，而位于岸边源水取水管两边的 NQ09 和 NQ10，E_h 则远低于 200 mV，大约在 100～130 mV 之间，反映岸边区表层底泥仍处于典型的还原性状态。

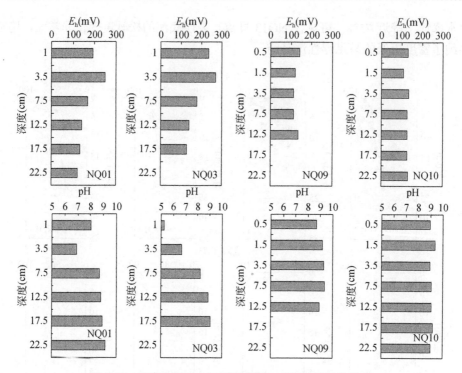

图 3-15　南泉水厂取水口附近底泥 E_h 和 pH 值垂向分布

3.3.2　贡湖"5·29"湖泛区底泥生源性物质含量分布

总氮（TN）、总磷（TP）和有机碳（以 550℃烧失重 LOI 表示）是底泥中常见营养性污染物。分析反映，贡湖南泉水厂取水口附近上层底泥中 TN、TP 和 LOI 平均含量均较最下部（30～35 cm）含量高，其中总氮约高出 8%、总磷增加 16%、而有机质则增加 30%左右。比较上下层含量，表层 TN 最大值可为下层数值的 2 倍，而有机碳在两者间的差异则高达 3.4 倍（图 3-16）。

据 1997～2007 年间对贡湖底泥调查数据统计分析，贡湖西部表层 0～5 cm 底泥的有机碳（TOC）含量一般不到 1%（范成新和张路，2009），即相当于有机质含量不到 1.7%（有机质含量=有机碳含量×1.724）。而本次调查发现，南泉水厂取水口表层 0～2 cm 底泥发黑（图 3-17），LOI 含量最高达 13.01%（图 3-16）。除东太湖外，尚未在太湖其他区域发现 LOI 含量与之相当的情况（黄漪平等，2001；秦伯强等，2004；范成新和张路，2009；房玲娣和朱威，2011）。由于涉及高有机质含量的泥层厚度深达至少 5 cm，而且与下部底泥的有机质含量呈断崖式下降，根据太湖平均沉积速率 2.1 mm/a（0.6～3.6 mm/a）估算，正常表层 2 cm 的沉积层约需要 10 年。鉴于部分南泉取水口东北岸的 NQ13 样点紧靠岸边芦苇区（图 3-13），泥深 55 cm，从高含水率和孔隙率（图 3-14）反映，底泥具有极高的松软度，可能主要为生物质残体的沉降与堆积。在贡湖北岸，能够形成大量聚集的水体生物体，最有可能是岸边大量生长的芦苇（图 3-18）和迎东南方向或沿岸边漂浮来的藻类。

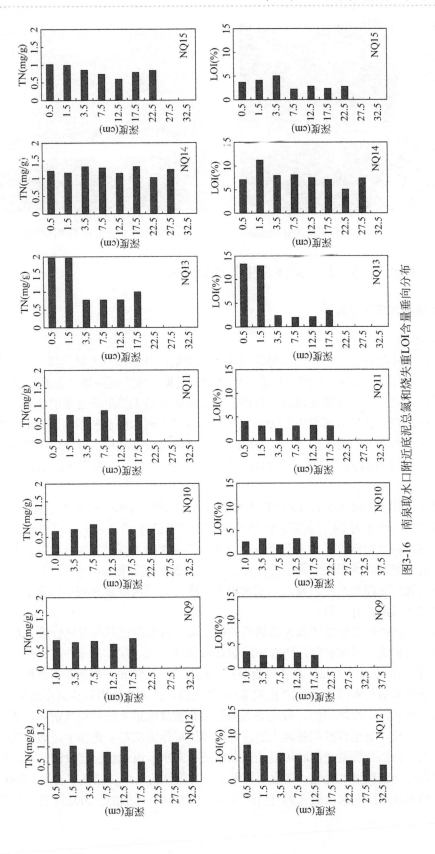

图3-16　南泉取水口附近底泥总氮和烧失重LOI含量垂向分布

图 3-17　南泉取水口东北岸采集的柱状底泥　　图 3-18　南泉取水口东北岸芦苇区外湖泛发生现场

3.3.3　贡湖水厂"5·29"湖泛发生与底泥关系

1. 表层底泥与湖泛关系

1）有机质

在生产力高的湖区，水体的沉降通量中有机质的沉降远超过无机沉降。胡春华和濮培民（2000）在太湖北部的五里湖于夏季（7～9月）收集水体的沉降物并借助数学手段分析，认为沉降物主要来自于有机质部分，有机质的沉降通量是无机沉降通量的 3 倍；其初始分解率为 0.012 h^{-1}，长期分解率为 0.00662 h^{-1}，30 d 可分解 80%有机质。藻体是高生产力湖泊沉积物中有机质的主要来源之一，当短时间在沉积物表层驻留，即使考虑微生物分解等衰减作用，仍会有以死亡藻体为主的新生物质与沉积物共存，使得表层底泥有机质含量增加。

由第 1 章图 1-3 可见 5 月 19 日和 5 月 27 日，贡湖南泉水厂周边就有大量藻类聚集，到湖泛发生时（约 5 月 28 日前后）藻类的规模化聚集已有 10 d 左右。可以推测：2007 年贡湖南泉水厂取水口湖泛事件主要来自于贡湖北岸藻类的大规模聚集。在东南和沿岸流的作用下，有足够时间使得高度聚集的藻体涌入 50～200 m 宽度的芦苇区或其边缘，其中部分（特别是死亡）藻体产生沉降进入或覆盖于湖底，为该水域底泥表层积蓄了大量的高耗氧、易分解的藻源性有机质。

太湖滨岸区芦苇带曾经还作为消纳藻体的水域。常见岸边芦苇湿地分成 3 层，第 1 层由喜水的芦苇组成，俗称棉芦，约有 50～200 m 纵深；第 2 层，居于中间，为棉芦与杂芦混合，宽度约有 100～150 m；第 3 层为杂芦，约在 50～150 m，然后在靠近岸边区一般有条横河介于芦苇荡与农田之间。20 世纪 80 年代之前，由风集作用聚集到岸边区域的藻体，会被带入芦苇丛，一段时间后，聚集进入的藻体会被盘根错节的芦根丛留住，成为肥料，促进芦苇的生长，甚至有淤积量较大的腐烂藻体还可作为肥料捞走施于岸边农田。由于化肥大量应用，特别是贡湖北岸防洪堤的建立以及自来水厂取水设施建设的需要，芦苇层的分布形态和种类出现很大变化，宽度明显缩小，对藻体的消纳功能基本丧失。2007 年 6 月调查的贡湖南泉水厂取水口底泥的有机质含量（13.01%），远超过 2002 年夏季梅梁湖出现的最高值（7.80%），甚至在整个太湖也极为少见，显然历史上芦苇湿地对死亡藻体有机质消纳的功能已基本丧失，因而造成南泉水厂取水口附近藻类大量聚集和滞留期岸边底泥有机质含量偏高的现象。

2）C/N 比

对采集于 2007 年 6 月 3 日的贡湖 NQ13 号底泥观察（图 3-17），表层约 5 cm 的底泥呈暗黑色，质地极其松软，与下层底泥明显不同，且散发腥臭味，说明底泥污染表层的来源具有单一性。在污染源种类相对较少的情况下，底泥中的有机碳氮比（C/N）是判断有机质来源既简单又实用的一种方法。在 NQ13 点位（31°24′32.6″N，120°14′07.2″E），表层 0～2 cm 底泥的有机碳（LOI）平均含量为 13.01%，总氮含量为 2.68%。按（孙顺才和黄漪平，1993；隋桂荣，1996）提供的有机氮（%）=总氮（%）×0.95 换算关系换算，表层有机氮含量为 1.965%，则 NQ13 样点的表层 0～2 cm 底泥的碳氮比（C/N）比为 6.62。在我国淡水湖泊中，大型维管束植物的 C/N 值为 14～23，浮游植物的 C/N 平均值为 6.0 左右，其中硅藻为 5.5～7.0，蓝藻为 6.5（朱松泉等，1993）。NQ13 样点的 C/N 比（6.62）远小于水生高等植物的比值，而非常接近于浮游植物类的蓝藻（C/N 比 6.5），显示该样点附近表层底泥明显具有藻源性特征。

2. 底泥垂向分布与湖泛关系

输入湖体的营养物质（如氮、磷）等，一部分被水生生物吸收利用，一部分以各种形式溶解于水中，还有一部分则通过物理的、化学的和生物的作用沉积于湖底，经过长年积累，成为底泥的一部分。底泥表层所积累的营养物质，可以被微生物直接摄取利用，进入食物链。含有丰富营养物的淤泥可能成为水体潜在的内源性污染源。在适当的条件（如温度、溶解氧、pH 等）下，其内在的营养物可释放出来进入水体，增加上层水营养负荷。

1）总氮（TN）

图 3-19 为南泉取水口附近底泥总氮（TN）含量垂向分布图。总体可见，在该区域，底泥中的总氮含量表层和下层差异不大，氮的积累并不明显。但从各采样点之间比较，南泉取水口东北沿岸区的 NQ13 样点，总氮（TN）含量为全部区域最高，几乎为 2.0 mg/g，即达到 0.2%含量，并且主要出现在 5 cm 厚度之内。由于该区域软性底泥的分布相对较薄，约 5 cm 厚的高 TN 含量的底泥能够存在该处，说明在测点周围有适合于其形成的条件。

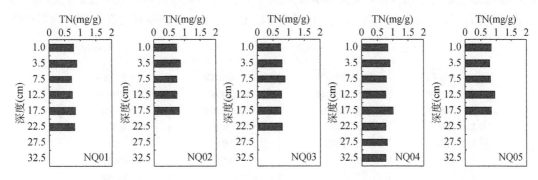

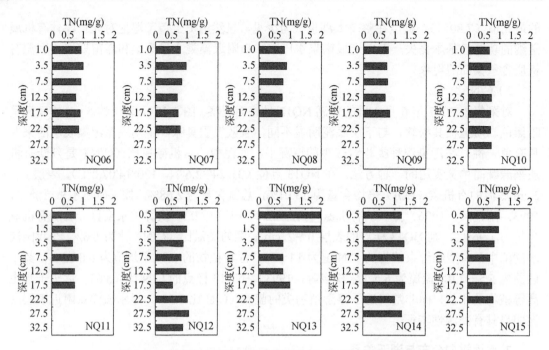

图 3-19　南泉取水口附近区域底泥总氮（TN）含量垂向分布

采样记录反映，该样点泥深约 55 cm，靠近围埝，近处有大片芦苇，非常适合漂浮性藻类（水华）聚集于此。随着藻类的死亡沉降，表层底泥接纳了这些含水量极高的有机碎屑，在风浪的扰动混合作用下，碎屑应与表层软性底泥进一步混杂，从而出现了表层约 5 cm 厚度的底泥总氮含量显著高于 5 cm 以下。此外，还可发现，在 NQ13 采样点附近，NQ14 和 NQ15 样点虽然含量不如 NQ13 那样突出，但是，相比较其他处底泥，特别是表层总氮还是显示出较高的含量差异。也初步说明，在 NQ13 样点附近，可能存在有范围较大的高氮含量底泥存在。

　　2）总磷（TP）

图 3-20 为南泉取水口附近底泥总磷（TP）含量垂向分布图。大致反映表层底泥中总磷含量较下层为高，在缺失 NQ13～NQ15 样品的情况下，含量的最高值几乎都处于 NQ12 测点。该样点也是位于南泉水厂取水口附近沿岸，但是在西北方向区，表层含量大致为下层含量的 2 倍，最大值达到 0.75 mg/g（0.075%）。无论在取水口南部或是在东部和西部的底

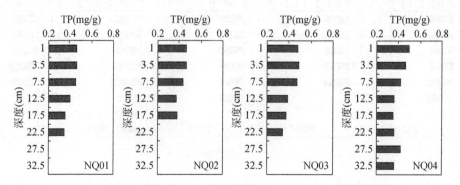

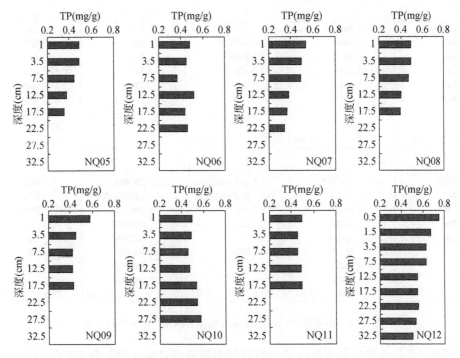

图 3-20　南泉取水口附近底泥总磷（TP）含量垂向分布

泥，表层底泥的含量较下层高，至少反映该区域底泥已逐步受到环境中含磷物质的污染。影响深度大约可以达到 15 cm，由于这些底泥紧邻南泉水厂取水口，磷含量的这一变化应加以一定程度的关注。

3）有机质（以 LOI 表示）

南泉取水口附近底泥有机质（LOI）含量的垂向分布在不同采样点差异极大（图 3-21）。最大值含量大于 13%，但大多数表层底泥有机质含量在 5% 以下。表层有机质含量超过 5% 的同总氮结果相似，主要集中于贡湖水厂东西两边沿岸的 NQ12、NQ13 和 NQ14。如同上述分析，NQ13 表层底泥有机质含量高的原因为有机碎屑大量沉降，并能够在底泥上稳定沉积，从而形成明显不同于下层（约＞5 cm）含量值的突跃式变化。

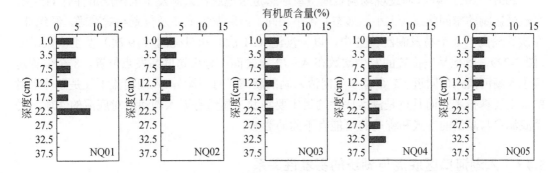

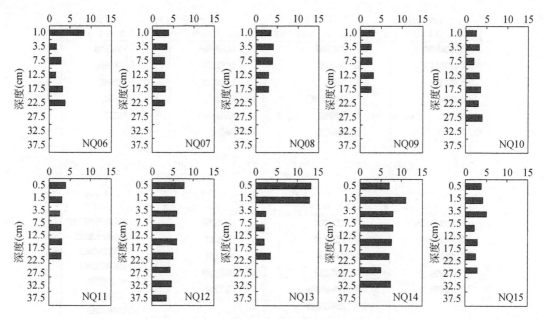

图 3-21   南泉取水口附近底泥有机质（LOI）含量垂向分布

沉积物中有机质和总氮（TN）含量往往较有机质与总磷（TP）有更好的对应关系。这是因为，有机质含量中往往包含有湖泊水体中初级生产者的死亡残体，这些初级生产者可以是水生植物，也可以是藻类。死亡的水生植物部分经微生物快速分解后，往往会残存一些相对较难矿化的碎屑。同样，藻类的生物分解也不是很快完成的，有些部分矿化得快些，有些部分则慢。那些相对较难分解的有机物质（如碎屑）就会与底泥混杂一起而进入表层沉积物中。这些高含量的有机质在适当的温度、氧含量和微生物等条件下，产生厌氧分解，其中新生成的易降解有机物质含量有可能是水体黑臭现象物质来源之一。

3.4   典型藻源性湖泛易发水域底泥中关键物质分布特征

2007～2021 年间，通过现场调查或卫星遥感定量记载在太湖发生的湖泛事件有 115 次，虽然受影响的空间状态（大小，形态）各不相同，但所发生或涉及位置相对准确。经统计，在次数较高的 8 个易发湖泛位置中，以符渎港（31 次）和月亮湾（19 次）发生次数最多（图 3-22），其他易发位置的发生次数在 4～12 次之间。分析这些易发点位置，8 个位置是位于入湖河流入口附近，1 个位于无河流入湖的湖湾（月亮湾）。入湖河流不仅是湖体水量的最主要携带者，而且也是湖区底泥的最主要物源，显然有无入湖河流对底泥的性质，乃至底泥参与湖泛的方式和程度将可能有不同的影响。

3.4.1   入湖河口区底泥与湖泛的易发性关系

河口区是湖泊与陆地之间通过水体进行物质和能量交换的主要场所，入湖河口是接纳

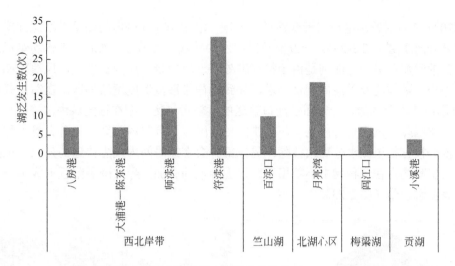

图 3-22　太湖湖泛主要易发水域发生总次数（2007～2021 年）

陆源物质主要水域，通过在河口及其邻近缓流水域的沉降，为沉积状底泥的形成提供源源不断的物源。在平原水网地区，由于存在顺逆流态，这有可能模糊了一些河道的出入湖性质。太湖周边河道密布，落差较小，是我国典型的平原河网地区。在太湖常态下，西部和北部河流主要为入流区，相应的河口区即为入湖河口区；东部和南部主要为出流区，但在海水的顶托、京杭运河流向的变动、望虞河调水以及区域降雨的产汇流差异等影响下，部分河流在一些时段会出现反常流向。

虽然河口也会受到藻类聚集的影响，但河口区主要还是湖泊接纳和排出污染物的主要场所。据 20 世纪 80 年代对太湖出入湖河道污染物总量研究（黄漪平等，2001），通过环太湖河道入湖的总氮、总磷和 COD_{Mn} 分别占总入湖量的 72.02%、78.06% 和 66.31%；通过河道出湖的总氮、总磷和 COD_{Mn} 则分别占总出湖量的 85.91%、87.06% 和 99.19%。无论污染物的流入还是流出，河口底泥都是与这些污染物最充分接触的固形介质，通过泥水界面的交换，河口底泥对污染物的吸附释放、絮凝沉降等作用，将影响河口水体污染物含量和形态；对于湖泛易发水域，是否处于河口区域或是否有入流对湖泛的形成或许会产生影响。

1. 符渎港口表层底泥与藻源性湖泛形成

据纪海婷等（2020）对太湖西北符渎港—茭渎港段湖泛发生区域绘制的热力图（见图 1-16），以及李旭文等（2012a）对太湖环境卫星遥感影像分析（见图 1-18～图 1-19），太湖湖泛的发生位置主要分布在距岸边 1000～1500 m 内。分析这些区域的湖泛发生频率，在符渎港口周边发生湖泛的概率最大，2007～2021 年 15 年间平均每年发生 2 次。虽然该河口附近的岸线几乎呈东北—西南直线走向，太湖的沿岸流并不利于悬浮颗粒物在该区域长时间停留和沉积形成宽厚底泥。太湖西北部宜兴区湖岸有多处湖泛发生于河流入湖口，弄清悬浮的颗粒物和薄层底泥对藻源性湖泛的形成之间的关系及影响程度，可为入湖口区底泥在湖泛形成中的作用提供帮助。

2020 年 7 月对符渎港口附近底泥调查反映，沿岸 100 m 以内的湖滨带淤泥深度显著高于大部分开阔水域（图 3-23）。一方面是沿岸水深较浅，区域内多次清淤工作均难以清除沿岸带污染的淤泥；另一方面则是由于符渎港处于迎风岸带，风区长度大，风浪长期将开阔水域的藻类、颗粒物及浮泥向岸带输送，导致沿岸带淤泥深度逐渐加深。在河口开阔水域 1 km 范围内的围隔周边，一方面是河口输送的颗粒污染物长期在该区域内沉降；另一方面则是由于该围隔范围内是符渎港蓝藻打捞的核心区域，围隔内长期聚积着大量藻体，这些藻体一部分被打捞至藻水分离站移除，另一部分会在短时间内发生快速的死亡、沉降及分解过程，沉降物会在沉积物中不断累积。以上因素的叠加，导致围隔附近形成了一条非常明显的底泥淤积带（图 3-23）。

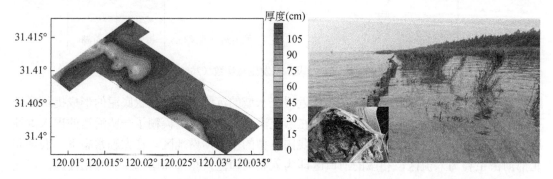

图 3-23   太湖符渎港口附近底泥分布及芦苇丛近岸底泥外观

符渎港附近悬浮物和藻类聚积沉降，易造成营养盐、有机质等在底泥中富集。这些富集的有机质通过降解、矿化消耗泥水界面处的氧，致使硫酸盐（SO_4^{2-}）及铁（III）、锰等金属物质的还原，由此形成的 FeS、MnS 等金属硫化物在底泥中的大量累积导致底泥呈现黑色。此外底泥和藻体中挥发性硫类嗅味物质的产生，如硫化氢（H_2S）、甲硫醇（MTL）、二甲基硫醚（DMS）、二甲基二硫醚（DMDS）、二甲基三硫醚（DMTS）等，使得水体有臭味，这也是太湖沿岸聚藻区域湖泛发生的主要原因之一。在距符渎港河口大约 2 km 以外的开阔水域，部分区域存在一定的底泥淤积，其位置已经接近竺山湖口区域，可能是区域内原有未被清淤的底泥。对河道南侧近岸芦苇丛内及未疏浚的位点进行表层（0~5 cm）底泥采集，均呈黑色和散发腥臭味。经 C/N 比分析为 6.7~7.9，反映部分河口区底泥主要为死亡藻体所覆盖。

对采集的符渎港口附近 8 个采样点柱状底泥分析，其底泥含水率及其垂向变化呈明显的表层高下层低分布（图 3-24）。在靠近河口样点的表层底泥，含水率相对较低（近岸的 F14 仅约 45%），而远离河口区的样点（如 F13）含水率可达 70%，这可能与近岸区域易受直立堤岸湖向反射波和沿岸流扰动作用有关。但从表层 0~4 cm 底泥含水率多在 50%~60% 来看，符渎港的含水率除 F13 样点外，均落入太湖 5 个藻源性湖泛易发湖区表层底泥含水率的平均值与标准偏差内。

磷是湖泊营养物中相对保守性物质，与藻类等生物体密切相关，其在底泥中的储存和分布状况基本代表底泥受物理和生物环境的影响程度。底泥总磷含量分析反映，近符渎港口疏浚区（F4、F9 和 F14）表层底泥含量明显低于未疏浚区；表层底泥磷的最大含量

（～850 mg/kg）约是历史稳定沉积的下层两倍。符渎港河道内（F0）的磷垂向分布明显与其他位点不同，自表层向下磷含量呈急剧下降，至 10 cm 以下含量已低至接近太湖背景值。结合含水率分布图（图 3-24），该点位的底泥含水率在 30%～50% 之间，接近潮土水平。符渎港口表层底泥有较高的营养物含量、较低的含水率和 C/N 比，将会给春夏季湖泛的形成带来隐患。

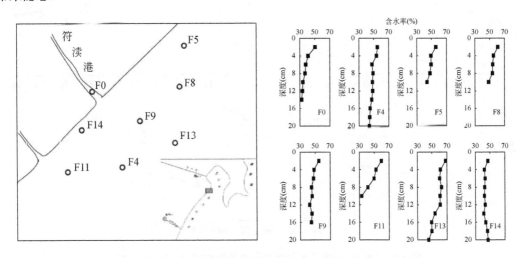

图 3-24　符渎港口附近底泥采样点分布和含水率垂向分布

2. 殷村港入湖河水对泥-水系统湖泛形成模拟

除聚集性藻体外，促使入湖口水域发生湖泛的因素，不外乎外源（如河道来水）和内源（底泥释放）。发生区殷村港河口位置是竺山湖有记载最早发生湖泛现象的水域，2008年 5 月 26 日至 6 月 9 日，前后持续了 15 日。殷村港河主要携带来自竺山湖西部漏湖流域来水的一条入湖河流，入湖口区有较大范围的底泥分布。该区域除接纳流域来水外，还经常受到沿河乡镇企业污水（脉冲式）偷排的影响，因此这些高浓度污水与底泥及其间隙水在殷村港河口区的叠加与混合，是否在没有藻类聚集状态下也具有诱发或促进泥-水系统湖泛形成。另外据 2002 年调查（房玲娣和朱威，2011），殷村港口水域底泥间隙水中，pH 7.01、COD_{Cr} 含量 60.9mg/L、TP 0.208 mg/L、TN 17.3 mg/L、NH_3-N 14.4 mg/L，表层 0.5～2.0 cm 底泥中氧化还原电位处于 -89.3～110 mV 较低水平（刘国锋等，2009b），这对于价态易变的致黑重金属（如铁等）的可供给状态影响较大，底泥中的形态铁的赋存值得分析探究。

1）外源入湖污水影响

湖泛模拟实验取殷村港口表层柱状底泥，以不同稀释度的地方工农业污水为水体，制成泥水体系。以宜兴污水处理厂（周铁污水处理厂，0.5 万 t/d）高浓度有机污染进厂前工业和生活来水（COD_{Cr} 含量为 380～450mg/L）作为污染影响水体，模拟殷村港入湖口区柱状底泥及其上覆水藻源性湖泛过程。在（25±1）℃、3～4 m/s 中等风速、自然光，水柱配制成最大 10 倍太湖 COD_{Cr} 浓度（150 mg/L）污水影响环境下，在 9 天的模拟时间长度下，从视觉和嗅觉上观察，所有模拟系统均未产生湖泛现象。对水柱中上层（表层 0.5 m）和下层（距底泥表层 3 cm 处）水体分析，悬浮颗粒物（SS）、总磷（TP）、总氮（TN）、磷酸根磷（PO_4^{3-}-P）和铵态氮（NH_4^+-N）在初始阶段含量都较高，大约在 4 d 时均呈下降趋势，直到实验结束。图 3-25 为竺山湖殷村港口泥水系统受入湖污水影响模拟 SS 含量变化。

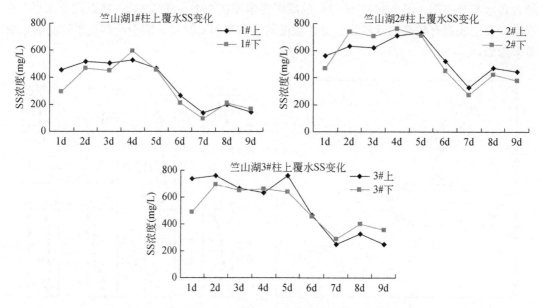

图 3-25　泥-水系统受入湖污水影响下的 SS 变化（殷村港口）

2）内源底泥形态铁影响

2008 年 6 月 3 日于湖泛发生中的竺山湖殷村港口（1 号点）和竺山湖南一非湖泛发生区（2 号点）各平行采集 3 个柱状底泥，按 0.5～2 cm 不等分层的样品处理，采用 Kostka 和 Luther（1994）及 Thamdrup 等（1994）的方法，提取并分析底泥中不同形态的铁（刘国锋等，2009b）。

低亚硫酸钠（$Na_2S_2O_4$）提取的铁（Dithio-Fe）主要是铁的氧化物，其含量在湖泛及非湖泛区的垂向上均存在差异（图 3-26）。在湖泛发生区表层 0～0.5 cm 底泥中，Dithio-Fe 要比非湖泛区中高约 30 μmol/g，在往下的深度内虽趋势未变，但两者的差异逐渐缩小。湖泛发生中水体溶氧、E_h 值等因耗氧都下降到较低水平，使底泥表层逐步由氧化状态趋向于还原状态。在还原状态下及 E_h 下降中，氧化铁易被活化形成无定形铁的氧化物，结晶态铁氧化物趋于向无定形态转化（马毅杰和陈家坊，1998）。藻源性湖泛形成期，会伴随藻细胞残体向底泥表面沉降，增加的藻体有机质又强化了氧化铁的活化，使得 Dithio-Fe 含量在湖泛区底泥表层要显著高于非湖泛区。

盐酸提取的无定形和弱结晶态铁的氧化物，主要包括与酸溶性硫化物相结合的 FeS_2。在竺山湖湖泛区中，表层底泥盐酸提取的 Fe^{2+}/Fe^{3+} 含量比值比非湖泛区高出 2～3 倍，且这种关系在整个底泥柱中表现一致。在湖泛区 1～3 cm 层底泥中，由于底泥表层有机质含量的增加，以及外界环境条件向厌氧、低 E_h 变化，有利于结晶态铁的氧化物向无定形态铁的氧化物转化，从而使得盐酸提取的两种价态的铁（HCl-Fe^{2+} 和 HCl-Fe^{3+}）含量突然增高。但是在极端厌氧的条件下，由于沉积物呈强还原环境，Fe^{3+} 会由于有机质的矿化、硫化物的还原等因素引起其向 Fe^{2+} 转化，因此相对于非湖泛区而言，湖泛区中 Fe^{3+} 含量要低（图 3-27）。

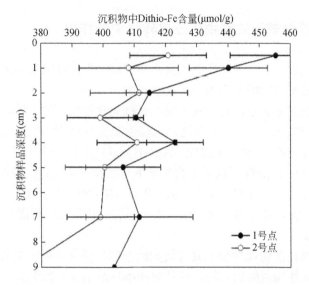

图 3-26　竺山湖湖泛区（1 号点）与对照区（2 号点）底泥 Dithio-Fe 含量垂向变化

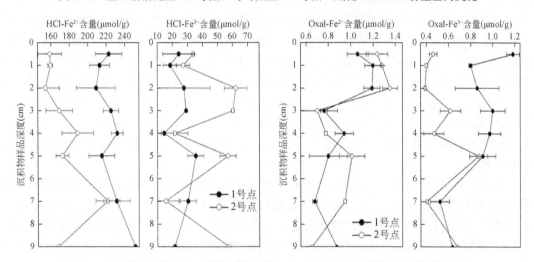

图 3-27　竺山湖湖泛区（1 号点）与对照区（2 号点）底泥盐酸和草酸提取组分中
Fe^{2+} 和 Fe^{3+} 含量垂向变化

　　草酸提取的主要是铁（II）的无定形氧化物和硫化物（如 Fe_3O_4、FeS_2、$FeCO_3$ 及 Fe^{2+}）和弱结晶态铁（III）氧化物。在竺山湖湖泛区和非湖泛区的表层沉积物中用草酸提取的 Fe^{2+} 的含量并没有显著区别，而 Fe^{3+} 则湖泛区普遍高于非湖泛区（图 3-27）。这种差异发生于 0～4 cm 层，其中在 0～0.5 cm 的表层，湖泛区中 Fe^{3+} 含量（1.18 mmol/g）几乎为非湖泛区的 3 倍。湖泛区和非湖泛区同在一个湖区（竺山湖），湖泛发生前底泥性质的垂向差异不大，可以认为，湖泛导致铁氧化物价态的变化，其深度大致可达 4 cm。由于 Fe^{2+} 的存在可促使

Fe^{3+} 的氧化物溶解，因此湖泛区表层沉积物中较多的 Fe^{2+} 诱发弱结晶态铁的氧化物转化变为草酸可提取的无定形态 Fe^{3+}（Oxal-Fe^{3+}）（潘赟等，2006）。

3.4.2 底泥在藻源性湖泛关键物质形成转化中的作用

太湖西北部多数近岸湖区表层底泥的含水率较高，在盛行风东南风（迎风向）作用下，底泥极易悬浮。尹桂平（2009）的湖泛动态模拟研究反映，底泥表层有机质含量高低与湖泛发生时间显示存在对应关系，其中对于底泥有机质含量最高的（5.44%）5 柱，模拟发生的湖泛现象比其他柱提前 2 d 发生湖泛。水底生源性有机物的氧化会伴随硫酸盐的还原（Kalff，2011），产生还原态硫（S^{2-}）：$(CH_2O)_{106}(NH_3)_{16}(H_3PO_4)+53SO_4^{2-} \longrightarrow 106CO_2+16NH_3+53S^{2-}+H_3PO_4+106H_2O$。在兼性厌氧微生物催化下有机物氧化，表层底泥的电子受体也使得 $Mn（IV）$、NO_3^-、$Fe（III）$ 分别还原为 $Mn（II）$、$N_2（NH_4^+）$ 和 $Fe（II）$；继续发展则进入缺氧环境，在专性厌氧微生物（如 SRB）催化下有机物氧化，硫酸盐还原产生 S^{2-}，以及发酵产生甲烷（CH_4）。

虽然近岸水域底泥在物化性质上具有较大的空间异质性，但大量死亡藻体（包括大型水生植物）作为还原性物质的加入后，就使得环境标准电位 <250 mV（*vs.* Ag-AgCl）（范成新等，2013），湖底可由原来的氧、锰、氮、铁控制的无机体系，转变为由藻（草）有机质控制的有机体系。以水华微囊藻（*Microcystis flos-aquae*）为例（Zhang et al，2009），死亡分解产生的有机还原性物质的标准电位（−280 mV），远低于 $Fe（III）$ 被还原的中度还原条件（200～-100 mV），以及 SO_4^{2-} 被还原的-100 mV 的 E_h 值。过低的有机质氧化还原电位不仅控制着湖底表层底泥的氧化还原反应，还将会逐渐整合底泥-水界面甚至近表层底泥氧化还原环境，使得许多游离于上覆水、间隙水或可能附着包裹于底泥中的 $Fe（III）$、$Mn（IV）$、SO_4^{2-} 在同一时间段逐步还原。因此无论水体是否缺少 Fe^{2+} 和 SO_4^{2-}，在厌氧微生物作用的有机质控制下的还原体系，都有可能使湖底附近水土系统的铁和硫向低价态的形态转变。

最易受沉降藻体有机质还原体系影响的水底环境介质，就是与其直接接触的底泥和间隙水。在湖泊表层底泥中，一般会存在非晶质 FeS，以及马基诺矿（FeS_{1-x}）、硫复铁矿（Fe_3S_4）和黄铁矿（FeS_2）等还原性的铁硫化合物，除黄铁矿外，其他都可采用酸性挥发性硫化物（AVS）表征。在太湖沉积物表层，虽然与硫结合的铁仅占总铁的 0.12%～2.35%（尹洪斌等，2008b），但 S 和 Fe 元素是湖泛形成中结合态和价态变化最大的两种主要元素。受藻源性湖泛影响，约 0～1 cm 表层底泥中的 AVS 以及 Cr-S（主要为 FeS_2）含量，会与非湖泛区呈现明显差异（图 3-28）。藻体的大量聚集死亡及沉降分解形成的厌氧环境，为近表层底泥中 AVS（部分为 H_2S 气体）的形成提供了良好的低氧条件，在湖泛发生区（竺山湖殷村港）现场采样中可嗅及极强烈的臭鸡蛋气味。但这一过程中也产生了大量活化的 Fe^{2+}，并与底泥中的低价硫（包括 S^{2-}）形成了较多的 Cr-S，在硫元素总量不变的氧化还原系统中，湖泛的发生减少了湖泛发生区表层底泥中 AVS 的含量（图 3-28）。

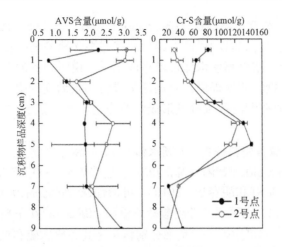

图 3-28　竺山湖湖泛区（1 号点）与对照区（2 号点）底泥中 AVS 含量变化

太湖表层底泥活性铁含量可达 0.110～0.208 mmol/g（尹洪斌等，2008b），显示底泥中铁有较充足的潜在提供量。在最可能与上覆水形成物质跨界面迁移的底泥间隙水中，即使没有有机质分解提供的游离电子，通常也会含有一定量的低价态 Fe^{2+} 和 ΣS^{2-} 含量。Yin 和 Fan（2011）对太湖北部柱状底泥及间隙水中铁、硫含量进行了分析，间隙水中 Fe^{2+} 浓度在 0.010～0.270 mmol/L 之间，ΣS^{2-} 含量大致在 0.005～0.025 mmol/L。然而在浅水湖泊，因复氧显著沉积物上覆水氧含量较高，上覆水甚至近表层沉积物的氧化还原体系都为氧体系所控制，上覆水中的电位高于沉积物中还原态元素的电位。虽然沉积物仍可能向上覆水释放 Fe^{2+} 和/或 S^{2-} 等还原态物质，但沉积物-水界面两边的表观 E_h 值差异太大，使得 Fe^{2+} 或 S^{2-} 的迁移尚未穿越界面时就因在氧化或弱还原条件下的不稳定而迅速改变了价态，形成对 Fe^{2+} 和 S^{2-} 的实质性释放。进入湖泛形成阶段，底泥-水界面已由有机质厌氧降解下的强还原体系控制，经间隙水-上覆水通道穿过底泥-水界面的 Fe^{2+} 和/或 S^{2-}，将进入深度还原的稳定环境；当上覆水 $[Fe^{2+}]$ 和 $[S^{2-}]$ 达到 K_{sp} 限制下的活度积时，将会先于水柱甚至下层水，在底泥-水界面形成 FeS 沉淀等致黑物（湖泛）。据室内模拟研究，藻源性湖泛发生后，水体中的 Fe^{2+} 和 S^{2-} 含量甚至可以分别达到 55 μmol/L 和 45 μmol/L（申秋实等，2016）。另外在德国瓦登海海滩底泥形成的黑斑中，硫含量也达到 20 mmol/L（Freitag et al，2003），均远远超过视觉黑度（0.078 mmol/L）的含量水平。

形成主要致黑物 FeS（Shen et al，2013；申秋实和范成新，2015）和主要致臭物 VSCs（Yang et al，2008）是太湖发生湖泛的最典型物质特征，其中硫（S）和铁（Fe）是最为关键的元素。除底泥外，藻体和水体中也含有致黑物所需的铁和硫元素，那么单纯藻体或单纯水体是否能具有达到湖泛发生所需的 S 和 Fe 的含量呢？在淡水藻体中，S 的含量约为 0.15%～1.96%（干重计），在太湖藻体含硫量约为 1%，其中胱氨酸占 0.33%、蛋氨酸占 0.64%（李克朗，2009）。以藻源性湖泛为例，将模拟发生湖泛的藻量 0.790 g/m^2（刘国锋等，2009b）换算成单位体积干物质（57.06 mg/L），即加藻后水体增加含 S 量 0.00018 mmol/L；再根据太湖北部 5～7 月蓝藻干重中的含铁量 16～86 μg/L（Su et al，2012），即加藻后水体增加含铁量在 0.00029～0.00154 mmol/L 之间。若与太湖水体含硫（SO_4^{2-}，0.21～1.56 mmol/L）（秦伯强和胡春华，2010）和含可溶性铁 0.036 mmol/L（杨梦，2008）比较，发生湖泛时藻体加入的 S 和 Fe 的量几乎可忽略。卢信（2012）曾用不含硫的葡萄糖和淀粉分别放入太湖泥-水体系中模拟培养，结果都使水体发黑形成湖泛，说明湖泛的发生可以不依赖生物体（藻体）对硫和铁的提供，即使提供，对湖泛形成特别是后期的提供几乎是微不足道的。关于底泥中铁、硫物质在湖泛致黑致臭形成中的作用，将在第 5~7 章系统总结，在此不再赘述。

对 1987 年后相关调查资料分析，太湖水体 5~7 月 SO_4^{2-} 含量 0.122~0.398 mmol/L，可溶性铁含量为 0.0026 mmol/L（黄漪平等，2001）；近些年来，SO_4^{2-} 含量增加约 1 倍（0.21~1.56 mmol/L 之间）（秦伯强和胡春华，2010），可溶性铁含量最高为 0.036 mmol/L，约增加 10 倍。据 Feng 等（2014）在厌氧条件硫酸盐还原菌（SRB）存在下模拟藻源性湖泛完全变黑，假设水体中的 SO_4^{2-} 和可溶性 Fe^{3+} 全部分别转化为其还原态硫和铁，则大致可满足湖泛发生所需的 ΣS^{2-}；而对于 Fe^{2+}，即使以湖体最高含量全部转化，至少再增加 50% 才刚可达到水体发黑的程度。在实际湖体中由于动力学因素和有机环境影响，离子的活度系数普遍小于 1，这将可能使得仅凭藻体或湖水是很难获得发生湖泛所需要的铁和硫元素的，据此可以推断，湖泊底泥是湖泛原发地还原性铁和硫的主要提供来源。虽然从长期和分湖区统计反映，总湖泛强度（ΣBBI）与底泥和间隙水中 Fe^{2+} 含量间并未发现存在统计关系（见图 3-10 和图 3-12），但由于底泥是湖盆内唯一具有相对不可移动的介质，底泥中湖泛风险物质（有机质、铁硫化物等）可就近对上覆水体进行及时和大量提供，因此底泥在湖底的分布大致决定了预测湖泛的宏观风险区范围。

第4章　水文气象条件对藻源性湖泛生消的影响

　　湖泛的形成，不仅需要生物质（如藻类和水草等）的大量积聚和死亡，以及水体和底泥中相关组分的高度参与，还需要有营造发生和维持高温、低氧产生生化反应的适宜水文和气象条件（陆桂华和马倩，2009；王成林等，2011；Zhang et al，2016）。类似于太湖湖泛现象的水体黑臭也出现于滇池和巢湖的岸边区，但形成这些湖泊黑臭的主要原因除有藻草因素外，还可能有入湖河道因携带高浓度高负荷污水。在未进入湖体之前，有些河道水体就已经或大部分呈黑臭状态。虽然太湖的水环境污染和生态灾害现象总体受流域人类活动影响，但就近岸边而言，黑臭问题的主因是藻类在岸边的规模性聚集，借助适当的水文和气象条件下形成（王成林等，2011；范成新，2015）。高度聚集状藻类生物质是湖泛发生的主要物质基础，藻体的衰败和耗氧则是驱动湖泛形成的主因。因此一切能改变湖盆中（藻类）生物量、矿化度、含沙量（透明度），以及改变湖水流动性、氧含量及影响微生物降解进程的水文气象因素（如补给状态、风情、水温、气压、日照、流速、风速等），都可能对湖泛的形成、持续或消失产生影响（图4-1）。

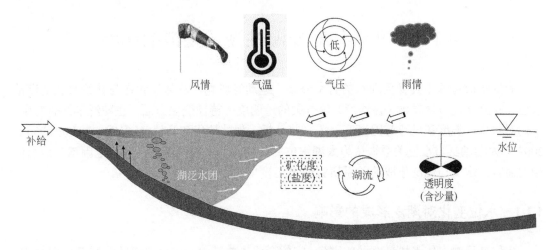

图 4-1　影响藻源性湖泛生消的主要水文气象因素示意图

　　太湖地处亚热带向中亚热地过度的季风气候区，气候温和湿润。夏季受热带海洋气团影响，盛行东南风，温和多雨；冬季受北方高压气团控制，盛行偏北风，寒冷干燥。受季风气候影响，太湖流域光照充足，多年平均日照时数为 2000 h，辐射量 459800 J/cm²，年平均气温 14.9～16.2℃，多年平均降雨量 1177 mm，且多集中在夏季。太湖湖面开阔，水深较浅（2 m 左右），温热条件好，夏季平均温度可达 28～29℃。太湖平均水深 2 m 左右，水位多年平均变幅 1.26~1.76 m。湖泛易发的春夏季，水体温度白天以正温层分布为主，夜间则以逆温层分布（王苏民和窦鸿身，1998）。湖表底层温差一般小于 1℃，少数大于 2℃，极端可达 4℃。

湖水是湖盆中的流动相，藻源性湖泛现象主要发生于近岸水体，所以水位、气温、风情等水文气象因子常被作为湖泛形成研究中主要关注的影响因素，其研究结果在湖泛的生消过程上体现得尤为明显（王成林等，2011；申秋实等，2012；Zhang et al，2016；刘俊杰等，2018）。张运林等（2020）对 20 世纪 80 年代后的 40 年太湖湖泊物理环境变化进行了分析，太湖气温和水温呈现显著升高趋势，近地面风速则表现为持续下降，湖泊增温和风速下降均有利于藻类生长和蓝藻水华漂浮聚集，为湖泛的形成提供了更为有利的水文气象条件。

谢平（2008）通过定性研究认为，在枯水年的黄梅期或在汛间低水位，以及高温少雨的晴好天气，由于太阳辐射的增强，水温的升高易于形成湖泛；王成林等（2011）根据 2007~2008 年在太湖发生的两次湖泛形成前后的气象要素对比后提出：连续 3 天以上的高温（平均气温大于 20℃）、持续微风（平均风速小于 4m/s）和基本一致的风向（平均绝对偏差小于 20°），就可能触发湖泛的发生。刘俊杰等（2018）通过对太湖湖泛发生日与之前 5~10 日的高温、气压和风速关系，认为温度（高于 25℃）和低风速等气象条件的持续时间至少需要稳定 5 天才会有利于湖泛的发生，并且增加了气压（低于 101.0 kPa）的条件要求。但是对于一个完整的湖泛过程，不仅只有形成阶段，也包括消退阶段，而且消退的过程同样与水文气象条件关系密切（申秋实等，2012）。

4.1　水文条件对藻源性湖泛生消的影响

湖泛形成过程中会受到湖水的时空分布、运动等影响，具体反映在与补给有关的湖泊水位、湖流以及与悬浮物（含沙量）等有关的透明度等特征变化方面。在湖泛早期研究中，人们对水位、温度和风浪等因素开展了一些分析，如陆桂华和马倩（2010）曾分析 2006~2009 年太湖湖泛与水位关系，认为太湖水位的高低并非太湖湖泛发生的决定因素，但总体相比而言，水文与湖泛形成的关系研究成果还较少。

4.1.1　水位变化对湖泛形成的影响

水位是反映水体水情最直观的因素，它的变化主要是由于水体水量的增减变化引起的。据王磊之等（2016）对太湖 1954~2013 年间太湖最高水位（H_{max}）分析，H_{max} 共有 13 次达到或超过 4.10 m，其中有 9 次出现在 1980~1999 年，1999 年 H_{max} 达到了历史最高值。进入 21 世纪以来，随着流域汛期降水偏枯，H_{max} 随之总体偏低（图 4-2）。另外，与太湖流域梅雨期相对应，1954~1979 年期间，7 月是 H_{max} 出现最集中的时段，但在 1980~2013 年间，H_{max} 的峰值时段大约出现了 1 个月的前移，即由 7 月下旬前移至 6 月下旬（王磊之等，2016）。

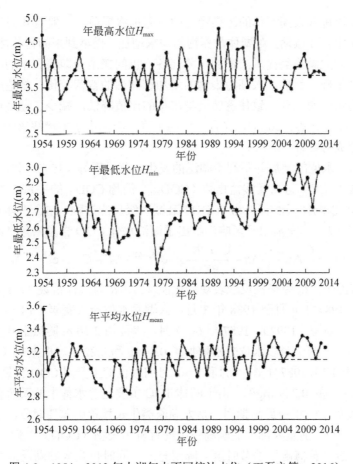

图 4-2　1954～2013 年太湖年内不同统计水位（王磊之等，2016）

　　湖泛的形成还可能与年内最低水位（H_{min}）较高有关。1954～2013 年，H_{min} 的多年平均值、最高值、最低值分别为 2.72 m、3.02 m（2008 年）和 2.37 m（1978 年），受太湖流域降水丰枯变化影响，1963～1979 年 H_{min} 偏低，1980～1999 年总体偏高。但 2000 年以后，流域降水基本属平水或枯水年份，H_{min} 不仅没有随之降低，反而延续了 1980～1999 年以来不断升高的情势（图 4-2）。2000～2013 年，H_{min} 均值达到了 2.90 m，远超过 1954～1999 年 2.66 m。显然，2000 年以后 H_{min} 不再受控于太湖流域降水条件，而在更大程度上取决于流域骨干河道引水等人类活动因素。

　　从近 40 年来太湖平均水位变化分析，人类活动对太湖水位的干预十分明显，并有增高的趋势，从而使得水位变幅趋小（图 4-2）。在流域降水总体偏枯的条件下，2000～2013 年 H_{mean} 的均值达到了 3.22 m，明显超过 1954～1979 年、1980～1999 年 2 个阶段的 3.05 m、3.19 m。根据太湖流域片水情年报，2000 年以来"引江济太"工程等沿江骨干河道的引水规模不断增大，对枯水期的太湖及地区河网水量形成了较大补充。这种主要因人工因素的干预，造成 2000 年来太湖最高水位 H_{max} 的提前、年最低水位 H_{min} 提高以及年平均水位 H_{mean} 上升，对太湖水位的抬升和节律的改变，与太湖湖泛现象的出现之间有可能存在关联性。

　　水位的变化主要由水体水量的增减变化引起的。最高水位的提前增高意味着随着降雨和入湖径流，大量进入太湖湖体的污染物量的时间也将提前。一般自 4 月末 5 月初起太湖就逐步进入藻类生长旺盛期，对湖体营养物的需求增加，提早到来的营养性污染物的入湖，为即将大量生长的太湖藻类提供丰厚的营养储备，也间接地为即将到来的高生长期藻体生物质提供了物质基础。另外，入湖污染物的增加和湖泊的富营养化，将造成水体透明度逐渐下降；而平均水位的上升，致使透明度与水位的比值降低，减少了湖底可利用光强，恶化水下光环境（张运林等，2020），光合作用的下降，会减小水中溶解氧含量等，有利于水底低氧环境的形成与维持。

但总体而言，水位的增加并不利于湖泛的发生。范成新等（1995）曾根据太湖 35 个点位水体总有机碳（TOC）与高锰酸盐指数（COD_{Mn}，简称 COD）的关系（TOC=1.098COD+3.172，r=0.539），以湖体天然有机物（COD）衰减一级反应过程，结合水体 COD 负荷（L）、水位（h）、温度（T）等变量因子影响，给出了湖泊水体 COD 含量增量（ΔC）的表达式：

$$\Delta C = \frac{C}{L}\Delta L - \frac{C}{h}\Delta h - \frac{C \cdot t \cdot E_a}{RT^2}A \cdot e^{-E_a/RT} \cdot \Delta T - C \cdot A \cdot e^{-E_a/RT}\Delta t \tag{4-1}$$

式中，A 为指前因子；E_a 为有机反应表观活化能（J）；R 为气体常数（8.314 J/K）；T 为热力学温度（K）。1987 年 4 月至 1988 年 3 月，太湖月水位最大变幅 1.18 m，有明显的丰、平、枯期变化（袁静秀，1992）。1987 年 6～7 月，水位由 2.10 m 陡然上升至 2.64 m，7～8 月再上升至 2.86 m，两个时段水位分别增加了 0.54 m 和 0.22 m。根据式（4-1）对逐月ΔC含量变化计算（表 4-1），1987 年 6～7 月和 7～8 月因水位的上升对 COD 含量的贡献值（ΔC_h）分别为-0.708 mg/L 和-0.249 mg/L。由于湖体 TOC 主要包含水体中的天然有机物质，而在 6～8 月水体温度处于一年中最高期间，是太湖藻类生长繁殖的重要时段，因此，此时死亡降解藻体将作为 TOC 的重要部分影响湖体中的有机污染物（COD）含量。6～7 月基本涵盖我国长江中下游"黄梅雨"季节时段，降雨充沛，同时也是太湖湖泛最容易发生的时期（见表 1-4 和表 1-5）。因此太湖水位的上升，降低了湖体有机污染物含量，弱化了水体耗氧作用和缺氧厌氧环境的形成，不利于太湖湖泛的发生。

4.1.2　降雨对湖泛形成的影响

1. 大气降水量酸雨发生率

硫是湖泛致黑物形成中不可缺少的元素，在不同氧化还原状态下可以不同价态的组分存在，因此水体中有足够高的游离态硫化物含量将会为湖泛致黑物的形成提供物质条件。太湖湖水量绝大多数来自太湖集水域的大气降水，1954 年年降水量为历史记录最大（1519 mm），年平均净入湖总流量也最大，为 370 m³/s；1978 年年降水量为历史记录最小（595 mm），年平均净入湖总流量也呈最小，为 0.76 m³/s（黄漪平等，2001）。另外，据魏浩翰等（2021）分析，2003～2017 年太湖水位的变化值与月降水量呈较明显的对应关系（图4-3），说明太湖的蓄水量主要来自于河道和区间径流的入湖量。

表 4-1 大湖水位等因子增量对湖体 COD 含量的影响（1987~1988 年）

月	C (mg/L)	V (10^8 m³)	L (10^8 g)	h(m)	T(K)	ΔL (10^8 g)	Δh (m)	ΔT(K)	Δt(月)	ΔC_L	ΔC_h	ΔC_T	ΔC_i (mg/L)	ΔC	$C+\Delta C$	δ
4	(3.00)	49.62	148.9	2.13	287.0	-9.16	0.03	5.5	1	-0.185	-0.042	-0.102	-0.161	-0.490	—	—
5	2.50	50.30	125.8	2.16	292.5	3.10	-0.06	4.9	1.033	0.062	0.066	-0.131	-0.243	-0.246	2.51	0.01
6	(2.90)	48.94	141.9	2.10	297.4	63.10	0.54	3.6	1	1.289	-0.708	-0.170	-0.467	-0.056	2.25	-0.65
7	3.35	61.19	205.0	2.64	301.0	38.72	0.22	1.5	1.033	0.632	-0.249	-0.120	-0.766	-0.503	2.84	-0.51
8	(2.82)	66.18	186.6	2.86	302.5	-16.77	-0.06	-4.1	1.033	-0.253	0.059	0.345	-0.816	-0.665	2.85	0.03
9	2.20	64.82	142.6	2.80	298.4	-1.905	-0.39	-2.4	1	-0.029	0.306	0.105	-0.415	-0.040	2.16	-0.04
10	1.82	55.97	101.9	2.41	296.0	-8.095	-0.10	-7.7	1.033	-0.145	0.068	0.227	-0.274	-0.166	2.16	0.34
11	(2.30)	53.70	123.5	2.31	288.3	-12.86	-0.28	-10.1	1	-0.150	0.279	0.164	-0.143	0.150	1.65	-0.65
12	2.60	47.35	123.1	2.03	278.2	0.475	-0.23	0.6	1.033	0.010	0.295	-0.004	-0.049	0.250	2.45	-0.15
1	(3.22)	42.13	135.7	1.80	278.8	16.43	-0.12	0.2	1.033	0.367	-0.215	-0.002	-0.066	0.034	2.85	-0.37
2	(3.86)	39.41	152.1	1.68	280.0	34.52	0.28	1.0	0.933	0.876	-0.643	-0.010	-0.085	0.138	3.30	-0.56
3	4.13	45.76	189.0	1.96	281.0	(8.00)	0.15	4.0	1.033	0.175	-0.316	-0.006	-0.113	-0.260	4.00	-0.13
4	—	49.16	—	2.11	285.0	—	—	—	1	—	—	—	—	—	—	—

注：括号内数字为内插值或估测值；Δt 取 30 d 为 1 单位月；m 月的增量 Δ 均表示自当前月 m 至次月 $m+1$ 间各因素的变化或贡献量。

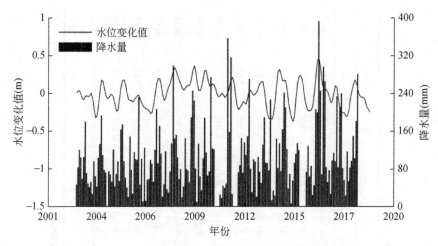

图 4-3　2003～2017 年太湖水位与月降水量变化（引自魏浩翰等，2021）

太湖地区是我国多年来社会经济发展最快的地区之一，工业化、城镇化进程日益加快，环境污染不断加剧，仅苏、锡、常三市大气污染物的排放量就占全省排放量的 61.7%，"气溶胶"含量曾多年居全国之首。太湖位于江苏、浙江两省之间，据江苏省 2015 年全省省辖城市统计数据，包括无锡、常州、苏州在内的 9 市监测到不同程度的酸性湿沉降，酸雨发生率介于 1.0%～55.7% 之间，平均发生率为 28.3%，年均 pH 值为 4.87。从江苏省酸雨发生率等值线示意图比较，苏南地区的酸雨相对严重，其中无锡是发生率最高的地市。位于太湖东、西苕溪的浙江北部地区，2000～2004 年酸雨呈增强趋势，2004 年强酸雨发生频率达到 66.2%（杭州），pH 降至 4.08（牛彧文等，2017）；2005～2012 年酸雨问题略有改善，平均 pH 4.50，由强酸雨降至弱酸雨。

2. 太湖酸雨类型与硫污染

一般认为，硫酸根（SO_4^{2-}）和硝酸根（NO_3^-）是导致降水出现酸化的重要致酸因子。关于太湖周边酸雨监测大致始于 20 世纪 80 年代初，但系统性调查则起于 90 年代。据资料分析，1998 年后，太湖周边城市和湖区的酸雨频率多在 60% 以上（表 4-2），是我国酸雨重点频发地区，最低降水 pH 值曾低至 3.23，反映水体至少在 1998 年后，水体受硫酸根和硝酸根变动输入影响的可能。

表 4-2　太湖周边城市和湖区大气降水酸雨发生信息

地区	年份	pH 值范围	酸雨频率	酸雨类型	参考文献
太湖湖泊生态系统研究站（无锡）	1998～2000	3.78～6.90	81.8%～87.5%（年平均）	—	杨龙元等，2001
太湖（无锡）、东山（苏州）、湖州	2002～2003	3.56～7.18（湖州、东山）3.69～6.77（太湖）	66.7%～70.8%（湖州、东山）90.1%（太湖）	SO_4^{2-}、SO_4^{2-} 与 NO_3^- 混合型	宋玉芝等，2005
无锡、常州、苏州	2011～2015	4.62～5.35（年平均）	28.9%～70.2%	SO_4^{2-}、SO_4^{2-} 与 NO_3^- 混合型	杨雪等，2017
湖州	2008～2014	3.57～5.55	19.66%～62.30%	SO_4^{2-}、SO_4^{2-} 与 NO_3^- 混合型	胡景波，2015；牛彧文等，2017

酸雨问题与人类经济社会发展直接相关，并有明显的阶段性变化。1980 年以来，随着城镇化和工业化加剧，能源需求大增，SO_2 和 NO_x 的排放量逐年增加。20 世纪 90 年代，我国酸雨普查的结果表明，降水成分中 SO_4^{2-} 大约是 NO_3^- 的 4～10 倍（王文兴，1994），属于典型的"硫酸型"酸雨类型。21 世纪初，政府通过节能减排等一系列措施，使 SO_2 排放得到有效控制，但由于机动车的使用量快速增加，源于尾气排放的 NO_x 对酸雨的贡献比例逐渐增大，使得酸雨类型逐步由硫酸型（SO_4^{2-}）向 SO_4^{2-} 与 NO_3^- 混合型过渡（表 4-2），但目前仍然是 SO_4^{2-} 为主（胡景波，2015；杨雪等，2017）。太湖周边主要城市（无锡、苏州、湖州）以及湖岸边（太湖研究站）的太湖大气降水中主要阴离子是 SO_4^{2-}，约占全部阴离子的 48%（宋玉芝等，2005）。研究还发现，在沿太湖的大气降水的季节变化中，秋、冬和春季降水中 SO_4^{2-} 含量均达到 90 μmol/L 以上（90.93～96.35 μmol/L），而夏季仅 59.34 μmol/L，浓度下降 36.6%。

4.1.3 进出水量与湖泛形成的关系

1. 入流水体 SO_4^{2-} 含量

太湖流域约 36500 km^2，其主体是太湖平原。平原西部及西南为海拔数十至数百米的低山丘陵，北部沿长江有海拔 5～7 m 的高亢平原，整体地形自西向东倾斜。太湖水系大致可以太湖湖区位置划分上下游，太湖以西为上游区，有苕溪、南溪和洮滆水系等；以东为下游区，有京杭运河水系（江南段）、黄浦江水系等。太湖来水区主要为上游区的苕溪、南溪和洮滆水系，以及易受长江潮汐和闸泵控制影响的运河水系。太湖环太湖河道 200 余条，入湖河道主要位于湖的西部、西南部。但太湖流域水系具有典型的平原水网顺逆不定特点（以及人为调节），一些河道其水流既可以表现为出湖又可表现为入湖，如北部的梁溪河、直湖港、小溪港等经常表现出水流呈入湖状态（黄漪平等，2001）。对 2004 年来有记载的湖泛发生位置与河道入湖区对比分析，几乎所有发生位置都处于入湖河口或是近入湖受纳水域（表 1-4），虽然有一些河道存在顺逆不定的现象，但湖泛发生区多与入湖口水域重叠，预示一些物质的输入参与了湖泛发生。

湖泛的发生需要水体有足够游离态含量的硫离子，在死亡衰败藻体营造的低氧环境下，主要以雨水补给促成的太湖秋、冬和春季水体 SO_4^{2-} 含量的升高。1987 年 5 月至 1988 年 3 月，中国科学院南京地理与湖泊研究所曾对环太湖水量巡测线 141 个断面，以及太湖湖面 39 个样点水样准同步采样分析（表 4-3）。从结果比较而言，丰、平、枯水平年环太湖河道的 SO_4^{2-} 平均含量，除夏季 7 月外，其几个季节的含量都接近太湖水体平均值。查慧铭等（2018）曾对太湖出入湖区研究，显示所有入湖河道的 TN 和 DTN 的月平均浓度，均高于河道所对应的邻近湖体，且两者的营养盐浓度呈现显著正相关。叶宏萌等（2010）对太湖北部流域河网区河道水体中的主要离子进行了采样分析，发现 SO_4^{2-} 与 NO_3^-（溶解无机氮的主要成分）之间有较强的相关性（0.83）。虽然表 4-3 中环太湖断面的河流没有区分出入湖，但可据此推测：太湖入湖河道水体的 SO_4^{2-} 含量应远大于河道邻近水域中的含量。因此太湖水体的硫酸根主要来自于上游入湖流域，既与流域地质状况、岩石和土壤的化学风化作用有关，也与人类活动的影响（如大气降水）等直接关系。因此，除湖面（2338.1 km²）的降水影响外，太湖水体中的 SO_4^{2-} 主要来自入湖河道。

表 4-3　1987～1988 年太湖环太湖河道及湖面水体 SO_4^{2-} 含量（mg/L）

项目		1987 年 5 月	1987 年 7 月	1987 年 12 月	1988 年 3 月
环太湖河道	值域	9.29～54.0	0.25～24.7	6.5～28.5	1.76～55.4
	平均值	22.88	5.40	18.59	26.82
太湖水体	值域	14.89～38.18	11.72～33.52	13.69～36.98	17.63～78.04
	平均值	27.11	21.61	25.11	33.81

太湖流域主要河流和大部分湖水的水化学的特征为：总溶解性固态（TDS）平均值为 340.09 mg/L，Na^+/（Na^++Ca^{2+}）的比值和 Cl^-/（Cl^-+HCO_3^-）的比值较小，说明太湖流域河湖水化学主要受岩石风化控制，受雨水和蒸发-结晶作用影响较弱。为揭示太湖流域污水排放对湖水天然水化学（主要离子）的影响，代丹等（2015）对太湖上游污水处理厂的进出水及雨水、入湖河水和湖水中主要离子进行了分析，同时收集历史数据对比了太湖 20 世纪 50 年代和目前的天然水化学特征。结果表明，太湖水体天然水化学类型主要受流域碳酸盐岩风化作用控制，而受雨水影响较小；流域排放的污水主要离子特征类似于干旱地区的河水，部分工业污水甚至具有海水水化学特征，说明人为活动对当地淡水水质已产生重要影响。同时，太湖水化学已从 60 年前的重碳酸盐钙型水转变为目前的氯化物钠型水（图 4-4）。采用修正的完全混合断面污染物浓度模型计算显示，生活污水排放可以解释对太湖多数主要离子的影响，受大气输入（海洋和降雨）的补给影响微弱（叶宏萌等，2010），但太湖 Ca^{2+} 和 Mg^{2+} 浓度（硬度）主要是受流域酸沉降的影响控制，表明 60 年来流域人类活动已经成为影响太湖水化学的主要原因。但注意到，虽然硫酸根离子（SO_4^{2-}）的权重仍小于碳酸氢根（HCO_3^-），但对比 20 世纪 50 年代，21 世纪 10 年代的 SO_4^{2-} 含量正在逐步增加（叶宏萌等，2010），已占阴离子总量的 27.5%，仅次于 HCO_3^-（48.9%）。

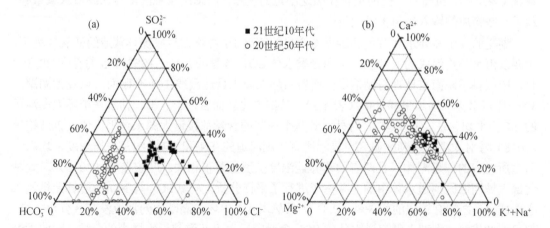

图 4-4　太湖水化学阴离子（a）和阳离子（b）三角图（代丹等，2015）

2. 太湖水体 SO_4^{2-} 与湖泛关系

太湖北部流域水体中阴离子 SO_4^{2-} mg 当量占阴离子总量已达到 29.0%[范围为 19.7%～47.9%（叶宏萌等，2010）]。SO_4^{2-} 是太湖水体中主要阴离子，为太湖矿化度的主要贡献离子之一。据江苏太湖湖泊生态系统野外科学观测研究站 2007 年前对太湖北部水体（梅梁湖 1#点位，图 4-5）例行监测数据结果，该样点水体中硫酸根（SO_4^{2-}）浓度除 2005 年外几乎呈逐年上升趋势（图 4-6），由 1998 年的年均含量 42.77 mg/L 增加到 106.07 mg/L，上升了 148.0%，平均每年增加 16.4%。该趋势也大致反映 1998～2006 年间太湖梅梁湖及其北部水体 SO_4^{2-} 含量的整体走势，为 2007 年及其以后湖泛的形成快速蓄积着游离态硫的所需含量。

图 4-5　太湖 3 湖区样点分布图

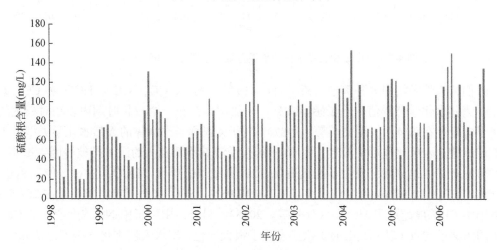

图 4-6　1998～2006 年水体硫酸根含量历年变化

湖水中 SO_4^{2-} 含量的逐渐提高，为太湖湖泛的早期形成提供直接的物质基础。SO_4^{2-} 是地表水好氧环境下含硫无机态离子的最主要存在形式，其中硫的价态为+6 价。在缺氧和厌氧状态下，S^{6+} 很容易在接受电子后转变成 S^{2-}（或写成 $\sum S^{2-}$），成为形成湖泛致黑物的硫化物组分。竺山湖和贡湖分处太湖的西北部和东北部，但都为太湖湖泛易发湖区。鉴于太湖湖区间差异的增加及水化学参数的重要性，2005 年起太湖湖泊生态系统研究站将两湖区包括 SO_4^{2-} 在内的水化学作为例行调查项目。分析竺山湖和贡湖两湖区两例行监测点（17#和 14#，图 4-5）2005～2018 年间 SO_4^{2-} 含量的月变化过程（图 4-7），绝大多数年份都反映：从前一年的冬季开始，SO_4^{2-} 含量逐渐增加，大约至 4～5 月含量开始出现下降，直至 7～9 月含量最低。太湖湖泛的发生大多起自 5～6 月，9 月几乎全部结束（表 1-5），因此 3～4 月高 SO_4^{2-} 含量将为 5～6 月份易发期湖泛的形成提供致黑组分物质。

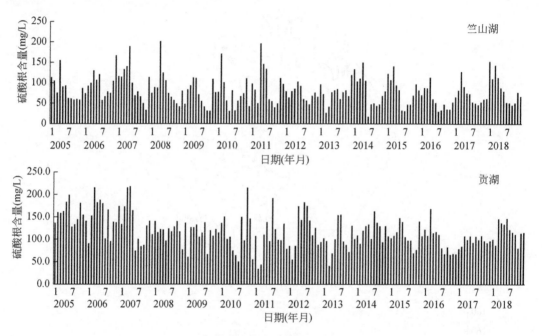

图 4-7　竺山湖和贡湖水体硫酸根含量历年变化（2005～2018 年）

人们将天然湖泊中 8 种离子（K^+、Na^+、Ca^{2+}、Mg^{2+}、Cl^-、SO_4^{2-}、HCO_3^- 和 CO_3^{2-}）的含量作为其水化学背景值。除了感潮湖外，一般湖体会在一个较长时期内以相对稳定的常量离子含量存在水体中（胡文英等，1987）。对于太湖而言，水体的天然水化学类型虽主要受流域碳酸盐岩风化作用的控制，但 60 多年来受流域不断升高的污水排放等因素影响，水体优势阴阳离子组分均已发生了显著变化。20 世纪 50 年代，HCO_3^- 占 61.54%，SO_4^{2-} 占 23.00%，Cl^- 占 18.56%；而目前已变成 Cl^- 占 42.98%，SO_4^{2-} 占 28.27%，HCO_3^- 占 28.75%，阴离子中 Cl^- 浓度超过了 HCO_3^-（代丹等，2015）。另外，阳离子中 Na^+ 浓度超过了 Ca^{2+}，由于阴阳离子含量（以 meq/L 计）次序发生了很大变化，湖水天然水化学类型已从 60 多年前的碳酸盐钙型（C_{II}^{Ca}）水转变为目前的氯化物钠型（Cl_{II}^{Na}）水。

SO_4^{2-} 中的高价态硫，是可在低氧水体中接受电子而转变成致黑组分 $\sum S^{2-}$ 的元素。对太湖竺山湖 17#位点（图 4-5）2008～2018 年水体硫酸根监测月含量与附近水体（符渎港、殷村港和百渎口）相应月份湖泛发生天数、面积和湖泛强度（BBI）的关系（图 4-8）进行分析，SO_4^{2-} 含量与三者之间没有明显的线性关系。但是湖泛是否能形成，水体中 SO_4^{2-} 含量似存在阈值，即当含量低于约 50 mg/L 时，湖泛发生出现的概率极少（仅有 1 次）；含量在 50 mg/L 以上时，发生的天数、面积和湖泛强度（BBI）明显增加（图 4-8）。虽然湖泛的发生还主要取决于藻类的聚集量和聚集时长等，但作为水体中形成致黑物中硫组分的主要自由形态，湖泛发生前，水体中足够高的 SO_4^{2-} 含量可能是早期诱发湖泛发生的关键物质之一。

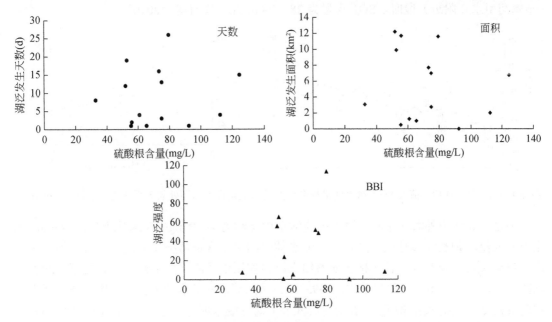

图 4-8　竺山湖附近水体硫酸根含量与湖泛发生关系（2008～2018 年）

4.1.4　域外调水对太湖湖泛形成的影响

除前面提到的天然湖泊水化学类型主要受流域碳酸盐岩风化作用的控制以及流域污水排放等因素影响外，对于有枯水期和水环境水生态补给需求的太湖而言，还有流域外人工调水的影响，其中主要是"引江济太"工程。从 2002 年起，通过望虞河向太湖引水，并通过太浦河为下游增加供水。20 多年来，先后经历了"引江济太"的调水试验、调水扩大试验、长效运行等 3 个阶段，调度方案不断精细化、监控断面布设和入湖指标控制不断科学化，为太湖流域水环境的改善和历次突发水污染事件的成功应对奠定了坚实的基础，取得了明显的效果。其中 2003 年和 2004 年夏季，太湖流域出现明显旱情，工程从长江平均年引水量达 20 多亿 m^3，2010 年 10 月至 2011 年 6 月首次实现跨年度引水，连续引水 237 d（金科等，2014）。2011 年全年总引水达 31.88 亿 m^3（邱训平，2014），若太湖容积按 44.28 亿 m^3 计（水位 1.9 m），相当于给太湖增加了 72%容积的换水量。长时间和大换水量的引水工况，对太湖水化学背景变化值的影响值得分析。

　　"引江济太"工程对太湖水体氮磷含量的影响及生态环境风险方面的研究成果已有很多，但对太湖水化学背景值的影响却极少涉及。硫酸根是湖泊中主要水化学背景参数，分析"引江济太"等域外引水对太湖水体中硫酸根含量的影响意义重大。陈静生等（2006）曾通过统计分析长江水系众多站点 1958～1990 年的水质资料，关注到了工业化引起的长江沿程水质酸化（硫酸根离子增加）趋势。长江干流（九江到徐六泾）SO_4^{2-} 浓度从上至下有逐渐增加的趋势（图 4-9）。但由于长江东流及巨大的稀释作用，随流量的增加，SO_4^{2-} 浓度降低，流量降到 10000 m^3/s 时，徐六泾处浓度可达到 38 mg/L 左右；到下游江阴和张家港（望虞河引水点附近）段时，SO_4^{2-} 含量为 28～29 mg/L（李丹等，2010）。

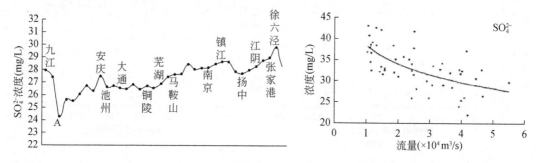

图 4-9　九江至长江口干流段 SO_4^{2-} 浓度的沿程变化及其与流量在徐六泾处的关系曲线（李丹等，2010）

　　但是，长江口外海（东海）海水中硫酸根含量约为 2680 mg/L（陈学政等，1999），如果海水入侵，则长江口甚至上溯长江干流水体中的离子含量情况就会发生显著增加。主要原因将会来自三峡蓄水、长江枯水期增加、风力作用以及海平面上升等（曹勇等，2006；陈凯华等，2017；杨桂山和朱季文，1993）。三峡的蓄水和盐水的入侵，会增加望虞河入水点附近盐度（包括 SO_4^{2-} 浓度）。曹勇等（2006）对三峡水库在 2003 年 6 月 1～15 日和同年10 月 20～31 日进行的初期蓄水对长江口盐度影响研究发现，6 月份水库蓄水后使下游大通流量减少了 37%，长江口的淡水资源持续时数降低了 40%，平均盐度增加了 6 倍；10 月份的水库蓄水使大通流量减少了 1/2，淡水资源的持续时间呈现下降趋势，最大盐度增加了 3倍左右。陈凯华等（2017）应用建立的大通站到长江口外的二维水流盐度数学模型，分析认为当大通站径流量小于等于 5000 m^3/s 时，长江口南支与北支均会发生盐水入侵；当存在风力作用时，盐水入侵愈加明显。从太湖水体的水化学类型逐渐由天然补给向着感潮河流方向变化，湖水中硫酸根含量的递增，其原因主要与太湖多年来的"引江济太"工程实施有关。

　　相比于硫酸根，湖泛的另一致黑组分铁（Fe）含量受"引江济太"调水的影响更为明显。铁在长江下游水体中主要以铁的残渣态形式存在（邵秘华和王正方，1991）。在长江口徐六泾附近，铁的含量较高（50.8 mg/L），约相当于硫酸根浓度的 2 倍。与硫酸根不同，水体中铁的含量则是长江口外东海中低（约 4～7 mg/L），而长江口内高，因此，盐水入侵反而使得感潮段水体中的铁含量减少。实际上在由"引江济太"工程引入望虞河水体时，总铁的含量却大幅度下降，仅为 0.266～0.618 mg/L（唐跃平等，2017）。但是，太湖水体的总铁平均含量在 0.0013～0.653 mg/L 之间，中值含量仅为 0.049 mg/L（约为望虞河水体总铁含量的 7.9%～18.4%），不仅远小于长江水体，也大大低于望虞河引水水体。因此，来自望虞河引水带入的总铁，必然会逐步抬升太湖水体的总铁含量。

2003 年 10 月～2005 年 8 月期间，李聪聪等（2010）曾对太湖梅梁湾和南部湖心水体中包括重金属在内的 15 种金属含量进行了跟踪监测，结果发现：在整个 2 年多的监测时段，Fe 是所有 15 种金属中增幅最大的元素，达 241.15%，这必然破坏了太湖水化学的平衡。由于引水造成硫和铁含量的增加，到底对太湖藻源性湖泛产生了何种影响，目前这方面的工作尚不清楚，影响大小尚难判断。

4.2　气象条件对藻源性湖泛生消的影响

4.2.1　温度对太湖湖泛的影响

凡是涉及化学、生物甚至物理变化的反应都与温度有关，因此湖泊水温也是湖泛发生的重要条件。淡水湖泊水生植物残体的腐烂分解过程为沉积物中的异养微生物提供了重要的碳源。陈默等（2020）通过室内微宇宙模拟实验，研究了 4℃和 25℃时马来眼子菜残体在沉积物中厌氧分解特征及其主要的微生物代谢途径。结果显示，25℃实验组沉积物中总有机碳（TOC）和纤维素去除率显著高于 4℃实验组，较高温度下的微生物对马来眼子菜残体的分解对沉积物腐质化起到了明显的促进作用。但并非温度越高对微生物降解有机物的进程和产物产生量越大。张小菊等（2019）研究发现，在温度 15～40℃内，甲烷降解体积随着温度的升高先增大而后迅速减小，符合关系式 $y=ax^3+bx^2+cx+d$，即说明对反应速度或反应程度而言，应存在至少一个最佳温度期间。耿倩倩等（2020）对消亡期沉降海底的浒苔，实验了温度对浒苔降解及向水体释放溶解有机物的影响，显示 20℃条件下，DOC释放浓度显著高于 15℃和 25℃条件，微生物对生物体的分解速率受温度影响很大。

统计学技术往往是水污染和水体生态灾害规律性研究的重要手段。刘俊杰等（2018）根据 2009～2017 年湖泛发生前 10 日及发生日的气象水文监测结果统计，湖泛发生前 10 日～前 1 日，天气以晴好为主，平均气温均高于 25℃，基本呈逐日升高。从发生前 10 日的 25.8℃持续上升至 28.2℃，平均上升幅度为 2.4℃，最大升幅达 8.3℃，连续 5 日的高温可能是湖泛发生的一个关键特征。湖泛发生 5 日之前的连续 5 日（即前 6 日～前 10 日）平均气温为 26.3℃，而湖泛发生前 5 日（即前 1 日～前 5 日）的平均气温则升至 28.0℃（图 4-10），气温的整体性提升为湖泛的形成提供了重要的外部环境。

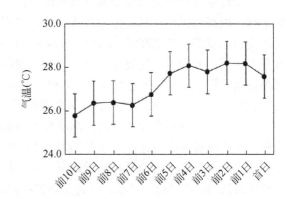

图 4-10　湖泛发生前 10 日至发生首日平均气温（刘俊杰等，2018）

另外，湖泛发生当日温度的降低也可能是温度对湖泛形成过程影响的关键因素。经统计 83.3%的湖泛发生前 1 日气温在 25℃以上（刘俊杰等，2018），2009～2017 年湖泛发生前 1 日的平均气温为 28.2℃，变化范围为 19.2～34.8℃。但湖泛发生时的平均气温为 27.6℃，较前 1 日下降，降幅 0.6℃（图 4-10）。其中最大降幅的湖泛出现在 2017 年 6 月 5 日沙塘港口—田鸡山附近水域，发生首日与前 1 日的温差达 11.5℃。气温的突然降低首先影响到表层水体，密度的加大使得表层水体下沉，加强甚至触发了水体上下层的对流，使得下层多日蓄积的厌氧性致黑致臭物上翻，加快了湖泛事件的形成。因此，连续多日高温后出现温度明显降低或突降，有可能是诱发湖泛的重要条件之一。

为考察现场实际温度对湖泛发生的影响，王玉等（2014）在太湖杨湾水域建立了 4 个小面积围隔，并两两设置成投放蓝藻时差 2 天、温差为 3℃的高温组和低温组。温度影响模拟结果反映（表 4-4），高温组（围隔 A 和 E）中的水体溶解氧迅速降至 0 mg/L，而低温组（B 和 F）虽也有降低，但未降至 0 mg/L。由于试验第 3 天后两组处理的所有条件都相同，所以认为两组处理存在的差异主要是由于第 1 天和第 2 天的高温条件引起的。推测：高温条件下蓝藻的死亡、分解速率的加快，使得水体溶解氧浓度下降进入了缺氧和厌氧环境。试验结束后也能反映：高温组的水体表层基本没有蓝藻，并形成湖泛或水体略发黑；而低温组水体表层虽有一定量的蓝藻漂浮，尚未形成湖泛。

表 4-4　太湖现场模拟温度对湖泛形成影响的试验结果

围隔编号		试验前两天温度（℃）		加入蓝藻量（kg/m²）	是否诱发湖泛
		第 1 天	第 2 天		
低温组	B	29.4	26.1	4	否
	F			9	否
高温组	A	30.6	30.6	4	水体略变黑
	E			9	是

从统计学分析和现场模拟温度对湖泛发生的影响都不可避免地受到众多的非温度因素的干扰，所获结果往往只能作为定性参考，采用室内温度控制下的模拟结果，则相对更能接近定量化要求。从 2008 年 7 月到 2014 年 10 月间，刘国锋、尹桂平、孙飞飞、申秋实、商景阁和邵世光等人，先后在太湖历史曾发湖泛区域的鼋头渚、竺山湖和月亮湾等水域，采集柱状底泥，加入不同量鲜藻聚集，模拟风速 3～4 m/s 小风下，不同温度（18℃、21℃、23℃、25℃、26℃、28℃和 29℃）对太湖湖泛形成的影响（表 4-5）。

整体反映，随着温度的升高，湖泛发生现象的视觉和嗅觉感官会逐步提前。在湖泛条件模拟的预试验中，还进行了水温 18℃±1℃和 21℃±1℃湖泛模拟实验，但在 16 天的时间长度内，水柱中水的视觉和嗅觉均未发生变化，因此，从现有的实验数据归纳：可形成湖泛的最低温度为 23℃±1℃。以月亮湾模拟鲜藻量 5000 g/m² 为例，在有底泥存在下，水体在第 5～7 天出现灰色，第 8～10 天形成湖泛（邵世光，2015）。虽然不同湖区底泥的差异较显著，但基本上表现出温度高的模拟体系比温度低的要早出现湖泛。比如 25℃±1℃下鼋头渚（鲜藻量 7896 g/m²）水体第 6 天呈灰色，第 5 天有轻微臭味（刘国锋，2009）；

表 4-5　温度对太湖湖泛形成影响的室内模拟结果

室温(℃)	湖区(鲜藻量, g/m²)	视觉（致黑性）										嗅觉（致臭性）										数据来源
		1天	2天	3天	4天	5天	6天	7天	8天	9天	10天	1天	2天	3天	4天	5天	6天	7天	8天	9天	10天	
18±1	竺山湖(5000)	—	—	—	—	—	—	—	—	—	—	—	—	—	—	—	—	—	—	—	—	尹桂平、孙飞（数据未发表）
21±1	(5000)	—	—	—	—	—	—	—	—	—	—	—	—	—	—	—	—	—	—	—	—	
23±1	月亮湾(5000)	—	—	微黄	微黄	灰	灰	灰	浅黑	浅黑	黑	—	—	—	—	轻微	轻微	中度	重度	重度	重度	商景阁, 2013*
	電头渚(5265)	—	—	—	—	—	灰	浅黑	黑	黑	黑	—	—	—	中度	重度	重度	重度	—	ND	ND	邵世光, 2015
25±1	電头渚(7896)	—	—	—	—	—	浅黑	浅黑	浅黑	—	—	—	—	—	—	轻微	中度	重度	重度	ND	ND	刘国锋, 2009
	霍头渚(10528)	—	—	—	—	灰	浅黑	浅黑	深黑	—	—	—	—	—	轻微	轻微	中度	重度	重度	ND	ND	邵世光, 2010**
26±1	月亮湾(5000)	—	—	—	—	灰	浅黑	浅黑	黑	黑	黑	—	—	—	轻微	中度	重度	重度	重度	重度	重度	
	竺山湖(1000)	—	—	灰	灰	灰	浅黑	浅黑	黑	黑	黑	—	微臭	臭	浓臭	浓臭	浓臭	浓臭	浓臭	浓臭	臭	孙飞等, 2009
28±1	竺山湖(5000)	—	—	微黄	浅黑	黑	深黑	深黑	深黑	深黑	深黑	—	微臭	臭	浓臭	浓臭	浓臭	浓臭	浓臭	臭	臭	尹桂平, 2011
	竺山湖(7500)	—	—	浅黑	黑	黑	黑	黑	黑	黑	黑	—	微臭	臭	臭	浓臭	浓臭	浓臭	浓臭	浓臭	臭	孙飞等, 2009
	竺山湖(5000)	—	—	浅黑	黑	黑	深黑	深黑	深黑	深黑	深黑	—	微臭	臭	浓臭	浓臭	浓臭	浓臭	浓臭	浓臭	浓臭	尹桂平、孙飞（数据未发表）
29±1	竺山湖(5000)	—	—	—	—	灰	浅黑	黑	深黑	深黑	深黑	—	—	微臭	臭	臭	浓臭	浓臭	浓臭	浓臭	浓臭	

*为水温 23℃；**致黑采用的是色度测定的，与视觉进行了对照。

注：—为未变化；ND 为未检测。

而 28℃±1℃竺山湖（鲜藻量 7500 g/m²）则第 2～3 天就开始出现致黑致臭的迹象（孙飞飞等，2009），远比 25℃±1℃下的模拟系统提前。

另外，并非温度越高湖泛发生时间就越提前。申秋实等（2011）对太湖湖泛易发区月亮湾底泥和藻体进行 29℃±1℃湖泛模拟实验，发现直到第 6 天才形成湖泛，这与邵世光用同样的鲜藻量模拟湖泛形成的显黑时间差不多，显然，过高的温度并非有利于湖泛的形成。以太湖两个湖泛易发区（月亮湾和竺山湖）湖泛形成显黑结果汇集于一起（部分数据未发表），可明显看出，对于月亮湾，气温提高到 23℃±1℃时发生湖泛，最易发生湖泛的温度是 28.6℃±1℃；对竺山湖殷村港，湖泛发生的最低温度 25℃±1℃，最高可达到 30℃±1℃（图 4-11）。

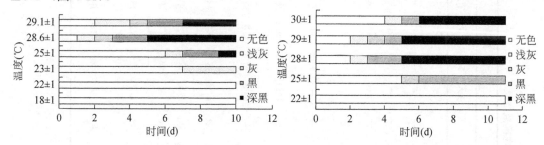

图 4-11　不同水温下月亮湾（左）和竺山湖（右）藻源性湖泛模拟中视觉变化（鲜藻 5000 g/m²，风速 3～4 m/s）

无论是繁殖还是生存，每一种类微生物都有其最适温度和特定的温度，如果温度的变化轻则影响其正常生活，重则使其死亡。在废水生物处理中，微生物最适宜的温度范围一般为 16～30℃，最高温度在 37～43℃，当温度低于 10℃时，细胞生长会受到很大的限制，微生物将不再生长。较好的作用温度为 30～35℃，高于 60℃会导致细菌内酶的变性。一般中温菌 37℃左右，部分嗜冷菌 10℃左右，部分嗜热菌 55℃左右。辛华荣等（2020）对 2009～2018 年湖泛发生首日温度统计，湖泛发生核心区的水温变化范围为 20.2～34.2℃；刘俊杰等（2018）统计分析湖泛发生时的平均气温为 27.6℃。2009～2015 年间室内湖泛模拟设置的温度（表 4-5）基本涵盖了中低温区；对于高温区间，室内模拟研究发现，温度超过 29℃后，湖泛即使形成，其发生的黑臭强度反而会有所降低（图 4-11、图 4-12）。

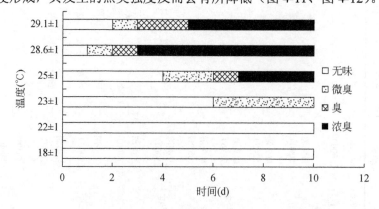

图 4-12　不同水温下殷村港藻源性湖泛模拟中嗅觉变化（鲜藻 5000 g/m²）

　　湖泛形成的温度范围对于湖泛的预测具有一定的帮助。王成林等（2011）对太湖湖泛发生前后温度分析，认为湖泛发生前大约会出现 3 d 以上的高温（>25℃）天气，并以同时满足 14 时的气温>25℃、风速≤4 m/s 的累积天数为太湖蓝藻水华气象指数，分析出 2007 年 6 月前满足蓝藻水华气象指数的天数（15 d）大约是 2006 年（8 d）的两倍，而且开始出现时间（3 月 28 日）较 2006 年（4 月 18 日）也提前了 20 d，这也就为湖泛的形成提供了极好的气象条件。据对 2008 年 5 月 29～31 日、2009 年 5 月 11～13 日以及 2009 年 7 月 20～24 日发生在太湖西沿岸和贡湖的 3 次湖泛的现场调查（陆桂华和马倩，2010），水温分别为 23.3～26.0℃、24.4～25.8℃以及 28.4～33.8℃，计算反映，适宜发生湖泛的温度范围（ΔT）为 26.7℃±3.3℃（范成新，2015）。

　　气温的降低也可能触发湖泛的发生。湖泊温度的急剧下降（特别是伴随降水），会使得表层水体温度降低密度加大。当密度差足够大时，由于重力的作用，导致表层密度大的水体往下沉，而密度相对低的底层水将被下沉到水体底部的表层水挤压一部分上升到水体上层，这样就形成了水体上下层的密度流，引发水体的上下层强对流。在太湖地区，降温是可能会发生的，有时候甚至一夜之间可下降 8～10℃以上。上下层强对流会使水体以水团形式，对底部产生较大的冲击和搅动，导致水底积累的有机物以及较高负荷的低密度表层沉积物随对流的水团带到上层水体中。若发生于藻源性湖泛易发的春末夏初季，处于厌氧还原状态的藻体耗氧分解和沉积物硫铁物质底层水进入上层水，则可将已成积蓄状态的高浓度 S^{2-} 和 Fe^{2+}（包括附着悬浮颗粒 FeS）以及挥发性硫化物等气体带入上层水体，使得整个水柱迅速处于黑臭状态。陆桂华与马倩（2009）曾通过现场调查数据推测，2008 年 5 月底形成的湖泛主要是"底泥上翻与区内死亡的蓝藻共同作用的结果"。

　　孙飞飞等（2009）曾在再悬浮装置中以中高聚藻量将其在泥藻系统中培养至足够时长，通过将水柱下层的水体抽排至上层，模拟气温突降引起的水柱上下层水体的强对流影响，结果发现与对照相比，4#水柱很快发生整个水柱发黑现象。表层水体由于和空气直接接触，冷空气的来临（有时还伴随着降水），表层水体受低温影响密度出现较大幅度增加，上下层水体的强对流必将发生。虽然造成上下层水体对流的温度骤降并非湖泛发生主因，但如果春末夏初期且当聚藻水域已处于湖泛前临界状态时，则降温极可能触发湖泛提前形成。

4.2.2　风情对湖泛生消影响

　　风是大气的水平运动，故风情也是大气的重要因素。水平气压梯度力、地转偏向力和水面的摩擦力是湖面风向的 3 种影响力。风场与藻类浓度场有着显著的联系。藻类的规模性聚集是形成湖泛的基本条件，完全依赖湖流使藻类形成高于周边水域的高浓度积聚是难以实现的。受湖区营养盐供应量及生物体空间竞争等限制和影响，完全依赖藻类自发生长到湖泛发生所需的单位集聚量实际很难发生，往往需要适当的风情（风速和风向）作为其规模性聚积的驱动力（图 4-1）。

　　1）风情对局部藻体高聚集状态的影响

　　藻源性湖泛需要在湖岸区有足够生物质量的聚集及其累积时长，这两点都需要有适当强度和定向风的作用（范成新，2015）。据江苏省水文水资源勘测局巡测数据分析，湖泛发生前 10 日至发生首日主导风向均为东南风，前 10 日主导风向为东南风的概率为 41.9%，湖泛发生首日该概率升至 54.4%，而太湖巡查期间多年平均东南风概率仅为 28.4%，因此湖泛发生前 10 日至当日的东南风概率远高于多年平均（刘俊杰等，2018）。风的矢量对藻类的迁移方向具有较高的控制性，王成林等（2010）曾对 2007 年 5 月和 2008 年 5 月两次湖泛现象发生前后风向的稳定性分析，平均风向的绝对偏差都小于 20°。稳定的风向是藻体能否形成局部区域聚集的充分条件，但风速大小却对是否能形成藻类有效漂移的必要条件。钱昊钟（2012）的研究总结出：弱风时，风场对藻类的输移作用并不明显；小风时，藻类会顺着风向向岸边漂移形成堆积；当风速超过临界风速时，太湖大部分区域的藻类水平分布趋向于均一。Godo 等（2001）曾应用海流计和盐度计，观测了中泉湖上下层水体对强风的运动响应，发现强风以几乎恒定的速度和方向持续了 15 h 后，在上层和下层观察到反向流速的大幅波动，并伴有两层之间的混合。在初始阶段后的静止阶段，上层和下层的流速保持恒定，盐度也保持恒定。强风下这种上下层的对流混合，对于表层藻类的定向漂移和规模性聚集是不利的。

孔繁翔等（2007）研究表明，当风速为 2.0 m/s 和波高为 0.04 cm 时，微囊藻在湖面上形成水华，此时大约有 37% 的总生物量聚积在表层 5 cm 的湖面；当风速为 2.5 m/s 时这一比例降为 34%；当加强到 3.1 m/s 波高 0.062 cm 时，表面水华消失。白晓华等（2005）通过室内风箱水槽实验和野外观测的定量研究结果反映，适当的低风速（小于 3 m/s）下，漂浮的藻体会随风朝下风向移动。在平均风速 2.8 m/s 时，藻体在水槽和现场水面的平均移动速度分别为 8.6 cm/s 和 11.4 cm/s，并且建立了梅梁湖风速与水华漂移速度的指数相关方程。余茂蕾等（2019）对太湖蓝藻水华空间分布研究发现，在平均风速 1.9 m/s 和 2.3 m/s 的情况下，表层粒子的平均漂移速度分别为 3.0 m/s 和 5.0 m/s；风场对表层水体蓝藻水华的空间分布具有决定性影响，能够引起蓝藻水华在空间上较高的异质性。

适合的风场使湖体中藻体向局部形成规模性聚集，仅仅是可能满足藻体生物量在局部区域聚集的需要，单纯地在湖湾或岸边某区域大量堆积并不一定就会引发湖泛（王成林等，2010），还需要除生物质数量外，聚集时间的条件。从大量的模拟实验反映，太湖湖泛的发生除了水域有足够高的（藻类和水草）生物质量外，还需要在具体的岸边位置具有足够长的停留时间，这个时间主要随温度而变化，约 2～6 天不等。能够影响聚集时间的除定向风外，湖流也是主要因素之一。邵世光（2015）曾研究了太湖藻类堆积速率与湖泛爆发的关系，在不同藻体聚集速率 [2 kg/(m²·d)、6 kg/(m²·d)、16 kg/(m²·d)] 下，湖泛发生（黑色）时间分别为 7 d、6 d 和 5 d，反映随着藻体堆积（聚集）速度越快，湖泛发生时间越短。由于有利于藻体堆积的风速在不同的湖区大致存在一个阈值（或范围），因此在此阈值内，风速越大，藻体的聚集速率越快，湖泛发生的所需时间就越短。

湖流指的是湖泊中大致沿某一方向前进运动的水流。这种水流在相当长的时间内，基本保持其物理化学特征。根据成因，湖流分为梯度流和漂流。按流动的路线分为平面环流、垂直环流，朗缪尔环流等。以太湖最易发生湖泛的西部沿岸带分析，全湖各入湖口门除竺山湾北部顶端的百渎港口有一约似三角洲的湖滩外，均未见到有河口冲积型三角洲形成，表明太湖沿岸湖流的切向水动力作用十分强劲。这种切向的沿岸流作用，势必会影响聚集性藻类的停留时间，切向湖流流速越小，停留时间就越短，也就越有利于湖泛的形成。

2）风情对湖泛的形成和消退进程的影响

水体与大气接触过程中，大气中的氧会源源不断地向水体扩散和溶解，形成复氧。风浪的介入会强化水体与大气间的自然复氧过程。对处于湖泛进程中的水域而言，越是趋向静止，越有利于湖泛的形成；风浪强度的加大和增强，越不利于湖泛发生条件的营造。

风浪的复氧对业已形成的显黑弥嗅体系的稳定性是具有破坏性的。对江苏省水文部门多年巡查的结果统计，湖泛的持续时间，一般不超过 16 d；实验室的模拟反映，湖泛的发生需要 2～7 d 时间，消退过程则相对较快，长的需要 2～3 d，短的仅需数小时，这主要取决于事发水域的风浪和湖流状况（范成新，2015）。其中风浪的影响较为显著，即风浪引起的复氧作用对湖泛的形成不利，会加快湖泛的消退进程。孙飞飞等（2009）曾开展上层水扰动复氧对湖泛形成的影响实验，发现没有进行扰动复氧的实验柱，水体的颜色在第 4 天便由淡黄色转变为黑色，而一直保持扰动复氧的对照柱则全程无色透明，该实验说明复氧对黑臭产生有着极其重要的影响。沈爱春等（2012）曾通过围隔试验，研究了自然风和人为扰动（模拟风）两种影响下湖泛的形成，虽然两种围隔实验都未发现典型的湖泛视觉感受，但模拟风作用下，下层泥藻混合物经扰动会上翻到表层，反而促进水中微生物对死亡藻体的降解，有利于湖泛的形成。

适度的风情有助湖泛的发生，但足够强度的风速则是已发湖泛加速消退的主因。为了定量了解风浪的复氧作用对湖泛消退过程的影响，申秋实等（2012）曾采用模拟装置对"湖泛"发生后的稳定持续时间与风速关系进行了多批次研究（图 4-13）。结果显示：静风（风速为 0 m/s）对照下，湖泛水体的黑色在实验过程中始终未能消失，水体 DO 含量均处于约 1.5 mg/L 以下；小风（约 2 m/s）和中风（约 4 m/s）下，"湖泛"的黑臭现象大约可持续 2 d，湖泛消失时的 DO 含量约 6 mg/L；当施以大风（～8 m/s）作用时，仅需要 14 h 湖泛黑臭就完全消失。并且发现，在湖泛消失后，维持原来的风速至 144 h，未见发黑现象。

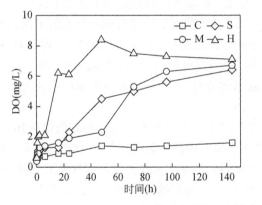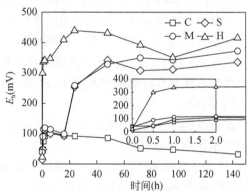

图 4-13　风浪强度对湖泛消失过程水体中 DO 和 E_h 值的影响

湖泛水体的生化反应最主要就是耗氧反应，湖泛发生后水体中的溶解氧含量多接近零，氧化还原电位低至 50 mV 甚至-200 mV 以下。风浪的复氧作用虽然仅使得表层水体的氧含量增加，但却破坏了以低价硫（ΣS^{2-}）、低价态重金属（Fe^{2+}、Mn^{2+}）和生源性有机质等为主建立的氧化还原体系。

风浪的作用可能仅是湖泛消退的原因之一。Zhang 等（2016）曾对 2007～2014 年间 16 次湖泛事件消失的气象数据统计，发现仅有 4 次（25%）与大风有关，日风速为 4.6 m/s。但除大风扰动外，强降水和明显的降温也是湖泛消失的主要因素。在分析全部 16 次湖泛消失与气象因素关联中，有 11 次（占 68.8%）是发生了强降水事件，平均日降水量 23.1 mm。他们还发现与湖泛出现前连续 5 天的日平均气温相比，湖泛消失期间的日平均气温则降低了 >2℃，在所有 16 次中有 9 次湖泛的消失与降温有关联。

4.2.3　湖流对湖泛生消的影响

湖流指的是湖泊中大致沿某一方向前进运动的水流。这种水流在相当长的时间内，基本保持了其物理化学特征。由于形成湖泛之前的生源物质（藻体和水草）以及形成湖泛后的致黑物和致臭物都是处于水体内或表层中，因此水流的运动对湖泛的生消多少会产生影响。当湖流流向与风向一致时，湖流会有助于漂浮藻体向局部湖区聚集；但两者不一致时，湖流流向对藻体的聚集速率和程度的影响与风向相比较小（范成新等，1998）。一般认为，湖流对湖泛形成的影响主要体现在其他方面。

1）湖流对湖泛事件发生区域的影响

谢平（2008）对 2007 年 5 月底贡湖水厂发生的湖泛事件综合分析认为，污水团（湖泛）可能是在外界风场和"引江济太"的吞吐流共同作用下，由贡湖沿岸迁移至南泉水厂取水口附近开阔水域的，即认为污水团并不是 2007 年 5 月 28 日在南泉水厂附近形成的，而是在此之前在异地已经形成，此后在外界条件（湖流）的作用下迁移至此。虽然这一结论颇有争议，但从 2007 年 3～5 月间太湖梅梁湖藻类大暴发及向南扩展过程（见 1.1.2 节），5 月 16 日在梅梁湖犊山口观察到水体发黑（湖泛），以及后来贡湖水厂取水口的关闭在时间和空间上的逻辑联系，可推理出：湖流在湖泛出现于贡湖水厂附近起到了重要的作用。

为分析贡湖南泉水厂区湖泛的形成原因，中国科学院南京地理与湖泊研究所于湖泛事件发生不久后的 6 月 7～9 日，对梅梁湖和贡湖两毗邻湖区进行了流场调查[①]。通过对 37 个点位 0.5 m 和 1.0 m 的流速、流向的测量表明：在望虞河和梅梁湖泵站联合引调期间，在南泉水厂贡湖取水口附近的表层 0.5 m 和 1.0 m 水体流向，都指向贡湖南泉水厂东北部湖岸区（图 4-14）。

据王成林等（2011）对太湖 2007 年 5 月 19～24 日的气象资料分析，平均气温 >20℃，风向基本稳定，为东南风（150°±20°）。谢平（2008）曾总结黄漪平等（2001）和姜加虎（1997）关于贡湖和梅梁湖在不同风场下流场变化研究结果，并根据江苏省气象局 2007 年 5 月盛行东南偏南风的公布资料以及水利部门自 5 月 6 日后的连续向贡湖调水引流，推测在东南偏南风的稳定风场下，主导性湖流过程应该是贡湖水以沿岸流的方式输入到梅梁湖。调查的结果反映，2007 年 5 月底 6 月初贡湖水体大概率是以沿岸流的方式自东向西流动，推动贡湖岸边漂浮藻体向取水口聚集（图 4-14）；但表层水流并不向梅梁湖区输入，而是大太湖开阔区表层水体向取水口形成移动。结合 MODIS 遥感影像（见图 1-3）分析，2007

①中国科学院南京地理与湖泊研究所，望虞河和梅梁湖泵站联合引调期间贡湖和梅梁湖湖流状况测量报告，2007 年 7 月。

年 5 月底，已经在大太湖形成水华的漂浮藻类，也随着表层湖流进入到取水口区，对该区域（特别是岸边区）的藻体积聚形成叠加。不论 5 月中旬发生于梅梁湖犊山口附近的湖泛向南部移动，还是藻类从大太湖向贡湖取水口方向的聚集，湖流都是重要的载体和驱动力，对发生于贡湖取水口附近湖泛的形成、分布和移动，具有重要的影响作用。

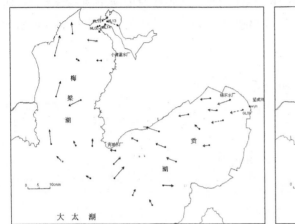

图 4-14　贡湖和梅梁湖表层 0.5 m（左）和 1.0 m（右）流场矢量图（2007 年 6 月 7～9 日）

2）湖流对湖泛生消的影响

湖泛中大多数显黑沉淀物是附着在水体颗粒物上的，这种在物理上与湖水泥沙（悬浮物）性质相似的颗粒，受湖水的稳定流和紊流的流速和流向等影响，会使得湖泛（黑水团）在形态、范围和垂向上发生变化。对于已发湖泛的水域，湖流将以改变水团尺度、形状和空间位置的方式，使黑水团更易与周边更加开阔的、未发生湖泛的水体接触。湖流的运动一方面增加水团间接触面积，提升湖泛水体中的氧含量，另一方面也对黑水团进行轮廓的"塑造"或"撕扯"成碎片，加速其在水体中消失。虽然湖流对湖泛消逝过程和机制尚未见有实质性研究，但从湖泛后期的现场调查记录分析，湖流在湖泛形成条带状、斑点状的过程中，相比于风场而言，起到的作用更大。

4.2.4　气压对湖泛生消影响

大气压对湖泛形成的影响与鱼池泛塘现象极为相似。当遇到闷热、雷雨天，特别是晴天转降雨或降雨转晴天时，鱼类有可能在下半夜至黎明前浮头，严重时可出现泛池，造成大批养殖鱼类死亡（野庆民和吴秀芹，1999；曲成龙，2017）。水体溶解氧的来源有部分是通过近水面层大气中的氧分子与水面接触而溶于水的。气压高、空气密度大，单位体积空气中的氧分子含量相应较高，水体从空气中获取氧分子的机会也大。但反过来，气压低，水体溶解氧含量也会减少，将有利于湖泛的形成。有关气压对湖泛形成的影响，未见模拟实验，都是来自对湖泛发生前后相关数据的统计和分析。王成林等（2010）曾对 2007 年和 2008 年两次湖泛过程的气象要素进行了分析，最早形成了气压与湖泛形成关系的实质性研究成果（图 4-15）。他们将 2007 年 5 月 19 日 06 时至 24 日 03 时、2008 年 5 月 14 日 09 时至 17 日 21 时，分别定义为两次湖泛形成前的稳定阶段。该两时段的持续时间都超过 72 h（3 d），气压最大降幅都超过 10 hPa，其他参数（平均气温、最高气温、平均风速和平均风向等）都处在湖泛发生的允许或易发状态（表 4-6）。总结出湖泛形成前的共同特征为：气压逐渐降低、风速较小、风向基本一致、气温逐渐升高。其中认为 2007 年 5 月 24 日 06 时至 25 日 06 时、2008 年 5 月 18 日 00 时至 19 日 03 时是湖泛形成时的两个突变阶段。此阶段偏冷空气过境，气压的突然上升（最大升幅都超过 7 hPa），被认为也是太湖湖泛的触发因素之一。

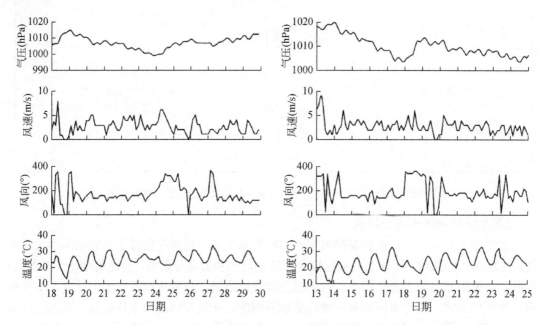

图 4-15　2007 年 5 月（左）和 2008 年 5 月（右）湖泛发生前后主要气象要素随时间变化

（风向图中：0 为静风，南风为 180°，北风为 360°，顺时针旋转）

表 4-6　2007 年 5 月和 2008 年 5 月两次湖泛形成前后气象要素的对比（王成林等，2010）

湖泛发生期		2007 年 5 月		2008 年 5 月	
要素变化阶段		稳定阶段	突变阶段	稳定阶段	突变阶段
气压	持续时间（h）	118		85	
	最大降幅（hPa）	13.8	—	13.2	—
	最大升幅（hPa）	—	7.1	—	8.6
平均风速（m/s）		3.20	3.56	3.03	3.10
平均风向（°）		155.8	302.2	154.5	342.0
平均气温（℃）		25.06	23.33	22.38	20.62

刘俊杰等（2018）也曾对太湖湖泛发生期间的气压变化特征进行过分析，认为湖泛发生前 10 日，气压变化幅度不大（99.7～101.7 kPa），但湖泛发生首日会较前 10 日及前 1 日气压下降（平均下降 0.04 kPa，最大降幅达 1.5 kPa），71.1% 的湖泛发生首日气压低于

101.0 kPa。对 2016 年 6 月 16～17 日形成于梅梁湖闾江口附近水域的湖泛，分析发生湖泛的首日气压降幅明显较大，虽然 100.0～100.5 kPa 区间的比例较前 1 日上升近 10%，但 100.5～101.0 kPa 区间的比例则下降了约 12%。

低气压意味着湖泊水-气界面氧分压（p_{O_2}）也比正常状态下低，较低的氧分压难以给湖水内部供给较多的氧气，水面的复氧能力削弱。对即将或已经发生湖泛的水体而言，内部氧分压的减少，溶解氧含量降低，其他在缺氧和厌氧环境中可能存在的气体（CH_4、H_2S、DMDS、DMTS 等）就可能占据更大的比例，以气泡的方式上浮到水面。上浮的气泡一方面使得水域水层的缺氧和厌氧范围扩大，另一方面也破坏了水层的稳定性，将沉积于底泥表层的藻源性有机碎屑，特别是高浓度的含 Fe^{2+} 和 S^{2-} 物质带到水面附近，加速水体的发黑程度，使水质的恶化程度加深。

湖泛形成的气象因素中，有不少与鱼的"泛塘"现象极其相似。我国东部地区，鱼的泛塘事件主要发生在 5～10 月间，由于湿度大、气温低、气压下降、日照强度弱等等都会引起溶解氧含量的降低，诱发泛塘事件发生。黄永平等（2014）根据对 25 个鱼泛塘实例，结合气象要素的特点，提出了急剧降温降压型、寡照型、高温高热型 3 种鱼泛塘发生条件的概念模型。在分析气压的降低对水体溶解氧影响中（图 4-16），认为日出后，辐射增强，溶解氧含量随着光合作用的增强而递增，一般会在 15～17 时达到最高点；之后辐射减弱，溶解氧含量也随着光合作用的减弱逐渐减少，翌晨 6～8 时降到最低点，此时池塘中鱼多上浮至溶解氧含量高的水面呼吸，即发生所谓鱼"浮头"现象。

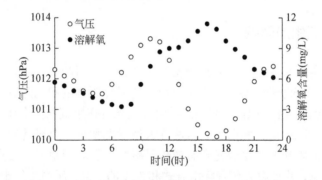

图 4-16　某池塘年平均气压与晴天溶解氧含量的日变化（黄永平等，2014）

在实际水体中，气压与水体溶解氧含量的关系较复杂。气压的日变化规律为双峰双谷型，与溶解氧含量的单峰单谷型日变化规律（图 4-16）不同。17 时为气压的日最低值，但此时受太阳辐射影响，溶解氧却是日最高值，这样会导致逐时气压与溶解氧含量的相关性较差，用此时的低气压来判断湖泛的发生将发生误判。实际从太湖湖泛多次室内模拟发现，凌晨是湖泛最易发生的时间段（尹桂平，2009）。

张运林等（2020）曾总结长达 40 年（1980～2019 年）的太湖气温、水温、风速、水位和透明度等长期变化特征，认为受全球变化和城市化等影响，过去 40 年太湖气温和水温呈现显著升高趋势，而近地面风速则表现为持续下降（图 4-17）。温度和风速是营养性湖泊藻类生长和聚集的关键参数，无论是宏观时间尺度气温的增加还是风速的下降，均有利于富营养湖泊藻类大量生长和水华蓝藻的漂浮聚集，某种程度上会增加蓝藻水华发生频次和集聚规模。太湖湖泛类型绝大多数为藻源性湖泛，因此太湖地区温度和风速等关键气象参数近40年来变化，总体是为太湖藻源性湖泛的形成提供了有利条件。

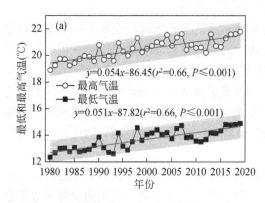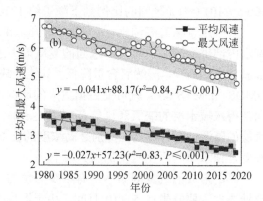

图4-17　1980~2019年太湖年气温（a）和风速（b）的长期变化趋势［引自张运林等（2020）］

统计学在海量气象数据上的应用，也为人们深度研究湖泛形成提供了重要手段。从鱼池泛塘的较成熟研究（黄永平等，2014）与湖泛形成的要素类比中推测，可能还有一些气象要素也较为重要，如光照、降雨和相对湿度等。对于这些方面直接的研究成果还相对较少，或与湖泛的直接作用关系还未见明确。总体而言，水文气象参数对藻源性和草源性湖泛形成的影响机制，需要有进一步的深入研究工作来加以揭示。

4.2.5　阴雨对湖泛生消影响

水体溶解氧的主要来源是藻类或植物初级生产光合作用产氧。Karlia等研究表明，水体中溶解氧的76.9%来源于浮游生物光合作用，所以光照强度和光照时效是影响水体溶解氧含量的主要气象因素（雷慧僧，1981）。阴雨天气光合作用减弱，水体产氧将减少。阴雨天气包括两种天气状况：阴天和雨天。这两种天气状况都有一个显著的特点就是影响地面光照，使地表接受太阳光的强度或光合有效辐射减少。但对于雨天，还有雨水自空中降落湖面可能引起的影响，并且雨天还有降雨方式和强度的不同，所产生的影响也会有所差别。

1）阴天对湖泛的影响

一般认为，阴雨天气下光照强度大约只有晴天的1/10。在水下0.5 m处，紫外线不足表面光强的1%，可见光是表面光强的20%左右。太湖地区光合有效辐射（PAR）年总量1616.95 MJ/m^2，阴天12:00左右时的PAR和总辐射量约为晴天时的55%（秦伯强等，2004）。太阳辐射中波长位于400~700 nm，能够被绿色植物用来进行光合作用的部分太阳辐射称为PAR，PAR是湖泊水体初级生产者的主要能量来源。

但在藻体大量聚集的藻源性湖泛易发区，阴雨天的出现，使得单位体积中藻体接受到的光照强度以及受到的PAR大大减少，这种减少也意味着上层藻体光合作用（$6CO_2 + 12H_2O \longrightarrow C_6H_{12}O_6 + 6O_2 + 6H_2O$）减弱。光合作用能使水中绿色植物（包括藻类）吸收光能，把二氧化碳和水合成富能有机物，同时释放氧气。阴雨天气的出现，必然会减少聚藻区藻类释放氧气，使得水体中溶解氧下降。也使得水体中藻体将自身有机物分解成无机物的有氧呼吸作用（$C_6H_{12}O_6 + 6O_2 + 6H_2O \Longrightarrow 6CO_2 + 12H_2O$）受到抑制。

黄永平等（2014）曾分析了江汉平原 25 个养殖水体中溶解氧含量与气象要素之间的关系，发现水体中溶解氧含量与日辐射总量之间呈线性关系（图 4-18，通过 $\alpha = 0.05$ 检验），日总辐射量越大，水生生物的光合作用也越强，溶解氧日平均含量就越高，多在 $6 \sim 12$ mg/L 之间；相反阴雨天气，溶解氧日平均含量一般在 6 mg/L 以下。显然由于阴天云层的遮蔽，减少水面辐射量，会较大程度地影响水体溶解氧的含量。对于人湖藻源性湖泛易发水域而言，阴天的出现有可能增加湖泛形成的可能性。

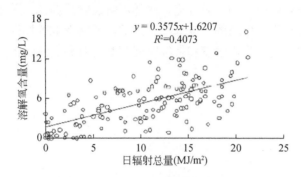

图 4-18　江汉平原养殖水体日辐射总量与溶解氧含量关系（黄永平等，2014）

2）雨天对湖泛的影响

除包含阴天所有在光照强度和光合有效辐射（PAR）降低方面所产生的影响作用外，雨天天气还有雨水物化性质和降落给湖体产生的物化性质扰动等影响。雨水中的氧含量相对于正常水体要高。雨水为高空的水汽凝结而成，而水汽温度较低与空气的接触面积大、时间长，氧的含量很高，凝结而成的雨水相对于正常水体氧含量也高。但也有报道下雨后空气中含氧量实际上并不增高，和正常情况下基本上是一致的（含氧量 21% 左右）。如果雨水中氧含量高于湖泛水体，则雨水天气将会增加水体的溶解氧含量，对湖泛水体的污染程度起一定的抑制作用。Zhang 等（2016）分析了 2007～2014 年之间太湖发生的 16 起面积大于 0.1 km^2 的湖泛事件气象状况，认为藻源性湖泛发生前少雨（连续 5 天平均降水量接近 0），会促使湖泛的形成。

一般而言雨水的温度要低于湖泊水体，即雨水比重小于湖水，则雨天的初期降水与湖水的混合最先发生在表层。但如果降雨的时间足够长，这种混合层将会不断下移，甚至造成上层水体垂直下沉，下层水体则对流至上层。由于湖泛形成前或形成中底层水体还原性较强（厌氧），E_h 较低，因此降雨造成的垂向对流有可能使得上层水体的 E_h 值减低，还原性增强，FeS 等致黑物在水面形成的湖泛现象更为明显。如果是大暴雨或连续雨水天气，则这种垂向混合将会很快使太湖这样的浅水水体达到上下层混合均匀的程度。但是高强度的降水一方面给湖体带来较充足的溶解氧，另一方面雨水的低矿化度（偏淡）的特性，将稀释湖泛水体中还原性物质的含量，结果使得湖泛水域（尤其是表层）水体还原性降低，E_h 值上升，黑臭程度减弱甚至消失。对于浅水水体湖泛发生区，雨水天气对其的影响应类似于残饵量较高的鱼池。在雷阵雨或暴雨发生前，气压都很低，水中溶解氧含量少；短暂的雷雨后，水体表层温度低底层高，会引起水体上下层对流，易使沉积物表层的腐殖质泛起到上层，增加因降解水体有机物质所需的化学耗氧量，消耗大量氧气，使得雷雨天气下水体厌氧程度增加。

黄永平等（2014）结合气象要素特点，将鱼泛塘的发生条件总结为急剧降温降压型、寡照型、高温高热型 3 种概念模型。对于寡照型，其前期天气特征为：4 天以上的阴雨天气，全天日照时数小于 2 h，最大日降水量小于 25 mm，且前一天水体 DO 在 3 mg/L 超过 10 h；触发条件为冷空气过境，前一天或前半夜有对流性天气和阵性降水，前一天相对湿度大于 95%超过 5 h。泛塘成因总结为：前期连续阴雨，光照不足，水生生物光合作用微弱，白天增氧少，夜间消耗后得不到有效补充，水体溶解氧含量偏低。关于湖泛与降雨关系的研究还处于资料分析阶段，鱼塘的尺度远小于湖泊，泛塘形成的原因仅作为湖泛形成研究的参考。关于降水的有无、降水强度和持续时间等是否有利于湖泛的形成，还有待更加深入的研究。

第5章 藻源性湖泛致黑物物相组成与特性

湖泛水体最主要和直观的特征在于视觉上强烈的黑色和嗅觉上浓重的异味。其中视觉为人能所感受的最大空间距离往往可以达到数十千米，而嗅觉感受则多在百米内甚至以米计，因此水体的"黑"给人的感官刺激程度较之"臭"通常更强烈，也使得湖泊水体是否呈现黑色或灰褐色，成为湖泛发生与否的主要标志。

我国对水体致黑问题的研究始于河流，早期几乎来自于对上海苏州河的研究。20 世纪80 年代初，水电部南京水文资源研究所根据对苏州河黑臭观察和初步分析提出黑臭预防方案（潘理中和陈凯，1987）；罗纪旦（1987）则相对系统地研究了该河底泥参与下环境条件对河道黑臭现象的影响。但真正针对致黑物有实质性的研究主要来自应太林等（1997）的成果，他们通过分析发现，致黑的悬浮颗粒可能是吸附了铁等元素以及另外一些带负电的胶体颗粒，而且对热呈不稳定，推测可能有胶体物质存在。金属硫化物是可在水体中发生沉淀的一大类显色硫化物，其中大部分在如湖泛那样的低氧化还原环境下，可形成极难溶的黑色或与黑色接近的沉淀物（申秋实和范成新，2015）。确认湖泛水体中致黑物的元素种类及其组分，可为推断致黑物质对颗粒物显黑的物相特征以及为湖泛形成的研究奠定基础。

5.1 湖泛水体显黑颗粒物物理形貌

5.1.1 水体颗粒物的显黑性

非人为因素直接影响的自然条件下，河流湖泊等地表水体发黑主要类型有三种：其一，受污染水体因强烈的厌氧状态生成黑色金属硫化物而发黑；其二，腐殖质等黑色有机颗粒物质淋溶迁移进入水体而使河流、湖泊等变为棕褐色（视觉为发黑）；其三，由于某种原生动物或微型后生动物暴发性生长而造成的黑色。美国 Moroni's Big Pit 湖（Stahl，1979）、Lower Mystic 湖（Duval and Ludlam，2001）等湖的致黑原因多是硫化亚铁（FeS）等金属硫化物的形成而造成的。巴西亚马孙河流域的 Lago Tupé湖（Rai and Hill，1981）及印度尼西亚苏门答腊 Siak 河（Rixen et al，2008）发黑的原因在于有机质的淋溶迁移作用，前者主要是腐殖质的影响，后者主要受溶解性有机质的影响。意大利的 Garda 湖（Pucciarelli et al，2008）则属于第三种类型，其发黑是由原生动物门纤毛纲异毛目喇叭虫科紫晶喇叭虫的大量暴发而引起的。

虽然形成致黑质粒的主体成分可以借助物理仪器和化学分析的手段在非还原环境下加以辨识，但对于显黑颗粒上或其中真正能够显黑的组分，氧环境的不同，可能会产生极大的差异。对于自然水体，能够致使颗粒物（包括自身）产生显黑作用的主体物质主要为以下两类：①腐殖质。腐殖质是一种黑色或棕色胶体，是水体中有色溶解性有机质（CDOM）

的最主要成分（程远月等，2008），主要由胡敏酸（HA）、富里酸（FA）、胡敏素等组分构成。在沉积物有机物中，腐殖质占到80%以上。腐殖质是动植物残体在水体、土壤中经过长期的物理、化学、生物作用等过程转化而成的一种高分子化合物，是存在于海底或湖底淤泥中有机物的主要形式（薛志欣等，2008）。②重金属硫化物。硫化物与重金属所形成的化合物往往在很大程度上具有共价成分，结果所形成的化合物也具有一定的颜色。其中在显黑色的常见金属硫化物中，主要为硫化亚铁 FeS（$K_{sp}=6\times10^{-23}$）、硫化铅 PbS（$K_{sp}=3\times10^{-28}$）、硫化汞 HgS（$K_{sp}=3\times10^{-53}$）3 种，而且其溶度积 K_{sp} 都相对较小（张波，2007），应太林等（1997）就曾推测黑臭水体悬浮颗粒可能是吸附了铁而显黑色。

然而，上面所提及的两类显黑主体物虽然都是化合物，但各自的性质和对显黑环境的要求却存在极大差异。第一，金属硫化物是无机化合物，能够使其生成致黑物的都是沉淀物，受水体金属离子 M（Ⅱ）和硫离子（S^{2-}）在相应溶度积（K_{sp}）的支配下，产生沉淀后才可显色。但是，所有的显黑沉淀物都必须依赖于缺氧甚至厌氧环境，这主要在于无机硫在有氧状态下的不稳定性（Yin et al，2008）。余光伟等（2007）对黑臭河道采用曝气后，在很短时间内就基本消除河道黑臭，反映曝气使得底层氧含量增加，还原状态削弱，S^{2-} 含量减少，已形成的黑色硫化物溶解。实际与硫显黑有关的不止无机硫化物，可能还与有机硫化物有关。Hu 等（2007）研究发现含硫氨基酸和其他有机物的藻类代谢和细菌降解是 H_2S 的最大来源。H_2S 与有机物反应以及微生物的有机质降解都可在厌氧环境中产生挥发性有机硫。吕小乔（1990）研究发现三角褐指藻在正常生长繁殖过程中分泌的有机物质，能与金属汞形成 1∶1 型络合物。种种迹象反映，无论无机硫和有机硫都与水体厌氧黑臭的发生产生了极其重要的联系。

第二，腐殖质与金属硫化物不同，它是一类有机大分子，当以较大的量附着在矿物和有机碎屑等颗粒物上时，它才会使被附着颗粒显黑色（刘湛等，2006），而当溶解于水中后实际显黄色（Kalle，1938）。对于湖泊聚藻区而言，水体中的腐殖质除一部分来自于沉积物和水柱外，局部来源最主要的是藻类死亡残体。据研究，藻类死亡后大多会沉降于沉积物表层，在微生物作用下，进入分解状态。已有研究发现，如果这种状态是在缺氧或厌氧环境中发生，将会在腐败物外表层产生显黑现象（Neira and Rackeman，1996）。另外，具纤毛种类（Ciliate species）和共生藻降解残体最可能在所研究的厌氧环境产生致黑现象（Pucciarelli et al，2008）。但是，对于已成为腐殖质的物质来说，其在水中所显的颜色几乎不受水体氧化还原条件的影响。考虑到藻类死亡过程相对较快，而生物残体形成有机质的过程相对较长，所需的显色环境又不一定相同，因此对新近死亡的藻体和水土介质中已有的有机质都是同样值得关注。

在同一环境里，可显黑化合物种类间对致黑作用可能会产生相互影响。如由于腐殖质上的羧基和羟基与重金属离子的络合效应，结果引起腐殖质对 Cu 和 Pb 的吸附（朱丽琚，2007），相似的原理也发生在金属铬与沉积物中胡敏酸相互作用中（Koshcheeva，2007）。此外，处于腐烂中的生物残体因蛋白质含硫键的断裂将使得肽片段上的含硫基团（如巯基）呈相对自由的状态，在重金属的吸附甚至合成作用下，有可能产生弱的致黑点位。

5.1.2　湖泛水体显黑颗粒的截留

1. 截留物外观

水体的颜色是太阳光经水体中溶解物质、悬浮颗粒及浮游生物的散射后，使用可见光和近红外辐射计监测到的散射光的颜色。对于湖泛发生水体，如同钛白粉对不透明制品和材料有强的白色着色力和优良遮盖力一样，湖泛水体中具有黑色（包括棕黑、灰黑、棕色）的沉淀物，对不透明的湖泛水体也具有强大的着色力和遮盖力，结果使得水体呈现黑色，使人的肉眼原本对单一沉淀物或结晶物颜色有很高辨识度的能力，下降到只能分辨其显示黑色的程度，如灰、灰黑、棕、棕黑、黑等水体颜色。湖泛水体中致黑颗粒物的这一显黑特点，使得深蓝—黄绿—棕褐 21 色标准色级测定水体颜色的国际"福鲁尔"水色标准方法，无法在湖泛监测中被采用，相应也就使得水色这一半定量指标在实际湖泛现场监测中失去意义。虽然颜色也是物质的重要属性之一，但对于湖泛致黑物的物化研究而言，关键还是研究物质本身的性质，即需要直接获取显黑物颗粒，由此才可对致黑物质开展形貌和物相方面的研究。

梅梁湖北部原梅园水厂至鼋头渚区域是太湖藻类极易聚集区域，同时也是太湖历史上发生湖泛现象最早区域之一；另外，居于竺山湖和梅梁湖之间、太湖湖心北部岸区的月亮湾（图 5-1），自 2008 年来，多次发生湖泛现象，因此与梅梁湖北部相似，均是太湖湖泛易发水域。对采集鼋头渚和月亮湾两处采样点（图 5-1）藻类、水体和底泥，采用湖泛模拟装置分别进行湖泛发生模拟。湖泛形成并稳定后，厌氧环境保护下 0.45 μm 滤膜抽滤截留，富集获得足够量黑色截留物。

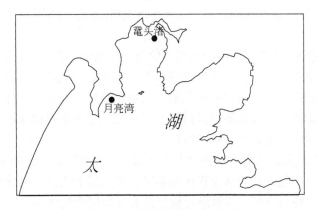

图 5-1　太湖月亮湾采样点位置

从外观上看，湖泛水体的过滤截留物均呈明显的黑色（图 5-2），显示肉眼可见的一定程度的淡褐色，而未发生湖泛的对照样则呈淡黄色，颜色间差异大。

对于上述初步观察分析，可以推想，悬浮于湖泛水体中的致黑质粒至少包含粗分散颗粒和胶体两类（申秋实和范成新，2015）。对于粗颗粒成粒主体而言，多来自于生物腐败残体，呈肉眼明显可辨（Neira and Rackeman，1996）；小一些可能为以矿物为主要成粒主体的细颗粒，更小一些的则是肉眼不可辨的胶体物质（应太林等，1997），如有机质、蛋白质、铁铝水合物等。因此，黑水团致黑质粒的粒径分布将可能非常广，大致可达到数纳米至数毫米不等，大小尺寸相差 5～6 个数量级。

图 5-2　湖泛水体截留颗粒物质图像（左边为对照样品，右边为湖泛样品）

2. 显黑颗粒的物相分析方法

水体发黑发臭是湖泛水体最显著和基本的物理特征，微量颗粒的显黑性可借助物相分析手段加以揭示。通过滤膜收集的固态试样的质量往往都较少，大约在 0.1～1.0 mg 之间，在分析中属于微量或接近超微量分析。另外，固态物质中被测组分的含量（质量分数）一般划分为常量组分（＞1%）、微量组分（0.01%～1%）和痕量组分（<0.01%）。湖泛水体中目标物质（重金属）含量普遍小于 1%甚至 0.01%，属于微量和痕量组分，因此对湖泛显黑颗粒的物相组成分析，需要借助电镜技术、能谱技术以及它们的联用技术。扫描电子显微镜（scanning electron microscope，SEM）是利用电子和物质的相互作用，获取被测样品本身的形貌、组成、晶体结构、电子结构和内部电场或磁场等各种物理、化学性质的信息。

扫描电子显微镜是 1965 年发明的较现代的细胞生物学研究工具，主要是利用二次电子信号成像来观察样品的表面形态，即用极狭窄的电子束去扫描样品，通过电子束与样品的相互作用产生各种效应，其中主要是样品的二次电子发射。二次电子能够产生样品表面放大的形貌像，该形貌像是在样品被扫描时按时序建立，使用逐点成像的方法获得放大像，使物质形态微区观察基本达到足够精细的程度。

梅梁湖（北部）是发现太湖湖泛最早发生区域，月亮湾则是太湖北部 2008 年来湖泛的易发湖区，两区域分别代表人类活动重度影响区和较弱影响湖区，对比分析该两湖湾湖泛发生中致黑颗粒物的物相特征，将对湖泛致黑性有更深层次的认识。

3. 致黑颗粒的微观形貌

水体发黑首先是从水体底部开始，即最先从沉积物-水界面和下层显现灰色，随后逐步使整个水柱出现灰黑色乃至黑色。同时水体中会呈现出较多的黑色颗粒状、絮凝状物质，其中有较多的黑色颗粒物附着于管壁上。当用滤膜过滤、置于空气中后，很快（大概 1.5 h）就从黑色变为灰黄色。

　　应用扫描电子显微镜（SEM）对梅梁湖湖泛水体截留颗粒分析，观察到水体中黑色物质可呈现不同形状的结晶态（图 5-3），主要有颗粒状、絮状和结晶状（刘国锋，2009；申秋实，2011）。根据 XRD 和 SEM-EDX 结果，太湖悬浮态颗粒物主要包含矿物白云母、绿泥石、高岭石和石英，这些矿物在沉积物中也很丰富。从结晶体的外观看，有相对反光明亮的平整表面区、反光较弱的非平整表面的颗粒区、与其他颗粒接缝的交接区、附着其他材料的界面区等。另外，颗粒物除主要为黑色或灰暗色状态外，还可分辨少量白色颗粒。由于电镜显微照相光亮度和对比度的要求，以及二次电子衬度、边缘效应和样品导电性等影响，使得实际人的肉眼判断的颜色可能出现一定偏差。

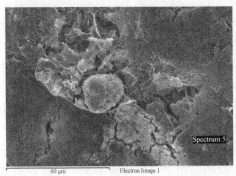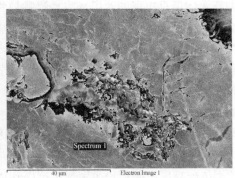

图 5-3　湖泛水体颗粒物 SEM 图（梅梁湖）

　　图 5-4 为月亮湾湖泛水体颗粒物扫描电镜外观分析结果。如图所示，在真空抽滤之后，水体中不同粒径及来源的悬浮颗粒物被富集在滤膜之上，大量细粒径的颗粒态物质在负压作用下被紧密地压实在一起，形成一层致密的细微颗粒物层，这构成了颗粒物的主要部分。同时在放大 2000 倍的情况下，湖泛水体中颗粒物的形态结构和未发生湖泛水体（对照）中颗粒物的形态差异显著。与对照样相比，湖泛水体颗粒物 SEM 图上显示表层有形状统一但不规则球形大颗粒。它们出现在致密细微颗粒物质层的上部而非下部，表明这部分在抽滤过程中的沉降发生在最后阶段，这也与表层大颗粒物质更具低密度和低沉降速度有关。

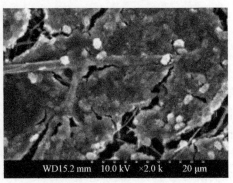

图 5-4　湖泛水体颗粒物 SEM 图（月亮湾，左边为对照样品，右边为湖泛样品）

沉淀一般分为两大类：一类是晶形沉淀，颗粒直径约为 0.1～1 mm（100～1000 μm）；另一类是无定形沉淀，颗粒直径小于 0.02 mm（20 μm）。由图 5-4 所示的月亮湾水体湖泛截留物 SEM 图可见，与非湖泛水体的对照样品比较，新形成并附着在悬浮物表面的颗粒物呈椭圆形，粒径大小约为 15～20 μm；梅梁湖鼋头渚湖泛截留物的两张 SEM 图片反映（图 5-3），显色颗粒的大小约为 15～30 μm。所有观察到的表面沉淀，均未发现（按一定晶格排列形成的）外观规整的晶体，属于无定形沉淀，或称非晶形沉淀和胶状沉淀。另外，从图中还可观察出，这些沉淀物的堆积方式似无规律，松散且杂乱（刘国锋，2009）。

根据无定形沉淀推测，以金属硫化物为主体的湖泛水体致黑物的沉淀应是一个快速过程。湖泛水体最早出现的致黑物将悬浮颗粒物和生物残体等作为晶核后，将逐渐长大成为沉淀微粒，然后微粒又可在聚集过程中形成更大的聚集体。对于藻源性湖泛而言，水体中不仅存在大量以矿物质为主体的悬浮颗粒物，可能还存在处于降解中的藻类残体和有机及无机胶体，这些以固体和无定形物存在的分散颗粒，必将会在沉淀过程中起到晶核作用，诱导湖泛水体沉淀的形成。如图 5-3 似金属硫化物附着在 mm 尺度的悬浮矿物质颗粒表面；图 5-4 则是金属硫化物附着植物残体的表面。由于湖泛水体大量的 S^{2-} 离子自藻体（主要是含硫氨基酸）的降解和底泥中硫的还原转化并在泥-水界面迁移，使得水体中的 ΣS^{2-}（或 $[S^{2-}]$）快速上升，以及那些可发生沉淀的游离态重金属对应离子的浓度增加，加快了金属硫化物的沉淀速度。湖泊体系中满足溶度积沉淀的阴阳离子的大量涌现，也将会造成水体的相对过饱和状态，促使沉淀的聚集速度大于定向速度，以至于无法按晶格有规律排列形成晶体那样的定向聚集过程，沉淀物只能"随意"堆积在一起，形成无定形类沉淀。另外，在湖泛水体中能形成沉淀的金属硫化物，其阴阳离子的极性都比较弱，共价性较强，定向速度也就较低。此外，湖泛水体中受溶度积 K_{sp} 控制下可以形成沉淀的金属硫化物，会随着湖泛发生的进程，不断出现可以形成与 S^{2-} 沉淀的金属离子，因此不排除会形成表面吸附、混晶和固溶体、吸留和包夹等共沉淀，以及后（继）沉淀等现象。

实际上这些金属硫化物（M_xS_n）虽然同为在厌氧（氮保护）环境下进行的截留操作，但在截留物色泽上就会体现出颜色或灰暗度上的差异（图 5-2）。它们在特殊的低氧环境下，通过对（湖泛发生前）悬浮颗粒的表面附着，改变着颗粒的色泽和极微小外观形貌，但一般不会对颗粒物结构和形态产生大的影响。

5.2 湖泛易发水体显黑颗粒物物相组成

物相（phase）是物质中具有特定的物理化学性质的相。物相分析（phase analysis）是指用化学或物理方法测定材料矿物组成及其存在状态的分析方法。X 射线能谱仪（energy dispersive X-ray spectroscopy，EDS）是用来对材料微区成分元素种类与含量分析，并配合扫描电子显微镜与透射电子显微镜使用。将扫描电镜与能谱联用的技术（SEM-EDS）等，使得人们既可用于物质的形态观察，又可同时分析微区元素的相对含量。另外，就颗粒物的化学分析，利用 X 射线荧光光谱仪（X-ray fluorescence spectrometer，XRFS）分析物质的全量，以获得样品中主要主导元素成分及所占份额；利用 X 射线光电能谱（X-ray photoelectron spectroscopy，XPS）技术对颗粒物中敏感元素化学结合信息进行进一步分析，提供分子结构和原子价态，以及化合物的元素组成和含量、化学状态、分子结构、化学键方面的信息。

认识和理解湖泛现象中主要致黑物质的形态和组成特征，是湖泛研究的重要基础科学研究内容之一，其科学研究成果可为湖泛发生机理的研究乃至对湖泛的预防和控制起到支撑作用。湖水呈现明显的黑色是湖泛水域水体区别于正常湖泊水体的首要感官要素，它是几乎不依赖于监测仪器就可判别的差异。因此同黑臭河道的判别方法相似，水体变黑与否是判断湖泛是否发生的最重要依据（刘国锋，2009；申秋实等，2012），研究和分析湖泛水体的显黑和致黑原因，是科学解释湖泛现象的非常重要的内容。

1. 难溶性金属硫化物溶度积及沉淀颜色

硫化物（sulfide）指电正性较强的金属或非金属与硫形成的一类化合物。大多数金属硫化物都可看作氢硫酸的盐，由于氢硫酸是二元弱酸，因此硫化物可分为酸式盐（HS，氢硫化物）、正盐（S）和多硫化物（S_x）3 类。元素周期表中除氢（H）外 I A 族的 6 个金属元素与二价硫（S^{2-}）形成的碱金属硫化物均易溶于水，无法在水中形成沉淀物；另外 II A 族的碱土金属，其形成的硫化物（如硫化钙 CaS、硫化锶 CsS 和硫化钡 BaS 等）均微溶于水，而且其溶度积（K_{sp}）都很大，在实际自然界水体中，即使有较高的摩尔浓度含量，也难以形成金属硫化物沉淀。能够在实际水体中出现难溶性沉淀物的金属硫化物，主要来自过渡金属类以及元素周期表中 III A、IV A 和 V A 部分金属元素。

过渡金属元素（transition metals）指元素周期表中 d 区与 ds 区的一系列金属元素，又称过渡金属。d 区元素包括周期第 III B～VII B，VIII 族的元素。不包括镧系和锕系元素；ds 区包括周期表第 I B～II B 族元素。可以形成难溶硫化物的元素主要来自第 4～6 周期的钪系、钇系和镧系元素，因为这些金属阳离子的外层电子构型可满足 18 电子和 18+2 电子，使其具有较强的极化作用而易于与 S^{2-} 形成难溶的硫化物。难溶性金属硫化物是地球上所知沉淀物和结晶物中颜色最为丰富的盐类物质，有红、肉红、橙红、红棕、黑、灰黑、棕黑、棕、黄、淡黄、橙红、绿、白等颜色（表 5-1）。

表 5-1　部分金属离子的水解 pH 值及其硫化物溶度积 K_{sp}

| 元素 | 金属离子水解（20℃） | | | | 金属硫化物沉淀（18～25℃） | | | |
	离子	离子浓度（mg/L）	沉淀 pH	pK_{sp}	硫化物	K_{sp}	pK_{sp}	沉淀或结晶颜色
银	Ag^+	—	—	—	Ag_2S	1.6×10^{-49}	48.8	灰黑
铝	Al^{3+}	61.2～0	3.26～4.4	32.9	Al_2S_3	2×10^{-7}	6.70	黄
铋	Bi^{3+}	20.9～0	4.2～5.52	30.4	Bi_2S_3	1×10^{-97}	97.0	棕黑
镉	Cd^{2+}	368.6～0	6.56～8.0	13.6	CdS	1.8×10^{-22}	21.7	黄
钴	Co^{2+}	120.1～0	6.6～8.5	14.7	CoS（α）	1×10^{-21}	21.0	黑
铜	Cu^{2+}	82.8～0	3.8～6.02	19.6	CuS	8.9×10^{-35}	34.0	黑
					Cu_2S	2×10^{-47}	46.7	黑

续表

元素	金属离子水解（20℃）				金属硫化物沉淀（18~25℃）			
	离子	离子浓度（mg/L）	沉淀 pH	pK_{sp}	硫化物	K_{sp}	pK_{sp}	沉淀或结晶颜色
铁	Fe^{2+}	8.8~1.1	6.46~8.52	15.1	FeS	4.9×10^{-18}	17.3	棕黑
					FeS_2	3.7×10^{-19}	18.4	黄
汞	Hg^{2+}	—	—	—	HgS	1.6×10^{-52}	51.8	黑
					HgS	4.0×10^{-53}	52.4	红
铟	In^{3+}	6.2~0.06	1.72-3.0	33.2	In_2S_3	5.7×10^{-74}	73.2	黄/红
锰	Mn^{2+}	114~22	8.6~8.9	12.73	MnS	2.5×10^{-10}	9.6	肉红
镍	Ni^{2+}	5.87~0	7.2~9.2	14.7	NiS（α）	4.9×10^{-18}	20.6	黑色
钯	Pd^{2+}	—	—	—	PdS	2.03×10^{-58}	57.7	褐色
铅	Pb^{2+}	20.7~0	7.04~9.04	14.9	PbS	9.3×10^{-28}	27.0	黑色
锑	Sb^{3+}	12.18~0	0.53~1.85	41.4	Sb_2S_3	1×10^{-30}[①]	30.0	橙红或黑
锡	Sn^{2+}	11.87~0	0.57~2.57	27.8	SnS	1×10^{-25}	25.0	棕
铊	Tl^+	5.9~0.05	0.93~3.4	43.8	Tl_2S	5.0×10^{-21}	20.3	黑
锌	Zn^{2+}	6.54~0	6.04~8.04	16.92	ZnS（β）	8.9×10^{-25}	24.1	白

①也有报道 Sb_2S_3 的溶度积为 1.5×10^{-93}；在厌氧环境下，铜的金属硫化物为 Cu_2S。

除了银离子（Ag^+）和汞离子（Hg^{2+}）外，常见可形成有色沉淀或结晶的金属硫化物中，其金属离子都有一定的可水解性，即金属离子都可与水中的氢氧根（OH^-）结合（表 5-1）。但是常见的金属离子含量范围内，是否能发生水解反应的金属氢氧化物沉淀，将受水体的 pH 值限制。然而在太湖湖泛现象中，水体的 pH 值多为中性左右（约 6.6~8.0），即羟基[OH^-]含量几乎均小于 10^{-6} mmol/L；而太湖湖泛现象中，水体中的低价硫 [ΣS^{2-}] 大约在 1.0~1.5 mg/L（或 0.031~0.046 mmol/L）之间（申秋实等，2016），即含量约比 [OH^-] 浓度高 4 个数量级。另外考虑到大多数金属硫化物发生沉淀的溶度积（pK_{sp}）大于水解的 pK_{sp}，以及湖泛缺氧环境氧化还原电位的大幅降低对形成稳定氢氧化物沉淀物要求的提高，因此在实际湖泛现象中，水体游离态金属离子发生与 S^{2-} 形成沉淀物的可能性，要远大于发生水解沉淀的反应。硫化铬（III）是棕色或黑色的无气味粉末，虽然室温空气下很稳定，也极难溶于水，但是 Cr_2S_3 仅见于人工合成化合物（铬与硫黄在真空中加热后获得），在水中，即使有充分的 Cr（III）和 S^{2-} 也不能形成硫化铬，因会发生剧烈的双水解反应，生成氢氧化铬和硫化氢。

由表 5-1 可见，能够形成黑色（包括灰黑、棕黑、棕褐色）的重金属硫化物沉淀物或结晶的物质主要有 Ag_2S、Bi_2S_3、CuS、Cu_2S、CoS（α）、FeS、HgS、NiS（α）、PdS、PbS、Sb_2S_3、SnS、Tl_2S 等，涉及 12 种元素 13 种化合物。然而这些只代表理论上可能有，而具体到实际湖泛水体的低氧（氧化还原电位）状态以及对阴阳离子活度的影响等，致黑金属硫化物是否都可以形成，则需要物相等实际分析结果予以确认或排除（如 CuS 在厌氧环境下不能稳定存在）。另外，由于在自然水体中能发生沉淀的金属硫化物，其溶度积的数值之间差异极大，普遍以数量级相区别（表 5-1），因此当水体中出现足够量的低价硫（ΣS^{2-}）含量下，即使金属离子在质量百分数含量换算为摩尔浓度后有 1 个数量级的差异，也基本不会影响它们的离子态与 ΣS^{2-} 结合形成沉淀的顺序。因此除了物相分析结果外，还可通过溶度积 K_{sp} 的大小进行辅助判断。

　　为了更详细了解湖泛水体中黑色物质所涉及的元素，以及推测其组成成分，需在扫描电镜物质形态定位基础上，对样品进行与元素相关的进一步或联用分析。在电镜扫描下寻找有明显差异的外观特征部位和关系的区域，结合如能谱（EDS）等手段对颗粒物和结晶区位进行扫描，将帮助进一步了解湖泛水体颗粒物和结晶体的物相特征和证实或排除对物质组分的推断，有些联用技术甚至可确定元素的价态等。应太林等（1997）对河道黑臭水体分析就曾推测，黑臭水体悬浮颗粒可能吸附了铁而显黑色。还有在有发黑现象的水体中，往往只有强还原和厌氧条件下才可维持，在这样的水体和沉积物中，足够浓度的 S^{2-} 和 Fe^{2+} 等还原态离子或物质将在溶度积约束下结合，从而产生致黑物质。如果结合扫描电镜和能谱仪分析结果，可以推断出在藻细胞耗尽水体溶氧而大量死亡后，使水体呈现由灰至褐，最后变为黑色的这种物质推测是以 FeS 为主的致黑色物质（刘国锋，2009；申秋实等，2016）。

2. 梅梁湖水域显黑颗粒物物相组成

　　在显微观察下，选择截留的梅梁湖北部湖泛水体中外观有较大差异的致黑颗粒，并对其进行电镜扫描和能谱（SEM-EDS）联用分析（刘国锋，2009）。在电镜扫描观察下颗粒物呈现不同的形状，而且不同的形状和外观所表现的物质组成也有不同。利用 X 射线能谱对不同颜色和形态的颗粒进行分析，结果如下：

　　（1）白色结晶区（图 5-5）。含量结果显示，除 C、O 含量外，Si 含量最高，其质量百分比高达 11.33%，其次为 Al（5.96%）、K（2.32%）、Fe（2.33%）、Zn（1.93%）、Cu（1.11%）、Mg（1.59%），S 未检出。估计结晶体主要为硅酸盐和铁铝氧化物，没有明显的金属硫化物。

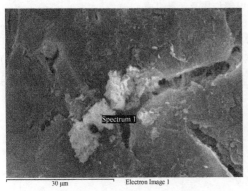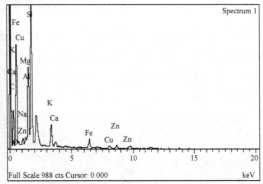

图 5-5　颗粒物白色结晶区的电镜扫描及元素组成

　　（2）黑色物质界面处（图 5-6）。含量结果显示，除 C、O 元素外，按元素的质量百分比排序，依次为 Si（8.35%）、Zn（2.61%）、Al（1.63%）、Fe（1.51%）、Cu（1.44%），S 为 0.57%；推测含有硫化亚铁（FeS）、硫化亚铜（Cu_2S）等致黑物质。

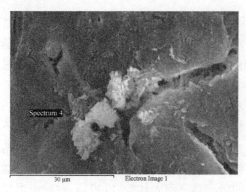
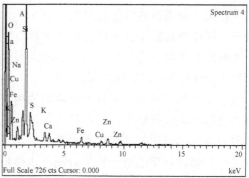

图 5-6　颗粒物黑色物质界面的电镜扫描及元素组成

（3）黑色结晶体颗粒处（图 5-7），除 C、O 元素外，最高含量为 Zn（15.91%），其他依次为 Fe（6.16%）、S（3.60%）、Cu（2.67%）、Si（2.41%）、Ca（1.26%）。推测该结晶体颗粒处以硫化锌（ZnS）沉淀物为主，但硫化亚铁（FeS）、硫化亚铜（Cu_2S）等黑色沉淀覆盖了其他颗粒表面，使得整体显肉眼可见的黑色或褐色。

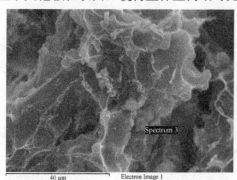
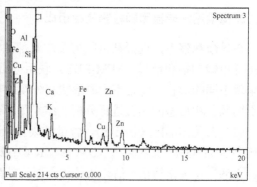

图 5-7　结晶体颗粒处的电镜扫描及元素组成

（4）深黑色颗粒、絮状结晶结合区（图 5-8）：除 C、O 元素外，Fe 含量最高，其质量百分比含量高达 29.91%，其他依次为 Zn（3.73%）、Si（1.86%）、Cu（1.75%）、Al（0.37%）、S（0.34%）。推测虽然元素 S 含量不高，但在颗粒、絮状结晶态区应有大量的硫化亚铁（FeS）以及硫化亚铜（Cu_2S）等致黑物形成。

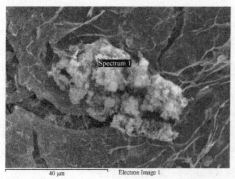
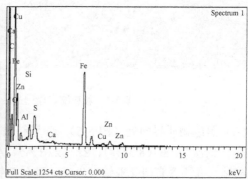

图 5-8　结晶体颗粒处的电镜扫描及元素组成

（5）黑色厚质体结晶区（图 5-9）：除 C、O 元素外，此厚质体结晶区有最高的 Zn 含量，质量百分比达到 20.56%，其他依次为 Cu（14.64%）、S（11.36%）、Pb（8.09%）、Si（5.31%）、Fe（1.32%）、Al（0.62%）。虽然锌（Zn）的含量最高，ZnS 的 K_{sp}（8.9×10^{-25}）又较小，形成白色 ZnS 沉淀是可能的；但对从致黑性而言，K_{sp} 更小的 Cu_2S（2×10^{-47}）和 PbS（9.3×10^{-28}）应是水体颗粒物显黑的主要贡献者。

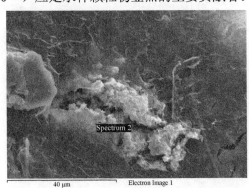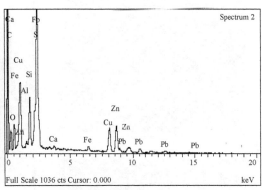

图 5-9　黑色厚质体结晶区电镜扫描及元素组成

3. 月亮湾水域显黑颗粒物物相组成

采用湖泛模拟装置对月亮湾藻源性湖泛进行模拟且体系稳定后，上覆水采集水样，在厌氧手套箱中分别利用孔径 0.45 μm 的玻璃纤维滤膜（whatman，GF/F）和中速定量滤膜对水体中颗粒物质进行拦截过滤，真空冷冻干燥处理。液氮厌氧环境保存。对保存截留颗粒的湖泛和对照样品分别进行扫描电子显微镜与 X 射线能谱（SEM-EDS）联用分析；利用 X 射线荧光光谱仪（XRFS，ARL-9800）对悬浮颗粒物进行全量分析，以获得样品中主要主导元素成分及所占份额；最后利用 X 射线光电子能谱（XPS，ESCALAB250）技术对颗粒物质中致黑敏感元素化学结合信息进行分析，进一步推导颗粒物中致黑物质的化学赋存形式（申秋实，2011；申秋实和范成新，2015）。

1）显黑颗粒物的元素组成 SEM-EDS 分析

图 5-10（a）和（b）分别为湖泛对照样截留颗粒物致密区和粒状颗粒物 EDS 的微区分析，结果表明两种不同类型微区的主要元素均以 C、O、Si 为主。表 5-2 显示其主要区别在于图（a）所示致密区 C：O 原子比约为 2.47：1，而图（b）所示粒状颗粒区约为 0.38：1，且粒状颗粒区 Si 含量明显高于致密区。高 C：O 原子比表明相应区域 C 素主要以有机物形式存在，而二者又是其最主要的组成元素，因此该部分应以生物质分解物残体为主。相应低 C：O 原子比表明，C 素主要以无机形式存在，外加其较高的 Si 含量，因此可以认为粒状颗粒区应以悬浮无机颗粒为主。

图 5-10（c）和（d）分别为湖泛样品截留颗粒物 EDS 微区分析，其中图（c）为絮状物质区域、图（d）为致密区。湖泛样品两类不同类型截留颗粒物均以 C、O 元素为主，与对照样相比，Si 的比重下降较多，而 Fe、S、Cu 元素所占比例增加明显。表 5-2 分析结果显示湖泛样品截留颗粒物 C：O 比例较高，C 素主要以有机物形式存在，外加 C、O 元素是其最主要组成元素，因此，湖泛样品颗粒物质主要以蓝藻等生物体分解物残体为主。值

得注意的是，与对照样相比，湖泛样品中 Fe、S 元素所占比例明显上升。考虑到 FeS 通常被认为是造成受污染自然水体发黑的主要物质（Duval and Ludlam，2001），这意味着厌氧还原性环境下悬浮态或吸附于蓝藻等生物质或无机悬浮颗粒物上的黑色 FeS 沉淀，可能是造成湖泛水体视觉上发黑的重要原因。

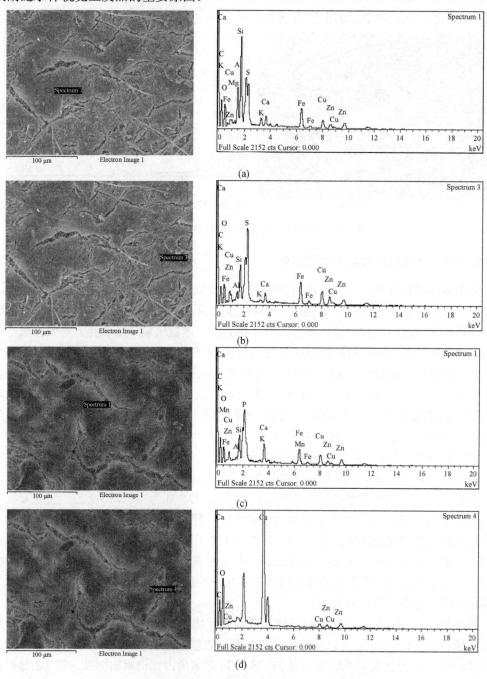

图 5-10　月亮湾水体截留颗粒物 SEM-EDS 联用元素分析

（a）和（b）为对照样品；（c）和（d）为湖泛样品

表 5-2　颗粒物质 SEM-EDS 元素含量分析（质量分数，%）

样品		C	O	Si	Ca	Fe	S	P	Al	K	Na	Mn	Cu	Zn	Mg
对照	(a)	60.92	24.68	5.63	1.47	1.86	n.d.	1.05	0.52	0.32	0.48	0.21	1.82	1.04	n.d.
	(b)	21.54	56.33	17.68	0.16	0.15	n.d.	n.d.	0.71	n.d.	2.13	n.d.	0.68	0.62	n.d.
湖泛	(c)	55.22	26.43	3.29	0.45	**2.96**	**4.86**	n.d.	1.82	0.18	n.d.	n.d.	3.79	0.65	0.34
	(d)	58.03	16.67	8.39	0.79	**3.18**	**3.89**	n.d	0.99	0.71	1.16	n.d.	3.88	2.31	n.d.

注：n.d. 表示未检出，下同。

2）水体悬浮颗粒物质 XRFS 分析

对厌氧过滤真空冷冻干燥后的月亮湾湖泛水体截留颗粒物，经烧除有机质后进行 X 射线荧光光谱仪（XRFS）分析，获得其全量组分信息（表 5-3）。湖泛发生与未发生对照样品均是以 Si 作为第一主要组成元素，Al、P、K、N 等常量元素也占有一定的比例。值得注意的是，与黑色 FeS 相关的 Fe、S 两种元素，其相对含量在对照样品和湖泛样品中的差异，在所有全量分析的元素（氧化物）中尤其突出。湖泛样品中，分别以 Fe_2O_3 和 SO_3 氧化物表示 Fe 和 S 的含量（2.49% 和 14.47%），明显高于对照样（1.45% 和 3.85%）。这说明除了颗粒物自身本底全量组分值外，湖泛样品颗粒物上的 Fe、S，在湖泛发生的时段内还汇集了外来的且远超自身含量甚至数倍的同类物质。虽然湖泛阶段所增加的 Fe 和 S 含量对于整个颗粒物质总质量的增加并不明显，但由于该两种元素在低氧化还原电位环境下的离子状态（Fe^{2+} 和 S^{2-}）正是可能发生黑色沉淀物硫化亚铁（FeS）的主要离子形态，因此这两种元素的增加必然成为湖泛水体（主要）致黑物来源的证据之一。

表 5-3　颗粒物质 XRFS 全量分析（质量分数，%）

	Fe_2O_3	SO_3	Al_2O_3	P_2O_5	K_2O	Na_2O	SiO_2	烧失及其他
对照	1.45	3.85	5.43	6.75	4.29	2.83	56.15	19.24
湖泛	2.49	14.47	5.57	5.04	4.11	3.49	47.79	17.04

月亮湾湖泛水体中具有不同价态且含量较高的 Fe、S 类物质（申秋实等，2016），这为水体黑色颗粒物中较高含量的 Fe、S 元素提供了来源。其富集途径可能主要有两个：其一，湖泛水体中相对丰富的离子态或胶体态 Fe、S 类物质直接吸附于悬浮颗粒物表面，使得颗粒物中 Fe 和 S 元素含量升高；其二，湖泛厌氧水体中的 Fe^{2+} 和 ΣS^{2-} 离子在共沉淀形成黑色 FeS，该物质或自成颗粒悬浮于水中或沉降吸附在原有悬浮颗粒物质表面并使得颗粒物成为 FeS 载体，从而造成湖泛样品颗粒物中 Fe 和 S 元素含量升高。考虑元素原子量及 XRFS 全量分析以氧化物表示的质量百分数等换算因素，在模拟的月亮湾湖泛发生过程中，增加的元素硫（S）的摩尔数量是元素铁（Fe）的 7.12 倍。该增量的对比结果至少反映：在湖泛形成中，$[\Sigma S^{2-}]$ 的浓度至少曾出现过远高于 $[Fe^{2+}]$ 浓度的状态；另外，除了 FeS 外，湖泛模拟过程中，还有其他数量更大的金属硫化物（不一定是致黑物）也发生了沉淀作用。

3）湖泛显黑悬浮颗粒物质 XPS 分析

对截留获得的湖泛样品及对照样品颗粒物质进行 X 射线光电子能谱（XPS）分析，其结果（图 5-11）中可直观看出，湖泛样品具有明显的 Fe 元素特征峰。主要元素的相对含量

（原子百分含量，%）分析结果（表 5-4）表明，颗粒物中元素组成以 C、O、N、Si 为主，Fe、S 元素占有一定的比例（申秋实和范成新，2015）。样品中 C∶O 原子比均较高，与 SEM-EDS 定点分析的结果吻合；与对照样相比，湖泛水体颗粒物中 Fe 和 S 含量明显较高，二者分别比对照样高 10.6 倍和 3.5 倍。

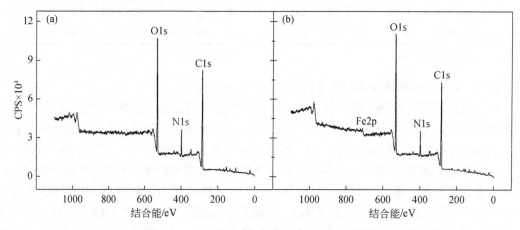

图 5-11　湖泛形成水体颗粒物的 XPS 图谱

（a）对照；（b）湖泛

表 5-4　湖泛形成水体颗粒物元素组成 XPS 分析

样品	原子百分含量（%）						
	C	O	N	Fe	S	Si	Mn
对照	60.25	29.86	7.57	0.1	0.26	1.54	0.11
湖泛	58.78	30.28	7.21	1.06	0.92	1.06	n.d.

4）显黑颗粒元素形态

在自然水体黑臭现象中，黑色 FeS 或金属硫化物被认为是很多受污染黑臭水体发黑的直接原因（丁琦等，2012）。通过一系列分析表明，在湖泛黑色颗粒截留物中 Fe、S 含量明显高于对照样。然而，这两种元素在自然界中赋存形态多样且化合形式复杂多变，尤其 S 元素具有丰富的化合价，同时在前面的 XRFS 分析时，已经推测：除了 FeS 外，湖泛模拟过程中，可能还有其他数量更多的金属硫化物存在（表 5-1）。因此，除了 Fe 外，其他形成黑色金属硫化物的元素是以何种形式赋存，这对弄清湖泛黑色颗粒物显黑作用和有效种类等具有重要意义。

利用 XPS 对颗粒物样品针对 Hg、Pb、Mn、Fe、S 等元素的特征峰进行微区分析，结果显示：Hg、Pb、Mn 3 种元素含量低于可检出光子数，没有出现明显的特征峰，仍然是 S 和 Fe 含量的特征峰较为明显。

颗粒物中 S 元素 XPS 微区分析结果如图 5-12 所示，与对照样品相比，湖泛水体颗粒物样品中 S 元素含量更加丰富，其 S 2p 谱线具有更强的特征峰形，分峰拟合之后可以清楚看到，湖泛样品中 S 元素的赋存形式以还原态 S 为主，包含有 S^{2-}、S_2^{2-}、HS^-、S_8、S^0 等一系列终端还原态或中间还原产物，最强特征峰出现在结合能约为 161.3eV 处，该处 S 元素主要以 S^{2-} 化合态形式存在，表明以硫化物形式存在的 S^{2-} 在湖泛截留颗粒物 S 元素中占有最多的份额（申秋实和范成新，2015）。由于除了 Fe 之外，并无足够的其他金属元素可以与 S 形成硫化物，因此，在湖泛样品中这部分 S 元素主要是以 FeS 的形式存在。形成鲜明对比的是，对照样中 S 元素的存在形式主要以 SO_4^{2-} 为主，以还原态形式存在的 S 只占据很小的比例，基本可以忽略不计。

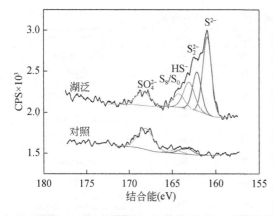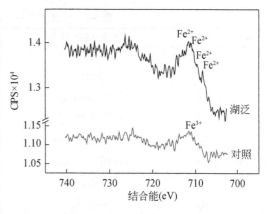

图 5-12　截留颗粒物 S 元素 XPS 微区分析　　图 5-13　截留颗粒物 Fe 元素 XPS 微区分析

颗粒物中 Fe 元素 XPS 微区分析结果如图 5-13 所示。湖泛样品与对照样颗粒物质 Fe 2p 能谱线具有相似的变化特征，均呈典型的马鞍形特征峰，由于 Fe 的化合物繁多，Fe 2p3/2 轨道的电子具有非常多且间隔很小的峰位，自然环境的这种复杂性成分很难再一一区分。但对于 XPS 分析谱图，湖泛样品在大约 713.6 eV、712.1 eV、710.3 eV 处有小的特征峰（图 5-13），根据数据库资料对比发现，这些特征峰应为 FeS 类物质；对照样品在大约 713.3 eV 附近出现较弱的 Fe^{3+} 特征峰，对比数据库资料并结合该样品 S 元素微区分析结果，可以判定该样品中 Fe 与 S 的结合形式主要以 $Fe_2(SO_4)_3$ 的方式赋存，即铁为 Fe（III），而硫为 S（VI）的非还原状态。

5.3　湖体中典型金属离子硫化物致黑性

5.3.1　自然水体金属离子特征及低氧环境硫化性

1. 水体中金属元素的存在形式

理论上，元素周期表中的所有金属都有可能在水中以离子形式存在，只是限于分析手段和测量仪器的检测限等因素还不能检出。水体中常见的金属离子主要有钾（K^+）、钠（Na^+）、钙（Ca^{2+}）、镁（Mg^{2+}），对于我国淡水湖泊而言，它们在水中的含量大致分别在 0.5～10 mg/L、2.74～103.3 mg/L、2～66.4 mg/L、0.4～6 mg/L 范围，属于水体中的常量离子。对于硫离子而言，水中常见的硫离子存在形式为 SO_4^{2-}（海水等咸盐湖水中为 $NaSO_4^-$），当水体还原环

境大致处于 $E_h < -100\,mV$ 以下时，SO_4^{2-} 离子才有向 S^{2-} 形态转化的趋势（范成新，2015）。

对于湖泛现象的研究而言，那些能够与 S^{2-} 形成有色特别是黑色难溶硫化物沉淀的金属离子，其在天然水中的存在及其形态更为值得关注。在淡水湖泊中可能存在的且可与 S^{2-} 形成难溶硫化物沉淀的主要金属元素的存在形式如表 5-5 所示，其中大约一半的元素（Ag、Cd、Co、In、Mn、Ni、Sb、Tl、Zn）可以或有以非化合态的自由离子形式（M^{n+}）存在于水中，其他则多以带正负电荷或不带电荷的溶解态氢氧化物、氧化物和碳酸盐等形式存在。

表 5-5　天然淡水中一些金属元素的存在形式

元素	符号	主要无机存在形式	元素	符号	主要无机存在形式
银	Ag	Ag^+	铟	In	In^{3+}；$In(OH)^{2+}$
铝	Al	$Al(OH)_4^-$	锰	Mn	Mn^{2+}
铋	Bi	BiO^+；$Bi(OH)_2^+$	镍	Ni	Ni^{2+}；$NiCO_3^0$（?）
镉	Cd	Cd^{2+}；$Cd(OH)^+$	铅	Pb	$PbCO_3^0$；$Pb(CO_3)_2^{2-}$
钴	Co	Co^{2+}，$CoCO_3^0$（?）	锑	Sb	Sb^{3+}；$Sb(OH)^{2+}$
铜	Cu	$CuCO_3^0$，$Cu(OH)^+$	锡	Sn	$SnO(OH)_3^-$
铁	Fe	$Fe(OH)_2^+$	铊	Tl	Tl^+
汞	Hg	$Hg(OH)_2^0$	锌	Zn	Zn^{2+}；$ZnOH^+$；$ZnCO_3^0$

湖泛发生的水体中，包括氧化还原电位（E_h）在内的一些状态指标将发生异常变化，这其中对金属原子影响最大的是因电子的转移（如多价态金属离子被还原）而使得溶解态氢氧化物、氧化物和碳酸盐等发生变化。比如低 E_h 还原环境下，$Fe(OH)_2^+$ 中的 Fe^{3+} 将被还原成 Fe^{2+}，此时在水中则以 Fe^{2+} 和 $Fe(OH)^+$ 形式存在。

水体中金属离子的存在形态主要与水体的酸碱性、碳酸盐体系状态以及有交换关系的颗粒态物质等有关。淡水水体的酸碱度一般在 pH 6~9 之间，初级生产力较高的湖泊则多呈弱碱性（太湖水体 pH 8 左右）。藻源性湖泛发生中，由于微生物参与下藻体的腐败和降解，消耗了大量的氧气和氢氧根（OH^-），使得 pH 降低。2010 年在太湖西部宜兴岸边邾渎港附近，湖泛前测得 pH 8.06~8.51 之间，湖泛发生时 pH 低至 6.66，相当于湖水中氢离子浓度增加了近 2 个数量级，由弱碱变成中性偏弱酸状态。湖泛的形成对水体中 OH^- 浓度的抑制，将会改变表 5-5 中金属元素存在形式在水体中的浓度。

在湖泛致黑物形成研究中，所关心的是水环境中溶解物质（金属离子存在形式）与致黑金属硫化物沉淀反应的平衡，即须首先研究水本身的稳定场这样一个水文地球化学问题。在一个物质体系内一般存在多个平衡相。在固液平衡中，某些平衡会受到酸碱性（pH 值）和氧化还原电位（E_h 值）的双因素影响。对于湖泛的形成和稳定状态中致黑物形成而言，与硫化物沉淀有关的金属存在形态（如氢氧化物、氧化物和碳酸盐等）和存在价态以及它们之间的固液平衡，对判断和预测形成硫化物具有一定帮助。pH-E_h 相图是将 pH 值和 E_h 值作为独立变量（坐标），表示在一定的 E_h 值和 pH 值范围内，各种溶解组分及固体组分稳定场的图解，因此也称为稳定场图。

天然水体中的氧化还原反应主要有化学、生物和光化学 3 种氧化还原反应。化学氧化还原反应是由氧化剂加还原剂反应生成产物的反应，水中的氧化剂主要有 O_2、NO_3^-、NO_2^-、

Fe^{3+}、SO_4^{2-}、S、CO_2、HCO_3^-（氧化能力依次减弱），此外可能还有含量极低的光化学反应产物 H_2O_2、O_3 及自由基 HO·、HO_2·等；还原剂则主要有有机物（CHO）、H_2S、S、FeS、NH_3、NO_2^-（还原能力依次减弱）。生物氧化还原反应是涉及光合作用、呼吸作用和化能合成等作用的反应，与微生物有关，就本质而言也与化学过程有关。水体中化能自养细菌使无机物氧化获得能量，将 CO_2 还原得到能用于组建自身细胞组织的有机物；异养细菌则靠降解水体中有机物（如藻类残体），并通过呼吸作用达到同样目的。在湖泛形成中，化学和生物氧化还原反应是水体中最重要的两类反应，并且经常会交织在一起，这也就使得湖泛过程中的氧化还原反应的反应物和产物种类及组成极其复杂。

天然水体在溶解氧充分条件下，总是优先进行以 O_2 为电子受体的有氧呼吸，只是在 O_2 不足时，才依次利用较弱的电子受体（NO_3^-、Fe^{3+}、Mn^{4+}、SO_4^{2-}等）。从已有的现场调查和实验室模拟研究发现，在湖泛现象发生时水体溶解氧几乎都已处于零的水平，即以 NO_3^-、Fe^{3+}、Mn^{4+}甚至 SO_4^{2-} 和 CO_2 等作为电子受体都有可能。铁是典型的既可参与化学氧化还原反应又可参与生物氧化还原反应的金属元素，在湖泛生消过程中极为活跃；另外，由于其有可变的价态，以及与 ΣS^{2-}可形成致黑物的"优势"（锰虽也有可变价态，但 MnS 为黄色），往往是低氧显黑水体中最为关注的金属元素（范成新，2015；申秋实等，2016）。另外由于金属硫化物的极小溶度积（K_{sp}）控制，在湖泛发生中处于稳定状态下的 Cu^{2+}、Pb^{2+}、Hg^{2+} 显黑金属离子也是人们关注的存在形式，水体的氢氧化物变化及硫元素的形态转化，都将深刻影响这些显黑物质的生成状态。

2. 太湖水体中部分金属含量及分布

天然水体中金属含量普遍处于 μg/L 水平，相比于以 mg/L 表示的水体碳和氮而言，大致低一个数量级；若以摩尔含量表示，除铝等极少数外，其他金属在水体中的平均含量普遍小于 $1×10^6$ mol/L 水平。太湖是我国五大淡水湖之一，受流域水文地球化学背景以及周边人类活动影响，水体中主要金属含量在 0.01~600 μg/L 水平（表 5-6）。在历年水体监测分析的结果中，含量相对较高的有铁（Fe）、铝（Al）、镁（Mg）、锰（Mn）和锌（Zn），中值约在十至几十 μg/L（Yang et al，2020），其中 Fe 和 Al 的最大值含量分别达到 652.8 μg/L 和 603.7 μg/L；含量较低的有汞（Hg）和铬（Cr）等，其中 Hg 仅为 0.02 μg/L（王苏民和窦鸿身，1998），2011 年调查时仅为 2.27~10.36 ng/L［溶解性汞（DHg）］（陈春霄等，2015）。

表 5-6　太湖北部水体部分重金属含量（2014~2018 年）（Yang et al，2020）

元素	含量（μg/L）			浓度（$×10^{-6}$ mol/L）		
	最小值	最大值	中值	最小值	最大值	中值
Al	3.3	603.7	71.7	0.122	22.374	2.657
Mg	5.4	11.8	8.1	0.22	0.49	0.33
Cr	0.1	1.4	0.4	0.002	0.027	0.008
Mn	0.2	163.3	7.1	0.004	2.972	0.129
Fe	1.3	652.8	49.3	0.023	11.69	0.883
Ni	0.6	26.7	2.6	0.010	0.455	0.044

元素	含量（μg/L）			浓度（×10⁻⁶mol/L）		
	最小值	最大值	中值	最小值	最大值	中值
Cu	1.2	5.4	2.3	0.019	0.085	0.036
Zn	0.9	164.4	5.3	0.014	2.513	0.081
Pb	0.0	7.8	0.1	0.0000	0.0376	0.0005

有颗粒物悬浮于水中是湖泊水体的一种常态，尤其对浅水湖而言，这种状态受水动力和初级生产力状态的影响更为明显，这也会间接影响到重金属与颗粒物的结合与存在。汤鸿霄（1985）对重金属在水中的存在形态总结认为，所谓形态，实际上包括价态、化合态、结合态和结构态 4 个方面。水体中重金属存在形态可分为溶解态和颗粒态，即用 0.45 μm 滤膜过滤水样，滤水中的为溶解态，原水中未通过过滤的为颗粒态。Tessier 等（1979）提出通过逐级化学提取，将颗粒态重金属继续划分为 5 种形态：一是可交换态，指吸附在悬浮沉积物中黏土、矿物、有机质或铁锰氢氧化物等表面上的重金属；二是碳酸盐结合态，指结合在碳酸盐沉淀上的重金属；三是铁锰水合氧化物结合态，指水体中重金属与水合氧化铁、氧化锰生成结合的部分；四是有机硫化物和硫化物结合态；五是残渣态，指重金属存在于石英、黏土、矿物等结晶矿物晶格中的部分。后欧共体对其进行了改进（BCR 法），仍采用其形态划分。在所划分的这些形态中，可交换态、碳酸盐结合态和铁锰水合氧化物结合态应是还原环境（如湖泛体系）中，参与形成金属硫化物沉淀重金属最为关注的物质形态。

池悄悄等（2007）曾用稀醋酸、盐酸羟胺（B2）和双氧水（B3），分别对太湖水体悬浮颗粒物中的水溶态、可交换态和碳酸盐结合态（B1）、Fe-Mn 氧化物结合态（B2）和有机物及硫化物结合态（B3）进行重金属形态的提取，分析并获取了太湖小风、中风和大风下的主要重金属在悬浮物中的结合形态分布。显黑的硫化重金属元素（Fe、Cu、Pb、Ni 和 Co）以总可提取态（B1+B2+B3）而言，Fe、Cu、Pb、Ni 和 Co 在小风（2 m/s）的水体中的浓度分别为 705.7 μg/L、2.19 μg/L、1.97 μg/L、3.15 μg/L 和 0.84 μg/L。其中铁在 Fe-Mn 氧化物结合态中的含量高达 674.4 μg/L，是其他所有分析的金属元素在悬浮颗粒物含量上的总和（220.6 μg/L）的 3.06 倍，说明即使在常态小风情况下，太湖水中都会有大量 Fe^{3+} 存在，随时可提供利用。

沉积物中重金属的运输和迁移不仅取决于其总含量，而且还取决于其在不同固态组分中的赋存形态。金属离子在浅水湖泊多介质水体中的行为和状态对水体湖泛致黑物的形成具有重要意义，这其中湖泛形成前和发生中，显黑硫化物金属离子在黏土矿物或金属氧化物颗粒表面上的作用，在沉积物和其他固体组分中的形态分布，以及在沉积物-水界面上的释放和扰动影响等，都是评价和预测湖泛致黑物时的关键信息。铊（Tl）是一种可以离子形式在天然淡水中存在的金属（表 5-5），铊离子（Tl^+）理论上可与 S^{2-} 形成黑色 Tl_2S 沉淀（表 5-1）。赵悦鑫等（2019）曾以 Tl^+ 为例，绘制了水环境中铊的形态和归趋（图 5-14）。对于沉积物而言，自然来源的 Tl 主要存在于残渣态，这部分不利于 Tl 的流动和溶解，可占百分比 50%以上；人为来源的 Tl 更易于存在于不稳定态中，分可交换、可还原和可氧化状态。残渣态的 Tl 来自于岩（矿）石颗粒物，主要存在于某些矿物晶格中，在较低 pH 值和较高温度的条件下迁移转化速率会加快；水溶态 Tl 在间隙水中可能会以 Tl^+、Tl^{3+}或者和一些阴离子形成配合物存在，其迁移性很强；硫化物结合态 Tl 易氧化分解形成可交换态的 Tl，可交换态 Tl 可进行离子交换且有专性吸附性；有机质结合态的 Tl 在某地区的沉积物中有所发现，天然有机物与矿物形成复合体系后，会影响矿物对 Tl 的氧化还原和吸附效果。

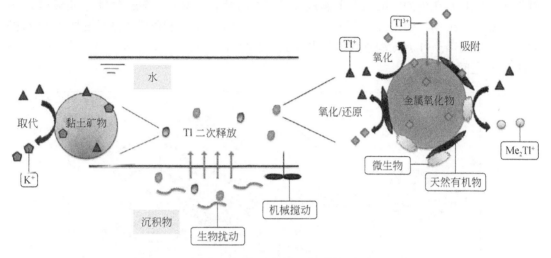

图 5-14　水环境中 Tl 的形态和归趋（赵悦鑫等，2019）

沉积物的氧化还原电位将对重金属的赋存形态产生重要影响，尤其是有价态变化的金属离子的迁移和归趋。湖泛发生前后，水体从有氧环境过渡到缺氧甚至厌氧环境（图 5-15），几乎所有敏感性重金属在获得电子后都向低价态转化，在溶度积调控下，趋向与水体不断增加的$\sum S^{2-}$结合（硫化物化），使得重金属的形态由主要是氢氧化物（氧化物）或离子态，与逐渐增加的 HS^- 和 S^{2-} 离子重结晶，转变为更加稳定的金属硫化物（沉淀）。但系统的氧化还原电位将受有机质微生物降解和铁锰氧化还原体系的控制和整合，调节着系统中金属硫化物的形成量和平衡。以黏土矿物为主的水体悬浮颗粒物，将提供其巨大的表面，为形成的金属硫化物（包括可显黑的金属硫化物）所附着。在湖泛水体中，除了 FeS 显黑物外，附着在黏土矿物颗粒表面的可能还有其他金属阳离子、金属或者类金属含氧阴离子以及其他污染物，这些物质在不断变化的低氧环境下，可能发生进一步还原或解离进入水中；水中这些阴阳离子和污染物也可能通过结合和吸附甚至氧化还原，进入或再次淀析到黏土颗粒上（图 5-15）。虽然湖泛过程的发生周期不长（在太湖通常仅 3～16 d），但在藻体等生物质微生物降解的驱动以及底泥中的相关物质参与下，水环境中的重金属形态及归趋出现了完全不同于常态好氧环境下的行为和状态。对于研究湖泛显黑和致黑机理过程而言，能与 S^{2-} 形成显黑硫化物的金属离子状态，对于判断湖泛环境显黑物质组成甚至物相都将至关重要。

除 Fe、Cu、Pb、Ni 和 Co 金属元素外，与硫化物能形成显黑（包括与黑色相近的灰黑、棕黑、褐色）沉淀物的重金属，还有银（Ag）、铋（Bi）、汞（Hg）、钯（Pd）、锑（Sb）和铊（Tl），总共有 11 种。经对文献资料查阅，太湖水体有历史分析结果的，除 Ag、Bi、Pa和 Tl 外，其他均可查阅获得。杨亚洲（2020）在研究太湖梅梁湖藻类降解对 Co（II）迁移的影响中，测定了表层沉积物间隙水（接近湖体上覆水）中 Co 的含量为 0.25～0.5 μg/L。在同样的研究中，Fan 等（2021）分析的太湖表层 2 cm 沉积物间隙水中则达到了（1.08±0.22）μg/L。对太湖沉积物中汞的含量有很多分析结果（范成新和张路，2009），但水体中的含量却十分稀少。陈春霄等（2015）对太湖不同营养水平湖区中包括总汞（THg）和溶解性汞（DHg）在内的汞的赋存形态进行了调查分析，水体中 THg 含量为 4.67×10^{-3}～12.15×10^{-3}。Ren 等（2019a）采用高分辨率透析（HR-Peeper）和薄膜扩散梯度技术（DGT）测定了 2016 年 4～11 月太湖富营养化水域沉积物缺氧下，上覆水中可溶性 Sb 含量在 1.79～2.93 μg/L 之间（表 5-7）。

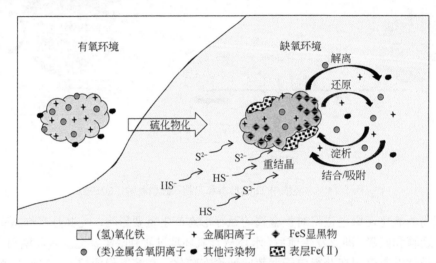

图 5-15　湖泛过程中 FeS 的形成及颗粒物显黑示意图

表 5-7　太湖及其他地表水中特殊金属元素的含量

元素	水中含量[①]（μg/L）		折合水中含量（μmol/L）	文献来源	显黑金属硫化物 K_{sp}	形成硫化物所需 S^{2-} 含量（μmol/L）
	太湖	其他水体				
Ag	—	0.12（Irrsee 湖）；3×10^{-5}～279×10^{-5}（淡水）	ND 未检出；6.2×10^{-4}；1.6×10^{-7}～144.6×10^{-7}	Vogt 等（2019）；Giese 等（2018）	1.6×10^{-49}（Ag$_2$S）	1.6×10^{-41}～2.56×10^{-34}
Bi	—	1.5×10^{-3}～18.0×10^{-3}（长江口）	7×10^{-6}～86×10^{-6}	吴晓丹等（2012）；林海兰等（2016）	1×10^{-97}（Bi$_2$S$_3$）	1.3×10^{-29}～5.16×10^{-29}
Co	0.25～0.5；1.08		4.2×10^{-3}～8.5×10^{-3}；0.0183	杨亚洲（2020）；Fan 等（2021）	1×10^{-21} [CoS（α）]	2.4×10^{-22}～5.46×10^{-22}
Cu	1.2～5.4		0.019～0.085	Yang 等（2020）	8.9×10^{-35}（CuS）；2×10^{-47}（Cu$_2$S）	1.1×10^{-33}～4.7×10^{-33}（CuS）；5.5×10^{-44}～277×10^{-44}（Cu$_2$S）
Fe	1.3～652.8		0.023～11.7	Yang 等（2020）	4.9×10^{-18}（FeS）	4.2×10^{-17}～21×10^{-17}
Hg	4.67×10^{-3}～12.15×10^{-3}		1.80×10^{-5}～4.68×10^{-5}	陈春霄等（2015）；范成新和张路（2009）	1.6×10^{-52}（HgS）	3.4×10^{-53}～8.9×10^{-53}

续表

元素	水中含量[①]（μg/L）		折合水中含量（μmol/L）	文献来源	显黑金属硫化物 K_{sp}	形成硫化物所需 S^{2-} 含量（μmol/L）
	太湖	其他水体				
Ni	0.6～26.7		0.01～0.455	Yang 等（2020）	$4.9×10^{-18}$ [NiS（α）]	$1.07×10^{-17}$～$49×10^{-17}$
Pb	0.0～7.8		0.0～0.038	Yang 等（2020）	$9.3×10^{-28}$（PbS）	$≥2.4×10^{-26}$
Pd	—	$4×10^{-4}$～$108×10^{-4}$（河流）	$1.09×10^{-6}$～$29.5×10^{-6}$	Ravindra 等（2004）	$2.03×10^{-58}$（PdS）	$6.88×10^{-54}$～$186×10^{-54}$
Sb	1.79～2.93		0.0147～0.2041	Ren 等（2019a，2019b）；Wang 等（2020）；任杰等（2021）	$1×10^{-30}$（Sb_2S_3）	$2.88×10^{-10}$～$16.7×10^{-10}$
Tl	—	0.051（长江江阴）；0.05～0.15（安徽香泉湖）；0.0012～0.0257（加拿大湖泊）	$2.4×10^{-4}$～$7.3×10^{-4}$；$5.9×10^{-6}$～$126×10^{-6}$	Wang 等（2020）；Cheam 等（1995）	$5.0×10^{-21}$（Tl_2S）	$3.48×10^{-5}$～$533×10^{-5}$

①包括表层沉积物的间隙水。

在与硫化物能形成显黑（包括与黑色相近的灰黑、棕黑、褐色）沉淀物的重金属元素中，至今仍有 4 种（Ag、Bi、Pa 和 Tl）未能查阅到在太湖水体的含量。为作合理性弥补，表 5-7 中列出国内外湖泊或淡水水体中的数据（包括沉积物中的含量）作为参照。

银（Ag）是过渡金属的一种，也是一种重要的贵金属。银在自然界中有单质存在，但绝大部分是以化合态的形式存在于矿物中。20 世纪 80 年代末，为控制电影胶片厂含银废水污染太湖水体，曾研究过用水生植物根系吸收银离子来控制排放水体中银含量（戴全裕等，1990），但对于太湖水体中的银含量则缺少参考数据。张于平和瞿文川（2001）曾测定了太湖沉积物中 Ag 含量（0.3～4.2 mg/kg）；2016 年夏季，有人采用 ICP-MS 对奥地利的 Irrsee 湖水体和其岸边的沉积物进行了银含量的测定（Vogt et al，2019），表层沉积物中 Ag 含量约为 1 mg/kg，水体中的含量平均为 0.12 μg/L（0.09～0.13 μg/L）。沉积物中达 mg/kg 应该说已经比较高了，但水体中含量仅为 10^{-1} μg/L 水平，说明沉积物中化合状态的 Ag 很难释放进入水体。Giese 等（2018）也曾对地表水（淡水）和沉积物中的纳米颗粒银（AgNPs）分别进行了分析，结果沉积物中的 AgNPs 含量为 0.19～470.65 μg/kg，淡水中的 AgNPs 含量为 0.03～2.79 ng/L，无论是水体中还是沉积物中的 Ag 含量，都明显低于 Vogt 等（2019）的分析结果，说明不同的水体，其中的银含量差异很大。

铋（Bi）是位于元素周期表第六周期 V A 族的一种金属元素，其化学性质较稳定，在自然界中以游离金属和矿物的形式存在。吴晓丹等（2012）采用氢化物发生-原子荧光法（HG-AFS）测定了长江口及其邻近水域的溶解态铋（DBi）浓度，结果认为 Bi 在水中的浓度范围为 0.007～0.086 nmol/L（$1.5×10^{-3}$～$18.0×10^{-3}$ μg/L）。我国对沉积物 Bi 的分析数据，主要是作为验证实验室分析方法时作为受试材料时获得的。林海兰等（2016）曾用原子荧光光谱法对湖南省水体两份沉积物中的 Bi 进行分析，其含量高达（78.9±2.5）mg/kg 和（371

±12.5) mg/kg；董高翔（1982）曾用氢化物火焰原子吸收法测定了湖北省某水体沉积物中 Bi 的含量，为 0.2～5.0 mg/kg，反映水体不同沉积物中铋的含量差异可能较大。

钯（Pd）是地壳中十分稀少的元素，属于铂族金属（PGMs），河床沉积物中含量为 5.9～12.6 µg/kg（Sutherland et al，2015）。德国莱茵河和施瓦茨巴赫河水中的钯浓度（$n=3$）分别为（0.4±0.1）ng/L 和（1.0±0.1）ng/L（Eller et al，1989）；Ravindra 等（2004）曾对自然界中的大气、水体（沉积物）、土壤和植物体中的铂族金属含量进行了综述，其中给出包括德国莱茵河段和 Schwarzbach 等河中的 Pd 浓度为 0.4～10.8 ng/L。

铊（Tl）是一种剧毒元素，环境中含量也极低。在自然条件下 Tl 主要以微量元素的形式赋存于如钾长石（0.5～50.0 mg/kg）以及黄铁矿（5.0～23.0 mg/kg）、闪锌矿（8.0～45.0 mg/kg）等硫化矿物中，含 Tl 硫化矿物的自然风化和侵蚀被认为是 Tl 的天然来源。水体中的 Tl 含量在不同的水体中差别较大。三峡大坝河水中含 Tl 含量为 0.019～0.111 µg/L，同为太湖地区的江阴港区长江水体中的 Tl 为 0.051µg/L（Müller et al，2005）。安徽的香泉湖水中的 Tl 含量为 0.05～0.15 µg/L（Wang et al，2020）；此外，早期 Cheam 等（1995）也曾对加拿大的湖泊进行过 Tl 分析，含量在 1.2～25.7 ng/L 范围。在沉积物含量方面，我国沉积物中的 Tl 含量一般处于 mg/kg 水平，黄河为 0.45 mg/kg；韶关段北江为 7.78 mg/kg 等。

3. 太湖湖泛水体显黑重金属硫化物沉淀顺序

在湖泛形成水体中，除极微量的有机质外，能形成致黑重金属化合物的无机阴离子主要就是 S^{2-}（或 ΣS^{2-}）。在有生物质降解的厌氧或缺氧水体中，ΣS^{2-} 是可以以 1 mg/L 左右含量的水平出现于湖泛水体（Shen et al，2018），假设水体中所有金属元素的含量均转变为常态或低价态离子，则根据其含量及不同显黑金属硫化物的溶度积（K_{sp}）判断金属硫化物沉淀顺序。

天然水体中难溶固体物质（M_nA_m）的溶解-沉淀平衡可表示为 $M_xA_{y(s)} \rightleftharpoons xM^{m+} + yA^{n+}$，该反应的平衡常数表达式为 $K_{sp}=[M]^x[A]^y$，当溶液中离子的浓度用活度 a（$a=\gamma[M]$）表示时（γ 为天然水体重金属的活度系数），则平衡常数 K_{ap} 表示为

$$K_{ap} = a_M^x \cdot a_A^y \tag{5-1}$$

$$\begin{aligned} K_{ap} &= (\gamma_M[M])^x \cdot (\gamma_A[A])^y \\ &= (\gamma_M)^x \cdot [M]^x \cdot (\gamma_A)^y \cdot [A]^y = (\gamma_M)^x \cdot (\gamma_A)^y \cdot K_{sp} \end{aligned} \tag{5-2}$$

表 5-1 中的金属离子理论上将会按一定的顺序进行硫化物沉淀。依据太湖水体不同时期测定的 Co、Cu、Fe、Hg、Ni、Pb 和 Sb 浓度值，并借鉴我国及国外河湖地表水中 Ag、Bi、Pa 和 Tl 含量，并将所有含量（µg/L）值折合为µmol/L，根据各自金属离子与 S^{2-} 所形成的 M_xS_y 沉淀物的 K_{sp}，分别计算出理论上形成显黑金属硫化物沉淀所需的 S^{2-} 含量（表 5-7）。根据溶液中多离子沉淀规律，当一种试剂能沉淀溶液中多种离子时，生成沉淀所需试剂离子浓度越小的越先沉淀，因此表 5-7 中太湖显黑重金属硫化物理论的沉淀顺序为：$PdS>HgS>Cu_2S>Ag_2S>CuS>Bi_2S_3>PbS>CoS>FeS\approx NiS>Sb_2S_3>Tl_2S$。

由于 Cu 可能会发生 CuS 和 Cu_2S 两种黑色沉淀，因此表 5-7 中 11 种重金属理论上将可能产生 12 种显黑重金属硫化物。但湖泛发生后，极端的厌氧环境，Cu^{2+} 不可能存在，因

此最多只可能有 11 种显黑重金属硫化物。另外，不同降解程度的生物质以及低氧化还原电位和酸碱变化环境，使得水体中参与生物化学反应的物质非常复杂，重金属离子的活度系数（γ_M）应普遍甚至明显小于 1，金属硫化物的实际溶度积将会发生变化。但复杂的物质和环境对沉淀反应的影响一般小于 1 个数量级的水平，因此可能仅对 FeS（$4.2 \times 10^{-17} \sim 21 \times 10^{-17}$）和 NiS（$1.07 \times 10^{-17} \sim 49 \times 10^{-17}$）之间的沉淀顺序产生影响。

虽然大多数显黑硫化物的重金属沉淀顺序排列于 Fe 之前，但以能谱仪元素峰位（表5-8）对比 SEM-EDS 分析结果（图 5-3～图 5-10 和表 5-2～表 5-4），只出现了 Fe、Cu 和 Pb 的元素峰，并未出现 Pd、Hg、Ag、Bi、Co、Ni、Sb 和 Tl 元素峰。从水体中含量（太湖水体缺银、铋、钯和铊数据，含量估计在 $10^{-4} \sim 10^{-7}$ μmol/L 之间）分析，除了 Hg 含量（$1.80 \times 10^{-5} \sim 4.68 \times 10^{-5}$ μmol/L）明显稍低和 Fe 含量（$0.023 \sim 11.7$ μmol/L）偏高外，Co、Cu、Ni、Pb 和 Sb 含量处于 $10^{-1} \sim 10^{-3}$ μmol/L（$0.004 \sim 0.46$ μmol/L）水平，因此理论上 Co、Ni 和 Sb 应与 Cu 和 Pb 一样，在湖泛致黑颗粒物的 SEM-EDS 中被检测到。然而，实际在太湖两个湖泛易发点鼋头渚和月亮湾显黑颗粒物的 X 射线能谱（EDS）分析中，并未能发现有 Co、Ni 和 Sb 的特征峰形出现（图 5-5～图 5-10）。

表 5-8　能谱仪元素峰位对应的 X 射线能量（keV）

元素	K_α	K_β	L_α	L_β	L_γ	L_l
Ag	22.1	24.987	2.98	3.151	3.52	2.633
Bi			10.84	13.021	15.2	9.419
Co	6.925	7.65				
Cu	8.04	8.907				
Fe	6.4	7.06				
Hg			9.987	11.823	13.8	8.72
Ni	7.47	8.265				
Pb			10.549	12.61	14.8	9.183
Pd	21.123	23.859	2.84	2.99	3.33	2.503
Sb	26.274	29.851	3.605	3.843	4.35	3.188
Tl			10.266	12.21	14.3	8.952

天然水中可含有 80 余种化学元素以及它们的不同组分、形态和含量，另外还存有种类繁多的水生生物，这些化学物质之间以及其与水生生物之间，始终进行着错综复杂的相互作用。由于氧化还原电位变化甚至酸碱性的变化，使得湖泛系统中上述相互作用的复杂性增加，物质的活度系数减小，活化程度甚至反应和平衡的动力学进程等都受到影响。在天然淡水中，Co、Ni 和 Sb 主要以离子态（Co^{2+}、Ni^{2+} 和 Sb^{3+}）、氢氧化物离子 [$Sb(OH)^{2+}$]和可能的碳酸盐（$CoCO_3^0$、$NiCO_3^0$）形式存在（表 5-4）。以 Co 和 Ni 金属的 E_h-pH 图（图5-16）为例，在太湖湖泛发生的稳定时段，底层水体的氧化还原电位（E_h）约为 $150 \sim 250$ mV，pH 在 6.8 左右（申秋实等，2016），变动范围相对狭窄。对照图 5-16，水体中的 Co/Ni 理论上应以 Co^{2+}/Ni^{2+} 或 Co（OH）$_2$/Ni（OH）$_2$ 形式存在。Co^{2+} 和 Ni^{2+} 的离子水解常数（pK_{sp}）均为 14.7（表 5-1），较 Fe^{2+} 的 pK_{sp} 略低。据对湖泛体系水体含量分析（刘国锋等，2010a；

申秋实等，2016），Fe^{2+}含量大约在 1.0～12.0 mg/L（0.018～0.21 mmol/L），其含量要远远高于非湖泛时期水中 Fe 的含量（表 5-6），约增加了 2 个数量级，水体中铁的增加应主要来自水底沉积物。太湖沉积物中的 Co 和 Ni 含量相对较低，Co 含量为 0.326～0.367 mmol/kg（杨亚洲，2020）；Ni 含量为 0.182～2.03 mmol/kg（范成新和张路，2009），而太湖表层沉积物用低亚硫酸钠提取的 Fe（$HCl-Fe^{2+}$）则达到 420～456 mmol/kg（刘国锋等，2009b）。

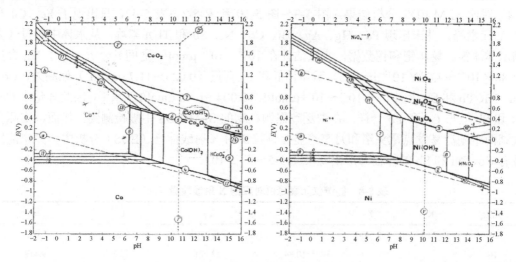

图 5-16　水体中 Co 和 Ni 的 E_h-pH 平衡图

在金属硫化物的 K_{sp} 和水解常数（pK_{sp}）差别不大的情况下，水体以及沉积物中超高含量的 Fe^{2+} 和活性铁的充足供给，使系统中产生出 $\sum S^{2-}$ 趋向与 Fe^{2+} 结合形成 FeS，使得硫化亚铁（FeS）成为太湖湖泛发生水域具有压倒性优势的致黑硫化物，以致造成 CoS 和 NiS 无法形成，所以在 EDS 上并未观察到 Co 和 Ni 的特征峰存在。虽然在厌氧环境下，水体和表层沉积物中的 Co（Ⅲ）也会像 Fe（Ⅲ）那样由高价态 Co（Ⅲ）还原为低价态 Co（Ⅱ），并且也由于藻体降解产生的溶解性有机质（DOM）与 Co（Ⅱ）形成水溶性 DOM-Co（Ⅱ），促进了 Co 的沉积物迁移（杨亚洲，2020），但含量上的数量级差异，无法在形成金属硫化物沉淀中起到主导作用。

5.3.2　典型金属离子硫化物黑度及在湖泛中的致黑作用

在湖泛的低氧环境中，理论上会出现如表 5-7 所列的 11 种重金属元素的显黑金属硫化物，但分析表明，在太湖易发湖泛水体的颗粒截留物 X 射线能谱（EDS）分析中，仅看到 Fe、Cu 和 Pb 三种显黑金属硫化物的金属元素。从湖泛金属致黑作用研究的代表性考虑，除选择 Fe、Cu、Pb 外，再将理论上可显黑、溶度积 K_{sp} 最小的金属硫化物 HgS 列入，后者在太湖水体中有一定含量（1.80×10^{-5}～4.68×10^{-5} μmol/L）且其黑色硫化物 K_{sp} 值（1.6×10^{-52}）极小，具有难溶沉淀物的典型特征（表 5-1）。

1. 低氧硫化环境下金属离子黑度指标的建立

显黑金属硫化物虽然可以定性、甚至可以如表 2-1 以视觉半定量描述的"深黑、黑、浅黑、灰"湖泛形成程度，但尚不能定量。物质通常有固态、液态和气态 3 种，而对于环境介质而言则是岩土（包括沉积物等）、水体和大气（包括烟气等），后两者属于流体。以颜色的深浅程度来定量（或半定量）反映环境介质中所含关键污染物含量、效应或判断其所处状态，在工作中往往会有实际需求。如对固态而言，以白度（whiteness）来表示物质表面白色的程度，如以氧化镁（反射率 100%）为标准白度 100% 作参照来测定物质的白度；或以实际物体向外的辐射力和同温度下黑体的辐射力之比称为物体表面的黑度（blackness），但表面是否粗糙和光滑对黑度的测定值影响大这点，就限制了用辐射测定以颗粒物为对象的应用。对于气体，应用较广泛且可半定量的方法是烟气黑度的分级观测法（HJ/T 398—2007），它是用不同黑色面积的玻璃片对排放烟尘进行目测，然后与标准的林格曼卡（Ringelmann card）黑度（共分六级）进行肉眼对比，由此确定烟气的黑度值。该法简便、直接和易操作，但无法获得烟尘的绝对浓度。对于如天然水体类的液体，尚未见有合适可直接测定黑度的方法（Fen et al.，2014）。

湖泛水体是一种流体，它的显黑颗粒是相对均匀分布于其内部，不存在像固态物质的表面以及烟气里的炭粒那样的性质，显黑物质为结晶物或无定形物。另外，湖泛中的显黑物需要低氧甚至无氧氛围的保护，显黑物质主要为金属硫化物。水体中颗粒物显黑依赖于足够量的 $\sum S^{2-}$ 的供给，而 S^{2-} 的形成则需要营造足够强的还原环境，这点对于价态易变的金属离子而言则更为重要。

在水体低氧环境下，Fe^{2+} 可以以离子状态存在，在缓慢注入含 S^{2-} 沉淀剂下，生成难溶于水的六方晶体（黑褐色），在抗坏血酸环境下，可均匀稳定地分散在水中。根据黑色对光的吸收和悬浮颗粒对光的散射情况，以及利用其在短时间内不被氧化的特性，在可见光范围内，应用吸光度随浓度成正比关系，形成 Fe^{2+} 与黑度的定量关系，从而可以以硫化亚铁（FeS）为显黑剂作为参照，测定湖泛水体的黑度值。

抗坏血酸（也称维生素 C，Vc）是一种含有 6 个碳的酸性多羟基化合物，其化学分子名称为 2,3,4,5,6-五羟基-2-己烯酸-4-内酯，分子式为 $C_6H_8O_6$，分子量 176.13。抗坏血酸是一种水溶性维生素，易溶于水和乙醇。10% 水溶液的 pH 值为 7.5，与实际湖泊水体较为接近。另外，抗坏血酸还是一种还原剂、抗氧化剂和氧保护剂。FeS 是包括湖泛在内，所有黑臭水体常见的显黑物质，保护低氧环境下 FeS 的状态，将可为黑度方法的确定营造稳定环境。分析水中铁离子的含量，就是采用抗坏血酸将试样中的 Fe（III）离子还原成 Fe（II）离子，然后进行比色（如邻菲罗啉生成橙红色络合物）测定（Feng et al，2014）。抗坏血酸还能去除体系中活性氧基团和一些自由基，无论是对有氧或是低氧环境中的重金属离子均起到稳定和保护作用。水环境低氧甚至缺氧是湖泛及其致黑物形成的主要环境条件，要对被测低氧体系水样快速、实时进行金属离子的分析，就必须使被测体系稳定并能保护可变价态的金属离子不被氧化。加入适量抗坏血酸，将使得实验体系接近湖泛低氧环境，重金属离子及其反应产物处于稳定状态，以及有助于在不受氧干扰下被有效测定。

黑度确定方法采用的试剂主要有：10 mmol/L[S^{2-}]（$Na_2S \cdot 9H_2O$ 配制）溶液；10 mmol/L

［Fe²⁺］（FeSO₄·7H₂O 配制）溶液；10 mmol/L 抗坏血酸溶液。在新生成的 0.04 mmol/L 和 0.2 mmol/L FeS 溶液中加入不同量的 Vc，达到 FeS 与抗坏血酸的比例（FeS：Vc）为 4：0、4：1、4：2、4：3 和 4：4。再以 10 mmol/L S²⁻ 水溶液和加入相应比例的 10 mmol/L Fe²⁺ 水溶液为对照，分别进行 400～700 nm 的全波段扫描和精选波段（550～600 nm）下吸光度分析（图 5-17）。确定在有 Vc 添加比例下，0.2 mmol/L FeS 溶液的 550 nm 吸光度在 FeS：Vc=4：4 时的吸光度值与原样起始吸光度值一致，稳定时间约为 10 min，在该波长下适合进行溶液的黑度分析（冯紫艳，2013）。

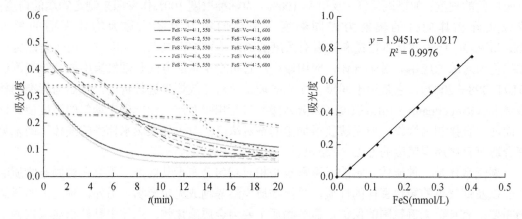

图 5-17　新生 FeS 在不同比例 Vc 下波段扫描（左）和 550 nm（右）下的吸光度变化

在波长为 550 nm 处所制作的黑度标准曲线（摩尔比 FeS：Vc=1：1）的 R^2=0.9976，标准差 SE 为 0.01326，反映在 0.00～0.40 mmol/L FeS 浓度范围内线性良好（图 5-17）。在 550 nm 处对 0.200 mmol/L 含量的 FeS 进行精度分析（n=10），测定在 Vc 保护下，［FeS］的平均浓度为 0.2061 nmol/L，相对标准偏差 RSD=0.0042%。

据此在波长 550 nm 下，以新生 0.00～0.40 mmol/L FeS 为标准曲线，对湖泛发生的水样进行 550 nm 下吸光度分析，所换算得到的 FeS 含量值为黑度值。但在实验室高浓度 Fe²⁺离子模拟湖泛形成的环境下，由于产生的 FeS 沉淀过多，光密度与黑度的线性定量关系则将不成立，该法的应用受到限制。

2. 藻源性湖泛形成中的黑度变化

实际湖泛发生中，水体发黑是水体低氧环境下的综合作用结果，虽然是以重金属硫化物所产生的黑度为主，但也不排除体系中可能（藻体等）有机碎屑所产生的颗粒干扰。为尽可能排除水中悬浮物对光线透过时所发生阻碍，取样后在密封（保持低氧）状态下对样品作短暂静置，取上层分析。用内径 ϕ84 mm 的玻璃管采集太湖月亮湾底泥若干，上覆 20 cm 深度经过过滤的原位湖水。于上覆水中加入 20 g 鲜重太湖夏季藻体和环境中驯化纯化的硫酸还原菌（SRB118，其特性详见第 8 章），于室内（30℃±1℃）平行 3 份培养，每 2 d 测定一次水体的 DO、E_h、pH 和温度；每 3 d 测定一次黑度（FeS）、S²⁻、Fe²⁺含量，直至结束。

图 5-18 表明，藻源性湖泛模拟中，较之对照组，加藻实验组的溶解氧（DO）、氧化还原电位（E_h）和 pH 随着湖泛的爆发整体呈下降趋势，而对照组则基本呈上升或持平状态。

发生湖泛的样品溶解氧自第 4 天起低于 2 mg/L，pH 约于第 5 天时低于 7.0。氧化还原电位（E_h）是湖泛发生的主要指标，经 25℃校正（+204.6 mV）的 E_h 值，第 6 天前略有升高，然后快速下降至第 10 天时的-10 mV。在低湿土壤以至水稻土中，通常认为校正后的 E_h 在 40 mV 以上为氧化环境，200～0 mV 为中度还原状态，0 mV 以下为强还原状态（刘志光，1983），显然第 6 天时由中度还原进入强还原状态。

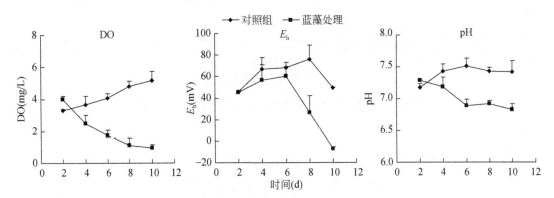

图 5-18 藻源性湖泛形成中 DO、E_h 和 pH 变化

在湖泛发生模拟过程中，与未加藻的对照相比，加藻处理的黑度值在实验的 15 d 内，基本呈上升趋势。实验的第 2 天时黑度值（mol/L）为 0.045，到第 11 天时达到最大值 0.123，而相应不加藻对照则分别为 0.025 和 0.013，即在实验的 9 天内，对照处理黑度下降了近 50%，而加藻处理黑度则增加了 1.73 倍。湖泛的黑度是基于显黑 FeS 沉淀物的形成，而 FeS 则是来自于水体中 [Fe^{2+}] 和 [S^{2-}] 的化合。分析湖泛模拟中 Fe^{2+} 和 S^{2-} 随时间的变化，发现无论是加藻处理还是对照，Fe^{2+} 的线形变化与黑度极其相似，而 [S^{2-}] 则在 8 d 后变化不同（图 5-19）。这可以说明两点：一是采用 550 nm 波长处的吸光度作为湖泛悬浊液黑度（FeS）具有一定的可行性；二是湖泛水体的黑度与 Fe^{2+} 含量密切相关，尤其是在湖泛发生初期，体系中 Fe^{2+} 的存在量对黑度具有决定性作用。

自然界水体沉积物中铁含量非常丰富，但要保持湖泛水体中有较高的 [Fe^{2+}] 含量，就需要在缺氧或者厌氧环境下，满足二价铁（Fe^{2+}）的形成。从纵坐标（mmol/L）比较，黑度值（FeS）的含量范围在 0.045～0.123 mmol/L，处于 [Fe^{2+}] 的 0.10～0.28 mmol/L 和 [S^{2-}] 的 0.00～0.08 mmol/L 之间。虽然从湖泛模拟期间看 [S^{2-}] 全程含量都处于最低，但黑度值的变化却与系统中含量最高的 [Fe^{2+}] 有关（图 5-20），显然与实验室环境的一般理解不同。淡水沉积物中可利用的 SO_4^{2-} 浓度较低，约 50～450 μmol/L，远低于海洋沉积物中含量，所以认为 FeS 的形成会受到硫还原作用的限制（Yin et al，2008）。微生物降解下的藻体，为水体提供了大量的有机物和有机硫，在低溶氧和低 E_h 情况下，从藻体或/和沉积物来的高价态硫和高价铁等被还原生成低价态含量的 [Fe^{2+}] 和 [S^{2-}]，生成黑色金属硫化物，使水体变黑。

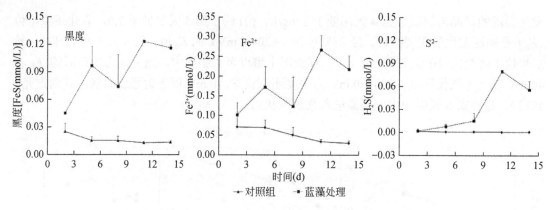

图 5-19 藻源性湖泛模拟中黑度及 Fe^{2+} 和 S^{2-} 随时间变化

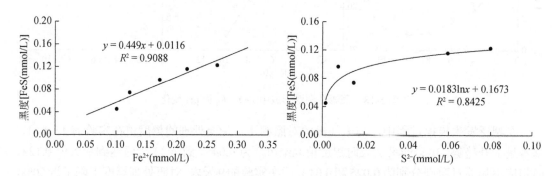

图 5-20 湖泛形成中黑度与 Fe^{2+} 和 S^{2-} 含量的相关性

虽然湖泛体系中黑度与 Fe^{2+} 和 S^{2-} 含量具有较好的相关性，但黑度与 Fe^{2+} 的对应关系更好（R^2=0.9088），且呈线型关系；黑度与 S^{2-} 则呈对数关系，相关性明显偏低，线性关系则更低（R^2=0.8425）。在以太湖月亮湾藻–水–泥模拟的藻源性湖泛体系中，湖泛的黑度主要与 Fe^{2+} 含量关系密切，湖泛形成后期 S^{2-} 则可能对黑度起一定控制作用。

3. 典型重金属离子在湖泛形成中的致黑性

在太湖湖泛水体截留颗粒物中，已发现有较多量的 Fe、Cu、Pb 金属元素（图 5-5～图 5-10），Hg 是太湖水体中常见的重金属元素，虽然极微量（$4.67\times10^{-3}\sim12.15\times10^{-3}$ μg/L）（陈春霄等，2015），但由于其显黑的 HgS 有极低的 K_{sp} 值（1.6×10^{-52}），理论上（在低氧）水体中仅需要有 $3.4\times10^{-3}\sim8.9\times10^{-53}$ mmol/L 含量的 [S^{2-}] 就可产生 HgS 黑色沉淀，因此，Hg 在形成金属硫化物对 [S^{2-}] 的含量要求方面具有典型性。另外，对于 Fe、Cu、Pb 和 Hg 金属元素而言，天然水中的存在形式为 $Fe(OH)_2^+$、$CuCO_3^0$（或 $CuOH^+$）、$PbCO_3^0$ [或 $Pb(CO_3)_2^{2-}$]、$Hg(OH)_2^0$（表 5-5），实际等效于以 Fe^{3+}、Cu^{2+}、Pb^{2+}、Hg^{2+} 形式存在。因此选择这 4 种典型重金属离子在湖泛形成环境中的致黑性，有利于揭示湖泛体系中的显黑机理。

底泥中重金属向上覆水产生释放是湖泊中常见的物质迁移现象，鲁成秀（2016）曾分别用 0.01 mol/L 氯化钙、0.005 mol/L 二乙基三胺五乙酸（DTPA）和 0.01 mol/L 盐酸对太湖、白洋淀和南四湖底泥中重金属进行提取，发现太湖底泥中 Pb 和 Cu 具有较大的释放潜力，在中性环境（氯化钙提取液）下，潜在的可释放量分别占底泥中总量的 0.52%～0.81% 和

1.94%～2.05%。

对太湖藻源性湖泛过程模拟中多次观察到（刘国锋，2009；尹桂平，2009；申秋实等，2011），水体最先变黑均从底泥-水界面处开始，隐喻底泥中的重金属直接参与了湖泛的"发黑"。据对太湖底泥重金属历史资料查阅，具有生物毒性作用的 Cu、Hg 和 Pb 等重金属受到人们对其广泛关注，Ag、Co、Fe 和 Sb 则涉及的分析资料很少（张于平和瞿文川，2001；向勇等，2006；范成新和张路，2009；Fan et al，2021；任杰等，2021）。由表 5-9 反映，太湖底泥中含有可与 S^{2-} 形成致黑物的该 7 种重金属，其中 Hg 的含量最低，约在 10^{-5}～10^{-3} mmol/kg 量级；Fe 的含量最高，以盐酸提取的活性部分（Fe_{HCl}）计，就已达到 10^2 mmol/kg 量级含量水平，其他致黑金属介于这两者含量之间。铁（Fe）作为常量元素，其在地壳中的丰度约为 4.7%，在所有元素中排列第 4。虽然铁在环境介质中数量大、含量高，但由于几乎不对人体产生毒性，因此在包括底泥在内的太湖监测分析中，涉及的极少（范成新和张路，2009）。在沉积物中，一般会存在非晶质 FeS，以及马基诺矿（FeS_{1-x}）、硫复铁矿（Fe_3S_4）及黄铁矿（FeS_2）等铁硫化合物。在太湖底泥表层，与硫结合的铁仅占总铁的 0.12%～2.35%，铁的活性部分可高达 10^2 mmol/kg 量级，显示底泥中对活性铁有较充足的可利用量提供能力。

表 5-9　太湖底泥中部分重金属含量及其数据来源（mmol/kg）

金属	张于平和瞿文川（2001）	向勇等（2006）	范成新和张路（2009）	Fan 等（2021）	任杰等（2021）
Ag	0.0028～0.014				
Cu	0.488～3.745	0.261～0.1983	0.135～3.38		
Co				0.32～0.37	
Fe[①]			107.7～256.6		
Hg	$3.99×10^{-5}$～$124.6×10^{-5}$	$3.14×10^{-4}$～$16.5×10^{-4}$	$2×10^{-5}$～$476×10^{-5}$		
Pb	0.231～0.690	0.0927～0.295	0.0113～1.183		
Sb					$9.44×10^{-3}$～$44.1×10^{-3}$

①为稀盐酸提取的活性铁，主要为铁的氧化物和氢氧化物。

另外，藻体中也含有一定量的重金属元素，据宋江腾（2015）对太湖五里湖丰、平、枯 3 个季节的着生藻体重金属含量分析，藻体内的 Fe 和 Cu 元素均与水体中 Fe 和 Cu 元素呈现显著的正相关（$p<0.05$）。在丰水期（6～7 月），藻体中 Fe 和 Cu 的含量分别为（5.94±0.36）mmol/kg 和（0.286±0.031）mmol/kg。虽然藻体内 Fe 的含量远小于太湖底泥，但 Cu 的含量与底泥中 Cu 含量处于相同量级。

Feng 等曾向以太湖月亮湾的泥-水体系中添加重金属离子，模拟了湖泛水体显黑现象的发生。在实验中投加了鲜藻、表层底泥和湖水。为营造缺氧环境下具有的优势细菌，投加自太湖沉积物中分离出的硫酸还原菌（SRB118），藻体以蛋白质代替（Feng et al，2014）。实验结果发现，所有投加金属离子的处理水体都于第 2 天发生了深黑色（湖泛），并且有大量的（无定形）沉淀物沉积于瓶底和附着于锥形瓶玻璃壁（由于沉淀物数量太大，以 550 nm 吸光度定量测定黑度的实验失去意义）。系统中大量的黑色物质产生，除了外加入的重金属离子外，还包含底泥释放以及藻体降解所产生的重金属离子。

4. 铁在湖泛水体致黑中的作用

除了水体中高浓度的 ΣS^{2-} 外，无论在现场调查还是在室内模拟中，都可检测到高浓度的 Fe^{2+}（0.18～0.37 mg/L）的存在（陆桂华和马倩，2010；刘国锋，2009）。申秋实等（2014）曾在模拟湖泛的形成中观察到，在对照样柱中，Fe^{2+} 浓度很低，约为 0.059 mg/L，而在处理柱中，偏差很大，呈现出增-峰-减的趋势（图 5-21）。在处理 1# 和 2# 中，Fe^{2+} 在湖泛爆发前约 12 h 达到峰值（分别为 1.51 mg/L 和 0.82 mg/L），然后逐渐下降。在这 12 h 内，这两个模拟柱中的 Fe^{2+} 浓度与对照样（0.033～0.085 mg/L）相比高出 6.03～43.43 倍。而在同一过程中测定的处理 1# 和 2# 变化中，ΣS^{2-} 的浓度在第 4 天和第 5 天出现增加，明显滞后于 Fe^{2+} 的变化过程。

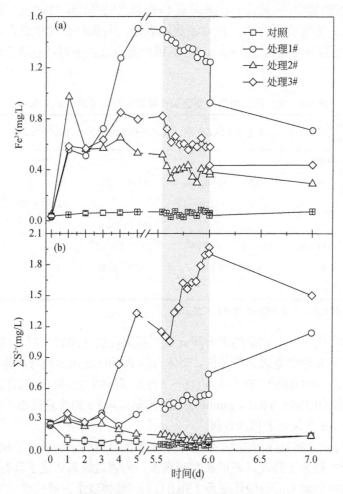

图 5-21　水柱中 Fe^{2+} 和 ΣS^{2-} 的变化

受来源的差异，上覆水体中的 Fe^{2+} 含量更容易受水体氧化还原电位的影响。图 5-21 显示，Fe^{2+} 随着溶解氧的减少而迅速增加，在湖泛爆发前 12～24 h 达到峰值，此时氧化还原电位处于或接近系统最低值水平。在极度的低氧或缺氧环境下，包括湖水在内，与水体直接接触介质（沉积物、悬浮物、生物体）表面，都显示较低氧化还原电位，在这些表面和水体内部对价态较高的铁（如 Fe^{3+}）进行着还原，转化为 Fe^{2+}，其转化进程主要受该氧化还原电位控制环境下，有机质对电子的提供能力和可转化铁的形态、价态和量等影响。

　　湖泛发生前期 Fe^{2+} 与 ΣS^{2-} 形成有明显的不同步现象，这主要归因于 Fe^{3+} 和 SO_4^{2-} 的不同还原优先级。在湖泊环境中，氧化剂的优先还原顺序是 O_2、NO_3^-、NO_2^-、Mn^{4+}、Fe^{3+} 和 SO_4^{2-}（Middelburg and Levin，2009）。随着溶解氧的消耗，生化反应中用于主要电子受体的离子按照顺序被还原。随着氧化还原条件从铁控制的系统变为硫酸盐控制的系统，ΣS^{2-} 才开始明显增加。当 $Fe^{2+}/\Sigma S^{2-}$（摩尔比）$\leqslant 1$ 时，Fe^{2+} 浓度达到一个峰值并开始下降（此时大量形成 FeS 致黑物，可视作 S^{2-} 对 Fe^{2+} 的消耗）。在缺氧进程中，被溶解的有机物吸收可能是 Fe^{2+} 减少的另一个原因（Duan et al，2014）。在平行处理 1# 和 2# 中，随着 ΣS^{2-} 浓度的快速大幅增加，足够的 S^{2-} 会与 Fe^{2+} 反应，形成大量的 FeS 沉淀物。新形成的大量沉淀物会被悬浮物吸收或自行悬浮，在水体中逐步弥漫黑色颗粒，标志着湖泛的爆发。

　　虽然 Fe^{2+} 在湖泛发生前出现大幅增加，但 Fe^{2+} 的含量变化仅仅是湖泛发生的必要条件，对致黑物（FeS）大量形成（湖泛爆发）时间起决定性作用的是 ΣS^{2-}。在平行处理 3# 中，Fe^{2+} 浓度虽然很高，但 ΣS^{2-} 浓度低，结果并未发生湖泛（图 5-22）。

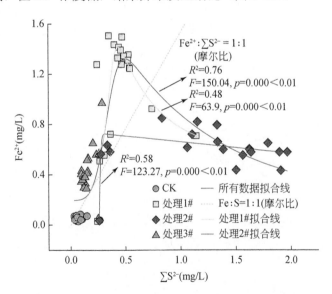

图 5-22　湖泛模拟系统中 Fe^{2+} 与 ΣS^{2-} 的相关关系分析

（CK 和处理 3# 中未发生湖泛）

　　完全依赖湖泊水体中溶解性铁转化为 Fe^{2+} 参与湖泛的形成，是不能满足湖泛的发生或使湖泛过程持续的。地壳中含有大量铁元素，许多与铁相关化合物或离子存在于沉积物和孔隙水中。在低氧或缺氧条件下，这些铁组分中 Fe（Ⅲ）的形式可以被沉积物或孔隙水中的铁还原菌还原成 Fe（Ⅱ）（Galman et al，2009；Luef et al，2013）。在湖泛形成过程中，上层孔隙水中的 Fe^{2+} 浓度会显著增加，并在浓度梯度作用下释放到上层水中，因此，湖泛过程中，沉积物将通过间隙水可向上覆水不断地补充水体所需的 Fe^{2+} 的量。

但是，水体缺氧过程虽然必使得 Fe^{2+} 浓度增加，但水体没有足够的 Fe^{2+} 积累仍可能会对湖泛的形成产生一定影响。不过总体而言，湖泊体系金属铁的状态和存在量，远没有湖泛体系中硫的形态和可提供量重要。

第6章 聚藻区沉积物硫的分布特征
及对湖泛的响应

地壳矿物中总硫包括黄铁矿硫（FeS_2）、硫化铁（FeS）、硫酸盐硫（石膏、芒硝等）、有机硫、元素硫及部分硫化氢（H_2S）。其中除有机硫外，其余都是硫酸盐硫被有机质还原的矿物。沉积物中的硫以复杂的有机和无机形式存在，有机硫主要是酯硫和碳基硫等；无机硫主要由还原性无机硫（reduced inorganic sulphur，RIS）与硫酸盐（SO_4^{2-}）组成。其中还原性无机硫以黄铁矿硫（Pyrite-S）或铬还原性硫（CRS）为主，其次是酸可挥发性硫（AVS）和单质硫（ES）（姜明等，2018）。硫形态分析技术一直在不断地发展和完善，普遍使用的化学连续提取法，是依次提取沉积物中 AVS、Pyrite-S、ES、富里酸硫、腐殖酸硫等硫形态。AVS 是一种操作定义上的无机还原性硫化物，是指被 1 mol/L 浓度的冷盐酸所提取的硫化物总称，它主要包括硫化亚铁等金属硫化物和一些可溶性硫化物（S^{2-}）中的硫。

一般情况下，AVS 含量在总的无机硫化物中的占比相对较小（<10%）。沉积物中除了近表层数 mm 厚度外，下层沉积物基本都处于缺氧和厌氧状态。AVS 常形成于缺氧沉积物表面 10 cm 的厚度区域内，随着沉积物厚度的增加，AVS 含量迅速降低，到 20 cm 左右厚度时，其含量可能无法检出。虽然 AVS 一般只代表 TRS 中的很少一部分，但由于这些硫化物是早期成岩作用形成的缺氧沉积物中最具化学活性的组成成分，通常很不稳定。因此，在研究低氧化还原电位环境下硫的迁移转化过程中，AVS 普遍受到重视。

藻源性湖泛的发生需要深度的缺氧和无氧环境，硫是湖泛形成中不可或缺的关键元素。大量研究表明，湖泛的发生主要是底泥与蓝藻共同作用的结果，发生湖泛的主要致黑物（金属硫化物）中的硫来源于沉积物，聚集状藻体因死亡（有机质）分解所营造的低氧和缺氧环境以及电子提供，使水体和沉积物中敏感元素从原有高价态还原为低价态。刘国锋等（2009b）曾发现，与未加藻处理相比，湖泛区沉积物间隙水中的 S^{2-} 浓度最高可到达对照的 56 倍。在湖泊聚藻区沉积物硫的分布特征以及与湖泛发生的关系研究中，必须厘清沉积物中 AVS 等还原性硫的空间分布和变化特征。

6.1 聚藻区沉积物硫组分与形态变化

沉积物中硫的组分一般以无机和有机态划分，不同湖区硫的含量及其垂向分布特征往往受环境影响较大。在藻源性湖泛易发区，春末夏初藻类聚集经常发生，为响应藻类聚集以及降解过程，沉积物尤其表层中的一些敏感性环境指标会发生较激烈变化。无论无机还是有机硫化物组分都易受氧化还原电位的影响，湖泛的发生离不开形态硫的参与，对沉积物中硫化物变化及其与主要环境指标的相关性的深入了解，对聚藻区湖泛形成具有一定意义。

6.1.1　聚藻区沉积物无机硫形态及其变化

1. 酸可挥发性硫（AVS）

Rickard 和 Morse（2005）将 AVS 的潜在来源归结为两类：①可通过滤膜类物质，其中包括溶解态 S^{2-} 类物质如 H_2S、HS^-、$FeHS^+$，FeS 晶簇，FeS 纳米粒子等物质；②固相类物质，其中包括马基诺矿（Mackinawite，FeS）、四方硫铁矿（Greigite，Fe_3S_4）、黄铁矿（Pyrite，FeS_2）等。AVS 可以理解为是包括非晶质 FeS、马基诺矿、硫复铁矿（Fe_3S_4）与沉积物间隙水中的 S^{2-}（尹洪斌，2008）。

AVS 的主要组成为铁硫化物，易受环境中氧化还原条件的影响，是沉积物中铁硫元素迁移转化的重要指标。由于春末夏初盛行风向的影响，在太湖的西部和北部往往会出现藻类大面积聚集区。多年来高营养负荷的输入，已使得湖底沉积物中营养物（包括含硫物质）出现了明显的区域差异。八房港和焦山站点都位于太湖西部湖区（图 6-1），前者为八房港河道口外的近岸区，易于集聚来自东及东南方向的藻体；后者位于焦山岛附近，此处水域开阔，漂浮藻体不易聚集，因此两站位分别属于太湖比较典型的聚藻区和非聚藻区。比较两区域沉积物中含硫物质的垂向分布等，可丰富对藻源性湖泛易发区硫的行为和供给机制的解释。

图 6-1　八房港和焦山沉积物采样点位置

朱瑾灿等（2017）于 2014 年 4 月和 8 月分别在该两湖区分析了沉积物中主要无机硫组分的垂向剖面（图 6-2）。由图 6-2（a）可见，从沉积物 AVS 含量的垂向分布上，反映出 AVS 在聚藻区与非聚藻区存在显著差异（$p < 0.01$）。沉积物表层处 AVS 的含量都比较低，这是由于表层沉积物处 E_h 值较高，且常有生物扰动和底泥再悬浮现象，AVS 难以大量累积。AVS 是同一类型复杂硫化物的混合物，分别包括 FeS 晶簇、四方硫铁矿（Fe_3S_4）、马基诺

矿（FeS）等，但分析得到挥发性硫化物并不等同于 FeS，并且受环境条件影响还会向其他无机硫形态转化。

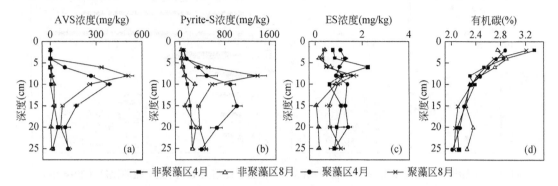

图 6-2　太湖聚藻区和非聚藻区沉积物中主要无机硫组分垂向剖面（2014 年）

随着深度的增加，AVS 含量逐渐增加，到达 10 cm 左右时，由于 SO_4^{2-} 的渗透深度的限制，该深度附近可被还原的 SO_4^{2-} 含量减少（或是活性有机质含量处于较低水平），FeS 向 FeS_2 转化程度增加，AVS 含量也就随之减少。非聚藻区 8 月 AVS 含量与 4 月相比略低，主要因为 8 月水温升高，水体内溶氧减少，沉积物的还原性增加，低 E_h 的环境条件会更有利于 AVS 向 Pyrite-S 转化。由于非聚藻区基本属于低污染区，难以受到外界硫源污染，AVS 的前驱体 SO_4^{2-} 含量低，同时 AVS 向 Pyrite-S 转化速率增快，所以非聚藻区 8 月 AVS 含量表现得比 4 月份略低，聚藻区的 AVS 平均含量是非聚藻区的 12.73 倍，这是由于聚藻区蓝藻聚集形成的厌氧环境，导致硫还原细菌（SRB）大量繁殖，SO_4^{2-} 被还原形成 S^{2-}，更容易形成 AVS。

2. 黄铁矿（Pyrite-S）

Pyrite-S 的主要成分是 FeS_2，是沉积物中最稳定的铁硫化合物，是还原性环境中铁硫的最终积累形式和保存形态。沉积物内 Pyrite-S 的变化如图 6-2（b）所示。2014 年 4～8 月，非聚藻区沉积物中 Pyrite-S 含量增加了 10.62%，但聚藻区沉积物内 Pyrite-S 含量减少了 4.89%。Pyrite-S 的垂直分布与 AVS 的含量剖面图相似，均表现为先增加后降低，且聚藻区 4 月、8 月 Pyrite-S 峰值出现的深度与 AVS 峰值出现的深度相同，这说明沉积物中 FeS 是 Pyrite-S 形成的主要前驱体。

为了更好地评价 AVS 向 Pyrite-S 转化的效率，可比较沉积物中 AVS 与 Pyrite-S 含量的比值。Gagnon 等（1995）认为，当 AVS/Pyrite-S<0.3 时，AVS 可以有效地向 Pyrite-S 转化。图 6-3（a）为沉积物样品中 AVS/Pyrite-S 的比值分布。由图可知，非聚藻区 4 月、8 月沉积物中的 AVS/Pyrite-S 均小于 0.3，证明了非聚藻区的 AVS 可以有效地转变为 Pyrite-S，但由于8 月温度升高形成的低还原环境，AVS 向 Pyrite-S 转化的效率增强，所以非聚藻区 8 月相对 4 月 Pyrite-S 含量增加，AVS 含量减少。图 6-3（a）中聚藻区 8 月的 AVS/Pyrite-S 比值大于聚藻区 4 月，接近 0.3 或大于 0.3，说明聚藻区 8 月 AVS 向 Pyrite-S 的转化效率不高，导致聚藻区 4～8 月 Pyrite-S 含量减少了 4.89%，这可能是 ES 的含量限制了 AVS 向 Pyrite-S 转化。

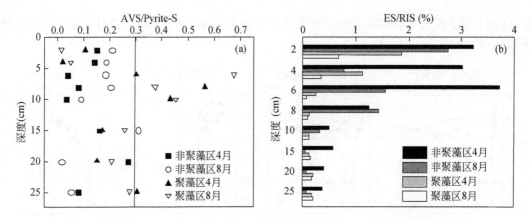

图 6-3 太湖聚藻区和非聚藻区沉积物中 AVS 与 Pyrite-S 比值及 ES 占无机硫的比例（2014 年）

3. 单质硫（ES）

聚藻区和非聚藻区沉积物内 ES 含量都在 1 mg/kg 左右，聚藻区 4 月的 ES 含量值最大，同一区域 4 月的 ES 含量相对 8 月份偏高。图 6-3（b）是单质硫占总还原性无机硫的比例，ES 含量较低，所占比例均不大于 4%。ES 主要是沉积物内硫化物被 O_2、NO_3、Fe（III）、Mn（IV）等氧化剂不完全氧化而生成。非聚藻区 4 月 ES 所占比例最高，这是因为非聚藻区未受过多有机质的影响，沉积物内 E_h 值和氧化剂含量（O_2）高，O_2、Fe（III）等氧化剂对硫化物的氧化作用大，生成的 ES 相对较多。单质硫是黄铁矿形成的重要的中间态硫，沉积物内的 FeS 可以与单质硫（S^0）反应，生成更稳定的黄铁矿硫（FeS_2），聚藻区 8 月的 ES/RIS 比值最低，会使沉积物内 AVS 向 Pyrite-S 的转化受到抑制，使得聚藻区 8 月沉积物中 Pyrite-S 含量相对聚藻的 4 月减少。

4. 硫酸根（SO_4^{2-}）

SO_4^{2-} 是沉积物中氧化态无机硫。应用 S-XANES 分析表明，正常的太湖非聚藻区 SO_4^{2-} 含量可达总硫 50%，8 月时非聚藻区因为温度升高溶氧减少引起了 SO_4^{2-} 的部分还原，SO_4^{2-} 含量略有降低（图 6-4）。聚藻区 4 月 SO_4^{2-} 因为长期的外源污染处于较高的水平，8 月时 SO_4^{2-} 含量有了明显的下降，这是蓝藻生长需要从环境中吸收大量的 SO_4^{2-} 营养盐，或是蓝藻沉降后引起的还原环境，硫还原细菌（SRB）会大量繁殖并利用 SO_4^{2-} 生成酸可挥发性硫。

5. 无机硫的形态变化

沉积物中无机硫的转化是在微生物参与下的氧化或还原作用。S-XANES 分析表明（图 6-5），聚藻区沉积物内 FeS、FeS_2 和 ES 的平均百分比含量明显高于非聚藻区（$p<0.01$）。从距沉积物表层 10 cm 深度处向下，FeS 的百分比含量逐渐升高，非聚藻区 4 月时 FeS 的百分比含量趋于零，到 8 月时大幅增加，聚藻区 4～8 月时沉积物内 FeS 的百分比含量变化不大。但经化学提取法测得 AVS 含量从 10 cm 处逐渐下降，且非聚藻区 8 月 AVS 含量与 4 月相比略低。结合两种方法分析表明，由于深部沉积物的强还原性环境，相比于其他类型的 AVS，SO_4^{2-} 会优先被还原成 FeS，甚至其他形态的 AVS 也转化为 FeS，这将更加有利于

AVS 向 Pyrite-S 的转化。

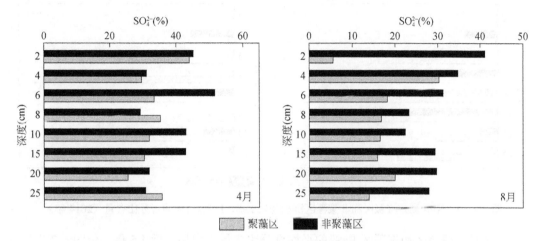

图 6-4　XANES 测定聚藻区和非聚藻区沉积物内 SO_4^{2-} 的百分比含量（2014 年）

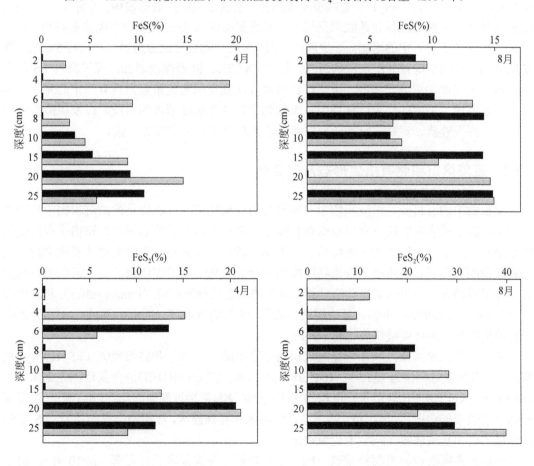

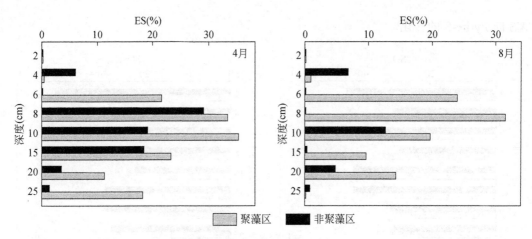

图 6-5　XANES 测定聚藻区和非聚藻区沉积物内 FeS、FeS$_2$、ES 的百分比含量（2014 年）

4～8 月非聚藻区和聚藻区 FeS$_2$ 的平均百分比含量都增加了近 1.5 倍，但图 6-2 中聚藻区沉积物内 Pyrite-S（FeS$_2$）含量减少了 4.89%。聚藻形成的厌氧环境中，SO$_4^{2-}$ 还原形成的 H$_2$S 气体会向上覆水迁移并逸散到空气中，导致聚藻区 8 月时沉积物中硫总量减少，FeS$_2$ 的百分比含量会有一定的增加。非聚藻区 8 月 ES 的平均百分比含量最少，只有 3.29%；聚藻区 4 月 ES 的平均百分比含量则最高，达到 18.02%。随着深度增加，沉积物内 ES 的百分含量均呈先增加后降低趋势。虽然经这两种方法获得的硫定量数据具有一定的差异，但反映在蓝藻聚集形成的还原性环境中，沉积物中各种无机硫形态的组成，以及硫酸盐还原生成酸可挥发性硫、黄铁矿硫等还原性硫化物的总体变化趋势较为一致。

6.1.2　聚藻区沉积物有机硫形态及其变化

沉积物中的有机硫是指沉积物中与碳结合的含硫物质。有机硫是湖泊沉积物中重要的硫形态，其中成岩有机硫对有机质保存和微量元素形态具有重要影响。沉积物中有机硫组成复杂，主要来源于沉积物中的腐殖质、水体中新鲜动植物残体和微生物体及微生物合成过程中的副产品等。腐殖质是有机物经微生物分解转化形成的胶体物质，是沉积物有机质的主要组成部分。利用化学提取法可测定沉积物中总的腐殖酸硫（humus sulfur）和富里酸硫（fulvic acid sulphur，FS）。其中腐殖质硫是 FS 与胡敏素硫（humin sulphur，HS）的混合含硫提取物，因此腐殖质硫记为 FS+HS。

图 6-6 为太湖聚藻区和非聚藻区沉积物中富里酸硫（FS）和腐殖质硫（FS+HS）含量剖面图。FS 的含量范围为 131.37～1041.38 mg/kg，腐殖质硫（FS+HS）的含量范围在 273.15～1849.12 mg/kg。由图比较可见，沉积物中 FS 的含量非常接近腐殖酸硫（FS+HS），说明沉积物中胡敏素硫（HS）含量很低，即无论是聚藻区和非聚藻区，沉积物中腐殖质硫（FS+HS）的含量主要由富里酸硫（FS）的含量决定。

分析聚藻区沉积物内腐殖质硫（FS+HS）含量与非聚藻区差异显著（$p < 0.01$），腐殖质硫在深度上表现为先降低后增加，在 10～25 cm 处含量几乎没有变化。聚藻区沉积物内腐殖质硫的平均含量是非聚藻区的 1.53 倍。这是由于聚藻区多次发生蓝藻聚集，蓝藻残体

沉降输入沉积物内，使聚藻区的有机硫含量大大增加。4～8 月非聚藻区和聚藻区沉积物内腐殖质硫各层平均含量均增加，非聚藻区增加了 16.99%，聚藻区增加了 27.38%。这主要是温度上升导致生物繁殖速度加快，聚藻区由于蓝藻的聚集沉降补充了有机硫，使沉积物内腐殖质硫含量增加得更快。

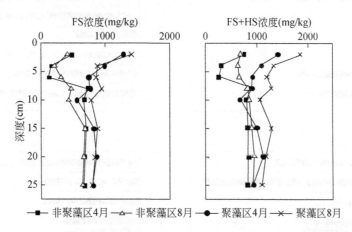

图 6-6　聚藻区和非聚藻区 4、8 月沉积物内 FS、FS+HS 含量剖面

沉积物中还有一类还原状态和氧化状态的有机硫，其中还原性有机硫为硫醚和硫醇，氧化性有机硫为磺酸盐类。图 6-7 是 XANES 测得的沉积物内上述 3 种含硫有机物的百分比含量。在 4 月时，聚藻区和非聚藻区沉积物中硫醚的相对含量都较低，8 月时均明显增高。硫醇和磺酸盐的相对含量在 10～25 cm 处都变化不大，在聚藻区 4 月和非聚藻区的 4 月和 8 月，沉积物中的硫醇相对含量都较接近，在 15%左右；但聚藻区 8 月沉积物表层处硫醇含量可达到 38%，表示藻类的聚集有利于沉积物中硫醚类物质的增加。

磺酸盐是一类氧化状态的有机硫，分析反映，除了非聚藻区 4 月磺酸盐相对含量达到 30%，聚藻区 4 月、8 月和非聚藻区 8 月的磺酸盐相对含量都在 12%左右，表明藻类的聚集和进入夏季高温后，这些环境条件都对偏氧化状态的磺酸盐类有机硫含量形成了一定程度的抑制。非聚藻区 4～8 月时，沉积物内硫醇含量大致不变，但硫醚含量大量增加，磺酸盐相对含量减少，这可能是溶氧降低引起有机质的硫化作用。4 月时尚未进入蓝藻暴发时期，聚藻区和非聚藻区之间沉积物中的硫醚和硫醇含量没有明显的规律；进入夏季的 8 月，聚藻区沉积物表层 2～6 cm 处硫醚和硫醇的相对含量出现了明显高于非聚藻区的状态（图 6-7）。八房港口位于太湖西部湖岸区，此处在 2008 年来，多次发生规模性聚集蓝藻和湖泛现象，沉积物中多年累积的生物残体类有机质、新鲜的动植物残体和微生物作用中的副产品都将增加沉积物表层中硫醚和硫醇类活性有机硫含量，同时对氧化态类的磺酸盐含量起到抑制作用。虽然随着深度增加硫醚和硫醇类有机硫含量逐渐降低，但说明蓝藻聚集沉降在沉积物的表面，主要会使得表层沉积物中还原态的有机硫含量增加，为可能产生的藻源性湖泛致臭物（如挥发性硫化物）甚至致黑物（重金属硫化物）的形成，积累着物质基础。

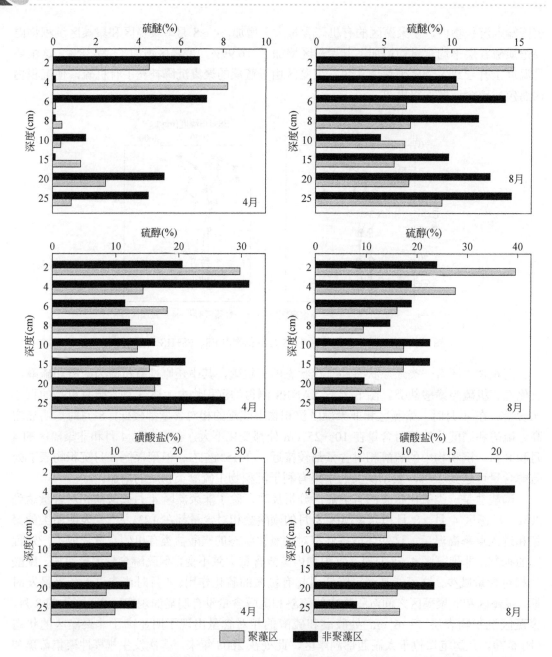

图 6-7　XANES 测定聚藻区和非聚藻区 4 月、8 月沉积物内硫醇、硫醚、磺酸盐的百分比含量

　　有机硫的转化是在微生物作用下的含硫有机物质的矿化过程。在好氧条件下，有机硫物质转化为硫酸盐；在厌氧条件下，有机硫则生成硫化物。绝大多数沉积物层位中都处于缺氧和厌氧状态。因此，硫化物是沉积物中有机硫物质的最终产物。藻类在局部水域的规模性和长期性聚集，基本控制着水柱和沉积物-水界面附近氧化还原系统（或氧化还原电位），使得沉积物表层有机硫只能在厌氧及兼性厌氧微生物作用下形成和转化。因此，沉积物环境因子对含硫有机物的微生物转化行为具有决定性的控制作用。

6.2　沉积物中硫化物对聚藻区环境变化的响应

6.2.1　聚藻区沉积物关键物化参数垂向变化

1. 有机碳（TOC）

图 6-8 为太湖聚藻区（八房港）和非聚藻区（焦山）2014 年 4 月和 8 月沉积物内有机碳含量垂向分布图。总体而言，沉积物内有机碳含量随着深度增加逐渐减少，变化范围均在 1.8%～3.4%之间。4～8 月非聚藻区沉积物内有机碳平均含量减少了 17.4%，聚藻区则增加了 11.68%。

非聚藻区处于开敞水域，风浪的作用使得湖底扰动强烈，水气界面的复氧作用仍可将溶解氧带入下层。在季节升温作用下，微生物对沉积物有机质的矿化降解明显加强，从而使得非聚藻区表层沉积物中有机碳含量减少。聚藻区虽也会有一定的扰动和复氧过程，但春末夏初期滋生的蓝藻大量向该区域聚集，乃至死亡沉降，必然为沉积物表层补充和增加有机碳源，反而提高了聚藻区表层沉积物有机碳含量。以死亡生物残体为主要碳源的低氧环境微生物代谢作用，不仅可对藻体中含硫组分转化，而

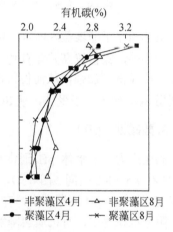

图 6-8　太湖聚藻区和非聚藻区沉积物中有机碳含量垂向分布（2014 年）

且还可对沉积物中硫酸盐等高价态硫的还原等途径（刘国锋等，2009b；Liu et al，2019a），生成以 S^{2-} 为主的低价态硫化物。

2. 氧化还原电位（E_h）

E_h 值表征着沉积物的氧化还原状态，是评价沉积环境的重要指标。沉积物内 Fe、S 等多价态元素的转化与 E_h 值的高低密切相关。在太湖聚藻区和非聚藻区的 4 月和 8 月，表层沉积物的 E_h 值均会随着深度的增加而下降。聚藻区的 4 月和 8 月，E_h 值均开始时变化缓慢，大约到达 1.25 cm 深度处时，E_h 值突然降低（图 6-9）。与非聚藻区相比，聚藻区沉积物中 E_h 值明显偏低（$p<0.01$）。从沉积物-水界面以下，盛夏 8 月聚藻区所有层位的 E_h 值，都低于 4 月 50 mV 以上。8 月时聚藻区（八房港）沉积物-水界面处的 E_h 值为 406.79 mV，随着沉积物深度增加至 2 cm，E_h 值也随着降低为 137.29 mV，反映藻体的聚集和沉降以及水温的提升，增加了泥水系统活性有机质含量，提高了微生物活性，继而降低了 E_h。反观非聚藻区 8 月表层沉积物的 E_h 值处于较高水平，为 302.16～443.86 mV。蓝藻暴发会大量消耗沉积物内溶氧，导致沉积物内还原性物质增多，使得聚藻区沉积物 E_h 值降低。4 月份时聚藻区 E_h 值低于非聚藻区，说明聚藻区由于多次暴发蓝藻，使得沉积物中有机质含量增加，有机质的降解使得沉积物内 E_h 值常年较低。

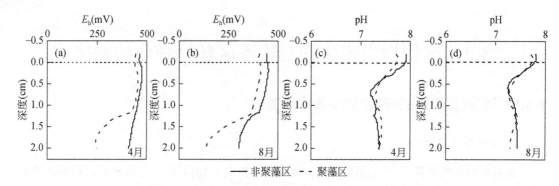

图 6-9　聚藻区和非聚藻区表层沉积物 E_h（a、b）和 pH（c、d）垂向分布

虽然相比于非聚藻区而言，聚藻区表层沉积物具有较强的还原性，但深度 1.5 cm 以上的沉积物中，E_h 值较高并非有利于 SO_4^{2-} 还原。但随着沉积物深度的增加，沉积物内的还原性环境明显得到加强，从而使得以硫酸盐还原菌（SRB）为代表的微生物，开始乃至趋向于利用 SO_4^{2-} 作为电子受体，使 SO_4^{2-} 的硫得到逐步还原。

3. 酸碱性（pH）

高生产力湖泊水体 pH 通常呈略碱性。受水体影响，太湖聚藻区和非聚藻区表层沉积物 pH 在 7.5～8.0 之间（图 6-9），无论 4 月还是 8 月 pH 的垂向分布都非常相似。随着沉积物深度的增加，pH 逐渐减小，在约 0.75 cm 处达到最小值（pH 7.1～7.2）。这是因为在近表层附近沉积物中，有机质会降解产生 CO_2，同时产生小分子酸，使得 pH 降低。从沉积物深度 0.75 cm 处往下，pH 又开始上升，随后可能与有机物和硫氧化物耦合的铁锰氧化物还原性溶解，造成 pH 升高。但总体而言，无论聚藻和非聚藻状态，藻类对沉积物中的 pH 影响相对较小。

6.2.2　静态环境下湖泛系统沉积物中 AVS 和 CrS 的变化

在缺氧环境中，由于浮游植物残体沉降后形成了大量可提供自由电子的活性有机质（以 CH_2O 表示），沉积物中的 SO_4^{2-} 会出现如下反应（Burton et al, 2006c; Simpson et al, 2000b）：

$$2CH_2O + SO_4^{2-} = 2CO_2 + S^{2-} + 2H_2O$$

大量 SO_4^{2-} 还原产生 HS^-，从而使得表层沉积物及水体中 S^{2-} 含量增加（Rusch et al, 1998）。沉积物中 AVS 较易受到氧化还原电位的影响，特别是在厌氧环境中容易形成 H_2S 气体释放出来（Henry et al, 1987）。藻源性湖泛发生后，沉积物中的 AVS 和 CrS 等硫化物将出现不同的变化。

刘国锋（2009）加入离心后 50.0 g 鲜藻于太湖鼋头渚沉积物的表面，在室温 25℃±1 ℃下静态模拟藻源性湖泛形成对沉积物中 AVS 和 CrS 的影响。实验表明，加藻和对照都使得表层 0～1cm 处沉积物中 AVS 含量升高（图 6-10）。1 cm 以下部位开始下降，但加藻模拟实验样柱中的 AVS 含量要低于对照样柱中的含量。在表层 0～1 cm 处，黄铁矿含量变化有不同的表现，加藻实验样柱的 CrS 含量为 1.07 μmol/g，对照样柱表层样的 CrS 含量为

1.72 μmol/g，明显高于加藻样柱的含量。在 1～2 cm 间，其含量接近；但在 2 cm 以下的沉积物中，加藻样品中 CrS 的含量要比对照样中高。

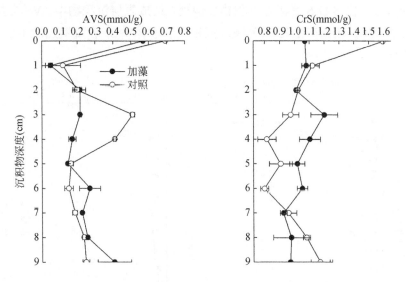

图 6-10　湖泛形成后沉积物中 AVS 和 CrS 含量变化

由于黄铁矿（FeS_2）是其他形态的还原性无机硫与活性铁反应的最终产物，且易受硫细菌的活性、氧化还原电位等因素的影响，因此对外界环境的变化表现得极为敏感（Edward et al，2006）。在添加藻死亡后形成的厌氧、低 E_h 的条件下，底层沉积物中活性铁及硫离子的含量逐渐增加，形成大量的黄铁矿，表现出底层沉积物中的黄铁矿含量要高于对照实验样品总量；而在表层样品中，由于形成大量的 S^{2-} 在受到有机质矿化分解过程中产生的 CH_4 等气体逸散的作用而大量扩散到空气中，反而使得表层沉积物中形成的黄铁矿含量下降，进而造成表层 0～1 cm 沉积物黄铁矿的含量要比对照实验中低。

6.2.3　动态扰动下湖泛系统沉积物中 AVS 和 CrS 的变化

相较于静态环境，水动力引起的动态环境是较为接近实际湖体的状态。刘国锋（2009）曾对模拟藻源性湖泛系统动态环境下沉积物中 AVS 和 CrS 含量分布及其变化进行了分析（图 6-11）。在 Y 型再悬浮装置 3 个（1#、2#、3#）柱样中分别添加 50.0 g/柱、75.0 g/柱、100.0 g/柱的鲜藻量，设置室温 25℃±1℃，每天开启 3 h（13：00～16：00）对沉积物-水界面及整个水柱进行中等风情的风浪扰动模拟。

模拟结果表明，在较高藻密度聚集状态（2#、3#）下，水柱中悬浮状的藻体耗氧降解作用仍可产生厌氧环境，残碎的藻残体沉降于沉积物表层，部分可成为沉积物有机质的一部分。动态扰动环境还将使得沉积物-水界面附近甚至整个水柱泥水系统的氧化还原电位值趋向匀化，在上层水体复氧程度不很明显状态下，扰动环境下的藻体厌氧分解后形成的环境，将为系统中 AVS 和 CrS 的形成和转化为 H_2S 营造低氧氛围。实验分析结果表明，形成湖泛的 2#、3#沉积物中，AVS 的含量明显高于对照的 1#水柱。3#柱表层沉积物中 AVS 含量高达 5.2 mmol/g，而 1#柱中的含量仅为 0.2 mmol/g。这表明在厌氧环境中大量的 SO_4^{2-} 离子会被硫酸盐还原菌作用而还原成 S^{2-}，随着 H_2S 在水中聚集而不能快速地逸散到空气中，使得 H_2S 聚集在沉积物表面处，造成表层沉积物中 AVS 含量增加。（藻源性）有机质在 SO_4^{2-} 还原产生 HS^-，是表层沉积物及水体中 S^{2-} 含量增加的主要原因（Rusch et al，1998）。

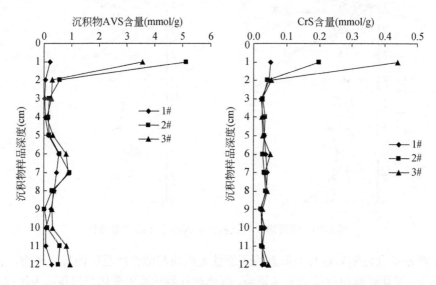

图 6-11　湖泛形成下动力扰动对沉积物中 AVS 和 CrS 垂向分布的影响

　　沉积物中 CrS 含量垂向变化与 AVS 较为相近（图 6-11），扰动状态下形成湖泛现象的 2#、3#水柱中的 CrS 含量要远高于未产生湖泛的 1#柱。其中，3#柱表层沉积物中的 CrS 含量为 0.4 mmol/g，1#柱中含量为 0.05 mmol/g，在表层 2 cm 以下的沉积物中，CrS 含量在垂向分布上同 AVS 趋于一致。

　　湖泛发生后形成的缺氧和低 E_h 环境，为沉积物中自由态硫离子（S^{2-}）和活性二价铁等的形成创造了条件，也促进了不溶性金属硫化物（如 FeS）在表层沉积物颗粒表面沉淀。因此，发生湖泛现象的 2#、3#柱，其表层沉积物中的 CrS 含量，要高于未形成湖泛的 1#柱。动态条件和静态条件两种实验结果（图 6-11 和图 6-10）对比反映，藻源性湖泛形成后，沉积物中金属离子的活性增强，大量硫化物会还原为自由 S^{2-} 离子形态，易形成 H_2S 后向外界释放；动态环境虽然增加了上层水体的复氧，但加大了表层沉积物、沉降有机质（及微生物）与上覆水的接触机会，加快了物质交换和生化反应，促进了 AVS 和 CrS 的形成，为湖泛的发生进程提供了一定的条件。水体在适当低的扰动强度下有助于湖泛的形成，但如果过于激烈的扰动环境（如大风）下，复氧作用强烈，进入水体的氧将破坏 AVS 生成环境，反而抑制了致黑物的生成，阻碍湖泛的发生。

6.3　沉积物中还原性无机硫对湖泛的诱发及有效供给

湖泛的发生离不开湖体中生物质（藻体或水草）和底泥介质。太湖藻源性湖泛是藻体、底泥共同参与作用下的水污染现象。在太湖蓝藻聚集区，底泥中有机质含量相对较高。卢信（2012）研究表明，泥水体系中有机物只要达到一定负荷水平（1.0 g/L）对水体可能有致黑风险，含硫有机物将能使水体在 7～13 天内散发出恶臭。相对于可以漂浮的藻体，沉积物是湖盆中相对不可移动的环境介质。底泥中的高有机质含量，往往预示着有机硫化物具有较高水平；水柱中氧化还原状态趋向还原环境时，表层沉积物中酸可挥发性硫化物（AVS）含量往往会升高。湖泛的发生和发展主要依赖于环境介质中是否能有效促进和持续地供给致黑致臭所需组分，而湖泛易发区底泥是否对湖泛具有诱发潜力和供给作用，对于判别湖泛的风险来源、预防和控制湖泛的发生具有较重要意义。

6.3.1　藻源性湖泛易发区硫组分之间相关性

作为藻体易聚的湖区，八房港自 2009 年 6 月 3～5 日首次发现湖泛现象，到 2019 年 6 月 30 日间，现场湖泛发生 7 次（表 1-4）。其中 2011 年 7 月 27～30 日与师渎港和陈东港连片形成的湖泛，其湖泛指数（BBI）达到 36.80，因此，八房港区被认为是太湖湖泛易发区之一。焦山区虽位于太湖西部（图 6-1），但常年藻类聚集程度较低，是太湖西部非湖泛易发区。分析两湖区沉积物中主要物理化学性质可以看出，虽然八房港和焦山底泥中含水率、总磷、总氮和总铁之间差异不大，但与湖泛相关的关键性性物化性质则存在较大差异（表 6-1）。其中沉积物中的 LOI（烧失量，相当于有机质）、还原性无机硫（AVS、Pyrite-S、ES）、Fe^{2+}，八房港约为焦山的 2 倍。位于夏季盛行风东南风向迎风区的八房港，每年 4～11 月往往处于藻体聚集或藻体沉积状态，虽然死亡藻体的降解速率很快，但高度的聚集性使得藻体生物质来不及降解完全就沉降到沉积物表层，成为沉积物有机质的一部分，使得该区域沉积物富含有机质。

八房港区是太湖西部入湖区，历史上一直是通过入湖河道（八房港）接纳流域外源。在好氧和低氧环境下，沉积物中的无机硫都处于矿物状态存在，如黄铁矿或硫铁矿（FeS_2）、石膏、芒硝等，而这些主要来自于流域外源的输入。再加上通过接纳本区域沉降的藻体，八房港沉积物具有含量较高的有机质（甚至腐殖质），包括

表 6-1　沉积物基本性质

指标	八房港	焦山
含水率（%）	50.7	53.8
LOI（%）	4.64	2.91
氧化还原电位（mV）	460	440
总磷（mg/kg）	$0.38×10^3$	$0.37×10^3$
总氮（mg/kg）	$1.30×10^3$	$1.25×10^3$
AVS（mg/kg）	1.35	0.83
Pyrite-S（mg/kg）	7.81	3.29
ES（mg/kg）	1.23	0.57
Fe^{2+}（mg/kg）	$1.32×10^3$	$0.55×10^3$
TFe（mg/kg）	$8.59×10^3$	$7.47×10^3$

有机硫。蓄积于沉积物中此类相对丰富的无机和有机态硫，在湖体特定的氧化还原、微生物和温度等环境影响下，又成为周围环境对活性硫需求有供给潜力的物质源。

　　沉积物中与湖泛具有潜在关联的物质主要有 S、Fe 和有机质（或有机碳），进一步的关系甚至可涉及具体的硫、铁和有机质的形态。表 6-2 为 2014 年 8 月八房港沉积物中形态 S、Fe 和有机碳各形态含量之间的相关性。由表可见，与 AVS、ES 呈极显著正相关（$p < 0.01$），说明 Pyrite-S 的形成与 AVS 和 ES 联系紧密。在发生蓝藻聚集时，由于藻类繁殖与降解形成的强还原环境，AVS 作为黄铁矿（Pyrite-S）生成的主要前驱体，ES 作为转化所必需的中间反应物，形成还原环境中还原性铁硫的最终积累形式（黄铁矿）。有机碳与腐殖质硫（FS+HS）之间也呈极显著正相关（$p < 0.01$），此外还与腐殖酸硫（FS）呈显著相关性（$p < 0.05$），说明聚藻区内沉积物中有机碳与有机硫都主要来源于蓝藻死亡沉降。

表 6-2　八房港藻体聚集过程沉积物中各指标相关性分析（2014 年 8 月）

	AVS	Pyrite-S	ES	HS+FS	FS	HS	TFe	Fe^{2+}	Fe^{3+}	有机碳
AVS	1									
Pyrite-S	0.931**	1								
ES	0.745*	0.907**	1							
HS+FS	−0.382	−0.363	−0.384	1						
FS	−0.278	−0.267	−0.272	0.978**	1					
HS	−0.591	−0.551	−0.617	0.748*	0.593	1				
TFe	−0.162	−0.361	−0.563	0.258	0.156	0.501	1			
Fe^{2+}	−0.134	−0.369	−0.550	−0.088	−0.133	0.082	0.606	1		
Fe^{3+}	−0.155	−0.337	−0.530	0.291	0.187	0.529	0.994**	0.512	1	
有机碳	−0.167	−0.292	−0.401	0.843**	0.831*	0.610	0.632	0.127	0.664	1

* 表示 $p < 0.05$；** 表示 $p < 0.01$。

　　虽然 Fe^{2+} 是湖泛形成中致黑物的关键形态组分，但其含量与总铁（TFe）、有机碳和各形态硫的关系均不明显，但 Fe^{3+} 与 TFe 呈极相关性。沉积物中的硫形态尤其是活性组分的变化主要来自于有机碳或历史累积沉积物中的腐殖质硫（HS+FS），而沉积物中腐殖质是有机碳含量的主要部分，与活性态（如还原性）硫具有极大的结合能力，在沉积物环境（如氧化还原电位）有利于还原性硫生成时，沉积物将会释放出可观的活性硫（如 AVS），并参与可能的与 Fe^{2+} 形成致黑物的化合作用。因此，在适当的低氧化还原电位环境下，依靠腐殖质硫的大量释放，不依赖与新鲜藻体的降解，沉积物参与湖泛的早期过程是可能发生的。

　　然而，具有速效作用的直接来自沉积物的 AVS，是湖泛水体发黑的主要无机硫化物。由表 6-2 可见，Pyrite-S 和单质硫（ES）与 AVS 分别有着极显著相关（0.931）和显著相关（0.745）的关系，在低氧化还原电位的缺氧环境下，Pyrite-S 会部分转化为 AVS，转化量（或可供给量）的多少取决于沉积物中 Pyrite-S 储存量及状态。因此，从湖泛的诱发性而言，底泥中 Pyrite-S 含量较之腐殖质硫更为重要，底泥中有机质及还原性硫赋存状态的差异，对湖泛的发生具有不同的诱发潜力。

6.3.2　湖泛形成中泥藻硫供给的致黑性差异

从人体感官对湖泛发生现场的实际感受程度而言，水体发黑给人的视觉刺激要远大于来自嗅觉异味。形成水体致黑的金属硫化物的形态硫为无机硫（S^{2-} 或 ΣS^{2-}），上覆水柱中的 SO_4^{2-}，其因在单位体积的量太小，并不足以支撑湖泛的形成（范成新，2015），因此，来自泥、藻单一基质或是泥藻混合基质无机硫的形成、状态及其差异，就成为湖泛形成中物质供给关注的重点。

以八房港区沉积物为泥源，以太湖漂浮藻体为藻源，模拟不同处理样品中黑度（FeS）随时间的变化趋势。图 6-12 中可以看出，在 25℃、16 天的模拟过程中，单一藻体、单一底泥和蓝藻+底泥（藻+泥）3 种处理实验中，黑度均出现了增加，但强度和线性变化的差异十分明显。据 Feng 等（2014）在厌氧条件硫酸盐还原菌（SRB）存在下模拟藻源性湖泛完全变黑，黑度（FeS）为 0.078 mmol/L，即黑度值大约在 0.07 mmol/L（此时 S^{2-} 含量为 0.015 mmol/L）以上时，才可被人的视觉感受到。在单一的藻体基质培养下，黑度值全程几乎未能高于初始值（约 0.03 mmol/L，图 6-12），肉眼察觉不到水柱变化；在单一底泥基质培养下第 6 天左右，黑度值已达到 0.07 mmol/L（视觉阈值）附近，在第 10～13 天黑度值达到最大值区间（约 0.15 mmol/L），水体已可显黑。相对于单一藻和单一泥而言，藻+泥的处理黑度的变化则十分强烈，不仅黑度值高，而且还出现明显的峰值，在第 10 天达到最大值 0.82 mmol/L。表观上水体呈明显的黑色，并散发出刺鼻的恶臭。

比较实验表明，有沉积物参与的湖泛系统，由于沉积物中富含 S、Fe 等物质，在有利于 S、Fe 向低价态转化环境下，系统将可能诱发湖泛的形成；承载藻源有机负荷底泥的水体，最容易产生湖泛，这不仅与底泥中富含硫铁等物质有关，而且数量巨大的藻源有机质，通过生物残体的降解，维系着深度缺氧环境，使 S、Fe 向低价态和自由态离子（S^{2-}、Fe^{2+}）转化，保持着足够高的黑度值。另外，在藻源可维系的低氧时段，沉积物起到持续为体系提供致黑物（S 和 Fe）的主要供体。单一沉积物虽也出现相对弱的发黑现象（图 6-12），这是由于用于实验的沉积物不可能将其中的有机质（特别是表层可能有的死亡藻体）安全去除，实际上受试的沉积物也是携带了（少量）藻体的底泥，因此也出现水体发黑。但由于携带的生物质过少，一方面难以深度营造或持续营造低氧环境，另一方面系统中转化的低价硫（如 S^{2-}）较少，所以产生的黑度远小于藻+泥的处理（图 6-12）。

不同基质存在的低氧环境下，主要形态的还原性无机硫含量差异较大（图 6-13）。

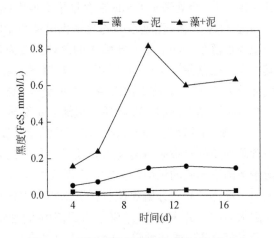

图 6-12　不同基质处理中黑度随时间的变化

在藻+泥的处理中，除培养 10 天时的单质硫（ES）外，体系中低价硫化物基本都具有最高含量，其中 AVS 大致在 8 mg/L、Pyrite-S 则有 40 mg/L 左右、ES 多为 0.4 mg/L。AVS 和 Pyrite-S 是系统中最主要的还原性硫形态。对比 AVS 平均含量变化，单一藻体处理为 0.43 mg/L，单一沉积物处理也仅为 5.57 mg/L，明显低于藻+泥的处理；另外对 Pyrite-S 含量，单一藻体处理不足 1 mg/L，单一沉积物处理也仅为 28 mg/L 左右，也明显低于藻+泥的处理。反映藻+泥基质搭配系统，更有利于向体系供应还原性无机硫。

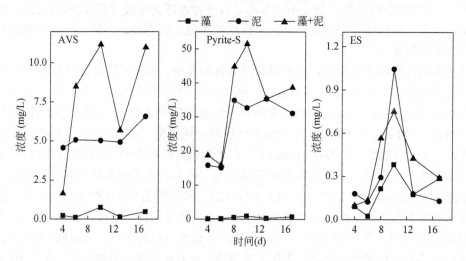

图 6-13　不同基质处理中还原性无机硫形态随时间变化

　　硫在包括泥藻在内的环境介质中的形态复杂，厌氧环境下含量和有效态差异大，转化进程也各不相同，因此完全通过硫在环境介质中的赋存量来评估其对湖泛的供应潜力会存在明显不足。由于还原性硫是与湖泛致黑组分之一的 S^{2-} 最接近硫化物形态，故比较还原性硫在水体的含量和变化趋势，可间接用于目标基质对湖泛形成中硫的供给潜力。在藻+泥的处理中，还原性硫的含量分别为其他两种处理（单一藻体、单一底泥）的 2～56 倍不等，其中藻+泥混合处理中 Pyrite-S 含量平均值为单一藻体处理的 66.7 倍。即使产生数量较小的单质硫（ES），藻+泥处理中的含量也可从初始的 0.10 mg/L 增加到 0.75 mg/L，平均浓度甚至也为加藻处理的 2 倍。实验中的藻体主要为蓝藻，蓝藻中蛋白质的含量约占 40%左右，其中含硫氨基酸占 1%。蓝藻死亡、沉降、分解后，会产生一定的含硫前驱物（藻体、分解残体等），这些含硫前驱物需经过多种途径，才可转化为无机的多硫化物。沉积物中虽然有大量且不同结合态的含硫物质，但缺乏足够量（藻源）有机质的协调。

　　藻+泥的处理是一种最接近藻源性湖泛易发水域基质条件的实际组合状态，无论沉积物中含硫物质的有效态可转化量，还是藻体中的含硫前驱物，都可能会及时和有效地对系统给予不同形态硫的供应，支撑湖泛形成对还原性硫等形态硫的需求。另外，适当的藻+泥环境中，藻体的死亡分解促使包括沉积物在内体系中呈现强还原性，强还原环境中沉积物及间隙水中的 SO_4^{2-} 被还原为 S^{2-}，沉积物中的含硫矿物向着低价态含硫矿物甚至 AVS 转化，与 Fe^{2+} 结合生成硫化亚铁（FeS）致黑物质。

6.3.3　沉积物还原性无机硫可供给量对湖泛形成的影响

虽然沉积物中含有相对较高结合态硫含量的矿物质,但沉积物的不同,所能提供的有效态还原性无机硫的潜力也会有较大差异。藻源性湖泛易发的聚藻区八房港和非聚藻区焦山两区域的沉积物分析反映,前者在 LOI、AVS、Pyrite-S 和 ES 等含量上,平均高出后者一倍以上(表 6-1)。在同样的单位聚藻量,聚藻区底泥和非聚藻区底泥存在下,对比 17 个小时的湖泛致黑模拟过程,两者水体黑度值变化差异明显(图 6-14)。八房港沉积物培养过程中水体的黑度值(0.15~0.82 mmol/L)较之焦山沉积物的黑度值(0.07~0.45 mmol/L)要高出近一倍。在变化时间上,八房港沉积物培养过程的黑度值在第 10 天达到最大值,此时观察到水体颜色变黑并散发出有刺鼻的臭味;而焦山沉积物培养其黑度值则在第 13 天达最大值,虽也散发出恶臭,但水体并未出现肉眼明显察觉的黑色。虽然这一结果从沉积物中形态硫含量(表 6-1)是可预料到的,但是否与沉积物中还原性无机硫的可供给量有关还需从形态上进一步甄别。

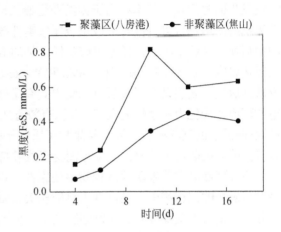

图 6-14　不同沉积物下湖泛模拟黑度变化

图 6-15 列出两种性质沉积物湖泛模拟培养中主要还原性无机硫的变化。八房港沉积物培养的系统中各种形态硫的含量均较高,三种还原性无机硫化物的含量大体呈现先上升后下降的趋势。从还原性无机硫形态含量上,焦山沉积物系统中的 AVS 含量为 2.93~5.62 mg/L,增幅 2.69 mg/L;而八房

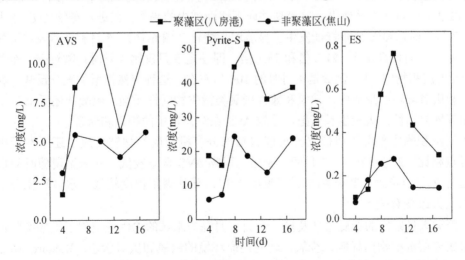

图 6-15　聚藻区和非聚藻区沉积物培养样品中还原性无机硫形态随时间的变化趋势

港沉积物体系中的 AVS 含量则从初始的 1.65 mg/L 增加到 11.20 mg/L，增幅达 9.55 mg/L，是焦山沉积物的 3.55 倍。对于来自硫化铁矿的硫（Pyrite-S），八房港和焦山沉积物体系中的 Pyrite-S 含量变化范围分别为 15.89～51.49 mg/L、5.86～24.41 mg/L，八房港系统的平均含量为焦山的 2.2 倍。单质硫（ES）是培养系统中含量最低的一类还原性无机硫，焦山沉积物体系中的 ES 含量变化为 0.08～0.27 mg/L，八房港系统则从初始的 0.10 mg/L 增加到 0.75 mg/L，其增幅与焦山系统的增幅相比，也达到 3.4 倍。由于两系统中的藻和水体都采用了相同的性质和数量，显然八房港区沉积物较之焦山沉积物，无论从还原性无机硫总量和形态上，都具有更高效率的供应能力。

对八房港和焦山藻源性湖泛持续时间为 17 天的模拟中，除去未形成湖泛的前 4 天外，湖泛发生的时间尺度基本相当于太湖湖泛最长持续时间（16 天）。在湖泛形成期间，还原性无机硫的增加量可直接与形成重金属致黑性硫化物的有效 S^{2-} 组分含量相关；在湖泛形成的中后期，系统中的还原性无机硫除低含量的 ES 略有降低外，体系不断消耗 S^{2-} 生成主要致黑金属硫化物（FeS）情况下，AVS 和 Pyrite-S 在含量上仍然维持着较高的浓度水平。这反映八房港区表层乃至近表层沉积物中具有足够量的形态无机硫储存量，以在低氧化还原电位环境下转化为还原性无机硫，并以有效方式快速供给上覆水对 S^{2-} 的需要。比较上述两种泥-藻系统的湖泛模拟的视觉结果和还原性无机硫含量差异和变化，八房港区沉积物中具有较大的无机硫可供给量，是支撑湖泛形成并持续的主要物质因素。

不仅聚藻区和非聚藻区沉积物中还原性无机硫的可供给量存在差异，即使均处于湖泛易发聚藻区的沉积物中，还原性无机硫相关含量也存在较大差别。月亮湾位于太湖北湖心区北岸，是太湖藻源性湖泛易发湖区之一（见图 5-1）。自 2008 年 6 月 3 日发现起至 2021 年，共发生 20 次湖泛污染事件（见表 1-4），其中 2010 年 8 月 16 日在月亮湾近岸 1 号点位位置附近发生了 0.3 km^2 面积湖泛。2010 年，申秋实等（2011）曾连续在该湖区湖泛发生前后，跟踪月亮湾沉积物中 AVS 含量的垂向分布变化。

湖泛发生前的 1 月、3 月及 4 月，近岸区的 1 号点位表层沉积物中 AVS 含量较低，0～10 cm 深度范围内基本呈现出表层最高并向下逐渐减少的趋势；但进入春夏之交（5 月）及盛夏（7 月）时，AVS 分布特征发生了显著增加变化（图 6-16），5 月和 7 月表层沉积物中 AVS 分别比 1 月份高出了 121.2 倍和 78.1 倍。即使是 5 月仅比 4 月时只刚过去一个月，表层 2 cm 内沉积物中 AVS 含量是 4 月时的 100 倍左右。这种突然性增加充分反映，在藻体的聚集和厌氧环境的形成中，缺氧和兼性厌氧类微生物活性增强，硫酸盐还原菌和 Fe^{3+} 还原细菌等恢复活性，大量生长繁殖，导致 AVS 在沉积物中的积累和储备。

表层沉积物中部分无机硫（亦可能包括部分有机质硫）被转化成了还原性无机硫。与 1 号点相比，2 号点在 1～7 月间，表层沉积物 AVS 含量较低，并未呈现随时间增加趋势。这与 2 号点位处于较开阔水域（见图 5-1），藻体聚集程度较低，水体氧化还原环境未受到太大改变有关。

在藻类大量聚集的春夏之交及夏季 7 月，月亮湾水域的 DO 应出现了大幅度降低，并导致水底表层沉积物由好氧、少氧，转向还原环境的缺氧和厌氧状态。Rickard 和 Morse（2005）认为，在强还原状态下，沉积物中 AVS 的形成代表了 HS^- 的增加、活性 Fe（Fe^{2+}）的生成及 Fe^{3+} 和 SO_4^{2-} 的减少。湖泛致黑物的形成离不开活性 Fe^{2+} 的含量增加和有效供给。

将湖泛发生前藻体聚集程度接近最高的 7 月，包括 2 号点在内，沉积物中 Fe^{2+} 含量垂向分布与 1 月时相比，表层 5 cm 内几乎增加到 4 倍（图 6-17），预示着湖泛即将以爆发方式形成。

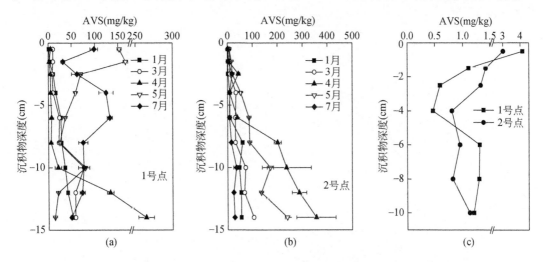

图 6-16　月亮湾湖泛前 1～7 月（a，b）和湖泛发生后（c）沉积物 AVS 垂向变化

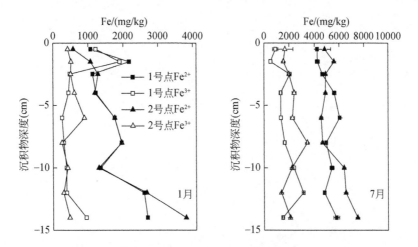

图 6-17　月亮湾 1 月和 7 月沉积物中游离态铁含量垂向分布

　　虽然 1 号和 2 号点都处于月亮湾藻类易聚区，且水柱都处于低氧环境，但 2 号点位表层沉积物直到 7 月也未蓄积较高含量的 AVS，即无法向上覆水供给 S^{2-} 用于湖泛的形成。结果 8 月 16 日仅在月亮湾 1 号点发生面积约 0.3 km^2 湖泛（见表 1-4）。显然，同样遭受到藻类的聚集影响，沉积物中还原性无机硫活性未被有效激活，即使有足够的活性 Fe^{2+}，也不能发生视觉发黑的湖泛现象。

　　1 号点湖泛发生后，表层沉积物中的 AVS 快速并大幅下降 [图 6-16（c）]，其 0～4 cm 含量由 5～7 月的约 100 mg/kg 含量，下降至湖泛（消失）后仅约 1.5 mg/kg 水平。从月亮湾 1 号和 2 号点表层沉积物 AVS 含量对藻体聚集的响应差异，以及 1 号点表层沉积物 AVS 含量在湖泛发生前后的大幅度下降，反映出表层沉积物中可转化为还原性无机硫的含硫化合物，是湖泛致黑物形成中 S^{2-} 的可供给来源；在强还原环境下，沉积物中的含硫化合物是否快速和有效地形成致黑性 S^{2-} 组分，则是判断沉积物是否具有诱发湖泛形成的关键因素之一。

第7章 藻源性湖泛挥发性硫化物形成机制

硫化物不仅是藻源性湖泛致黑物的主要来源，而且也是致臭物的主要来源，是具有挥发性的有机小分子气态物质。水体中湖泛形成的早期感受并非来自人的视觉，而是人的嗅觉。感官嗅觉是腔黏膜与某些物质的气体分子相接触时所产生的感觉。因此弄清湖泛过程中致臭气体分子的种类、前驱体来源、含量等，将有助于揭示湖泛形成机制和预控对策的制定。在富营养化湖泊，由于藻类的过度繁殖，会产生具有刺鼻异味的挥发性次生代谢产物，导致饮用水水质下降并对人体健康构成威胁。研究表明，藻、菌群落过剩生长产生的异味次生代谢产物主要是土嗅素（Geosmin）和2-甲基异莰醇（MIB）等土霉味化合物（宋立荣等，2004）。

具有嗅味的水体可能与许多种类的致臭物有关，但从湖泛研究而言，挥发性硫化物是主要致臭物种类。2007年5月30日和6月2日，张晓健团队（Zhang et al，2010）先后两次对贡湖水厂湖泛发生水域进行了监测（见表1-2），虽然也监测出了无机态的硫化氢（H_2S）和有机态的β-环柠檬醛、2-甲基异莰醇（2-MIB）和土嗅素（Geosmin），但含量极低，更多的是发现了包括甲硫醇（CH_3SH，MT）、甲硫醚（DMS）、二甲基二硫醚（DMDS）和二甲基三硫醚（DMTS）等，这些可引起开放水体恶臭的嗅味物质，已被多项湖泛研究工作所证实（于建伟等，2007；戴玄吏等，2010；孙淑雲等，2016）。显然，近十多年的藻源性和草源性湖泛监测反映，致臭物并非主要来自藻类分泌的 Geosmin 和 MIB，而是挥发性硫化物（volatile sulfur compounds，VSCs）（表7-1）。

表 7-1 2007～2009 年间太湖局部黑臭水体致臭物质指标调查表 （mg/L）

	2007/5/30	2008/5/26	2008/6/2	2008/7/10	2008/7/10	2009/5/14
	贡湖湾口沙渚水源地	大浦口段	沙塘港段	百渎港段	九洞桥	沙塘港段
二甲基硫*	—	0.0817	检出	检出	检出	
二甲基二硫*	—	0.0131	检出	检出	检出	检出
二甲基三硫*	0.0114	0.0297	检出	检出	检出	检出
吲哚		检出	检出	检出	检出	检出
1,3-二氢-2H-吲哚-2-酮	—	检出	检出	检出	检出	
单质硫	—	检出	检出	—	—	
对甲基苯酚	—	检出				
3-甲基吲哚	—	—	—	—	—	

* 表示以二甲基硫半定量。

挥发性硫化物分为挥发性无机硫化物（volatile inorganic sulfur compounds，VISCs）和

挥发性有机硫化物（volatile organic sulfur compounds，VOSCs），这两类挥发性物质均具有一定的致臭性（表 7-2）。VISCs 主要包括臭鸡蛋味的硫化氢（H_2S）和烂南瓜味的二硫化碳（CS_2）等。VOSCs 通常具有更强烈的恶臭气味，其中 DMTS 是一种硫醚类嗅味物质，嗅阈值为 10 μg/m³，超过嗅阈值会产生腥嗅的沼泽味（Franzmann et al，2001）；DMDS 与 DMS 是具有腐败蔬菜臭味的化合物，嗅味阈值分别为 0.1 μg/m³ 和 2.5 μg/m³，同时存在会增加腐败蔬菜的臭味（Rosenfeld et al，2001）。

表 7-2　水体中主要挥发性硫化物

化合物	结构式	嗅味阈值（μg/m³）	气味特征	挥发性	沸点（℃）
硫化氢（H_2S）	H—S—H	0.029[①]	臭鸡蛋味	强挥发	-60.4
二硫化碳（CS_2）	S=C=S	24[②]	烂南瓜味	强挥发	46
甲硫醇（MeSH）	H_3C—SH	0.024[①]	下水道味	强挥发	6.2
二甲基硫（DMS）	H_3C—S—CH_3	2.5[②]	烂菜味	易挥发	37.5
二甲基二硫（DMDS）	H_3C—S—S—CH_3	0.1[②]	烂菜味	易挥发	109.7
二甲基三硫（DMTS）	H_3C—S—S—S—CH_3	10[③]	烂菜味 沼泽味	易挥发	165

①O'Neill 和 Phillips（1992）；②Rosenfeld 等（2001）；③Franzmann 等（2001）。

7.1　聚藻区水土介质挥发性有机硫化前驱物及其形成

环境中 VOSCs 的来源非常广泛，在特定条件下，各种有机含硫前驱物可通过不同的途径降解或转化为不同的 VOSCs 组分，而这些前驱物主要来自藻体、动植物残体以及微生物的死亡分解（Bentley and Chasteen，2004）。此外，VOSCs 也可以通过化学途径生成，但其中有些环节也需要微生物的参与（Wajon and Heitz，1995；Heitz et al，2000）。以硫化氢（H_2S）为代表的 VISCs 是人们生活环境中常接触到的嗅味硫化物，其形成机理已很清楚，VOSCs 的形成则条件相对苛刻，嗅阈值通常很低，特别是湖泛现象中具有代表性或典型性致臭物（Yang et al，2008；Zhang et al，2010）。因此，通过对 VSCs 或 VOSCs 等致臭物在湖泛形成过程中的种类、含量及变化特征的系统性分析，将为揭示湖泛形成机理提供帮助。

7.1.1　挥发性有机硫化物处理与测定方法

关于水体臭味物质的研究相对较少，原因之一就是缺乏专门针对湖泛中主要致臭物挥发性有机硫化物（VOSCs）的合理前处理和准确检测方法。一般认为，为满足水体致臭物分析结果的精准性要求，无论从方法的选择，前处理和后期测定等实验室控制上都要求很高，需要采用仪器进行定量分析（宋立荣等，2004）。

　　吹扫捕集和固相微萃取技术是湖泛中致臭物分析优选的两种采集技术，并已得到较广泛的应用（陈贻球和戴晓莹，2011；朱培瑜和魏轲，2014）。Lu 等（2012）通过对固相微萃取头、萃取方法、气相色谱测定条件的选择，确定了 VOSCs 的分析材料及分析条件；通过对试剂量、搅拌速率、离子强度、萃取温度、萃取时间、解吸温度和解吸时间等多因素与萃取效率关系等分析（图 7-1），确定了 MeSH、DMS、DMDS 和 DMTS 四种 VOSCs 同时进行固相微萃取的最佳前处理条件为：样品量 20 mL（40 mL 顶空瓶）、20%（W/V）NaCl、搅拌转速 750 r/min、萃取温度 45℃下顶空萃取时间 30 min、250℃下解吸 3 min。

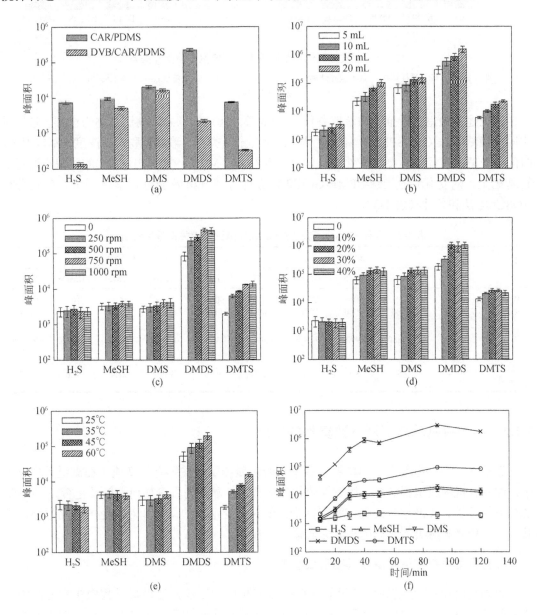

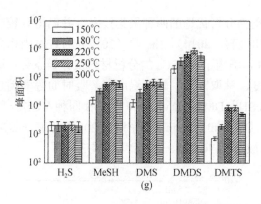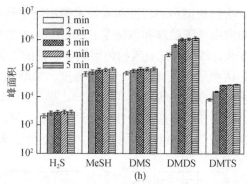

图 7-1　挥发性硫化物萃取效率与实验室实验条件关系

（a）萃取头纤维；（b）试样体积；（c）搅拌速率；（d）NaCl 浓度；（e）萃取温度；（f）萃取时间；（g）解吸温度；（h）解吸时间

在上述实验室分析推荐的萃取条件下，Lu 等（2012）以太湖湖泛水体为试样，选用顶空固相微萃取法（HS-SPME）富集致臭物，对纤维头类型、溶液体积、盐浓度、萃取温度、时间以及解吸时间和温度等条件进行优化，并在 GC-MS 和 GC-FPD 方法的优缺点进行比较基础上，对优化后的 HS-SPME-GC/FPD 进行方法分析效能进行整体评价，确定分析 VOSCs 方法和条件（表 7-3）。

表 7-3　两种 VOSCs 测定方法的线性范围、相关系数和检出限

	GC-MS					GC-FPD				
	H_2S	MeSH	DMS	DMDS	DMTS	H_2S	MeSH	DMS	DMDS	DMTS
线性范围（ng/L）	—	50～5000	50～5000	20～10000	50～10000	500～100000	50～10000	50～10000	10～5000	20～10000
相关系数（R^2）	—	0.9880	0.9921	0.9989	0.9957	0.9951	0.9902	0.9989	0.9998	0.9994
检出限（ng/L）	—	8.9	8.5	2.2	5.1	93.5	18.6	21.4	1.6	3.6

7.1.2　不同有机基质下湖泛致臭物的形成

湖泊水体中存在着大量的单糖、多糖、蛋白质和氨基酸等有机基质，在湖泛发生过程中，这些有机物质是否参与了挥发性硫化物的形成，参与的程度如何，以及是否为 VOSCs 的前驱物等等？弄清这些问题，将有助于人们对湖泛形成的认识和对湖泛的早期预警，这其中，二甲基硫醚类前驱物的来源尤其值得关注。

1. 有机基质存在下湖泛致臭物形成模拟

为满足对泥-水系统缺氧和厌氧环境的调节和控制以及方便模拟过程中指标的测定及样品取样，卢信（2012）设计了一种简易实用的模拟实验装置（图 7-2）。该装置主要由上下两个球体组成，下部球体靠近土水界面处设液体样品取样口，取水样时可避免顶空气体

逸出或与外部发生气体交换；上部球体设指标测定口和气体取样口，气体取样口位于球体最上部靠近瓶口处。为减少顶空体积和增加气体收集量，溶液液面控制在接近但略低于取样口位置。指标测定口可放入溶解氧、氧化还原电位（ORP）、硫化氢电极等（图 7-2）。

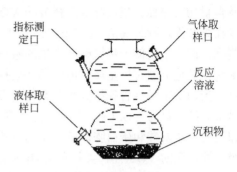

图 7-2　实验装置示意图

有机基质存在下的湖泛致臭物形成模拟实验，其底泥和水样均采自藻源性湖泛易发区太湖月亮湾。底泥表层 0～5 cm 的主要指标为：pH 7.3，有机质（LOI）含量 3.66%，TN 含量 1268.48 mg/kg，TP 含量 635.43 mg/kg，Fe（Oxal-Fe）含量为 3400 mg/kg，以及酸可挥发性硫化物（AVS）为 12.5 mg/kg；底泥间隙水中 SO_4^{2-} 浓度为 50 mg/L。

实验选用 5 种有机基质，分别为葡萄糖、淀粉、蛋白胨、蛋氨酸和半胱氨酸，其中后两种为含硫氨基酸。卢信（2012）将上述有机基质分别溶解于去除 0.45 μm 及以下悬浮颗粒物的湖水中，配制成浓度均为 1.0 g/L 的溶液，依次加入图 7-2 的实验装置中，室温培养，观察和测试实验过程中的感官、色度和 ORP。水样中 VOSCs 分析由 HS-SPME 预浓缩系统和 Agilent 7890A/5973N GC-MS（安捷伦公司，美国）系统组合完成，蛋氨酸含量采用亚硝基铁氰化钾-可见分光光度法测定（Timothy et al，1941）。

2. 不同种类有机基质的致臭作用

在嗅觉感官上，蛋白胨、蛋氨酸和半胱氨酸引起的臭味明显强烈，葡萄糖和淀粉则较弱。图 7-3 为实验中典型样品的色谱图，检测到的 VOSCs 种类主要为 MeSH、DMS、DMDS、DMTS 和 DMTeS。

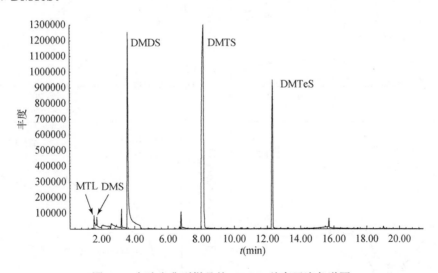

图 7-3　实验中典型样品的 VOSCs 总离子流色谱图

分析不同有机基质下 VOSCs 随时间的变化（图 7-4），不同处理中 VOSCs 产生的种类及含量均有差异。蛋白胨处理释放的 VOSCs 的种类和数量仅次于蛋氨酸处理，VOSCs 总量在第 8 天达到最高值 197.7 μg/L，除 MeSH 外，DMS、DMDS、DMTS 和 DMTeS 均能检测到，但含量远低于蛋氨酸所产生的数量。蛋白胨降解初期（前 10 天）释放 VOSCs 的速率快于其他类型有机基质，但后期缺乏持续性（图 7-4），表明作为蛋白质水解后的混合产物，蛋白胨中活性含硫组分数量都比较多，且由于其中可能含有一些酶类，使得含硫组分易于分解转化为 VOSCs。反观半胱氨酸，虽然同为含硫氨基酸，然而其释放 VOSCs 的量却远低于蛋氨酸和蛋白胨，所产生的 VOSCs 的量与不含硫的葡萄糖和淀粉处于同一数量级。检测到的 VOSCs 种类只有 DMDS 和 DMTS，实验到第 16 天，VOSCs 总量达最高值时也仅 11.3 μg/L。但半胱氨酸分解过程中具有强烈的致黑作用，经测定收集到的气体，发现硫化氢的含量异常的高（10^4 μL/L 以上），但也含有微量 MeSH 和 DMS，可以推测半胱氨酸中的硫主要转化为硫化氢（Bloes-Breton and Bergère，1997；Lopez et al，2007）。

葡萄糖和淀粉本身并不含硫，其厌气降解能使底泥中的硫被动释放出来，使水体一定程度地变黑，但自身不会产生含硫臭味物质。虽然葡萄糖和淀粉处理也产生了少量的 DMDS 和 DMTS（VOSCs 总量很相近，最高值约为 4.0 μg/L），但含量几乎与对照处理相似，应理解为主要来自于底泥和湖水中残留的少量含硫前驱物。总结不同有机基质存在下湖泛过程中 VSOCs 的形成，葡萄糖和淀粉不能形成挥发性有机硫化物（但能营造致黑形成的低氧条件）；蛋白胨能产生 VSOCs 致臭作用，也能产生致黑作用，但由于是混合物无法明确其中引起黑臭的组分；半胱氨酸兼具致臭、致黑作用，但产生的臭味物质以 H_2S 为主，VOSCs

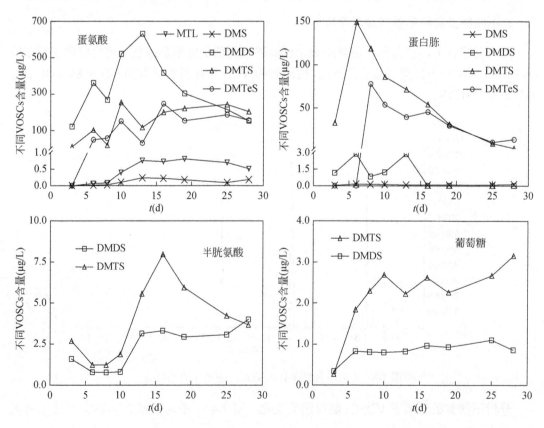

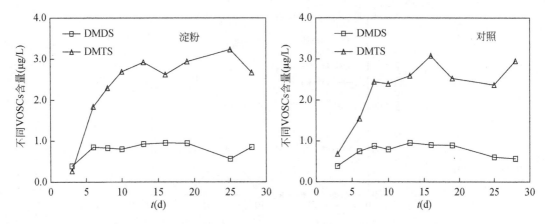

图 7-4　不同有机基质下产生的 VOSCs 种类及含量随时间的变化

含量过少,对水体的整体致臭性影响较小;蛋氨酸的降解既能产生大量的致臭物质 VOSCs,又可产生硫化氢引起水体变黑,因此可确认蛋氨酸是藻源性湖泛致臭物的主要前驱物之一。湖泛黑臭中致臭和致黑虽是相互独立的过程,但物源又可能是相互联系的,在这方面,蛋氨酸作为湖泛水体的有机基质,无疑能将两个过程联系一起,是形成较高含量 VOSCs 的主要物源。

3. 非生物因素对 VOSCs 致臭物产生的影响

以微生物和酶参与的生物作用是含硫化合物降解及湖泛致臭物形成的主导因素,在形成过程中,非生物因素也是含硫化合物(含硫氨基酸)的降解因素之一。从灭菌处理蛋氨酸的降解率及 VOSCs 含量的变化看,非生物降解作用不可忽视。在无菌作用下,好氧、厌氧及光照、避光等条件下,蛋氨酸非生物降解会生成不同含量的 VOSCs(图 7-5)。

非生物作用下,厌氧及光照均能促进蛋氨酸降解生成 VOSCs,其中 DMDS 与 MeSH 为 VOSCs 主要组分,DMTS 和 DMS 也有少量产生,H_2S 未检测到。在同为光照条件下,厌氧分解产生的 DMDS 和 MeSH 为好氧分解的 2～3 倍,而同为厌氧条件下,光照产生的 DMDS 与 MeSH 最高浓度分别为 6.78 μg/L 和 6.44 μg/L,比避光条件下这 2 种组分含量

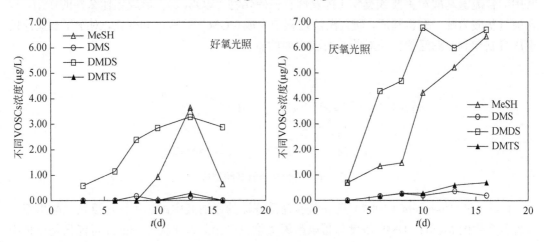

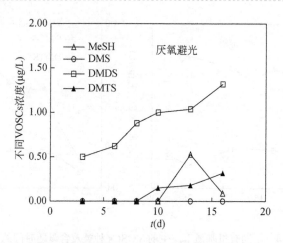

图 7-5　氧气及光照条件对蛋氨酸非生物降解生成 VOSCs 的作用

（1.32 μg/L 和 0.53 μg/L）高 5～10 倍左右。可见，在蛋氨酸非生物降解过程中，光降解是非常重要的一个因素，厌氧也是促使蛋氨酸降解转化为 VOSCs 的重要原因之一，光照条件的影响大于氧气条件的影响。

　　从 VOSCs 生成的实际环境而言，光照及厌氧条件可促进 VOSCs 的产生，非生物降解是其降解的途径之一，但实际湖体中微生物的影响作用更为巨大，生物对含硫氨基酸的降解作用仍是最为主要的。

7.1.3　藻源性湖泛形成中含硫氨基酸的作用机制

　　蛋氨酸和半胱氨酸是常见的两种含硫氨基酸（图 7-6），普遍存在于包括藻类在内的水生生物体中。蛋氨酸（methionine，Met）是构成蛋白质的一种含硫的非极性（疏水性）脂肪族氨基酸，又称甲硫氨酸，也是唯一含硫醚结构的氨基酸（徐巧云等，2017）。作为必需氨基酸，除作为底物合成蛋白质外，蛋氨酸还是机体主要的甲基和巯基供体。藻体在低氧环境的腐烂降解势必要释放出其含硫氨基酸中的硫。那么湖泛形成中，藻体作为有机基质，其中的含硫氨基酸对主要致臭物［挥发性有机硫化物（VOSCs）］形成起什么样的作用，以含硫氨基酸为唯一有机基质，研究湖泛过程中形成 VOSCs 的特征和变化，对于了解湖泛的形成机制和制定湖泛的预控对策具有较重要的意义。

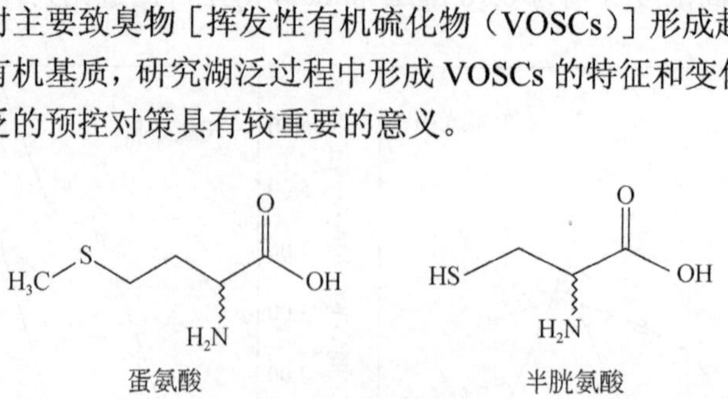

蛋氨酸　　　　　　　　　　　半胱氨酸

图 7-6　两种含硫氨基酸结构

　　Kiene 和 Visschers（1987）曾在装有盐渍底泥的血清瓶中添加不同浓度蛋氨酸培养，发现所产生的 MeSH、DMS 浓度与蛋氨酸添加量直接相关，并认为 MeSH 可能只是一种中间产物。张晋华等（2001）研究了加入半胱氨酸的水稻土中挥发性硫化物产生情况，发现 H_2S 和羰基硫（COS）气体的浓度有了明显增加，而 DMS 的浓度变化不大。但以上工作所选方法（GC-FID）无法研究低挥发性 VOSCs 组分，所选环境条件与湖泊水土系统下形成湖泛的环境条件差别较大，仅可作为参考，对于湖泛的发生过程，必须以含硫氨基酸作为有机基质来模拟实际湖泛的发生，捕捉其变化特征。

1. 蛋氨酸湖泛模拟下的物理特征变化

以太湖月亮湾表层 0～6 cm 柱状样底泥与湖水配置成水土系统，以蛋氨酸作为唯一碳源、葡萄糖为外加碳源对照两种情况下，模拟湖泛形成过程中，视觉、嗅觉、氧化还原电位等主要物性变化。

1）视觉和嗅觉感官

由于湖泛的发生具有空间和时间的不确定性，实际现场监测到其发生，往往都是通过人的感官而被发觉。在以蛋氨酸作为唯一碳源等模拟条件的系统实验中，未添加蛋氨酸的空白处理水体颜色始终未变黑，而添加蛋氨酸处理的水土处理，于第 7 天开始发黑（灰黑），14 天时黑臭暴发；对于外加葡萄糖的碳源添加（蛋氨酸+葡萄糖）处理，反而延缓了黑臭发生的过程，使水土系统于第 12 天开始发黑，20 天黑臭才暴发，但产生的气体量远大于蛋氨酸处理（表 7-4）。

表 7-4　黑臭发生过程中的感官变化特征和定量

处理	底泥开始变黑时间（d）	黑臭爆发时间（d）	气体开始产生的时间（d）	产生的气体总量（mL）
空白	—	—	—	—
蛋氨酸	9	14	14	约 300
蛋氨酸+葡萄糖	12	20	2	约 1000

2）氧化还原电位（E_h）

氧化还原条件直接影响到蛋氨酸降解及黑臭的发生发展过程。实验开始时，水柱中 E_h 均保持在较高水平，处于好氧状态。随着有机物的分解，DO 逐渐消耗殆尽，培养体系由好氧转为缺氧及厌氧状态。添加实验的第 2 天，与空白相比，加蛋氨酸的 2 个处理的 E_h 迅速下降，并最终降至零以下。其中蛋氨酸+葡萄糖处理 E_h 降得更快、更低，体系处于强还原状态（图 7-7）。强还原条件一方面使蛋氨酸厌氧分解生成 VOSCs，一方面影响底泥中 Fe、S 等的地球化学循环方式，改变了它们的赋存形态。Duval 和 Ludlam（2001）和 Stahl（1979）等的研究认为，强还原性环境使得以 FeS 为代表的黑色金属硫化物大量形成，同时伴生有机硫化物及 H_2S 气体的释放，使得局部湖

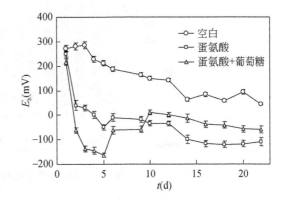

图 7-7　蛋氨酸降解过程中水体 E_h 变化情况

泊水体出现发黑、发臭的现象。

2. 水体 VOSCs 及主要污染物变化

蛋氨酸和半胱氨酸为湖泛致臭物 VOSCs 的主要前驱物，其中半胱氨酸所含的硫在湖泊水土系统中主要转化为硫化氢，而蛋氨酸转化生成的 VOSCs 则复杂得多，不仅有硫化氢，还有各种有机的 VOSCs 组分，而且蛋氨酸在藻体内含量比半胱氨酸高得多（约为 2 倍）。对以蛋氨酸为唯一碳源的湖泛模拟实验，主要跟踪分析了蛋氨酸残留量、VOSCs 的产生情况以及中间产物 α-酮丁酸、α-羟丁酸，4-甲硫基-2-氧代丁酸（KMBA）的变化过程及特征。污染物则主要分析了与氨基酸结构相近、湖泛水体含量变化大的氨氮（NH_3-N）的变化情况。

1）蛋氨酸

用亚硝基铁氰化钾-可见分光光度法测定蛋氨酸，以水体中蛋氨酸的残留量计算蛋氨酸的降解率，结果如图 7-8 所示。以蛋氨酸为唯一碳源时，其降解速率要小于蛋氨酸+葡萄糖处理。在前 14 天，蛋氨酸在水土系统中的残留浓度与蛋氨酸+葡萄糖处理差别不大，14 天以后则差别明显。葡萄糖的加入在第 7 天前对蛋氨酸的降解已有一定的促进作用，第 7 天之后促进作用更加显著。葡萄糖在水土体系中较易降解，即使蛋氨酸+葡萄糖处理微生物活性高于蛋氨酸处理，但葡萄糖优先降解，因此初期蛋氨酸降解较少。另从气体的产生情况看，蛋氨酸处理第 14 天左右才有气体产生，蛋氨酸+葡萄糖处理从第 2 天就开始有气体形成。经测定前 5 天产生的气体主要成分为 CH_4 和 CO_2，其浓度分别为 $3.5×10^4$ μL/L 和 $2.0×10^5$ μL/L；第 9 天之后气体中 VOSCs 的含量逐渐升高，CH_4 和 CO_2 含量逐渐减少。可见，培养初期葡萄糖自身降解为微生物提供碳源和能量，刺激了厌氧微生物的生长和繁殖，从而在后期大大促进了蛋氨酸的降解。在实验结束时蛋氨酸+葡萄糖处理降解率为 83%，而单纯蛋氨酸处理的降解率为 70%。

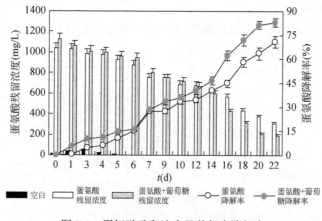

图 7-8　蛋氨酸残留浓度及其相应降解率

值得注意的是，空白对照为采自月亮湾的表层底泥和同地点的水，未外加任何物质，但仍有微量的蛋氨酸检出，而且在实验前 3 天含量出现逐渐升高过程，并于第 6 天被彻底消耗掉。可见含硫氨基酸及其前驱物普遍存在于曾经发生过蓝藻水华的水体，当水体逐渐缺氧时蛋氨酸迅速释放并发生进一步分解。

水体中蛋氨酸的降解需依赖微生物的作用。从蛋氨酸降解率及总微生物活性随时间变化曲线可以看出，两者的变化趋势有些相近。为考察蛋氨酸降解与总微生物活性的关系，对两者进行相关性分析（图 7-9），两个处理中蛋氨酸降解与总微生物活性存在极显著的相关性，表明蛋氨酸的降解极度依赖微生物的降解作用。

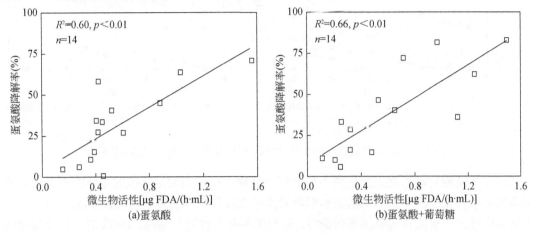

图 7-9　蛋氨酸降解率与总微生物活性的相关关系

2）挥发性有机硫化物

挥发性含硫化物（VSCs）包括挥发性无机硫化物（VISCs）和挥发性有机硫化物（VOSCs）两类。采用优化后的 HS-SPME-GC/FPD 分析方法，从 VOSCs 测定结果来看，蛋氨酸降解产生的 VOSCs 种类主要有 MeSH、DMS、DMDS、DMTS 和 DMTeS（二甲基四硫醚）。在降解的前 2 天，MeSH、DMS 和 DMTeS 含量极低甚至无法检出，而 DMDS、DMTS 从开始含量就比较高，随时间推移 VOSCs 各组分浓度均出现先升高后降低的趋势（图 7-10）。空白处理中也有一定的 VOSCs 检出，以 DMDS 为主（最高浓度为 3.6 μg/L），其他组分含量均很低，表明天然富营养化湖泊的底泥-水体系中，普遍存在 VOSCs 的前驱物，在条件适合（主要是缺氧或厌氧）情况下，可转化为以 DMDS 为主的 VOSCs。

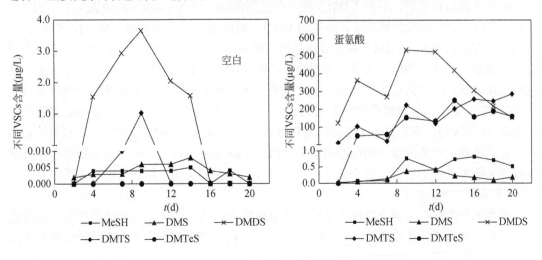

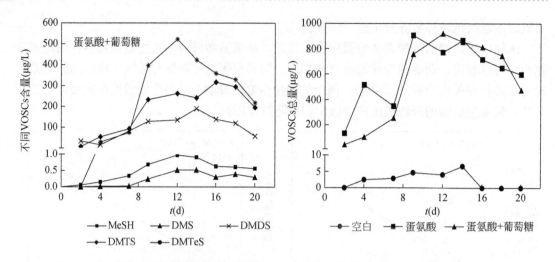

图 7-10 蛋氨酸降解产生的不同 VOSCs 组分及其总量随时间的变化情况

二甲基硫醚类物质是湖泛形成中的主要致臭物。研究表明，含硫前驱物的甲基化尤其是硫醇的甲基化过程，在二甲基硫醚类物质的形成过程中至关重要（Finster et al，1990），当体系中添加乙酸或其前驱物葡萄糖时，硫醇的甲基化将受到抑制，DMS 的生成量与对照相比明显降低，这种抑制作用在前 7 天较为明显，随时间延长抑制作用逐渐消除（Kiene and Hines，1995）。Stets 等（1999）也曾发现乙酸及其前驱物对硫醇甲基化的抑制作用主要表现在培养前期 91 h 以内，之后产生 VOSCs 的量逐渐恢复至与对照相当的水平。图 7-10 反映，添加蛋氨酸的 2 个处理产生的 VOSCs 远高于空白处理，但总量和组成有较大差异。单一蛋氨酸作为有机质降解产生的 VOSCs 以 DMDS 为主（第 9 天达到最高浓度 532 μg/L），其次产生的为 DMTS、DMTeS 等。添加葡萄糖使蛋氨酸降解产生的 VOSCs 组成则有明显不同，DMTeS 成为最主要组分，并在第 12 天浓度达到最高值 522 μg/L，其次为 DMTS、DMDS 等；所产生的 VOSCs 总量与蛋氨酸处理相比略有降低，这种差异在前 9 天尤为明显，之后有所增加并略高于蛋氨酸处理。

葡萄糖的添加虽可显著促进蛋氨酸的降解，但对于显黑作用而言，蛋氨酸降解率的提高反而使致黑过程延迟，并使 VOSCs 的产生受到阻碍，而且 VOSCs 组成也发生了明显的变化。若仅添加蛋氨酸的情况下，产生的 VOSCs 组成与自然水体相似，均以 DMDS 为主；而当与葡萄糖共存时，VOSCs 的生成转化过程发生了变化，二硫键（—S—S—）进一步延长，易于形成三硫、四硫的大分子有机多硫化物（DMTS 和 DMTeS），而低分子量的二硫化物（DMDS）所占比重明显减少。因此可见，葡萄糖虽能促进蛋氨酸降解，但改变其生成 VOSCs 的途径，使降解反应向生成大分子 VOSCs 方向发展；另一种可能是蛋氨酸降解产物除 VOSCs 外，还有其他无法通过固相微萃取–气相色谱（SPME-GC）方法富集测定的难挥发硫化物如甲基磺酸（CH_3SO_3H）等（Chin and Lindsay，1994），葡萄糖存在使降解生成的难挥发硫化物增多，使小分子尤其是 H_2S 产生受到抑制，从而延缓黑臭的爆发。

3）氨氮（NH_3-N）

藻类水华的死亡分解会造成大量的生物质腐败和碎化，随之出现肽链的断裂、氨基酸分子解离，使得部分低价态氮以氨（NH_3 或 NH_4^+）的形式游离于水中。蛋氨酸作为藻体肽链中的主要组成部分，其降解中也会发生大量的氨释放。氨的形成与低氧环境微生物的作用关系密切。以纳氏比色法分析蛋氨酸降解体系中 NH_4^+-N 随时间的变化（图 7-11），与蛋氨酸降解率相对应，添加 SRB 菌液处理 NH_4^+-N 的含量最高，然后依次为添加甲烷菌抑制剂（BES）处理、对照处理、添加 SRB 抑制剂（钨酸盐）处理和灭菌处理。

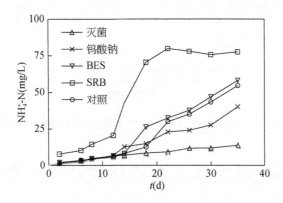

图 7-11　不同蛋氨酸降解体系中 NH_4^+-N 随时间的变化情况

对各处理 NH_4^+-N 浓度与相应的蛋氨酸的降解率进行相关性分析，结果如图 7-12 所示，不论微生物存在与否以及何种微生物作用，蛋氨酸降解过程中的降解率均与 NH_4^+-N 有显著的相关性，表明蛋氨酸降解第一步是脱氨基作用，形成 4-甲硫基-2-氧代丁酸（4-methylthio-2-oxobutyric acid，KMBA）化合物。

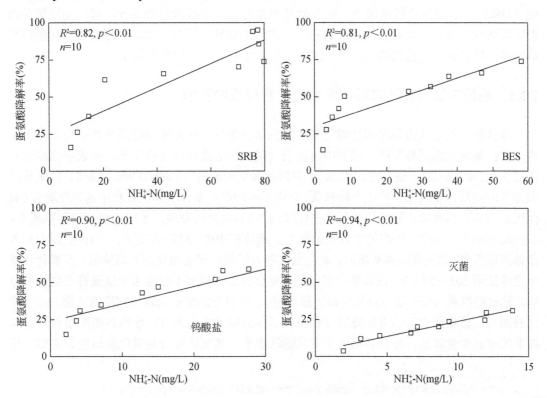

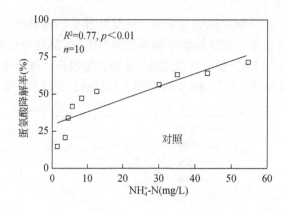

图 7-12　不同处理中 NH_4^+-N 与蛋氨酸降解率的相关关系

7.2　藻源性湖泛挥发性硫化物产生主要影响因素

从现有的藻源性湖泛分析和文献总结中可发现，挥发性硫化物的产生种类和数量是不完全相同的。藻体的聚集状态、溶氧和氧化还原电位、温度、湖区位置、发生时间和沉积物特征等，都可能对影响挥发性硫化物的形成产生影响。比如 Yang 等（2008）、Chen 等（2010a）、Ma 等（2013）、Yu 等（2016）、Yu 等（2019）曾分别对太湖湖泛贡湖等东部水体取样分析（表 1-10），其中在二甲基硫（DMS）、二甲基二硫（DMDS）和二甲基三硫（DMTS）含量的分析结果上，相互间几乎都存在一个数量级的差异。虽然湖泛现场的影响因素极其复杂，因素之间甚至都存在一定的关联性，因此，湖泛中挥发性硫化物的形成对单一环境因子变化的响应，可从过程分析着手得到一定程度的揭示。

7.2.1　基质来源对湖泛过程挥发性硫化物形成的影响

藻体和底泥被认为是藻源性湖泛最主要的基质条件，藻体本身就是水体中有机质的主要来源；藻源性湖泛易发区，底泥中有机质含量虽较之藻体而言明显低，但表层底泥通常超过 3%含量（LOI），最大可达 13%[1]。尹洪斌和吴雨琛等（Yin and Wu, 2016）以采集的太湖竺山湖藻体和底泥模拟成不同基质，分析了不同搭配条件下湖泛过程中的理化特性（氧化还原电位、溶解氧）随培养时间的变化（图 7-13）。分析发现，单纯的底泥培养基质中，氧化还原电位（ORP）始终处于较高的水平，维持在 403～345 mV 之间。当在底泥中加入藻体形成蓝藻+底泥型培养基质后，氧化电位随着培养时间的增加而显著降低，其氧化还原电位降低至 203～78 mV。该体系中氧化还原电位较低的原因主要是由于蓝藻有机物质的分解，导致模拟系统处于还原环境（弱还原环境），有利于底泥中的硫等物质的还原。由于藻体的加入，蓝藻死亡后的生化降解过程消耗了体系中的大量氧气，使得各搭配条件培养基质中溶解氧含量降低，有些甚至处于非常低的水平，其变化趋势与氧化还原电位类似。反

---

[1] 中国科学院南京地理与湖泊研究所，贡湖南泉水厂取水口底泥调查及污染分析报告，2007 年 6 月。

观仅有底泥介质的培养体系中，溶解氧则一直处于较高的水平。

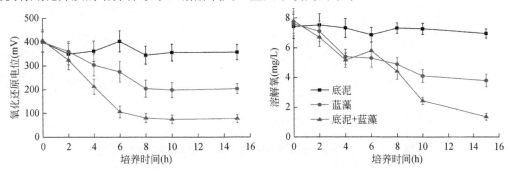

图 7-13　不同培养介质中氧化还原电位以及溶解氧的变化趋势

虽然原状近表层底泥本身就处于缺氧或有能力维持低氧坏境，但藻源性湖泛形成过程中，此时体系的低氧环境主要是受控于藻体的生化降解。因此，湖泛体系初期氧化还原电位（或溶解氧含量）主要来自底泥与水中还原性物质（如 Fe-Mn-S）所组成的体系控制，但大致进入中后阶段，体系的氧化还原电位（此时溶解氧含量几乎接近零）则是主要受藻类降解效应控制，此时氧化还原电位及其数值已由对湖泛的影响原因变成受藻源性湖泛形成影响的结果。

在底泥、底泥+蓝藻作为不同基质的 15 h 湖泛模拟过程中，水体中的硫化氢（H_2S）总体含量较高，但泥-藻混合作为基质的模拟系统中，不仅 H_2S 的含量更高，而且各类常见挥发性有机硫化物也基本处于最高含量水平（图 7-14）。模拟结果显示，沉积物+蓝藻混合物释放的 VOSCs 总量最多（2789 μg/L），且在培养过程中为先上升后下降再上升的现象，第 15 小时达到 503 μg/L；只有沉积物的样品释放的 VOSCs 总量次之（2537 μg/L），在第 6 小时达到最高值 510 μg/L；在只有蓝藻的样品释放的 VOSCs 总量最少（1605 μg/L），在第 6 小时达到最高值 356 μg/L。

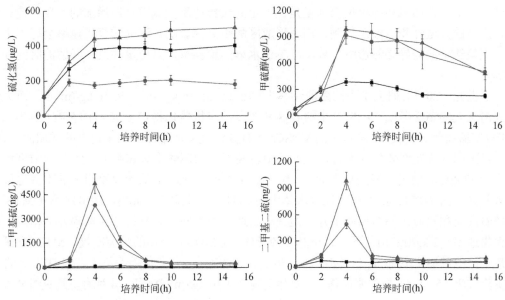

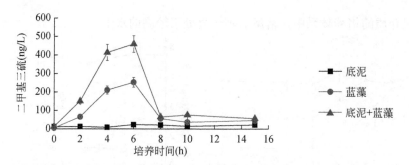

图 7-14　不同基质存在下太湖湖泛水体挥发性硫化物产生过程

在有藻存在的模拟系统中，易降解的有机质含量高，体系的还原性强。一方面高价态的硫更容易得到电子成为 S^{2-} 而生成硫化物，另一方面有机硫化物通过相对复杂的降解、脱氨、脱硫以及可能的还原和自发氧化而产生 VOSCs。相反，只有蓝藻体中的硫化氢浓度较低，这与该体系中可供还原的硫酸根含量较少有关。在太湖有机质含量丰富区域，沉积物可以提供大量的 H_2S，H_2S 作为淡水水体的含硫甲基受体，可以通过甲基化途径生成 VOSCs，并且可以通过生物化学过程生成其他含硫甲基受体（MeSH、无机多硫化物等）。蓝藻的蛋白质含量达 40%以上，含硫氨基酸含量 1%，蓝藻死亡沉降的水体中存在大量的含硫前驱物，这些前驱物厌氧分解释放出大量的 VOSCs，所以仅有蓝藻的模拟系统中的样品测得的 VOSCs 含量较高（Lu et al，2013）。

7.2.2　藻体聚集速率对挥发性硫化物形成的影响

单位体积中的藻体聚集量对底泥存在下的湖泛水体挥发性硫化物的产生具有较大的影响（图 7-14），然而，藻体的聚集是一个需要时间的过程。从前面几章有关藻源性湖泛模拟中，实验室模拟的投加量都是一次性加入（或聚集）到湖泛形成的足够量。但实际现场中，在产生湖泛之前的水体中单位藻体量是在一定的聚集速率控制下逐渐增加的。受风速、风向、水体的开敞性和漂浮藻体到达湖泛形成区的距离等影响，藻体的聚集速率会有很大差异。聚集速率的差异必然影响了聚藻区单位水体的聚藻量，乃至藻体发生降解的时间和程度等。

邵世光（2015）研究了不同聚藻速率 [2 kg/(m²·d)、6 kg/(m²·d)和 16 kg/(m²·d)] 对太湖月亮湾 7 天的湖泛形成过程中产生的 H_2S 和挥发性有机硫化物（VOSCs）的影响（图 7-15）。3 平行实验统计分析显示，水体中的 VOSCs 和 H_2S 浓度均随着藻体聚集速率的增加而上升。

对不同的挥发性硫化物而言，在低、中、高不同的藻体聚集速率下，H_2S 的浓度均显著大于 VOSCs，前者一般是后者的 8～50 倍；不同的 VOSCs，其致臭物组分的不同也显出较大差异（图 7-15）。虽然湖泛过程水体中的 MTL（甲基硫）、DMS、DMDS 和 DMTS 浓度随着藻类积累质量的增加而上升，但是聚集速率的不同，致臭组分的增幅各不相同。在低聚集速率 [2 kg/(m²·d)] 下，二甲基二硫化物（DMDS）增加的最为明显，MTL 含量上升最小；中聚集速率 [6 kg/(m²·d)] 下，虽然各 VOSCs 组分变化差距不大，但 DMDS 含量在实验后期（5～6 d）发生明显降低；高聚集速率 [16 kg/(m²·d)] 下，4 种有机致臭组分含量自实验第 3 天起逐渐拉开，含量上呈现明显的统计学差异：DMTS＞MTL＞DMS＞DMDS。

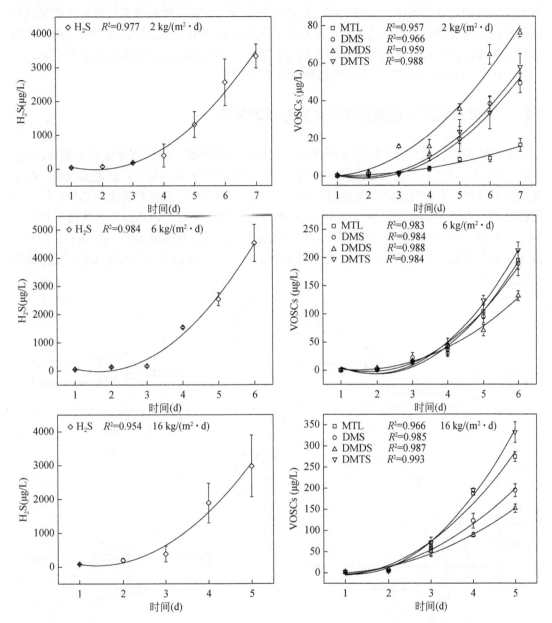

图 7-15 不同聚集速率下 VOSCs 和 H₂S 浓度变化过程拟合图

对藻体不同聚集速率下 H₂S 和 VOSCs 含量随时间（逐日）变化关系进行回归分析，所有的回归结果都存在二次方的关系，拟合的相关性都达到了 0.95 以上（图 7-15），远高于相关系数 $r_{(n-2,\ 0.01)}=0.9172$，最大拟合度达 0.993，反映藻体的聚集会使得致臭物 H₂S 和 VOSCs 含量随时间出现规律性增加变化。

藻体聚集速率由低到高的变化，反映在同样空间的单位时间内，水体中藻体密度的逐步增加，也反映单个藻体周围活动空间逐渐缩小。如是活体藻，则呼吸受到更大的抑制，衰败加快；如是死亡藻体，则微生物分解速度的加快，使得水体系统更快地进入缺氧或厌氧状态，为致臭物的产生创造氧化还原环境。藻体是水体中主要的蛋白质来源，由于含有硫和有机碳，蛋白质也是诱发湖泛形成最易发生的一类有机物质。快速的聚集和分解，为水体 VOSCs 和 H_2S 的产生，能更快地提供致臭物物源。

7.2.3 温度对湖泛过程挥发性硫化物形成的影响

有研究表明，温度对土壤以及污水处理厂内的硫化氢的产生具有重要的影响（Cheng et al，2005）。这主要是由于温度的升高可以刺激微生物的生长和繁殖，加速或改变一些生化反应的进程。有研究反映，温度对湖泛中各种致臭物质的产生具有较大的影响，随着温度的升高，湖泛水体中硫化氢（H_2S）以及挥发性有机硫化物（VOSCs）的浓度也逐渐升高（图 7-16）。从图中可知，湖泛发生过程中硫化氢的浓度是逐渐增加的，在 20℃、30℃以及 40℃的培养结束期，硫化氢的浓度分别为 758 μg/L、1230 μg/L 和 1526 μg/L，随温度的增高而上升。

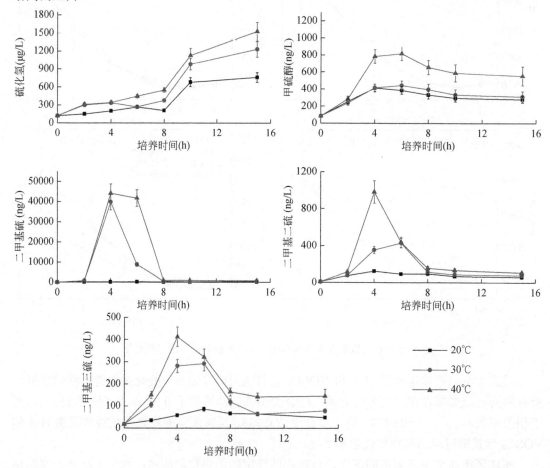

图 7-16 温度对太湖沉积物挥发性硫产生的影响

　　然而，VOSCs（甲硫醇、二甲基硫、二甲基二硫和二甲基三硫）的浓度在培养初期时逐渐升高，峰值则是出现在 5 小时左右时间段，随后都呈陡然下降。以模拟温度 40℃为例，甲硫醇、二甲基硫、二甲基二硫和二甲基三硫的峰值出现时间最早（4 小时），浓度分别可达到 817 ng/L、44176 ng/L、983 ng/L 和 412 ng/L，当到 6 小时后，普遍出现大幅下降。对比反应，40℃下甲硫醇、二甲基硫、二甲基二硫和二甲基三硫挥发性硫化物的浓度分别是 20℃培养时，对应挥发性硫化物浓度的 1.98、266、7.9 和 4.7 倍。太湖湖泛常爆发于春末夏初，而此时期多处于蓝藻生物量较大或蓝藻暴发时期。蓝藻中含有约 1%的含硫氨基酸（Lu et al，2013），在高温作用下，上述含硫氨基酸如蛋氨酸会加速分解，进而产生挥发性硫化物。

7.2.4　硫酸根对湖泛过程挥发性硫化物形成的影响

　　2002 年 11 月～2003 年 8 月，对藻型湖区梅梁湖吴塘门（31°25′54″N、120°12′24″E）和草型湖区东太湖非养殖区（31°01′55″N、120°26′09″E）按秋、冬、春和夏四季，用 peeper 采样器垂向采集了沉积物-水界面间隙水和上覆水。离子色谱分析结果反映，太湖沉积物上覆水和间隙水中的 SO_4^{2-} 浓度较低，其中上覆水中大约在 5～100 mg/L；间隙水约在 0～70 mg/L 之间（图 7-17）。在 SO_4^{2-} 含量垂向上，整体表现为上覆水中含量较高，沉积物间隙

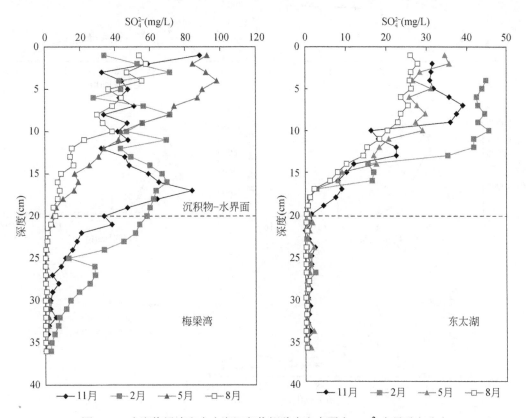

图 7-17　太湖梅梁湾和东太湖沉积物间隙水和上覆水 SO_4^{2-} 含量垂向分布

水中含量低，且大致在沉积物-水界面处，SO_4^{2-} 含量已基本达到或接近最低含量水平。但在寒冷的藻类衰败期（11 月至翌年 2 月），在梅梁湾的沉积物-水界面上下约 4～5 cm 范围内，SO_4^{2-} 含量仍能处于较高含量（约 50 mg/L）。由于春末夏初是太湖藻类易聚岸边水域湖泛风险区，沉积物-水界面附近的高含量 SO_4^{2-} 将可能作为低氧或缺氧状态下可利用性硫的供给源之一，在低氧化还原电位环境下界面附近的高价硫转化为还原态硫甚至挥发性硫化物（VSCs），为湖泛的形成提供了物质储备。

Yin 等（2016）为考察沉积物间隙水中硫酸根的存在是否影响湖泛水体挥发性硫化物的含量变化，模拟了向太湖沉积物中添加 50 mg/L 以及 100 mg/L 硫酸根浓度。模拟结果表明，硫酸根（SO_4^{2-}）的添加会导致湖泛中硫化氢以及挥发性硫化物浓度的增加（图 7-18）。在 15 个小时时长的模拟中，分析硫化氢（H_2S）浓度在对照、50 mg/L 以及 100 mg/L 硫酸根处理中的最大浓度分别为 402 μg/L，522 μg/L 以及 654 μg/L。添加硫酸根达 100 mg/L 处理的硫化氢浓度接近对照处理中硫化氢浓度的 2 倍；相应地水体中 VOSCs 的浓度也随之升高，MeSH、DMS、DMDS、DMTS 的浓度分别为 985 ng/L、44176 ng/L、2537 ng/L 和 456 ng/L，为对照处理的 1.28～2.80 倍。

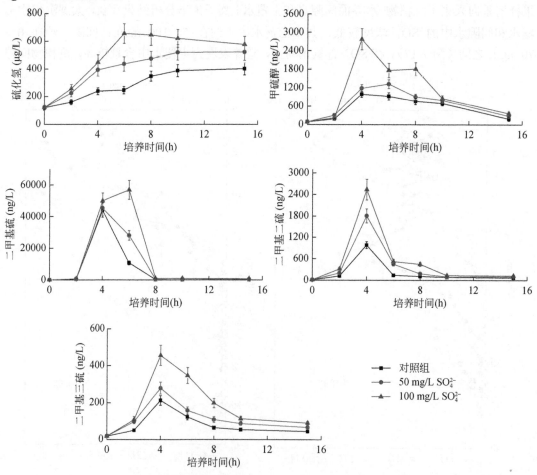

图 7-18　太湖沉积物 SO_4^{2-} 添加对湖泛模拟中 VSCs 生成的影响

模拟实验表明，体系中蓄存有较高含量的 SO_4^{2-} 有利于湖泛中硫化氢以及挥发性有机硫化物的形成。H_2S 作为挥发性有机硫化物的前驱物，在厌氧和微生物作用下参与 MeSH、DMS、DMDS、DMTS 等挥发性有机硫化物的生成。虽然淡水系统中硫酸根的浓度通常较低，但如果在湖泛易发期（春末夏初）前蓄积较高含量的 SO_4^{2-}（图 7-18），不仅对湖泊水体硫的循环产生重要作用，而且也会为可能发生藻源性湖泛风险湖区水体特征致臭物（如 VSCs）的形成提供有效的物质基础。另外，SO_4^{2-} 在厌氧还原 H_2S 中必然会形成大量的 S^{2-} 离子，而太湖沉积物中 Fe^{2+} 含量相对较高（约为 0.514～0.801 mol/kg），因此沉积物-水界面较高含量的 SO_4^{2-} 向低价硫的转化，会导致在沉积物-水界面主要致黑物 FeS 的形成。因此春末之前沉积物-水界面附近 SO_4^{2-} 的积累，都会有助于致臭物和致黑物的产生，促进湖泛的形成。

7.3　湖泛水体挥发性硫化物产生机制及可能途径

2007 年 5 月，导致无锡市数百万人自来水中致臭物中，甲硫醇（MT）、二甲基硫（DMS）、二甲基二硫（DMDS）和二甲基三硫（DMTS）等 VOSCs 被认为是主要致臭物（于建伟等，2007；Yang et al，2008），此外，硫化氢也是一个重要组分（Zhang et al，2010）。挥发性硫化物在污水处理厂、湿地以及土壤等生态系统中的产生过程和机制等均有报道（Devai and DeLaune，1995）。但是在不同的生态系统中，VSCs 特别是 VOSCs 的产生机制差异显著，无法对其形成过程用同一机制和途径描述。如 Ginzburg 等（1995）报道以色列湖 Lake Galilee 中的挥发性有机硫化物主要是由多甲藻（*Peridinium gatunense*）产生的；也有研究认为挥发性有机硫化物是由一些前驱物如半胱氨酸和蛋氨酸分解产生（Sun et al，2015）。太湖水体中的 VSCs 的产生主要来自藻源性湖泛爆发期间，因此对湖泛过程中典型挥发性硫化物的产生途径做合理推测，将有助于揭示太湖湖泛形成机制。

7.3.1　藻源性湖泛过程中挥发性硫化物与理化参数的关系

1. 湖泛易发区挥发性硫化物与沉积物环境

月亮湾是春夏季太湖藻源性湖泛易发区域，Liu 等（2019a）于 2014 年 4 个不同季节对水体 VSCs 含量进行了分析。监测表明，在 1 月、4 月和 10 月这 3 个季度代表性月份中，甲硫醚（MTL）和 H_2S 的浓度高于其他 VSCs，水中普遍存在的含氧环境造成 DMS、DMDS 和 DMT 氧化，阻碍了其在水中的累积。7 月是盛夏期，由于水华藻类的积累及分解，湖泊水体氧含量可下降至接近 0 mg/L（陆桂华和马倩，2009；尚丽霞等，2013），导致水体 DMS、DMDS 和 DMT 增加。在此过程中，由于水体中氧气耗尽，阻碍了 DMS、DMDS 和 DMT 进一步氧化为二甲基亚砜（Hwang et al，1994；Bentley et al，2004），使得 DMS、DMDS 和 DMT 在水中积累，结果使得 DMS、DMDS 和 DMTS 含量在 7 月份增加。实验室的藻类积累实验也表明，在藻类积累两天后，随着氧气的耗尽，DMS、DMDS 和 DMTS 的浓度同样会迅速增加。这些结果表明，水体氧水平的盈亏对水中 VSCs 的形成至关重要。

氧含量变化不仅影响水体中 VSCs 的形成和发展，而且影响沉积物中硫的转化。在藻类积累和分解过程中，水中氧气的消耗降低了整个沉积物-水界面的氧渗透深度（OPD），这将促进硫酸盐还原菌的生长和沉积物中硫酸盐的减少（Feng et al，2014）。此外，死亡沉降的藻类在表层沉积物上的累积和覆盖，也增加了表层沉积物中的有机物，进一步加剧了沉积物-水界面中氧气的消耗（Kristensen，2000），并催化硫酸盐还原。在现场调查和实验室藻类积累实验期间，藻类积累期间的氧气消耗和硫酸盐还原增加了表层沉积物中 AVS 的浓度（Liu et al，2019a）。

主成分分析表明，OPD 与水中的 VSC 和表层沉积物中的 AVS 显著负相关（$p<0.01$）（图 7-19）。VSCs 来源于聚集性藻类的分解，硫化物（S^{2-}）则可能来源于沉积物中的 AVS（Liu et al，2015）。藻类积累期间表层沉积物中的高 AVS 使得硫化物（S^{2-}）和亚铁（Fe^{2+}）释放到上覆水中（Shen et al，2018），导致太湖水呈黑色。因此，太湖中大多数藻类引起的发黑现象应是首先发生在水柱底部，然后扩散到整个水柱。此外，还原性硫化物的形成可能加速沉积物中 TP 和 TN 的释放，从而加剧太湖的富营养化和藻类暴发。

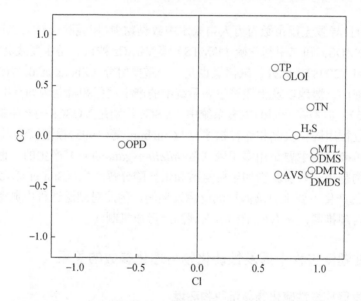

图 7-19　月亮湾水和沉积物各种特征参数的主成分分析（C1、C2）

OPD：氧渗透深度；TP：总磷；LOI：烧失量；TN：总氮；AVS：酸挥发性硫化物；H$_2$S：硫化氢；MTL：甲硫醇；DMS：二甲基硫醚；DMDS：二甲基二硫醚；DMTS：二甲基三硫醚

2. 挥发性硫化物与理化参数的关系

Yin 和 Wu（2016）用皮尔逊（Pearson）相关性分析太湖湖泛模拟发生过程中水体基本理化参数与水体中挥发性硫化物（VSCs）和主要致黑物（黑度，FeS）之间关系（表 7-5）。结果表明，以主要致黑物（FeS）等效的黑度与 Fe^{2+} 和 H$_2$S 之间，以及与厌氧程度指标（E_h 和 DO）都有很好的相关性，反映水体致黑物的形成将高度依赖于水体中 [Fe^{2+}] 和 [S^{2-}] 浓度及环境的厌氧程度。但反观以挥发性有机硫化物（VOSCs）为代表的致臭物，都与 E_h 和 DO 没有显著关系，高的或显著相关性主要发生在甲硫醇（MTL）、二甲基硫（DMS）、二甲基二硫（DMDS）和二甲基三硫（DMTS）等各种致臭物之间，甚至甲硫醇与主要挥发性无机硫化物 H_2S 之间也存在 0.01 水平上的显著相关性（0.773）。但表 7-5 给出在湖泛发生过程中，所有的 VOSCs 都与 E_h 和 DO 关联性不强，似乎说明湖泛发生时最早出现的嗅味并非来自 VOSCs，而可能为 H_2S。

表 7-5　模拟湖泛发生过程中理化参数与水体挥发性硫之间关系

参数	黑度	E_h	DO	Fe^{2+}	H_2S	MTL	DMS	DMDS	DMTS
黑度	1.000	−0.924*	−0.749**	0.795**	0.785**	0.652	−0.171	−0.157	−0.135
E_h		1.000	0.824**	−0.769	−0.935*	−0.752	−0.005	0.023	−0.134
DO			1.000	−0.928*	−0.816**	−0.407	0.112	0.027	0.209
Fe^{2+}				1.000	0.658	0.231	−0.409	−0.360	−0.349
H_2S					1.000	0.773**	0.238	0.232	0.289
MTL						1.000	0.750**	0.483	0.601
DMS							1.000	0.971*	0.793**
DMDS								1.000	0.629
DMTS									1.000

*显著相关 $p<0.05$（双侧）；**极显著相关 $p<0.01$（双侧）。

已有现场和实验室模拟研究表明，湖泛发生的水体 pH 值普遍低于湖泛发生前。2010 年 7 月 23 日发生于湖西区郑渎港外 pH 低至太湖多年罕见的 6.66，而太湖水体通常 pH 在 7.5～8.5 之间，即相当于湖泛发生时水体 $[H^+]$ 浓度较之发生前增加了一个数量级。低 pH 值有助于溶解于水体的 H_2S 形成易挥发 H_2S 气体，而 H_2S 的嗅味阈值较低（0.029 μg/m³），因此湖泛形成早期人的嗅觉感官（发臭）多先于人的视觉感官（发黑）。无论是挥发性无机硫化物或是挥发性有机硫化物的产生，最基本的水体物理性质就是低氧和低氧化还原电位的缺氧状态。与湖泛模拟相关的前面章节中，多发现湖泛形成中最早的感官感受是嗅味，然后才是水体发黑（刘国锋，2009）。

水体理化参数主要受藻体的聚集影响，湖泛（黑度）是湖泛的结果，原因是聚集性藻体，而且藻体的聚集是一种动态（藻体逐渐增加的）的状态，单位空间中生物质逐渐累积的过程。为研究藻体在动态聚集状态下水体理化参数与 H_2S 和 VOSCs 等致臭物关系，邵世光（2015）模拟不同聚藻速率 [2 kg/(m²·d)，$n=21$；6 kg/(m²·d)，$n=18$；16 kg/(m²·d)，$n=15$] 下，包括 H_2S 和 VOSCs 在内的水体理化参数之间的皮尔逊（Pearson）相关性关系（表 7-6）。从藻体动态聚集开始直到有湖泛形成的过程分析可见，藻类与所有 VOSCs 组分都呈显著（$0.5<|r|≤0.8$，$p<0.05$）相关，其中与 MT、DMS、DMTS 组分则达到极显著相关（$0.8<|r|≤1$，$p<0.01$）。另外，藻类与致黑物质的主要组分 Fe^{2+} 和 ΣS^{2-} 分别达到了极显著和显著相关，说明水体中 Fe^{2+} 和 ΣS^{2-} 含量的增加需要有足够量的聚集性藻体促进；水体 pH 不仅与藻量有关（$r=-0.864$）外，还与所有 VOSCs 组分都呈显著相关水平。藻类在不断聚集过程中，水柱中的氧气大量消耗甚至枯竭，藻类逐步死亡并导致上覆水环境不断恶化，形成恶性的循环。这使得原本处于好氧的环境逐渐甚至迅速转变到缺氧状况，VOSCs 正是需要在这样的环境中产生和形成。

表 7-6　藻体动态聚集下湖泛模拟水体理化特征指标与挥发性硫之间关系（$n=54$）

	藻量	MT	DMS	DMDS	DMTS	Fe^{2+}	ΣS^{2-}	DO	E_h	pH	色度
藻量	1	0.887**	0.814**	0.762**	0.874**	0.926**	0.786**	−0.261	−0.491*	−0.864**	0.876**
MT		1	0.967**	0.900**	0.991**	0.801**	0.849**	−0.148	−0.431	−0.682**	0.921**
DMS			1	0.963**	0.973**	0.797**	0.918**	−0.203	−0.516*	−0.667**	0.944**
DMDS				1	0.936**	0.805**	0.923**	−0.304	−0.612**	−0.660**	0.960**
DMTS					1	0.811**	0.864**	−0.184	−0.463	−0.673**	0.940**
Fe^{2+}						1	0.805**	−0.398	−0.605**	−0.873**	0.891**
ΣS^{2-}							1	−0.355	−0.705**	−0.782**	0.938**
DO								1	0.779**	0.566*	−0.36
E_h									1	0.794**	−0.682**
pH										1	−0.801**
色度											1

*显著相关 $p<0.05$（双侧）；**极显著相关 $p<0.01$（双侧）

7.3.2　藻源性湖泛沉积物和水体中硫化氢产生途径

无机硫化合物对淡水及海洋沉积物的生物地球化学循环是非常重要的，主要是因为硫酸盐细菌还原为主要的呼吸过程（Jorgensen，1982；Mackin and Swider，1989）。在藻源性湖泛形成环境下，沉积物中硫酸盐还原产生 H_2S 的形式是主要途径。Simpson 等（2000a）和 Burton 等（2006c）曾研究在生物质缺氧降解作用下，沉积物中的 SO_4^{2-} 会出现如下反应过程：

$$2CH_2O + SO_4^{2-} + H^+ \Longrightarrow 2CO_2 + HS^- + 2H_2O$$

和

$$HS^- + H_3O^+ \Longrightarrow H_2S + H_2O$$

反应形成的部分 H_2S 气体，会在温度、酸度及甲烷等气体逸散的影响下逸散到空气中，使平衡向右进行，间隙水中 S^{2-} 的浓度降低。

刘国锋（2009）曾对太湖沉积物上覆水添加藻细胞，观察 8 天的实验过程中沉积物-水界面处 SO_4^{2-} 含量的变化。在加入藻细胞后的第 1 天，沉积物表层 0～1 cm 处间隙水中的 S^{2-} 浓度就开始增加，到实验的第 2 天达到最高值（表层 0～1 cm 处为 19.83 mmol/L）；而 2 cm 处间隙水中 S^{2-} 浓度继续升高到 34.02 mmol/L，随后 S^{2-} 浓度开始下降。同期未加藻的对照实验中，沉积物 0～1 cm 和 2 cm 处仅为 0.64 mmol/L 和 0.612 mmol/L。观察在这一过程中，沉积物间隙水中 SO_4^{2-} 的含量变化，在实验的初始阶段表层 0～1 cm 处 SO_4^{2-} 浓度为 242.0 mg/L，随后就开始急剧下降，到实验结束时已下降到 9.0 mg/L；而同期对照实验中 SO_4^{2-} 的浓度则分别为 108.0 mg/L 和 112.0 mg/L。表明藻细胞降解环境为 SO_4^{2-} 中的 S（Ⅵ）向低价硫（S^{2-}）的转化过程中提供了大量的可转移电子，使 S（Ⅵ）还原。

加入的藻体在死亡后相当于往沉积物中人为增加了有机质的含量，而有机质含量多少也是限制细菌数量的一个重要因素，因此藻的残体会使得沉积物中细菌的数量增加，大量

的细菌也会增加 SO_4^{2-} 的还原速率。在较高的温度作用下，这种还原作用会更为明显（Vosjan，1974）。在厌氧环境下，沉积物中 SO_4^{2-} 还原菌会大量增加，促进了 SO_4^{2-} 的厌氧还原，表现为间隙水中 SO_4^{2-} 含量快速下降，SO_4^{2-} 下降速率在前 2 天最快，浓度从 242.0 mg/L 下降到 70.0 mg/L，而从第 3 天开始其浓度下降幅度开始减缓，这种情况是由于沉积物间隙水中 S^{2-} 浓度在高于 20 mmol/L 时将会抑制 SO_4^{2-} 的还原（Rusch et al，1998），从而减缓了 SO_4^{2-} 的下降速率。

低氧环境下，H_2S 还可以通过其他环境地球化学过程形成。在沉积物中存在大量的 Fe^{2+} 时，大部分的 H_2S 是通过与 Fe^{2+} 结合形成 FeS 和 FeS_2，它们或多或少地会永久存留在沉积物中（Howarth and Jørgensen，1984；Moeslund et al，1994）。当缺乏 Fe^{2+} 时，自由硫离子（HS^-）会从还原态的沉积物中扩散到氧化层，在有电子接受体（如 O_2、Mn^{4+}、NO_3^-、Fe^{3+}）存在情况下并经过一系列复杂的化学和生物反应后，硫离子被氧化成硫酸根离子（Aller and Rude，1988；Thamdrup et al，1993）。如果沉积物中进行的新陈代谢反应较为强烈，并造成氧化区较为狭窄时，一些单质硫也将以 H_2S 的形式逸散到上覆水中。另外还有其他的一些相对复杂的生物降解、化学光催化和化学氧化过程，在形成含硫气体的过程中，比如二甲基硫（DMS）、碳酰硫（COS）和二硫化碳（CS_2），也会以一部分 H_2S 逸散到上覆水和大气中（Kim and Andreae，1992）。

7.3.3 含硫氨基酸向二甲基硫醚类转化的可能途径

水中的 VSC 可由二甲基磺酰丙酸盐（DMSP）形成（Ginzburg et al，1998a；Bentley and Chasteen，2004），先前推测的 MTL 和 H_2S 主要通过藻类中含硫氨基酸的分解形成（Higgins et al，2006），或是多来源于含硫氨基酸（Lomans et al，2002；Lu et al，2013）。并且也观察到，太湖中 VSC 浓度升高是由藻类自身中的高含硫氨基酸水平以及积累季节藻类丰度增加所驱动（Li，2009）。因此，二甲基硫化物（DMS、DMDS 和 DMT）是通过 MTL 的甲基化和氧化形成的，而 DMS、DMDS 和 DMT 在有氧环境中进一步氧化为二甲基亚砜（Hwang et al，1994；Bentley et al，2004）。海洋排放的主要挥发性硫化物以 DMS 为主，约占海洋硫排放的 95%。而海洋向大气所排放的 DMS，约占大气天然硫排放源的 1/2，是最重要的挥发性硫化物。研究表明，海水中 DMS 主要来源于其前驱物 β-二甲基巯基丙酸内盐［DMSP，分子式$(CH_3)_2S^+CH_2CH_2COO^-$］的降解（Andreae 1990；Feichter et al，1996）。DMSP 是一种细胞内的化学物质，具有调解渗透压的生理功能，大量存在于某些海洋微藻或大藻及盐生高等植物体内，不同种类海藻中 DMSP 的浓度有很大差别。DMSP 降解生成 DMS 主要有两种途径（Kiene，1993，1996；Taylor et al，1993）：一种是在 DMSP 裂解酶的作用下裂解为 DMS、丙烯酸盐，产生质子：

$$DMSP \longrightarrow DMS+丙烯酸盐+H^+$$

通过 DMSP 裂解酶的作用对 DMSP 进行降解以降低细胞内 DMSP 的浓度，保持 DMSP 在平衡浓度范围内便于细胞进行持续的代谢过程。DMSP 裂解酶在许多细菌、浮游植物中存在。

另一种降解方式是先进行去甲基化，DMSP 的去甲基化途径是 DMSP 在载体（如四氢化叶酸）和酶的作用下生成 MMPA（3-甲基硫酸酯）。MMPA 再分解成为 MeSH 和丙烯酸盐。MeSH 是 DMSP 中的硫同化吸收为蛋白质过程中的重要中间体，也可以通过自发氧化生成 DMS。

$$\text{DMSP} \xrightarrow[\text{去甲基化}]{\text{四氢叶酸、酶}} \text{MMPA} \xrightarrow{\text{分解}} \text{丙烯酸盐+MeSH} \xrightarrow{\text{氧化}} \text{DMS}$$

除了以上两种主要降解方式外，DMSP 还可以在藻类体内中自动降解，但速率较慢，通常是次要途径（李和阳等，2001）。

与海洋和盐生沼泽中 VOSCs 的产生机制不同，在好氧淡水水体及其缺氧底泥中 VOSCs 主要通过含硫甲基受体如 H_2S、MeSH、无机多硫化物的甲基化途径生成（Ginzburg et al，1999；Gun et al，2000；Stets et al，2004），而 MeSH、无机多硫化物归根结底源于 H_2S 的生物化学过程。因此，H_2S 是好氧水体及其底泥中痕量 VOSCs 的主要前驱物，H_2S 被生物甲基化后生成 MeSH，MeSH 进一步甲基化生成 DMS；H_2S 还可以通过生物氧化过程转化为无机多硫化物（S_n^{2-}，n=1,2,3,4,5,6），然后经过生物化学途径被某些能作为甲基供体的物质如腐殖质中含甲基基团物质、含甲氧基的芳香族化合物甲基化生成二甲基多硫化物 DMDS、DMTS、DMTeS 等。

野外跟踪监测表明，挥发性有机硫化物（VOSCs）是藻源性湖泛的主要致臭物质（Yang et al，2008；Zhang et al，2010）。在富氧湖泊以及黑臭河流的 VOSCs 研究中，二甲基硫丙酸（DMSP）、无机多硫化物和含硫有机物是 VOSCs 的主要前驱物（钱嫦萍等，2002；Ginzburg et al，1999；Ronald and Laura，2000；Gun et al，2000）。湖泛的形成离不开蓝藻水华，有必要从水华蓝藻的物质组成考虑湖泛中 VOSCs 的产生机制。蓝藻藻体干物质以蛋白质为主要成分（占 40%以上），其中含硫氨基酸就高达 1%（范良民，1999；李克朗，2009）。含硫氨基酸是生物体内硫元素的主要赋存形态，同时也是一类有机硫和可降解成无机硫，可以推测含硫氨基酸是否是藻源性湖泛 VOSCs 甚至 FeS 中硫的来源之一（Yang et al，2008；Zhang et al，2010）。但关于含硫氨基酸作为藻源性湖泛 VOSCs 前驱物及其致臭机制的研究，仅停留在理论假设阶段，缺乏有效的证据证实，追踪主要致臭物的前驱物，可为湖泛的形成提供理论基础。

1. 蛋氨酸降解过程中的中间产物

借用图谱对有机化合物降解的中间产物解析及过程分析，继而推导出降解途径，是有机物降解机理常见的研究分析手段。二甲基硫醚类化合物是湖泛形成中最常见的 VOSCs 类，含硫氨基酸是所有淡水藻类体内具有丰富含量的物质，在前面蛋氨酸降解实验中，除了对与蛋氨酸降解密切相关的 NH_4^+-N 及 VOSCs 进行监测分析外，已经获得一部分湖泛模拟系统的相关解析的图谱和物质结构变化的关联信息等，这对降解过程的中间产物及其动态变化的合理解释和降解途径的合理判断，尤为重要。

图 7-20 为湖泛过程获得的蛋氨酸降解中间产物的高效液相色谱（HPLC）图，主要监测的中间物为α-羟丁酸、α-酮丁酸和 4-甲硫基-2-氧代丁酸（4-methylthio-2-oxobutyric acid，KMBA）。

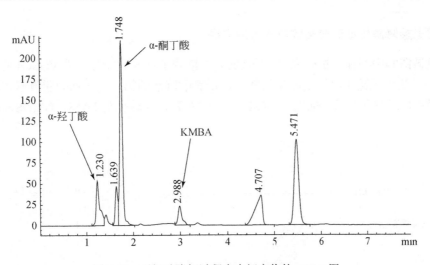

图 7-20　蛋氨酸降解过程中中间产物的 HPLC 图

蛋氨酸在底泥–水环境中降解的 3 种中间产物随时间变化过程中，KMBA 的浓度始终较低，在 0～3.1 mg/L 之间；α-酮丁酸从一开始浓度就迅速升高，并于 7 天之内达到最高值，随后含量逐渐降低（图 7-21）。与α-酮丁酸相似，α-羟丁酸在最初 5 天就处于最高浓度，然后浓度迅速降低并最终完全消失，但α-羟丁酸与α-酮丁酸的量相比低很多。由于蛋氨酸降解过程中 NH_4^+-N 浓度与相应蛋氨酸的降解率具有良好的相关性（图 7-12），表明蛋氨酸降解的第一步是脱氨基作用，形成 KMBA。

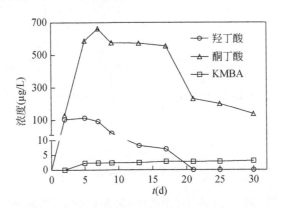

图 7-21　蛋氨酸降解主要中间产物随时间的变化

在蛋氨酸降解过程中 KMBA 浓度始终较低，可能有两个原因，其一是 KMBA 向下一步转化的速率快，难以累积；其次是蛋氨酸可能同时发生脱氨基和脱甲硫基作用，直接一步生成 MeSH、α-酮丁酸和氨。不论何种原因，α-酮丁酸均会出现迅速累积的情况，因此在降解之初浓度就迅速升高，而后进一步降解，浓度逐渐下降。α-羟丁酸与α-酮丁酸之间可相互转化，α-酮丁酸浓度升高或降低时α-羟丁酸浓度也发生相应变化。

2. 蛋氨酸降解生成硫醚类致臭物可能途径

据色谱图和中间体分析研究，卢信（2012）推测了蛋氨酸降解生成 VOSCs 的可能途径（图 7-22）。认为无论生物还是非生物降解，蛋氨酸降解的第一步应均为脱氨基作用，然后可通过脱甲硫基作用生成 MeSH，MeSH 再通过各种途径转化为 DMS、DMDS、DMTS 以及 H_2S 等。

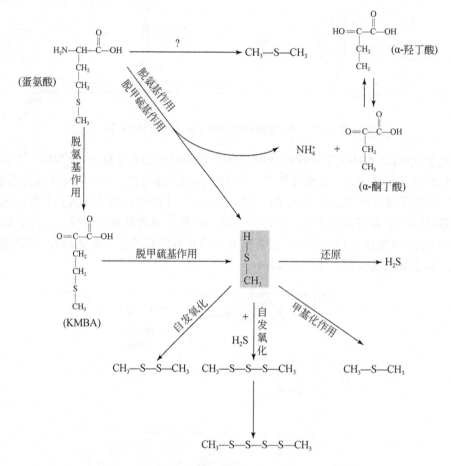

图 7-22　厌氧水体中蛋氨酸降解为 VOSCs 的可能途径

含硫氨基酸在好氧或厌氧条件下的分解也是 VOSCs 的重要产生途径之一。Kiene 等研究了盐沼底泥中添加蛋氨酸后 MeSH 和 DMS 的产生情况，结果发现，随着蛋氨酸添加浓度的增加，MeSH 和 DMS 产生的浓度也随之增加（Kiene and Visscher，1987；Kiene et al，1990）。VOSCs 是奶酪、啤酒、葡萄酒等食品饮料中常见的物质，在相对低浓度下可使食品具有独特的风味。研究表明，食品原材料中含硫氨基酸——蛋氨酸和半胱氨酸的微生物发酵过程能产生大量的 VSCs（VISCs+VOSCs），其中半胱氨酸降解产物以 H_2S 为主（Chin and Indsay，1994；del Castillo-Lozano et al，2008），而蛋氨酸降解产物则以挥发性有机硫化物（如 MeSH、DMS、DMDS 和 DMTS 等）为主。

蛋氨酸可通过两种途径降解生成 VOSCs：一种是在蛋氨酸在专性裂解酶的作用下彻底分解为 MeSH、α-酮丁酸和 NH$_3$（Dias and Weimer，1998；Cholet et al，2007）；另一种途径是在当体系中存在氨基受体（如 α-酮戊二酸）时，蛋氨酸在氨基转移酶作用下脱掉氨基生成 4-甲硫基-2-丁酮酸（KMBA），KMBA 再进一步分解为 MeSH（Yvon et al，1997；Bonnarme et al，2001；Arfi et al，2006）。生成的 MeSH 极不稳定，无需酶催化就可自发氧化为 DMDS、DMTS 和 DMTeS 等二甲基多硫化物。此外，大量研究已表明，污水和地下水处理、堆肥、污泥处理、垃圾填埋等过程中产生的 VOSCs 也可能来源于基质中所包含的含硫氨基酸及多肽的发酵、降解反应（Freney，1986；Smet et al，1998；Franzmann et al，2001；Burbank and Qian，2005；Yi et al，2006；Landaud et al，2008）。

3. 湖泛爆发中 VOSCs 产生机制探讨

Zhang 等（2010）对太湖湖泛水体分析后指出，二甲基磺基丙酯是藻体细胞内的化学物质，在藻体死亡细胞破裂后进入水体，通过微生物的作用，转化为无机多硫化合物，再通过甲基化，形成二甲基多硫醚类物质。对于海洋中挥发性硫化物（如二甲基硫）的产生机制的研究相对于湖泊更为深入。Ginzburg 等（1998a）分析研究认为，海洋中的二甲基巯基丙酸内盐（dimethylsulphoniopropionate，DMSP）主要是一种植物或藻类的裂解物分解所产生。但是，对于淡水生态系统中的挥发性硫化物产生的机制则与海洋不同。首先，淡水生态系统中未有检测出 DMSP 的报道。其次是淡水湖泊中如太湖中湖泛的发生一般与蓝藻的分解死亡以及底泥的参与相关联。湖泛的发生是在极端环境条件（严重缺氧）下产生的，湖湾中高密度的蓝藻聚集、死亡、分解，湖底极度还原，在底泥有悬浮发生的情况下，导致水体发黑发臭的一种水体污染事件。然而，具体到湖泛水体中挥发性硫化物的产生路径而言则不尽相同。

对于湖泛的暴发以及挥发性硫的产生机制，主要有两种可能的途径。第一种途径是在极端还原条件下，体系中的硫酸根还原为硫化氢。硫化氢通过与芳香族基团甲基化产生甲硫醇以及二甲基硫（DMS）。硫化氢的浓度与甲硫醇的浓度呈现显著的正相关关系（表 7-4），湖泛发生过程中蓝藻的大量死亡分解可以提供充足的甲基基团供硫化氢甲基化。对于淡水系统中二甲基二硫的产生机制研究较少，而在湖泛中均检出有较高浓度的二甲基二硫化合物（DMDS）。有研究表明，二甲基二硫可能源自甲硫醇的氧化，虽然在单次藻源性湖泛模拟中未发现甲硫醇与二甲基二硫有正相关关系（表 7-5），但在大批量（$n=54$）和藻量不同聚集速率下，这种相关性仍是显著的（表 7-6）。

湖泛中挥发性硫化物产生的第二种途径就是直接由含硫的前驱物降解，再进行生化反应获得。有研究表明，蛋氨酸的降解可以导致水体中甲硫醇、二甲基硫以及二甲基二硫的产生（图 7-22）。湖泛的发生与蓝藻的大面积聚集死亡密不可分，而死亡蓝藻中已经检测出含有一定浓度的蛋氨酸。在还原条件以及微生物活动的参与下，极有可能导致蛋氨酸的降解，引起挥发性硫化物的产生。在太湖湖泛的挥发性硫化物的产生方面，上述探讨的两种机制均可能参与了挥发性硫化物的产生。

藻源性湖泛是水体富营养化引发蓝藻水华而造成的一种极端的污染现象，其中 VOSCs 的产生机制与海洋环境及健康好氧水体中 VOSCs 的产生机制有着根本区别。与食品饮料、污水和地下水处理、动植物堆肥、污泥处理、垃圾填埋等领域中 VOSCs 的前驱物主要来源于生源物质相似（Rappert and Muller，2005a，b），藻源性湖泛中 VOSCs 也主要来源于生源物质——死亡蓝藻藻体，但由于生源类型不同，发生时的环境条件千差万别，因此实际发生途径和机制不可能是唯一的。在太湖开展的实验水体采用的是一种相对理想的物源（蛋氨酸），实际藻源性湖泛水体的藻类往往成分复杂，含硫物质种类肯定较多。因此，其他含硫有机物对图 7-22 蛋氨酸降解形成 VOSCs 的途径会产生干扰，尤其是微生物种类、氧化还原电位甚至酸碱性变化，都可能出现其他一种甚至多种 VOSCs 产生途径。随着对湖泛研究工作的继续深入，人们必将丰富和逐步完善对挥发性有机硫化物形成机制的揭示。

第8章　藻源性湖泛形成中的微生物作用机制

湖泛的形成离不开生物的参与。藻体和水草为湖泊中的生产者，它们在湖泛形成中主要作为有机基质；微生物在湖泛形成中则扮演着分解者角色。大量研究显示微生物在藻、草有机质的快速分解、异味物质发生、碳硫元素转化，甚至湖泛后期的系统恢复方面都具有关键作用（邢鹏等，2015）。参与黑臭发生过程的有机物主要来自于藻、草死亡残体，也包括沉积物中的有机基质，它们在微生物作用下会从好氧分解转变为缺氧和厌氧分解（Bottcher et al，1998）。

参与水体黑臭形成的微生物种类多、数量大，但也有不同。Freitag 等（2003）分析了瓦登海的黑斑（black spots）区和对照区的微生物群落结构，发现两者在表层沉积物中的总细菌（total bacterial numbers，TBN）、好氧有机化能营养菌（aerobic chemoorganotrophic bacteria，AB）、发酵菌（fermenting bacteria，FB）和硫酸盐还原菌（sulfate-reducing bacteria，SRB）在数量上均存在差异（$p < 0.05$）。除 FB 外，其他计数项（TBN、AB 和 SRB）在黑斑区表层（10 cm）沉积物均高于对照区，而且 AB 菌数与 FB 菌数间存在很好的相关性（$R^2 = 0.9$）。对太湖 4 个湖泛频发区（西沿岸区、竺山湖、梅梁湖和贡湖）进行细菌丰度及群落结构分析反映，随着湖泛程度的加剧，细菌丰度可由 10^6 cells/mL 上升到 10^7 cells/mL（王博雯，2014）。在意大利 Garda Lake 的砂质潮间带沙滩出现的水体发黑现象，主要也是因为微生物分解有机质营造了厌氧环境，促使硫化物表现出还原行为（Pucciarelli et al，2008）。

在缺氧和厌氧状态下的湖泊中，微生物会对被分解的有机底物（包括草、藻残体和水底沉积的碎屑）进行着生化反应（Freitag et al，2003），并可产生中间产物和还原性气体［如甲烷（CH_4）和硫化氢（H_2S）等］，这些其他由于是从底泥中大量产生，从而导致一种叫"沉积物膨胀虫"现象（Zhou et al，2015），改变了底泥容重和含水率等物理性质。另外，恶劣的环境使得微生物生长受到较明显影响。李岳鸿等（2023）对太湖 4 个湖泛点位底泥分析反映，湖泛区表层底泥细菌丰度以及多样性相比其他湖区有显著降低（$p < 0.05$），其 Simpson 指数仅略高于 0.003。厌氧条件下能快速对有机质分解的梭菌（*Clostridium*）、硫酸盐还原菌（SRB）、产甲烷古菌（methanogens）以及甲烷氧化菌（anaerobic methanotrophic archaea）等是参与湖泛发生的主要功能微生物种类（邢鹏等，2015）。

王博雯（2014）对 2013 年 6 月 22 日实时发生湖泛的太湖贡湖湾壬子港岸边采集了 5 组样品，进行了细菌丰度、藻类生物量、DNA 和高通量测序等分析。其中高通量数据的分析结果显示，5 个样本中的序列主要为变形菌门（Proteobacteria）（3367 个 OTUs，其中 OUT 为操作分类单元）的 α-、β-和 γ-亚纲，拟杆菌门（Bacteriodetes）（996 个 OTUs），放线菌门（Actinobacteria）（434 个 OTUs），厚壁菌门（Firmicutes）（1379 个 OTUs）和一些未分类的门。除细菌外，还有少量的古菌分别属于泉古菌门、广古菌门和一些未分类的门。其中属于变形菌门α-亚纲（α-subdivision）的主要有短波单胞菌属（*Brevundimonas*）和鞘氨醇单胞菌（*Sphingomonas*）等；属于放线菌门的主要有微杆菌属（*Microbacterium*）、分枝杆菌属（*Mycobacterium*）、类诺卡氏菌属（*Nocardioides*）等；拟杆菌门的属主要有拟杆菌（*Bacteriodes*）和黄杆菌下的一些属；属于厚壁菌门的主要有梭菌属（*Lactobacillus*）、库特氏菌属（*Kurthia*）、微杆菌属（*Exiguobacterium*）、乳杆菌属（*Lactobacillus*）等。李岳鸿等（2023）采用随机森林分析认为，拟杆菌门是两组样本之间差异性重要值最高的门类，甚至认为可将 1 个门类［拟杆菌门（Bacteriodetes）］和 4 个菌属（*Bacteroides*、*Bacteroidetes vadinHA17_norank*、Lentimicrobiaceae_norank、Steroidobacteraceae_uncultured）作为湖泛风险预测的指示微生物。

　　已有的观察研究反映，水体的 FeS 致黑物形成普遍滞后于包括有机硫在内的挥发性有机硫化物（VOSCs）等主要致臭物的生成，这些细菌可能还会为水体主要致黑组分（S^{2-}）的生成起重要作用。在较深程度的缺氧及厌氧条件下，多种微生物之间的互营共生驱动着缺氧系统中 C、S 和 Fe 等具有相互关联的元素生物地球化学过程（邢鹏等，2015）。甲烷属具挥发性的有机无味气体，对湖泛的致臭不产生贡献，但藻体生物质可在厌氧的沉积物中被产甲烷菌微生物快速地转化成甲烷。当电子受体 SO_4^{2-}、Mn（Ⅳ）、Fe（Ⅲ）、NO_3^- 存在时，甲烷可能成为关键的电子供体驱动着生物质的降解（邢鹏等，2015）。虽然微生物作用贯穿湖泛发生过程，但自然水体中，广泛存在着可在缺氧或厌氧环境下生长的各类微生物（吕佳佳，2011；Lal et al，2012）。若经历缺氧过程，则自由态和附着态的细菌组成，在时间和空间上还会有大的变化（Li et al，2012），因此湖泛形成过程中发挥重要作用的梭菌、硫酸盐还原菌和产甲烷菌等微生物，在实际湖体中是很充分的，或是说无处不在。本章主要以从湖泛区底泥分离出的硫酸盐还原菌（SRB）纯菌株为代表，研究其在藻体、沉积物和不同有机碳源（蛋白质、淀粉、纤维素）存在下对湖泛形成的作用（Feng et al，2014；卢信等，2015；朱瑾灿等，2017），揭示湖泛形成过程中的微生物机制。

8.1　藻源性湖泛易发区硫酸还原菌（SRB）特征

　　硫酸盐还原菌（SRB）是一类独特的原核生理群组，是具有各种形态特征，能通过异化作用将硫酸盐作为有机物的电子受体进行硫酸盐还原的厌氧菌。SRB 在地球上分布很广泛，通过多种相互作用发挥诸多潜力，尤其在微生物的代谢等活动中造成水陆环境的缺氧，如土壤、海水、河水、地下管道以及油气井、淹水稻田土壤、河流和湖泊沉积物、沼泥等富含有机质和硫酸盐的厌氧生境和某些极端环境。

　　SRB 是一类以有机化合物（化能异养型）或无机化合物（化能自养型）为电子供体，还原硫酸盐产生硫化物的原核微生物类群。在自然界中最常见的 SRB 是嗜温的革兰氏阴性、不产芽孢的类型。在淡水及其他含盐量较低的环境中，易分离到革兰氏阳性、产芽孢的菌株（任南琪等，2009）。细胞合成和生长的能量来源于有机化合物或氢分子（H_2）的氧化，并将硫酸盐（SO_4^{2-}）还原生成硫化氢（HS^-、S^{2-}），是硫还原过程的主要承担者。SRB 可在 $-5\sim75℃$、pH 值 $5.0\sim9.5$ 的条件下生存。SRB 一直被误认为是专性厌氧菌，事实上部分 SRB 有微弱的有氧代谢，特别是脱硫弧菌属（*Desulfovibrio*）具有某些多种行为策略和分子机制来抵御氧分子的胁迫。由于沉积物中有机质一般会随着深度的增加而含量逐渐降低，这将导致表层沉积物 SRB 种群密度较高，随着深度的增加而减少，种类数量也会下降，因此对底泥中包括 SRB 在内细菌的研究，主要针对的是与上覆水直接接触的表层底泥。

1. SRB 菌株的富集分离

富集 SRB 菌株采用改良的 Postgate 培养基（任南琪等，2009）：在 1 L 超纯水中，加入 0.5 g/L $K_2HPO_4 \cdot 3H_2O$、1.0 g/L NH_4Cl、4.5 g/L Na_2SO_4、0.06 g/L $CaCl_2$、2.0 g/L $MgSO_4 \cdot 7H_2O$、4 mL 乳酸、1.0 g/L 酵母浸出粉、0.3 g/L 柠檬酸钠，用氢氧化钠调节 pH 值为 7.2±0.2，分装在三角瓶中，蒸汽压力锅灭菌。在培养基使用的当天配制抗坏血酸，培养基使用前加入抗坏血酸溶液。

月亮湾位于太湖北湖心区北岸，是太湖藻源性湖泛易发湖区之一（参见图 5-1）。取月亮湾 20 g（鲜重）表层底泥于硫酸盐还原菌液体培养基中，密闭，静置，32℃富集培养 15 d；取富集液用石蜡双层平板法 32℃培养，分离得到单菌落。单菌落接种于硫酸盐还原菌液体培养基，32℃培养 15 d。用电子显微镜观察。在湖泛易发的月亮湾底泥中筛选出 5 株硫酸盐还原菌，编号为 SRB112、SRB116、SRB118、SRB126 和 SRB133。菌种在多次接种培养过程中，氧胁迫较小（容器排净空气密封培养），生长状况稳定。

2. SRB 菌株 16S rDNA 测序

通过总 DNA 提取、16S rDNA PCR 扩增和测序步骤，可以得到微生物基因组的序列信息，通过序列比对可鉴定出微生物的种属，从而进行后续的进一步研究和分析。

1）菌体收集

对从月亮湾沉积物分离出的 5 株菌株纯菌液，离心（12000 r/min，5 min）收集菌体；1.0 mL TEN 清洗菌体，离心收集菌体；加入 1.0 mL TEN 重悬菌体，同时加入 50 μL SDS 和 8 μL 蛋白酶 K（20 mg/mL），37℃水浴 2 h，加入 500 μL 饱和 NaCl 溶液混匀，离心（12000 r/min，5 min），收集上清液，用等体积的酚：氯仿：异戊醇抽提至界面无白色沉淀为止。加入 0.6 体积异丙醇沉淀 DNA；用熔封的毛细管挑出总 DNA 后，70%乙醇洗涤数次，待乙醇挥发后加入 100 μL TE 缓冲液（pH 8.0）溶解总 DNA，−20℃保存。

2）16S rDNA PCR 扩增

用于扩增反应的引物为一对通用引物。上游引物为 5′-CAGGCCTAACACATGCAAGTC-3′，下游引物 5′-GGGCGG GTGTACAAGGC-3′。PCR 反应体系为 30 μL，包括 10×Buffer（2.5 mmol/μL）3.0 μL、dNTP（10 mmol/μL）2.0 μL、引物（20 pmol/μL）各 1.5 μL、MgCl（25 mmol/μL）2.0 μL、菌体 DNA 3.0 μL、Taq DNA DNA polymere（5 U/μL）0.6 μL，10% 吐温 20 3.0 μL、加水至 30 μL。反应条件：94℃预变性 4 min；94℃变性 30 min，55℃退火 30 min，72℃延伸 1.5 min，循环 29 次；72℃终止 30 min。

3）16S rDNA 测序和菌株归属

在上海 Invitrogen 生物技术公司对测序工作的商业协助中，将测定的 16S rDNA 序列输入 RDP（Ribosomal Database Project）数据库（http://rdpcme.msu.edu/）比对分析后，调取相关的菌属的 16S rDNA 序列，采用 ClustalX 软件对其系统进化进行精确比对，采用邻接法构建进化树，分析筛选菌株的归属。测得序列在 Basic Local Alignment Search Tool（BLAST，http://www.ncbi.nlm.nih.gov/blast/Blast.cgi）中进行比对，得到相似度为 99%的序列，并自 RDP 数据库下载硫酸盐还原菌（SRB）的不同菌属的 24 个已知的代表序列，建立了系统进化树（图 8-1）。

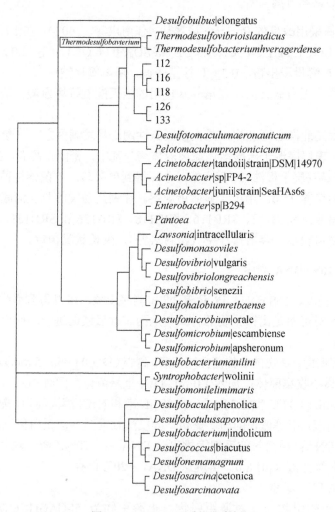

图 8-1　16S rDNA 系统发育树

在 16S rDNA 系统发育树中，SRB112、SRB116、SRB118、SRB126 和 SRB133 的 16S 序列与 *Acinetobacter tandoii* strain DSM 1497016S、*Acinetobacter* sp. FP4-2 16S、*Acinetobacter junii* strain SeaH-As6s、*Enterobacter* sp. B294、*Pantoea* sp. NIIST-186 16S ribosomal RNA gene 相似度为 99%，SRB112、SRB116、SRB118、SRB126 和 SRB133 初步判定菌株为 *Thermodesulfobacterium*（嗜热脱硫杆菌属）（*Thermodesulfovibrio* 划分到此菌属）。

3. SRB 菌活性及生长测定

微生物活性又称为微生物代谢活性，是指某一时段内所有生命活动的总和，或在环境介质中微生物介导的所有过程的总和。荧光素二乙酸酯（FDA）是一种无色的化合物，连有两个共轭的醋酸自由基，它能被细菌和真菌中的非专一性酶（酯酶、蛋白酶、脂肪酶等）催化水解，并释放出有色的终产物荧光素（Stubberfield and Shaw，1990），这种有色的终产物对可见光（490 nm）有较强的吸收，可用分光光度计量化，从而定量地监测 FDA 的水解，进而可用于微生物活性的测定（Battin，1997）。

SRB 菌活性实验采用接种 5 mL 细菌培养液于硫酸盐还原菌液体培养基中，密闭，静置，32℃培养。每隔 12 小时取样（10 mL）于 50 mL 离心管瓶中，加入 0.5 mL 2000 μg/mL FDA 溶液；30℃摇床培养 30 min 后，分别加入 10 mL 终止液（氯仿∶甲醇=2∶1）终止反应；4000 r/min 离心 3 min，取上清液在 490 nm 处比色，对照已预先制作好的标准曲线，获得 SRB 细菌活性。

对湖泛区底泥筛选出的 5 株硫酸盐还原菌绘制生长曲线（图 8-2）分析生长阶段的差异，SRB112、SRB114 和 SRB118 号菌株进入对数生长期的时间大致处于第 3～4.5 天之间，此后进入快速生长；而 SRB126 和 SRB133 号菌株诱导期长（>5.5 天），对数生长期增加不明显。SRB 118 菌在分离出的所有 SRB 菌株中生长线型特别明显，诱导期最短，对数生长期状态相对稳定，繁殖速度快，生长周期较短。而其他几个菌株生长缓慢，周期过长。

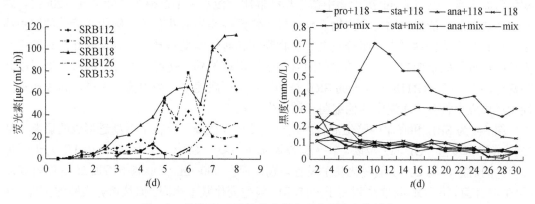

图 8-2　备选 SRB 菌株的菌荧光素和黑度变化过程

另外，单独加入菌株模拟湖泛从黑度反映（图 8-2），加入 SRB118 形成的黑色（FeS，mol/L）程度明显较高，约第 6 天水柱全部发黑，与申秋实等（2011）模拟的月亮湾藻源性湖泛的发生和持续时间相吻合。大约在第 10 天，加 SRB118 的水柱的黑度达到最高值（0.7 mol/L），不仅发黑时间最短且表现的黑度最高；而加入其他菌株的水柱，产生的黑色时间过长，黑度较弱。将 SRB118 作为太湖湖泛形成研究的实验菌株（本书中所有涉及硫酸还原菌的实验，均采用 SRB118 菌株），该菌株在电子显微镜放大 1000 倍后看到的形态如图 8-3 所示。

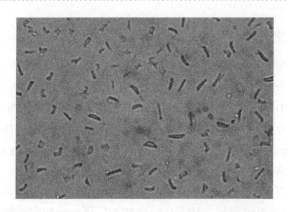

图 8-3　电子显微镜下的 SRB 118 菌形态（×1000 倍）

8.2　SRB 对水体致黑致臭物形成的影响

8.2.1　SRB 对水体致黑物形成影响

硫酸还原菌（SRB）虽分布广泛，一般在沉积物中也有大量存在，在缺氧环境的微生物代谢活动中作用较大，但毕竟 SRB 仅是沉积物中众多细菌中的一类作用菌。太湖表层沉积物营养丰富，0～10 cm 沉积物中微生物种群比上覆水中丰富得多（叶文瑾，2009），这与水底边界层固液界面物化和生物立地环境的特殊性和异质性有关。例如，近表层沉积物中无机和有机营养物形态和组分复杂、生物降解和转化难度差异大，以及受外部氧输送及内部的耗氧等因素影响所形成的层位间氧化还原电位差异，使得不同种类的微生物得以共存甚至协作。以 SRB118 为代表的 SRB 是湖泛易发区底泥混合菌中的一大类，SRB 在藻源性湖泛形成中将会与底泥中其他细菌一道产生贡献。

图 8-4 为 SRB 和底泥中野生混合菌在有无藻体（蓝藻）存在下对湖泛形成的影响。从 550 nm 光密度值（OD$_{550}$）反映，在无蓝藻添加下，单一 SRB（$1.5×10^7$ cfu/mL）与无添加任何菌的对照，其 OD$_{550}$ 值变化几乎没有差别；而在 500 mL 锥形瓶中添加 20 g 新鲜底泥（野生混合菌）下，OD$_{550}$ 值全程高于 SRB 菌，线型变化基本相同。但从培养实验的全程（16 天）视觉观察中反映，仅添加 SRB118 菌的处理组发生了湖泛，对照和野生混合菌处理水体未见变黑。由于太湖现场观察到的湖泛最大持续时间大约 16 天（见表 1-4），结合单独 SRB（118）黑度和藻源性水体光密度变化，湖泛的发生可能主要依赖于 SRB 菌的作用。虽然来自底泥的野生混合菌中也应包含一些 SRB 菌，但这些菌未能在全程培养下诱导形成主体菌群，所以未能促进湖泛的发生。

投加蓝藻藻体作为水体易降解生物有机质模拟反映，藻类的投加使得有菌存在下水体的光密度值（OD$_{550}$）大幅度上升，说明水体中的藻体颗粒物的增加极大地减少了水体（在 550 nm）的透光性。在 16 天的培养实验中，投加野生混合菌下，水体的光密度值（OD$_{550}$）虽出现降低但并未随时间减少。从视觉观察反映，投加蓝藻和野生混合的处理组，没有出现预期的湖泛，水体全程没有明显变色。而投加 SRB 菌的处理，其 OD$_{550}$ 值则随时间延长出现下降的同时，大致在第 4 天，水体变色发黑，出现发生湖泛的特征现象。该对比实验反映出，底泥中的混合菌虽然种类多、总量也应很大，但如果像 SRB 这种对湖泛的发生有效或高效的菌群数量过少，仍可能难以形成湖泛。另外，从 OD_{550} 值全程无明显变化分析，来自底泥的野生混合菌对蓝藻的降解可能需要足够长的适应过程，这也是在 16 天的培养中未出现水体发黑的原因之一。

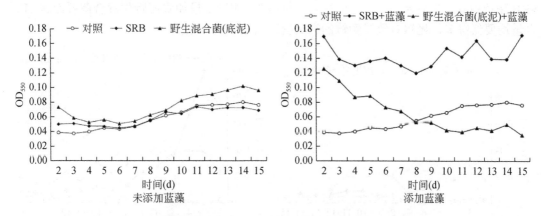

图 8-4　有无蓝藻添加下 SRB 和混合菌对系统黑度变化的影响

虽然有 SRB 菌存在及温度等环境条件下，可以确定藻源性湖泛能够快速形成，但对以投加底泥方式混入野生混合菌培养，以视觉评判是否发生湖泛，有可能会产生误差。在投加 SRB 菌模拟湖泛发生水体中，无论有无蓝藻添加，相较于投加底泥野生混合菌群而言，Fe^{2+} 含量均要低得多（图 8-5）。原位沉积物混合菌显著促进 Fe^{2+} 的还原和积累，无论是否有藻体加入，Fe^{2+} 浓度在开始（2d）时没有较大区别，含量分别为 0.488 mmol/L 和 0.307 mmol/L，但随着培养时间的增加，藻体的添加明显促进了 Fe^{2+} 的产生和累积。在藻源添加的样品中，Fe^{2+} 的含量从第 2 天开始迅速增加直到第 8 天达到最大值 4.92 mmol/L，之后则保持相对平稳，平均值达到 3.57 mmol/L。而在未加藻的样品中，Fe^{2+} 含量较前者低得多，自第 2 天起缓慢增长到第 14 天时最大值（2.30 mmol/L），平均值仅为 1.487 mmol/L（图 8-5）。

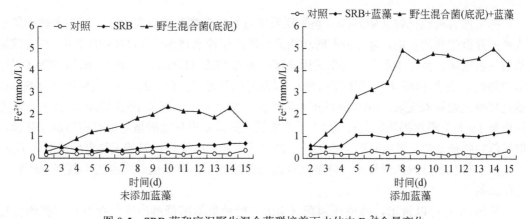

图 8-5　SRB 菌和底泥野生混合菌群培养下水体中 Fe^{2+} 含量变化

以 9 天后的相对稳定期比较，无藻投加 SRB 中的 Fe^{2+} 含量约为 0.5 mmol/L，而野生混合菌中的含量则为 2.0 mmol/L（图 8-5）；有蓝藻投加时，有 SRB 中的 Fe^{2+} 含量约为 1.0 mmol/L，而野生混合菌中的含量则达到 4.5 mmol/L。由于 Fe^{2+} 含量是湖泛形成中主要显黑组分之一，水体系统中含量越高，越易发生湖泛（FeS，黑色）。另外，分别对 SRB 和野生混合菌群湖泛模拟系统的 S^{2-} 含量变化分析，也存在如 Fe^{2+} 相似的变化和比较的结果（图 8-6）。在投加 SRB 菌模拟湖泛发生水体中，无论有无蓝藻添加，相较于投加底泥野生混合菌群而言，Fe^{2+} 含量均要低得多，显然对致黑颗粒的视觉受到其他重要因素的干扰。

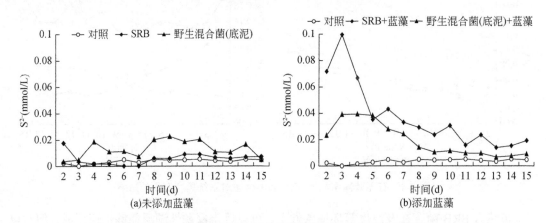

图 8-6　SRB 菌和底泥野生混合菌群培养下水体中 S^{2-} 含量变化

结合图 8-5 和图 8-6 以及 FeS 溶度积（$K_{sp}=4.9\times10^{-18}$）分析，野生混合菌处理的培养系统，无论添加藻还是不加，都应产生湖泛显黑。但是由于体系中底泥的加入，大量悬浮颗粒物的吸附和掩蔽作用，使得肉眼所见的显黑程度反而不及投加硫酸还原菌（SRB）的处理，显然此时采用光密度测定黑度值的条件已受到限制。同时也反映，对多介质体系悬浮量过大的水体，不宜采用视觉判断湖泛的发生程度。

8.2.2　SRB 对水体致臭物形成影响

挥发性有机硫化物（VOSCs）是湖泛发生过程中典型的致臭类物质，其在水体中的形成离不开微生物的作用。为分析不同功能菌对湖泛模拟水体形成 VOSCs 的差异，在含硫氨基酸（蛋氨酸）存在体系中，分别采用灭菌、添加 SRB（SRB118 菌株）、添加 BES（甲烷菌抑制剂）、添加钨酸盐（SRB 抑制剂），以及对照处理（卢信，2012）。实验结果反映：灭菌处理颜色始终未变黑，SRB 处理第 8 天变黑，然后依次是添加 BES 处理第 12 天、对照处理第 13 天，添加钨酸钠处理第 17 天才变黑。灭菌处理蛋氨酸虽然也有相当部分分解，但颜色始终未变化，可能有两个原因：一是缺乏生物降解途径蛋氨酸无法彻底降解为 H_2S；二是由于有机物分解总量较少，降解过程消耗的溶氧少，体系厌氧程度达不到将 Fe^{2+} 释放的还原条件。

从图 8-7 可以看出，硫酸还原菌（SRB）能使蛋氨酸降解产生的挥发性有机硫化物（VOSCs）总量增加，在前 15 天尤为明显，表明 SRB 能使蛋氨酸中的硫元素快速释放出来。

对具体 VOSCs 组分而言，SRB 对分子相对较小的致臭物甲基硫（MeSH）、二甲基硫（DMS）和二甲基二硫（DMDS）生成的促进效果都比较明显，而对分子相对较大的致臭物二甲基三硫（DMTS）及二甲基四硫（DMTeS）则促进作用较小。然而，SRB 使水中 VOSCs 增加的程度与其对蛋氨酸降解的促进及水体变黑的加速效果相比，要低得多。测定结果表明，添加 SRB 释放出 H_2S 为对照的 4～20 倍，表明 SRB 对蛋氨酸降解的促进主要朝着生成 H_2S 的方向，而对其他 VOSCs 的作用相对小。

尽管添加甲烷菌抑制剂（BES）有促进蛋氨酸降解的趋势，但水样中 VOSCs 的总量并无明显变化。BES 处理中致臭物 MeSH、DMS 的含量明显高于对照处理，但 DMDS、DMTS 以及 DMTeS 的含量与对照相比无显著差异（图 8-7）。样品测定结果表明，BES 处理中，MeSH、DMS 和 H_2S 的含量略高于对照处理，反映甲烷菌主要对小分子的 H_2S、MeSH 和 DMS 形成有影响，而对大分子 VOSCs 如 DMDS、DMTS 等则影响很小。Kiene 和 Visscher（1987）通过向含有蛋氨酸的厌氧盐渍沉积物体系中添加甲烷菌抑制剂，结果发现产生的 MeSH 和 DMS 有所增加，该研究指出由于产甲烷菌能降解 MeSH、DMS，BES 的添加使得产甲烷菌活性受抑制而无法降解 MeSH、DMS，因而体系中累积量有所增加。由于湖泛发生水样中致臭的 VOSCs 以 DMDS、DMTS、DMTeS 为主，因此 VSCs 总量并未表现出增加趋势。

另外，在含硫氨基酸组分（蛋氨酸）存在下，SRB 对致黑组分的形成随加藻环境的差异稍有不同。灭菌处理中 E_h 值随时间从 285 mV 逐渐降低至 45 mV（弱氧化到弱还原环境），整个实验过程中 pH 值在 7.34～8.33 之间变化，此条件下 E_h 值降至 -100 mV 左右时 Fe^{2+} 才有显著释放（戴树桂，1996）。此外，灭菌后 SRB 的缺失也使得水体中的 SO_4^{2-} 无法还原为 S^{2-}。相比之下，添加 SRB 处理体系的 E_h 值，在第 5 天迅速下降至最低值 -163 mV，因而 SRB 的致黑作用非常明显。此外，由于 SRB 不仅能有效降解含硫氨基酸，释放出 H_2S，而且能将水体中丰富的 SO_4^{2-} 还原为 H_2S（S^{2-}），从而使水体快速变黑（Jørgensen et al，2001）。BES 有使水体加速变黑的趋势，并且与对照相比收集到的气体中 H_2S 含量有所增加，说明 BES 能促进蛋氨酸降解生成 H_2S，使水体加速变黑，也就是说产甲烷菌能抑制 H_2S 生成，延迟水体变黑的时间。此外，灭菌处理中蛋氨酸虽然也有一定程度降解，但水体始终未变黑。然而，VOSCs 的产生量仍比较可观，其总量最高浓度为 312 μg/L（第 20 天），这可能与沉积物灭菌不完全有关，因此，非生物因素有可能在含硫化合物存在下产生一定的降解作用。

8.2.3　SRB 对泥藻基质湖泛形成影响差异

沉积物和藻体作为湖泛中的主要基质，已被证实在湖泛的形成及湖泛的持续方面起到物具有重要作用。一方面，作为基质的沉积物和藻体中与黑臭有关的物质组分（硫和铁等），需在微生物的作用下产生；另一方面，底泥中的蓝藻含有大量的淀粉、脂肪以及小分子蛋白质，刺激微生物的厌氧消化作用（Zhou，2015）。缺氧或厌氧是湖泛形成所必需的氧化还原环境，在形成致黑致臭物组分的体系中，SRB 是最为重要的还原性细菌之一，承担着将硫酸盐转化为 S^{2-} 的重要作用。作为沉积物-水系统中混合菌之一，SRB 对不同泥藻基质下湖泛形成的影响和潜在贡献，是值得进行进一步探究的。

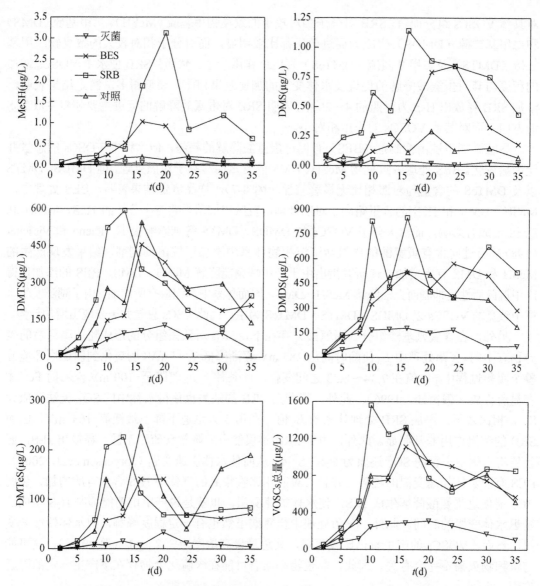

图 8-7 微生物作用下蛋氨酸降解产生的各种 VOSCs 组分及其总量随时间的变化曲线

为去除月亮湾表层沉积物中沉降藻体的干扰，2012 年 5 月应用湖泛模拟装置，将大口径采集于月亮湾 1 号点位（参见图 6-16）的柱状样表层（0～15 cm）沉积物去除，设计了水柱中添加藻体和/或 SRB，形成有沉积物存在下，仅有藻体（蓝藻）、仅有硫酸还原菌（SRB）、SRB 加藻体（SRB+藻）和仅有沉积物没有任何添加（对照）4 种处理。藻体加入量均为每柱 6300 g/m^2（该加藻量可形成藻源性湖泛），SRB 菌的处理均是添加 400 mL 菌密度为 1.5×10^7 cell/mL。

1. SRB 对泥藻基质下水柱 S^{2-}含量的影响

与对照（仅有底泥）和蓝藻处理相比，向系统中加入 SRB 全程（13 天）明显增加了湖

泛模拟水体中 S^{2-} 含量（图 8-8）。仅添加 SRB 的处理，虽然系统中 S^{2-} 含量呈一定的波动性，但整体变化幅度较小，基本处于 0.007 mmol/L 含量附近。进入第 9 天后，系统虽然缺乏较高水平和效率的生物质供应维持，但 SRB 已与表层沉积物硫化物形成稳定的转化关系。一方面 SRB 的活性需要严格的还原环境，生物质降解是营造所需还原环境的最有效途径；另一方面，沉积物和间隙水中需要有足够多的高价或较高价态硫向 S^{2-} 的转化，即使黄铁矿 FeS_2（二硫化亚铁）中的 S 为-1 价态，也需要得到电子还原为 S^{2-}。由于体系中缺乏活性有机质（如藻体生物质），难以提供足够多的可转移电子；另外，虽然 15cm 深度处的沉积物中一般仍有较高的腐殖质硫（FS+HS）含量（见图 6-6），但腐殖质过于惰性，仅仅依靠沉积物中腐殖质硫向间隙水或上覆水转化自由态硫的作用有限，显然单一存在大量 SRB 的沉积物-水系统，难以生成大量低价态的 S^{2-}。

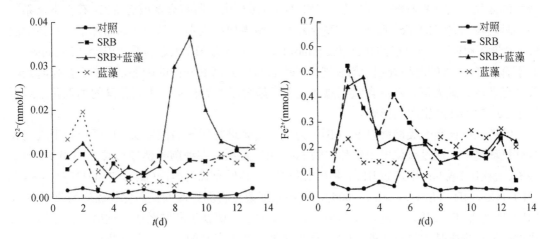

图 8-8　沉积物对照模拟系统 SRB 和蓝藻添加下水柱 S^{2-} 和 Fe^{2+} 含量变化

向体系中单一添加藻体的处理，即使在没有过量的 SRB 帮助下，利用底泥和藻体中携带的低剂量混合菌，也可形成泥-藻-菌的降解系统。初期藻体的降解形成缺氧和厌氧环境，促进沉积物中的硫转化成 S^{2-}（图 8-8）；中期则可能由于湖泛形成后，要以沉淀方式从水体中移除大量的 FeS 沉淀，使得水体中的 S^{2-} 含量下降到接近对照水平；进入后期，体系中包括 SRB 在内的还原性菌的良性繁殖，表层底泥的活化和藻体有机质等对还原状态的持续维持，再次使得 S^{2-} 含量出现上升变化。表层沉积物中一般含有足够量的无机硫和所需的 SRB 类细菌。据 Feng 等（2014）分析，太湖沉积物中天然存在脱硫杆菌属（*Desulfobacterium*）、脱硫念珠菌属（*Desulfomonile*）和脱硫线菌属（*Desulfonema*），在藻体降解形成的低氧或厌氧条件下，可生成硫化氢和游离态 S^{2-}。因此，添加藻体后即使后期无 SRB 的加入，仍可从沉积物和系统中获得所需的脱硫类菌。

添加 SRB 和蓝藻（SRB+蓝藻）处理使水体几乎全程保持较高的含硫（S^{2-}）状态（图 8-8）。足够藻体又有大量活性 SRB 菌的加入，对系统中硫转化无疑起到强化作用。在前 6 天，S^{2-} 含量就已基本维持在 0.006~0.007 mmol/L 含量水平；自第 7 天起，该处理系统中 S^{2-} 含量出现突然升高，到第 9 天达到极大值（0.037 mmol/L），几乎是对照处理 S^{2-} 含量的 20 倍。藻源性湖泛易发区表层沉积物中的有机硫虽然约占总硫量的 50%以上，但对于 15 cm

深度处的新生表层底泥而言，无机硫的比例比表层底泥要高。藻体的加入保障了系统低氧的形成和厌氧状态的维系，SRB 菌的加入则大大提高了体系活性微生物的初始量。当表层沉积物中无机含硫化合物甚至腐殖质硫等有机硫化物被 SRB 及其他厌氧和兼性厌氧菌逐步活化并进入有效转化阶段时，就会形成如图 8-8 中第 8～10 天那样 S^{2-} 含量的大幅上升。虽然 S^{2-} 含量这种峰形状态不一定都出现于实际藻源性湖泛水柱系统，但底泥存在下，大量藻体和高效 SRB（118 菌）的加入，为体系中 S^{2-} 的形成和积蓄提供了良好的物质和生物条件。

2. SRB 对泥藻基质下水柱 Fe^{2+} 含量的影响

向沉积物对照模拟系统中加入 SRB 和/或蓝藻下，水柱中 Fe^{2+} 含量同样也出现了差异性较大的变化（图 8-8 右图）。与仅有沉积物的对照相比，所有有藻或有 SRB 存在下，系统中均呈现较高含量的 Fe^{2+} 形成，在变化趋势上略表现出差别。单一加入藻体下，水体中的 Fe^{2+} 含量在初期阶段较低（约 0.1～0.2 mmol/L 之间），大致第 7 天起含量上升至 0.25 mmol/L。对于有 SRB 加入的两种处理，均表现为 Fe^{2+} 含量先升高后降低的趋势，在湖泛模拟起始阶段会迅速达到最大值，然后含量则总体呈下降趋势或达到稳定，表明蓝藻的加入并未对系统中 Fe^{2+} 的形成产生明显影响。

铁还原细菌是一类能够以 Fe（III）为电子受体进行代谢的微生物，广泛分布于厌氧和微好氧环境中，通过氧化电子供体耦联 Fe（III）还原，在细胞外诱导形成 Fe（II）（如菱铁矿、蓝铁矿）或 Fe（II）/Fe（III）矿物（如磁铁矿），其反应式为：$4Fe(III)+CH_2O+H_2O \longrightarrow 4Fe(II)+CO_2+4H^+$（Lovley et al, 2004）。铁还原细菌可将弱结晶的铁氧化物还原为离子态 Fe（II）或者含 Fe（II）矿物，比如磁铁矿、菱铁矿、蓝铁矿和绿锈等，这些弱结晶的铁氧化物在沉积物中是大量存在的。铁是地壳中含量第 4 丰富的元素，分布极广，在沉积物中的含量远比硫元素含量高。在沉积物常见的含硫矿物中，铁除了主要分布于菱铁矿、针铁矿、磁铁矿、赤铁矿、蓝铁矿、云母、角闪石、辉石、绿脱石等矿物中外（莱尔曼，1989），甚至还存在于绝大多数含硫矿物中。除了闪锌矿（ZnS）外，黄铁矿（FeS_2）、四方硫铁矿（FeS_2）和硫复铁矿（Fe_3S_4）中都含有大量的铁，因此，几乎所有能介导黄铁矿、四方硫铁矿和硫复铁矿中硫还原的微生物（如 SRB）都将会与其他细菌（如铁还原菌）互作，形成 Fe^{2+}。

除此之外，Fe^{2+} 的形成还可以产生于沉积物的早期成岩过程，因此使得体系中的 Fe^{2+} 的形成不完全依赖 SRB 对含硫铁矿物的生物作用。Wijsman 等（2002）曾对高碳沉积速率导致缺氧矿化过程和铁、锰、硫酸盐还原占主导地位的黑海沉积物进行早期成岩的模型研究。在考虑有机碳、Fe 和 Mn 的氧化物、FeS 和黄铁矿等固相变量，以及氧、硝酸盐、铵、锰、硫酸亚铁、硫化氢和甲烷等溶质下，动态模拟揭示的机制表明，春季水华产生的有机物脉冲通量导致在沉积物近表层出现 O_2 分布稳态偏离。随着表层碳负荷的增加，缺氧矿化途径重要性逐渐成为主导，使得从 Mn 基呼吸到 Fe 基呼吸，以及从 Fe 基呼吸到硫酸盐还原的转变呈跳跃式突变。这其中，表层沉积物中的铁将以 Fe^{2+} 形式进入上覆水。

单纯添加藻体下，由于没有 SRB 对表层沉积物含硫铁矿物的生物作用过程，系统中 Fe^{2+} 含量仅依赖于沉积物缺氧环境下的早期成岩作用，故水体中 Fe^{2+} 含量不高，但进入后半段，藻体中有机质营造的厌氧程度加深，早期成岩活动加强，Fe^{2+} 形成和释放作用增加。

另一方面，系统中逐步生长出自身的 SRB 以及与 SRB 作用相同的微生物，对表层沉积物中的铁硫化物产生硫还原作用，同时将铁转化并游离出沉积物进入水体。

3. SRB 对泥藻基质下水柱黑度的影响

黑度是以 mmol/L 为浓度单位硫化亚铁（FeS）黑色悬浊液的浓度值，较之视觉感官而言，它可定量反映水体是否形成以及所形成的湖泛严重程度（Feng et al, 2014）。模拟实验反映，无论加 SRB 处理与对照，或是 SRB+藻与仅加藻处理相比，只要有 SRB 存在，黑度值就基本得到较大的提升（图 8-9）。如单一 SRB 处理，黑度值在实验的第 2 天便达到峰值（0.284 mmol/L），全程平均约 0.12 mmol/L 黑度值，也远高于平均约 0.02 mmol/L 的沉积物对照。另外，虽然藻体和 SRB 都能够显著地促进黑度增加，但是 SRB 比藻体能更快速而有效地提升黑度值，而且持续时间更长。

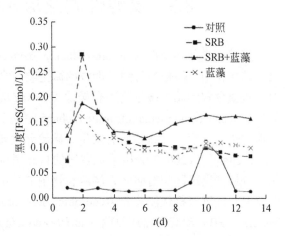

图 8-9　沉积物对照模拟系统 SRB 和蓝藻添加下水柱黑度变化

SRB+藻处理系统中的黑度值（平均约 0.15 mmol/L），不仅全程比仅有底泥的对照高，而且也高于单一藻体处理，明显增加了湖泛模拟水体中 S^{2-} 和 Fe^{2+} 含量（图 8-9）。该现象说明聚藻区如果初始系统中就已有较多数量的硫酸还原菌，或有其大量潜在繁殖能力，在藻体降解的还原环境下，确实可以大大提升水体的黑度，促进湖泛的快速形成。

低氧环境下水体的显黑，不仅需要 S^{2-} 的参与，而且还需要有与 S^{2-} 形成致黑硫化物的重金属离子，两者缺一不可。在显黑色的常见金属硫化物中，主要为硫化亚铁 FeS。在去除表层（15 cm）富含活性有机质沉积物后，虽然新生表层游离态 Fe^{2+} 对水体 $[Fe^{2+}]$ 浓度的提升会产生积极的作用，但此时春季的下层沉积物 S^{2-} 含量（AVS）却并不高，普遍远低于表层沉积物（图 6-16）。但当大量的 SRB 加入水柱后，一方面 SRB 加快水柱中水体硫酸盐的还原，另一方面 SRB 进入沉积物表层，与沉积物中的含硫化合物或矿物作用，则形成或加快向水体释放出可被 AVS 表征的 S^{2-}。与 AVS 含量分布几乎相反，活性 Fe^{2+} 在夏季沉积物中的垂向分布却是下层含量高，因此在去除表层沉积物后，间隙水中大量的游离态 Fe^{2+} 通过新生表层向上覆水释放，从而短时间内就使得水柱中 Fe^{2+} 含量增加（参见第 10 章）。因此，就致黑组分在系统中的相对含量变化而言，初始的 Fe^{2+} 含量是充足的，等待更多的 S^{2-} 生成，以达到形成 FeS 沉淀的浓度要求，使水体显黑直至爆发湖泛。

在湖泊水体中，可形成显黑金属硫化物沉淀的种类有很多。对于太湖 Fe^{2+} 含量而言，正常水体中形成黑色硫化亚铁（FeS）沉淀所需的 $[S^{2-}]$ 浓度约在 $4.2\times10^{-17}\sim21\times10^{-17}$ μmol/L 之间（参见表 5-7），相对于大多数硫化致黑重金属离子要求的浓度要高出几个数量级，即在 FeS 尚未形成时，其他包括致黑物在内的其他金属硫化物沉淀可能已经完成。然而，在太湖多样点的显黑颗粒物相组成分析中，实际能形成致黑物的主要为 FeS 结晶颗粒，以及可能还有极少量的 Cu$_2$S（CuS）和 PbS（图 5-5～图 5-10）。关于与铁等有关金属的变化，应主要与沉积物和水体中存在的其他专一性微生物（如铁还原菌等）有关。

8.3　藻源性湖泛形成中其他微生物作用

虽然硫酸盐还原菌（sulfate-reducing bacteria，SRB）在湖泛水体致黑致臭物的形成中具有重要作用，但是参与湖泛形成的微生物有多个种类。除 SRB 外，能在厌氧条件下快速对有机质分解的功能微生物还有梭菌（Clostridium）、产甲烷古菌（methanogens）以及甲烷氧化菌（anaerobic methanotrophic archaea）等（邢鹏等，2015），它们都可在湖泊藻、草有机质的快速分解、异味物质的发生、碳硫元素转化等方面起着关键作用。

Freitag 等（2003）分析了瓦登海的自然黑斑区（black spots）和对照区的微生物群落结构，分析了黑斑区与对照区表层沉积物中的总细菌数（total bacterial numbers，TBN），统计发现其好氧有机化能营养菌（aerobic chemoorganotrophic bacteria，AB）、发酵菌（fermenting bacteria，FB）和硫酸盐还原菌（sulfate-reducing bacteria，SRB）之间在数量上均存在差异（$p < 0.05$）。除发酵菌（FB）外，其他计数项（TBN、AB 和 SRB）在黑斑区表层沉积物中（10 cm 分层）均高于自然发生区，而且 AB 菌数与 FB 菌数间存在很好的相关性（$R^2 = 0.9$）。Li 等（2012）分析了太湖藻华造成的低氧区水柱中细菌的群落结构，显示梭菌、脱硫弧菌（Desulfovibrio）等是优势种群（邢鹏等，2007）。Wu 等（2014）对采用多种培养基从太湖低氧区获得的 4 株归为放线菌门（Actinobacteria）、变形菌门（Proteobacteria）、厚壁菌门（Firmicutes）、拟杆菌门（Batceroidetes），并发现它们都可以利用有机硫化物产生 H$_2$S。另外，分支类细菌或增加沉积物微生物的物种多样性，比如δ-变形菌纲被认为是最有代表性的分支（Garrity et al，2001），其硫酸盐还原菌（SRB）和还原三价铁的地杆菌属（Geobacter）等厌氧细菌多属于δ-变形菌纲。叶文瑾（2009）对太湖沉积物的微生物群落研究中发现，δ-变形菌纲在太湖沉积物中占有重要地位，通过 16S rRNA 检测到大量的可将有机物完全氧化的 SRB（Desulforhabdus amnigena、Desulfobacterium、Desulfobacteraceae）序列中，未发现同源于不完全氧化的硫酸盐还原菌序列，而古生菌（如产甲烷菌）在表层 0～15 cm 沉积物中虽有但含量较少。

与湖泛发生时的环境特征，如低溶解氧、低 pH、高有机质、高总磷、高总氮相对应的，是其简化的食物网结构和特殊的微生物类群。研究显示湖泛水体中主要微生物类群，如真菌（Fungi）、细菌厚壁菌门的梭菌（Clostridiales）以及产甲烷古菌（methanogens）等，在有机质的快速分解和厌氧矿化过程中发挥重要作用；沉积物中主要的微生物功能群，如硫酸盐还原细菌、铁还原细菌、甲烷厌氧氧化菌和反硝化细菌等，是湖泛致黑物质形成的关键（邢鹏等，2015）。湖泛发生水体中的有机物或生物质主要来自于藻、草死亡残体和表层沉积物中的有机质，微生物将对其从好氧分解转变为缺氧和厌氧分解（Böttcher et al，1998）。参与湖泛发生的主要功能微生物种类（梭菌、硫酸盐还原菌、产甲烷古菌以及甲烷氧化菌等），可对有机底物（包括草、藻残体和水底沉积的碎屑）进行着生化反应（Freitag et al，2003）。

8.3.1　混合菌在湖泛形成中的作用

浅水水体中存在大量微生物，王博雯（2014）曾结合江苏省水文局提供的湖泛巡测数据（2012 年），监测到湖泛或疑似湖泛水体对应的细菌丰度确实高于同时段周围区域的水体，但当年 8 月份细菌丰度远远高于其他月份，相应时段的太湖巡测的数据似乎并没有发生湖泛，认为有可能湖泛的发生还需要具备其他条件（如气象），得出水体中细菌丰度升高并非一定会发生湖泛的结论。但对于底泥而言，影响结果可能会有所不同。底泥中含有丰富的营养物质可促进微生物繁殖，使得底泥中的细菌数量、多样性及丰富度明显高于相应上覆水体（刘幸春等，2021）。在太湖上覆水中以好氧菌为主，能在湖泛环境中产生降解和代谢作用的细菌则多为厌氧菌和兼性厌氧菌。上覆水到沉积物之间存在氧化还原电势梯度的缘故，较之上覆水，底泥中的细菌群落结构和物种多样化也明显较高（叶文瑾，2009）。由于湖泛的形成最早发生于沉积物-水界面，因此底泥中微生物特征及其产生作用的种类尤为引人关注。

混杂在底泥中的所谓混合菌主要有变形杆菌门（the phylum Proteobacteria），而δ-变形菌纲被认为是底泥环境中具有代表性的细菌群落分支。研究表明，从贫营养到富营养的湖泊底泥生态系统中，它们是经常占据优势的细菌群落；第二大菌群则是硝化螺菌门（the phylum Nitrospira）。其他菌群按数量上分为 the phyla Acidobacteria、Chloroflexi、Bacteroidetes、Chlorobi，Planctomycetes、Actinobacteria、Verrucomicrobia 和 Cyanobacteria。此外还有厌氧细菌，如硫酸盐还原细菌（the genera Desulfococcus、Desulfomonile 和 Desulfonema）（Tamaki et al，2005）、铁还原细菌［iron-reducing bacterium，IRB］和产甲烷菌［methanogens（MPB）等］。在湖泊水底沉积物中，混合菌中含有大量的功能不同的微生物，例如酸化细菌、铁还原菌、纤维素降解菌等。多种微生物协同作用将大分子的淀粉或纤维素分解成单糖或寡糖，然后被各种其他原核生物分解成丙酮酸或乳酸等，用作碳源和能源。

Feng 等（2014）采用石蜡双层厌氧培养法从太湖湖泛区底泥分离出包括脱硫弧菌属（Desulfovibrio）在内的 48 个纯菌株，并在筛选出的 5 株高活性硫酸盐还原菌（图 8-1）中，选择了其中一株硫酸盐还原菌（SRB118）和所有原生混合菌，在藻体及不同有机碳源（蛋白质、淀粉）存在下，对湖泛形成的主要致黑组分（Fe^{2+} 和 S^{2-}）的作用（图 8-10）。研究反映混合菌在有蛋白质或淀粉有机质存在下，对 Fe^{2+} 的形成更有利；但在 S^{2-} 的形成上，纯 SRB 所起的作用则更加明显。虽然在原生底泥-水体系环境有易降解有机质存在下，湖泛形成所需的 Fe^{2+} 和 S^{2-} 组分也会产生湖泛现象，但由于 Fe^{2+} 过量而 S^{2-} 形成的量相对不足，因此有可能受限于低 S^{2-} 含量及其供给量，发生湖泛的程度将受到抑制；反观 SRB 菌在有机质（蛋白质、淀粉）存在下对 Fe^{2+} 和 S^{2-} 产生的作用，虽然在 Fe^{2+} 形成上略低于原生混合菌，但在 S^{2-} 的形成上，则明显高于原生混合菌。由于 S^{2-} 含量相对于 Fe^{2+} 而言是偏少的组分，因此在足够有机质存在下，SRB 的存在数量对体系发生湖泛具有决定性的作用。而混合菌虽然细菌的种类庞大，但绝大多数细菌由于功能的差异，不一定都可在致黑物致臭物的形成中起主要贡献，因此混合菌的存在虽可促进湖泛的形成，但非决定性的。

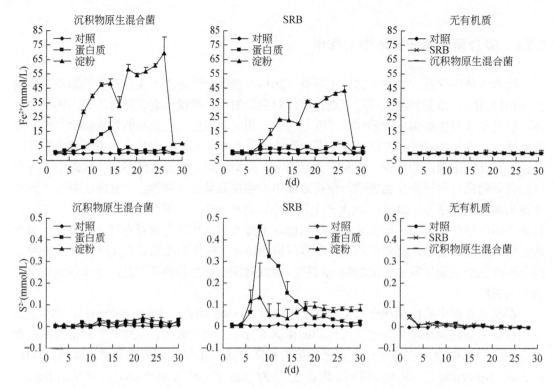

图 8-10   有机质存在下底泥混合菌和 SRB 对 Fe^{2+} 和 S^{2-} 含量变化影响

8.3.2   铁还原菌在湖泛形成中的作用

铁还原菌（iron reducing bacteria，IRB）同样是一类物种和功能多样化的菌群，在细菌和古细菌中都有分布，比如在土壤和沉积物中常见的一类铁还原菌是 Geobacter species。与 SRB 将高价硫还原为低价硫（如 SO_4^{2-} 还原为 S^{2-}）的专一性相似，IRB 则是将 Fe（Ⅲ）还原成 Fe（Ⅱ）。微生物 Fe（Ⅲ）还原作用能以 Fe（Ⅲ）作为电子受体，将有机或无机的电子供体氧化。自然界的厌氧环境几乎都有异化 Fe（Ⅲ）还原现象，并有铁还原微生物存在。铁还原是有机物碳化的主要途径之一，可利用多种有机质（Lovley et al，2004）。厌氧状态下，硫酸盐还原菌和铁还原类细菌（Fleming et al，2006）大量繁殖促进了铁离子的还原。如果大量聚集且不能通过形成沉淀（如 FeS↓）从水相体系中去除，则会因大量产生而使 Fe（Ⅱ）浓度提高，抑制 IRB 的活性。如图 8-10 所示，在底泥混合菌存在下，蛋白质的降解因会释放大量的 S^{2-}，使得包括 IRB 在内的混合菌作用下产生的 Fe（Ⅱ）会立即与发生沉淀作用形成 FeS↓。通过这一过程将 Fe（Ⅱ）移出体系，从而继续 IRB 菌对 Fe（Ⅲ）还原 Fe（Ⅱ）的生物化学转化过程。

沉积物中还普遍存在着铁氧化菌与铁还原菌共存，当环境中氧含量或氧化还原电位条件偏向于氧化环境（或还原环境）时，铁氧化菌（或铁还原菌）的活性强化并占优势。田翠翠和肖邦定（2016）研究了东钱湖沉积物根系泌氧作用对沉积物中典型铁氧化菌（嘉利翁氏菌）和典型铁还原菌（地杆菌）的影响，结果能在沉积物中同时检测到嘉利翁氏菌和地杆菌，表明 Fe（Ⅱ）的氧化和 Fe（Ⅲ）的还原是同时存在的。正常状态下，根际沉积物中有大量的贫结合态铁氧化物，Fe（Ⅱ）的氧化速率高于 Fe（Ⅲ）还原速率，即铁氧化菌更为活跃。但沉积物中或其表层加入了易降解有机质，则沉积物中与铁有关的活性细菌的主角位置将出现变化，铁还原菌将起主要作用（Weiss et al，2003）。这主要是由于有机质可以为异化铁还原提供电子供体（Lovley and Phillips，1988）。

　　Yu 等（2012）对美国弗吉尼亚州南河沉积物中甲基汞（CH_3Hg）产生与微生物关系时，从底泥 RNA 提取物中回收的 cDNA 的 16S rRNA 基因测序表明，底泥中至少存在 3 株硫酸盐还原菌（SRB）和一株铁还原菌（IRB），它们都是对汞甲基化具有潜在活性的微生物。汞的甲基化需要环境具有极强的还原性，潜在的汞甲基化率在春季较低，夏末较高。湖泛水体底泥中也同样含有大量的 SRB 和 IRB，它们在极度缺氧的环境中对可能接受自由电子的一切物质进行着还原。Kappler 等（2004）曾分析康斯坦斯湖沉积物中铁还原菌和腐殖酸还原菌在淡水沉积物中的深度分布，发现底泥中微生物的铁和硫酸盐还原也可分派到指定的层发挥其产甲烷作用。他们还将还原菌与腐殖酸和铁的氧化还原特性相关联（图 8-11），评估了通过腐殖酸进行电子穿梭的生物和化学潜力。虽然在表层底泥中 Fe（Ⅲ）占主导地位，但在 2 cm 深度以下铁的形态则以 Fe（Ⅱ）为主。他们的研究还发现，腐殖酸在表层表现出较高的电子接受（氧化）能力，在深层中表现出较高的还原能力，其中腐殖酸还原菌在深层对腐殖酸的还原一方面需要较深的氧化还原状态；另一方面被还原的腐殖酸再对难溶 Fe（Ⅲ）进行化学还原。虽然这些过程不一定都需要有 IRB 参与，但在淡水沉积物等天然的缺氧环境中，Fe（Ⅲ）还原成 Fe（Ⅱ）可以经由腐殖酸还原的过程，这是近表层沉积物中电子流动的一条重要途径。

　　对于湖泛发生前的水体，堆积状藻体初期好氧、中后期缺氧或无氧环境下的生物降解是容易发生的过程。当氧的快速消耗乃至耗尽时，水体中将逐渐出现自由电子的转移。这一过程虽然发生在湖泊底层甚至沉积物-水界面，但由于对氧化态物质捕获电子的能力要求较低，可能并不主要借助深层沉积物中还原性腐殖酸对电子的供给。在自由电子相对富裕的厌氧环境中，Fe（Ⅲ）还原为 Fe（Ⅱ）的过程也变得相对容易，但铁还原菌（IRB）的微生物作用仍然是非常关键的。Yao 等（2021）用 DGT 和 Peeper 技术现场分析太湖沉积物-水界面不稳定磷、铁、硫和溶解锰及其表观扩散通量时，测定了沉积物中铁还原菌（IRB）和硫酸盐还原菌（SRB）的分布，发现在水体高藻类生物量时 IRB 是促进硫酸盐还原为不稳定硫的优势种，且活性铁的浓度都大大超过了活性硫的浓度，表明通过微生物途径进行铁的还原（MIR）是铁还原的主要途径。

　　但对于死亡水草聚集区，为微生物降解的生物质主要是以纤维素（多糖）为主的大型水生植物，这类物质降解时不能向水体提供大量无机硫（S^{2-}），从而限制了 FeS 的生成，仅主要依靠下部底泥表层转化和释放来的 S^{2-}，所以产生的黑度较低（申秋实等，2014）。淀粉可以促进 Fe（Ⅲ）还原成 Fe（Ⅱ），并且还原能力随着淀粉的浓度增加而增强（易维洁，2007）。因此，淀粉和纤维素虽然自身几乎不含硫，但可促进硫酸盐还原菌和铁还原细菌繁殖（Fleming et al，2006），有益于 Fe^{2+} 的还原和累积。虽然在有底泥存在下具有多糖性质的纤维素和淀粉也可以造成（草源性）湖泛，但与具有同等质量蛋白质性质的藻体相比，所产生的显黑物质的含量一般较低（Rusch et al，1998）。

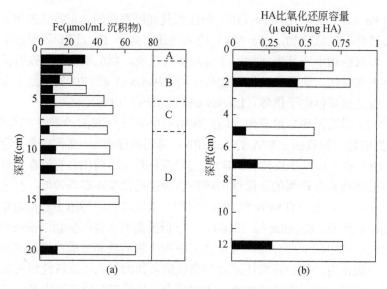

图 8-11　不同沉积物层中提取的具有氧化还原代表能力的物质含量

引自 Kappler 等（2004）。（a）黑为 Fe（III）、白为 Fe（II）；（b）黑为氧化性腐殖酸、白为还原性腐殖酸

8.3.3　SRB 参与下不同腐败藻体与湖泛形成关系

据分析（李克朗，2009；范良民，1999），野生蓝藻干粉主要成分含量分别约为粗蛋白 40.45%、藻多糖 5.00%、粗脂肪 0.26%、灰分 9.60%、水分 10.30%，其他有机物含量极低。蓝藻藻体也是沉积物中有机物的主要来源，可为多种微生物的繁殖提供物质基础。在有或无藻类聚集的水体，硫酸还原菌（SRB）对致黑致臭物形成的作用差别显著（参见 8.2 节）。藻体的聚集量固然与湖泛形成的难易程度有关，但藻体的新鲜程度同样也是影响湖泛发生的关键问题，其中低氧环境下的微生物作用不可忽视。藻体的鲜活程度对湖泛形成的影响研究已经表明，死亡藻体的聚集更容易诱发或促进湖泛的发生（见表 2-5）。对于相同藻体聚集量，如果聚集时间（或藻体腐败程度）不同，藻体作为生物质的主要提供者，微生物作用的结果存在多大差异，其结论可为藻源性湖泛的发生过程和预警提供更详细的信息。

1. 藻体腐败程度对 Fe^{2+} 形成的影响

取自太湖蓝藻（鲜藻），4000 r/min 离心 5 min 至含水率 94.979%，于 30℃生化培养箱腐化 0～14 d，分别模拟藻体腐败分解程度。取太湖灭菌（121℃，30 min）底泥和在 30℃下密闭培养 8 天的硫酸还原菌（SRB118）为底质和微生物材料，分析不同培养时间（腐化）下水体中 Fe^{2+} 含量的变化（图 8-12）。

由图 8-12 可见，在 SRB 和灭菌底泥参与下不同腐化时间的藻体在 3 周的培养过程中，均表现 Fe^{2+} 含量明显高于对照。从藻体的新鲜程度所产生的 Fe^{2+} 效应而言，大致反映藻体越新鲜，所获得的 Fe^{2+} 含量越高。比较腐化时间较短（0～8 d）、分解程度较低的藻体，体系中产生的 Fe^{2+} 浓度较高；而添加腐化时间较短（10～14 d）、分解程度较高的蓝藻，培

养体系中产生的 Fe^{2+} 浓度则较低（冯紫艳，2013）。其中刚离心处理的藻体（0 d）在第 10 天就已使得水体 Fe^{2+} 含量接近 10 mmol/L（对照样为 0.2 mmol/L）。随着腐败时间延长至第 12～14 天时，水体 Fe^{2+} 含量的下降至 0.5 mmol/L，甚至接近于对照样。这一研究结果反映，在纯 SRB 微生物存在下，藻体的腐败时间越长，体系所能贡献的 Fe^{2+} 含量可能越少。

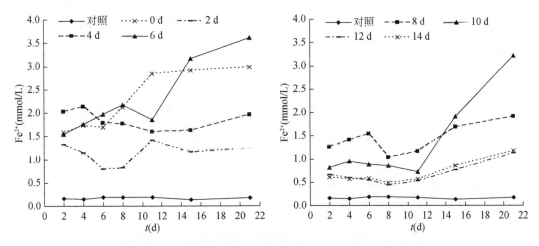

图 8-12　SRB 参与下不同腐化时间藻体与水体 Fe^{2+} 含量关系

2. 藻体腐败程度对 S^{2-} 形成的影响

图 8-13 反映的是 SRB 参与下不同腐化时间藻体与水体 S^{2-} 含量的关系。在同为添加 SRB 菌和灭菌底泥环境，培养 3 周的过程中，与 Fe^{2+} 的结果相似，腐化处理的藻体所产生的 S^{2-}，其浓度均远高于对照样。但是，不同腐败时间的蓝藻处理系统所产生的 S^{2-} 浓度所存在的差异，没有 Fe^{2+} 浓度那样差异明显。除藻体腐化处理 0 d 和 4 d 外，其他所有藻体腐败处理系统所释放达到的 S^{2-} 浓度，几乎差别不大；大约在 4～8 d 后，含量普遍在（0.4±0.1）mmol/L 左右。添加 0 d 腐败蓝藻的样品 S^{2-} 浓度较高，在第 6 天达到极大值 0.787 mmol/L；其次则是添加 4 d 腐败蓝藻处理的样品在第 6 d 达到极大值 0.742 mmol/L；添加腐败时间较长（6～14 d）的蓝藻处理的样品表现出较低的 S^{2-} 浓度，而且最大值多出现在第 8 d 以后（图 8-13）。

藻体中含有少量的脂肪、核酸、其他多种功能的有机分子以及微量元素（其中包括含硫氨基酸等），为微生物的繁殖提供物质基础。该实验结果说明，藻体腐败在渡过初始期后，腐败藻体的继续降解，对体系氧含量（或氧化还原电位）的降低的作用已相差不大，使得 SRB 对系统中硫还原的促进作用或产 S^{2-} 效率已有所减弱。另外对底泥而言，也可能因高效的藻体腐败时间已结束，继续进行的藻体降解，已不能造成底泥中更多的硫被 SRB 或其他厌氧微生物还原转化进入水体。

铁在湖泊或者海洋沉积物中都是充足的，但是相比于海洋，硫在淡水沉积物中则相对缺乏（Yin et al.，2008；刘国锋等，2009b）。长江口外海中硫酸根含量约为 2680 mg/L（27.91 mmol/L）（陈学政等，1999b），淡水中可利用的 SO_4^{2-} 浓度较低，约 0.05～0.450 mmol/L，远远低于海洋中的含量。而在高有机负荷的淡水湖，SRB 更容易产生酸性挥发性硫化物（Rees et al，2010），从而促进水体产生臭味物质和黑色硫化物，正如实验中看到的 Fe^{2+}

浓度总是高于 S^{2-}，因此与 Fe^{2+} 比较而言，硫就可能成为湖泛的限制性因素。而湖泊中可利用的硫主要是有机硫和游离的 SO_4^{2-}，有机硫主要来源于酯类硫和碳结合硫（Luockgea et al，2002）。虽然 SRB 的存在，在水体致黑致臭物的形成中具有重要作用，但是这种作用的内在机制如何，以及除 SRB 作用外，其他微生物种类是否也具有较重要的作用等，仍需深入探究。

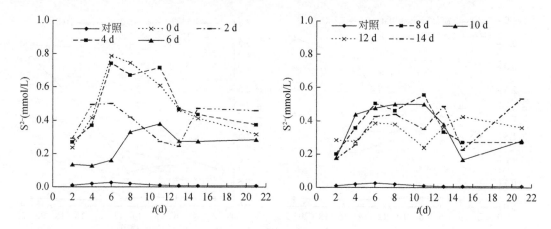

图 8-13　SRB 参与下不同腐化时间藻体与水体 S^{2-} 含量关系

3. 产甲烷菌和硫还原细菌对 VSCs 产生的影响

底泥中微生物的活动对淡水生态系统中挥发性硫化物的产生具有重要的作用（Franzmann et al，2001）。 在藻源性湖泛发生过程中，蓝藻死亡降解过程消耗大量溶解氧，使得水体和沉积物处于厌氧环境。在这种环境下，沉积物中主要有两类微生物：产甲烷菌和硫酸盐还原菌（SRB）。其中，SRB 能将 SO_4^{2-} 还原成 S^{2-}，也可以将有机硫降解为挥发性硫化物（VSCs）。溴乙基磺酸钠（BES）和钨酸钠（Na_2WO_4）分别作为产甲烷菌和硫酸盐还原菌（SRB）的抑制剂，向培养系统添加微生物抑制剂分析底泥中微生物对 VSCs 产生影响的结果表明，底泥中微生物对湖泛中 VSCs 的产生具有重大影响，添加甲烷菌抑制剂（BES）能使 MeSH 和 DMS 含量增加，而添加 SRB 抑制剂则使 MeSH 和 DMS 含量减少（图 8-14）。

体系培养 15 h VSCs 总量为 2408 μg/L，添加 SRB 抑制剂溶液，培养体系的 VSCs 总量为 2129 μg/L；添加甲烷菌抑制剂的培养体系 15 h 后 VSCs 总量为 3520 μg/L。这些实验结果表明，SRB 对挥发性硫化物的产生有促进作用，而产甲烷菌却正相反有呈抑制状态。这可能是因为 SRB 促进 SO_4^{2-} 还原，增加 H_2S 的含量，而产甲烷菌则对挥发性有机硫化物产生过程中的甲基化有一定阻碍作用。

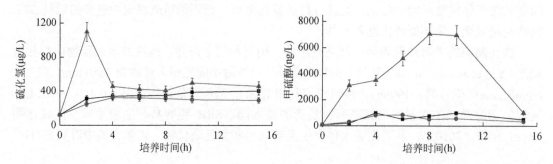

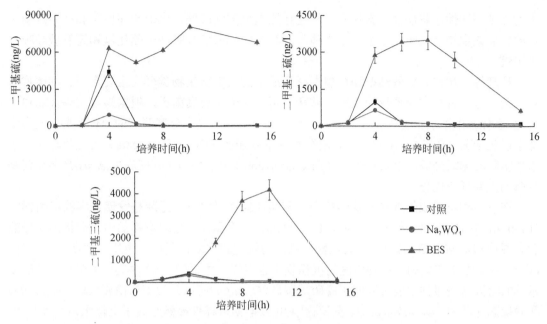

图 8-14 添加微生物抑制剂对藻源性湖泛中 VSCs 产生的影响

8.3.4 湖泛形成中的关键微生物类群

细菌是湖泊生态系统中的主要分解者，在物质循环和能量流动中起着重要作用，其数量和群落结构的改变都会显著影响整个微食物网的结构及系统中的物质循环和能量流动过程。在水体或沉积物中，氧化还原电位基本决定了哪些种类的微生物的存在活性及依附的呼吸元素和产物（图 8-15）。

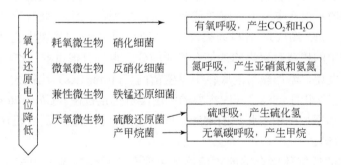

图 8-15 氧化还原电位与微生物关系

当湖体或底泥中氧化还原电位降低，各种微生物也随之发生变化，依次存活的微生物种类为好氧微生物、微氧微生物、兼性微生物和厌氧微生物。在氧气充足的水体或浅水湖泊的表层沉积物，有较高的 E_h 值，在耗氧微生物和硝化细菌等的有氧呼吸下，使得有机碳、氨氮等产生 CO_2、H_2O 和 NO_3^--N；随着 E_h 降低，微氧微生物形成主体，反硝化细菌进行氮呼吸，产生亚硝氮（NO_2^--N）和氨氮（NH_3-N）；E_h 进一步减少，以铁锰还原细菌的兼性微生物出现高活性，将铁锰元素还原；氧化还原电位继续降低，以硫酸还原菌和产甲烷菌为主的厌氧微生物活性明显增强，在水体和沉积物中形成硫呼吸产生硫化氢和无氧碳呼吸产生甲烷。

邢鹏等（2015）曾就藻型和草型湖泛形成中的关键微生物类群（主要真菌、细菌群落和古菌群落）进行过较系统的文献总结和分析。对于主要真菌类，根据郑九文等（2013）在泥-水体系中添加植物残体以及 Chen 等（2010b）在围隔内分解藻华的原位实验，证实水体中以担子菌（Basidiomycota）、表层沉积物中以壶菌（Chytridiomycota）为优势种参与了水生植物的无氧分解，以及担子菌（Basidiomycota）中的 *Bannoa hahajimensis* 是参与蓝藻分解的主要真菌优势种。

在参与湖泛形成的细菌群落结构中，硫酸还原菌（SRB）无疑是发现最多的细菌群落（Li et al，2011；Feng et al，2014）。Li 等（2011）在湖泛发生现场样品中，分析出大量的脱硫弧菌（*Desulfovibrio*）序列，其在整个湖泛的维持和水质恢复过程中均是主要的优势种。Feng 等（2014）在太湖湖泛发生区的沉积物中也发现了大量的 SRB 序列，系统发育分析显示（图8-1），这些序列主要可以归于脱硫球菌属（*Desulfococcus*）、脱硫杆菌属（*Desulfomonile*）和脱硫念珠菌属（*Desulfonema*）。沉积物中 SRB 群落多样性显然是高于上覆水体，由于 S^{2-} 相对于 Fe^{2+} 在水体中含量低得多，因此沉积物中 SRB 和有机质的反应使硫还原是导致湖泛形成的最主要微生物作用过程之一。不仅在沉积物中，在一些缺氧水体中硫酸盐作为电子受体的甲烷氧化反应同样也可以发生（Plugge et al，2011），其类群多样的系统发育和生理生态特征，使得它们可以利用不同类型的有机物质（Leloup et al，2009）。

梭菌（*Clostridium*）序列在对藻源性湖泛的现场监测以及蓝藻水华分解模拟的原位实验中，也是经常且可大量检测到的水体微生物菌群。Li 等（2011；2012）针对太湖微囊藻水华诱发的湖泛区分析了水柱中的细菌（包括浮游细菌和颗粒附着细菌）群落结构。结果反映梭菌也是低氧水体的优势种群。不仅如此，模拟研究显示厌氧条件下藻源性有机质的分解转化中，梭菌不仅在丰度上占绝对优势（～75%克隆序列），而且存在多个全新的系统发育类群（Xing et al，2011），各梭菌类群在蓝藻的分解过程中呈现出交互占优势的动态变化。另外，底泥中的梭菌对聚集的外部有机质的分解也具有很重要的作用。Wu 等（2014）通过高通量测序发现，添加藻粉的底泥中厚壁菌门（Firmicutes）比例大幅上升，从空白对照的 2%提高到处理组的 49%。其中主要的细菌类群也是梭菌（*Clostridium*），反映底泥中的梭菌对蓝藻水华添加产生了强烈的响应，同时也指示梭菌在湖泛有机质分解过程中的作用（邢鹏等，2015）。

与湖泛形成的低氧环境有关的古菌群落主要有产甲烷古菌和甲烷厌氧氧化古菌两大类。在太湖湖泛易发滨岸区，多见有以芦苇为主的挺水植物群丛分布，此类生物分布区极易对漂浮来的水华蓝藻形成捕获，其消纳方式就是腐烂分解，继而会在岸带浅水区形成甲烷的释放（Wang et al，2006）。自然界中的产甲烷过程主要由产甲烷古菌完成。Xing 等（2012）研究显示蓝藻水华的厌氧分解过程能够产生甲烷，产甲烷古菌中主要的优势类群是甲烷微菌（Methanomicrobiales）和甲烷杆菌（Methanobacteriaceae），而且甲烷杆菌在较高温度下的优势度更为明显。Fan 等（2014）通过室内模拟实验探讨了沉积物中的古菌群落对蓝藻水华沉降的响应，结果显示产甲烷菌主要属于甲烷杆菌目。甲烷的厌氧氧化过程需要电子受体的参与，对于湖泛过程，甲烷的厌氧氧化很可能与硫酸盐还原过程耦合，代谢产物 HS⁻可能为 FeS 等发黑物质的产生提供了条件（邢鹏等，2015）。在对蓝藻水华的厌氧分解研究中，Xing 等（2012）获得了部分来自甲烷八叠球菌（*Methanosarcina*）的序列，而且在 35℃条件下该类群的比例明显增加。

湖泛发生阶段不仅对微生物的数量产生影响，甚至改变着种群多样性和发生了新的菌群。王博雯（2014）对太湖千子港岸边的 5 组样品主要细菌种类分析显示，发现放线菌门的有 434 种菌属，但在湖泛最为严重的测点（5#）仅发现 72 个属，而且种类的多样性也减少，但是拟杆菌门和β-变形菌纲（β-Proteobacteria）在发生湖泛的区域中其种类的多样性升高。湖泛的发生不仅仅是减少了一些细菌种类，也出现了一些非湖泛区域水体中在不存在的细菌种类。比如可产生一些酸性代谢产物的新厌氧菌甚至是在特殊生境下的新菌群，如极端干旱、高温、高盐的罗布泊盐湖沉积物和云南某盐矿中提取出的细菌群落组成等（王博雯，2014）。虽然实际观察的太湖湖泛发生的最大持续时间仅 16 天左右，但由于湖泛会造成包括厌氧指标在内的许多水环境参数出现极端值（陆桂华和马倩，2009），这些可能是造成特殊生境下新菌群出现的主要原因。

为深入研究湖泛对 SRB 活性和组成的影响，以及 SRB 与其他细菌之间的相互作用，Chen 等（2022）对太湖湖泛水域的表层沉积物，通过硫酸盐消耗随时间的线性回归确定了水柱中的硫酸盐还原率（SRR），应用 Illumina 基因测序和 qPCRs 实时定量聚合酶链反应，分别获得了 SRB 种群和 SRB 群落结构。数据表明，在湖泛发生期间尽管表层沉积物 SRB 丰度较高，但底层水中和表层水中的 SRR 也较高。并发现脱硫菌和脱硫弧菌是湖泛发生期间水柱中 SRB 的两个主要属；湖泛水域和未发生对照区的沉积物中都出现了脱硫球属、脱硫杆菌属和脱硫弧菌属，并与沉积物中细菌总数相关联，反映 SRB 与其他细菌之间的互利共生关系。Zhang 等（2022）使用高通量 16S rRNA 基因扩增子测序，测定了湖泛发生和恢复期上覆水和沉积物中细菌群落的组成、多样性和功能变化。发现在水体黑臭形成中，上覆水中既有参与难降解有机物降解的食酸菌属（*Acidovorax*）、短波单胞菌属（*Brevundimonas*）、极小单胞菌属（*Pusillimonas*）和伯克霍尔德菌属（*Burkholderia*），以及与产生黑臭物质有关的脱硫弧菌属、脱氯单胞菌属和根瘤菌属等。

关于湖泛过程中微生物的研究成果还较少，虽然初步探讨了一些起主要作用的细菌在湖泛形成中的行为，以及与致黑物和致臭物产生之间的关联性，但远未达到对细菌之间互作关系的理解程度，因此细菌参与的致黑致臭形成机制尚待做更广泛和深入的研究。

第 9 章　湖泛生消过程氧化还原体系时空变化

天然水的基本化学成分和含量，反映了它在不同自然环境循环过程中的本底物理化学性质，但当水体内部发生与生态环境有关的灾害性事件后，其物理化学性质将发生较大甚至巨大变化。在受影响的水体性质中，氧化还原状态（或氧化还原体系）的变化最为明显。藻源性湖泛是湖泛事件中最常见的灾害类型。藻体和沉积物中有机物的生物降解过程，以及藻体和底泥在水柱上下两端（水体上下层）相对集中的分布，必然影响湖泛生消过程氧化还原体系和性质在时间和空间上的变化，这种时空变化集中地反映在对水体氧含量（DO）和氧化还原电位（E_h）特征指标的控制上，其中缺氧和厌氧状态给水体生态系统带来的危害性较大。

水体缺氧（hypoxia，oxygen depletion）现象广泛存在于海洋的近岸带、海湾和河口，以及内陆水体的湖泊、水库、沼泽、河流等开放性水域中，它是指水体中的溶解氧已降低到对系统中大多数生物体不利存活的现象（Diaz and Rosenberg，2008）。根据溶解氧含量的多少，人们一般将缺氧性水体分为缺氧（hypoxia≤2 mg/L）、严重缺氧（severe hypoxia，≤1 mg/L）和厌氧（anoxic，≤0.2 mg/L）三类（Hagy，2004）。水体的缺氧对生态环境的破坏作用十分巨大。以古氧相（paleo-oxygenation facies）划分（Li et al，2012），水体溶氧量大于 1 ml/L 为富氧（aerobic），钙质壳生物勉强生长；溶氧量小于 0.1 ml/L 为厌氧（anaerobic），后生动物消失；溶氧量在 0.1~1 ml/L 为贫氧（dysaerobic），仅可发育以软体为主的生物群。天然水体的缺氧和厌氧意味水中含有较高的有机质或还原性物质组分，还原性物质的大量存在将控制水体溶解氧及氧化还原电位，并可能主导水体中化学物质的反应类型和进程。

湖泛形成过程中最主要的环境效应就是产生以 FeS 为主要致黑物的金属硫化物，以及以二甲基硫化物和硫化氢为主的致臭物，使湖水变成黑臭水体。陆桂华和马倩（2009）曾对 2008 年 5 月 26 日~6 月 10 日在太湖无锡宜兴近岸水域发生的湖泛，以"时有气泡冒出，水体浑浊，颜色为浆褐色，有清晰的界限，并伴有似下水道恶臭和硫化氢的气味，湖面漂有以湖鳅为主的死鱼"等进行了描述。湖泛发生期水质综合类别评价全为劣 V 类，透过这些相对极端的污染现象，背后往往隐含着关系复杂的氧化还原系统影响和控制机制。另外，湖泛的消失或缺氧过程的消退是湖泛生消过程中不可缺少的阶段，它使得黑臭现象的消除和水质状态的回复，使得体系回到藻类聚集前的状态，闭合湖泛生消的全过程，这一过程同样也涉及氧化还原体系的变化，是湖泛生消过程完整化中的重要一环。

9.1　湖泛形成氧化还原状态及生消阶段反应过程

湖泛是指在适当的气象和地形等条件下，富营养湖泊局部水域因长时间聚积大量藻体或水草等生物质，在微生物和底泥参与下，形成边界可辨、散发恶臭的可移动黑色水团，并导致水质恶化和一些生物死亡的极端污染现象（范成新，2015）。参与湖泛形成的主要组分是可变价态的元素，这些元素在氧化还原系统状态控制下发生相关反应，因此湖泛的实质，就是在溶解氧（或氧化还原电位）控制下，以功能微生物降解有机质驱动的 C、S 和 Fe 的元素生物地球化学过程。在氧化还原电位控制下，湖泛生消阶段的氧化还原反应主导着体系的生态环境效应和灾害的形成和消退过程。

9.1.1　湖泛形成过程中溶解氧及氧化还原电位变化

单纯的现场调查还难以对湖泛现象进行再现。2008 年 6 月中国科学院南京地理与湖泊研究所首次在室内采用大型再悬浮发生装置，模拟出梅梁湾水深 1.8 m 泥-水系统藻源性湖泛现象（刘国锋，2009）。发现在鲜藻 1.05 g/cm^2 聚积程度、中等风速（3～4 m/s）和水温 25℃下，水柱下层水体不到 2 d 即进入缺氧（DO＜2 mg/L）状态，第 4 天表层有臭味散发，第 5 天水柱下部有灰褐色（湖泛现象）出现。

为精细掌握藻体稳定聚集状态下沉积物对水底 DO 含量变化的影响，刘国锋等（2009b）曾在加藻后以每 5 分钟一次，跟踪测量了竺头渚沉积物-水界面 DO 含量随时间变化（图 9-1）。

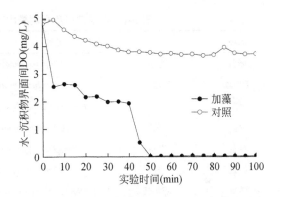

图 9-1　藻源性湖泛静态模拟中水底溶氧含量变化

结果发现，在加入并覆盖高量藻细胞到沉积物表面处仅 50 min 后，水体中的 DO 从起始的 4.8 mg/L 下降到接近零，而对照柱样的 DO 含量则降低很少（约 1 mg/L）。在这一过程中，沉积物-水界面经历了一个从好氧-缺氧-厌氧的急剧转变过程，使沉积物表面进入厌氧、强还原环境。在较高的温度作用下，各种生物及藻细胞的新陈代谢活动都大大增强，界面处沉积物中部分有机质的矿化分解也要消耗氧气，藻细胞的呼吸和新陈代谢及有机质的协同作用，使得水体中溶氧消耗大大加快。而在对照组中，虽然受到水-沉积物中生物和有机质矿化的影响，微界面处 DO 含量稍有下降，但其总的浓度变化趋势比较平稳，即使经过 12 h，DO 的变化幅度也不大。这说明大量藻细胞是水-沉积物界面处 DO 快速消耗殆尽的最主要驱动因素。

藻源性湖泛爆发时，有机物质在微生物和化学氧化作用下水底 DO 的消耗是极为快速的。图 9-1 虽是来自实验室的静态模拟结果，但 DO 含量从约 5 mg/L 到接近零仅用了 50 min。如果再加以气象因子（如突发降温、低气压、阴雨天气等）叠加影响，水体 DO 含量还可能受到进一步的抑制；极端情况下，静水高密度聚藻区 DO 含量在 1 h 之内由正常降至零含量也是有可能发生的。

湖泛爆发造成水体 DO 含量的快速下降，对湖泊中鱼虾类的威胁是直接和巨大的，鱼类"浮头"可能是湖泛发生前视觉可察觉的唯一现象。野庆民和吴秀芹（1999）曾对山东省德州市区泛塘死鱼时溶解氧的临界值进行了分析，当 DO 降到 1.8～2.2 mg/L 时，鲤科鱼类出现轻微浮头；1.2～1.8 mg/L 时严重浮头；0.7～1.0 mg/L 时出现死亡，到达窒息点。从太湖湖泛现场调查多次观察到的照片［参见图 1-1（e）］和文字记载（陆桂华和马倩，2009；陆桂华和张建华，2011）看，湖泛爆发区出现死亡鱼类漂浮，非湖泛区则没有此类现象。

　　太湖水体中生长有鱼虾蟹类数十种水产品，仅经济鱼类就有 20 多种。何志辉等（1983）曾分析和统计了不同水产品种类对水体溶解氧含量的适宜范围、发生浮头和窒息死亡时的溶解氧阈值，本书参照相关品种的溶解氧范围和阈值，列出太湖常见鱼虾蟹类水产所需溶解氧含量范围和阈值（表 9-1）。由表 9-1 可见，太湖常见鱼类生长的溶解氧适宜范围在 5 mg/L 左右，开始浮头时的 DO 含量多在 1.0～1.8 mg/L 之间，窒息死亡时 DO 含量虽差异较大，但基本都在 0.8 mg/L 以下。

表 9-1　太湖常见鱼虾蟹类水产所需溶解氧含量范围　　　　（单位：mg/L）

品种	太湖常见品种		适宜范围	开始浮头	窒息死亡
鳜鱼	鳜鱼	*Siniperca chuatsi*	6～8	1.5	0.8
大口鲇	鲇	*Parasilurus asotus*	6～9	1.4	0.7
鲢	鲢	*Hypophthalmichthys molitrix*	5.5～8	1.75	0.6
鳙	鳙	*Aristichthys nobilis*	4～8	1.55	0.4
草鱼	草鱼	*Ctenopharyngodon idellus*	5～8	1.6	0.5
鲤鱼	鲤	*Cyprinus carpio*	5～8	1.5	0.3
鲮鱼	湘华鲮	*Sinilabeo decorus tungting*	4～8	1.6	0.5
（日本）鳗	鳗鲡	*Anguilla japonica* Temninck et Schlegel	4～9	1.4	0.6
长吻鮠	长吻鮠	*Leiocassis longirostris* Günther	5～7	2.8	1.5
团头鲂	团头鲂	*Megalobrama amblycephala*	5.5～8	1.7	0.6
梭鱼	梭鱼	*Mugil soiuy* Basilewsky	5～8	1.8	0.4
鲫鱼	鲫鱼	*Carassius auratus*	4～5	1.0	0.1
鳅	泥鳅	*Misgurnus anguillicaudatus*	4～5	0.16（肠呼吸）	—
鲚	太湖梅鲚	*Coilia ectenes taihuensis* Yen et Lin	>4.5	—	—
银鱼	太湖短吻银鱼	*Neosalanx tangkahkeii taihuensis* Chen	5.3～10.8	—	—
沼虾	日本沼虾	*Macrobrachium nipponense*（de Haan）	7～9	1.5	0.5
河蟹	河蟹	*Eriocheir sinensis*	>5	2.5	1.5

　　注：表中的适宜范围、开始浮头和窒息死亡的溶解氧参数，主要引自何志辉等（1983）；泥鳅、太湖湖鲚、太湖短吻银鱼参数通过互联网查阅。

　　图 9-1 是高藻量、静态等极端条件下沉积物-水界面附近的水底 DO 含量变化，其结果仅作为参考。实际湖泊水体在风和湖流等影响下具有一定运动性（太湖水面风速约 3～4 m/s），而且 DO 含量值的采集位置一般是在距表层 0.5 m 处水体。为模拟湖体实际动态特征，Shen

等（2013）在湖泛易发区太湖西岸八房港沉积物-水系统中加入 47.5 g/柱鲜藻，于（28±1）℃和中等风情影响下，三平行进行湖泛模拟。从表层水体 7 天的 DO 等物理性质高频测定结果中可以看出，湖泛模拟处理水柱中 DO 含量的变化从约 6.5 mg/L 下降到 3.3 mg/L 仅用了约 1 d，到 1.8～2.0 mg/L 约 3～4 d，大致第 5.5～6 d 时 DO 含量接近于零（图 9-2）。

将表 9-1 中的各种水产品开始浮头、窒息死亡时的 DO 阈值含量，与图 9-2 太湖八房港动态模拟的 DO 含量变化过程进行对照可以看出，在藻体大量聚集后约 3～4 d，水体 DO 含量基本已降至太湖多数鱼类开始浮头时的 DO 阈值（1.0～1.8 mg/L）上限。据 Zhang 等（2016）和王成林等（2011）等研究，太湖湖泛的发生大多伴有气象因子（如突发降温、低气压、阴雨天气等）的变化，因此当大量藻体聚集至约第 3～4 d 时，聚藻区鱼类发生浮头现象应已发生。继续持续到第 5.5～6 d，此时上层水体 DO 含量已接近于零，湖泛发生。中国鲤科鱼是我国淡水中常见的鱼类，其绝对临界游泳速度（U_{crit}）分布范围在 22.8～144 cm/s（0.82～5.18 km/h），相对临界游泳速度分布范围在 2.54～15.65 BL/s。太湖湖泛平均每次发生面积为 2.1 km^2（见表 1-4），若为圆形则为半径 818m 的圆；若一边宽为 1 km 的长方形，则另一边长为 2.1 km。

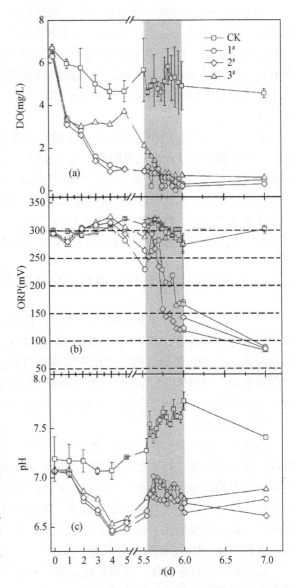

图 9-2 太湖八房港水域湖泛模拟水柱中 DO、E_h 和 pH 变化

以 3 次完全跑错方向和中国鲤科鱼最小游泳速度（0.82 km/h）计算，理论上正常鱼类可在 7.68 h 内，即可逃离低氧区进入 DO 含量较高的安全水域。这对于按天计算的 DO 变幅而言，逃离低氧危险区时间应该是足够的。但可能由于鱼类的品种、体长、年龄、体质等差异和游泳路线错误等，在湖泛实际现场仍能看到漂浮的死亡鱼类［图 1-1（f）］。第 1 章中图 1-23 示意了湖泛即将和（或）发生时鱼类逃离和死亡时的场景。另外，不同鱼类种类的耗氧率、开始浮头和窒息死亡的 DO 临界值不同，即使同一品种不同个体鱼类的上述参数也会有很大差异。虽然有这些差异的存在，但如果在湖岸聚藻水域观察到鱼类有较高频率的浮头现象时，则基本可判断湖体已具有较大的湖泛发生风险。

　　虽然用 DO 大幅度下降可指示水体湖泛发生信息和发生时段的氧含量变化［图 9-1 和图 9-2（a）］，但当 DO 含量低至接近或持续在零含量程度时，体系的氧化还原状态已无法通过水柱溶解氧（DO）来精细描述。在有缺氧和厌氧变化的湖泊水体中，溶解氧作为接受转移电子的氧化剂仅仅是系统缺氧早期消耗较明显的电子接受体，实际上在厌氧甚至还在缺氧状态时，其他氧化剂也在接受电子而被还原，而这些过程已难以采用 DO 的变化来精准反映。

　　对比湖泛形成过程中的第 5.5～6 d 的相对狭窄时段 DO 和 E_h 变化可以看出（图 9-2），3 个平行处理的 DO 含量差别极小，几乎难以分辨，而 E_h 的线型却拉得较开，E_h 值变化差异极大。另从图 9-2（b）精细的平行线型可以看出，对照样（CK）的 E_h 全程都很稳定，在 300 mV 左右；3 个平行样在湖泛模拟初期（0～5.5 d）与湖泛形成后（6～7 d）的数值和变化都比较一致，但在狭窄的第 5.5～6 天之间，2#柱样最早发生湖泛，比 3#柱样约提前了 0.5 d。这种视觉上湖泛形成时间的差异却可以在氧化还原电位变化上得到较精细的验证。

9.1.2　湖泛形成中的氧化还原自由电子体系

　　就化学本质而言，水体中的光合作用、化能合成作用和呼吸作用都是生物的氧化还原反应。水体中天然存在着化能自养菌和异养细菌，化能自养菌可使水体中无机物质氧化而获得能量，将 CO_2 还原而得到能用于组建自身细胞组织所需的有机物；异养细菌则靠摄取水中有机物并通过氧化有机物（即呼吸作用）而达到同样目的。由于藻源性湖泛易发区水体中有大量的死亡藻体有机物，在呼吸作用过程中被降解，所以这一反应对水体氧化还原系统的依赖性非常大。

　　藻源性湖泛水体氧化还原系统或电位的建立和确定，主要是来自细菌对有机物的降解过程。细菌的呼吸过程由细菌细胞内部的各种氧化还原酶和一系列辅酶加以催化完成，被细菌所摄取的藻源性有机物，经降解的后期产物是生成各种有机酸。在湖泛形成初期的有氧条件下，可直接达到无机化分解水平，其最终产物是 CO_2、H_2O、NO_3^-、SO_4^{2-} 等。在缺氧环境下，则进行反硝化、反硫化、甲烷发酵、酸性发酵等过程，其最终产物除 CO_2、H_2O 外，还有 NH_3、H_2S、CH_4、有机酸、醇类等。

　　这些物质的价态变化，都强烈地受到水柱和沉积物中有机质生物降解中电子（e）提供的影响。在自然水体中，氧化的上限：

$$H_2O \Longrightarrow \frac{1}{2}O_2 + 2H^+ + 2e^- \qquad E^0 = 1.23 \text{ V}(p_{O_2} = 1)$$

$$E = E^0 + (0.059/n) \cdot \lg K$$

$$E = 1.22 - 0.059\text{pH}$$

　　还原的上限：

$$H_2 \Longrightarrow 2H^+ + 2e^- \qquad E^0 = 0.00 \text{ V}(p_{H_2} = 1)$$

$$E = E^0 + (0.059/n) \cdot \lg K$$

$$E = -0.059\text{pH}$$

但实际水体中，若某个单体系的含量比其他体系高很多，则此时该单体系电位几乎等同于混合复杂体系的决定电位，从电化学的含义来看，这个水体电位就是电子活度负对数 pE（$=-\log[e^-]$）。即较低的 pE 值表明环境具有较强的还原能力与趋势，而较高的 pE 值表明环境具有较强的氧化能力与趋势。在湖泛生消过程中，系统会出现一系列氧化还原平衡反应，对 $Ox+ne \rightleftharpoons Red$ 反应的能斯特方程：

$$E=E^0+\frac{2.303RT}{nF}\lg\frac{[Ox]}{[Red]} \tag{9-1}$$

可以电子活度方式表示：

$$pE=pE^0+\frac{1}{n}\lg\frac{[Ox]}{[Red]} \tag{9-2}$$

虽然在典型的化学体系中不存在自由电子，但 pE 值提供了一个测定实际水体氧化性或还原性的方法，而且天然水系统中电子活度可在 20 多个数量级范围内变化，使用 pE 参数可大大简化数字计算。E^0 与反应平衡常数 K 及反应自由焓变 ΔG^0 之间存在 $\Delta G^0=-nE^0F$ 和 $\Delta G^0=-RT\ln K$ 关系。涵盖湖泛氧化还原环境，自然水体中常见重要氧化还原反应的 pE 值见表 9-2 所示。

表 9-2　环境水体中常见重要氧化还原反应的 pE 值（25℃）

	反应	pE^0	pE^0（w）
1	$\frac{1}{4}CH_2O+H^++e \rightleftharpoons \frac{1}{4}CH_4(g)+\frac{1}{4}H_2O$	+20.75	+13.75
2	$\frac{1}{5}NO_3^-+\frac{6}{5}H^+(w)+e \rightleftharpoons \frac{1}{10}N_2(g)+\frac{3}{5}H_2O$	+21.05	+12.65
3	$\frac{1}{2}MnO_2(s)+\frac{1}{2}HCO_3^-(10^{-3})+\frac{3}{2}H^+(w)+e \rightleftharpoons \frac{1}{2}MnCO_3(s)+H_2O$	—	+8.5
4	$\frac{1}{2}NO_3^-+H^+(w)+e \rightleftharpoons \frac{1}{2}NO_2^-+\frac{1}{2}H_2O$	+14.15	+7.5
5	$\frac{1}{8}NO_3^-+\frac{5}{4}H^+(w)+e \rightleftharpoons \frac{1}{8}NH_4^++\frac{3}{8}H_2O$	+14.90	+6.15
6	$\frac{1}{6}NO_2^-+\frac{4}{3}H^+(w)+e \rightleftharpoons \frac{1}{6}NH_4^++\frac{1}{3}H_2O$	+15.14	+5.82
7	$\frac{1}{2}CH_3OH+H^+(w)+e \rightleftharpoons \frac{1}{2}CH_4(g)+\frac{1}{2}H_2O$	+9.88	+2.88
8	$\frac{1}{4}CH_2O+H^+(w)+e \rightleftharpoons \frac{1}{4}CH_4(g)+\frac{1}{4}H_2O$	+6.94	−0.06
9	$FeOOH(s)+HCO_3^-(10^{-3})+2H^+(w)+e \rightleftharpoons FeCO_3(s)+2H_2O$	—	−1.67
10	$\frac{1}{2}CH_2O+H^+(w)+e \rightleftharpoons \frac{1}{2}CH_3OH$	+3.99	−3.01
11	$\frac{1}{6}SO_4^{2-}+\frac{4}{3}H^+(w)+e \rightleftharpoons \frac{1}{6}S(s)+\frac{2}{3}H_2O$	+6.03	−3.30
12	$\frac{1}{8}SO_4^{2-}+\frac{5}{4}H^+(w)+e \rightleftharpoons \frac{1}{8}H_2S(g)+\frac{1}{2}H_2O$	+5.57	−3.50
13	$\frac{1}{8}SO_4^{2-}+\frac{9}{8}H^+(w)+e \rightleftharpoons \frac{1}{8}HS^-+\frac{1}{2}H_2O$	+4.13	−3.75

续表

反应	pE^0	pE^0（w）
14　$\frac{1}{2}S(s)+H^+(w)+e\Longleftrightarrow\frac{1}{2}H_2S(g)$	+2.89	-4.11
15　$\frac{1}{8}CO_2+H^+(w)+e\Longleftrightarrow\frac{1}{8}CH_4+\frac{1}{4}H_2O$	+2.87	-4.13
16　$\frac{1}{6}N_2(g)+\frac{4}{3}H^+(w)+e\Longleftrightarrow\frac{1}{3}NH_4^+$	+4.68	-4.65
17　$H^+(w)+e\Longleftrightarrow\frac{1}{2}H_2(g)$	0.0	-7.0
18　$\frac{1}{4}CO_2(g)+H^+(w)+e\Longleftrightarrow\frac{1}{4}CH_2O+\frac{1}{4}H_2O$	-1.20	-8.20

　　天然水体中存在着大量的氧化还原反应，不同性质的水体往往具有不同的氧化还原电位（E_h），一般介于-600~600 mV 之间。另外，受控于 CO_3^{2-}-HCO_3^--CO_2 系统，天然水体的 pH 值大多在 4~9 之间。实际上水体的 E_h 值和 pH 是不断变化的，其值只反映氧化还原体系的动态平衡，因此不同的天然水体，受体系中氧化态和还原态物质组分和含量的影响，会在 E_h-pH 图中不同范围内变动（图 9-3 左）。对于初级生产力较高的富营养化湖泊水体，其 E_h 和 pH 值大致在图 9-3（左）中实线圈围的中下部分范围。水体中所有的氧化还原反应实际是物质得失电子的反应，虽然天然水体中有非常多的氧化还原反应，但这些得失电子的平衡反应也是处于动态变化中。在 pE-pH 图中，一般湖水的 pE 值最大可接近 pE=5，但对于长时间受藻体影响的湖水，其电子得失环境更接近于深层湖水，pE 值可在 pE=0 附近（图 9-3 右）。

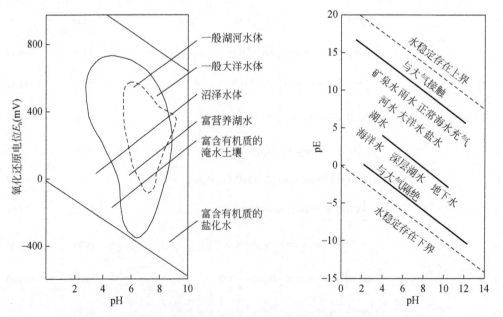

图 9-3　不同天然水在氧化还原电位（左）和 pE-pH 图（右）中的近似位置

氧的还原大约在氧化还原电位 400 mV 时就已可以进行，虽然此时有机质的氧化呈主导反应。当体系中 DO 含量下降到一定程度后，聚藻区水体的氧化还原电位体系就逐步由 O_2 转移到由有机质主导，系统进入物质的还原状态，各种还原性反应大致以半反应的电极电位的排序逐步或同时进行。虽然足够量藻草生物的聚集是湖泛形成的必要条件，但有生物聚集并不一定能形成湖泛（刘国锋，2009；蔡萍，2015），能够形成湖泛的系统必然经历了一系列还原条件下的分解过程。从太湖湖泛巡查现场统计，湖泛从形成到消退一般最长十多天（表 1-4），因此，在有机质消耗到一定程度或氧向水体中的大量进入等情况下，湖泛体系必将逐步又进入氧化条件下的分解过程，即由氧（O_2）主导水体的氧化还原反应，直至湖泛消退。

在湖泊水体中，与溶解氧有关的氧体系只是氧化还原体系中的一个部分。即除氧体系与有机质体系外，铁、锰、硫等是自然环境中广泛分布且有着自己变价体系的元素，所以氧化还原电位（E_h）的影响因素不只是溶解氧，还会有 Fe、Mn、S、Cu 等元素。在水体溶解氧（DO）充分（包括藻类聚集）条件下，总是优先进行以 O_2 为电子受体的有氧呼吸，这时无机的或有机的电子供体被氧化。只有在 DO 不足的情况下，才依次利用较弱的电子受体，如 NO_3^-、Fe（III）、Mn（IV）、SO_4^{2-} 和 CO_2 等。但对湖泛系统而言，有弱电子受体参加的氧化还原反应是不可缺少的，特别是涉及 Fe（III）和 SO_4^{2-}。藻源性湖泛水体中，大量发生的化合物的生物氧化反应，都是通过微生物（细菌、真菌）的催化作用完成。随着氧化还原电位（E_h）的逐步降低，电子受体可能为有机质（CH_2O）、NO_3^-、Mn（IV）、Fe（III）、SO_4^{2-}、CO_2 甚至 H^+ 等，所涉及的氧化还原反应几乎不需要氧作为电子受体参与（表 9-2）。

9.2　湖泛生消过程水体氧化还原层位的形成与移动

太湖易形成湖泛的水域主要分布于近岸区，水深一般不超过 2 m。在如此浅的水域一般不会形成典型的水体热力分层，但在水柱中，悬浮物、藻体生物量等物质在垂向上的分布往往存在明显的差异。通常浅水水体上下层交换强烈，氧含量在垂向分布上差异不大，可视为均匀分布。湖泛是一类特殊污染现象，其发生离不开漂浮于表层的藻体和沉积于底部的底泥。室内模拟反映，湖泛是最早被视觉观察到发生于水体底部的污染现象。氧含量特别是氧化还原电位是湖泛体系的关键指示参数，其在垂向上的分布与变化与湖泛的形成过程密切相关。

9.2.1　湖泛形成过程中溶解氧垂向分布对藻体和底泥的响应

2008 年 5 月 26 至 6 月 9 日期间发生在竺山湖的大面积湖泛，表层水体的 DO 含量平均为 1.4 mg/L，处于 0.1 mg/L（厌氧）～4.0 mg/L（富氧）之间，而湖区底部 DO 含量可能更低（陆桂华和马倩，2009）。在湖泛严重水域的下层，DO 多低于 0.1 mg/L 的厌氧水平，此时壳类和软体生物已难以存活，在湖泛现场可观察到泥鳅的死亡（陆桂华和马倩，2009）。具有鳃、皮肤和肠呼吸功能的泥鳅，是一类对缺氧环境抵抗力极强的小型底层鱼类，能发现其在湖面浮游和死亡，说明水层底部已呈极度缺氧环境。许多喜底层生活的鱼类（如泥鳅）在 DO 小于 2 mg/L 时仍可正常生存（管远亮和陈宇，2008），因此太湖水面出现死亡泥鳅等鱼类漂浮，至少表明湖泛发生区底层水体的氧环境劣于表层。

水体的缺氧甚至对微小生物的组成和时空分布都可能产生影响。Li 等（2012）于太湖藻源性缺氧区不同点位取样，用 16S 核糖 RNA2 的末端限制性片段长度多态性和所选样品的克隆文库分析，发现缺氧区自由态和颗粒吸附态细菌的组成不仅在时间上，在空间上也都有不同变化。湖泛发生期悬浮颗粒在垂向上普遍具有较大差异（尹桂平，2009），显然水体中微小生物在水体表层和底层中的组成分布所受影响不同。

1. 聚藻量与溶解氧垂向含量关系

藻体的聚集量对湖泛是否形成以及其发生强度均有重要影响。刘国锋（2009）对鼋头渚藻体和柱状沉积物在 8 天的模拟过程结果反映（图 9-4），所有实验水柱的 DO 含量均在加藻后随着时间增加而下降，且加藻量越多 DO 下降越快和越大。在低藻量（1#柱，50.0 g/柱）中，DO 也发生了下降，实验后期水体呈微弱的异味，但无明显臭味，推测 1#柱的藻体添加量可能正处在湖泛临界点状态。在实际发生湖泛现象的 2#和 3#柱样中，水体的溶解氧下降过程则非常明显。高藻量（3#柱）的下层 DO 在第 3 天就降到 1 mg/L 以下，实验达到第 6 天时 DO 接近 0.1 mg/L，处于厌氧。嗅觉和视觉观察，3#柱在第 4 天开始出现轻微的臭味，并随时间的延长变得愈加浓烈；水柱颜色变为灰黑色则始于第 5 天，实验到第 6 天，整个水柱发黑。中藻量（2#柱）的上下层 DO 也反映与高藻量柱类似的变化趋势，但黑臭感官要迟于 3#柱，表现为在实验的 6 d 后 DO 含量低至 1 mg/L 以下。

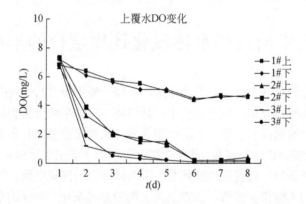

图 9-4　水柱不同聚藻量培养下上下层水体 DO 含量变化

太湖水深约 1.9～2.0 m，在发生湖泛前藻体大多都处于上层漂浮状态，分析湖泛形成过程中水柱中下层 DO 含量的变化，差别很小或基本处于分析方法的误差范围内。在好氧微生物降解和夏季温度等作用下，漂浮于水柱表层的藻体将快速降解成碎屑以及小分子的溶解性或非溶解性有机质，并伴有物质的释放。微生物对藻体的分解中将消耗大量的氧气，虽然水气界面的复氧作用可以增加水体一部分氧的需要，但这种主要通过界面扩散作用的复氧量和速率无法满足微生物对藻体分解中对氧的消耗，需从周边水体（水柱中）攫取 DO，致使水体 DO 逐步降低，直至接近枯竭。

2. 沉积物与溶解氧垂向含量关系

水体 DO 的降低不完全来自藻体的生物降解，还有水底沉积物的耗氧作用。尹桂平（2009）对竺山湖藻源性湖泛模拟实验反映，加藻的水柱中 DO 含量也均随时间增加而下降；上层水体的 DO 略高于下层，这与表层水体受空气接触产生的复氧作用影响有关。在高藻量处理柱中，DO 快速下降，在 2 天时间内从 6 mg/L 降至 1 mg/L 左右；低藻量的 DO 也有较大程度的下降。但是，没有添加藻体的无藻水体中，DO 含量也同样出现了一定幅度下降（图 9-5），显然除藻体外，系统中还有消耗 DO 的因素存在。

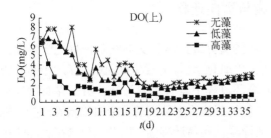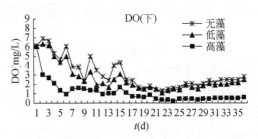

图 9-5　有无藻体存在下水柱上下层溶解氧变化

在没有藻类的水体中，能够影响水体溶解氧的环境介质就是水底沉积物。范成新和相崎守弘（1998）曾在室温 20℃避光下对富营养化湖泊霞浦湖水体的 DO 含量进行了随时间变化的跟踪监测。对湖湾和湖心区 DO 在 48 h 实验过程变化曲线进行拟合分析表明，两湖区沉积物需氧速率（SOD）分别为 1.54 mg/(m²·d) 和 1.25 mg/(m²·d)。结合全年温度估算，霞浦湖全湖沉积物的 SOD 约在 0.6～1.8 mg/(m²·d)。Chen 等（2000）曾分析香港一流动河水中沉积物对氧的吸收影响，认为水温比水流速度对沉积物氧吸收率的影响更大。在太湖湖泛易发区，由于受藻或草的残体沉降或历史沉积影响，沉积物表层会含有较高有机质含量，在微生物和高温强化作用下，较一般湖区沉积物必然会有更高的 SOD。与湖泛易发区聚集性藻体影响比较，因沉积物存在所产生的 SOD 对水体 DO 的影响，初步估算可能介于低藻量和高藻量之间。

申秋实等（2011）对距离岸边距离不同、性质差异较大的月亮湾两样点（1#和 2#）采集沉积物柱样进行藻源性湖泛模拟，发现除沉积物不同，聚藻量等其他条件相同下，两个样点的水柱表层和底层的 DO 含量变化几乎完全相同（图 9-6），即沉积物性质的差异对水柱中 DO 的变化影响并不显著。对 5 月和 7 月采集的柱状沉积物分析表明，虽然同在一个小湖湾，但开阔水域的对照样（2#）表层沉积物 0～5 cm 中烧失重（LOI，与有机质等效）比湖泛易发区（1#）高出 54.9%。

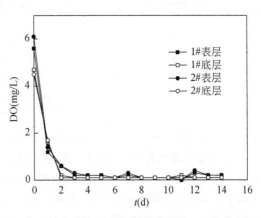

图 9-6　月亮湾湖泛发生过程中水体 DO 含量变化

湖泛模拟实验中，前 2 天都经历了好氧、缺氧状态；第 3 天表层 DO 均降到 0.4 mg/L 以下，底层则接近 0.2 mg/L。尤其注意到，实验第 2 天之后到实验结束（第 14 天），2#点底层 DO 含量几乎都低于 1#点的底层。底层水体最直接或最接近沉积物，只要给予足够的藻体聚集量及持续时间，沉积物中有机质高含量对湖泛的影响因素将被突显，同样可以使水柱经历湖泛形成前的好氧—缺氧—厌氧 DO 变化阶段。虽然现场巡查观察 2#点位湖泛发生频率远低于 1#点位，但显然水底沉积物对水体低 DO 的产生和长时间维持乃至湖泛的爆发，都起到了非常重要的促进作用。

9.2.2 湖泛过程中氧化层和还原层的形成与垂向迁移

在自然界，存在着一些氧化环境和还原环境的交界线，这种交界线是一种化学界面，具有极大的不稳定性。在沉积物中，这种称之为"氧化-还原界面"（万国江等，1996）的化学界面在生物地球化学和环境化学众多物质循环过程中具有重要意义。由于界面附近氧化还原电位易发生突变、元素形态具有过渡性，使得那些价态易变的重金属和硫等一些无机元素的环境行为也会发生突变。藻体在水体中的漂浮性和易迁移性，以及沉积物在底部的相对非移动性，将使得参与湖泛形成的该两种环境介质在空间上形成上下呼应态势。湖泛大多爆发于水深较浅的近岸区水体，泥藻这种上下层的呼应态势，是否在水柱垂向上形成氧化层和还原层值得关注和分析。

1. 湖泛过程中水柱氧化和还原环境的形成

通常根据环境中所存有游离氧（O_2）量的多少，将环境划分为氧化环境或还原环境。氧化环境指大气、土壤和水环境中含有一定量游离氧的区域，不含游离氧或游离氧含量极低的区域称为还原环境。一般未受到人类活动的干扰、与外界交换良好的天然水域，均为处于氧化状态的水环境；反之，则属还原性环境。在含溶解氧丰富的氧化水环境与缺氧的还原水环境中，常见变价元素的主要存在形态列于表 9-3。

表 9-3 氧化和还原条件下有机物分解后的元素产物组分

有机物中的元素	氧化条件下的分解产物	还原条件下的分解产物
C	CO_2	CH_4, CO
N	NO_2^-, NO_3^-	N_2, NH_3, NO
S	SO_4^{2-}	H_2S
P	PO_4^{3-}	PO_3^{3-}, PH_3
Fe	Fe^{3+}	Fe^{2+}
Mn	Mn(IV)	Mn^{2+}
Cu	Cu^{2+}	Cu^+

从藻体聚集到湖泛的形成，都需经历两种分解过程，即氧化条件下分解和还原条件下分解。在藻体聚集阶段，水体的氧含量较为丰富，以藻和草为主要生物质的有机质被氧化，水体处于以 O_2 主导微生物参与的氧化分解状态。氧（O_2）作为氧化剂使水体中的含有机碳的物质降解，形成的物质组分可能有 CO_2、NO_3^-、PO_4^{3-}、Fe^{3+}等（表 9-3）。在适宜的温度和

微生物种类和数量下，如果待降解藻体的量远远超过水体耗氧降解能力，则会使得 O_2 的供应速率急剧下降，并很快进入氧的还原状态（图 9-3），此时的氧化还原体系不再受氧的控制，而受新的氧化剂（NO_3^-、Fe^{3+}、SO_4^{2-} 等）影响。由好氧微生物参与的氧化分解，发生的时间有可能较长也有可能极短，具体由聚藻速率、聚藻量和温度等因素决定；而以厌氧或兼性厌氧微生物参与的还原条件下的分解，降解速率一般相对较慢，这一方面除与系统温度和微生物降解效率有关外，还与可接受从有机质转移电子的变价无机元素的量及有效性有关。

水体中平衡电极电位可用能斯特（Nernst）方程计算：

$$E = E^0 + \frac{RT}{nF} \ln \frac{a_0}{a_r} \tag{9-3}$$

式中，E 为金属在给定溶液的平衡电极电位，V；E^0 为金属的标准电极电位，V；R 为气体常数，8.314J/(K·mol)；F 为法拉第常数，96500 C/mol；T 为热力学温度，K；n 为电极反应中得失的电子数，即金属离子的价位数；a_0 为金属氧化态在溶液中的活度；a_r 为金属还原态在溶液中的活度。

在实际天然水体中，所涉及的离子浓度一般不能用测定的含量计算水体的平衡电极电位。由于系统的复杂性，氧化态和还原态物质在水体中的活度一般小于理论浓度值。在湖泛发生前及发生后的水体，除了水体本身游离的金属和处于不断转化中的硫化物等各种离子所形成的离子强度（I）干扰外，还有来自藻体的降解、底泥的释放等来源的重金属和硫化物（$\sum S^{2-}$），再加上悬浮底泥颗粒和藻体分解碎屑对金属吸附等作用的干扰，使得金属的氧化态和还原态物质组分的活度大大降低。又由于这种降低并非在金属的氧化态和还原态间呈比例减少，因此对平衡电极电位（E）的影响往往很大。这仅是影响整个湖泛水体氧化还原电位的一个方面，另外还有（藻体等）有机质生物降解等作用，将体系的电子产生和转移的复杂程度进一步加大。当湖泛系统的致黑物质供应充分、氧化还原体系处于相对稳定状态时，S^{2-} 与一些金属形成显黑金属硫化物的速度将得到维持，并使得水体保持一个相对稳定的发黑状态。

水体的氧化还原电位（redox potential）是指以电位反映水体氧化还原状况的一项指标，用 E_h 表示，单位为 mV。E 表示氧化还原物质在铂电极（常用的氧化还原电极）上达到平衡时的电极电位，h 指相对于标准氢电极（设定其电极电位为零）时的电位值。以 E_h 数值划分氧化环境和还原环境，研究领域、对象和目的不同划分差异很大。如土壤学研究中，E_h 的变异范围较广，可从强度还原状况的-200～300 mV 到+700 mV 氧化状况。在淹水期间 E_h 值可低至-150 mV，甚至更低；在排水晒田期间，土壤通气性改善，E_h 可增至 500 mV 以上。在低湿土壤以至水稻土中，通常将 $E_h > 400$ mV 以上者认为氧化环境，200～0 mV 视作中度还原环境，0 mV 以下作为强还原环境（刘志光，1983）。沉积物（底泥）相当于土壤的淹水状态，E_h 值向更低方向伸展和偏斜，划分得也更细。李清曼曾对氧化还原体系及对沉积物-水界面控制作用做过总结（见范成新等，2013），认为沉积物环境 $E_h > 400$ mV 为氧化条件，400～200 mV 为弱氧化条件（或称为弱还原条件），200～0 mV 为中度还原条件，< 0 mV 为强还原条件。在氧化条件中，O_2 占主导，氧化还原电位以氧化态为主；弱还原条件 O_2、NO_2^-、Mn（IV）被还原；中度还原条件，Fe^{3+} 被还原，有机还原性物质出现；

强还原条件，SO_4^{2-}、CO_2 和 H^+ 被还原。

从湖泛形成的整体过程而言，更多的时段是处于还原条件下的分解过程。这一过程多处于弱中还原至强还原环境，氧化还原电位（E_h）多小于 150 mV。在还原条件分解中，藻源性有机质作为微生物的主要分解对象，为水柱中氧化态元素和组分提供电子，使高价态元素还原为低价态。在还原性分解状况控制下，系统中的组分和离子主要为 CH_4、NH_3、H_2S、Fe^{2+}、Mn^{2+}、Cu^+ 等还原态物质。湖泛的生消过程也就是水柱中氧化环境和还原环境相互博弈过程，其持续时间主要受系统中电子得失影响。

2. 湖泛形成中水体氧含量的垂向变化

水柱是具有水位指示意义的盛水容器的管柱，对于湖泊这样一个巨大的盛水容器而言，水柱就是湖泊特定位置中，上端止于气-水界面、下端终于沉积物-水界面的抽象柱状水体。从水体抽出水柱形式大多是用于分析和研究其垂向特征、性质和具有位置指示意义的差异。在现场和室内湖泛模拟研究中，水体垂向上（上下层）溶解氧含量普遍存在明显差异（图9-4 和图 9-5）。同样是泥-藻湖泛模拟系统，藻体所处于水柱中的位置不同，溶解氧消耗过程将差异较大。如模拟实验的初期几天，体系中的藻体基本处于水柱上层，DO 降至 0.2 mg/L 左右所需的时间约 2~4 天；而将藻置于沉积物表层，水底 DO 降低至零则仅需不到 1 小时。水柱中无论鲜活和死亡藻休都需要溶解氧用于呼吸或降解，沉积物的呼吸也需要 DO，当两者都处于湖底沉积物表层后，势必加大对底层水体的耗氧要求，形成局部水层（沉积物-水界面）的快速需氧环境，出现远快于上层水体的 DO 含量变化。沉积物与藻体的复合作用可使得底层快速从有氧到缺氧、厌氧，并可能将这种低氧状况逐步扩展到上层水体。虽然水底过快的 DO 变化不会明显改变指定聚藻量水体湖泛的发生时间，但会强化沉积物在藻源性湖泛形成中的作用，如促进致黑致臭物在沉积物表层产生，尤其使代表湖泛发生的视觉黑色更早从沉积物-水界面形成（刘国锋等，2009b）。

用溶解氧变化仅可反映氧化条件的有机物质的分解过程，但对于还原条件下的分解则难以达到细致甚至一般性描述。氧化还原电位（ORP 或 E_h）表征系统中介质的氧化性和还原性的相对强度。湖泊水体中有许多变价元素，受环境的氧化性和还原性影响，有各自的半反应及电极电势，有自己的价态变化体系，如氧体系、有机质体系和铁、锰、硫体系等。但当它们置于同一水体环境中时，这些不同氧化还原体系的物质会互相影响，最终使水体具有一宏观整体的氧化还原状态，其氧化还原电位就是水体中所有变价物质的反应所综合表现出来的氧化还原强度。

商景阁（2013）模拟了太湖沉积物表层不同量（A~E）藻体覆盖下，夏初期藻体聚集下湖泛的形成差异，实验中除测定了水柱上下层 DO 外，还测定了 E_h（图 9-7）。结果反映，受藻类死亡分解、微生物以及沉积物耗氧等过程的影响，上下层溶解氧和氧化还原电位均出现了迅速降低。仔细分析可见，无论在未发生湖泛的低藻量（A、B）还是发生湖泛的高藻量（C、D、E）处理，上层和下层 DO 含量的变化过程差异不明显（图9-7）。然而，以 E_h 指标分上下层测定的结果却反映，两水层有较明显差异。

在高藻量（C、D、E）覆盖处理下，系统经历了一个由好氧—缺氧—厌氧的剧烈变化过程。在实验初期（D1 和 D2），水柱上下层 DO 在 2 mg/L（E_h 约 150 mV）左右；进入第

4（D4）和第 5 天（D5），湖泛形成，DO 和 E_h 进一步降低，且上下层在数值上已体现出差异（此时上层 DO 约 1 mg/L，E_h 约 100 mV；下层 DO 约 0.5～0.8 mg/L，E_h 约 50～80 mV）；进入第 6（D6）和第 7 天（D7），水柱黑色进一步变深，嗅觉的刺激性感受增加，此时水体 DO 含量和电位 E_h 值又有一定程度减少。并且可见，氧化还原状态已难以用 DO 含量（0.4～0.5 mg/L）来分辨上下层的不同，而以 E_h 值则可清晰地辨别水柱上层（80～90 mV）和下层（20～40 mV）间约有 50～60 mV 的数值差值。

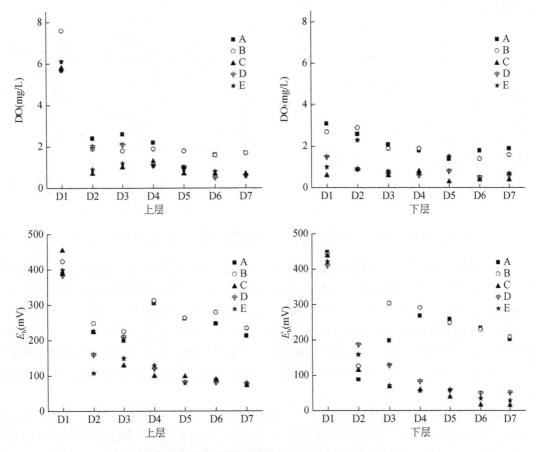

图 9-7　湖泛模拟过程中上覆水 DO、E_h 的变化

浅水湖水柱中的 E_h 往往很少能达到低于弱还原程度值，但在高藻量聚集下，底泥-水界面的 E_h 值甚至可低至-150 mV。邱阳等（2016）分析了在鲜藻体低藻量（2000 g/m², 1#）、中藻量（5000 g/m², 2#）高藻量（8000 g/m², 3#）聚集下，底泥-水界面氧化还原电位（图 9-8），其分析结果与刘国锋（2009）在太湖鼋头渚进行高藻量聚集下的研究结果具有显著的一致性。

3. 湖泛形成中水体氧化层和还原层的垂向移动

湖泊水体中的氧化还原状态往往是结果而不是原因。在天然水体中，有藻体和沉积物参与的低氧水体中，必然存在动力学阻碍，这是因为涉及氧化还原反应，因此一些阶段反应进行得较为缓慢。在与大气相接触的表层水和底部沉积物-水界面之间，氧化还原环境有着显著的差别。沉积物中的氧主要来自大气向水体扩散的溶解氧、水生植物根系分泌氧以及植物在水中部分（包括菌类）的光合制氧等。在大气中氧的扩散速率为 2.05×10^{-3} dm²/s，而在水中则低至 2.26×10^{-7} dm²/s。因此，当沉积物的单位面积上的耗氧速率（SOD）超过氧在水中的扩散速率时，沉积物的缺氧就必然发生。沉积物的氧消耗动力主要源于有机物质降解，这些有机物质主要源于就近水柱中的沉降，因此，表层沉积物是沉积物缺氧最易发生的层位。

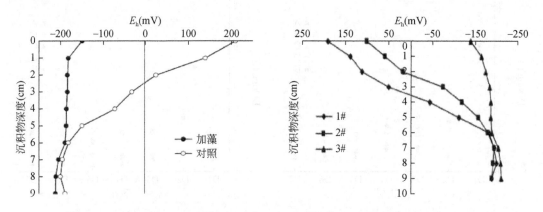

图 9-8 太湖鼋头渚（左）和贡湖（右）藻体聚集下底泥氧化还原电位垂向分布

由于水柱中均存有这样或那样的化学反应和各种生物的代谢活动，而水体也难以及时得到充分混合，这势必导致垂向和水平空间中同时存在不同的氧化还原环境，体系中存有一系列的局部中间区域。另外，大多数氧化还原过程都需要有微生物（如细菌）作为媒介，这意味着达到平衡状态也强烈地依赖于微生物体活动。在这样的复杂状态下，整个复合体系的氧化还原电位不可能统一，因此在湖泛生消过程中，整个水柱的氧化还原平衡不可能达到，那么在垂向上形成具有一定的氧化还原电位差的氧化层（L_{ox}）和还原层（L_{re}）就成为必然。

湖泛的生消过程一般总结有阶段 I～阶段 IV 四个阶段（详见本章 9.3 节），除复氧消退过程（第 IV 阶段）理论上仅可能存在氧化层（L_{ox}）外，其他 3 个阶段水柱中都会存在氧化层和还原层（L_{re}），并且两个层（L_{ox} 和 L_{re}）的厚度随着湖泛的进程会不断发生变化（图 9-9）。

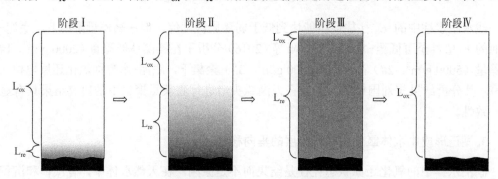

图 9-9 湖泛生消各阶段氧化层和还原层垂向变化示意图

在湖泛形成初期的生物聚积时期（阶段 I），上层水柱中的氧含量相对较高，仅在接近底部（沉积物-水界面）处，溶解氧含量受沉积物中易转化有机碳的耗氧降解以及沉积物低氧化还原电位的影响而出现下降，但该层（L_{re}）非常薄。随着藻体由少量聚集变成大量积聚，单位藻体的光合作用越来越弱，再加上藻体的呼吸作用耗氧，使得上覆水乃至上层水柱中的氧气含量逐步下降。虽然在该阶段，L_{ox} 层的氧化还原体系仍在氧的控制下，但控制强度逐步减弱，水体含氧状态由好氧逐渐向缺氧环境发展。在该阶段，藻体的物理性聚集是水柱氧化层得以维持的驱动力和保障。

阶段 II 最典型的特征是死亡和碎化的藻体耗氧性降解，导致下层水体还原层扩展，水柱厌氧环境形成，水柱中氧化层和还原层大致呈势均状态。在藻体密集化空间挤压下，藻体终止正常代谢而逐步进入死亡和分解。在耗氧微生物降解作用下，完整的藻体变成松散残体乃至无机化，水体氧含量大幅下降。此时段好氧性氧化层 L_{ox} 厚度变小、氧化强度进一步削弱；水底部还原层 L_{re} 厚度增厚、还原性增强，水柱耗氧加剧。在微生物耗氧降解作用驱动下，水柱氧含量自上而下出现低氧、缺氧垂向分布、兼性厌氧微生物呈活性状态。

阶段 III 是湖泛爆发阶段，几乎全水柱都进入厌氧。虽然还原层 L_{re} 控制水柱中大部分水体，但由于水气界面的微弱复氧，使得水柱最上层维持着极其微薄的氧化层 L_{ox} 厚度，底部沉积物中一部分活性有机质及重金属参与到水柱厌氧反应中。此时段，来自藻体有机质及其降解过程中形成的自由电子影响了整个水柱氧化还原系统，控制还原性物质的种类（Fe^{2+}、$\sum S^{2-}$ 等）和表观数量，影响着水体中致黑物（FeS 等）和致臭物（DMDS 等）的生成强度和进程。

在阶段 IV，水体代表性状态为湖泛黑臭消失、整个水柱为溶解氧控制的氧化性状态。水层绝大多数为氧化层 L_{ox}，只有刚从湖泛黑臭转换过来时，残存的绝小部分还原层 L_{re} 位于沉积物-水界面附近（图 9-9）。并且随着湖泛的完全消失趋于正常水体，还原层厚度 L_{re} 将趋近于零。在风浪和湖流等作用下，水体的复氧和湖泛黑臭的消退，使得从阶段 III 快速过渡到阶段 IV，其转换过程与整个湖泛生消相比极为短暂。这种氧化层和还原层的反转性变化，反映在转化阶段中存在巨大的物质和能量交换，其中大气中氧的输入和水体活性有机物的消除是促成反转性转化的主要驱动力。

实际上在湖泛生消各阶段的水柱氧化还原状态变化中，图 9-9 的氧化层和还原层的相应关系和空间位置并不可能清晰，甚至模糊。这是因为在湖泛易发水柱中除了水体外，系统中还有藻体和底泥。初期它们分布于水柱的上下两端，但在适宜的温度和水动力以及种类丰富的微生物等作用和参与下，尤其是湖泛形成后，藻体和底泥可在不同的水柱层位发生混合，在厌氧环境下形成多相的、跨介质的生物地球化学反应。由于大多数反应涉及有机物转化，因此这些反应一方面受系统整合的氧化还原电位控制，另一方面或对系统整合电位产生影响，形成双向反馈。

9.3　藻源性湖泛生消四阶段及氧化还原反应

天然水体中，只有少数元素——碳（C）、氮（N）、硫（S）、氧（O）、铁（Fe）、锰（Mn）、铬（Cr）和碘（I）等是氧化还原过程的参与者。对于藻源性湖泛水体，由于对致黑致臭污染物的特殊关注，因此研究涉及的氧化还原的敏感性元素更有针对性。以藻体和沉积物为主要参与者的湖泛水体氧化还原反应，往往极大地影响上下层水柱中某些化学物质的形态，形成不同的环境效应甚至污染灾害。例如在湖泊的表层，碳、氮、硫、铁等在富氧条件下分别呈 HCO_3^-（或 CO_2）、NO_3^-、SO_4^{2-}、$Fe(OH)_3(s)$ 等形态；但在湖底缺氧水体中，它们可能又呈 CH_4、NH_4^+、SO_3^{2-}、S^{2-}（或 H_2S）、Fe^{2+} 等形态。在湖泛生消过程的氧化还原状态变化中，无论从阶段的时间轴上，还是从水柱氧化层和还原层变化关系（图 9-9）的垂向空间上，实际形成的氧化还原反应受氧化还原电位的控制并不严格，但它们总体受氧化还原电位梯度的控制，按一定顺序而逐步展开。

9.3.1　藻源性湖泛生消四阶段过程

范成新（2015）对太湖湖泛系统研究总结认为，完整的湖泛形成和消退过程应划分为四个阶段，即阶段 I-迁移聚积、阶段 II-耗氧缺氧、阶段III-爆发成灾、阶段IV-复氧消退，并绘制出各阶段可能涉及的氧化还原反应类型，以及与氧化还原反应电位的对应关系（图 9-10）。在第 I 和 II 阶段，涉及有机质氧化、O_2 的还原、反硝化作用、Mn（IV）还原、NO_3^- 还原和 Fe（III）还原；在第III阶段，涉及有机质还原、SO_4^{2-} 还原、N_2 还原到 NH_4^+ 和甲烷形成；第IV阶段是湖泛消退的复氧过程，可能涉及有机质氧化、S^{2-} 氧化、Fe^{2+} 氧化等。

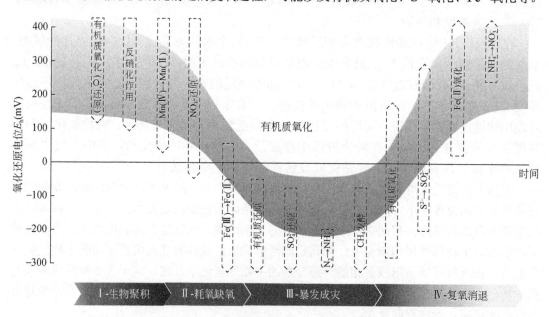

图 9-10　湖泛生消四阶段与系统氧化还原反应关系示意图

（1）生物聚积阶段。对藻类水华而言，漂浮藻体主要在风力的推动下，向某一地形条件适宜的水域迁移和聚积；对大型水生植物而言，则是在局部水域形成生物质的大量堆积。此阶段一般需要 10 天左右，长则 20 多天短则数天。此时，主要影响条件为藻类聚积量和风情（风速、风向）。在风情要求方面，此期间须具有相对稳定的风向和较高频率中小风速（小于 4 m/s）。接受生物质聚积的区域一般具有一定封闭程度的湾区或迎风岸区，对风和水流有阻碍作用的水面，人为构筑物或水生植物群（如芦苇荡）有利于藻体的聚集。

在生物聚集初期，生物体的光合效率虽受影响但光合作用向水体输氧仍可进行，并控制着水体（尤其是上层水柱）氧含量，主要氧化还原反应为有机质氧化，氧化还原电位可在 200～400 mV 之间。但进入中后期，生物聚集密度大，空间受到急剧挤压，光合效率大幅下降，同时水-气界面的复氧明显受到物理性阻碍，复氧作用减弱。此时以藻（草）为主的生物呼吸以及水底沉积物呼吸作用增强，对水体氧的需求增加，使得水体表观氧化还原电位在中后期逐步下降，但一般在 150 mV 以上。此阶段虽仍以氧对系统的控制为主，但底层水或局部水域可低效率地发生 O_2 还原、反硝化作用、Mn（Ⅳ）的还原等反应，且不典型、不普遍。

（2）耗氧缺氧阶段。是指在适当高的水温条件下，以微生物对死亡生物体的耗氧降解为驱动，使水体依次并急剧出现厌氧和缺氧状态。藻体的大量死亡降解和水体氧含量的快速下降是该阶段的两个典型特征。此阶段藻群体由绿色逐步变为青色、棕褐色、茶色甚至灰白色，呈明显松散状。随着死亡比例的上升，降解阶段中残体密度增加，"藻体"不再或不多呈漂浮状，逐渐向水柱内部下沉，部分可到达底部。因残量藻体的光合和水-气界面的微弱状复氧，表层水体仍可测得微小 DO 含量，此阶段也偶尔出现鱼类在水面吞食空气的"浮头"现象。

生物体有机质的氧化会快速消耗水体中溶解氧，而生物体自身因降解碎化而将溶解有机物逐步释放入水体。这一阶段通常需要 1 天以上达到缺氧（DO＜2 mg/L），3 d 以上厌氧环境，表观 E_h 值可在很宽范围（约 300 mV 至约-50 mV）内变化。由于待降解（死亡）生物质已足够丰富，主要控制因素为温度和微生物（细菌）。最常见发生时间段为春夏之交的水温上升期，水温大致需要保持（23±1）℃以上（表 4-4）。参与此过程的微生物主要有以溶解氧（O_2）为电子受体的需氧性异养微生物，以及对有机物催化氧化的各种兼性厌氧性微生物，并可能形成含硫致臭代谢产物的前驱物和低浓度的 MeSH、DMS、DMDS、DMTS 等。

（3）爆发成灾阶段。是指在厌氧反应下产生的以 FeS 为主要致黑金属硫化物和以含硫有机物，在适当的水文气象因素触发下，从水底向表层爆发出黑臭"水团"，并造成水域水质严重恶化，以及一些生物死亡的罕见环境灾害问题。这一阶段通常延续数小时至十数天不等，水体溶解氧为零或 DO＜0.2 mg/L，表观 E_h 值多在-20 mV 以下（图 9-10）。主要物质条件为底物和底泥，它们可持续和有效提供有机质（包括生物质）和还原性致黑组分。参与此阶段的微生物主要为可催化有机物氧化的专性厌氧微生物（硫酸盐还原菌、梭菌、产甲烷古菌以及甲烷氧化菌等）。由于水体 SO_4^{2-} 和有机质被快速还原以及 $N_2 \rightarrow NH_4^+$ 的生成，再加上底泥厌氧条件下对氮磷的高强度释放，一般使得水体中致黑物（FeS）、致臭物，以及以 COD、氨氮和总磷为主体现的水质指标，易出现高含量水平，黑水团在水流和风的作用下，可作一定范围的迁移。

进入这一阶段，水体已不含游离氧和其他强氧化剂，而大量含有 H_2S（或 ΣS^{2-}）。这种

环境体系的 E_h 值最低可达到-300 mV 及以下。此时 ΣS^{2-} 的瞬时浓度有时可达到 2 g/L 甚至更高的程度，从而导致各种难溶性金属硫化物沉淀形成，阻止金属元素的迁移，使其富集于沉积物中。这样的环境主要为富含有机质、低 pE 的还原性水体。在该阶段游离 SO_4^{2-} 全部还原成 S^{2-}，按溶度积难易顺序和浓度关系，形成难溶性金属硫化物沉淀（如 FeS、Cu_2S、PbS 等）。

（4）复氧消退过程。是指水体在风浪和湖流等水文气象条件下，已发湖泛区水体因快速复氧、黑臭水团的迁移扩散等，水域内黑臭出现消退，并最终使水体水质得到恢复。这一过程通常需要数小时至 2～3 天不等，主要视风浪和湖流条件。从水体内部而言，随着生物质逐步耗竭，厌氧和兼性厌氧微生物在内部逐步失去活力，低氧化还原电位越来越难以维系，E_h 逐步上升。

从外部分析，一方面湖泛所形成的黑水团，在水-气界面以及在外围边界上一直与外部（气、水）产生着氧的侵入和反侵入；另一方面，随湖流的动力牵引，部分或整体以扩散方式逐步跟随湖流离开原发水域，移动水团与外部非湖泛水体的接触面积也逐步扩大，之间的物质能量交换也会增强和加快。随着内部 E_h 值的上升和风浪、湖流促进下氧的快速输入，水体中活性有机质含量大幅下降、底泥氮磷营养物释放减弱，使得依赖缺氧环境的致黑致臭物快速氧化直至散去消失。

湖泛的生消过程实际上是水体中电子供体或电子受体驱动的，与 O_2、有机质以及氮（NO_3^-、NO_2^-、N_2）、铁 [Fe（III）、Fe（II）]、锰 [Mn（IV）、Mn（III）、Mn（II）]、硫（SO_4^{2-}、S^{2-}）、碳（CH_4、CO_2）等底物和产物有关的一系列氧化还原反应（表9-4）。

表 9-4　湖泛形成所涉及氧化还原反应过程中的底物和产物

阶段	反应类型	底物		产物	pE^0 (25℃)
		电子受体	电子供体		
湖泛形成	有机质氧化（氧还原）	O_2	有机物	CO_2、H_2O（NH_3、PO_4^{3-}）	+14.3
	反硝化	NO_3^-	有机物	N_2（NO_2^-、NH_3）	+12.65
	锰还原	MnO_2	有机物	Mn（III）、Mn（II）	+8.5
	铁还原	Fe（III）	有机物	Fe（II）	-1.67
	硫还原	SO_4^{2-}	有机物	S^{2-}	-3.75
	氮还原	N_2	有机物	NH_4^+（NH_2OH）	—
	产甲烷	CO_2	H_2	CH_4	-4.13
		CH_3COOH	小分子有机质	CH_4、CO_2	-0.06（CH_2O）；+2.88（CH_3OH）
湖泛消退	有机质氧化	HCOOH	小分子有机质	HCHO、CH_3OH	
	硫氧化	SO_4^{2-}	S^{2-}	S、SO_4^{2-}	
	铁氧化	O_2	FeS、Fe（II）	FeOOH、Fe（III）	
	氨氧化	O_2	NH_4^+、NH_3	NO_3^-	

注：括号中为主要副产物。

湖泛形成中最为关键的两个阶段是阶段 II-耗氧缺氧和阶段 III-爆发成灾。在这两个阶段中，涉及湖泛主要致黑物（如 FeS）和致臭物（H_2S、二甲基硫化物）的形成。申秋实等（2016）研究发现，在湖泛发生的稳定时段，底层水体的 E_h 约为 150～250 mV，八房港湖泛发生中，水体的 E_h 值也是从 300 mV 大幅下降到 150 mV。将该 E_h 值与图 9-3 对比，似乎在这一 E_h 值尚难以进入爆发成灾的第 III 阶段。在湖泛形成前的水体，是一个含有多种变价元素的复杂化学体系，也是一个由许多无机和有机的氧化还原单一体系所复合的复杂系统。因此，氧化还原进行的方向和强度，在很大程度上取决于整个复合体系的氧化还原电位。在有机质体系中，铁、锰、硫体系非常重要，由它们之间的氧化还原（半）反应关系，也可能成为决定水环境电位的体系。微量变价态元素（如重金属铜、汞和铬等），由于含量甚微，对环境体系的氧化还原电位影响不大，它们在环境中的行为是受整个环境复合体系的电位控制。

好氧微生物一般生活在 100 mV 以上，以 300～400 mV 为最适宜。随着氧化还原电位的降低，出现铁锰呼吸，三价铁被还原成二价铁，这个过程耗氧产酸，所以水体包括底泥 pH 下降［图 9-2（c）］。当氧化还原电位持续降低到-200～-250 mV 时，专性厌氧微生物出现生长，硫酸盐还原菌等进行呼吸，SO_4^{2-} 还原为 H_2S（S^{2-}），继而产生 FeS 黑褐色物质。当氧化还原电位环境为-300～-400 mV 时，底泥处于极度缺氧状态，专性厌氧产甲烷菌即开始分解底泥中的有机质产生甲烷（气体），使水面冒出气泡。

根据水环境中游离氧、硫化氢及其他氧化剂和还原剂的存在情况，人们常将水环境划分为氧化环境、含硫化氢的还原环境和不含硫化氢的还原环境 3 种基本类型。考虑太湖水体普遍呈偏碱性和弱矿化性，对照湖泛生消四阶段（图 9-10），所谓的氧化环境只出现于生物聚积初期的短暂阶段，此时 E_h 略高于零，通常大于 150 mV，最高达 400 mV 及以上；含硫化氢的还原环境相当于爆发成灾阶段，此阶段水体不含游离氧和其他强氧化剂，E_h 值低于零到-300 mV 或以下，Fe^{3+} 和 SO_4^{2-} 以及有机质的还原，致使大量致黑致臭物产生，是湖泛形成的最关键还原环境；不含硫化氢的还原环境则大致对应湖泛耗氧缺氧阶段和复氧消退阶段的初期，该阶段可使铁和铜还原至低价态，但在复氧阶段也会不利于 Fe^{2+} 和 S^{2-} 的稳定，被游离氧氧化。

9.3.2 湖泛生消过程水体氧化-还原反应

氧化-还原平衡对水环境中污染物的迁移转化具有重要意义，水体中氧化还原的类型、速率和平衡，在很大程度上决定了水中主要溶质的性质。天然水体中常见的氧化剂有 O_2、NO_3^-、NO_2^-、Fe^{3+}、SO_4^{2-}、S、CO_2、HCO_3^-（氧化能力依次递减）。此外还有浓度甚低的 H_2O_2、O_3 及自由基 HO·、HO_2· 等，这些大多是水中光化学反应的产物。在有氧条件下可使物质无机化，其最终产物是 CO_2、H_2O、NO_3^- 及 SO_4^{2-} 等；在缺氧条件下，则可能进行反硝化、反硫化、甲烷发酵和酸性发酵等过程，其最终产物除 CO_2、H_2O 外，还有 NH_3、H_2S、CH_4、有机酸、醇等。

一个厌氧的湖泊，其湖下层的元素主要将以还原形态存在：碳还原成-4 价形成 CH_4；氮形成 NH_4^+；硫形成 H_2S 或 S^{2-}；铁形成可溶性 Fe^{2+}。而表层水由于可以被大气中的氧溶入甚至可短暂饱和，成为相对氧化性介质。如果达到热力学平衡时，则上述元素将以氧化态存在。但在湖泛爆发中，这样的受大气氧"饱和"的表层非常薄，在整个湖泛发生阶段，其厚度几乎可以忽略。因此，在湖泛生消过程的第Ⅲ阶段，主要考虑元素在厌氧状态下的氧化还原反应。

虽然研究湖泛体系都是假定它们全处于热力学平衡之中，实际上，这种平衡在湖泛体系中甚至在一般天然水中都几乎不可能达到。这是因为，许多氧化还原反应非常缓慢，很少达到平衡状态；即使达到平衡，往往也是在局部区域内，如在充分接触大气氧气的湖泊表层水体与沉积物-水界面附近表层间隙水之间，氧化还原环境会有着显著的差别，垂向上甚至形成可对立存在的氧化层和还原层（图 9-9）。另外由于湖泛系统细颗粒的复杂性，使得湖泛水体大多情况下都是处于一种多介质的混沌系统，介质的表面和内部可能同时进行着不同氧化还原电位控制下的反应。但系统中的电子活度（pE）状态是控制或影响系统中可发生哪些氧化还原反应的主要因素，环境水体中可能发生的氧化还原反应都有对应的 pE 值，大致遵循实际水体内得电子活度梯度顺序发生反应（图 9-11），但是否能够进行或持续还需视水体中所含的有效有机质量的存在状况。实际湖泛水体中发生

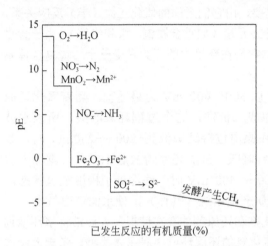

图 9-11   有机质降解水体中主要氧化还原反应与电子活度 pE 关系

的氧化还原反应可能比图 9-10 要复杂得多，特别是在湖泛四阶段过程中，随着藻源性有机质和沉积物中有机质、价态可变的敏感性金属和其他无机物的参与下，所出现的氧化还原反应种类可能更多、反应物和产物更加复杂。

1. 生物聚集阶段

在（藻体）生物聚集阶段的初期，在水体表层和近表层仍可进行一定量的光合作用和呼吸作用。藻体在可见光的照射下，经过光反应和暗反应，利用光合色素，将二氧化碳（或硫化氢）和水转化为有机物，将光能转化成化学能储存在有机物中，并释放出氧气（光合作用）。另一方面，藻体内的有机物在细胞内经过一系列的氧化分解，最终生成二氧化碳或其他产物，并且释放出能量（呼吸作用）。只是随着藻体的聚集量逐步增加，发生这两种过程的位置快速上移，最后趋于停止。

1）有机质氧化

真正对这一阶段具有统治意义的有机质作为还原剂的有机物氧化反应，是藻体聚积到一定规模时才开始发生的在水体氧（O_2）控制下、在藻体生物质（主要为有机质）、好氧微生物参与下的氧化反应，主要可生成 CO_2、H_2O、NH_3，完全反应式为

$$C_nH_aO_b+(n+a/4-b/2)\ O_2 =\!=\!= nCO_2+a/2H_2O \tag{9-4}$$

$$C_5H_7NO_2+5O_2 \longrightarrow 5CO_2+NH_3+2H_2O+能量 \tag{9-5}$$

$$COHNS+O_2+营养物\longrightarrow CO_2+NH_3+C_5H_7NO_2（细菌）+其他产物 \tag{9-6}$$

在该反应过程中，异养细菌靠摄取水中有机物获得能量，并通过氧化有机物即呼吸作用将二氧化碳还原，而得到能用于组建本身细胞组织的有机物。由于水体中有机物（藻体有机质）在呼吸过程中被降解，所以这种过程对水质（NH_3、有机小分子等）产生的影响很大。在有机质降解过程中，所涉及的氧化还原电位的跨度较大，大多需要分步进行，有机质部分往往不能进行得很彻底，使得这一过程还可以有其他表达形式，如：

有机质的脱羧：

$$RCH（NH_3）COOH+O_2\longrightarrow RCOOH+CO_2+NH_3 \tag{9-7}$$

$$CH_3COOH\longrightarrow CH_4+CO_2 \quad （产生甲烷和二氧化碳） \tag{9-8}$$

有机质的发酵：

$$C_6H_{12}O_6\longrightarrow 2C_2H_5OH+2CO_2 \quad （产生乙醇和二氧化碳） \tag{9-9}$$

有机质的生物产甲烷反应，可简写成：

$$CH_2O+4H^++4e\Longleftrightarrow CH_4（g）+H_2O \tag{9-10}$$

形式，有机物被简化为 CHO。该过程虽是氧系统控制，但反应中的氧均被还原，因此也称为氧还原反应。另外，由于有机质氧化反应中需要好氧微生物的参与，因此也称为有机物（CHO）在好氧微生物作用下的氧还原反应。

有机还原性物质的还原性一般较无机系统（如 Fe^{3+}/Fe_2^+ 和 MnO_2/Mn^{2+}）的还原态强。有机物料来源不同，产生的有机还原性物质的组成不同。如可促进湖泛发生的蓝藻种类之一的水华微囊藻（*M. flos-aquae*），其死亡分解产生的有机还原性物质达 6 种，最具还原性的有机物质的标准电位为-0.28 mV（*vs*. Ag-AgCl），远低于无机体系的还原态。大多数有机还原性物质的标准电位<0.25 mV（*vs*. Ag-AgCl），表现出较强的还原能力（范成新等，2013）。

2）反硝化作用

由于藻体等死亡有机质的好氧降解，水体中的氧含量不断减少、氧化还原电位和电子活度 pE 下降形成缺氧环境，在兼性脱氮菌（反硝化菌）的作用下，将水体中的 NO_3^--N 还原成 N_2，其反应式为

$$(CH_2O)_{106}(NH_3)_{16}H_3PO_4+84.8HNO_3\longrightarrow 106CO_2+42.4N_2+148.4H_2O+16NH_3+H_3PO_4 \tag{9-11}$$

$$2NO_3^-+12H^+（w）+10e^-\longrightarrow N_2（g）+6H_2O \tag{9-12}$$

亦可简写成：

$$NO_3^-+5H（电子供给体-有机物）\longrightarrow 0.5 N_2+2H_2O+OH^- \tag{9-13}$$

当 25℃下水体中的自由电子数量达到 pE^0（w）=+12.65（理论值 pE^0=+21.05）时，NO_3^- 还原成 N_2 就将开始。此一过程的最典型特点是反硝化菌利用硝酸盐（NO_3^-）中的氧作为电子受体，以（藻源性）有机物作为电子供体，提供能量并被氧化稳定。对于湖水中，还含有亚硝酸盐（NO_2^-），则水体的反硝化菌还可利用 NO_2^- 中的氧作为电子受体，此时的反硝化反应式则还将包含：

$$NO_2^-+3H（电子供给体-有机物）\longrightarrow 0.5 N_2+H_2O+OH^- \tag{9-14}$$

2. 耗氧缺氧阶段

在缺氧微生物作用下，水体氧含量进一步降低，有机质提供电子的强度上升至大约 pE^0

（w）=10 以下时，水体耗氧接近停止，缺氧环境下的反应开始出现。当有机质对整个系统实行全面统治、氧化还原电位得到完全控制后，水体进入厌氧状态。在这一阶段，水体中主要发生在缺氧和厌氧环境的反应将依次发生。

1）锰的还原

随着湖泛发生体系中氧的耗尽，水体已经进入明显的缺氧阶段（图 9-9）。此时，藻源性有机质电子提供能力增强，存在于悬浮颗粒物或表层底泥中的 MnO_2 中的 Mn（Ⅳ）将成为电子受体之一，并产生如下反应：

$$MnO_2（s）+4H^++2e^-\longrightarrow Mn^{2+}+2H_2O \tag{9-15}$$

还可简写为

$$有机碳（OC）+Mn（Ⅳ）\longrightarrow CO_2+Mn（Ⅱ） \tag{9-16}$$

$$6MnO_2+24H^++12e^-\longrightarrow 6Mn^{2+}+12H_2O \tag{9-17}$$

Mn（Ⅳ）在水溶液中没有稳定的简单离子，在缺氧和厌氧环境中作为环境中的氧化剂时是以 MnO_2（s）固体形式参与的。生成的 Mn^{2+} 呈极淡的粉红色，在酸性至微酸性下比较稳定，在深水水底或缺氧水体中可以稳定存在。

虽然形成的二价锰也可与 S^{2-} 生成 MnS（K_{sp}=2.5×10^{-10}），但一方面此时水体中的 S^{2-} 离子尚未产生或含量极低，还不可能生成 MnS↓；另一方面，即使进程后期有与 S^{2-} 离子反应生成 MnS 沉淀物，但由于 MnS 是肉红色物质（表 5-1），因此也不能对湖泛的形成（发黑）产生实质性影响。

2）NO_3^- 还原（氨化）

虽然在前面缺氧环境下的反硝化作用中，水体的 NO_3^- 还原成了 N_2（g），但湖泊水体中 NO_3^- 较高，仍有一部分 NO_3^- 未参与到反硝化中。当水体中有机质提供的电子强度加大，氧化还原电位进一步降低时，硝酸盐异化到铵（NH_4^+）的反应被触发启动：

$$NO_3^-+10H^++8e^-\longrightarrow NH_4^++3H_2O \tag{9-18}$$

从这一缺氧阶段水体电子活度值（表 9-2）而言，pE^0（w）值从+7.5～5.82 之间，推测在湖泛进程进入该阶段中，可能涉及 3 个与氮有关的反应，分别是

$$\frac{1}{2}NO_3^-+H^+(w)+e^-\rightleftharpoons\frac{1}{2}NO_2^-+\frac{1}{2}H_2O \tag{9-19}$$

$$\frac{1}{8}NO_3^-+\frac{5}{4}H^+(w)+e\rightleftharpoons\frac{1}{8}NH_4^++\frac{3}{8}H_2O \tag{9-20}$$

$$\frac{1}{6}NO_2^-+\frac{4}{3}H^+(w)+e^-\rightleftharpoons\frac{1}{6}NH_4^++\frac{1}{3}H_2O \tag{9-21}$$

相对于 NO_3^- 而言，NO_2^- 更易存在于低氧水体中，因此湖泛进程到这一阶段，不仅所有的 NO_3^- 而且所有的 NO_2^- 都还原成-3 价态的氮（NH_4^+）。

3）Fe（Ⅲ）还原

铁在缺氧和厌氧环境下形成 Fe^{2+}，其可与 S^{2-} 离子生成 FeS 黑色沉淀，是从视觉角度指示湖泛形成的主要金属离子。在有机质电子提供下，铁氧化物的还原反应为

$$FeOOH(s)+HCO_3^-(10^{-3})+2H^+(w)+e^-\rightleftharpoons FeCO_3(s)+2H_2O \tag{9-22}$$

或简化写成

$$Fe^{3+}+e^- \longrightarrow Fe^{2+} \tag{9-23}$$

在自然水体中，处于 Fe（III）和 Mn（IV）价态的铁锰结合态物质含量很高。Burdige 和 Nealson（1986）曾研究了阿拉斯加的 Toolik 湖中的铁锰地球化学循环，计算出 Fe（III）和 Mn（IV）的还原反应对厌氧沉积物中有机质氧化分解的贡献超过 50%。Lovley（1991）认为，有机质矿化分解在富营养湖泊的有机质厌氧发酵过程中的作用非常重要，微生物还原 Fe（III）和 Mn（IV）的过程仅是一小部分，而大部分的 Fe、Mn 还原是通过有机质厌氧发酵过程完成的：

$$\text{有机碳}+Fe（III）\longrightarrow CO_2+Fe（II） \tag{9-24}$$

溶解于天然淡水中的铁含量变化很大，从每升几μg 到几百μg，甚至超过 1 mg，这主要取决于水的氧化还原性质和 pH 值。在还原性条件下，二价铁占优势；在氧化性条件下，三价铁占优势。三价铁的化合物溶解度小，可水解为不溶的氢氧化铁沉淀。三价铁只有在酸性水中溶解度才会增大，或者在碱性较强而部分生成络离子如 $Fe(OH)_2^+$ 时，溶解度才有增加的趋势。因此，在 pH 值约为 6~9 的天然湖水中，铁的含量不高。只有在湖泊底层水中才有高含量的铁。2002 年太湖底泥调查获得的表层底泥间隙水 Fe^{2+} 含量在 0~4.19 mg/L，全湖平均值为 0.12 mg/L，高含量区主要位于太湖湖泛易发的西北部湖区（房玲娣和朱威，2011），反映该部分湖区如发生藻体聚集及降解，水体将会很快获得 Fe^{2+} 的供给。

在湖泛形成阶段 II 的耗氧缺氧阶段（图 9-10），体系虽已混合复杂，但实际已进入有机质单体系取代溶解氧成为"决定电位"的状态。

一般富营养化湖泊水体呈中性略偏碱（pH 值 8 左右）。但在藻源性湖泛发生过程中，由于大多数有机质降解会经过有机质的脱羧［式（9-7）］或产硫化氢等涉 H^+ 过程，会使水体酸化（通常低于 pH 7 以下，甚至 pH 6 左右）。因此，为遵守水体中铁的 E_h-pH 标准状态图，水体中 Fe（II）和 Fe（III）形态出现时的 E_h、pH 范围就可得到推测（图 9-12）；反过来通过测定实际湖泛水体的 E_h、pH，亦可大致判断与 Fe（II）和 Fe（III）形态有关物质，如 Fe^{2+}、$Fe(OH)_2$、$Fe(OH)_3$ 等是否形成或存在等。

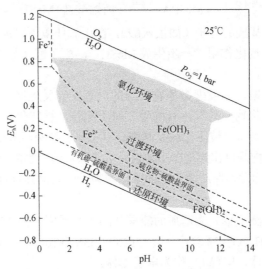

图 9-12　水体 E_h-pH 图中氧化还原环境分布区

3. 爆发成灾阶段

由于上一个阶段铁还原反应产生了大量的 Fe^{2+}，水体中只要极少量的 S^{2-} 出现就将产生湖泛（黑色水体），因此这一过程硫的还原将为湖泛的严重程度（水体显黑性）产生重要作用。湖泛的形成还有一个现象，就是大量气体（主要为 CH_4）在水面冒泡或是在能量推动下（黑色）水体上涌，形成开花（bloom）的现象（范成新，2015）。在爆发成灾阶段，主要涉及有机质还原、SO_4^{2-} 还原、$N_2 \rightarrow NH_4^+$ 还原和 CH_4 发酵。其中有机物的还原和硫酸盐的还原，将会涉及湖泛形成所必须经历的黑臭水体致黑组分（$\sum S^{2-}$）和致臭物（DMS_x，$x=1\sim3$）的生成。

1）有机质还原

有机物（CHO）在好氧微生物作用下的氧化还原反应是最为常见的，在这些反应中有机质无一例外地作为电子供体。甚至随着氧化还原电位的降低，在后来出现的反硝化反应、锰还原反应、铁还原反应等中，有机物仍然作为电子供体，使体系向着湖泛形成的进程推进。但随着这些降解过程中不断出现羧酸、酯、酰胺等羰基，以及α-酮酸、不饱和酮和醛基时，特别是分子量逐渐低量化，链长减小同时，由于降解中长链脂肪的断裂形成自由基，不断游离出自由电子。当氧化还原电位降低至约$-100\sim-400$ mV（pE=约$-2\sim-8$）区间（范成新等，2013）时，带有这些基团或不饱和链的有机质片段或有机分子，将逐步从电子提供基质转化成可接受电子的氧化剂，从而发生有机质还原过程。

水体中的挥发性硫化物（VSC）可由二甲基磺酰丙酸盐（DMSP）形成（Bentley et al，2004），如海水中的二甲基硫（DMS）主要来源于其前驱物β-DMSP的降解，这些过程中都有可能涉及与氧化还原反应有关的去甲基化反应。如DMSP的去甲基化途径是DMSP在载体（如四氢化叶酸）和酶的作用下生成3-甲基硫酸酯（MMPA）。MMPA再分解成为MeSH和丙烯酸盐。MeSH是DMSP中的硫同化吸收为蛋白质过程中重要的中间体，也可以通过自发氧化生成DMS：

$$DMSP \xrightarrow[\text{去甲基化}]{\text{四氢叶酸、酶}} MMPA \xrightarrow{\text{分解}} \text{丙烯酸盐} + MeSH \xrightarrow{\text{氧化}} DMS \qquad (9\text{-}25)$$

此外，对于含硫氨基酸的分子（如蛋氨酸），在厌氧环境下可能α-位上的碳原子同时发生脱氨基和脱甲硫基的歧化作用，一步生成MeSH、α-酮丁酸（图7-22），这其中也将涉及部分有机质的还原过程。

在湖泛爆发成灾阶段，由发酵微生物参与的厌氧发酵反应将会出现。发酵微生物在缺氧状态下，通过夺取氧化物中的氧进行呼吸。对于淀粉，被转化成乳酸，进而转化成甲烷等气体；对于蛋白质类物质，被还原成氨基酸、氨态氮、吲哚，最终转化成硫化氢等气体。发酵可定义为有机化合物既可作为电子受体也是电子供体的生物降解过程，在此过程中溶解性有机物可被转化为以挥发性脂肪酸为主的末端产物，因此也具有有机质还原的反应特征。

2）SO_4^{2-} 还原

以生源性有机质（藻、草）为基质的硫酸盐的还原反应，需要在厌氧环境下进行：

$$(CH_2O)_{106}(NH_3)_{16}H_3PO_4 + 53\,SO_4^{2-} \longrightarrow 106CO_2 + 53S^{2-} + 16NH_3 + PO_4^{3-} + 106H_2O \qquad (9\text{-}26)$$

有机质作为电子供体，S（VI）作为电子受体：

$$SO_4^{2-} + 10H^+ + 8e^- \longrightarrow H_2S + 4H_2O \qquad (9\text{-}27)$$

该反应在 pH 7 时，氧化还原电位大约在-200～-100 mV 之间。如果以有机碳（organic carbon）作为反应物，产物中除硫化物（S^{2-}）外，还有 CO_2（$-\Delta G^0$=18 kJ/mol），则反应式为：

$$有机碳+SO_4^{2-} \longrightarrow CO_2+S^{2-} \tag{9-28}$$

在硫酸根离子被还原为（S^{2-}）前，湖泛水体中应已有很多低价态铁锰离子（Fe^{2+}、Mn^{2+}）存在于水体中，应会产生 FeS 和 MnS 沉淀物。其中 FeS 是影响湖泛水体视觉感官最主要的显黑物，随着 FeS↓的生成，将使得上述两个反应式不断向右边进行。

3）$N_2 \rightarrow NH_4^+$ 还原

在有机质作为还原剂的环境中，很多与氮有关的反应都会涉及氮的还原，而且很多形态氮最终成了氨（NH_4^+），如式（9-5）～式（9-7）、式（9-11）和式（9-26）。但将氮气（N_2）还原到 NH_4^+ 需要发生于一些特定环境要求中，如果是在自然界，则只能出现在深度厌氧的湿地、沼泽和土壤中，最常见的是在厌氧污水处理过程中。在厌氧处理中，微生物将底物（有机物）通过氧化分解反应，使污水的 COD/BOD 和氮的含量降低，将氨转化成可以排放的 N_2 的状态。但在常见的化学反应式中，将氮气转变为氨是需要氢气参加的（$N_2+3H_2 \longrightarrow 2NH_3$），并且需要在高温高压作用下完成。藻源性湖泛发生体系是常温和常压，能够提供的条件就是厌氧（最低约 E_h=-300 mV），显然不能满足生成条件。

在厌氧水体中，氮气（N_2）是可以通过氧化还原反应转化为氨（NH_3）。这种反应被称为氮气还原，它是由一系列复杂的微生物作用所驱动的，其中一种常见的途径是通过硫酸盐还原菌（SRB）作用。这些微生物能够利用硫酸盐作为电子受体来代替氧气，进行氮气还原反应：

$$N_2+8H^++8e^- \longrightarrow 2NH_3 \tag{9-29}$$

虽然理论上可以发生如式（9-29）的反应，但在高度厌氧水体中，氮气转化到氨的反应可能经过 2 个甚至多个微生物过程才能达到。比如先将 N_2 氧化到羟胺（NH_2OH）：

$$N_2（g）+4H_2O+2e^- \longrightarrow 2NH_2OH+2OH^- \tag{9-30}$$

由于湖泛发生时，水体偏酸，容易促进式（9-30）反应的进行。生成的 NH_2OH 很不稳定，然后再生成 NH_3 和 H_2O 等其他产物：

$$4NH_2OH \longrightarrow 2 NH_3+N_2O+3 H_2O \tag{9-31}$$

4）CH_4 发酵

在有缺氧甚至厌氧水域的浅水湖中，人们很难直接观测到水体产甲烷的过程，其主要原因之一是上层水体相对于与沉积物接触的底层水而言有机质含量较低，以及水体扰动使得互营微生物群组难以在水体中形成（沈吉等，2010）。

生产活动中的甲烷发酵（又称厌氧消化）可分为三个阶段：第一阶段是水解发酵，第二阶段是产氢产乙酸，第三阶段是产甲烷。水解发酵阶段是由不产甲烷的微生物分泌的胞外酶对有机物进行体外酶解，把复杂的固体有机物转变为可溶于水的物质；产氢产乙酸阶段则是可溶解性物质在产酸细菌的作用下，进一步分解代谢，生产出各种挥发性的脂肪酸；在产甲烷阶段，大量繁殖的产甲烷菌，用分泌的酶将分解出来的简单有机物转变成甲烷和二氧化碳等，利用氢还原二氧化碳生成甲烷，或利用其他细菌产生的甲酸形成甲烷。

发生在湖泛爆发成灾阶段的 CH_4 发酵，实际都应会经历上述三个阶段，由于这些过程会与有机质还原、SO_4^{2-} 还原、$N_2 \rightarrow NH_4^+$ 还原混杂在一起，过程的外在表现可能不典型。对发生于湖泛形成中的 CH_4 发酵的三个阶段，都可以用代表性或典型的反应方程式表示。比如在液化阶段（酸化阶段），有机底物（如碳水化合物）被微生物分解生成有机酸：

$$C_6H_{12}O_6+2O_2 \longrightarrow 2CH_3COOH+2CO_2+2H_2O \tag{9-32}$$

该反应式表示了葡萄糖（$C_6H_{12}O_6$）被分解为乙酸（CH_3COOH）和二氧化碳（CO_2）。在最后产甲烷阶段，所生成的酸被产甲烷菌转化为甲烷。这一阶段的反应可以表示为

$$CH_3COOH \longrightarrow CH_4+CO_2 \tag{9-33}$$

此反应式表示了乙酸被转化为甲烷（CH_4）和二氧化碳（CO_2）。CH_4 发酵过程的各阶段都需要特定的微生物催化，而且水体中要有足够量的底物或反应物。酸化过程[式（9-32）]需要 pH 下降到 4 时方可进行，但产甲烷过程则要求 pH 值在 6.5～7.5 之间。邵世光（2015）曾模拟太湖月亮湾藻体不同堆积密度下的湖泛形成过程，发现当藻体堆积速率在 6～16 $kg/(m^2 \cdot d)$ 时，湖泛发生期（2～8 d）时水体处于 pH 5.7～6.5 的弱酸性状态，预示水体有有机酸存在的可能。

藻源性有机物在天然水体中，仍被视为分子量相对巨大的物质，它们不能透过细胞膜，因此不可能为细菌直接利用。在液化阶段（该阶段可能在图 9-10 中的耗氧缺氧阶段就已开始发生），被细菌胞外酶分解为小分子。例如，纤维素被纤维素酶水解为纤维二糖与葡萄糖，淀粉被淀粉酶分解为麦芽糖和葡萄糖，蛋白质被蛋白质酶水解为短肽与氨基酸等。这些小分子的水解产物能够溶解于水并透过细胞膜为细菌所利用。

厌氧消化中甲烷（CH_4 气体）的大量形成，必将通过水面将气体向大气排出。由于 CH_4 气体的逸出大多是从湖泊底部甚至是从表层底泥中开始的，因而在 CH_4（g）上升过程中，不仅带动水柱中大面积水体上升、底泥上泛，出现如藻华（algal bloom）相似的开花（bloom）的状态；而且由于此时水体仍遭受主要致黑物硫化亚铁（FeS，黑色）和主要致臭物二甲基硫化物（DMS_x）的影响，CH_4 等其他厌氧环境产生的气体在上升过程中对下层高浓度黑臭水体的垂向携带，就是"湖泛（black bloom）"发生的最极端状态（范成新，2015）。当然，一切在厌氧环境下能形成气态物质的氧化还原反应产物（如 H_2S、二甲基硫化物和 CO_2 等）都可能以气泡方式从水底向上逸出，带动水体上涌，参与湖泛（状态）的形成。

4. 复氧消退阶段

随着藻源性有机质的小分子化和过度化电子提供（被氧化），上层水体在风浪和湖流等水文气象条件作用下复氧加快，黑臭水团因虽水动力迁移而范围和体积扩大，湖泛区溶解氧含量急速增加，缺氧程度快速降低等，黑臭进入消退状态。随着体系内可提供的生物质趋向耗竭，低氧化还原电位越来越难以维系，E_h 逐步上升，并最终使水体水质得到恢复。在湖泛的复氧消退过程中，将主要发生有机质氧化、硫化物离子氧化（$S^{2-} \rightarrow SO_4^{2-}$）、Fe（II）氧化和氨氧化（$NH_4^+ \rightarrow NO_3^-$）等反应。

1）有机质氧化

虽然此时系统中仍可能有一部分没有降解完全的有机质，但大多数为可溶性的中小分子有机物（如有机酸、醛和醇等）。随着体系氧含量状态的缓慢提升，逐渐发生以 O_2 作为电子受体的有机质氧化如式（9-4）以及：

$$HCOOH(aq)+2H^++2e^- \longrightarrow HCHO(aq)+H_2O \tag{9-34}$$

$$HCHO(aq)+2H^++2e^-\longrightarrow CH_3OH(aq) \tag{9-35}$$

由于该阶段是刚从严重缺氧的湖泛成灾阶段转变过来，水层尤其是下层水体多仍处于低氧状态，好氧类和兼性厌氧类微生物尚未恢复到活性状态，因此以 O_2 作为氧化剂的有机质氧化过程实际进行得很慢。但随着上层水复氧能力的加强，以及湖泛发生水团与外界未发湖泛水体的全方位交换，水体中氧含量增加，此类反应方可成为优势反应，使得水体有机质和有机酸醛不断由小分子有机物转化成为 CO_2 和 H_2O。

2）$S^{2-}\to SO_4^{2-}$

S^{2-} 和 SO_4^{2-} 是两个具有不同氧化态的含硫阴离子，它们之间的反应是一种氧化还原反应。由于从 S^{2-} 到 S（VI）之间还涉及其他价态的硫，因此在复氧阶段初期，这种从 $S^{2-}\to SO_4^{2-}$ 的反应可能需要涉及其他几个中间步骤，比如：

$$S^{2-}\longrightarrow 2S+2e^- \tag{9-36}$$

以及中间还可能会产生 $S_2O_3^{2-}$，然后再形成 SO_4^{2-}。另外，在特定的环境下，SO_4^{2-} 和 S^{2-} 可以互相作为氧化剂和还原剂进行反应，当复氧水体中同时出现 SO_4^{2-} 和 S^{2-} 时，有可能出现如下反应：

$$S^{2-}+SO_4^{2-}\longrightarrow 2S+2O^{2-} \tag{9-37}$$

由于 S^{2-} 是厌氧环境中常见的硫的离子状态，SO_4^{2-} 则是相对富氧状态下存在的状态，在湖泊水体中（即使是在湖泛的复氧消退阶段），也难以同时出现。一般认为，当 S^{2-} 以气态 H_2S（g）形式参与反应时，在湖泛消退初期，有可能存在如下氧化还原反应：

$$H_2S（g）+4H_2O\longrightarrow SO_4^{2-}+10H^++8e^- \tag{9-38}$$

3）Fe^{2+} 氧化

随着复氧程度的增加，由于水体 S^{2-} 的氧化，以硫化亚铁（FeS）为主要的致黑物质的化学结构出现明显不稳定状态，同时在氧含量主导的环境中，Fe^{2+} 自身的稳定性也难以维持，氧化成高价态铁（如 Fe^{3+}）的反应将不可避免地发生：

$$Fe^{2+}\longrightarrow Fe^{3+}+e^- \tag{9-39}$$

实际上随着水体中 Fe（II）氧化的发生，抑或从 $S^{2-}\to SO_4^{2-}$ 阶段起，水体 FeS 含量很快减少，水体发黑的感官现象乃至迅捷褪去，至此湖泛消失。

4）氨氧化（$NH_4^+\to NO_3^-$）

在湖泛形成初期的藻体聚集阶段起，氨一直就是水体中含量最丰富的物质之一［见式（9-5）～式（9-6）］。随着湖泛水体由偏碱性向着偏酸性发展，由原来氨（NH_3）含量略多，向着铵（NH_4^+）含量增多的方向转变。

$$NH_4^+（\%）=1-\frac{100}{1+10^{(pK_a-pH)}} \tag{9-40}$$

铵离子中的氮在常态水体中，并不是容易被氧化的氮的形态。自然界中将铵（或氨）转化为硝酸根离子（NO_3^-）主要依赖水环境中的亚硝酸细菌（又称氨氧化菌）和硝化细菌的作用。这两类细菌通过接力，先将 NH_4^+ 氧化成亚硝酸，反应式为

$$2NH_3+3O_2\longrightarrow 2HNO_2+2H_2O \tag{9-41}$$

然后硝酸细菌（又称亚硝酸氧化菌），将亚硝酸氧化成硝酸，反应式为

$$HNO_2+1/2O_2=\!=\!=HNO_3 \tag{9-42}$$

虽然环境中还有一种能将 NH_3-N 氧化为氮气（N_2）的厌氧氨氧化过程，但该反应主要是在厌氧或缺氧条件下通过厌氧氨氧化菌完成的。在湖泛的复氧消退阶段，其氧环境很难达到这一要求。

9.3.3　湖泛生消过程表层沉积物氧化还原反应

水体的发黑发臭是湖泛发生最为引人关注的灾害效应。主要致黑物（FeS）组分的变化与水体的氧化还原环境条件相关。湖泛尚未发生前，当藻体聚积到一定规模，将逐步产生因藻体呼吸、微生物降解驱动而造成的 DO 减少和缺氧，使得水体氧化还原电位快速下降，达到强还原环境。初期水体中硫化物急速上升，后期则为 Fe^{2+} 含量快速增加。研究表明，主要致黑物（FeS）组分 Fe^{2+} 和 $\sum S^{2-}$ 在湖泛发生前就在水底沉积物-水界面产生急增性变化。藻细胞在静态下向沉积物表层的沉降，会大大加快溶解氧消耗。藻沉降后仅 2 天，水体处于厌氧强还原状态，S^{2-} 含量达到最高（0.63 mg/L），而 Fe^{2+} 含量在沉积物-水界面处达到峰值（4.40 mg/L）则需到第 4 天，此时已经发生湖泛。实验结束后测定的 0～1 cm 处沉积物表观 E_h 值为-150 mV，表明沉积物仍处于强还原状态。为定量研究藻源性湖泛发生对水体致黑的影响程度，冯紫艳（2013）分析发现藻体的腐败时间越短或程度越低时，藻体降解向水体贡献的 Fe^{2+} 和 S^{2-} 含量也就越少，黑度降低。该实验也反映了，在藻体贡献 Fe^{2+} 和 S^{2-} 较少甚至不足的进程下，沉积物（包括藻源性的）有机质在湖泛系统中，是如何通过包括氧化还原反应在内的过程参与到致黑物形成中的。

在专性厌氧微生物催化下，水体中有机物的氧化会伴随硫酸盐的还原（Kalff，2011），产生还原态硫（S^{2-}）：

$$(CH_2O)_{106}(NH_3)_{16}(H_3PO_4) + 53SO_4^{2-} \longrightarrow$$
$$106CO_2 + 16NH_3 + 53S^{2-} + H_3PO_4^{3-} + 106H_2O \qquad (9\text{-}43)$$

尹桂平（2009）动态模拟研究反映，底泥表层有机质含量高低与湖泛发生时间有对应关系，其中有机质含量（5.44%）最高的 5#柱，其发生湖泛现象比其他柱要提前 2 天。在兼性厌氧微生物催化下有机物氧化，表层底泥的电子受体也使得 Mn（Ⅳ）、NO_3^-、Fe（Ⅲ）分别还原为 Mn（Ⅱ）、N_2（NH_4^+）和 Fe（Ⅱ）；继续发展则进入缺氧环境，在专性厌氧微生物（如 SRB）催化下有机物氧化，硫酸盐还原产生 S^{2-}，以及发酵产生甲烷（CH_4）。虽然沉积物在物化性质上具有较大的空间异质性，但大量死亡藻体（包括大型水生植物）作为还原性物质加入后，就使得环境标准电位小于 250 mV（vs. Ag-AgCl）（范成新等，2013），湖底可由原来的氧、锰、氮、铁控制的无机体系，转变为由藻（草）有机质控制的有机体系。以水华微囊藻（*Microcystis flos-aquae*）为例（Zhang et al，2009），死亡分解产生的有机还原性物质的标准电位（-280 mV），远低于 Fe（Ⅲ）被还原的中度还原条件（200～-100 mV），以及 SO_4^{2-} 被还原的-100 mV 的 E_h 值。过低的有机质氧化还原电位不仅控制着整个湖底的氧化还原反应，还将会逐渐整合沉积物-水界面甚至近表层沉积物内所有的有机物。这必将使得许多游离于上覆水、间隙水或附着包裹于沉积物中的 Fe（Ⅲ）、Mn（Ⅳ）、SO_4^{2-} 在同一时间段逐步还原。因此，无论水体是否缺少 Fe^{2+} 和 SO_4^{2-}，在厌氧微生物作用的有机质控制下的还原体系，都有可能使湖底附近水土系统的铁和硫向低价态的形态转变。

最易受沉降藻（草）有机质还原体系影响的水底介质，就是与其直接接触的沉积物和间隙水。在沉积物中，一般会存在非晶质 FeS，以及马基诺矿（FeS_{1-x}）、硫复铁矿（Fe_3S_4）及黄铁矿（FeS_2）等铁硫化合物。在太湖沉积物表层，与硫结合的铁仅占总铁的 0.12%～2.35%，活性铁的浓度可达 0.110～0.208 mmol/g（尹洪斌等，2008a），显示沉积物铁有较充足的潜在提供量。在最有可能与上覆水形成跨界面迁移的沉积物间隙水中，即使没有有机质分解的电子提供影响也会含有一定量的 Fe^{2+} 和 $\sum S^{2-}$。Yin 等（2011）对太湖北部柱状沉积物及间隙水中铁、硫含量进行分析，间隙水中 Fe^{2+} 浓度在 0.010～0.270 mmol/L 之间，$\sum S^{2-}$ 含量大致在 0.005～0.025 mmol/L（尹洪斌等，2008b）。然而在浅水湖泊，因复氧显著沉积物上覆水氧含量较高，上覆水甚至近表层沉积物的氧化还原体系都为氧体系所控制，上覆水中的电位高于沉积物中还原态元素的电位。虽然沉积物仍可能向上覆水释放 Fe^{2+} 和/或 S^{2-} 等还原态物质（Kalff，2011）。但沉积物-水界面两边的表观 E_h 值差异太大，使得 Fe^{2+} 或 S^{2-} 的迁移还未穿过界面就因在氧化或弱还原条件下的不稳定而迅速改变了价态，形成对 Fe^{2+} 和 S^{2-} 的实质性释放。

在藻源性有机质降解中，氧、硝酸根（NO_3^-）、铁锰氧化物，以及硫酸根（SO_4^{2-}）都可以成为系统中某些阶段的氧化剂有机质，在有些阶段甚至是压倒性的。在沉积物及其间隙水中，由于较多量的硝酸根离子、铁锰氧化物的存在，硫酸根作为电子受体形成对藻源性有机质的氧化比列并不高。在浅水湖表层沉积物，SO_4^{2-} 还原所生成的 H_2S 被铁氧化物（FeOOH）或氢氧化物所氧化，可以生成 Fe^{2+}、单质硫和水：

$$2FeOOH+H_2S+4H^+ \longrightarrow 2Fe^{2+}+S+4H_2O \tag{9-44}$$

因此只要沉积物中有足够的活性有机质可提供电子使得式（9-44）反应进行，则在沉积物表层发生后续的铁氧化物还原，与出现的 S^{2-} 形成致黑物 FeS 的反应就将会发生：

$$Fe^{2+}+H_2S \longrightarrow FeS\downarrow +2H^+ \tag{9-45}$$

如果此时湖泊水体并非处于湖泛形成中，则沉淀出来的 FeS 黑色物又会通过单质 S 与 H_2S 反应，生成更加稳定的黄铁矿（FeS_2）储存于沉积物中：

$$FeS+H_2S \longrightarrow FeS_2 \tag{9-46}$$

$$FeS+S \longrightarrow FeS_2 \tag{9-47}$$

但在藻源性湖泛爆发成灾阶段，水体的氧化还原电位可低至-300 mV 左右，在该氧化还原环境中游离电子量巨大。根据 2014 年 4～8 月对太湖形态硫的测定，非聚藻区沉积物中 Pyrite-S 含量增加了 10.62%，但聚藻区沉积物内 Pyrite-S 含量减少了 4.89%。如果分析湖泛发生期沉积物中 FeS_2 的含量，这一含量将更低。

不论无机硫还是有机硫，沉积物中的硫在氧化还原电位环境发生明显变化时都会发生相应的反应，虽然硫元素的总量不变，但硫的形态（价态）普遍会发生较大变化。非聚藻区 4～8 月时，沉积物内硫醇含量大致不变，但硫醚含量大量增加，磺酸盐相对含量减少，这可能是 O_2 含量降低引起有机质的硫化作用（图 6-7）。进入夏季的 8 月，聚藻区的沉积物表层 2～6 cm 处硫醚和硫醇的相对含量，出现了明显高于非聚藻区的状态。有机硫的转化是在微生物作用下的含硫有机物质的矿化过程。在好氧条件下，有机硫物质转化为硫酸盐；在厌氧条件下，有机硫则生成硫化物。虽然绝大多数中下层沉积物处于缺氧和厌氧状态，但湖泛发生期间，表层沉积物也发生严重厌氧，使得大多数硫化物趋向于成为相对稳定的有机硫物质作为最终产物（如腐殖质硫）。

腐殖质是有机物经微生物分解转化形成的胶体物质，是沉积物有机质的主要组成部分，具有较高的化学稳定性。在太湖的聚藻区和非聚藻区进行沉积物分析，腐殖质硫（FS+HS）含量在两类区域中的差异非常显著（$p < 0.01$），聚藻区沉积物内腐殖质硫的平均含量是非聚藻区的 1.53 倍。在藻源性湖泛易发季节（5~8 月），非聚藻区和聚藻区沉积物内腐殖质硫各层平均含量均有增加，但非聚藻区增加了 16.99%，聚藻区增加了 27.38%，聚藻区由于蓝藻的聚集沉降补充了有机硫，使沉积物内腐殖质硫含量增加得更快。据研究，无论是聚藻区和非聚藻区，太湖沉积物中的腐殖质硫（FS+HS）的含量主要由富里酸硫（FS）的含量决定（图 6-6）。在环境中，腐殖质硫（$C_8H_8O_3S$）可以参与硫的氧化反应：

$$2C_8H_8O_3S+19O_2 \longrightarrow 16CO_2+8H_2O+2SO_2 \tag{9-48}$$

此时，腐殖质硫可以被氧气氧化为二氧化硫（SO_2），另外腐殖质硫还可进行硫的还原反应，但要求十分苛刻，需有 H_2 参加：

$$C_8H_8O_3S+8H_2 \longrightarrow 8H_2O+H_2S \tag{9-49}$$

在有 H_2（g）产生的氛围中，腐殖质硫可以被还原剂 H_2 还原为硫化物（如硫化氢）。在湖泛黑臭现象最盛阶段（CH_4 发酵），虽不排除有氢气产生的可能，但在所有的湖泛实验中，尚未有氢气产生的证据。以上所列的反应式大部分已被证实存在于湖泛形成的实际环境中，但具体到某一湖泛事件中是否真的出现了所有反应，还受到环境条件、反应物浓度和反应速率等因素的影响。

第10章　湖泛形成对沉积物－水界面物质分布及行为影响

　　湖泊沉积物-水界面的复杂性使得水底沉积物成为地球岩石圈、水圈和生物圈中各界面要素相互作用与相互渗透的典型区域，物理、化学和生物过程在此交织与耦合。在此区域内，物质的产生、循环、转移过程异常活跃。对于湖泊而言，几乎所有受外界环境的干扰因素，都可能影响沉积物-水界面物质分布变化甚至是迁移转化行为。湖泛是富营养化湖泊极端污染现象，其形成中藻体和水草生物质的降解、沉降，氧化还原状态的时空变化等，都将对湖底水土界面附近物质（特别是营养物及敏感性元素）的状态和行为，在整个过程中产生影响（范成新，2015）。湖泛形成过程中，生物质残骸和有机物质在缺氧的情况下被细菌分解，产生气体（如 CO_2 和 H_2S 等），导致沉积物发生膨胀现象，破坏其表层物理结构（Wang and Jiang，2014），加大表层沉积颗粒间距离，增加沉积物中的孔隙，影响沉积物-水界面的物质迁移扩散。

　　氮、磷和碳是湖泊水体中主要生源要素，铁、锰和硫是湖体氧化还原敏感性元素，其中 Fe^{2+} 和 $\sum S^{2-}$ 是湖泛形成的关键物质形态，CH_4 则是湖泛发生区逸出的主要气体之一。对湖底沉积物而言，湖泛形成中的环境效应主要体现在物质在沉积物-水界面的迁移扩散通量的变化方面，其中对沉积物-水界面的氮（NH_4^+-N）、磷（PO_4^{3-}-P）迁移的影响尤为受到关注。例如，在湖泛缺氧环境，$Fe(OOH)PO_4$ 复合物还原溶解，释放出来的 PO_4^{3-} 和 Fe^{2+} 会先游离于间隙水，然后通过沉积物-水界面扩散到上覆水中。除了铁还原影响外，硫酸根（SO_4^{2-}）在厌氧环境下还原转化为 S^{2-}，S^{2-} 与铁离子（Fe^{2+}）形成难溶的 FeS 和 FeS_2。由于 FeS 和 FeS_2 较之 FeOOH 含有较少的磷吸附位点，这将大大减少沉积物对磷的吸附能力。当铁离子减少到一定程度，磷的释放就不可避免。实际上，氮和锰等这些价态可变元素也都是湖泛形成中易发生交换和迁移行为的物质，在湖泛形成过程中，体系中的氧化还原电位变化极大，沉积物中的氮磷和铁锰甚至温室气体（甲烷等）产生都将受到影响。因此，研究湖泛形成中缺氧和厌氧环境下，营养物及其形态在沉积物-水界面的分布及交换、扩散和释放行为，将增加人们对湖泛形成的环境效应和风险的认识。

10.1　湖泛形成对沉积物-水界面物质分布及扩散影响

10.1.1　湖泛形成中沉积物-水界面 NH_4^+-N 分布及扩散变化

　　在沉积物所有形态氮中，氨态氮（NH_4^+-N）是最不易被转化的小分子形态氮，并且由于其离子态的低极性和低共价性，在沉积物及其间隙水中受束缚作用小，往往较其他离子具有更大的自由性。在低氧环境下，氨是游离态氮中最主要的存在形式之一。NH_3与NH_4^+在水中会组成共轭酸碱对（$K_b=1.75\times10^{-5}$，25℃），实验室分析的氨氮含量实际上是包括分子态NH_3和离子态NH_4^+中的氮。前者是水体生物的毒性污染物，后者为水体生物营养性物质。对于湖水包括沉积物间隙水的中性或弱碱性的水体分析中，一般不区分这两种氮的形态，本章以NH_4^+-N表示。

1. 沉积物上覆水 NH_4^+-N 分布

申秋实曾于 2012 年 5 月 16 日对太湖贡湖草源性湖泛发生地现场采集沉积物上下层水分析发现，实际发生湖泛的沙渚港（SZ）和许仙港（XX）沉积物上覆水中 NH_4^+-N 含量远高于水柱表层水（大约 1.0 mg/L）；而未发生湖泛的水域锡东水厂（XD）则上下层 NH_4^+-N 含量几乎相同（均小于 0.25 mg/L）（Shen et al, 2014）。

商景阁（2013）模拟太湖月亮湾泥水环境藻体不同聚集量下，近沉积物表层上覆水（下层）水体氨氮含量随着藻体聚集程度（A～E 藻体投加量）的增加，含量总体呈上升趋势（图 10-1）。另外发现，藻体总投加量较高的 C～E 处理组，下层水体中的 NH_4^+-N 含量基本都高于未发生湖泛的两组，其中 C 组含量高达 20 mg/L。与申秋实等的研究相比，藻源性湖泛所造成的底层水含量的增加，远远大于草源性湖泛。实验反映，水柱下层（沉积物上覆水）NH_4^+-N 含量均明显高于水柱上层，并且模拟实验感官观察，高藻量的 C～E 组致臭物散发（湖泛现象之一）开始于实验后的 4～5 天，而此观察时间点 NH_4^+-N 含量并非发生在峰值，反而发生点前后氨氮含量更高，并且普遍在湖泛形成后，NH_4^+-N 含量呈逐步上升趋势（图 10-2）。

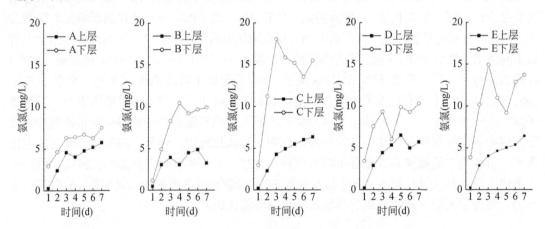

图 10-1　藻源性湖泛模拟中沉积物上覆水（下层）NH_4^+-N 含量变化

A. 5000 g/m²；B. 7100 g/m²；C. 7800 g/m²；D. 8500 g/m²；E. 10000 g/m²

2. 沉积物间隙水 NH_4^+-N 分布

沉积物上覆水 NH_4^+-N 含量的增加，必然影响沉积物表层间隙水中 NH_4^+-N 的含量。邵世光（2015）曾对太湖生态环境研究站野外围隔实验区，按照 15 kg/m² 的藻体投加量，用 4 mm 间距的渗析膜采样器（Peeper）获取了沉积物间隙水并分析 NH_4^+-N 含量，在实验室中得到 15 天湖泛模拟过程中 NH_4^+-N 含量在沉积物-水界面处的逐日变化（图 10-2）。

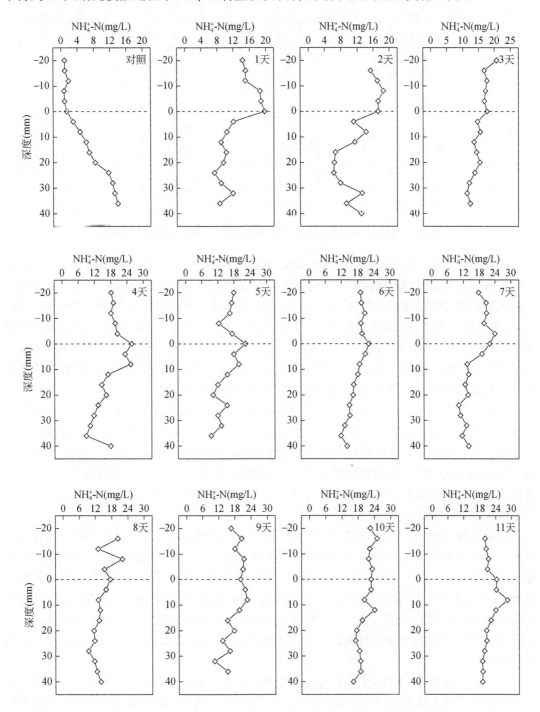

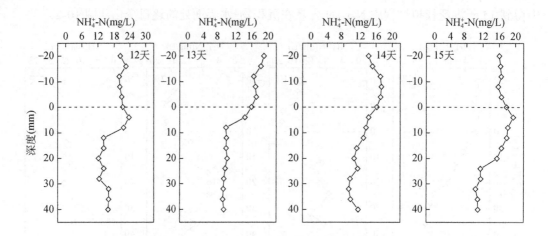

图 10-2 藻源性湖泛围隔模拟中沉积物间隙水 NH_4^+-N 含量垂向分布

空白对照的 0～20 mm 的上覆水中 NH_4^+-N 含量基本不变，维持在 0.8 mg/L 左右，沉积物间隙水中氨氮含量则随深度的增加逐渐升高，在 20 mm 处达到 8 mg/L 左右，与太湖其他湖区沉积物-水界面的 NH_4^+-N 含量垂向分布较为一致。在模拟中等藻类堆积量下，沉积物-水界面处上覆水和间隙水 NH_4^+-N 浓度几乎每天都处于变化中（图 10-2）。在围隔藻类堆积模拟后的第 1 天，沉积物-水界面（0 mm）处的 NH_4^+-N 含量就迅速增加到 19 mg/L 左右，与对照样（0 天）相比，相对于 1 天内约增加了 23 倍。此后湖泛实验中沉积物-水界面处也一直保持较高的 NH_4^+-N 浓度含量水平，最高时（第 15 天）达到 24.3 mg/L。

受界面处 NH_4^+-N 高浓度的影响，自藻源性湖泛模拟实验的第 1 天起，近表层沉积物间隙水中的 NH_4^+-N 浓度就维持较高水平（>16 mg/L），含量上大致呈现近表层含量高、下层含量低的垂向分布。另外也有研究发现，藻源性湖泛的形成，并非使得沉积物表层所有层位的间隙水 NH_4^+-N 浓度都得到增加，相反，在湖泛模拟的约前 8 天，距界面约 3～4 mm 处的下层沉积物间隙水中，NH_4^+-N 浓度没有增加。但从总体而言，藻源性湖泛对沉积物间隙水中 NH_4^+-N 浓度起到提升作用。

申秋实等（2014）曾对 2012 年 5 月 16 日发生于贡湖沙渚港近岸以菹草和芦苇为主的草源性湖泛发生区，对 Peeper 获取的沉积物间隙水进行了分析，发现间隙水中 NH_4^+-N 含量呈现的却是自上而下逐渐增高（图 10-3），与在月亮湾分析的结果完全不同。虽然其界面附近 0 cm 和 1 cm 处间隙水中 NH_4^+-N 浓度达到 1.74 mg/L 和 3.74 mg/L，分别是对照沉积物间隙水相应层位 NH_4^+-N 含量的 12.26 倍和 30.99 倍，与藻源性湖泛比较接近（图 10-2），但 NH_4^+-N 浓度值则远小于藻源性湖泛。该现象至少反映：水草死亡所产生的 NH_4^+-N 含量远低于藻体。

在表层沉积物中，NH_4^+-N 含量高低主要受沉积物的受污染程度、微生物作用强弱、氧化还原条件以及水动力扰动等因素的影响（范成新等，2000）。湖泛水域一般是处于强还原性水域，缺氧/厌氧的环境条件深刻地影响沉积物尤其是表层沉积物的原有氧化还原状态，营造出典型的还原性环境。这使得微生物参与的反硝化和氨化作用大大加强，从而造成湖泛样品表层沉积物间隙水中出现 NH_4^+-N 积累现象（申秋实等，2014）。大量的藻体或植物残体死亡沉降或凋落在表层沉积物上，并在厌氧条件下由微生物降解，其中部分 N 素被降解并以 NH_4^+-N 的形式进入环境，提升了湖泛区沉积物间隙水浓度，此外湖泛条件下沉积物中 TN 的部分厌氧降解也会向间隙水中迁移，推动着湖泛区沉积物间隙水 NH_4^+-N 含量的升高。

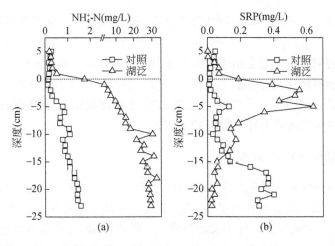

图 10-3　藻源性湖泛形成中沉积物-水界面 NH_4^+-N 和 PO_4^{3-}-P（SRP）含量垂向变化

3. 沉积物-水界面 NH_4^+-N 扩散通量

对沉积物-水界面间隙水和上覆水 NH_4^+-N 浓度垂向分布（图 10-2），按照费克（Fick）第一定律计算，获得藻源性湖泛 15 天的模拟过程中 NH_4^+-N 扩散通量及随时间的变化（图 10-4）。由于上覆水高含量 NH_4^+-N 的影响，沉积物-水界面的 NH_4^+-N 扩散通量呈现有正有负的现象，并且发生释放的概率并不高。从释放速率强度上与对照[2.4 mg/(m^2·d)]相比，湖泛过程中 NH_4^+-N 的释放通量并不很大。

通常表层沉积物中游离态 NH_4^+-N 主要来源于沉积物内部与有机氮有关的早期成岩过程，无机矿化中离析出包括氨氮在内的游离态氮，以及少量来自于无机氮的氨化。但在藻体聚集的湖泛发生水体，藻体死亡快

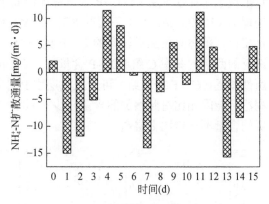

图 10-4　湖泛形成中沉积物-水界面 NH_4^+-N 扩散通量变化

速分解出大量的氨氮类物质，使得沉积物上覆水和表层间隙水中的氨氮含量增加，实际上此时表层沉积物间隙水中 NH_4^+-N 含量主要受上覆水中 NH_4^+-N 含量的控制，即使呈释放状况也是由于上覆水中 NH_4^+-N 含量的偶然下降才出现的。因此，NH_4^+-N 在沉积物-水界面的迁移实际上是物质的交换行为，也即湖泛期间 NH_4^+-N 在沉积物-界面的交换是在湖泛形成体系的受控下发生的，属于缓冲甚至是消纳水体中过多 NH_4^+-N 的量的一种跨界面物质平衡作用。虽然湖泛发生时间相对短暂（最长约半月），但沉积物及其间隙水更像承担氮"汇"的作用，

水体氨氮含量的增加主要来自于藻类等生物质的降解。

10.1.2　湖泛形成中沉积物-水界面 PO_4^{3-}-P 分布及扩散变化

磷是水体初级生产者的主要限制性营养元素,是湖泊富营养化发展进程中关键性物质。以 PO_4^{3-}-P 为主要成分的溶解性活性磷(SRP),在缺氧厌氧环境易发生沉积物-水界面释放。湖泛形成后水体的磷含量一般会出现大幅度上升(陆桂华和马倩,2009),该恶化现象与湖底环境和物质的迁移转化间存在的关联性。深度了解湖泛发生湖区底层水、上覆水以及沉积物间隙水中 PO_4^{3-}-P 含量的过程变化,以及 PO_4^{3-}-P 在沉积物-水界面的迁移扩散行为,将加深对湖泛现象磷污染本质及环境效应的认识。

1. 沉积物上覆水 PO_4^{3-}-P 分布

对太湖贡湖草源性湖泛发生区上下层水体分析(Shen et al,2014),发生湖泛的沙渚港(SZ)和许仙港(XX)底层水和上层水 PO_4^{3-}-P 含量远高于未发生湖泛的锡东水厂(XD)。由于是草源性湖泛,厌氧程度多轻于藻源性湖泛,而且是 SRP(正常水体含量一般仅在 0.01 mg/L 左右),因此,因湖泛造成的下层水域底层 PO_4^{3-}-P 含量的升高,可能会与沉积物-水界面的磷分布和扩散产生影响。

在商景阁(2013)模拟太湖月亮湾泥藻源性湖泛过程中,同时也分析了上覆水(下层)水体 PO_4^{3-}-P 含量的变化(图 10-5)。实验反映,包括未发生湖泛的 A 和 B 处理在内,沉积物上覆水(水柱下层) PO_4^{3-}-P 含量总体都高于上层水体。其中处理 C(藻量 8500 g/m²)和处理 E(10000 g/m²)上下层间 PO_4^{3-}-P 含量相对较大。另外,与图 10-1 中 NH_4^+-N 含量变化相似,藻体总投加量较高的 C~E 处理组,下层水体中的 PO_4^{3-}-P 含量基本都高于未发生湖泛的两组,其中 C 组 PO_4^{3-}-P 含量高达 2.2 mg/L。此外,比较图 10-5 和图 10-1 可见,藻源性湖泛(C~E 处理组)可造成底层水 PO_4^{3-}-P 含量的增加(平均约 0.4 mg/L);而草源性湖泛可能因相比对照增加的含量较少(0.02~0.11 mg/L),在沉积物和水动力等影响下,下层的含量不一定比上层高。

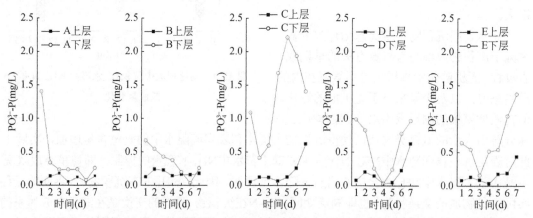

图 10-5　藻源性湖泛模拟中沉积物上覆水(下层) PO_4^{3-}-P 含量变化

A. 5000 g/m²; B. 7100 g/m²; C. 7800 g/m²; D. 8500 g/m²; E. 10000 g/m²

2. 沉积物间隙水 PO_4^{3-}-P 分布

藻类堆积围隔湖泛的模拟过程实验中，沉积物-水界面上下 PO_4^{3-}-P 含量垂向分布反映（图 10-6）：未加藻的对照实验，间隙水中的 PO_4^{3-}-P 含量高于上覆水；加藻后的 15 天内，上覆水中的 PO_4^{3-}-P 含量几乎均高于沉积物间隙水，PO_4^{3-}-P 的浓度梯度是从水体指向沉积物（间隙水），具有明显"汇"的分布特征。其中在（死亡）藻体加入的第 1 天，沉积物-水界

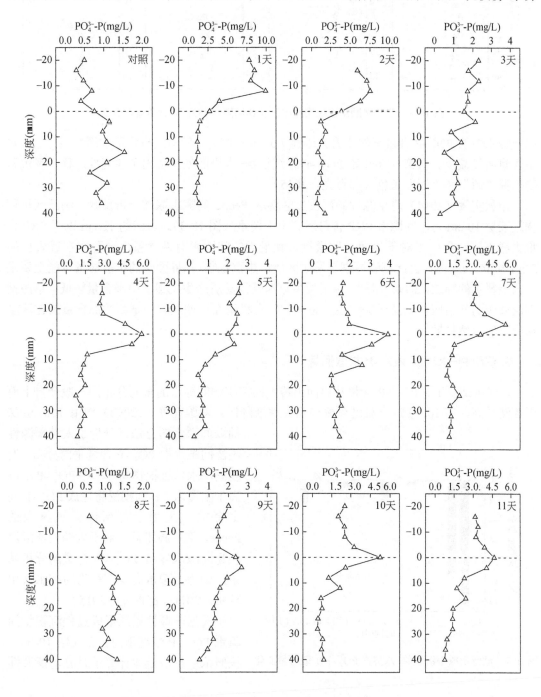

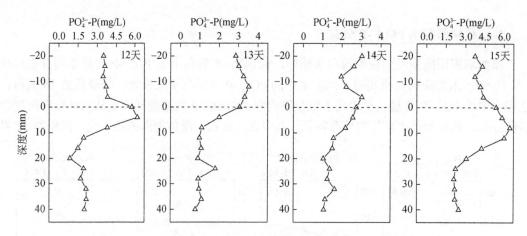

图 10-6　藻源性湖泛围隔模拟中沉积物间隙水 PO_4^{3-}-P 含量垂向分布

面上覆水中的 PO_4^{3-}-P 含量突然上升，达到 7.5 mg/L 左右，后与沉积物形成缓冲后，上覆水中含量明显减少。自第 6 天开始 PO_4^{3-}-P 在沉积物-水界面处表现出了往复性迁移，及沉积物扮演"源"和"汇"角色（邵世光，2015）。

申秋实等（2014）对草源性湖泛发生区现场 Peepe 间隙水取样分析反映，湖泛区沉积物近表层 10 cm 内，间隙水 SRP 含量远高于上覆水（图 10-3）。虽然约 12 cm 以下 SRP 含量大幅下降，但由于对于界面扩散通量贡献最大的间隙水有效含量主要分布在近表层的 5 cm 甚至 2 cm 内，因此草源性湖泛发生区所产生沉积物-水界面磷的扩散通量可能主要是指向上覆水的释放，即磷"源"。由于发生草源性湖泛所产生上覆水中磷含量较低，草源性湖泛磷源的产生应与湖泛无关，主要是沉积物有机磷在早期成岩中蓄积的高含量磷在浓度梯度下的自然扩散。

3. 沉积物-水界面 PO_4^{3-}-P 扩散通量

在好氧情况下，PO_4^{3-}-P 含量从界面上覆水向沉积物间隙水的垂向分布，一般会自上而下逐渐升高，在 10～15 cm 处达到峰值后又逐渐降低。刘国锋等（2009b）曾用 Rhizon 法抽取间隙水的方法，分析了太湖藻源性湖泛间隙水中 PO_4^{3-}-P 含量垂向分布，发现湖泛水体沉积物间隙水中 PO_4^{3-}-P 浓度高于上覆水，认为湖泛将造成 PO_4^{3-}-P 向上释放。采用了可保证无氧氛围的 Peeper 取样技术后，对于太湖湖泛区沉积物间隙水样品 PO_4^{3-}-P 含量的分析结果，则为上覆水高于沉积物间隙水（申秋实，2011；邵世光，2015）。

根据藻源性湖泛形成过程沉积物间隙水 PO_4^{3-}-P 浓度垂向分布（图 10-6），按照浓度扩散定律计算了月亮湾藻源性

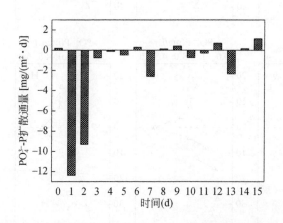

图 10-7　湖泛形成中沉积物-水界面 PO_4^{3-}-P 扩散通量变化

湖泛 15 天过程中，PO_4^{3-}-P 扩散通量呈正值的天数与呈负值的天数大致相当（图 10-7）。但从扩散通量数值上比较，PO_4^{3-}-P 扩散通量为负值的最小值达到-12.2 mg/($m^2·d$)，而发生释放的最大值仅为 1.1 mg/($m^2·d$)，即与氨氮释放的研究结果相似，湖泛形成所产生的磷"汇"效应远大于磷"源"。

申秋实等（2011）曾采用表层间隙水和沉积物界面水拟合方法，对月亮湾 1 号点位湖泛模拟中底泥分层间隙水中 PO_4^{3-}-P 含量进行了拟合（图 10-8），结果反映：对照样具有更好的指数函拟合结果（R^2=0.696～0.837），而湖泛样的拟合相关性（R^2=0.144～0.433）则较低。表明在沉积物-水界面处，湖泛水样中的 PO_4^{3-}-P 倾向于从水体向沉积物方向渗透而非自沉积物向水体扩散（表 10-1），反映湖泛发生期间沉积物扮演了磷"汇"而非磷"源"的角色。其原因在于湖泛水体中具有高浓度的 PO_4^{3-}-P 负荷，虽然在厌氧条件下间隙水中 PO_4^{3-}-P 也不断向表层积累，但与上覆水体相比依旧没能形成向上的浓度梯度，从而造成上覆水体向下扩散的结果。

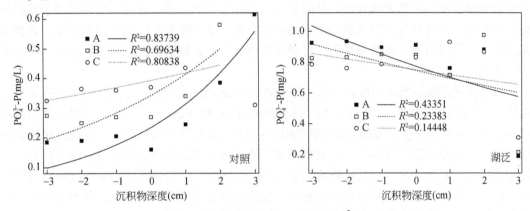

图 10-8　湖泛发生模拟沉积物深度与间隙水中 PO_4^{3-}-P 浓度拟合曲线

表 10-1　沉积物-水界面 PO_4^{3-}-P 扩散通量计算

	拟合曲线	R^2	dC/dX [mg/(L·cm)]	ϕ (%)	D_s [$10^{-6}cm^2/s$]	ϕ_0 (%)	F [μg/($m^2·d$)]
对照	$y=0.23249e^{0.28826x}$	0.95	0.067018	28.63	1.75	28.63	29.04
	$y=0.34269e^{0.18836x}$	0.93	0.064549	28.51	1.74	28.51	27.75
	$y=0.3931e^{0.06173x}$	0.96	0.024266	28.95	1.77	28.95	10.76
湖泛	$y=0.77229e^{-0.09777x}$	0.44	-0.075507	30.08	1.84	30.08	-36.12
	$y=0.74437e^{-0.07081x}$	0.24	-0.052709	33.45	2.05	33.45	-31.18
	$y=0.74957e^{-0.0446x}$	0.14	-0.033431	33.00	2.02	33.00	-19.25

总结已有的研究可以得出，湖泛的发生是否明显改变了沉积物尤其是表层间隙水中含量的垂向分布，是影响沉积物-水界面环境效应的关键点。湖泛发生前，水体中的磷会随着藻类的死亡和颗粒沉降而提高沉积物表层磷含量，当上覆水中磷浓度还低于表层沉积物间隙水中磷含量，在底泥膨胀作用的协助下，沉积物在此阶段仍以"源"的形式向上覆水产生磷释放；当底层水中的磷含量增加至足够高时，这些磷会逐渐释放到沉积物间隙水中，形成一般湖区较少发生的磷"汇"。即使在厌氧环境下，有利于 $FePO_4$ 中铁的还原而离解

出 PO_4^{3-}，增加间隙水 PO_4^{3-}-P 含量，也难以改变因湖泛中后期上覆水磷增加所产生的浓度势。而湖泛中后期的沉积物膨胀则可能反过来帮助上覆水中的 PO_4^{3-}-P 进入沉积物间隙水中，使得表层乃至深层沉积物间隙水 PO_4^{3-}-P 浓度增加。以上是一般情况下沉积物间隙水中磷含量垂向分布变化的驱动原因，但具体环境效应还会受到湖泛发生程度、沉积物类型、水动力等因素的影响。

10.2　藻源性湖泛对沉积物-水界面 Fe-Mn-S-P 行为的影响

铁、锰、硫和磷是湖泊中常见的元素，它们在湖泊表层沉积物或沉积物-水界面，经常受氧化还原电位或微生物活性的影响，改变着自己的价态或是形态，尤其是它们之间的关系通常是互相影响和制约的。铁和锰可以直接影响磷的形态和含量，因为它们可以与磷结合形成可溶性或不溶性的化合物，从而影响磷的生物可利用率；硫可对铁和锰的形态和含量产生影响，因可以与这些元素形成不同的化合物，从而影响它们的生物利用率；磷作为湖泊中被生物吸收的主要营养盐类，可通过形成结合态直接影响铁、锰和间接影响硫的形态和含量。

浅海及淡水沉积物中硫酸盐还原产生 H_2S 的形式是主要途径。在沉积物中存在大量的 Fe^{2+} 时，大部分的 H_2S 是通过与 Fe^{2+} 结合形成 FeS 和 FeS_2，多会永久存留在沉积物中（Moeslund et al，1994）。如果沉积物中进行的新陈代谢反应较为强烈，并造成氧化区较为狭窄时，一些单质硫会以 H_2S 的形式逸散到上覆水中。锰的氧化物作为电子接受体的重要性主要依赖于其可获得性和氧化物的反应性。锰氧化物的还原也可以与 Fe^{2+}（Postma，1985）或黄铁矿和铁的硫化物的再氧化共同发生。铁氧化物是第二种处于中间态的亚氧化电子接受体。沉积物中铁氧化物的含量通常要比锰氧化物的含量要高（高 10 倍左右）。在氧气、硝酸根和锰氧化物存在下，还原态的铁也可以被再氧化。在淡水沉积物中，铁氧化物是主要的厌氧电子接受体（Roden and Wetzel，1996）。

湖泛的形成中沉积物-水界面必然出现有氧—缺氧—厌氧的转变过程，势必影响沉积物中 Fe-Mn-S 的地球化学循环的变化。对沉积物中藻细胞沉降后形成的有机质的矿化、硫酸盐还原、间隙水和沉积物-水界面间 Fe-Mn-S-P 关系，特别是对铁和硫的作用与影响进行深入分析，将对了解湖泛产生过程中生物地球化学循环变化、湖泊生态系统的健康状态，具有重要意义。

10.2.1　湖泛水体沉积物-水界面 Fe^{2+} 的分布及交换特征

大量分析证据表明，黑色 FeS 是湖泛的主要致黑物质，形成该致黑物需要体系中有较充足的亚铁离子（Fe^{2+}）存在。这就使得铁或者确切地说亚铁成为湖泛水体变黑的关键金属离子，湖泊水体中若能大量生成、释放及积累亚铁离子将会对湖泛的最终发生具有重要影响。普遍的假设认为：湖泛酝酿和爆发过程中，典型的厌氧还原性条件为黑色 FeS 的形成提供了有利的环境氛围，而上覆水体中 Fe^{2+} 的含量与致黑物质的形成关系密切，可能是湖泛爆发及致黑的直接诱发因子。

1. 湖泛发生过程上覆水和沉积物中 Fe^{2+} 变化特征

对太湖湖泛易发区八房港泥-水系统,采用动态仿真模拟湖泛的发生过程,获取了湖泛爆发过程中上覆水体 Fe^{2+} 和 $\sum S^{2-}$ 含量变化特征(图 10-9)。实验进行的第 5 天,湖泛处理组水色突然变黑,湖泛发生,而对照组则在实验周期内未见湖泛发生。在整个实验时段,对照样品中 Fe^{2+} 的含量相对稳定,始终维持在较低的水平。与对照处理相比,模拟湖泛处理样品中 Fe^{2+} 含量普遍较高,呈现出随实验进行先逐渐升高、在湖泛爆发当天达到峰值、其后逐渐降低。湖泛发生过程中,上覆水体 $\sum S^{2-}$ 对照样的变化特征与其 Fe^{2+} 相似(图 10-9),即在整个实验周期内含量很低,并始终维持在这一水平。与此相对照的是,湖泛处理样品中 $\sum S^{2-}$ 的含量呈现出在模拟实验开始后较低、湖泛爆发前则急剧升高、爆发后继续升高并始终处于高 $\sum S^{2-}$ 浓度的特征。上述研究结果表明,湖泛的爆发与水体中 Fe^{2+} 和 $\sum S^{2-}$ 的含量升高呈现出很强的同步性。其中,Fe^{2+} 含量达到峰值的时刻与湖泛爆发的时间节点高度重合。结合已有大量证据和理论分析,可以认为上覆水中 Fe^{2+} 的大量积累为湖泛的最终爆发提供了直接物源。

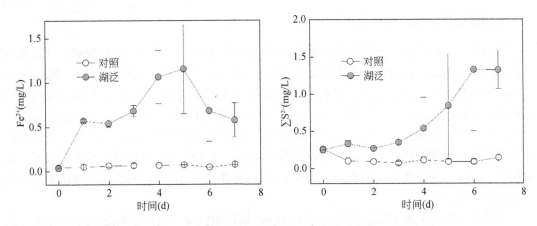

图 10-9 湖泛形成过程中上覆水 Fe^{2+} 和 $\sum S^{2-}$ 含量变化特征(八房港)

作为沉积物中氧化-还原主要体系之一,Fe 的被氧化或被还原均与沉积物氧化还原条件有密不可分的关联。湖泛一般出现在厌氧环境中,发生区域水体氧化还原性质表现为还原性,这样的水环境体系势必对沉积物中 Fe 的赋存状态造成影响。沉积物中二价铁(Fe^{2+})和三价铁(Fe^{3+})之间的转化以及它们的存在状态,对体系中的主要致黑组分含量的关系判断和物源丰富程度的评估具有重要意义。

用草酸-草酸铵提取方法,获得太湖月亮湾沉积物中,无定形态铁或弱结合态铁的氧化物的不同价态(Fe^{2+} 和 Fe^{3+})的剖面分布特征(图 10-10),结果反映:表层沉积物 Fe^{2+} 含量较高,其中 1 号点表层 2 cm Fe^{2+} 含量大约高出 Fe^{3+}4~6 倍。在 E_h 较低的还原性条件下 Fe^{2+} 及其化合物才大量稳定存在,而 Fe^{3+} 及其化合物的存在则需要稳定的氧化性环境。但当氧化还原条件发生明显变化后,二者之间会发生相互转化。处于氧化区域的沉积物,一般在摩尔含量上 $Fe^{3+}/Fe^{2+}>3$,而处于还原区域的沉积物通常表现为 $Fe^{3+}/Fe^{2+}<1$ 。无论是 1

号点还是 2 号点，表层沉积物 Fe^{3+}/Fe^{2+} 均小于 1。由于湖泛事件发生前后，水体及沉积物体系从氧化或弱氧化状态转变为显著的还原状态，从而使得 Fe^{3+} 开始向 Fe^{2+} 转化，并形成在含量上 $Fe^{2+}>Fe^{3+}$ 的现象。

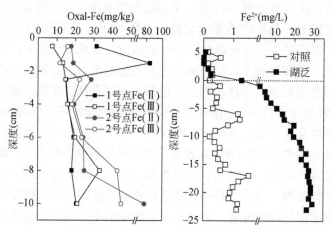

图 10-10　湖泛易发区底泥 Oxal-Fe 和间隙水 Fe^{2+} 垂向分布

2. 湖泛发生水域间隙水中 Fe^{2+} 分布

2012 年 5 月 16 日，贡湖沙渚港近岸水域（北纬 31.4038°，东经 120.2369°）再次爆发湖泛，面积约 1 km^2，该湖泛区距无锡市（北纬 31.3804°，东经 120.2460°）水源地仅约 3 km。于湖泛发生日下午，对湖泛区和对照区（南泉水厂取水口），充 N_2（2 h）驱氧后现场投放渗析膜采样器（Peeper）采集底泥间隙水。对回收间隙水样品用菲咯嗪（ferrozine）固定。分析结果（图 10-10 右）反映，对照区间隙水中 Fe^{2+} 在表层含量较低，整个剖面在低浓度区随深度呈波动增加的特征，而湖泛发生区底泥间隙水 Fe^{2+} 的含量则显著高于对照区，其表层 0～1 cm 处间隙水 Fe^{2+} 浓度分别达到 1.27 mg/L 和 2.32 mg/L，随界面处底泥深度增大而呈突然性增加。

邵世光（2015）采用围隔实验模拟 15 kg/m^2 投加量强度下藻源性湖泛，对 Peeper 法获取的间隙水中 Fe^{2+} 分析，无论是沉积物-水界面处或是间隙水和上覆水，Fe^{2+} 含量在实验过程都发生了大幅变化（图 10-11）。与初始对照相比，藻体投加后，上覆水和间隙水中含量均出现明显增加，并且这种反应相对较快。仅在第 1 天上覆水中的 Fe^{2+} 浓度约增加 30 倍，沉积物-水界面处浓度则至少增加了 47 倍。湖泛现象对沉积物-水界面附近 Fe^{2+} 浓度快速增加的影响，不仅打破了原有 Fe^{2+} 在沉积物-水界面处的地球化学平衡，而且由于 Fe^{2+} 主要来自于沉积物中矿物 Fe^{3+} 等形态物质的转化，必将严重影响包括铁（Fe）和磷（P）关键元素在内的沉积物-水界面物质循环。

Fe 是氧化还原敏感元素，底泥中氧化还原条件的改变对 Fe 在间隙水中的含量和分布具有重要影响，Fe 结合形态通常随着氧化还原边界层的变化而变化（万国江等，1996）。在自然淡水体系中，铁主要以氧化物、氢氧化物或者硫化矿物的形式赋存于底泥中（汪福顺等，2005）。而环境从氧化态转向还原态时，在铁还原微生物作用下，高价态的 Fe^{3+} 被异化还原为 Fe^{2+}，并从底泥中部分溶出而进入间隙水，从而导致间隙水中 Fe^{2+} 含量不断增

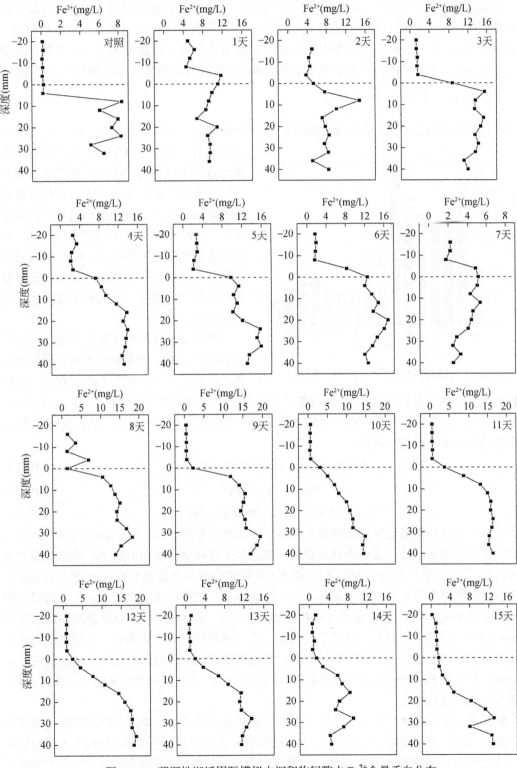

图 10-11　藻源性湖泛围隔模拟中沉积物间隙水 Fe²⁺ 含量垂向分布

加。回收原位投放贡湖沙渚港的 Peeper 采样器时，湖泛过程已接近消退，但受此前湖泛的还原性环境以及沉积物表层死亡水生植物残体分解的影响，还原性状态会滞后一段时间。在这种环境下，Fe 的异化还原微生物在底泥中繁殖生产将 Fe^{3+} 还原为 Fe^{2+}，并仍从底泥向间隙水溶出，所形成的 Fe^{2+} 实质性供给是造成湖泛期底泥间隙水中 Fe^{2+} 增加的主要原因。

3. 沉积物–水界面 Fe^{2+} 释放特征

湖泛样品界面水及上层间隙水中的 Fe^{2+} 含量普遍较高，下层高浓度的 Fe^{2+} 具有明显的上移趋势。邵世光（2015）模拟了藻源性湖泛过程中沉积物15日 Fe^{2+} 释放逐日变化过程（图 10-12），第 1～15 天其扩散通量结果均显示为正。说明湖泛过程中沉积物是作为 Fe^{2+} 的"源"参与湖泛的形成。其中在涵盖湖泛爆发的第 1～8 天，扩散通量明显高于对照沉积物样品，并在较高释放水平上持续，第 9～15 天扩散通量才出现显著降低。

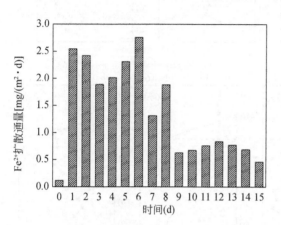

图 10-12　沉积物–水界面处 Fe^{2+} 的扩散通量

由于湖泛体系的还原性环境及其较低的 pH、E_h 条件，使得整个水体和表层沉积物环境更适合 Fe^{2+} 而非 Fe^{3+} 的存在。这种条件的改变打破了原有的化学平衡，改变了 Fe^{3+} 与 Fe^{2+} 间氧化还原反应的方向[式（10-1）～式（10-3）]，使得反应向右移动，更加有利于 Fe^{3+} 的析出及 Fe^{2+} 的形成，从而使得整个 Fe 体系都偏向于 Fe^{2+} 的主导地位。

$$Fe_2O_3(s)+6H^+ \rightleftharpoons 2Fe^{3+}+3H_2O(l) \qquad (10\text{-}1)$$

$$Fe^{3+}+e^- \rightleftharpoons Fe^{2+} \qquad (10\text{-}2)$$

$$Fe_2O_3+6H^+ + 2e^- \rightleftharpoons 2Fe^{2+}+3H_2O(l) \qquad (10\text{-}3)$$

草源性湖泛的形成对沉积物间隙水中 Fe^{2+} 含量的分布也会产生重要影响（图 10-13 左）。与对照样品间隙水 Fe^{2+} 含量垂向分布相比，湖泛发生区在整个剖面中的 Fe^{2+} 浓度出现了显著的增加。其中在表层 0cm 和 1cm 处，间隙水 Fe^{2+} 的浓度就分别达到 1.27 mg/L 和 2.32 mg/L，并随着沉积物深度的增加，浓度提高；在大约 3cm 处，Fe^{2+} 的浓度接近 6mg/L，而对照样仍维持在 0.3mg/L 左右含量水平（申秋实等，2014）。虽然采用的是原位被动间隙水采样（Peeper 法），回收采样器时，湖泛已经消退，受（藻源性）湖泛的影响，表层沉积物还原性环境在死亡水生植物残体分解的影响下，仍得以在较长一段时间内保持。湖泛发生后，沉积物中高含量 Fe^{2+} 的维持和对上覆水形成的浓度梯度，将在缺氧和厌氧氛围下在沉积物–水界面形成扩散态势。

依据费克第一定律对不同采样点 Fe^{2+} 的释放通量计算并对结果进行样点深度关系拟合（图 10-13 右），对于对照和湖泛样品，Fe^{2+} 的释放通量均为正值，说明在这两个采样点沉积物–水界面处 Fe^{2+} 均表现出自沉积物向上覆水扩散释放的特征，底泥扮演了"源"的角色。

与对照区底泥中 Fe^{2+} 释放通量 [0.037 mg/(m^2·d)] 较小相比，湖泛区底泥中 Fe^{2+} 释放通量则达到 4.54 mg/(m^2·d)，是对照区的 123.1 倍，即湖泛的发生，极大地促进了底泥 Fe^{2+} 的释放。

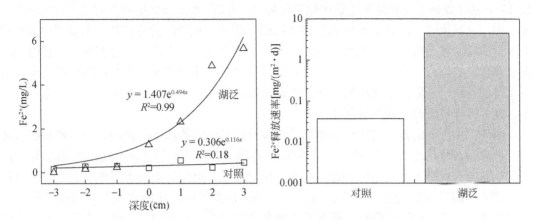

图 10-13　太湖草源性湖泛爆发区泥-水界面 Fe^{2+} 释放特征

湖泛区上覆水中具有较高的 Fe^{2+} 负荷，减小了间隙水和上覆水中 Fe^{2+} 浓度梯度，理论上而言，不利于间隙水中较高浓度 Fe^{2+} 的向上释放；然而在湖泛消退过程中及消退后，上覆水体中营养盐含量显著降低并趋于恢复（申秋实等，2012）；而相对于上覆水，底泥从厌氧状态转入有氧甚至好氧状态明显缓慢，间隙水中 Fe^{2+} 短时间内不可能被大量消耗及转化，从而得以继续维持较高浓度。自表层沉积物指向沉积物-水界面 Fe^{2+} 的高浓度梯度，驱使并可能加大 Fe^{2+} 向上覆水释放，即使在湖泛已经消退，相应水域底泥依旧表现出更强的 Fe^{2+} 释放能力。

4. 湖泛发生区底泥铁结合态转化与 Fe^{2+} 的潜在供给

底泥是湖泊元素铁的储存库，是水体有效价态铁的主要供给源。在沉积物-水界面，因浓度梯度作用、吸附解析平衡、溶解平衡、化学平衡、微生物产能代谢、水生植物根际效应、物理和底栖动物扰动等多种物理、化学和生物过程单独或协同作用下，溶解性离子得以通过沉积物-水界面在间隙水和上覆水间迁移，从而使沉积物在上覆水营养盐和污染物迁移中扮演着污染"源"或迁移"汇"的角色。对湖泛的形成过程而言，受水体缺氧、厌氧等还原性条件影响，表层底泥间隙水中 Fe^{2+} 等离子会形成积累及向上覆水释放的风险（刘国锋等，2010a）。藻源性湖泛需要发生区附近有源源不断的致黑金属离子（如 Fe^{2+} 等）的物质支撑，在水体的低氧环境下，表层底泥可形成向上覆水释放 Fe^{2+} 等离子。但 Fe^{2+} 释放现象是否具有足够的潜在性和持续性，需要对湖泛易发区底泥及间隙水中 Fe^{2+} 的潜在供给能力进行分析评估。

与太湖正常湖体沉积物间隙水中 Fe^{2+} 的分布相比，湖泛样品 0～5 cm 深度间隙水中 Fe^{2+} 含量明显偏高，而其间隙水中 Fe^{2+} 整体垂向分布规律与太湖湖泛区域沉积物间隙水中分布相似，表明湖泛水域间隙水和底泥中不仅有较高含量的 Fe^{2+}，而且两者在交换数量上保持动态平衡。另外，湖泛样品上覆水及上层 0～5 cm 间隙水中 Fe^{2+} 含量高出对照样的 0.9～10.8 倍，显示沉积物及其间隙水中有较高浓度的低价态铁储备，这种已经在低氧环境下具有足

够量向 Fe^{2+} 转化的储备状况，应具备短期内向上层水体对 Fe^{2+} 的释放潜能。

湖泛发生水体底泥-水微界面（±2 cm）附近，间隙水中的 Fe^{2+} 含量远大于上覆水（图 10-13），这才保证了在湖泛发生前的低氧环境下，底泥-水界面有足够多的 Fe^{2+} 释放进入上覆水中，与低价硫（ΣS^{2-}）形成致黑物（FeS）。但是，在湖泛的持续期，不仅需要底泥仍能供给所需的致黑组分（范成新，2015），还需要其能充分和源源不断地提供。足够时长的湖泛事件，需要底泥及其间隙水中存在足够数量的致黑金属组分（Fe^{2+}）的可供给量。对可供量的评估，不取决于湖泛发生前或初期间隙水中的量，而是湖泛发生中甚至近结束阶段，是否仍有足够的可利用量存在。

图 10-14 反映的是贡湖沙渚港湖泛消退多日后底泥间隙水 Fe^{2+} 剖面分布及界面扩散通量。在湖泛水域湖泛消退 20 d 后，与底泥-水界面 Fe^{2+} 释放通量 [>4 mg/(m²·d)] 相比，湖泛样品的 Fe^{2+} 释放通量 [0.87 mg/(m²·d)] 明显较低，但这是由于上覆水中 Fe^{2+} 含量仍处于较高水平而造成的错觉。费克扩散定律主要是依据界面两边的浓度差计算得到物质释放通量的，而湖泛进入后期时，原湖泛上覆水中的 Fe^{2+} 含量依旧处于较高水平，虽然间隙水中 Fe^{2+} 含量很高，且仍有可提供的 Fe^{2+}，但与上覆水中浓度差（ΔC）已较小，平均不足 1 mg/(m²·d) [图 10-14（b）]。

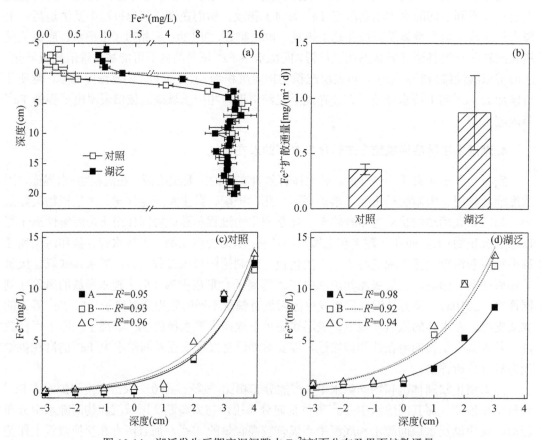

图 10-14　湖泛发生后期底泥间隙水 Fe^{2+} 剖面分布及界面扩散通量

底泥中的 Fe^{2+} 的释放通量形式上决定于底泥间隙水中 Fe^{2+} 的浓度及其与上覆水间的浓度差和有效扩散层厚度（ΔZ），实际上释放通量的驱动力主要来自于底泥中与铁有关的结合态物质的转化能力。分析湖泛区和对照区样品，表层沉积物中 Fe 的结合形态主要以残渣态（F4）为主，铁锰氧化物结合态（F2）其次，硫化物和有机物结合态（F3）的赋存量较少，可交换和弱结合态 Fe（F1）含量则最少（图 10-15）。与对照区不同的是，湖泛区表层底泥中 F1 和 F3 结合态含量有所增加，F2 结合态含量则有一定程度减少。在湖泛水体相对深度的还原环境下，表层底泥中部分铁锰氧化物结合态 Fe 因被还原转化而逐步减少，减少部分的 Fe 被转移至可交换态 Fe 或硫化物与有机物结合态（即可氧化态 Fe）。这样的结合态转化从而造成底泥中后两者含量的增加。

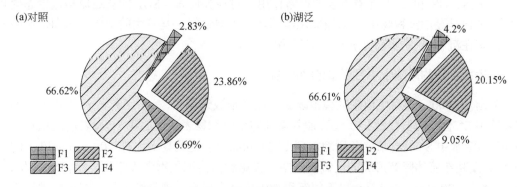

图 10-15　湖泛发生区表层底泥 Fe 的不同结合态占比

F1-可交换和弱结合态；F2-铁锰氧化物结合态；F3-硫化物和有机物结合态；F4-残渣态

沉积物-水界面是湖泊生态系统进行物质循环的重要场所，藻源性湖泛过度消耗水体溶解氧，使得水体逐步转向缺氧/厌氧的还原性状态，乃至形成上覆水在较长时段的低氧环境，不仅会改变底泥中的系统电位，还会引起相应水域环境敏感元素的生物地球化学循环途径和方式的改变。随着底泥中 E_h 的降低，电子受体会不断变更，阶梯状氧化还原电位依次形成（见图 9-11），并可出现氧还原、Mn（Ⅳ）还原、NO_3^- 还原、Fe（Ⅲ）还原等，进一步甚至可出现有机质还原、SO_4^{2-} 还原、甲烷发酵等（范成新等，2013）。在这些可能为底泥整层抑或局部封闭的"孤岛"泥区中，Fe 还原过程的进行或完成，都将动态储存着相对足够供给量的低价态铁（Fe^{2+}），直至低氧化还原电位状态的解除——湖泛消失。

湖泛区和对照区底泥中 E_h 与 Fe^{2+} 关系分析表明，两者具有显著的负相关关系（$r=-0.910$，$p=0.000<0.01$）；同时分析湖泛区表层沉积物酸性挥发性硫化物（AVS）含量显著高于对照样，pH 与 Fe^{2+}（$r=-0.579$，$p=0.000<0.01$）之间也呈现显著的负相关关系，暗示底泥中 Fe 存在自氧化态向还原态及可交换态转化的趋势。堆积蓝藻的死亡分解，过度消耗水体溶解氧，使水体从有氧/好氧状态变为缺氧/厌氧状态，会引发表层沉积物一系列氧化还原反应终端电子受体的改变，沉积物-水界面处高价 Fe 逐次还原，表层和近表层处底泥发生 Fe^{2+} 的积累，在湖泛发生的低氧期间，将会是一种相对稳定的低价铁供应常态。这种上覆水中稳定存在较高浓度 Fe^{2+} 含量的现象，被认为是湖泛水体的重要化学特征之一（Shen et al, 2014）。在太湖，通过对湖泛发生区底泥中结合态铁的形态转化，以及低氧环境下阶

梯电位控制下对铁的还原分析，无论物源和氧化还原环境都有利于低价铁的形成与储存，使底泥具有为上覆水提供足够量 Fe^{2+} 供给能力，满足水体致黑物的形成和稳定。虽然湖泛发生水域致黑物的形成不排除还有其他来源重金属离子的参与，但底泥作为湖泛水体 Fe^{2+} 的主要来源，不仅对湖泛的产生及发展，而且对湖泛事件中形成灾害的程度（如 BBI），都有着极其重要的影响。

10.2.2 湖泛水体沉积物-水界面 $\sum S^{2-}$ 的分布及交换特征

一般水环境中 S 的主要存在形式以 SO_4^{2-} 为主，在间隙水和沉积物中则主要是 S^{2-} 或 $\sum S^{2-}$（H_2S、HS^- 和 S^{2-}）起着重要的调蓄作用。对与 S 而言，SO_4^{2-} 的被还原与低价态硫化物的被氧化是湖泊沉积物中 S 的地球化学循环的主要途径，其发生的主要场所和快速响应的介质多在沉积物-水界面处和表层沉积物间隙水中。

1. 表层沉积物间隙水中 $\sum S^{2-}$ 的分布特征

刘国锋（2009）在对竺山湖区模拟藻源性湖泛形成过程中，分析了前 8 天表层 0～10 cm 沉积物中 S^{2-} 含量的变化（图 10-16）。加入藻细胞至沉积物表面后的第 1 天，表层沉积物（0～1 cm）间隙水中 S^{2-} 的含量就急剧增加到 12.11 mmol/L，是同期对照样（0.64 mmol/L）的近 19 倍。反映在藻体降解形成的厌氧氛围中，极短时间内沉积物中含硫化合物就转变为 S^{2-}（刘国锋等，2010a）。在 1 cm 以下的沉积物中，其含量也出现持续增加。在实验进行 2 天后，沉积物 1 cm、2 cm 深度处的 S^{2-} 含量分别从 4.34 mmol/L 和 5.40 mmol/L 增加到 23.95 mmol/L

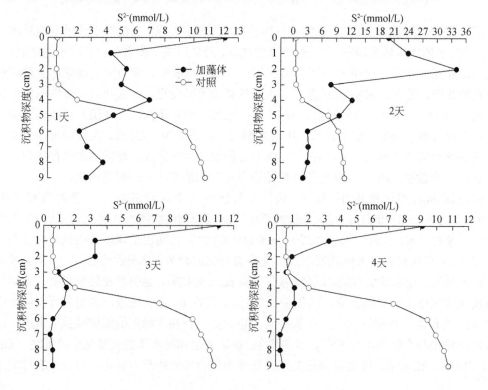

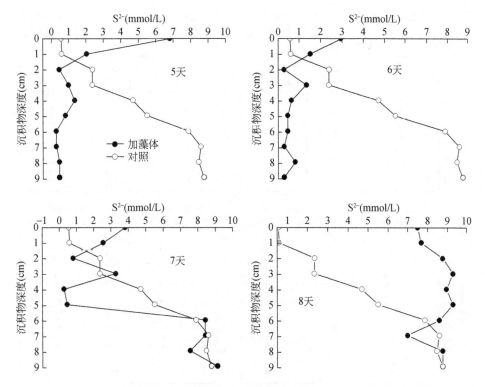

图 10-16　沉积物中 S^{2-} 含量在藻源性湖泛模拟中的垂向变化

和 34.02 mmol/L。与对照样相比，在 1～6 天中，沉积物表层和下层中 S^{2-} 含量总体处于下降，或者说逐步缩小与未加藻体的对照样之间的差距。

实验进行到第 7～8 天，下层沉积物间隙水中的 S^{2-} 出现较大幅度上升，在含量上几乎等同于甚至是超过对照样。在湖泛发生后的这种变化，可能是因厌氧环境的形成及沉积物氧化还原电位值的降低，加上藻细胞的死亡残体的沉降，增加了有机质的供给，从而促进了 S^{2-} 的形成。

邵世光（2015）在湖泛易发区月亮湾藻源性湖泛形成模拟中，分析了沉积物间隙水 ΣS^{2-} 含量垂向分布（图 10-17）。在 15 kg/m^2 藻类堆积后，上覆水中 ΣS^{2-} 在前 4 天显现波动增加状态，第 5～8 天处于基本稳定，第 9～15 天则呈缓慢回落。在上覆水 ΣS^{2-} 变化中，虽然沉积物-水界面处 ΣS^{2-} 浓度在前 4 天变化明显，但对沉积物间隙水中 ΣS^{2-} 含量影响较小。整个湖泛形成过程中，间隙水 ΣS^{2-} 含量与在竺山湖区模拟的藻源性湖泛情况（图 10-17）有很大不同。尽管月亮湾沉积物中 ΣS^{2-} 含量远低于竺山湖区，但湖泛发生前后垂向上几乎未发生变化，且与对照样在含量上也基本保持一致，说明月亮湾区沉积物中应有较高有机质含量维系低氧化还原电位环境，所有的活性硫都已经形成了 ΣS^{2-}。因此，藻源性湖泛使得上覆水形成缺氧和厌氧环境，难以增加表层沉积物中甚至沉积物-水界面上的 ΣS^{2-} 含量。

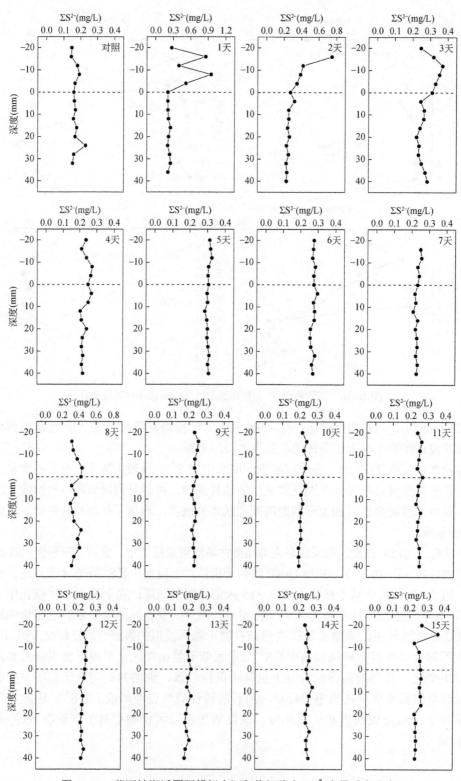

图 10-17 藻源性湖泛围隔模拟中沉积物间隙水 ΣS^{2-} 含量垂向分布

对实际湖泛发生水体底泥垂向分析表明，间隙水中的 ΣS^{2-} 含量仅可能使得沉积物-水界面处受上覆水 ΣS^{2-} 增高的影响。申秋实等（2016）在月亮湾湖泛区对现场采集的间隙水样分析表明，湖泛发生后虽使得上覆水和沉积物-水界面处的 ΣS^{2-} 有较大幅度的升高，但在沉积物内部则几乎未发生变化（图 10-18）。

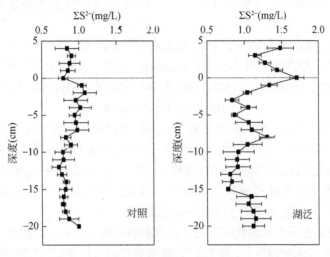

图 10-18　湖泛发生区沉积物间隙水 ΣS^{2-} 垂向分布（贡湖）

上覆水体中 ΣS^{2-} 的来源主要有 3 个途径，即上覆水体中丰富的 SO_4^{2-} 被还原、生物质中含硫蛋白等厌氧降解以及沉积物间隙水的向上覆水释放。比较图 10-17 和图 10-18 可见，湖泛形成后如果能使得上覆水中 ΣS^{2-} 含量大幅增加，是有可能影响沉积物-水界面附近间隙水中 ΣS^{2-} 浓度的，但难以影响更下层的沉积物层。

2. 沉积物-水界面处 ΣS^{2-} 的扩散特征

硫和铁一样，都是价态极易变化的元素，其在低氧下的主要形态都是湖泛的关键致黑组分（ΣS^{2-} 与 Fe^{2+}）。湖泛发生过程中，由于厌氧程度的差异、水柱中硫的总量、存在形态的不同等，沉积物-水界面处的浓度梯度是会不断变化的。邵世光（2015）对 15 天的湖泛模拟的间隙水垂向分布（图 10-17）进行了扩散通量计算，反映：全过程的 ΣS^{2-} 扩散通量几乎每天都有很大不同（图 10-19），最大值和最小值差异极大；尤其是在湖泛发生前，释放速率多为绝对值呈最大的几个负值，湖泛发生后，ΣS^{2-} 释放速率变幅逐步趋缓，虽有源汇交替，但大多呈"汇"的状态。

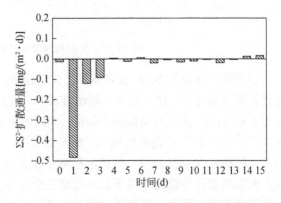

图 10-19　湖泛形成中沉积物-水界面 ΣS^{2-} 的扩散通量

湖泛形成中硫在沉积物-水界面以"汇"的形式出现,表明沉积物不断"吸附"和收纳来自于上覆水中的ΣS^{2-},这种现象在湖泛水体硫的循环中将会消纳水体中一部分多余的硫。特别是在第4~15天的过程中,沉积物和上覆水交替扮演ΣS^{2-}的"源"和"汇"的情况出现,表明这段时间,ΣS^{2-}的迁移过程的频繁性和复杂性。

湖泛形成不同时期ΣS^{2-}(包括Fe^{2+})在沉积物-水界面处的垂向分布特征和变化过程反映,当有大量藻类在湖泊中聚集后,ΣS^{2-}都会表现出积极的响应,出现较大幅度的含量提升。太湖水体中SO_4^{2-}含量较高,且有较充足的外源输入(降雨和调水等),死亡藻类残体作为有机质源在水中产生大量HS^-(Yamanaka,2007),补充湖体ΣS^{2-}总量:

$$53\ SO_4^{2-} + (CH_2O)_{106}(NH_3)_{16}H_3PO_4 =\!=\!=\!= 39CO_2 + 67HCO_3^- + 16\ NH_4^+$$
$$+HPO_4^{2-} + 53HS^- + 39H_2O \tag{10-4}$$

因此当有大量藻类堆积后,死亡的藻细胞一方面耗氧降低水体的氧化还原电位,加快铁氧化物和硫酸根的还原进程,同时有利于沉积物-上覆水整体上向还原环境的转变,促进HS^-的形成。当藻体细胞消亡殆尽时,有机质输入降低,同时沉积物-上覆水在自然的风浪过程中进行复氧,整个环境体系逐渐向好氧环境转变。实验后期,上覆水和沉积物间隙水中ΣS^{2-}(包括Fe^{2+})含量表现出了逐渐降低的趋势。

申秋实(2015)曾发现草源性湖泛发生区沉积物剖面和水交界处都有一个奇点,认为其可能使得S^{2-}的扩散方向变得复杂。将ΣS^{2-}含量与对界面水及表层沉积物做拟合(图10-20),结果显示,湖泛样品和对照样有较好的二次函数拟合关系。

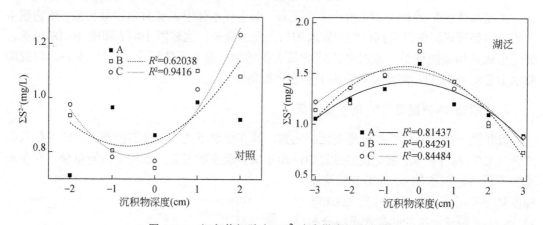

图10-20　沉积物间隙水ΣS^{2-}浓度梯度拟合曲线

根据湖泛水体沉积物-水界面处ΣS^{2-}的拟合方程,利用费克第一定律对其进行浓度梯度及扩散通量计算,结果显示:湖泛样品和对照样具有完全相反的扩散方向(表10-2),说明对ΣS^{2-}而言,湖泛样品倾向于吸附,而对照样品更倾向于释放,即湖泛体系中,沉积物是作为ΣS^{2-}的"汇"的角色出现的。湖泛水体中,相对于间隙水,上覆水中具有较高的ΣS^{2-}浓度,在缺氧/厌氧环境下,虽然沉积物中积累有一定浓度的ΣS^{2-}类物质,但水体中丰富的SO_4^{2-}在硫酸盐还原菌的作用下被还原成ΣS^{2-},同时藻体降解还释放出大量低价硫,从而使得沉积物及其间隙水反过来承纳水体中高浓度的ΣS^{2-},并作为湖泛形成过程中的S的汇。

表 10-2　沉积物–水界面 $\sum S^{2-}$ 扩散通量计算

	拟合曲线	R^2	dC/dX [mg/(L·cm)]	ϕ(%)	D_s [10^{-6}cm^2/s]	ϕ_0 (%)	F [μg/(m^2·d)]
对照	$y=0.0459x^2+0.0586x+0.840$	0.62	0.05858	28.51	1.98	28.51	28.60
	$y=0.0764x^2+0.0769x+0.805$	0.94	0.07686	28.95	2.01	28.95	38.69
湖泛	$y=-0.0514x^2-0.0328x+1.412$	0.81	-0.03284	30.08	2.09	30.08	-17.84
	$y=-0.0774x^2-0.0613x+1.561$	0.84	-0.06132	33.45	2.32	33.45	-41.19
	$y=-0.0585x^2-0.0651x+1.527$	0.84	-0.06509	33.00	2.29	33.00	-42.57

10.2.3　湖泛形成对沉积物–水界面 Fe-Mn-S-P 循环的影响

已有的研究反映，湖泛的形成会极大地改变水体以氧化还原电位为主要的环境条件，从而影响沉积物–水界面中铁、锰、硫和磷的生物地球化学循环（刘国锋等，2009b）。湖泛通常会带来更多的有机质，刺激沉积物中的微生物活动，从而增加沉积物中的硫和磷的循环。水体中的溶解氧含量和氧化还原态也可能会改变（申秋实等，2011），影响沉积物中铁和锰的循环。湖泛的形成还可能会改变水体和沉积物中的 pH 值，这将影响铁和锰的溶解度，进而影响它们在水体中的分布和沉积物中的循环（刘国锋等，2010a；刘国锋等，2014）。

1. 湖泛发生区沉积物 Fe 结合态转化

根据 BCR 的提取步骤，湖泊沉积物中的 Fe 可分为四个类型，依次为：可交换态或碳酸盐结合态 Fe（F1）、铁锰氧化物结合态 Fe（F2）、有机结合态及硫化物结合态 Fe（F3），以及残余态 Fe（F4）（Rauret et al，2000；刘恩峰等，2005）。申秋实（2011）对太湖湖泛易发区月亮湾沉积物进行 Fe 形态提取结果反映：湖泛和对照样品中，各层沉积物中的 Fe 都主要以 F4（残余态 Fe）形态存在（图 10-21）；但单将表层沉积物其他各组分分析，湖泛发生后，F1、F2 和 F3 形态则产生明显差异（图 10-22）。与对照样相比，湖泛样品表层沉积物中可交换态的 F1 含量及可氧化态的 F3 含量明显升高，而可还原态的 F2 含量则显著降低。在厌氧还原性条件下，表层沉积物中的部分氧化态铁被还原或浸出，从而以硫化物及可交换态的形式存在，造成 F2 下降而 F1 及 F3 含量升高。

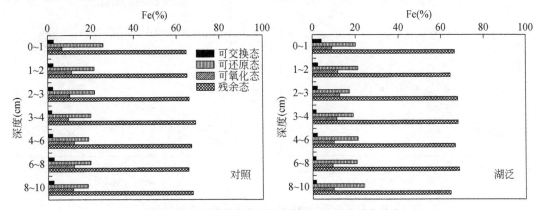

图 10-21　湖泛发生前后沉积物中 Fe 形态垂向分布

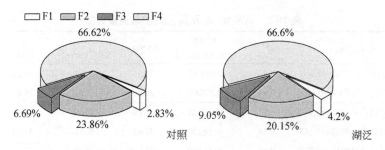

图 10-22　湖泛发生前后表层沉积物 Fe 形态含量百分比变化

　　沉积物和间隙水中的 Fe 与 PO_4^{3-}-P 具有广泛的联系。Fe 的氧化物和氢氧化物对磷酸盐具有较强的吸附性能，伴随着氧化还原环境的改变，这种 Fe 结合态 P 交替扮演着 P 的源和汇的角色（范成新和王春霞，2007）。当整体环境偏向于还原性时，部分 Fe 结合态 P 被溶解浸出（范成新和张路，2009），使得 Fe^{2+} 和 PO_4^{3-}-P 均得到一定程度的释放。在氧化还原条件适宜的情况下，水体中 Fe^{3+} 又可以捕集并吸附溶解态 PO_4^{3-} 使其得到吸附固定，从而完成一次完整的循环。图 10-23 表示了月亮湾湖泛区沉积物间隙水中 Fe^{2+} 和 PO_4^{3-}-P 间相关关系。无论是 1 号点还是 2 号点，两者间都呈极显著正相关，表明湖泛的形成将会使得沉积物中 Fe^{2+} 的大量形成，从而会导致 PO_4^{3-}-P 的溶出。

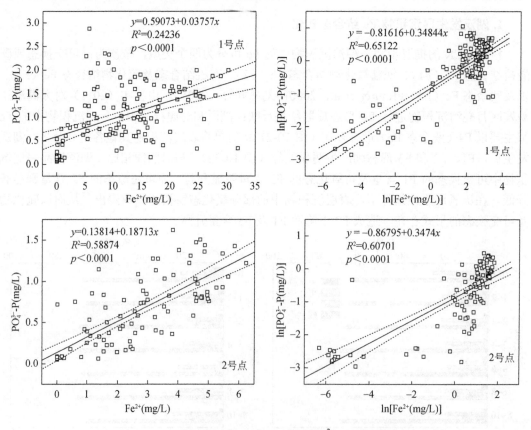

图 10-23　月亮湾沉积物间隙水 Fe^{2+} 与 PO_4^{3-}-P 间相关关系

2. 湖泛形成对沉积物-水界面 Fe-S-P 循环影响

藻源性湖泛的形成过程中沉积物表面处的溶解氧和氧化还原电位将会出现快速的变化，这也使得沉积物-水界面处对环境条件变化较敏感的 Fe、S、P 的行为和存在状态产生很大影响。刘国锋等（2014）曾对太湖鼋头渚藻源性湖泛模拟的柱状沉积物和上覆水进行分析，采用 N_2 保护下 Rhizon 获取间隙水方法，研究了藻细胞添加下湖泛 0～8 天的发黑进程中，氧化还原电位（E_h）及 Fe^{2+}、S^{2-} 和 PO_4^{3-} 等相关参数及其变化。

1）沉积物-水界面处 Fe^{2+} 和 PO_4^{3-}-P 含量变化

加入藻细胞后的第 1 天，沉积物-水界面附近就快速进入缺氧环境，界面上覆水中的 Fe^{2+}、SO_4^{2-}、S^{2-} 含量分别为 4.99 mg/L、242.0 mg/L 和 387.6 mg/L，是对照样柱中的 1.8 倍、2.2 倍和 18.8 倍。即使在沉积物 4 cm 处，其浓度也分别达到 8.5 mg/L、40.0 mg/L 和 65.3 mg/L（图 10-24）。随着湖泛模拟进程，沉积物上覆水中 Fe^{2+}、S^{2-} 含量表现出一个先快速增加随后降低的趋势，其浓度分别在实验的第 3 天和第 2 天时达到最大值，分别为 11.1 mg/L 和 634.6 mg/L。沉积物中 PO_4^{3-}-P 浓度受 Fe-P 解析影响而出现滞后，从实验的第 2 天后开始直至实验结束时，含量持续增加至实验结束，浓度达到 39.4 mg/L，为对照样柱中的 242 倍。上覆水和间隙水中 Fe-S-P 含量的变化，反映了藻华聚集形成的厌氧环境中发生了剧烈的生物地球化学反应，使得沉积物中形成的 Fe^{2+}、S^{2-} 和 PO_4^{3-}-P 不断向上覆水体扩散，对水体生态系统产生不良影响。

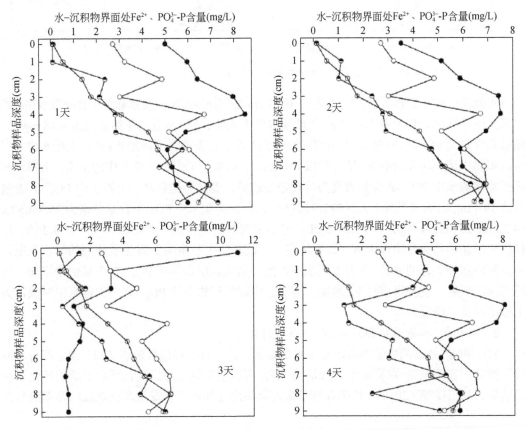

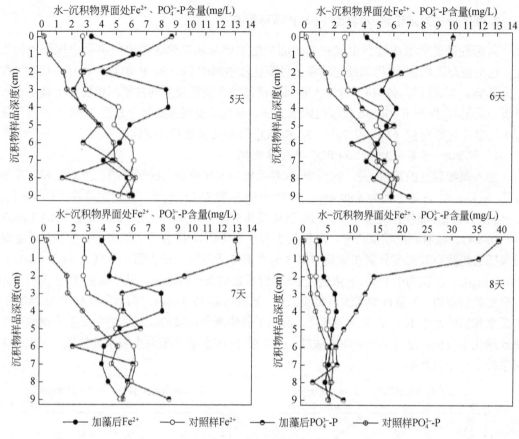

图 10-24　湖泛形成中沉积物间隙水 Fe^{2+} 与 PO_4^{3-}-P 垂向变化（霓头渚）

实验进行到第 2 阶段（第 5~8 天），0~1 cm 处沉积物表层上覆水和沉积物间隙水中 Fe^{2+} 含量呈波动变化，但上覆水中 Fe^{2+} 含量基本处于 4.00 mg/L 左右，在第 6 天为 4.18 mg/L，随后其含量开始下降，同时沉积物间隙水中 Fe^{2+} 含量也表现出下降趋势；同时上覆水中 Fe^{2+} 与沉积物中厌氧还原后的 S^{2-} 结合形成 FeS 沉淀，降低了 Fe^{2+} 在上覆水中的浓度。上覆水和沉积物间隙水中 PO_4^{3-}-P 含量表现为持续增加趋势，到实验结束时，上覆水中 PO_4^{3-}-P 含量高达 39.4 mg/L，为实验第 1 天时的 7.9 倍；1~4 cm 处间隙水中 PO_4^{3-}-P 含量分别为 35.4 mg/L，14.30 mg/L，12.54 mg/L 和 10.74 mg/L，分别为对照的 71.7 倍、9.4 倍、7.9 倍和 4.2 倍。这种快速增加的趋势表明在厌氧强还原环境下，沉积物中吸附态 P 发生了剧烈的解析反应，使得间隙水中大量的 PO_4^{3-}-P 向上覆水中扩散，造成表层水体中 PO_4^{3-}-P 含量快速增加。湖泛形成的厌氧，使得可溶性 Fe 增加，同时会引起沉积物中的 PO_4^{3-}-P 向上覆水中释放，为上覆水提供了磷源。

2）沉积物-水界面处 SO_4^{2-} 和 S^{2-} 分布与转化

SO_4^{2-} 和 S^{2-} 是湖泊中游离态硫最常见的最高价态（+6）和最低价态（-2）形态组分，通过了解它们在沉积物-水界面附近含量的变化，可以获取氧化还原变化环境下硫的转化和循环信息。刘国锋等（2010a）模拟观察了太湖霓头渚在加入足以发生湖泛现象的藻细胞数量及其在表层沉积物后的形态硫变化（图 10-25）。试验第 1 天，表层沉积物上覆水处的 SO_4^{2-} 和 S^{2-} 含量相较于对照样，均处于较高水平，分别达 242.0 mg/L 和 387.6 mg/L。在好氧环境下，藻类死亡可以快速转运胞外的 SO_4^{2-} 至其细胞中（Matsuda et al, 1995），当其细胞死亡、分解后可释放出大量的 SO_4^{2-} 于水体中，造成沉积物表层上覆水体中 SO_4^{2-} 含量快速增加；但同时藻体的分解也造成大量耗氧，使得水体中的高价态硫快速还原，以及含硫氨基酸分解释放出低价硫，近表层上覆水中 S^{2-} 含量也出现大幅拉升。

　　对照样表层间隙水中 SO_4^{2-} 浓度其实一直都是高于下层，约 100 mg/L。然而加藻后，界面处 SO_4^{2-} 含量在 1 天内突然增加到约 2.5 倍（242.0 mg/L）；另外，S^{2-} 含量的上升也是藻体加入后突然发生的。在 0～1 cm 处的沉积物间隙水中，并未显现 SO_4^{2-} 和 S^{2-} 含量的增加，仅分别为 10 mg/L 和 135 mg/L（图 10-25），即由于藻体的聚集和还原环境的形成，近表层沉积物或间隙水对上覆水低价硫（S^{2-}）的增加出现短暂的滞后。然而，这一过程持续时间极短，随着藻源性湖泛的进展，在缺氧和厌氧程度逐步加深环境下，进入第 2 天起（直至实验结束的第 8 天），上覆水 SO_4^{2-} 含量下降至与对照相同状态（图 10-25）。加藻后的沉积物间隙水中出现与对照样相反变化趋势，是因为藻细胞沉降到表层沉积物快速消耗掉溶氧后造成其在厌氧条件下快速还原而产生无机态的 S^{2-}。受 SO_4^{2-} 的浓度影响，在其含量增加，特别是在厌氧条件下，可以显著刺激 SO_4^{2-} 的还原速率并能明显改变沉积物中碳、氮、磷、铁的环境地球化学行为（尹洪斌，2008），这与厌氧藻体分解中，沉积物间隙水中高价态铁

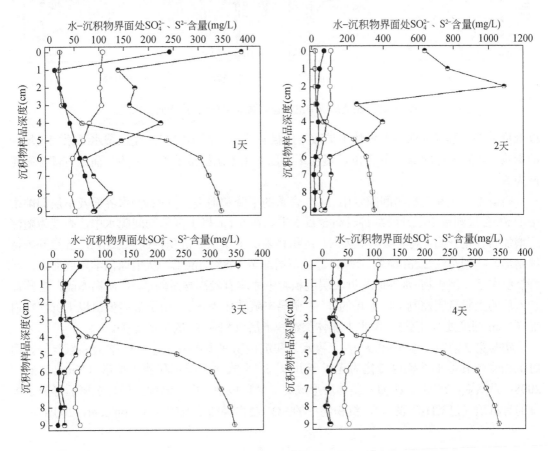

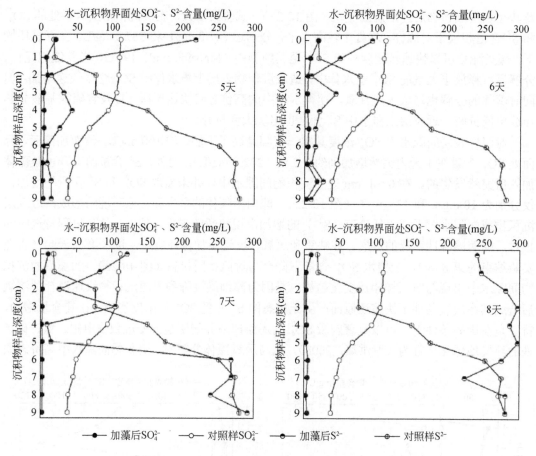

图 10-25 湖泛形成中沉积物间隙水 SO_4^{2-} 与 S^{2-} 垂向变化

以低价态 Fe^{2+} 形式并向上覆水体中扩散结果极其相似（图 10-14）。受上覆水还原程度增加的影响，实际表层间隙水中的 SO_4^{2-} 慢慢不再以向上层水扩散的方式减少，而是有部分被还原为 S^{2-}。

随着上覆水和沉积物间隙水中 SO_4^{2-} 含量的下降和消失，沉积物-水界面及下层间隙水中的 S^{2-} 含量则逐步上升或维持较高含量水平。在 5 cm 以上沉积物间隙水中，表现为随深度增加其含量升高，到实验第 2 天时，沉积物表层上覆水和沉积物间隙水中 S^{2-} 含量开始持续增加，特别是在 2 cm 深处，S^{2-} 含量甚至增加至 1088.8 mg/L。从地球化学角度而言，在好氧状态下，沉积物-水界面和近表层沉积物中原本有较高含量的非 S^{2-} 游离态硫，在藻体加入后的厌氧氛围控制下，大量的非 S^{2-} 游离态硫转化为 S^{2-}。由于最高值出现于沉积物内部（2 cm 深度处），应与上覆水中藻体供给和下层沉积物 S^{2-} 的扩散无关。

实验第 2 阶段（第 5~8 天），上覆水体和沉积物间隙水中 SO_4^{2-}、S^{2-} 含量持续下降，同时沉积物中其他形态硫也转化为无机硫并以 S^{2-} 形式向表层沉积物中扩散（Yang et al，2008；尹洪斌，2008）。在加入藻体后形成的厌氧环境中，由于藻细胞残体沉降后形成了大量的有机质（以 CH_2O 表示），沉积物中的 SO_4^{2-} 会出现如下反应（Burton et al，2006c）：

$$2CH_2O+SO_4^{2-} \rightleftharpoons 2CO_2+S^{2-}+2H_2O \tag{10-5}$$

大量的 SO_4^{2-} 的还原产生高含量的 HS^-，从而使得表层沉积物及水体中 S^{2-} 含量增加（Rusch et al，1998）。Burton 等（2007）研究发现，细菌还原作用下使得单独以 Fe^{3+} 还原为主转变为 Fe^{3+} 和 SO_4^{2-} 共同还原为主，可以产生大量的 Fe^{2+} 和 S^{2-}。沉积物间隙水中的 SO_4^{2-} 一直为下降趋势，这与实验初期较高含量的 S^{2-} 抑制硫细菌的活性从而阻碍了 SO_4^{2-} 的快速还原（Reis et al，2004）有关。已有研究发现，当 S^{2-} 浓度＞20 mmol 时，将会抑制 SO_4^{2-} 的还原（Jordan et al，2008），而在实验进行到第 2 天时，S^{2-} 浓度已超过 20 mmol，随后 SO_4^{2-} 和 S^{2-} 的浓度都表现为快速下降（图 10-25）。

在厌氧条件下大量藻源性有机质为厌氧菌的活性增强提供了物质基础，从而使得沉积物中高价态的铁和硫酸根产生快速还原反应。S^{2-} 是一种对水体生态系统易产生毒害作用的物质，在有机质的厌氧矿化过程中较高含量的 S^{2-} 也造成了沉积物表面微型生物的减少（Kennett and Hargraves，1985）。另外，厌氧环境也使得底栖生物活性丧失，减少了因生物扰动而产生的水流或空气流，使得 Fe-P 产生解析反应；同时沉积物中较高含量的 S^{2-} 也会促使沉积物中 Fe-P 的溶解，使得间隙水中 PO_4^{3-}-P 浓度快速增加（图 10-24）。0～1 cm 处上覆水和沉积物不同深度处间隙水中 Fe^{2+}、S^{2-} 含量的快速增加，也表示此时沉积物中正发生着剧烈的氧化还原反应和有机质的矿化（尹洪斌，2008）。

3）沉积物-水界面处锰氧化物及 Fe-Mn-S 的变化

在一般的沉积物中，同铁氧化物和硫酸盐相比，锰氧化物的浓度相对较低。锰氧化物作为电子接受体的重要性主要依赖于其可获得性和氧化物的反应性。锰氧化物的还原也可以与 Fe^{2+}（Postma，1985）或黄铁矿和铁的硫化物的再氧化共同发生。铁氧化物是处于中间态的亚氧化的第 2 种电子接受体。沉积物中铁氧化物的浓度通常要比锰氧化物的浓度要高（大约高 10 倍）。在氧气、硝酸根和锰氧化物存在下，还原态的铁也可以被再氧化。在淡水沉积物中，铁氧化物是主要的厌氧电子接受体，也是很重要的厌氧分解成分，但对于藻源性湖泛形成过程中，随着沉积物-水环境从好氧向厌氧环境的转变，沉积物转变为还原环境（表现为沉积物的 E_h 下降），间隙水中 Fe-Mn 状态及行为变化，以及湖泛形成过程对其生物地球化学循环变化的影响，尤其是藻细胞沉降到沉积物表面上对沉积物-水界面间的 Fe、Mn、S 影响及其动态变化，需深入分析。

刘国锋等（2010a）利用自制的静态模拟实验培养和沉积物间隙水连续抽取装置，探讨了藻细胞在静态条件下沉降到沉积物界面后，对沉积物-水界面 Fe-Mn-S 动态变化的影响。在加入藻体 50 min 后测定沉积物表层（1 cm）处于厌氧性质（ORP 值为-200 mV），而未加藻的对照则处于弱还原环境（ORP 值为 200 mV）。在加入藻细胞 2 天后，沉积物表面显现出微黑色的现象，水体中散发出硫化物类刺激性气味，随后黑臭现象更为强烈，致使整个系统中的水体及沉积物泥样都呈现发黑状态。结果分析中将 8 天的藻源性湖泛跟踪研究过程划分为两个阶段，即 1～4 天为前期的第 1 阶段和 5～8 天为后期的第 2 阶段，分析了沉积物-水界面处 Fe-Mn-S 的变化（图 10-26 和图 10-27）。

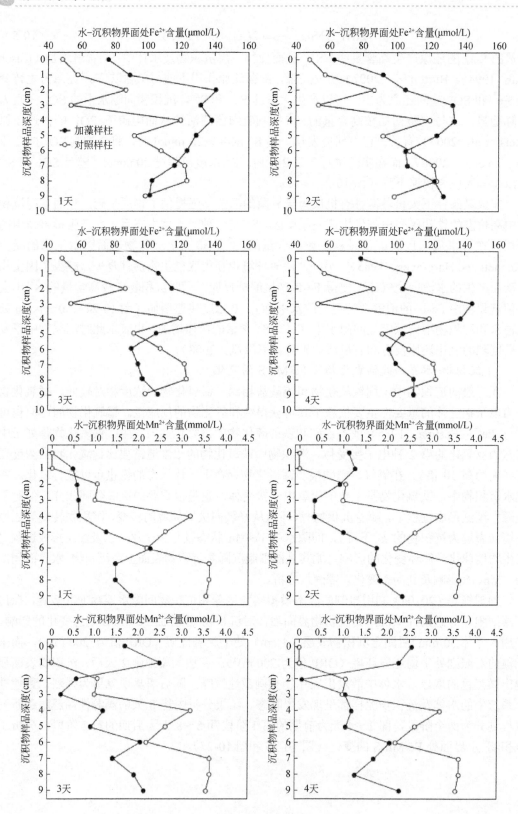

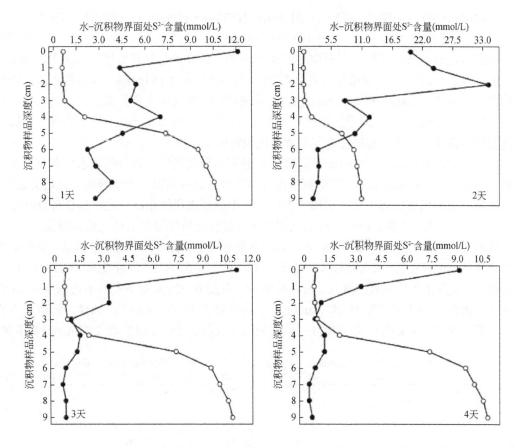

图 10-26　加入藻细胞 1～4 天后沉积物-水界面处 Fe^{2+}、Mn^{2+} 和 S^{2-} 含量变化

在湖泛模拟第 1 阶段（图 10-26），沉积物-水界面处除 Fe^{2+} 在第 2 天有所下降外，Mn^{2+} 和 S^{2-} 含量都呈现一定程度的升高，且从表层 0～1 cm 处向 2～3 cm 处增加幅度较大。其中 Mn^{2+} 在表层（0～2 cm）间隙水中的含量从 1.13 mmol/L 急速增加到 2.55 mmol/L。S^{2-} 的含量在表层 0～2 cm 的间隙水中增加得更为明显，与实验中全程几乎无变化的对照相比，增加了近 18 倍，表明在系统厌氧后在很短时间内表层沉积物中含硫化合物中的硫就转变为 S^{2-}。虽然 Fe-Mn-S 还原态在湖泛形成的第一阶段都出现了含量的增加，但增加的幅度、发生的时段以及所处沉积物间隙水的深度略有差异。

Fe、Mn、S 均为对环境氧化还原变化敏感的元素，在沉积物中的生物地球化学变化过程受沉积物的 E_h 影响非常大。铁锰氧化物是最丰富的电子接受体，也是水体中很重要的厌氧分解组分。在好氧条件下，还原性反应在沉积物中变化普遍较慢，但锰的还原作用要快于铁的还原，其变化受沉积物-水界面附近 E_h 值的影响较大，再迁移能力强（汪福顺等，2005）。研究表明，在厌氧环境下，大量的 Fe、Mn 氧化物在有藻细胞的残体作为有机质输入的情况下成为电子接受体后会发生如下反应（Yamanaka et al，2007）：

$$212MnO_2+(CH_2O)_{106}(NH_3)_{16}H_3PO_4+332CO_2+120H_2O = 438HCO_3^-+16NH_4^++HPO_4^{2-}+212Mn^{2+}$$

$$(10-6)$$

$$424Fe(OH)_3+(CH_2O)_{106}(NH_3)_{16}H_3PO_4+756CO_2 = 862HCO_3^-+16NH_4^++HPO_4^{2-}$$
$$+424Fe^{2+}+304H_2O \qquad (10\text{-}7)$$

在藻源性有机质丰富时，沉积物间隙水中的 Fe^{2+}、Mn^{2+} 含量开始增加（加入藻细胞 1 天后 Fe^{2+} 和 2 天后 Mn^{2+} 的含量分别升高到 75.67 μmol/L 和 1.13 mmol/L），对照实验中则分别较低（为 48.32 μmol/L 和 0.98 mmol/L）。反映在藻细胞残体大量聚集后，加快了铁锰氧化物厌氧分解进程。同时由于沉积物-水体系统的氧化还原环境的形成，更加有利于铁锰氧化物发生还原反应，因此其外在表现上就是沉积物间隙水中 Fe^{2+}、Mn^{2+} 含量持续、快速增加（刘国锋等，2010a）。在实验进行到第 4 天分别达到最高值（表层间隙水中含量分别为 78.62 μmol/L 和 2.55 mmol/L），随后其浓度开始下降。这种出现一个单峰的变化趋势表明，在加入藻细胞形成厌氧环境后沉积物中出现了一个非常强烈的还原反应，这也可以从即使在表层 Fe^{2+} 和 Mn^{2+} 含量下降后，底层沉积物中含量仍在持续增加的情况得以确证。

实验进行到第 2 阶段（第 5～8 天），此时沉积物-水系统的厌氧已非常明显，整个水体均呈现黑色，但沉积物-水界面处（0～2 cm）的 Fe^{2+}、Mn^{2+} 和 S^{2-} 含量（图 10-27）同 1～4 天时相比，均发生了较明显的降低。在实验前 4d，表层 0～2 cm 处 Fe^{2+} 的平均浓度为 76.57 μmol/L，而在 5～8d 期间为 68.78 μmol/L，平均下降了 10.79 μmol/L；同样，间隙水中的 Mn^{2+} 含量也呈现下降趋势，其含量分别从实验第 4 天的 2.55 mmol/L 和 2.27 mmol/L 下降

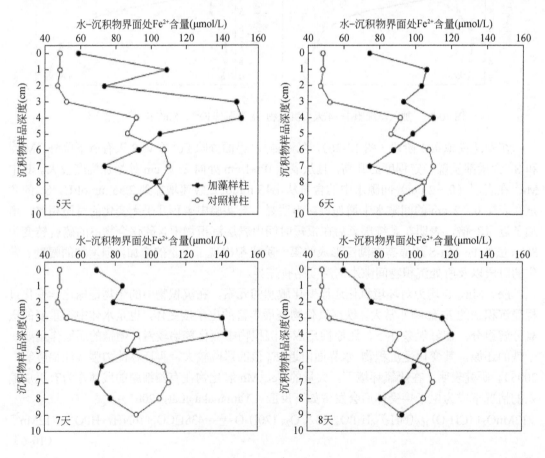

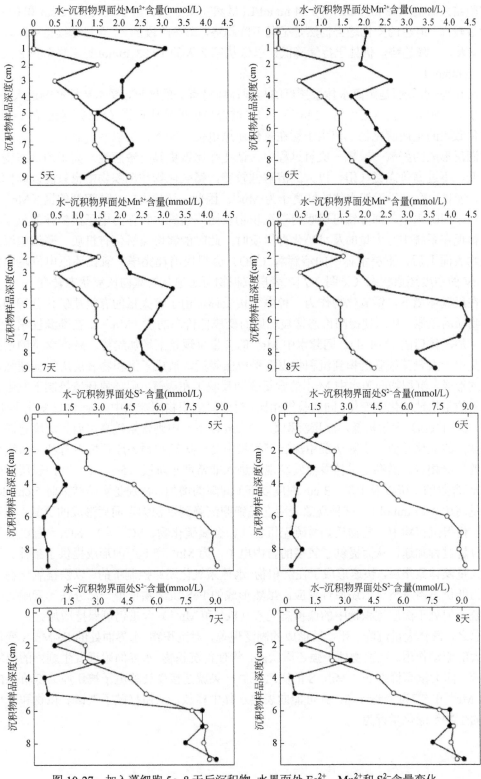

图 10-27　加入藻细胞 5～8 天后沉积物-水界面处 Fe^{2+}、Mn^{2+}和 S^{2-}含量变化

到实验结束时的 0.98 mmol/L 和 0.84 mmol/L;虽然在第 5 天和第 6 天其 0~2 cm 和 0~1 cm 处含量较高,但总的变化趋势仍然是呈现下降趋势。第 2 阶段的 S^{2-} 含量延续第 1 阶段后期(3~4 天)下降趋势,仍处于持续降低,以致从第 2 天的 19.83 mmol/L 下降至第 8 天时仅为 3.75 mmol/L。

沉积物-水界面是距离水体最接近的与固体环境有关的区域,受水环境影响最大,且也受沉积物影响大。虽然低价锰(Mn^{2+})与 S^{2-} 结合形成的硫化亚锰(MnS,粉红色)并非为使水体致黑的金属硫化物,但由于锰在氧化还原电位控制下,可以多价态存在,因此在藻源性湖泛形成的好氧—缺氧—厌氧过程中,锰往往比铁更具有敏感性。离子的价态变化更加活跃。不过高价态锰(Ⅲ、Ⅳ)的溶解性较差,锰氧化物在沉积物中也只能以固体形态存在,能自由存在于天然水体的锰离子为 Mn^{2+}。因此,还原态的、能溶解的锰(Mn^{2+})主要存在于间隙水中,部分锰可以吸附于沉积物表面。锰氧化物作为电子接受体的重要性,主要体现在系统中有大量的及可矿化有机质时,此时能够快速氧化有机质。藻细胞添加到沉积物表面上后,下层水体中的溶解氧(DO)会很快消耗完毕,氧化还原电位趋向低于 100 mV 的中度还原状态(见图 9-7),表层沉积物可迅速从有氧向厌氧状态转变。

在厌氧环境下,锰氧化物作为一种电子接受体,由于有大量的有机质矿化分解和其他一些物质的还原,从而使得高价态锰被还原而变成低价态的锰(Mn^{2+})。在藻源性湖泛形成前期(加藻体后的 1~4 d),间隙水中 Mn^{2+} 的含量呈现逐渐增加趋势。Mn^{2+} 含量的增加,表明是由于大量藻细胞沉积到沉积物表面形成藻膜后,造成了沉积物表层厌氧促使强还原环境的形成。沉积物间隙水中 Mn^{2+} 的含量变动反映了在厌氧、强还原环境控制下发生的敏感元素的生物地球化学变化。同实验组相比,对照组沉积物间隙水中 Mn^{2+} 含量变化不明显,表层(0~1 cm)含量极低,底层沉积物(2 cm 以下)中则含量较高,而且深度愈深,其含量愈高的变化趋势与实际情况中深层沉积物中处于厌氧和强还原环境下有利于锰氧化物还原的情况相符。当湖泛水体发黑发臭现象进入非常严重阶段(5~8 d)时,表层间隙水中 Mn^{2+} 含量的下降以及下层(3 cm 深度以下)间隙的增加,特别是实验结束时 5 cm 以下,其含量高达 4.27 mmol/L。这种现象表明在藻细胞沉降到沉积物表面后形成的厌氧、强还原环境,使得沉积物中一些物质如含硫无机物(如金属硫化物、SO_4^{2-} 等)、NO_3^-、有机质等的还原分解过程加速,从而提供了较多的自由电子,为 Mn^{2+} 和 Fe^{2+} 的形成提供了条件。这表明在大量藻体聚集后,快速形成了在沉积物-水体系氧化还原控制下的、以铁锰氧化物为主转变为低价态溶解离子的还原性反应。虽然形成的 FeS 沉淀物使得一部分铁元素脱离了湖水系统,但处于深层沉积物中的低价态元素(Fe^{2+} 和 Mn^{2+})含量仍可保持增加。

总之,藻体大量沉降、死亡后形成的湖泛现象,对沉积物-水界面处的 Fe-Mn-S 变化具有很大的驱动作用。沉积物处于强还原状态,将使得沉积物-水界面附近发生剧烈的厌氧还原反应,而大量高价态 Fe、Mn、S 的厌氧还原结果就是接受转移电子被还原为低价态的以 Fe^{2+}、Mn^{2+} 和 S^{2-} 为主要形式,并可能向表层水体中释放,从而打破了铁锰氧化物和硫化物正常的生物地球化学行为。

10.3　湖泛易发区沉积物间隙水甲烷分布及扩散释放

在人类活动加剧的情况下，湖泊承载了大量的外来有机碳，同时由于内部初级生产的增加，也接收了丰富的本地有机碳。如藻类聚集等外来和本地有机碳都沉积在湖泊沉积物中，由于丰富的基质和有利的厌氧环境，产甲烷过程变得更加活跃（Berberich et al，2020）。产生的 CH_4 从沉积物迁移到水中，然后再迁移到空气中，使湖泊成为重要的天然 CH_4 来源。湖泛现象会使得水体溶解氧急剧下降，水和表层沉积物变黑变臭（Shen et al，2013）。湖泛形成前的藻体有机碎屑会悬浮在水中或沉降到沉积物表面（范成新，2015），这些易转化的有机碳极有可能在厌氧环境下转化为 CH_4（Grasset et al，2018），在沉积物–水界面形成浓度梯度控制下的释放效应。Zhang 等（2020）对近年频繁发生湖泛的太湖西岸和西北湾，进行了湖泛过程中甲烷与湖泛的关系以及湖泛中的甲烷释放研究，在湖泛对生源元素行为及对碳排放影响方面，取得了非常重要的成果，加深了人们对湖泛形成与效应的进一步认识。

10.3.1　湖泛易发区底层水甲烷浓度及空间分布

Zhang 等（2020）于太湖西部和北部湖泛易发区，布设了 10 个采样点（B1～B10），同时在开放区域设置了一个对照位点（C）（图 10-28）。于 2017 年每个月在各点采集了表层和底部水样以及气体。

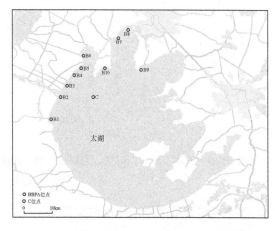

图 10-28　太湖湖泛易发区甲烷研究采样点位置分布

1. 水体相关参数年变化

湖泛易发水域水温在 6.7～30.2℃之间变化（图 10-29），月平均 DO 为 3.51～12.8 mg/L（5 月最低，1 月最高），并观察到 5 月 DO 通常低于其他月份。其中，B10 位点的 DO 仅为 0.04 mg/L，B2、B6 和 B7 位点的 DO 范围为 2.11～2.78 mg/L，而其他位点的则在 4.02～5.63 mg/L 之间。8～10 月，DO 没有随着温度的降低而增加，意味着此时段水体存在程度较高的耗氧。TN、TP、氨氮、可溶性活性磷（SRP）和叶绿素 a 具有相似的变化特征，在最初的几个月内逐渐增加，峰值出现在 5 月、6 月或 7 月，然后随着时间的推移而减少。NO_3^--N 与 DO 变化类似。在温度条件一致下，同期调查的对照位点 C 的 DO 含量在所有月份都高于湖泛易发区平均值，其他物质含量水平则基本与湖泛易发区相当（图 10-29）。

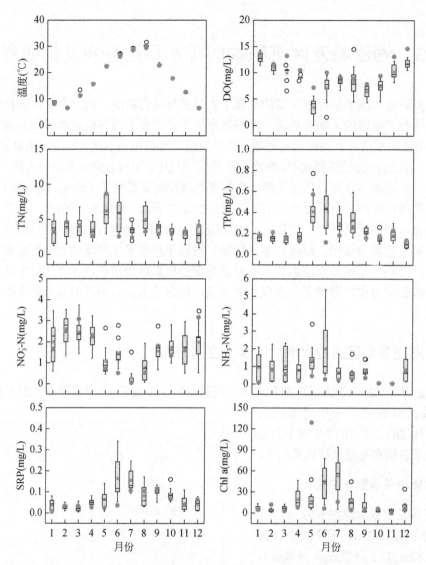

图 10-29 太湖水温、溶解氧、总氮、总磷、硝酸盐氮、氨氮、溶解活性磷、叶绿素 a 逐月变化（2017 年）

2. 水体表层和底层甲烷浓度时空变化

太湖湖泛易发区表层水和底层水中的甲烷（CH_4）浓度变化在月度观测中具有同步性，其中不同位点在 5 月和 6 月普遍出现含量急剧增加（图 10-30）。具体而言，表层水中的 CH_4 含量在 0.012～14.3 μmol/L 之间变化，而底层水中的 CH_4 则在 0.011～15.6 μmol/L 之间变化。在整个观测年中，空气中的 CH_4 含量约为 0.076 μmol/L。因此，空气中 CH_4 的平衡浓度约为 0.0025 μmol/L，比水中 CH_4 低 1～4 个数量级。

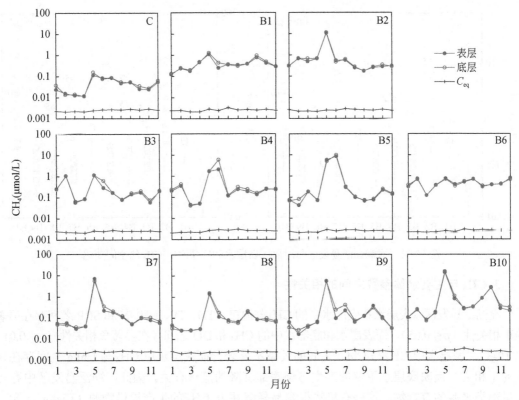

图 10-30　太湖湖泛易发区表层和底层水 CH_4 含量及其与大气平衡浓度（2017 年）

表层水和底层水中 CH_4 含量在时间上有显著差异（$p<0.001$，表 10-3），最高浓度出现在 5 月，其次是 6 月、10 月和 2 月（图 10-30）。表层水和底层水中的 CH_4 在 C 位点和 10 个 BBPA 位点之间也呈显著性差异（$p<0.001$；图 10-31）。与位点 C 相比，湖泛易发区位点（B8 除外）的 CH_4 浓度明显更高。

表 10-3　湖泛易发区表层和底层水中 CH_4 与主要水质参数之间的 Pearson 相关关系

参数	表层水中 CH_4	底层水中 CH_4
表层水中 CH_4	1	0.979[**]
表层水中 CH_4	0.979[**]	1
温度	0.181[*]	0.195[*]
DO	−0.515[**]	−0.527[**]
TN	0.522[**]	0.552[**]
TP	0.587[**]	0.616[**]
NO_3^--N	−0.179	−0.179
NH_4^+-N	0.436[**]	0.510[**]
SRP	0.249[**]	0.307[**]
Chl a	0.180	0.215[*]

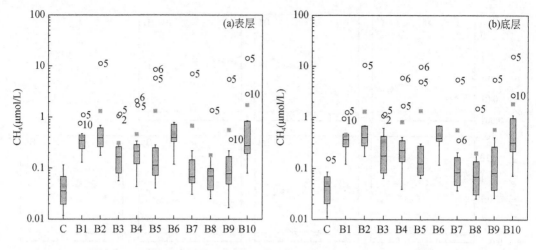

图 10-31　太湖湖泛易发区与对照区表层水和底层水中 CH$_4$ 的空间变化

3. CH$_4$ 与主要水体参数之间的相关性

在湖泛易发区，表层水和底层水中的 CH$_4$ 与温度、TN、TP、NH$_4^+$-N 和 SRP 之间存在显著的正相关性（$p<0.05$），而表层水和底部水中的 CH$_4$ 和 DO 之间存在显著负相关性（$p<0.01$，表 10-3）。表层水中 CH$_4$ 与 Chl a 之间的关系不显著，而底层水中 CH$_4$ 与 Chl a 之间存在显著的正相关，反映底层水甲烷的产生与湖底部沉降的藻体有关。因此，湖泛易发区中存在大量藻类来源的有机物，这些有机物很容易降解并为 CH$_4$ 的生产提供物源（Liang et al，2016）。产甲烷菌随着水柱中 CH$_4$ 的积累而逐渐增加（胡万婷等，2017），这与湖泛的形成有显著相关性（Fan and Xing，2016）。底层水是最接近沉积物-水界面的水体，在沉积物-水界面发生的环境地球化学过程必然有一部分要通过底层水得到反映。湖泛发生中，水体呈高度厌氧状态，藻体中大部分可进入水体底部，并在底部甚至沉积物表层附近进行以微生物为主要作用的有机物分解，形成有机碳的转化和无机化。因此，底层水中甲烷的生成与沉积物-水界面的氧化还原反应过程密切相关。

10.3.2　湖泛易发区沉积物间隙水甲烷分布特征

为分析沉积物与水体中甲烷的关联性，Zhang 等（2020）于 2017 年 1 月、5 月、7 月和 10 月，选择在藻源性湖泛易发区 B2（大浦口）、B6（殷村港口）、B8（梅梁湖三山北）和对照点 C（焦山）（图 10-28）采集了沉积物柱状采样，分析研究了沉积物孔隙水中的 CH$_4$ 含量，其中 B2 和 B10 正处于现场发生湖泛的后期阶段。对 5 月采集于 B2 点位的沉积物柱样视觉观察，上覆水体为灰色，沉积物表层为黑色。

图 10-32 为 2017 年 1 月、5 月、7 月和 10 月太湖湖泛易发区 3 个位点（B2、B6 和 B8）及对照点（C）沉积物孔隙水中的 CH$_4$ 含量。与对照点相比，湖泛易发区水体和沉积物孔隙水中的 CH$_4$ 浓度通常高得多，这反映湖泛发生区底泥中，不仅是厌氧程度高，也反映底泥中活性有机碳的含量可能处于较高水平。从垂向上，自沉积物表层向下，沉积物孔隙水中的 CH$_4$ 多呈增加趋势，多有峰值出现，反映在 CH$_4$ 高含量多处于沉积物下层的孔隙水中。

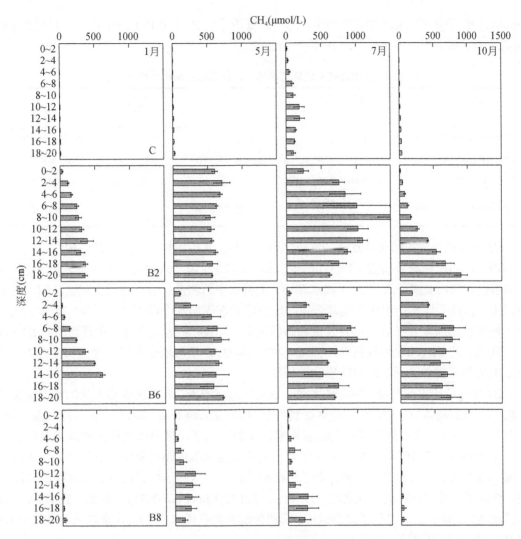

图 10-32　太湖湖泛易发区与对照区沉积物间隙水中 CH₄ 含量

　　太湖湖泛易发区沉积物孔隙水中的 CH₄ 含量，通常在 1～7 月期间增加，之后减少（图 10-32）。在所选择的 4 个研究位点中，B2（大浦口）和 B6（殷村港口）的 CH₄ 水平大致比对照 C 和 B8（梅梁湖三山）高出一个数量级。B2 和 B6 位点均位于太湖湖泛最易发生的西北部水域，自 2008～2018 年间，该水域多次发生湖泛。其中 2009 年 5 月 11 日对卫星图片解译后发现，在竺山湖湖心至东岸太平场一带发生的湖泛面积达到 16.42 km²（表 1-6）；2011 年 7 月 27～30 日发生于大浦口附近的湖泛，其湖泛强度（BBIᵢ）达到 36.80 km²·d；2008 年 5 月 26 日～6 月 9 日发生于殷村港–沙塘港附近的湖泛，BBIᵢ 更是达到了 101.25 km²·d。这些藻源性湖泛事件，对水底沉积物的影响具有长效意义的影响。Zhang 等（2020）曾比较了太湖湖泛易发区与其他水域（包括开阔水域对照点）沉积物孔隙水中甲烷的含量，以及孔隙水和表层水中甲烷含量的差异（表 10-4），以年为周期的湖泛易发区以及同为湖泛易发区的竺山湖（夏季 8 月），其沉积物孔隙水中的 CH₄ 含量发现的最大值［（2011±694）

μmol/L] 明显较其他水域含量高得多，即使最低值 [（2.39 ± 0.19）μmol/L] 也明显高于同期从开阔水域分析获得（0.672±0.189）μmol/L。

表 10-4　太湖湖泛易发区与其他水域沉积物孔隙水中甲烷含量

孔隙水 CH$_4$（μmol/L）	表层水 CH$_4$（μmol/L）	区域	时间	来源
2.39±0.19～2011±694	0.012～14.3	湖泛易发区	逐月，1 年	Zhang et al，2020
0.672±0.189～189±75.5	0.017～0.114	开阔水域（对照点）	逐月，1 年	Zhang et al，2020
6.6～702.7	0.014～0.48	全湖	8、11、1 月	Li et al，2018
45.1±13.6～1370±395	0.02±0.003～3.79±0.10	竺山湖	8 月	Yan et al，2019

表 10-4 还反映：湖泛易发区（包括竺山湖）表层水中甲烷含量虽然最低值与一般水域差别不大，但出现的最高值 [14.3 μmol/L 和（3.79±0.10）μmol/L] 却远高于非特定的湖泛易发区（包括全湖平均）。对于浅水湖泊，上层水中的物质含量往往受沉积物孔隙水的影响很大，因此孔隙水中甲烷发生高含量时段也就会在表层水中得到及时显现。实际上太湖湖泛发生热点都有上层水中 CH$_4$ 含量偏高的现象。如位于符渎港的 B5 和月亮湾的 B10 位点，其水中的 CH$_4$ 浓度也较高（图 10-30 和图 10-31），该两地水底都富含沉积有机碳，可为 CH$_4$ 的形成提供源源不断的物质输送条件。

B2 位点位于大浦河口，该河是太湖一条主要入湖河流，入湖水流将大量的营养物质和有机物输送到湖体中，导致河口地区受到严重污染（Zhang et al，2010）。包括符渎港（B5）和月亮湾（B10）位点是位居春夏季东南盛行风的下风区，极易遭受持久性藻类水华堆积影响（Yan et al，2019）。2009～2017 年间，太湖大约 50% 的湖泛发生在这两个地点周围的水域。由于富含有机物的沉积物在湖泛形成中的作用，这些区域已进行了大规模的底泥疏浚，清除了部分富含有机质的底泥（He et al，2013；Liu et al，2015）。例如，在 B8（竺山湖百渎港口）位点已经进行了底泥疏浚，那里的沉积物孔隙水中 CH$_4$ 含量总体明显低于 B2 和 B6 水域（图 10-32）。

10.3.3　湖泛易发区沉积物中甲烷的特异性释放

虽然浅水湖水体中甲烷的形成主要发生于沉积物中，但甲烷释放却发生在水-气界面。地表水和大气之间（水-气界面）的气体交换率取决于两个主要因素：水和空气之间的浓度梯度，以及给定条件下的气体交换系数 k（Wanninkhof，1994），而影响水-气界面物质扩散的主要因素有温度和风速。为了比较湖泛易发区和对照区 CH$_4$ 扩散排放差异。Zhang 等（2020）考虑了在低风速下更容易发生湖泛现象的特点，根据以下方程进行计算（Cotovicz et al，2016；Wanninkhof，2014），在太湖背景风速下，计算了水-空气界面的 CH$_4$ 扩散通量[$F_{\text{w-a}}$，mmol/（m^2·d）]：

$$F_{\text{w-a}}=k_{\text{g}}\times（C_\text{水}-C_{\text{eq}}）\tag{10-8}$$

$$k_{\text{g}}=k_{600}\times（S_{\text{c}}/600）^{-0.5}\tag{10-9}$$

$$k_{600}=1.91\times\exp 0.35u \tag{10-10}$$
$$S_c=1909.4-120.78T+4.1555T^2-0.080578T^3+0.00065777T^4 \tag{10-11}$$

式中，k_g 是气体传输系数（cm/h），$C_水$ 是表层水中的 CH_4 浓度（μmol/L）；C_{eq} 是与大气平衡的 CH_4 浓度（μmol/L），k_{600} 是标准化为 600 的施密特数的气体传输速度（cm/h），S_c 是水温的施密特数，T 是温度（℃），u 是风速（m/s）。计算中采用了太湖背景风速，即 1.7 m/s（You et al，2007）。对太湖各位点分析，在背景风速下所有位点的 CH_4 扩散通量都呈正值，表明所有位点水体 CH_4 都对大气形成贡献。CH_4 扩散通量随水域和月份的变化呈显著（p ＜0.001；表 10-5）差异。

除 B8（百渎港口）外，湖泛易发区所有位点的 CH_4 扩散通量均显著高于位点 C（1～2 个数量级）。根据最大/最小比值，湖泛易发区大多数位点的甲烷扩散通量的波动范围远大于位点 C。尽管湖泛的发生是相对短暂时间（一般小于 16 d）的，但其 CH_4 的扩散通量对年排放量却产生了重大贡献。以 B5 位点为例，湖泛期间一天的通量与最小月份的 372 天的总通量相当（表 10-5）。尽管湖泛易发区中的平均 CH_4 扩散通量是根据背景风速计算的，但通量大约是整个湖泊的 6 倍，说明湖泛易发区确是会成为同一湖泊中 CH_4 排放的热点区域。其中 5 月时的 B10 位点（月亮湾），缺氧状态下 CH_4 的扩散通量甚至可达到 12.5 mmol/（m²·d）。

表 10-5 太湖湖泛易发区及对照点背景风速下 CH_4 扩散通量 [mmol/（m²·d）]

点位	平均值±SD（$n=12$）	最小值	最大值	最大值/最小值
C	0.037±0.033	0.007	0.098	14
B1	0.329±0.244[***]	0.078	0.960	12
B2	1.11±2.75[***]	0.155	9.816	64
B3	0.230±0.287[*]	0.036	0.997	28
B4	0.399±0.646[***]	0.027	2.017	74
B5	1.19±2.65[***]	0.022	8.270	372
B6	0.378±0.193[***]	0.077	0.734	10
B7	0.583±1.77[***]	0.019	6.190	329
B8	0.152±0.330	0.013	1.192	90
B9	0.481±1.37[***]	0.008	4.810	567
B10	1.46±3.53[***]	0.052	12.505	243

[***]为与位点 C 在 p＜0.001 水平上的差异；[*]为与位点 C 在 p＜0.05 水平上的差异。

第11章 湖泛爆发过程中湖水系统的水质灾害响应

湖泛的爆发对湖泊生态系统的影响是巨大的，其中最直观的反映就是水体发黑、发臭，以及水面出现鱼类漂浮等，然而影响更为巨大的是湖泛发生区整体水体水质的极端污染。湖泛形成过程中人体的感官效应是产生以 FeS 为主要致黑物的金属硫化物，以及以二甲基硫化物和硫化氢为主的致臭物，使湖水变成黑臭水体。陆桂华和马倩（2009）曾对 2008 年 5 月 26 日~6 月 10 日在太湖无锡宜兴近岸水域发生的湖泛，以"时有气泡冒出，水体浑浊，颜色为浆褐色，有清晰的界限，并伴有似下水道恶臭和硫化氢的气味，湖面漂有以湖鳅为主的死鱼"等进行了描述。然而借助现场和实验室分析手段，水质的综合评价全部为严重的劣 V 类，如果发生于饮用水源区，大多会形成水质性灾害事件。

湖泊水质的劣质化过程主要处于湖泛爆发时段，这一阶段是湖泛发展四阶段中藻体和悬浮底泥在水柱中无序混杂、厌氧微生物高度活性的阶段，上下层水体接纳的污染物量致使其含量处于最高水平时期。湖泊水体是由表层水、底层水和间隙水组成的，灾害性水质污染现象背后一般会隐含着复杂的水体氧化还原系统的剧变过程，并且这种复杂过程往往最早发生于水体底部，然后通过对上层水的污染影响，而向外界显露出它的水质灾害性状态。比如湖泛形成中，因厌氧微生物对底泥有机质的消耗，使得底泥膨胀后快速释放气体造成再悬浮现象，从而引起水体透明度大大降低（Wang et al, 2020）。因此水质灾害主要表现在上层水体，作为湖泛爆发源之一的底部泥水系统，在爆发过程中，也会遭受极端污染效应的影响。

11.1 藻源性湖泛形成过程中灾害性水污染指标变化

湖泛的发生都会产生水质的异常甚至会引发水环境灾害性事件（陆桂华和马倩，2009；叶建春，2008），2007 年发生在贡湖-梅梁湖之间湖泛，对无锡市贡湖水厂的源水供给产生了不可估量的社会影响（谢平，2008）。湖泛过程中，除会产生致黑致臭物外，湖泊水体中几乎所有的物理、化学甚至生物性质都可能发生巨大变化，其中以有机污染、氮、磷为表征水质的主要常见指标变化最大，有时甚至达到罕见或极端污染程度（范成新，2015；刘国锋，2009；Zhu，2013）。在藻源性湖泛严重缺氧环境下，COD_{Cr}、总磷、总氮和氨氮等含量往往可达到或接近历史异常水平。2007 年 5 月底受湖泛发生区缺氧（溶解氧接近零）的影响（叶建春，2007；陆桂华和马倩，2009），贡湖水厂取水口氨氮含量为 5.0~6.5 mg/L，COD_{Mn}、总磷、总氮分别达到 16.2 mg/L、0.436 mg/L、15.9 mg/L；检测到的污染物最高含量 COD_{Mn} 为 53.6 mg/L、总磷为 1.05 mg/L 和总氮为 23.4 mg/L（秦伯强等，2007），每项参数均超出我国 GB 3838—2002《地表水环境质量标准》中的 V 类水标准，分别是地表水Ⅲ类标准的 8.9 倍、21 倍和 23.4 倍。2008 年 5 月 26 日发生于太湖西部竺山湖的湖泛区，溶解氧仅 0.1 mg/L（陆桂华和马倩，2009），COD_{Mn}、总磷、总氮和氨氮平均含量分别为 16.5 mg/L、0.693 mg/L、10.2 mg/L 和 6.75 mg/L，各项指标同样达到水质劣 V 类水平。

　　水质灾害性事件的发生，往往都与低氧和缺氧状态相关联。因此，虽然对湖泛现象采用及时和系统性跟踪调查仍是获取湖泛水质灾害效应的有效手段之一，但由于湖泊水体的开敞性、（黑水团的）扩展性和移动性，以及发生过程的不可重复性等，采用单一调查手段难以对原本就对氧化还原状态高度敏感的湖泛发生过程和规律进行揭示。这其中，以 COD_{Mn}、总磷、总氮为主要灾害性水污染指标的变化尤其值得关注。因此，以太湖典型湖泛野外巡调结果为参照，结合室内过程的模拟，对湖泛发生中所产生氧化还原系统的变化及其影响效应，特别是时空过程进行精细地描述、定量与分析，对湖泛的环境灾害发生机理的揭示、治理和应对措施的制定具有积极意义。

11.1.1　藻源性湖泛形成中水体有机污染指标变化

　　无论是湖泛形成初期藻体的死亡和好氧分解，还是湖泛中后期黑臭物质在缺氧和厌氧环境下大量形成，水体中都将充斥着种类复杂的有机物质，它们或是以小分子、大分子甚至是生物碎屑存在。这些有机污染物质基本与人工合成的有机化学品无关，主要来源于藻体或植物体等生物质降解产物，也有少部分来自于水底沉积物，它们共同控制着湖泛过程水体氧化还原电位，主导着湖泛的进程。水体中，大量的耗氧性有机物存在可能形成灾害性问题，以水体有机污染物指标（COD 和 TOC）可判断湖泛对水质污染的影响程度。

1. TOC 变化

　　总有机碳（TOC）通常作为评价水体有机物污染程度的重要依据。虽然它不反映水中有机物的种类和组成，但由于它是以碳的数量表示水中含有机物的总量，因此它比 COD 和 BOD_5 更能直接表示有机物的总量。尹桂平（2009）曾在竺山湖湖泛模拟的再悬浮装置 3 个内径 11 cm 的有机玻璃管水柱中，分别投入 0 g、0.95 g 和 95.03 g 太湖鲜藻，分别用 18 天时长（28℃±1℃），模拟在无藻（0 g/m²）、低藻量（100 g/m²）和高藻量（10000 g/m²）情景下湖泛的形成，感官判断了水体的视觉和嗅觉变化（表 11-1），逐日分析了水中总有机碳（TOC）含量（图 11-1）。在仅有高藻量处理发生湖泛现象的水柱中，水体中 TOC 含量的变化与半定量视觉和嗅觉感官结果基本吻合。

表 11-1　藻源性湖泛试验性模拟感官变化（2008 年 6 月）

天数		1	2	3	4	5	6	7	8	9	10	11	12	13	14	15	16	17	18
视觉	1#	颜色未变化																	
	2#	颜色未变化																	
	3#	无	微黄	浅黑	黑	深黑								黑					
嗅觉	1#	气味未变化																	
	2#	气味未变化																	
	3#	无	微臭	臭	浓臭									臭					

在高藻量模拟的第 2 天，水体出现微黄和微臭；进入第 3 天，已明显有湖泛的黑臭现象（浅黑和臭味）；第 4 天水体已全部呈现典型湖泛的"黑"和"浓臭"感官状态（表 11-1）。与上述时间相对应，第 2 天上层水中 TOC 虽仅有小幅增加，但下层水中的 TOC 则从 32.2 mg/L 上升到 55.3 mg/L，增加了约 72%；在水体全面进入"湖泛"状态的第 4 天，无论上层还是下层，水体中 TOC 含量均分别出现全过程的最大值（72 mg/L 左右），不仅是无藻对照水体（6 mg/L）的 12 倍，而且也是高藻处理下层第 1 天（32.2 mg/L）时的 2.24 倍，反映水体高含量 TOC 的出现与湖泛现象的发生起始点具有一定同步性。另外还可看出，无藻和较低的藻量培养下水体未发生明显的感官变化，TOC 含量也相应未出现明显（增加）变化（图 11-1）。

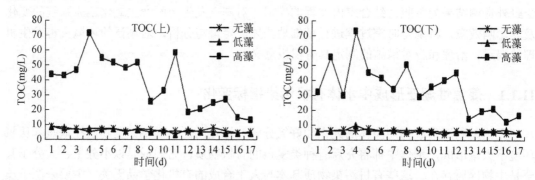

图 11-1 竺山湖藻源性湖泛模拟中总有机碳含量变化

为研究藻量与湖泛形成的半定量关系，除无藻（1#）对照外，在 100 g/m² （2#）和 10000 g/m² （8#）之间，增加了 5 组不同投加量（3#～7#）的处理（尹桂平，2009）。研究发现，在 25 天温度（28℃±1℃）培养中，500 g/m² （3#）和 1000 g/m² （4#）柱未发生湖泛，其 TOC 含量也基本同 1#柱一样，未发生明显变化。但从中藻量 2500 g/m² （5#）起，模拟过程中大致在第 4～11 天出现湖泛形成现象（表 2-3），相对应地在第 4～13 天，水体中 TOC 含量出现增加变化（图 11-2）。同样在 5000 g/m² （6#）和 7500 g/m² （7#）藻体聚集量下，湖泛的发生提前到了第 3 天。虽然该两种处理下 TOC 含量从第 1 天开始就已经分别增加到了约 23.3 mg/L 和 35.0 mg/L，但两者的 TOC 含量也均在第 3 天时出现较大幅度的增加。与模拟

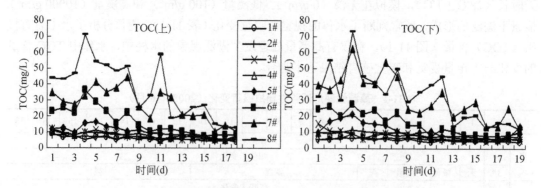

图 11-2 不同聚集量藻体湖泛模拟中水体总有机碳含量变化

最大聚集量的10000 g/m²（8#）一样，这两种处理湖泛模拟实验后期水柱中TOC含量慢慢下降，但回到与无藻对照的低含量状态比较时，也基本是水体黑色接近消除的天数（图11-2和表2-3）。显示TOC无论是在指标上还是在变化幅度上，都与湖泛的半定量感官具有较好的同步性和相关性。

　　Shen 等（2014）曾对贡湖草型湖区进行了调查，分析了水体溶解性有机碳（DOC）与主要致黑组分（Fe^{2+}和$\sum S^{2-}$）的相关性，结果发现Fe^{2+}和$\sum S^{2-}$与湖泛水体 DOC 含量分别达到显著正相关水平（图 11-3）。由于以水体藻源性为主有机物（TOC）的降解，存量有机物的不断消耗和减少（图 11-2），同时也大量消耗了 DO，使得发生先缺氧后厌氧现象，大量电子转移和被接受，重金属还原和低价硫的形成，促进了以 FeS 为主要致黑物所形成的湖泛黑臭现象。

　　另外，从实际发生湖泛现象的几组处理中水体中总有机碳含量变化而言，除 7# 处理外，几乎所有的变化曲线均是湖泛甫出即衰直至湖泛（发黑）现象结束，并且在上下层的响应过程以及含量变化上也

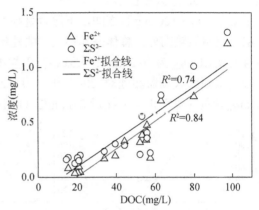

图 11-3　太湖贡湖 3 处采样点上覆水中致黑离子（Fe^{2+}和$\sum S^{2-}$）与 DOC 的相关性

都具有较好的一致性（图 11-2）。由于水体的有机物污染程度主要取决于有机碳含量大小，而 TOC 指标与湖泛又有较好的响应关系，因此 TOC 应可作为定量湖泛持续发生时长和灾害程度的定量指标之一。

　　水体中的总有机碳（TOC）可较全面反映饮用水中有机微污染程度，如果超标，说明水中的细菌、病毒、抗菌药物、化学农药、多环芳烃有机物等物质超标，可能引起人呕吐、腹泻、肝胆损伤，神经、免疫系统受损等。国际限值一般是 5 mg/L，但具体的 TOC 含量限值可能会因不同的水质级别、用途和类型而有所不同。美国、德国等欧美国家很早就把 TOC 纳入常规检测中。美国环境保护署（EPA）将 TOC 作为地表水的一个监测参数，并制定了相应的水质标准。加拿大环境与气候变化部（ECCC）对地表水和废水中的 TOC 含量均给出限值。欧洲联盟（EU）对饮用水的 TOC 限值为 2 mg/L。中国也在 2006 年将 TOC 纳入《生活饮用水卫生标准》（GB/T 5749－2006）中，限值为 5 mg/L。相比水中有机物成分分析存在实验周期长、分析成本高、难以对突发性水污染事故作出及时有效地分析判断的缺点，TOC 以其简单、快捷、准确的特性作为综合评价水质有机物污染指标，更具实际意义。

2. COD 变化

　　化学需氧量（COD）是指水体中能被氧化的物质在规定条件下进行化学氧化过程中所消耗氧化物质的量。水中有机物的降解需依靠生物的作用，因此比较广泛采用生化需氧量（BOD）作为评价水体受有机物污染的指标，但 COD 的测定方法较之 BOD 简便快速得多，因此在水体有机污染物的分析监测上，多作为替代方法使用，成为常用的评价水体污染程

度的综合性指标。由于有机物是水体中最常见的还原性物质，因此 COD 含量越高，有机物污染越严重。

中国科学院南京地理与湖泊研究所曾对竺山湖藻源性湖泛过程进行模拟[①]，设定不同藻类聚集量水柱上下层 COD_{Mn} 含量的变化（图 11-4），其中有低藻量（1000 g/m²，1#柱）、中藻量（5000 g/m²，2#柱）和高藻量（10000 g/m²，3#柱）。藻源性湖泛模拟中，所有模拟聚集量下的 COD_{Mn} 大致在第 2 天即处于高含量状态，此后总体呈波动性下降。上层水体最高含量处于 100～120 mg/L 之间，下层含量则处于 10～30 mg/L 左右。除高藻量（3#柱）的下层含量明显较高外，总体差异不大。陆桂华和马倩（2009）对太湖湖泛现场进行分析，调查发现 COD_{Mn} 为 16.2 mg/L，大致相当于竺山湖模拟水柱湖泛发生时下层的 COD_{Mn} 含量，但较之水利部太湖监测处对 2007 年 5 月 29～31 日在贡湖南泉水厂取水口自动监测的 COD_{Mn} 含量（见图 11-4）接近 8.0 mg/L（叶建春，2007）高出 1 倍以上。

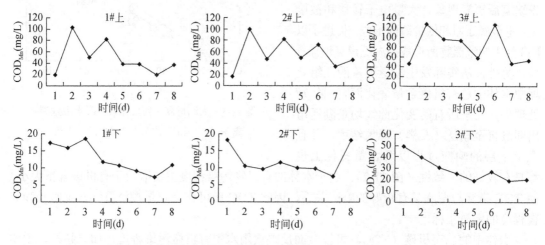

图 11-4　竺山湖藻源性湖泛模拟过程水柱上下层 COD_{Mn} 含量变化

高锰酸盐指数（COD_{Mn}）和化学需氧量（COD_{Cr}）均是我国《地表水环境质量标准》（GB 3838—2002）中主要指标，Ⅲ类标准分别为 6 mg/L 和 20 mg/L（表 11-2）。太湖的例行监测和巡查往往采用重铬酸钾法（COD_{Cr}）表征水体有机污染物水平。对于极端或灾害性水体，采用重铬酸钾法分析的化学需氧量（COD_{Cr}）可涵盖大多数还原性物质的信息和贡献。徐苏红（2022）分析了皮革废水中化学需氧量（COD_{Cr}）、高锰酸盐指数（I_{Mn} 或 COD_{Mn}）的相关性，$COD_{Cr}:COD_{Mn}$ 比值约为 3.91。黄旭敏（2021）对广东省某地区地表水中 COD_{Cr} 和 COD_{Mn} 含量历史资料分析，两者具有可信度较高的相关关系：$COD_{Cr}=3.884COD_{Mn}-1.384$（$R^2=0.9405$）。若以两者关系 3.9 倍数估算，对竺山湖藻源性湖泛模拟产生的 COD_{Cr} 上层水体高含量阶段处于 390～468 mg/L 之间，是太湖 2006 年平均 COD_{Cr} 含量（5.75 mg/L）的 67.8～81.4 倍。辛华荣等（2020）曾统计了太湖湖西区和贡湖湖泛发生时期水体 COD_{Cr} 变化（表 1-11），其中湖西区的值域范围在 22.8～1679.4 mg/L，平均值为 116.9 mg/L，其平均含量是我国 GB 3838—2002 中Ⅲ类标准值（20 mg/L）的近 6 倍；贡湖水域在 21.0～65.5 mg/L，

---

① 中国科学院南京地理与湖泊研究所，太湖底泥污染及湖泛发生风险分析研究报告，2009 年 3 月。

平均值为 30.1 mg/L（约为Ⅲ类标准值的 1.5 倍）。室内模拟虽没有出现如 1679.4 mg/L 的极大值，但已明显高于平均值水平，显然湖泛水体的还原性物质对 COD_{Cr} 的贡献已包括其中。

表 11-2　《地表水环境质量标准》（GB 3838—2002）基本项目标准限值（mg/L）

项目		Ⅰ类	Ⅱ类	Ⅲ类	Ⅳ类	Ⅴ类
高锰酸盐指数（COD_{Mn}）	≤	2	4	6	10	15
化学需氧量（COD_{Cr}）	≤	15	15	20	30	40
氨氮（NH_3-N）	≤	0.15	0.5	1.0	1.5	2.0
总磷（以 P 计）	≤	0.02（湖、库 0.01）	0.1（湖、库 0.025）	0.2（湖、库 0.05）	0.3（湖、库 0.1）	0.4（湖、库 0.2）
总氮（以 N 计）	≤	0.2	0.5	1.0	1.5	2.0
硫化物	≤	0.05	0.1	0.2	0.5	1.0

分析湖泛模拟体系水柱的上下层差异反映，湖泛发生过程中上层 COD_{Mn} 含量明显高于下层。除高藻量的 3#柱外，湖泛模拟全过程（8 天）中，水柱下层中 COD_{Mn} 最高含量与上层最低含量相当（7～18 mg/L），但上层平均值（60 mg/L）却是下层平均值（约 10 mg/L）的 6 倍。由于藻源性湖泛水体主要有机物质是藻体死亡形成的生物质，这些物质密度相对较小，形成碎屑或半溶解态物质多悬浮在上层水体。据湖泛现场观察，即使湖泛的生消进入后期阶段时，仍可见表层有少量黄绿色物质混杂于"黑水团"中。水柱中处于不同降解阶段的生物质，会在水柱上下层中形成具有组分和含量的分布不同，造成有机污染指标的垂向差异。

11.1.2　藻源性湖泛形成中水体氮污染风险

氮是组成生物体蛋白质的主要成分，也是生物界赖以生存的必要元素。总氮（TN）是指水中各种状态的溶解性有机氮（ON）和无机氮（NH_3-N、NO_2^--N和NO_3^--N）及颗粒态氮的总量，主要反映水体受氮污染的程度。湖水中亚硝酸盐的含量一般很低，缺氧水体中NO_3^--N的含量则普遍不高。

1. 总氮（TN）变化

3 平行设定低藻量（1000.0 g/m^2，1#柱）、中藻量（5000.0 g/m^2，2#柱）和高藻量（10000.0 g/m^2，3#柱）不同藻类聚集量下，模拟太湖北部鼋头渚水域湖泛的形成，并测定水体 TN 含量变化。由图 11-5 可见，不同聚藻量下 TN 含量均在第 2 天起出现较大幅度的增加，然后在自第 2 天或是第 3 天后逐步下降，直至模拟实验结束（第 8 天）。实验起始的第 1 天，上下层水体的 TN 含量大致均处于 1.76 mg/L，第 2 天时，低藻量（1#）、中藻量（2#）即达到 4.6 mg/L 和 7.5 mg/L 左右；高藻量（3#）组则第 3 天含量达到 8.2 mg/L 左右。即相当于低藻量、中藻量和高藻量聚集 1～2 天后，水体 TN 含量分别增加了 1.61 倍、3.26 倍和 3.65 倍。

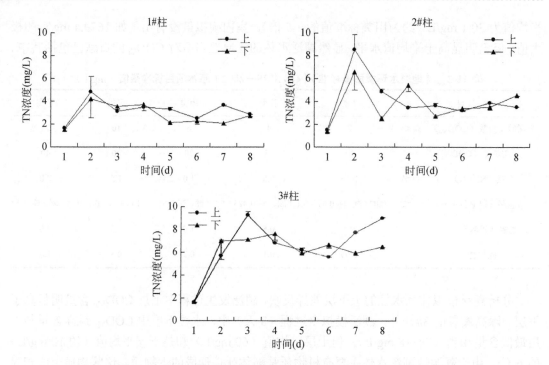

图 11-5 鼋头渚藻源性湖泛模拟过程水柱上下层 TN 含量变化

水利部太湖流域管理局曾通过湖面自动监测，捕捉到 2007 年 5～6 月期间贡湖南泉水厂取水口主要水质变化过程（见图 1-5）。其中，TN 含量在湖泛发生期间（5 月 29 日～6 月 1 日）基本都处于 10 mg/L 左右，不仅远超饮用水水源地最低供水水质标准（GB3838—2002 Ⅲ类，表 11-2），甚至已是 Ⅴ 类水标准（2.0 mg/L）的 5 倍。图 11-5 所反映的模拟鼋头渚区湖泛发生水体 TN 含量的变化，仅单一 TN 指标形成的劣 Ⅴ 类水质就已形成对太湖水体实质性灾害性影响。

即使同一模拟温度、聚藻量和时长下，湖区（沉积物和藻体）不同时，所形成的湖泛灾害程度会有差异甚至差别巨大。对竺山湖湖泛易发区藻源性湖泛模拟反映，在低藻量（1#，5261 g/m²）、中藻量（2#，7895 g/m²）和高藻量（3#，10526 g/m²）下，TN 的最大含量及其出现时间以及上下层变化（图 11-6）都与鼋头渚（图 11-5）的形成过程不同。在低、中、高藻量下，上层水体 TN 含量的最高点发生时间分别为第 4 天、第 2 天和第 5 天；但下层水体则分别为第 8 天、第 5 天和第 2 天。综合上下层 TN 变化过程的最大平均值含量则分别发生在第 4 天（7.8 mg/L）、第 2 天（11.3 mg/L）和第 2 天（18.5 mg/L）。在中、高藻量下模拟发生了湖泛黑臭现象，TN 最高值分别是 Ⅴ 类水标准（2.0 mg/L）的 5.6 倍和 9.2 倍。由于鼋头渚和竺山湖的高藻量模拟聚集量较为接近，可以推测，仅以 TN 水质指标风险评

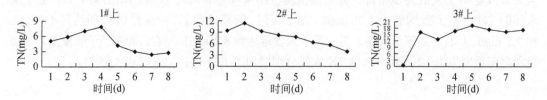

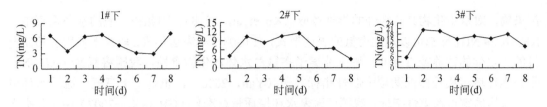

图 11-6　竺山湖藻源性湖泛模拟过程水柱上下层 TN 含量变化

估，在竺山湖发生的湖泛灾害程度会超过鼋头渚水域。

由于湖泊底泥的异质性，即使聚藻量等条件一致，用采集于同一湖区不同位点的底泥进行湖泛模拟时，仍可能在水体 TN 含量的变化上产生较大差异。申秋实（2011）对采集于湖泛易发的太湖月亮湾两相距仅数百米的底泥开展藻源性湖泛模拟。虽然上下层之间 TN 含量出现不同，但两个样点的同一层水体中，TN 含量仍表现出不同的变化（图 11-7）。说明湖泛形成中，所形成的氮污染及其可能的灾害现象不仅与藻体的量有关，还可能与湖泛发生水体的底泥性质有关。

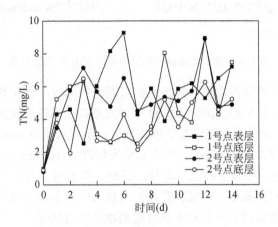

图 11-7　月亮湾藻源性湖泛模拟过程水柱表层和底层 TN 含量变化

2. 氨氮（NH₃-N）变化

尹桂平（2009）对竺山湖在 18 天的室温（28℃±1℃）下，模拟了无藻（0 g/m²）、低藻量（100 g/m²）和高藻量（10000 g/m²）下湖泛的形成过程（见表 2-2），分析了上下层水体中 NH_3-N 含量的变化（图 11-8）。在无藻和低藻量下，由于未发生湖泛现象，水体氨氮几乎未变化，仅在实验末期时，下层出现 NH_3-N 含量 5 mg/L 左右的波动。但高藻量从第 2 天水体出现微黄和微臭（湖泛前期感官）起 NH_3-N 含量就急速升高，至第 8 天上下层水体的含量均同时达到峰值，分别为 28.1 mg/L 和 32.4 mg/L。我国国家标准 GB 3838—2002 中的 V 类水标准为 2.0 mg/L（表 11-2），其峰值 NH_3-N 含量分别是 V 类水标准的约 14～16 倍。

常见的氨氮含量实际是总氨（TAN，包括分子态 NH_3 和离子态 NH_4^+）中的氮，NH_3 与 NH_4^+（铵）在水中组成共轭酸碱对（$K_b = 1.75 \times 10^{-5}$，25℃）。但分子态 NH_3 和离子态 NH_4^+ 是两类生态环境效应完全不同的物质组分，NH_4^+ 中的氮（NH_4^+-N，铵态氮）是水体生物营养性物质，含量过高则会与高含量的磷等物质一起造成水体富营养化；NH_3 则是常见毒性污染物，对水生生物具有很强的毒性效应（Ke et al，2018）。因此在一般的水质调查中，NH_4^+-N 和 NH_3-N 都可以是此类氮的表达形式，使用哪一类表达形成，取决于使用者的研究目的（水体的营养或毒性）。鉴于非离子态氨对水体的生物毒性，我国将氨氮（NH_3-N）作为水环境污染控制的两项强制性指标之一（Yan，2020），也是"十三五"流域水环境污染减排的重点约束性指标。我国《地表水环境质量标准》（GB 3838—2002）中，Ⅱ类水氨氮的限值为 0.5 mg/L；我国《渔业水质标准》（GB 11607—1989）只对具有毒性的非离子氨有要求（≤0.2 mg/L）。

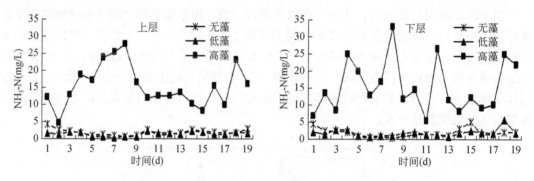

图 11-8　竺山湖藻源性湖泛模拟中 NH_3-N 含量变化

不同湖区以等量藻体等条件和不同底泥模拟湖泛的形成，会在湖泛发生时间和发生强度上产生较明显差异（表 3-2）。2008～2009 年对太湖几个湖泛易发区和水源敏感区（见图 3-2），模拟低藻量、中藻量和高藻量湖泛形成发现：不同水体中 NH_3-N 含量变化过程差异明显（图 11-9）。对照 GB 3838—2002 中氨氮 V 类标准值（2.0 mg/L），除了未明显形成湖泛的金墅水厂和低藻量、中藻量的殷村港外，其他所有水域在藻体集聚不久后，水质处于劣 V 类。其中中藻量和高藻量下有底泥存在的南泉水厂和小湾里水厂，湖泛发生后水体氨氮含量分别可达到 V 类水质的 4 倍和 8 倍含量的水质灾害状况。

在藻源性湖泛模拟过程中，水体均会处于缺氧或厌氧环境，无论是水体中的化学物质还是底泥释放行为都将发生很大变化，从而影响水体的 NH_3-N 含量。在这组湖泛模拟中，虽然不同湖区 NH_3-N 含量的变化基本是随着时间的增加而呈上升趋势，但差异较大，位于梅梁湖的小湾里水厂（又称充山水厂）和贡湖南泉水厂上升幅度较大（图 11-9）。不同敏感

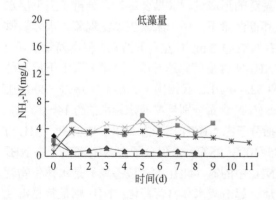

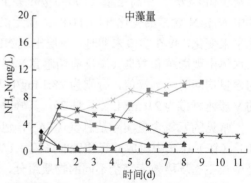

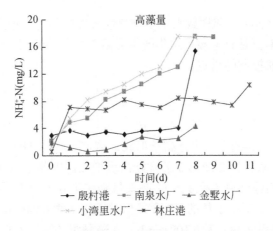

图 11-9　太湖不同泥区及聚藻量下水体 $NH_3\text{-}N$ 含量变化

水域湖泛模拟水体中，$NH_3\text{-}N$ 含量变化具有较明显的差异（见图 3-3）。在 100 天的模拟实验中，除西沿岸林庄港没有发生湖泛外，其他泥-水-藻模拟体系都分别于第 4～7 天（嗅觉）发生了湖泛现象（见表 3-2）。在发生湖泛的 4 个模拟系统中，$NH_3\text{-}N$ 含量的上升，实际上在湖泛发生前的第 2 天就开始发生了，并且含量的上升幅度并不因为黑臭现象的出现而形成大幅度（增加）变化。水体中 $NH_3\text{-}N$ 含量在湖泛发生前就呈较明显上升，可能归因于藻体即使处于缺氧甚至厌氧环境下，仍可发生降解。

卢信（2012）曾研究了几种处理条件下 $NH_3\text{-}N$ 含量与相应的蛋氨酸的降解率之间的关系（见图 7-12），结果反映不论微生物存在与否以及何种微生物作用，蛋氨酸降解过程中的降解率均与 $NH_3\text{-}N$ 有显著的相关性，表明蛋氨酸生物降解的第一步是脱氨基作用。冯紫艳曾在藻源性湖泛模拟体系中加入硫酸还原菌（SRB），结果发现加入 SRB 与不加 SRB 和对照的模拟体系相比，$NH_3\text{-}N$ 含量从第 1 天就呈大幅度增加（图 11-10），并且基本保持全模拟过程（13天）中 $NH_3\text{-}N$ 含量处于较高含量水平（7.5～11.2 mg/L）。显然，低氧系统中 $NH_3\text{-}N$ 量的来源与湖泛黑臭的形成过程中，只要有

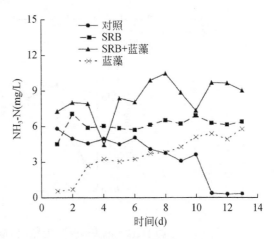

图 11-10　硫酸还原菌（SRB）作用下藻源性湖泛模拟中 $NH_3\text{-}N$ 含量变化

高活性的微生物存在，藻体通过细菌等分解成蛋白质、氨基酸的过程就能稳定、持续地进行，水体中的 $NH_3\text{-}N$ 含量就将会呈上升趋势（图 11-10）。

11.1.3　藻源性湖泛形成中水体磷污染风险

即使是溶解态，高含量的磷对水体的污染一般不会在短时期内对水质形成灾害问题，

它不会产生如非离子（NH_3）那样致水生生物急性毒性或伤害。但水体磷增加是湖泊富营养化的重要原因，磷素更是有害藻类水华的主要限制性营养元素。因此，水体磷历来是湖泊富营养化和水体水质控制的重点。

1. 总磷（TP）变化

对鼋头渚水域泥-水体系设定低藻量（1000 g/m^2，1#柱）、中藻量（5000 g/m^2，2#柱）和高藻量（10000 g/m^2，3#柱）3 平行湖泛形成，测定了水体 TP 含量变化（图 11-11）。不同聚藻量下 TP 含量大致在第 2 或第 3 天开始出现增加，中藻量和高藻量自其后逐步下降。中藻量下降直至模拟实验结束（第 8 天），高藻量则在第 6 天出现再次增加，第 7 天形成第 2 个峰值。实验起始，上下层水体的 TP 含量相对较低（约 0.046 mg/L），发生湖泛现象时最大 TP 含量：中藻量组（2#）为 0.109 mg/L、高藻量组（3#）为 0.176 mg/L，分别是实验起始含量的 2.37 倍和 3.83 倍。

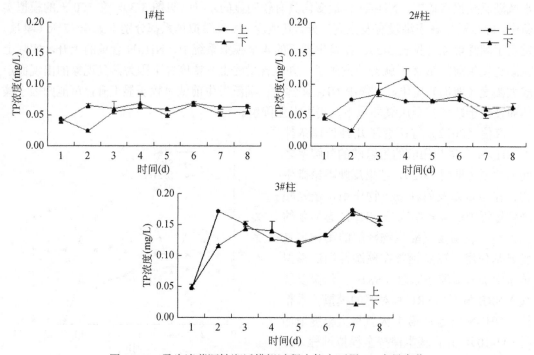

图 11-11 鼋头渚藻源性湖泛模拟过程水柱上下层 TP 含量变化

对不同湖区及上下层水体在湖泛发生期间的水质参数变化进行比较，将更能直观地获得湖泛对水质的时空影响程度。由图 11-12 可见，除金墅水厂未发生湖泛（对照）外，其他湖区在中藻量和高藻量模拟中都发生了湖泛现象，在水体中都形成了 TP 含量增加的过程。其中在林庄港和殷村港所形成的湖泛中，中藻量可达到的 TP 平均含量在 0.75 mg/L 左右；高藻量的平均含量则可上升到 1.7 mg/L（上层）和 1.0 mg/L（下层）。对于南泉水厂和小湾里水厂所形成的湖泛，中藻量时上层水体 TP 平均含量可达 2.5 mg/L 左右；高藻量的平均含量则达到 4.8 mg/L（上层）和 2.9 mg/L（下层）。显然，在能形成藻源性湖泛的湖区或敏感性水域中，所发生的 TP 平均含量均远远超过劣 V 类水质标准，最大可超过 V 类水 24 倍。

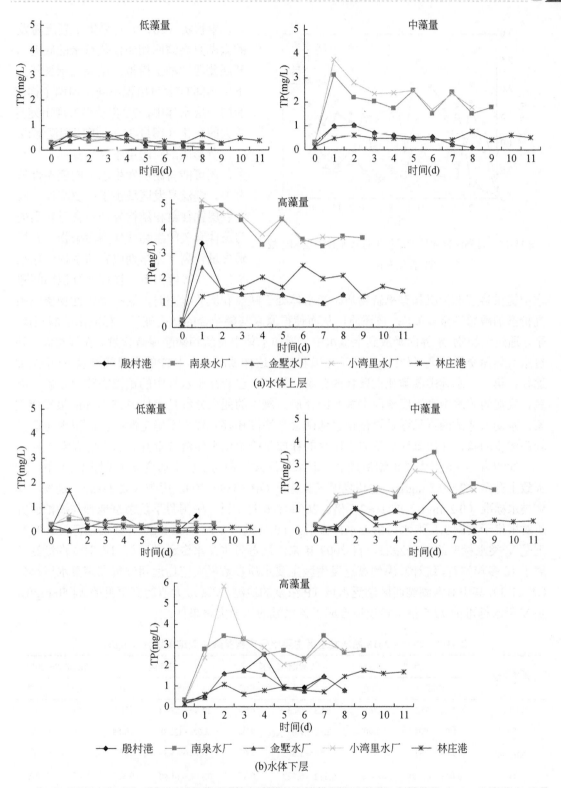

图 11-12　太湖不同泥区及聚藻量湖泛模拟中水体 TP 含量变化

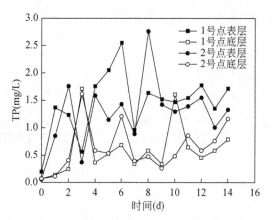

图 11-13 月亮湾藻源性湖泛模拟过程水柱表层和底层
TP 含量变化

申秋实（2011）对采集于湖泛易发的太湖月亮湾两相距仅数百米的底泥，开展藻源性湖泛模拟。结果显示虽然上下层之间TP含量出现不同，但两个样点的同一层水体中，TP含量仍表现出差异较大的变化（图11-13）。说明湖泛形成中，所形成的磷污染不仅与藻体的量有关，还可能与湖泛发生水体的底泥性质有关。湖泛易发区域由于历史沉积，底泥表层往往蓄积结构复杂、含量较高的与藻体有关的生物残体类污染物，有机磷含量较高。在早期成岩的生物地球化学作用（降解）下，往往向沉积物间隙水中提供溶解态无机和有机磷物质。当水体处于缺氧和厌氧状态时，这些溶解性物质包括高价态的敏感性金属如Fe^{3+}被还原，从而使得原来与磷结合的结构破坏，释放出磷酸根离子，通过沉积物-水界面释放到上覆水中，增加水体中总磷和磷酸根磷含量。在浅水湖，通过水气界面交换的磷（如PH_3）几乎可以忽略，这样湖泛水体中TP的来源就剩以下3个主要途径：第一，水体中藻类死亡残体的分解；第二，已悬浮于水柱中的颗粒物磷的分解；第三，底泥间隙水中高浓度磷向上覆水的释放。藻类的死亡分解是水体中TP增加的最直接因素；水动力造成的再悬浮是否使得水体磷含量增高还存有较大不确定性；但沉积物间隙水较高浓度的磷，在厌氧环境下向上覆水的释放是确定使水体磷含量升高的重要因素。

2007 年 5～6 月太湖贡湖南泉水厂取水口泛发生期间主要水质变化（见图 1-5）中，TP 大致上升至 0.2～0.5 mg/L，远超我国国家标准 GB 3838—2002 Ⅲ类（表 11-3），是湖、库 Ⅴ 类水标准（0.2 mg/L）的 1～2.5 倍。2007 年 6 月 1 日，中国科学院南京地理与湖泊研究所对采集于贡湖水厂取水口附近水样分析，TP 含量为 0.9～1.05 mg/L（秦伯强等，2007），则是 Ⅴ 类水标准的 5 倍左右。自 2009 年来，江苏省水文水资源勘测部门已对太湖湖泛开展了 10 多年巡查，统计发现的湖泛发生区主要水质参数最大值均远超过贡湖南泉水厂事件（表 11-3）。其中对太湖湖西区湖泛水域 TP 浓度的检测，发现最大值达到罕见的 14.50 mg/L，是 Ⅴ 类水标准的 72.5 倍，实质性形成了该水域的水质灾害事件。

表 11-3 2009～2018 湖泛发生区主要水质灾害参数巡查结果统计（mg/L）

水质参数	贡湖		梅梁湖/月亮湾		湖西区		GB 3838—2002	
	值域	均值	值域	均值	值域	均值	Ⅲ类	Ⅴ类
COD_{Cr}	21.0～65.5	30.1	64.3～64.3	64.3	22.8～1679.4	116.9	20	40
TN	1.06～8.01	3.06	2.88～7.05	4.42	2.62～123.0	10.54	1	2
NH_4^+-N	0.04～7.81	1.77	1.56～3.89	2.67	0.12～45.3	3.77	1	2
TP	0.061～0.280	0.165	0.312～0.722	0.47	0.115～14.50	0.855	0.05	0.2

2. 磷酸根磷（PO_4^{3-}-P）变化

总磷（TP）和磷酸根磷（PO_4^{3-}-P）都是水体发生富营养化和促进藻类水华的主要元素物质，是水体中非常重要的生源要素。由于 PO_4^{3-}-P 具有活性强、易为藻类和水草快速吸收等特性，因此在富营养化研究中，PO_4^{3-}-P 也被作为污染物对待。但总磷中磷的其他存在形式也可能对环境造成污染，而且 PO_4^{3-}-P 的含量在水体中一般较低，因此我国水质标准中未将 PO_4^{3-}-P 列入其中（参考表 11-3）。

湖泛水体是自然环境中一类极端污染水体，在湖泛发生水域，水体中的 PO_4^{3-}-P 含量也会明显增高。图 11-14 为模拟湖泛发生下太湖不同泥区及聚藻量水体 PO_4^{3-}-P 含量变化。虽然未发生湖泛的金墅水厂模拟处理组在高藻量下水体 PO_4^{3-}-P 含量也出现了 0.4~0.6 mg/L 的增加，但在梅梁湖东北岸的小湾里水厂模拟湖泛实验中，PO_4^{3-}-P 含量最大值达到了 1.2 mg/L 左右。一般认为，湖泊水体中 PO_4^{3-}-P 含量达到 0.02 mg/L 即认为已有形成藻类水华的风险阈值，湖泛中小湾里水厂 PO_4^{3-}-P 含量值已是该风险阈值的 60 倍。藻体对水体中营养物质的吸收不仅需要充足的时间，而且还需要生物适宜的生长环境，即使有如此高含量的 PO_4^{3-}-P，但严重的缺氧和厌氧环境并不适宜藻类和其他水生生物生长。因此，湖泛形成的高含量污染物，仅可被认为是在湖泛形成时期对水质有重要影响的污染物，对环境具有潜在的危害性。

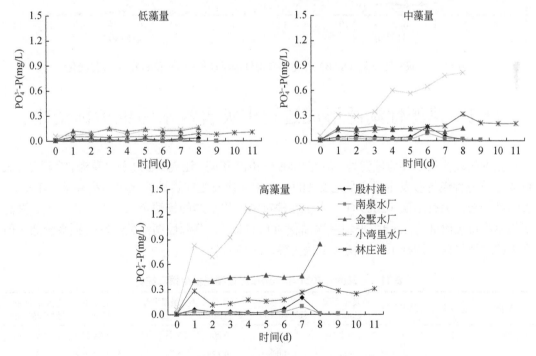

图 11-14　太湖不同泥区及聚藻量湖泛模拟中水体 PO_4^{3-}-P 含量变化

与实际现场湖泛水体中发生的 TP 最大值和平均含量（表 11-3）比较，模拟体系所产生的 PO_4^{3-}-P 含量增加的量与之相比要低得多。但由于实际湖泛调查中，几乎没有水体 PO_4^{3-}-P 含量结果的记录，这使得对厌氧环境中藻源性湖泛所产生磷的污染风险评价以及对所增加的磷的来源认识方面缺乏资料和证据。为比较厌氧水体中 TP 和 PO_4^{3-}-P 含量对专性微生物的响应关系，冯紫艳在藻源性湖泛模拟体系中设计了加藻、加硫酸还原菌（SRB）、加菌藻（SRB+藻）和对照处理。发现促进 TP 和 PO_4^{3-}-P 含量增加的主要处理是与加 SRB 有关的 SRB 处理和 SRB+藻处理（图 11-15），TP 含量基本处于 1.0～4.0 mg/L 之间；PO_4^{3-}-P 含量则多处于 0.5～2.0 mg/L 范围。相比于单一加 SRB 菌处理，单一加藻所产生的 TP 和 PO_4^{3-}-P 含量增加量很小，几乎可以忽略。因此推测：湖泛形成中水体磷含量的增加主要来自低氧和厌氧环境下沉积物的磷释放。

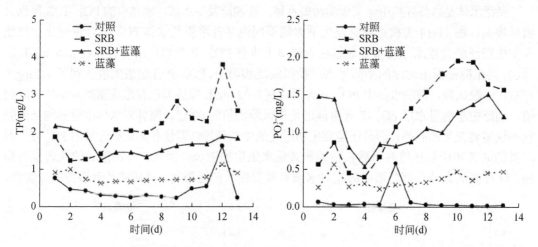

图 11-15　硫酸还原菌（SRB）作用下藻源性湖泛模拟中 TP 和 PO_4^{3-}-P 含量变化

11.2　草源性湖泛形成过程中灾害性水污染指标变化

太湖的湖泛虽主要为藻源性，但在 2009～2017 年间，还观察到 5 次"草源性"湖泛（表 11-4）。草源性湖泛多发生于春夏之交期间，其中 4 次发生在贡湖湾北岸的小溪港、许仙港、大溪港一带，另有 1 次（2009 年）发生在梅梁湾北岸沿岸的杨湾至三山岛一带。该类湖泛平均单次持续时间为 3.6 d，平均单次面积为 0.25 km^2。草源性湖泛虽然发生频率较低，但产生的水环境问题同样不可忽视（申秋实等，2013）。

表 11-4　2009～2021 年太湖草源性湖泛发生情况统计

年份	总次数	总天数	总发生面积（km^2）	平均单次持续时间（d）	平均单次面积（km^2）	最早发生日期	最迟结束日期	发生和结束最长跨度（d）
2009	1	5	0.2	5.0	0.20	7 月 20 日	7 月 24 日	5
2011	1	3	0.12	3.0	0.12	5 月 22 日	5 月 24 日	3
2012	2	7	0.13	3.5	0.07	5 月 16 日	5 月 30 日	15
2017	1	3	0.8	3.0	0.80	5 月 24 日	5 月 26 日	3
小计	5	18	1.25	—	—	—	—	—
平均	—	—	0.25	3.6	0.25	—	—	—

11.2.1　草源性湖泛水体基本物理特征

2012 年 5 月 16 日爆发于贡湖湾沙渚港近岸水域（N31.4038°，E120.2369°）以及许仙港（N31.4509°，E120.3250°）的草源性湖泛，所涉及水域属典型的草型湖区，以沉水植物菹草和挺水植物芦苇为主。在湖泛发生现场，仅有大量沉水植物死亡，无蓝藻水华或聚集现象发生，属于典型的草源性湖泛（申秋实等，2013）。

现场实地观察，沙渚港（SZ）和许仙港（XX）湖泛区域水体呈黑色（见图 1-22），散发出强烈的刺激性气味。与以往由藻类引起的湖泛不同，在湖泛发生期间，这两个湖泛区均有大量的死亡水草（主要是菹草 *Potamogeton crispus*），水面无藻类聚积现象。对照区南泉水厂取水口（NQ，N31.3804°，E120.2460°）则未发现沉水植物分布，叶绿素 a 含量仅 1.6 mg/L（表 11-5），无明显水华。与南泉水厂取水口相比，许仙港和沙渚港湖泛区的水体明显缺氧，DO 分别为 0.45 mg/L 和 0.83 mg/L。两个湖泛发生点水体的 ORP 和 pH 值低于南泉水厂取水口，而 Chl a 含量则明显较高（表 11-5）。

表 11-5　太湖贡湖草源性湖泛水体的主要物理特征

采样点	Chl a（mg/L）	DO（mg/L）	ORP（mV）	pH
南泉水厂取水口（NQ）	1.6	8.30	526.6	8.1
许仙港（XX）	31.5	0.45	358.7	7.74
沙渚港（SZ）	69.2	0.83	394.0	7.82

辛华荣等（2020）曾对太湖湖泛发生首日核心区水体物化特征进行了分析（见表 1-11），贡湖湖泛区溶解氧（DO）平均值为 2.74 mg/L（0.41～7.10 mg/L）。显然，2012 年 5 月发生在贡湖的两次草源性湖泛，所造成的水体 DO 含量大大低于太湖藻源性湖泛的首日平均值。但草源性湖泛发生时所形成的水体氧化还原电位（E_h），较之藻源性湖泛而言相对较高。据对太湖八房港水域湖泛模拟水柱中 E_h 分析，E_h 值约在 250～300 mV 之间（见图 9-2）。因此，草源性湖泛虽可造成较低的溶解氧环境，但水体中还原性物质提供电子的能力要明显低于藻源性环境。这可能与水草主要以纤维素为主，降解能力较差有关。

11.2.2　草源性湖泛水体还原性硫、铁物质的累积

虽然湖泛形成会造成水体中许多污染物［绝大部分是还原性物质（多与有机碳有关）］含量大幅度上升，但与湖泛致黑致臭物形成直接有关的硫（低价硫和有机硫）、铁（二价铁）以及与水体污染和生物毒性有关的氨（NH_3-N）等还原性物质，往往是泥水系统组分中变化最大的物质种类和形态（陆桂华和马倩，2009；刘国锋，2009；申秋实，2011，2016）。湖泛水体最显著的特点是视觉上的黑和嗅觉上的臭。Stahl（1979）、Duval 和 Ludlam（2001）曾研究发现：硫化亚铁（FeS）和硫化氢（H_2S）分别是湖泊黑色水体或者水层中水色变黑和产生恶臭的主要原因。另外，蓝藻降解产生的刺激性气味虽来源于一些易挥发的复杂有机化合物，如土嗅素（GSM）、2-甲基异莰醇（2-MIB）和挥发性有机硫化物（VOSCs）等，

但从对采集于藻源性湖泛爆发区域和室内模拟的湖泛水体分析而言，主要是 VOSCs（Yang et al，2008；Lu et al，2013）。水体中的氨氮是一种常见的还原性物质，在缺氧的水体中会被氧化成亚硝酸根离子和硝酸根离子，这些离子会进一步氧化细菌和其他生物，促进微生物死亡并释放出能量，从而进一步加剧水体的恶化。总之，湖泛发生时，硫化物和氨等还原性物质的氧化反应会释放能量并促进细菌生长和繁殖，加剧水体的恶化。

1. 水体 Fe^{2+} 和 $\sum S^{2-}$ 浓度变化

草源性湖泛发生期也可使水体中 Fe^{2+} 浓度升高（图 11-16）。在对照区南泉水厂取水口样本中，表层和底层水的 Fe^{2+} 浓度都很低，但在许仙港和沙渚港的草源性湖泛水体中，底层水的 Fe^{2+} 浓度远高于表层水，其中沙渚港底层水 Fe^{2+} 浓度高达 0.88 mg/L。Fe^{2+} 浓度的增大说明水体（底部）出现单位体积中 Fe^{2+} 绝对量累积，为湖泛主要致黑物（FeS）的形成提供了物质条件。

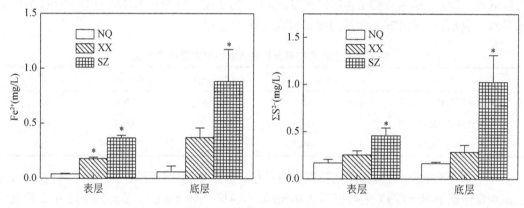

图 11-16　草源性湖泛上覆水体中 Fe^{2+} 的 $\sum S^{2-}$ 浓度比较

草源性湖泛水体的缺氧环境也容易造成水体低价硫浓度的增加。许仙港和沙渚港湖泛区水体中 $\sum S^{2-}$ 浓度较之南泉水厂取水口对照样要高，其中沙渚港和南泉水厂水体中 $\sum S^{2-}$ 浓度间存有显著差异（图 11-16）。另外，草源性湖泛发生区的底层水体中 $\sum S^{2-}$ 浓度远高于表层水，在沙渚港，底层水体 $\sum S^{2-}$ 浓度高达 1.03 mg/L，是南泉水厂取水口的 6.23 倍。

贡湖草源性湖泛发生区域，水体中生长有以菹草为主的沉水植物，当大量菹草死亡后沉入湖底，从而为沉积物表层提供了大量有机质。这些有机质的不断降解造成水体溶解氧短缺甚至耗竭，因此有机质负荷过高是造成草源性湖泛水体缺氧现象发生的主要原因。一般认为，当水体溶解氧浓度低于或接近 2 mg/L 时，就会出现缺氧现象（Turner et al，2005；Diaz and Rosenberg，2008），溶解氧的缺乏会立即引发水体中氧化还原状态的变化（E_h 值下降），导致氧化还原生化反应的终端电子受体发生改变，并最终导致作为终端电子受体的硫酸盐和铁（氢）氧化物在生化反应中被还原（Middelburg and Levin，2009；Nielsen et al，2010）。作为这些还原过程的终端产物，H_2S 和 Fe^{2+} 将会逐步积累，在深度的缺氧和厌氧环境下，表层沉积物和上覆水体中的 H_2S 将形成释放（Roden and Tuttle，1992；Diaz and Rosenberg，2008）而铁将被还原（Gerhardt and Schink，2005）。

水草大规模死亡水域中 Fe^{2+} 和 ΣS^{2-} 浓度明显增加，将形成草源性湖泛发生风险。DOC 与 Fe^{2+}、DOC 与 ΣS^{2-} 之间的显著相关性表明，有机物降解消耗了大量的溶解氧，低溶解氧引起微生物对电子受体的利用发生变化，最终在低 pH、低 ORP、缺氧的水体中产生大量 FeS，导致水体呈黑色。因此，缺氧上覆水体中 Fe^{2+} 和 ΣS^{2-} 的增加为合成水体主要致黑物 (FeS) 提供了重要的物质准备，是形成草源性湖泛的物质来源和主导原因。虽然在草源性湖泛发生水域中也可以直接观察到水体发黑和嗅到难闻气味，监测到低 DO、低 ORP 和低 pH 值以及高氮磷营养盐负荷等典型的理化特征，然而，高浓度的 Fe^{2+} 和 ΣS^{2-} 才是湖泛水体区别于其他典型富营养化水体的最重要水化学特征，Fe^{2+} 和 ΣS^{2-} 的大量积累也是草源性湖泛水体致黑并标志湖泛爆发的重要水化学因子。

2. 水体挥发性有机硫化物（VOSCs）浓度变化

在草源性湖泛发生区（沙渚港和许仙港），其水体中除可检测到的甲基硫（MTL）外，

还检测到较高浓度的 VOSCs，主要包括 DMS、DMDS 和 DMTS。而在对照的南泉水厂取水口水域，虽也检测到 VOSCs 含量，但相比之下低了很多（图 11-17）。其中沙渚港水体中的 VOSCs 浓度最高，表层水中的 DMS 浓度达到 8.63 μg/L，是南泉水厂取水口表层的 336.9 倍。在湖泛水体的 VOSCs 中，DMS 的含量最高，水样中 DMS 的含量明显高于 MTL、DMDS 或 DMTS。

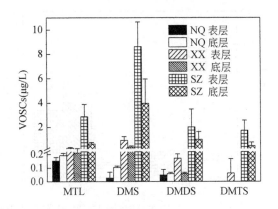

图 11-17　草源性湖泛发生期贡湖不同水域挥发性有机硫化物浓度

自然水域中的恶臭主要是由 2-MIB、土嗅素、VOSCs 和其他因各种藻类降解而释放的复杂有机化合物引起的（Ikawa et al，2001；Bentley and Chasteen，2004；Kiene et al，2007；Li et al，2007）。在藻源性湖泛水体中，VOSCs 被认为是比 2-MIB、土嗅素或其他有机化合物更重要的致臭物质（Yang et al，2008；Zhang et al，2010）。先前的研究表明，VOSCs（包括 MTL、DMS、DMDS 和 DMTS）主要存在于海洋（Bentley and Chasteen，2004）和缺氧或低盐湖水域（Hu et al，2007）。然而，贡湖的草源性湖泛水体中，DMS、DMDS 和 DMTS 的浓度分别达到 0.93～8.63 μg/L、0.17～2.02 μg/L 和 0.09～1.73 μg/L，明显高于正常水体（图 11-17）。但是，草源性湖泛沙渚港和许仙港水体中 VOSCs 浓度较之藻源性湖泛而言则较低。Zhang 等（2010）报道的藻源性湖泛水域浓度（DMS 93.9 μg/L，DMDS 2.51 μg/L 和 DMTS 17.17 μg/L），在水中，DMS、DMDS 和 DMTS 的气味阈值浓度分别为 0.3～1 μg/L、0.2～5 μg/L 和 0.01 μg/L（Chen et al，2010a；Zhang et al，2010）。对于受湖泛影响的天然水体，极痕量浓度的 VOSCs 都可能会产生强烈的臭味。因此，沙渚港和许仙港草源性湖泛水体中较高的 VOSCs 浓度足以对人的嗅觉产生刺激性气味，其中 DMS、DMDS 和 DMTS 可能是沙渚港和许仙港湖泛水体散发恶臭的主要致臭物质。

11.2.3 草源性湖泛水体氮磷营养盐污染特征及来源

溶解性营养盐（NH_3-N、PO_4^{3-}-P）是湖泊中重要的水质参数指标，其在草源性湖泛水体中含量的变化，主要受水草生物质的降解、沉积物和间隙水等的影响。

1. 草源性湖泛水体氮磷污染特征

据监测分析，湖泛水域的氨氮和溶解性反应磷（SRP）始终高于正常区域，许仙港和沙渚港底层水体中的氨氮（NH_3-N）浓度高于南泉水厂取水口（图 11-18），此外该两水域的底层水体中的氨氮浓度也较表层水体略高。南泉水厂取水口表层和底层样本中的 SRP 浓度都较低，但许仙港和沙渚港的 SRP 浓度明显较高。许仙港表层水体中的 SRP 最大值为 0.11 mg/L，是南泉水厂取水口表层水体 SRP 含量的 19.39 倍。

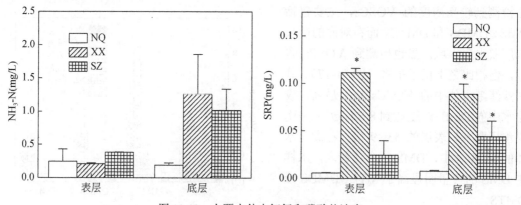

图 11-18 上覆水体中氨氮和磷酸盐浓度

高浓度氨氮和 SRP 是湖泛水体的两个显著化学特征指标（申秋实等，2012）。有报道表明，藻源性湖泛中的氨氮浓度可高达 4.00~9.06 mg/L（Yang et al，2008；陆桂华和马倩，2009）。与藻源性湖泛模拟结果（图 11-9）相比，草源性湖泛沙渚港和许仙港水域的 NH_3-N 含量远低于藻源性湖泛浓度，但与对照水域（南泉水厂取水口）相比，其含量仍明显较高。死亡沉水植物的矿化分解可能是导致湖泛地点的氨氮浓度较高的重要原因。同时，湖泛地点的缺氧环境会促进反硝化细菌和氨化菌的生长，从而大大增加反硝化和氨化作用，进一步导致水体中氨的增加（范成新等，2000）。此外，在缺氧环境中，再悬浮的沉积物颗粒和表层沉积物也会将部分氨氮释放到上层水中（Søndergaard et al，1992），这一过程可能增加了湖泛水体中的氨氮浓度。

同样地，死亡沉水植物和其他有机质的降解是湖泛水体中 SRP 的重要来源。同时，由于缺氧环境，大量高价态结合的铁被还原成亚铁，这可能导致沉积物中的铁结合磷转化为可迁移的弱结合态磷（Jensen and Thamdrup，1993；Kaiserli et al，2002），这些磷素进而释放进入水体，从而增加了 SRP 的含量。显然，高浓度的 SRP 和氨氮是湖泛爆发造成的结果，而非湖泛发生的原因。然而，这种高营养负荷会加剧富营养化，并提供足够的氮和磷，导致随后的藻类大量繁殖，反过来影响氮和磷的长期循环和富营养化问题。

2. 草源性湖泛形成过程中沉积物及其间隙水的参与

1）沉积物主要性质变化

分析贡湖藻源性湖泛区（XX 和 SZ）与对照区（NQ）沉积物基本物化性质垂向分布如表 11-6 所示。经过草源性湖泛过程的沉积物样品与对照区的含水率及孔隙度，均呈现出表层较高而随深度增加不断降低的剖面分布特征。一般沉积物的含水率及孔隙度的大小间接反映其疏松程度，根据费克第一定律，孔隙度的大小对间隙水中离子的扩散迁移具有重要影响。与对照区相比，湖泛发生区普遍具有更高的含水率及孔隙度，其表层沉积物含水率和孔隙度分别达到 71.52%±0.65% 和 60.39%±0.92%，表层底泥"软质"现象明显，具有水体缺氧状态下为物质的转化和蓄积提供场所和条件的特征，有利于环境变化后间隙水中高浓度营养盐向上覆水的释放。

表 11-6　草源性湖泛区与对照区沉积物基本物化性质比较（%）

深度（cm）	含水率		孔隙度		有机质	
	对照	湖泛	对照	湖泛	对照	湖泛
0～1	51.86±0.30	71.52±0.65	48.83±1.59	60.39±0.92	2.58±0.03	10.30±0.48
1～2	46.78±0.22	64.45±0.06	47.51±2.89	54.89±2.92	2.51±0.08	11.39±0.41
2～3	44.65±0.39	62.10±0.07	48.05±1.19	56.16±0.55	2.48±0.11	9.62±0.61
3～5	45.36±0.40	65.54±7.46	52.74±2.05	58.73±1.22	2.77±0.07	11.46±1.05
5～7	39.85±1.25	54.58±0.24	45.97±1.08	53.78±0.73	2.61±0.19	10.87±1.81

沉积物中有机质含量在对照区和草源性湖泛水域均未随深度增加而发生显著变化，但两采样点沉积物中的含量差异显著。湖泛样品中有机质含量在 9.62%±0.61%～11.46%±1.05% 之间，普遍是对照样品的 3.9～4.5 倍，其中表层沉积物含量高达 10.30%±0.48%，与刘国锋等（2009b）发现的太湖竺山湾藻源性湖泛样品沉积物中有机质含量相似。由于草源性湖泛区生长有大量的菹草等沉水植物，菹草的死亡及大量降解被认为是引发这次湖泛的直接诱因（申秋实等，2014），因此，菹草等水生植物残体通过沉积及矿化分解进入该区域沉积物中，这是湖泛样品中高含量有机质的主要来源。

2）间隙水 NH_3-N 垂向变化特征

图 11-19（a）为草源性湖泛及其对照水域沉积物间隙水中 NH_3-N 剖面分布图。虽然对照区沉积物间隙水中 NH_3-N 含量自表层向底层逐渐增加，但与此相比，草源性湖泛的沉积物间隙水中，NH_3-N 则呈现出更明显的自上而下逐渐增高趋势，且 NH_3-N 含量明显高于对照沉积物样品。其表层沉积物 0 cm 和 1 cm 处间隙水中 NH_3-N 浓度达到 1.74 mg/L和 3.74 mg/L，分别是对照沉积物间隙水相应层位 NH_3-N 含量的 12.26 倍和 30.99 倍。沉积物中 NH_3-N 含量高低主要受沉积物污染程度、微生物作用强弱、氧化还原条件以及水动力扰动等因素的影响。湖泛发生水体属于还原性环境，缺氧/厌氧的环境条件深刻地影响了沉积物尤其是表层沉积物的原有氧化还原状态，营造出典型且可能深度的还原性环境。这使得微生物参与的反硝化和氨化作用大大加强，从而造成草源性湖泛表层沉积物间隙水中出现 NH_3-N 积累现象。同时，大量菹草等沉水植物残体死亡后会凋落在表层沉积物上，并在厌氧条件下由微生物降解，其中部分氮素被以 NH_3-N 的形式进入环境，成为低氧环境沉积

物间隙水 NH$_3$-N 蓄积的又一重要来源。此外，草源性湖泛下沉积物中的早期成岩作用，也会使得有机质中部分有机氮厌氧降解产生 NH$_3$-N，继而进入间隙水，促进间隙水中 NH$_3$-N 含量的升高。

3）间隙水中 SRP 垂向变化特征

不同采样点沉积物间隙水溶解性反应磷（SRP）剖面特征如图 11-19（b）所示。对照间隙水中 SRP 含量呈现出随深度增加而逐渐增加的趋势，表层间隙水 SRP 浓度较低；而对草源性湖泛区样品，其间隙水中 SRP 含量呈现随深度增加先增高，达到峰值后逐渐降低的分布变化。同时该点位表层间隙水 SRP 浓度较高，0～5 cm 内达到 0.19～0.64 mg/L，远高于未发生草源性湖泛的对照样品相应深度的间隙水 SRP 含量。

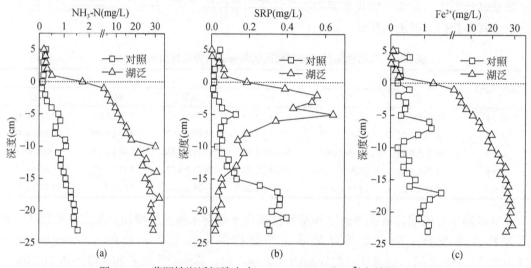

图 11-19　草源性湖泛间隙水中 NH$_3$-N、SRP 及 Fe^{2+}含量剖面分布

间隙水中 SRP 主要来源于沉积物中磷素的迁移及转化，其中可交换态磷、铝磷和铁磷被认为是影响间隙水中 SRP 含量及沉积物磷释放的重要影响因素。在 DO 充足的水体中，表层沉积物具有较高的氧化还原电位，离子态的 SRP 可与 Fe^{3+}、Al^{3+}等离子共沉淀而进入沉积物中，同时还可以被沉积物颗粒吸附（张路等，2008），因此间隙水中 SRP 含量较低。反之在缺氧/厌氧条件下，沉积物中的铁磷、铝磷会部分溶解，从而使得沉积物中 P 元素向间隙水迁移，造成间隙水中 SRP 含量增加。以上因素也是造成贡湖湾口沙渚发生草源性湖泛水域表层沉积物间隙水中 SRP 含量较高的主要原因。此外，与 NH$_3$-N 的间隙水中富集原因相似，在草源性湖泛水域，菹草等水生植物大量死亡，其植物残体在沉积物表层的早期成岩缺氧降解中，也会分解出一定的 SRP 进入环境中，对表层沉积物间隙水 SRP 含量增加具有一定的贡献。

在无生物及物理扰动条件下，间隙水和上覆水间离子交换在浓度梯度的作用下通过向上扩散和向下渗透的途径完成，扩散作用是间隙水与上覆水间物质交换的主要途径。一般认为间隙水中离子扩散服从一级反应动力学，因此其含量对深度的变化应服从指数分布规律。选择沉积物水界面之上 3 cm 及界面下 3 cm 内 NH$_3$-N 和 SRP 含量对深度进行指数拟合，并通过拟合结果获得沉积物-水界面处浓度梯度，反映均具有较好的相关系数（图 11-20）。

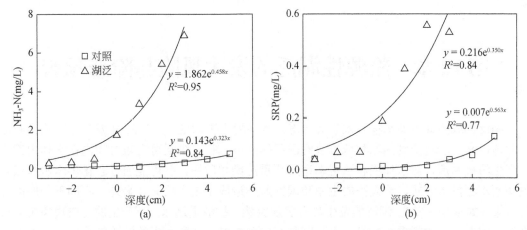

图 11-20　草源性湖泛沉积物-水界面 NH_3-N，SRP 浓度关系拟合

草源性湖泛发生后，沉积物-水界面 NH_3-N、SRP、Fe^{2+} 的释放通量均呈现正值，其值远远大于对照区（图 11-21），即草源性湖泛使得水底沉积物成为 NH_3-N、SRP 和 Fe^{2+} 的强释放源。对照沉积物样品中 NH_3-N 和 SRP 营养盐释放通量仅分别只有 0.28 mg/(m^2·d) 和 0.02 mg/(m^2·d)，而与此相比，草源性湖泛沉积物的 NH_3-N、SRP 的释放通量分别是对照样品的 49.8、15.3 倍。NH_3-N 是水体中重要还原性物质，同时也是影响太湖水体水质的主要指标。比较同是草型湖区的东太湖，发生于贡湖的草源

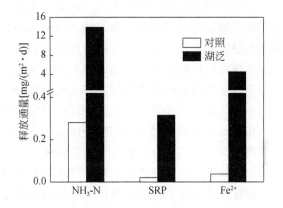

图 11-21　草源性湖泛与对照区沉积物中 NH_3-N、SRP、Fe^{2+} 释放通量比较

性湖泛沉积物 NH_3-N 的释放通量 [13.93 mg/(m^2·d)] 远较东太湖 [4.44 mg/(m^2·d)] 以及富营养程度水体梅梁湖 [4.02 mg/(m^2·d)] 高（范成新和张路，2009）。虽然草源性湖泛发生后，也会与藻源性湖泛一样会在生源性有机质降解枯竭后以及水动力复氧作用强化后逐渐消失，但草源性湖泛对间隙水中 NH_3-N 向上覆水释放速率的增强起到了至关重要的作用。

草源性湖泛水域水体中具有较高的 N、P 含量（陆桂华和马倩，2009），减小了间隙水和上覆水中营养盐浓度差，但从理论上讲不利于间隙水中较高浓度 NH_3-N 和 SRP 的向上释放。然而在草源性湖泛消退过程中及消退后，上覆水体中营养盐含量显著降低并趋于恢复（申秋实等，2012）。相对于上覆水而言，沉积物从厌氧状态转入有氧甚至好氧状态明显缓慢，使得沉积物间隙水中 NH_3-N、SRP 和 Fe^{2+} 在较短时间内并不能被大量消耗及转化，进而令其高浓度得以继续维持，从而加速了上述离子向上覆水的释放。因此，受草源性湖泛的影响，水域沉积物内源营养盐具有较大的释放风险。由于界面释放主要为离子化的氮磷营养性污染物，因此草源性湖泛的发生对所涉及水域的水质会构成威胁，对水体富营养化也会产生一定程度的影响。

第12章 藻源性湖泛的发生风险与险态预警

湖泛已成为继蓝藻水华后太湖又一重大水环境灾害问题，自 2007 年发生于无锡市贡湖水源地以来，一直受到国家和地方政府部门的高度重视。湖泛可在短时间内在水体内部大量产生污染物质，对水环境和水生态造成严重污染和破坏，并可能通过恶化供水水质或被迫切断水源供水方式，给人民的生命和国家财产造成了重大损失。另外，不同于一般的环境污染（如水华暴发），湖泛的发生具有更加突然、扩散更迅速，所产生的污染现象带有极端性（如颜色）的特点，一旦在水源区甚至旅游点发生，所产生的社会影响更大。因此，湖泛不仅是一类水环境污染现象，还具有明显的"恶性环境事件"的属性。

对湖泛的防范和控制多年来一直是有关部门的重要职责之一。环境问题或灾害的防范是需要通过已知环境风险来应对的。所谓风险，是指由于物质暴露或者环境胁迫等所造成的人类健康或者生态系统危害的可能性，包含了生态风险和人类健康风险。生态风险是指生态系统在污染状态下，所面临的未来损失的可能性及严重程度。主要指在一定区域内具有不确定性的事故或者灾害对生态系统及组分可能产生的不利作用，这些不利作用包括对生态系统功能、结构的损耗，从而可能对生态系统的安全和监控产生不利影响。

在河流、湖泊中极易引起环境风险的主要有氮磷营养盐、重金属以及有机污染物等，其中营养盐引起的污染问题（如富营养化）以及重金属和持久性有机污染物污染是我国当今水污染问题中最为突出的水环境问题，给水环境及人类健康带来了严重的生态风险。我国一般将环境风险分为六大类，分别针对的是生产重大安全事故次生灾害、危险化学品泄漏造成的人员或环境损害、油气泄漏引发的环境污染、放射源丢失和失控、环境问题违法引发的重大社会影响、"三废"污染物超标违法排放等所造成的环境风险和事件。这些环境风险都是针对具体的人的行为，而湖泛问题虽根源是由人类活动引起，但主体的社会化难以追究到具体的个人和组织，因此上述风险分类并不适用。由于湖泛发生是依附于湖水作为载体的，从现有的研究而言，湖泛是否有可能发生很大程度依赖于生物质（藻和草）和底泥状况，而且湖泛形成中水体内部某些现象和参数是具有量变到质变的过程。另外，早期对湖泛的认识以为"湖泛是在不确定的空间和时间发生的污染事件"，但随着深入研究，湖泛的发生过程是具有一定规律性可循的，个别指标具有阈值特征，对其风险的评估和判断具有一定的可行性。

陆桂华和马倩（2009）根据野外观测的湖泛发生情况与湖泛易发区沉积物的污染状况分析，受污染流泥是"湖泛"形成的重要因子。在污染底泥严重的区域，当蓝藻大量堆积、死亡分解后，在适宜的气象条件、水文作用影响下，极有可能爆发湖泛现象。根据湖泛的发展以及水体理化指标的情况，湖泛过程大致可分为四个状态：无险态、有险态、即发态与已发态。无险态是指在有污染底泥存在的区域，没有发生大规模藻类聚集的现象，在这种状态下，湖泛发生的风险非常小。有险态是指在某些湖区，藻类有一定程度的堆积，同时藻类堆积区域的底泥有较高的致黑致臭污染物储备和提供，在该险态下，当生物质继续聚集到一定程度，在一定的温度、气象条件下，湖泛可能会发生。即发态是一种临界状态，介于湖泛有险态与已发态之间。在即发态，水体嗅味物质已有一定程度的出现，而水体颜色未有明显的黑色出现。在这种状态下，各项指标达到临界状态，随时可向已发态转化。已发态是指水体发黑发臭现象非常明显，已处于不可逆转的湖泛爆发状态。湖泛的发展处于何种状态，是由沉积物、藻类以及外界气象条件等共同决定的。

　　水环境恶性污染事件的发生状态往往称为"暴发"或"爆发"，但就其形成需有过程，如湖泛的发生前、发生中的现象和指标变化过程而言，可进行定量或半定量评估和风险预测。根据风险评估和预测将对湖泛发生状态和可能危害作出科学评价，为人们对湖泛发生状态做出防范提供时间，为湖泛的控制提供科学保障。获取藻源性湖泛发生风险信息的主要来源大致可分为4个方面，即泥藻物源、气象指标、水体指标和感官判断（图12-1），它们分别对应的是本底风险、气象风险、指标风险、感官风险，并且人们允许的可应对空间缩小、相应的紧迫性则加大。其中前两者是基于水体的外部和边界条件所给出的相对宏观湖泛发生风险，主要在于湖泛形成的外在可能性；后两者则主要是基于对水体分析及直观判断，着重于湖泛进程中的内在确定性。

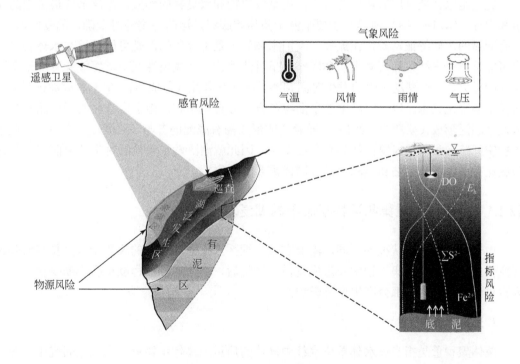

图 12-1　获取湖泛发生风险信息的主要途径

　　关键风险指标阈值的设定方法主要有两类，时间序列的历史数据变动趋势法和专家、管理人员主观判断法。观察关键风险指标数值及所用数据的历史趋势，是根据测定、分布实验的数据在一段时间内变动很大还是比较稳定等，此方法可帮助了解数据特点，识别事物变化过程中的数据点明显偏离初始值。可借助简单统计，以关键风险指标历史数据样本的平均数作为基础，上下浮动一定范围得到阈值，也可依据实验现象发生和变化结果来合理设定。专家或管理人员的判断虽也称为一种方法，但是完全依据专家的主观判断设定阈值，只适用于既缺乏历史数据又缺乏比较基准的情形。不过完全依赖于实验室分析模拟和野外现场观测获得的结果，也会由于环境的变化和背景差异影响风险阈值的范围设定，因此在实际管理部门和现场监测部门日常监控工作中，结合各自方法优点和根据实际情况对风险阈值进行检验和调整，以不断完善评估的适用性和准确性。

湖泛发生风险是基于湖泊的广度性质（藻体质量、底泥空间量、感官度）和强度性质（温度、风速、压力、组分含量等）所处的级别和程度而做出的判断。结合湖泛研究成果，其发生风险主要采用无风险、低风险、中风险和高风险四类分级，给出阈值范围；而对于已经形成湖泛的水体，则以湖泛级别（如1~5）来划分。

12.1 藻源性湖泛本底风险及险态评估

无论是水体缺氧厌氧环境的营造，还是致黑物和致臭物的形成，湖泛形成最关键的元素和组分（S、Fe、有机质等）主要来源于藻体和底泥，这两种物源对于确定的湖区而言，具有明显的本底特征。藻体在流体（湖泊水体）中是可分散的，既可能漂浮在水体表层，也可能悬浮于水柱中和沉降于水体底部，呈可流动状，其规模性聚集、腐败和降解是湖泛形成的导火索，对湖泛风险的发生时间预测具有主导作用（范成新，2015）；底泥则是呈相对稳定的固定状态，以一定厚度的平面覆盖方式分布在湖底，由于实验表明无底泥参与下未发现湖泛形成（蔡萍等，2015），即湖泛的形成需有底泥的参与，对湖泛早期风险发生的可能空间范围和诱发风险评估具有主导意义。因此就湖泛发生风险的时空预警而言，藻体与底泥在湖泛形成评估和预测中具有同样重要的地位。

12.1.1 藻体不同聚集和活性状态下的湖泛发生风险

由于风情和湖流状况的不同，藻类在某一湖区聚集所能产生的聚集量以及持续时长是会变化的，另外，聚集过程中及形成规模性聚集后，藻体的鲜活程度也会不断变化，这些因素对湖泛发生风险都会产生重要影响。

1. 藻体聚积量

藻体聚积量是指当前水体单位水柱中藻体的质量或藻体生物量（实验室研究中一般以鲜重表示）。影响湖泛发生藻体生物量的因素很多，如聚集时长、水体温度等。范成新（2015）曾对藻体生物量和主要环境条件与湖泛形成关系进行分析和归纳，绘制出湖泛发生风险过程中，藻体生物量与其他几个重要因素（聚集时长、风速和温度）的变化关系图（图12-2）。该图显示：对一指定湖泊，湖泛的发生需满足以下几个条件：①水体中须有足够单位体积的生物质量（M）且 $M \geqslant M_0$；②这些满足 $M > M_0$ 含量的生物质能等效于一有限范围水域达足够聚集时间（$t \geqslant t_0$）；③生物质含量 M 和聚积时间 t 呈渐近线关系，在静风（$v=0$）时，$M=M_0$，$t \to \infty$。随水面风速的增加，湖泛发生所需生物质含量 M 和聚集时间 t 也相应增加。

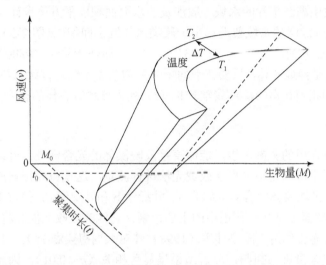

图 12-2　藻源性湖泛发生风险中藻体聚集与主要气象因子关系示意图

孙飞飞等（2009）曾在（28 ± 1）℃下，模拟了不同藻体生物量下太湖月亮湾水体湖泛的发生。在水柱中注入大约 1000 g/m^2 藻体后的第 7 天，水体才发生了湖泛（浅黑色），这是 20 多次的湖泛模拟实验中，能成功模拟湖泛的藻体（聚集）生物量最低的一次（见表 4-4）。因此可将 1000 g/m^2 藻体聚集量标注为太湖湖泛发生的最低生物量（$M_{\min}$），即凡是整个水柱中鲜藻浓度超过 1000 g/m^2 的太湖水域，都已具有湖泛发生的风险。

并非所有的聚藻区都能发生湖泛现象，因此满足湖泛发生的生物量面积一般小于聚藻区面积。由于湖泛的发生需要单位体积水体中足够量的死亡藻体，因此湖泛发生时肉眼可见的蓝绿色藻体的面积实际会明显小于湖泛形成后的发黑区面积（图 12-1），另外，从视觉而言，水体的黑色或褐色往往可掩盖一部分鲜藻的蓝绿色，以肉眼对现场观察湖泛发生水域是否存在和存在多少活性藻体非常困难，因此以单位水体中藻体聚积量作为湖泛风险判断更为科学和具有实际意义。

2. 藻体聚集时长

湖泛的发生不仅需要足够的单位藻体生物量，还需要聚集性藻体有足够的停留时长，即聚集时长（t）。虽然理论上时间长度可精确到小时甚至分钟，但据湖泛模拟装置实验室模拟（见图 2-2 和图 2-3），湖泛（特别是水体发黑）绝大多数发生于凌晨，因此藻体聚集的时间长度（积藻时长）以天计量更为科学合理。

湖泛模拟实验结果反映（见表 4-4），在可以发生湖泛的藻体聚集量（$1000 \sim 10528 \text{ g/m}^2$）下，藻体的最小停留时长（$t_{\min}$）为 2 天，即藻体超过 1000 g/m^2 时，超过 2 天的停留时间都将有发生湖泛的风险。

在现场湖泛巡查和蓝藻打捞作业中，对某一水域（或水面）出现漂浮性藻体的时间长度进行采样分析甚至目测估算是容易实现的，但对指定区域内特定藻群体，由于受湖流运动和部分藻体下沉等影响，其后在该水域（包括水层）观测到的藻体并非一定为原先驻留此处的藻体，因此藻体的停留时长将需要考虑该湖区的湖流和整水柱藻体含量等情况加以修正。在太湖，发生湖泛事件的水域一般涉及的水面面积以平方千米计（平均 2.1 km²，见表 1-4），发生藻源性湖泛的水域普遍远小于藻类水华发生面积（见图 2-30），湖泛强度（BBI）仅为藻华强度（ABI）的 1/100（见图 2-31）。因此，即使所关注水域的藻体并非为原先驻留的藻体，而可能是异地藻体，只要其平均藻体生物量和系统进程状态与已过境藻量相当，则仍可将观察到的相当状态的藻体聚集时长（t）视为该水域藻体的有效聚集时长（t_e）。

3. 藻体鲜活度

叶绿素是光合作用的关键色素，能够直接反映藻体的光合活性。叶绿素的测量方法相对简单和快速，通常可以使用光度法或荧光法进行测量。这使得叶绿素成为评估藻体活性的一种方便工具。虽然藻体中含有叶绿素 a、叶绿素 b 和叶绿素 c，但与藻体活性关系密切的是叶绿素 a。叶绿素 a 是光合作用中的主要色素，它能够吸收光能并将其转化为化学能，从而促使藻体进行光合作用。陈宇炜等（1998）曾对太湖梅梁湖 1992～1999 年间叶绿素 a 含量与藻体生物量含量进行回归，分析结果呈显著相关（$p<0.01$），因此，通过叶绿素 a 含量的测量，可以迅速评估藻体的光合能力和整体活性水平。

藻体的鲜活性对湖泛形成具有重要的影响。藻体密度、藻体生物量和叶绿素 a 均可反映浮游植物现存量。叶绿素 a 主要是与生物量有关系，但单位生物量的叶绿素 a 含量受多种因素影响。水体的理化因子如光照、温度、营养盐的不同，其单位质量下藻类细胞叶绿素 a 的含量会有所不同。另外，浮游植物种类组成的不同，藻体中单位生物量的叶绿素 a 含量也会存在一定差异，一般绿藻叶绿素 a 含量相对较高，年轻细胞的叶绿素 a 含量高于衰老细胞等等。实验研究反映：即使聚集状藻体生物量足够发生湖泛，但如果一直处于新鲜状态（仍有较高叶绿素 a 含量），却不会产生湖泛现象；而与同等生物量相当的藻体呈死亡状态（叶绿素 a 含量低至零），则发生了湖泛（见表 2-5 和图 2-8）。这说明在满足湖泛发生最低生物量（M_{min}）的前提下，藻体的死亡状态和死亡程度（或称鲜活度）也是湖泛发生风险中的重要指标。藻体鲜活度理论上可以是 0 也可能是 1（即 100%），但是究竟是鲜活度重要还是单位水体中总死亡量重要，需要做适当分析。

据王震等（2014）对太湖 2012 年 3 月至 2013 年 2 月叶绿素 a 含量逐月分析，太湖全年叶绿素 a 平均值为（22.33±37.65）mg/m³，最小值为 0.48 mg/m³，最大值为 347.85 mg/m³。参考太湖湖泊生态系统研究站调查的 2002 年太湖水体叶绿素 a 全年最大含量为 166 mg/m³，尹桂平（2009）模拟不同聚藻量下太湖竺山湖湖泛形成过程。对藻体叶绿素 a（Chl a）含量跟踪表明，初期添加的藻密度分别为 100 g/m²、500 g/m²、1000 g/m²、2500 g/m²、5000 g/m²、7500 g/m²、10000 g/m²（实验柱号分别记为 1#～8#）时，水柱中初期叶绿素 a 含量在 20～130 mg/m³ 之间。随着 28℃±1℃下湖泛模拟实验的开始，藻类逐步发生死亡，其中高浓度藻体组（5#～8#）Chl a 含量在湖泛发生前相对出现较大幅度的下降（图 12-3），并分别于 3～4 d 时均发生了湖泛（图 12-3）。

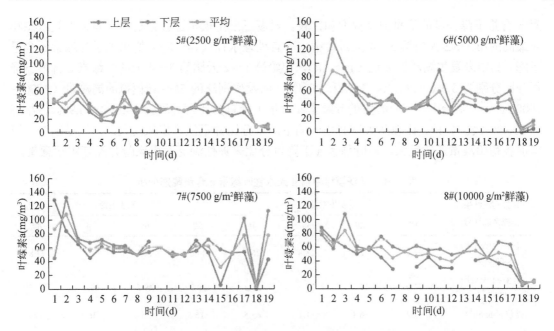

图 12-3　高藻量处理中水体叶绿素 a 含量随湖泛模拟时间变化（竺山湖）

湖泛形成后继续跟踪发现，各处理组水柱中叶绿素 a 含量虽总体呈波动式下降，但幅度大大减小，甚至接近稳定。从表 2-3 中给出的发黑时间可见，低藻量的 5#和 6#处理柱湖泛发生后的持续时间分别为 5 天和 7 天，高藻量的 7#和 8#柱湖泛发黑现象则持续到实验结束，但湖泛发生期间以及以此后至 17 日内，叶绿素 a 含量没有为零甚至并未快速减少（图 12-3）。另外，从叶绿素 a 含量数值看，投放新鲜藻体为 7500 g/m²（7#柱）时，上层叶绿素 a 含量约为 130 mg/m³；模拟实际发生湖泛的最小投加量（2500 g/m²，5#），初期时其叶绿素 a 含量约 45 mg/m³，除了在湖泛发生期间（4~9 d）水柱下层叶绿素 a 含量略有下降，湖泛过后还有所上升。以上这些现象都可能说明：①水体中的藻体均为活体时，湖泛不会形成，只有活性藻体死亡并到一定程度，才有可能发生；②湖泛形成后的持续时间，并不依赖于总藻量，而可能与死亡藻体存量有关。

但水体的缺氧是与单位系统中提供可降解有机质的总量和速率关系更大。郭莉莎等（2012）通过黑暗限气处理，研究了铜绿微囊藻在水华暴发后期细胞死亡过程中形态和生理生化变化。发现处理后培养液 pH 值和溶解氧下降，12 h 后藻液开始变黄，48 h 后藻细胞几乎全部死亡。电镜观察表明，藻细胞在死亡过程中出现空泡和类囊体、核糖体等内部结构解体，但细胞壁仍保持完整；TUNEL 染色和琼脂糖凝胶电泳分析发现，藻细胞在死亡过程中 DNA 发生断裂和降解。因此随着藻体高密度聚集逐步形成的缺氧和无氧，以及表层浓密藻体的遮蔽，相对于给水柱中营造了一个"黑暗限气"环境。在这个环境中，即使新鲜藻体（藻液）也开始变黄，在完全不见光的黑暗环境下，2 天就将死亡，从而发生 DNA 断裂和藻体降解，向水体（和微生物）提供可降解有机质，以物源形式支撑湖泛的形成。

湖泛的发生风险重点关注的是湖泛发生之前的水体状态，依据叶绿素 a 含量等效于水体整体活性藻体的量，以及死亡藻量与湖泛的发生存有关联性，因此有必要将水体中叶绿素 a 含量下降程度的信息加以提取和比较。对湖泛发生模拟过程分析，在藻体聚集状态相对最高的第 1～2 天向第 3～4 天过渡中，所有处理水柱（1#～8#）均出现了叶绿素 a 含量下降。其中未发生湖泛的处理（1#～4#），初始第 1～2 天比第 3～4 天的叶绿素 a 含量下降百分比分别为 5.0%、26.7%、3.9%和 20.4%，而发生湖泛的 5#～8#模拟的高藻量（2500～10000 g/m²）实验中，相应时段的叶绿素 a 含量下降百分比则分别为 34.8%、33.9%、37.4%和 23.4%（表 12-1）。比较两关键时段间的下降百分比并不能作出风险判断，这是因为，模拟前各初始藻量差异巨大，以叶绿素 a 下降百分比来评估湖泛发生风险并没有实际意义。

表 12-1 湖泛模拟中前 4 天水柱叶绿素 a 含量降速分析

模拟湖泛结果	未发生湖泛				发生湖泛			
模拟系统柱号	1#	2#	3#	4#	5#	6#	7#	8#
第 1～2 天平均（mg/m³）	23.0	22.8	28.8	26.7	44.6	74.8	97.3	73.8
第 3～4 天平均（mg/m³）	21.9	16.7	27.7	21.3	29.0	49.5	60.9	56.5
差值（mg/m³）	-1.2	-6.1	-1.1	-5.5	-15.5	-25.4	-36.4	-17.2
下降百分比（%）	5.0	26.7	3.9%	20.4	34.8	33.9	37.4	23.4
下降速率 [mg/(m³·d)]	-0.4	-2.0	-0.4	-1.8	-5.1	-8.5	-12.1	-5.7
平均差值（mg/m³）	-3.45				-23.62			
平均降速 [mg/(m³·d)]	1.15				7.85			

若以单位体积水柱中可供微生物降解的绝对生物质量（差值）以及等效活性藻体的叶绿素 a 的含量下降速率，则应与湖泛发生风险联系更为紧密。由表 12-1 中比较可见，发生湖泛的 5#～8#柱，在湖泛发生前大约 3 天，水体叶绿素 a 含量的下降幅度（-15.5～-36.4 mg/m³）远大于未发生湖泛 1#～4#柱（-1.1～-6.1 mg/m³）的绝对值；发生湖泛组（5#～8#）的平均降速为 7.85mg/(m³·d)，未发生湖泛组（1#～4#）则为 1.15 mg/(m³·d)。发生湖泛和未发生湖泛于 2 天内叶绿素 a 含量上出现近 7 倍的差异，在风险判断上已具有足够的敏感度。

现场快速和准确地获取关键水质参数是水环境污染风险判断必须重点考虑的因素。目前测定叶绿素 a 含量的方法所常用的仪器主要有分光光度计、荧光仪和便携式叶绿素仪 3 种，分光光度计是一种通过测量叶绿素 a 在可见光波长范围内的吸光度来确定其含量的仪器，通常每次测量需要数分钟；荧光仪是一种通过测量叶绿素 a 的荧光信号来估计叶绿素 a 含量的仪器，可在数十秒或数秒钟内完成；便携式叶绿素仪通常是一种手持式设备，通过测量叶绿素分子在特定波长下的吸光度来确定叶绿素 a 含量，一般仅需数秒钟时间。由于湖泛发生的面积相对较大（太湖平均 2.1 km²），发生前的疑似湖泛发生水域则可能有数倍于实际发生面积，能在现场快速测评湖泛风险是基本要求。因此可在数秒内完成测定的荧光仪和便携式叶绿素仪将是可供选择的水体叶绿素 a 调查方式（陈丽芬和郑锋，2007），如果辅以合适的拖曳速度进行走航式对湖水荧光叶绿素 a 进行现场测定（夏达英等，1997），将大大提高湖泛现场调查工作强度和精度。

参考藻体聚集量和聚集时长等信息，对初始聚集时水柱 Chl a 含量≥40 mg/m³ 聚藻区进行分析和方位标定，按照无风险、低风险、中风险、中高风险、高风险设定湖泛的发生风险级别，以现场测定的水柱中初始叶绿素 a 含量值为背景值，含量每降低 5 mg/m³ 即为增加一个风险级别，从而给出湖泛发生风险等级（表 12-2）。现场测量或借助遥感影像的图像解析的频率，在藻体聚集初期以天、在中后期则可加密到数小时，以保证风险变化评估更加准确。

表 12-2　基于聚藻区湖区叶绿素 a 含量日平均降速的湖泛发生风险

	无风险	低风险	中风险	中高风险	高风险
叶绿素 a 平均降速 [mg/(m³·d)]	0~2	2~3	3~4	4~5	>5

12.1.2　底泥及其间隙水关键物质分布下的湖泛发生风险

无论现场观察或是实验室模拟都反映，湖泛的原发地都与是否有底泥以及底泥中是否有足够量的致黑致臭物组分有关（刘国锋，2009；蔡萍等，2015；Shen et al，2018）。由于水体（水团）和藻体的迁移性，并非所有藻源性湖泛黑臭水域都是湖泛的原发水域，只有初期形成藻体规模性聚集并有底泥实质性参与的区域，才可被视作湖泛的原发区。形成的湖泛水体（亦称黑水团）在随后的物质、能量转化中，会使得湖泛水体的形态在平面上出现伸展，使得黑水团覆盖面积大于湖泛发生的原发区面积。对湖泛发生风险的判断主要关注的是湖泛发生前的原发地水域，故湖泛发生的疑似性就必然要包含对黑臭具有物质支撑作用的底泥分布区。

太湖大于 0.1 m 厚度的软性底泥分布约占全湖面积的 77.6%，为 1817.2 km²（范成新和张路，2009），虽经 2008~2018 年间的多湖区疏浚，但并未将软性底泥全部移出湖体，实际软性底泥分布面积并没有减少或明显减少。侯豪等（2022）曾对收集的不同研究者在 1996~2009 年间 5 次太湖底泥调查分布图进行叠加，在叠加后认为小于 0.1 m 的硬塑性黏土（硬底）范围大约为 755 km²，最小占全太湖的 32% 左右；即最大占全湖 68% 的水域由≥0.1 m 厚度的软性底泥分布。

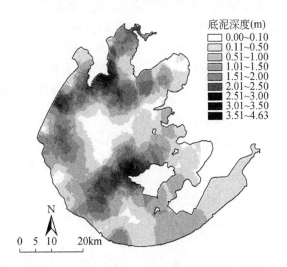

图 12-4　1997~2007 年间太湖底泥调查分布图

范成新和张路（2009）曾对基于 1997 年 8 月至 2007 年 12 月的 10 年间获得的太湖 1585 个样点的软性底泥测量数据，以 arc/info 、arc/GIS、mapinfo、surfer 为主要工作平台及相关处理方式，获得了全太湖底泥分布（图 12-4 和表 12-3）。结果反映，太湖泥深 0~0.02 m

有 126.6 km²，占全湖面积的 5.4%，泥量体积 1.32×10^6 m³。该区域的泥由于太薄，而且几乎全部是"沉降"在第四纪硬塑性黏土（硬底）上，极易悬浮，可视作真正的无泥区；泥深 0.02～0.1 m 有 396.9 km²，占全湖面积的 17.0%，泥量体积 22.70×10^6 m³。由于泥深较浅不易采集，习惯上也将泥深＜10 cm 视作无泥区（范成新等，2000；侯豪等，2022），但从底泥对湖泛形成影响的研究结果而言，底泥对湖泛形成的有效性部分主要集中于底泥表层的厘米级深度内（见图 3-5 和表 3-4），因此对于湖泛而言，泥深大于 2 cm 的湖底区域仍被视为湖泛风险的筛选范围。

表 12-3　不同沉积物深度区间对应的面积和淤积量统计表

泥深（m）	0～0.02	0.02～0.1	0.1～0.5	0.5～1	1～2	2～3	3～4
面积（km²）	126.63	396.90	761.67	408.42	359.73	163.26	72.18
体积（10^6 m³）	1.32	22.70	198.16	294.32	515.81	397.18	247.78

泥深（m）	4～5	5～6	6～7	7～8	8～9	9～10	总计
面积（km²）	41.49	7.74	1.71	0.63	0.27	0.09	2340.72
体积（10^6 m³）	182.86	42.20	11.03	4.70	2.27	0.83	1921.16

1. 底泥和间隙水中有机质

许多研究已表明，底泥中有机质（或有机碳）含量是促使湖泛形成的主要因素。太湖底泥有机质（重铬酸钾法）含量，各湖区的平均值从 0.95% 到 4.28% 不等（房玲娣和朱威，2011），面积加权后的全湖平均值为 1.46%（图 12-5），最高的是东太湖、贡湖、竺山湖和梅梁湖北。分析发现，这些高含量湖区多数是夏季藻类易聚湖区（如竺山湖），或者是水草丰盛湖区（如东太湖），反映底泥中有机质含量的高低与水体初级生产力高低有关。对于藻源性湖泛而言，底泥中如果沉积或沉降有大量藻体，将会有利于湖泛的形成和持续。

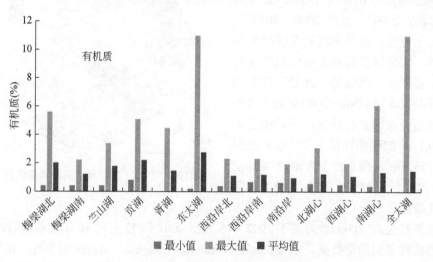

图 12-5　太湖主要湖区底泥中有机质含量（2002 年）

东太湖底泥中高含量有机质主要是来自高等水生植物死亡体生物腐烂、降解，剩余残体部分沉积于湖底，在严重厌氧环境下，嫌气微生物参与沉积物的早期成岩，使得以纤维性有机质为主的降解产物不断失去官能团和活性基团，逐步过渡到腐殖质化。湖泛形成对有机质需要在无氧环境中提供足够量的游离电子，而早期死亡并高度降解呈腐殖质的水生植物体，则已无法为水体提供游离电子。20 世纪 80 年代在东太湖发生的"茭黄水"则是因为水体中有大量死亡水草以及有高含量有机质底泥的参与。90 年代末以来，对围网养殖的高强度控制和取缔，东太湖水草大面积死亡腐烂的现象得到控制，另外，几乎未发生过藻类聚集状况，因此，即使东太湖，包括胥湖部分水域的底泥处于高有机质含量状态，但并未发生藻源性湖泛和"茭黄水"现象。

2002 年太湖流域水资源保护局组织调查的主要藻型湖区底泥有机质含量反映，虽然最大值含量可能也包括北湖心（如月亮湾）和南湖心等湖区，但从平均值而言，达到底泥有机质含量 2.0%左右的藻型湖区却只有梅梁湾北、竺山湖、贡湖。2018 年中国科学院南京地理与湖泊研究所采用烧失重（LOI）方法，分析了太湖各湖区底泥含量（表 12-4）。由表中平均值可见，除东太湖草型湖区外，夏季藻类易聚 4 个湖区（梅梁湖、竺山湖、西沿岸、贡湖）的底泥有机质含量均＞5.0%。显然，底泥中有机质（以 LOI 表示）含量≥5.0%，具有较明显的湖泛强度风险阈值的指示性。

表 12-4　2018 年太湖各湖区表层 0～10 cm 底泥有机质含量（%）

	最小值	最大值	平均值	样本数	标准偏差
梅梁湖	3.82	10.63	5.93	51	1.26
竺山湖	3.90	9.17	5.70	27	1.36
西沿岸	2.38	8.97	5.19	183	0.88
南沿岸	1.77	10.37	3.95	62	1.32
贡湖	3.43	9.02	5.72	81	0.79
胥湖	3.24	5.38	4.31	55	0.5
东太湖	4.40	11.01	7.02	49	1.78

间隙水作为底泥与上覆水之间的媒介，其中的有机物含量（一般都为溶解态小分子）较之底泥中的相应有机质可更加快速参与氧化还原电位控制下的反应，其有机物含量往往更能反映底泥对湖泛早期形成的可供性，因此对湖泛的诱发风险具有潜在贡献。对太湖各湖区底泥间隙水分析（房玲娣和朱威，2011）反映，太湖几个湖泛易发湖区（梅梁湾、竺山湖、贡湖、西沿岸北）的 COD_{Cr} 含量最大值均超过 80 mg/L，其中全湖最大值发生在贡湖，含量达到 250 mg/L（图 12-6）。除西沿岸北段外，各湖泛易发湖区的 COD_{Cr} 含量平均值均超过 50 mg/L。考虑到湖泛的早期发生风险要比湖泛发生后的持续性更为重要，因此，可快速参与湖泛发生的底泥间隙水 COD_{Cr} 含量，可纳入藻源性湖泛发生风险的参考指标，推荐的表层底泥的 COD_{Cr} 含量风险阈值为 50 mg/L。

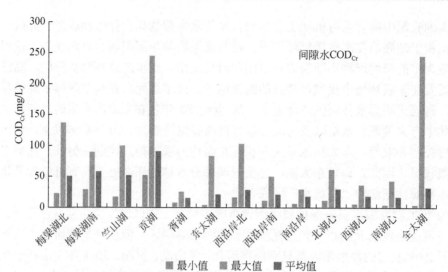

图 12-6　太湖主要湖区底泥间隙水中 COD_{Cr} 含量

2. 底泥和间隙水中铁

虽然在低氧环境能与 S^{2-} 形成发黑或褐色的金属硫化物有多种重金属，但铁是底泥中含量最丰富的元素，且在底泥中基本以低价结合的还原状态存在，具有巨大的铁供给量；沉积物间隙水中的铁则几乎都以 Fe^{2+} 形式游离，具有随时都可向上覆水提供的能力，但后续的提供主要依赖铁从底泥结合态中的游离性。由于铁在地壳中分布的广泛性和高含量状态，因此底泥中铁的分布应难以对湖泛的发生构成风险。但底泥间隙水作为湖泛即发湖区可快速供给可利用铁（Fe^{2+}）量的最大介质，其分布状态对湖泛风险预测具有辅助作用。

1）底泥中 Fe^{2+}

据 2002 年太湖底泥调查（房玲娣和朱威，2011），对划分的全湖 10 多个湖区底泥中 Fe^{2+} 含量进行分析（图 12-7），全太湖表层底泥中 Fe^{2+} 含量在 45.7～1767 mg/kg 之间，平均值为 416 mg/kg，最大值出现在漫山岛附近，最小值出现在南部湖心区。南部沿岸带平均值

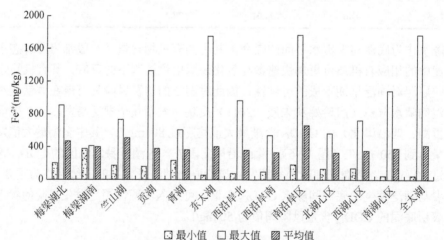

图 12-7　太湖主要湖区底泥中 Fe^{2+} 含量

最高，为 665 mg/kg，北部湖心区最低，为 328 mg/kg。藻源性湖泛易发的竺山湖、梅梁湖、贡湖和西沿岸北等湖区，Fe^{2+} 含量多在 400 mg/kg，与全湖平均值（380 mg/kg）相当。即从底泥 Fe^{2+} 含量上看，湖泛易发湖区与非湖泛易发区之间，底泥 Fe^{2+} 含量差异并无特殊之处。显然，湖区中底泥 Fe^{2+} 含量与湖泛形成之间并不存在相关关系。

2）间隙水中 Fe^{2+}

对离心采集的太湖各湖区底泥间隙水用硫酸铝浸提技术分析其中的 Fe^{2+} 含量（图 12-8），结果反映：在易发湖泛的湖区中，除西沿岸北水域外，间隙水中的 Fe^{2+} 平均含量均超过 0.10 mg/L，其中竺山湖平均值高达 0.60 mg/L，其次是贡湖（0.24 mg/L）和梅梁湖北（0.18 mg/L）。即使湖泛易发的西沿岸北间隙水中的平均 Fe^{2+} 含量未达到 0.1 mg/L，但也是比除东太湖以外所有小于 0.1 mg/L 平均 Fe^{2+} 含量的其他湖区都略高。

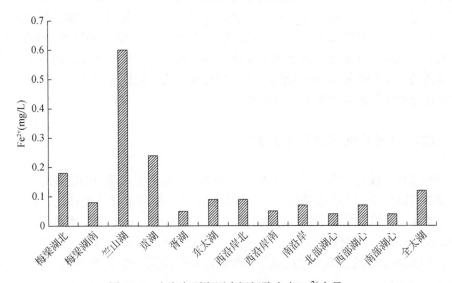

图 12-8　太湖主要湖区底泥间隙水中 Fe^{2+} 含量

间隙水中的溶解性物质（包括 Fe^{2+}）都处于游离状，与上覆水是可直接发生交换的。由于 Fe^{2+} 是还原状态的溶解铁形态，虽然也会受浓度差的影响和控制，但在沉积物-水界面上的交换速率不一定能像无价态变化的溶解性物质那样估算。在好氧性水体，间隙水中的 Fe^{2+} 浓度远比上覆水中高（氧控制体系下上覆水中的 Fe^{2+} 含量一般接近零），在界面附近的铁绝大多数为 Fe^{3+} 的结合状态，对 Fe^{2+} 的向上迁移形成物理性屏障；在缺氧和厌氧性水体，水体底部已处于还原性，以 Fe^{3+} 构成的屏障被部分或全部解除，浓度相对高的间隙水中，Fe^{2+} 向上覆水的释放可以相对连续的交换速率进行。对于湖泛的发生而言，Fe^{2+} 的释放是非常重要的，它可在低氧化还原电位环境下与 S^{2-} 形成 $FeS\downarrow$（黑色），感官上显示湖泛的形成。

在上覆水体好氧状态下，调查获得的湖区底泥中间隙水 Fe^{2+} 含量高，将会预示当厌氧环境到来时，底泥（间隙水）也将会相应向上覆水提供高含量的 Fe^{2+}，湖区间的差异和含量上的分布，将可一定程度反映湖泛发生的风险。根据太湖底泥间隙水实际调查的结果，推荐以 Fe^{2+} 平均含量划分的风险等级，如表 12-5 所示。

表 12-5　表层沉积物间隙水 Fe^{2+} 含量的湖泛发生风险

	无风险	低风险	中风险	中高风险	高风险
间隙水 Fe^{2+} 含量（mg/L）	0～0.1	0.1～0.2	0.2～0.3	0.3～0.4	>0.4

12.2　藻源性湖泛气象因子风险及险态预警

气象因子对湖泛形成也具有非常重要的影响（图 12-1），其要素是湖泛形成的关键促发因素，其中温度、风情、日照及气压等气象条件对湖泛的形成影响相对较大，往往决定了湖泛发生的时间、地点及强度，因此其变化对湖泛风险的判断具有重要的指示性和参考意义（王成林等，2011；辛华荣等，2020）。Zhang 等（2016）曾研究了湖泛形成的长期气候背景、气象和水文条件的短期阈值，发现在过去的 51 年，太湖长期气候变暖每 10 年温度上升 0.31℃、风速下降 0.26 m/s 和气压下降 0.16 hPa，为湖泛的形成和发生提供了有利条件，使湖泛的气象指数每 10 年增加 3.6 天。另外还认为，短期强降水、突然降温以及大风扰动都可能使得湖泛的风险增加或发生变化。

12.2.1　温度对藻源性湖泛形成风险

水温的整体性提升为湖泛的形成提供了重要的温度环境。湖泊的温度对有机物质的分解和生物的新陈代谢起着重要作用，其状况还是湖水中物理和化学变化过程的主要因素。太湖水温的年变化特征是夏季高、春秋季次之，冬季最低。3～6 月是水体的增温期，最高温度出现在 7～8 月，8 月以后降温。虽然太湖地区出现的极端气温最高为 39.8℃、最低为 −14.3℃，但太湖水体的温度变化则远小于气温，历年最高温度为 38.0℃，最低温度为 0℃（黄漪平等，2001）。

由历年湖泛发生时间（见表 1-4）统计，在 2007～2021 年太湖发生的 114 次湖泛中，5～6 月 66 次（占 57.9%）、7～8 月 40 次（占 35.1%）、9～10 月 8 次（占 7.0%）。而太湖藻类水华发生面积和频次大多时间则在 7～8 月，该时段温度多年平均值为 30.3℃，实验显示在 30℃左右是微囊藻的最佳生长温度（秦伯强等，2004），而温度大于 35℃后微囊藻的光合作用反而下降。据陆桂华和张建华（2011）对湖泛发生较密集的 2008～2010 年分析，虽然 2008 年 5 月曾发生蓝藻水华面积占全年面积的 25%，但 2009 和 2010 年最大蓝藻水华面积全部发生在 8 月，分别占全年面积的 29% 和 39%，比较湖泛发生最大时间段（5～6 月）和藻类水华发生（主要在 8 月），湖泛的发生所需的温度区间并非与藻类生长相同，风险温度明显低于后者。

众多研究反映，太湖湖泛的形成似存在温度的临界值，但这个值并非固定，而是会在某温度期间内变动。陆桂华和马倩（2010）对 2008 年 5 月 29～31 日、2009 年 5 月 11～13 日以及 2009 年 7 月 20～24 日发生在太湖西沿岸和贡湖的 3 次湖泛的现场调查，水温分别为 23.3～26.0℃、24.4～25.8℃以及 28.4～33.8℃。经计算，发生湖泛的温度范围（ΔT）为 26.7℃±3.3℃（范成新，2015）。实验室的模拟研究结果也在一定程度上支持了基于野外的观察和气温变化统计的结论。依据多批次的装置模拟研究，太湖湖泛发生的环境温度至少需要达到23℃±1℃（见表4-4），大致相当于太湖5月上旬和10月上旬的平均气温。虽然温度越高越有利于藻体的生物分解，但气温高于29℃±1℃时，湖泛形成所需的时间反而长于气温28℃±1℃时，即温度越高并非越有利于湖泛的形成，对提高湖泛发生的风险反而有所降低。

另外，湖泛发生前连续的高温天气是需要的，这个持续时长需要3～5天不等。王成林等（2011）认为，湖泛发生前大约会出现3 d以上的高温（＞25℃）天气。Zhang等（2016）从研究了2007～2014年间16次湖泛事件与气温之间的关系，给出了统计学结果，并认为5天平均气温超过25℃可能是湖泛的临界阈值。相似的结果在刘俊杰等（2018）的统计研究中也得到反映，认为连续5日的高温可能是湖泛发生的一个关键特征。

因此，结合湖泛的室温（18～29℃）模拟和气温统计学成果，太湖湖泛发生的高风险大致在25～29℃之间，推荐的连续5日平均气温风险级别如表12-6所示。

表12-6　基于气温影响的湖泛发生风险

	无风险	低风险	中风险	高风险
连续5日平均气温 T（℃）	$T<21$	$21\leqslant T<23$	$23\leqslant T<25$ 和 $T\geqslant 29$	$25\leqslant T<29$

另外据统计学观察，一些湖泛事件发生前后，气温往往会发生变化。如对2009～2017年湖泛发生的气象水文监测结果统计，湖泛发生前10日～前1日，虽然平均气温高于25℃，但是呈逐日升高。从发生前10日的25.8℃持续上升至28.2℃，平均上升幅度为2.4℃，最大升幅达8.3℃（刘俊杰等，2018）。Zhang等（2016）分析了16次湖泛事件前后气温变化，按照5天一个时段对湖泛发生前、发生中和发生后对温度进行统计，发现湖泛发生前多会伴随气温的小幅下降（图12-9）。湖泛发生前气温的整体性提升，将为湖泛的形成提供重要的外部环境；而湖泛即将发生时，温度的下降则可能因上下层水体的混合而触发湖泛的发生。水体受降温的影响（冷空气的来临，有时可能还伴有降水），使表层水体的密度增加，当湖泊表层水体密度足够大于下层水体的密度时，水体就会出现上下层对流。

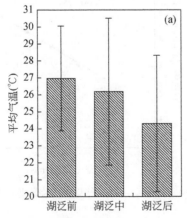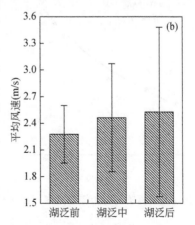

图12-9　2007～2014年太湖湖泛发生前、中和后3个时段（5天）气温（a）和风速（b）比较（Zhang等，2016）

水体下沉将会扰动湖泛发生前湖泊底部的相对稳定状态，这种物理性的扰动使得已经蓄积了足够量的 FeS 和 DMS_x 等黑臭物质进入上层水体，同时还加剧了已经形成的 CH_4、NH_3 和 N_2O 等气体以气泡形式上浮，从而带动下层黑臭水体甚至部分表层（发黑）底泥上泛，这种因温度变化造成的后果与鱼池"泛塘"情况极其相似（黄永平等，2014）。

12.2.2 风情及其变化下的藻源性湖泛形成风险

湖体中藻类即使大量形成，但如果没有形成规模性聚集并达到一定程度，湖泛也将难以发生。虽然湖流也可在一定程度上使藻体迁移，但由于接近岸边的沿岸流存在以及对岸边地形（凸出坝等）和阻碍物（挺水植物等）的特殊要求，完全借助湖流使藻体形成局部规模性聚集的情况极少。实际上，对于生长至一定量群体的藻类而言，能在湖区中形成足够量的聚集，主要依靠风的推动作用。风情中对湖泛形成风险最主要影响因素是风速和风向。适当的风速将使得群体性漂浮藻体最大限度地产生整体运动，以使水柱中藻体尽可能以漂浮和尽可能快的方式迁移；稳定的风向则是保障以最短距离高效地在聚集地，形成接踵而至、连续不断的聚集状态。

适宜风速的稳定性及其持续时长都将为湖泛的形成提供有利的气象条件。孔繁翔等（2007）研究表明，当风速为 2.0 m/s 时，微囊藻在湖面上形成水华，此时大约有 37% 的总生物量聚积在表层 5 cm 的湖面；当风速加强到 3.1 m/s 时，表面水华却发生消失。风速阈值模拟实验反映，适当的低风速（小于 3 m/s）下，漂浮的藻体会随风朝下风向移动，即使风速为 0，藻体的自由扩散速度也可达到 0.4 cm/s（图 12-10），在这一风速下，风速与水华漂移速度具有较好的指数相关性（白晓华等，2005）。虽然统计分析实际风速在 ≤4 m/s 的长时间稳定就可发生，但在平均风速 1.9 m/s 和 2.3 m/s 的范围内，对太湖表层水体蓝藻水华的空间分布是具有决定性影响的（余茂蕾等，2019）。

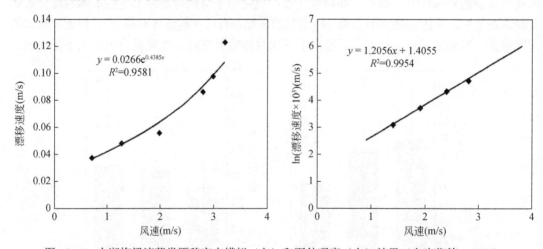

图 12-10 太湖梅梁湾藻类漂移室内模拟（左）和野外观察（右）结果（白晓华等，2005）

You 等（2007）曾对太湖 2004 年 10 月～2005 年 10 月间风速统计（图 12-11），大于等于 8.7m/s 风速（大风）的发生频率为 5%；剩下 7.95% 频率按静风（<1.7m/s）、小风（3.2m/s）

和中风（5.1m/s）平均，即各 1/3（31.67%频率）。即大致有 1/3 的时间频率会出现适合藻类"随风漂移"的风速。

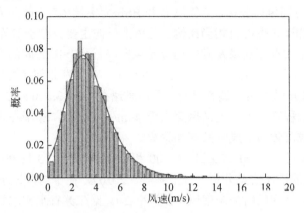

图 12-11　太湖各风速概率分布（2004.10～2005.10）

稳定风速（≤4 m/s）的累积天数甚至风速稳定的阶段性要求，也与湖泛形成有重要关系。王成林等（2011）分析，2007 年 6 月前满足蓝藻水华气象指数的天数（15 d）大约是 2006 年（8 d）的两倍，而且开始出现时间（3 月 28 日）较 2006 年（4 月 18 日）也提前了 18 d。在湖泛模拟影响研究中就已发现，在未达到湖泛发生的最低聚集量前后阶段，风速对湖泛的发生和消退的结果明显不同（尹桂平，2009；申秋实等，2012）。在未达湖泛发生最低聚集量的藻体漂移聚集时段，现场≤4 m/s 风速都是有利于藻体聚集，为湖泛发生风险的增加提供了单位藻体生物质聚集量；但当达到湖泛发生最低聚集量后，风速减弱甚至无风将更有利于藻源性湖泛的发生。

但刘俊杰等（2018）的统计研究则认为，有利于湖泛发生的风速不是减弱而是增加。对 2009～2017 年的湖泛统计发现：湖泛发生前 10 日风速以微小风（<3.5 m/s）为主，变化幅度很小；湖泛发生前 1 日风级基本为 2～4 级，未出现 5 级以上风，而湖泛发生的首日则突增，平均风速达 4.1 m/s，较前 1 日上升 0.5 m/s，并且出现了 5 级大风，升幅最高达 6.4 m/s（图 12-12）。

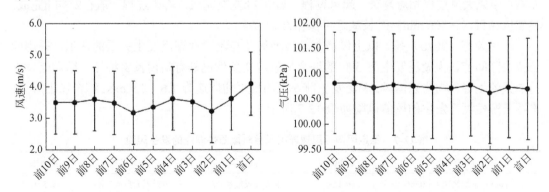

图 12-12　湖泛发生前 10 日至发生首日平均风速和气压（刘俊杰等，2018）

　　风向的稳定性也是湖泛形成的重要气象条件之一，稳定的风向会使得同样的有效风速下藻体的聚集效率提高，并且过大的风速并不有利。据尤本胜等（2007）对太湖 2004 年 10 月至 2005 年 10 月间风向分析，全年以 E 和 ESE 为主导风向，此两方位上的风向频率占 22.7%，其次，SSE 和 SE 也占有相当比例。总体上风向主要分布于 E 至 SSE 之间，占全部风向频率的 39.5%。太湖湖泛易发湖区均位于风向 E 至 SSE 之间的迎风岸区，范成新等（1998）分析了太湖夏季盛行持续风向（SSE 和 ESE）对太湖北部（梅梁湖和贡湖）藻类分布的影响，对 6 次现场叶绿素 a 调查分析；平均风速在 1.5～3.6 m/s 时，风速大小与藻体在盛行风的下风区堆积程度有关；但当风速大于 4 m/s 左右时，藻华在水体垂向中趋向均一性分布，即难以形成藻体向下风区漂移和聚集。

　　2007 年 5 月 18 日 00：00～29 日 21：00 和 2008 年 5 月 13 日 00：00～24 日 21：00 两次湖泛接近 24 天的风向信息分析（王成林等，2010），在平均风速小于 4 m/s 的情况下，还需要这两个时段的平均风向为东南风（150°左右）。据江苏省水文水资源勘测局湖泛巡测数据，湖泛发生前 10 日主导风向为东南风的概率为 41.9%，其概率远大于太湖多年平均东南风概率（28.4%）（刘俊杰等，2018）。另外，并非只要风向相对稳定的所有风速都可造成藻体发生规模性聚集。1992 年的现场调查发现：当风速在静风和小于 1.0 m/s 左右时，已形成的水华虽仍可在湖面漂浮，但因湖流对藻体移动的作用占主导地位，聚集现象不明显；当风速处于 1.0～3.6 m/s 时，风向对藻类水华的聚集作用显著（朱永春和蔡启铭，1997；范成新等，1998）。对于已有足够生物量的藻体，在风速 1.9～2.6 m/s 下聚集多日，则其藻源性湖泛发生风险将会显著增加（Zhang et al，2016）。

　　虽然湖泛发生前10日出现稳定风向的微小风速更有利于湖泛的发生，但从随机性现场巡查的结果上并非能直接用于湖泛的早期预警，另外太湖逐日风速可采用平均法获得，但实际上即使一天内的风速变化也很大。据尤本胜等（2007）统计研究，太湖小风很多，历时很长，背景风难以进行准确计算；中风过程全年则有237个，最长和最短历时分别为800 min（13.3 h）和30 min，平均历时约120 min；大风过程51个，最长和最短历时分别为1240 min（20.7 h）和30 min，平均历时为155 min。不同风速的起落时长也有差别，其过程也并非简单的单调增加或减小过程。小风的起风落风过程可在10 min内完成；但是大都在20～30 min左右；中风大风过程相对复杂，起风过程一般在3 h左右完成，落风过程一般在2～4 h完成。显然以10日（14400 min）时长缺乏可操作性。

　　辛华荣等（2020）基于以上风情与藻体聚集及与藻源性湖泛发生关系的认识，采用四分位法区间值认为湖泛发生前 5 日的综合气象水文条件已具有阈值预警特征，即湖泛发生前 5 天的主导风向为东南风；湖泛发生前 5 天的日平均风速为 1.6～2.9 m/s。综合以上成果，推荐藻源性湖泛发生的风情风险如表 12-7 所示。

表 12-7　稳定风向下风速连续天数对藻源性湖泛的发生风险

风速段	无风险	低风险	中风险	高风险
1.6 m/s≤平均风速<3.0 m/s	<1 天	1 天≤天数<3 天	3 天≤天数<5 天	≥5 天
1 m/s≤平均风速<3.6 m/s*	<3 天	3 天≤天数<5 天	5 天≤天数<7 天	≥7 天

　　* 平均风速在 1 m/s≤平均风速<1.6 m/s 和 3.0 m/s≤平均风速<3.6 m/s 两风速段，占≥50%出现频率。

风向的稳定虽有利于藻体的规模性聚集，但对已有足够量的藻体聚集并即将发生湖泛的区域而言，风向的调转也可能成为湖泛的触发因素。王成林（2010）研究认为，在水底厌氧反应物完成聚集进入"泛"起阶段，风向调转180°左右（见表4-5），会使得厌氧反应区水体的稳定度减小，并形成较强的离岸涌升流，将厌氧反应物带至水面，形成黑臭水团。但该触发因素可能还需要有冷空气过境、风速短时增大等其他气象条件变化的协助。这方面的规律性尚未得到更多实例验证。

12.2.3　日照和降水对藻源性湖泛形成风险

光线的照射是生物生长和发育的必要条件之一，在湖泛形成的影响因素中，日照是影响湖泛形成中的一个重要因素。日照指一日当中太阳光照射的时间，日照的长短随纬度和季节而变化，并和云量、云的厚度以及地形有关。

关于日照和降水与湖泛的关系，相关研究成果较少，多为定性结果。陆桂华和马倩（2009）认为降水较少有利于湖泛的发生。一般研究认为，湖泛发生前10日～前1日，天气以晴好为主，湖泛会有较大发生风险。辛华荣等（2020）分析了湖泛发生前5天的日均日照时长约为6.5～7.0 h，对于原发型的湖泛，发生前日均日照时长显著缩短，前期晴天，发生时有雨；对于迁移型的湖泛，发生前日均日照时长变化不明显，均以晴天为主。因此，总体研究认为，晴朗天气有利于湖泛的形成。

降雨对湖泛的影响主要是来自pH。雨水中化学物质含量相对较低，主要是pH值明显低于湖水。太湖周边湖泛易发的无锡、常州市大气降水pH年均值在4.62～5.35（2011～2015年），而太湖水体年平均pH在8.5左右，即大致相差3.5 pH单位（相当于[H$^+$]离子浓度相差3162倍）。如果下雨之前为晴天，湖水表层pH值将会高达8.5以上，酸性雨水落入湖水表层，此时相当于含3000多倍的氢离子进入表层水体，降低pH值。而蓝藻对生长环境的酸碱度比较敏感，pH值适宜范围为7.0～9.0，高酸度的水体混入必将加快藻类的死亡，促进湖泛的发生进程。

12.2.4　气压及其变化下的藻源性湖泛形成风险

虽然实验室湖泛模拟中已多次发现：气压较低的凌晨是湖泛最易发生的时间段（尹桂平，2009），但有关气压对湖泛形成的影响，未见实验性研究文献，都是来自对湖泛发生前后相关数据的统计和分析。辛华荣等（2020）曾对2009～2018年太湖湖泛发生前的气压数据统计，发现湖泛发生前持续低压，5天平均气压在100.3～100.9 kPa，即使以前10日统计，气压的变化幅度总体也不大（99.7～101.7kPa），平均在100.75 kPa（刘俊杰等，2018）。正常环境下的大气压一般在101.3～103.3 kPa之间，因此持续的低气压将成为湖泛发生前的一个重要气象指示参数。

持续低气压后的突变，是湖泛发生中与气压有关的另一个风险因素（表12-8）。王成林等（2010）将湖泛即将形成划分成稳定阶段和突变阶段，分析2007年5月和2008年5月两次典型湖泛发生前后，在稳定阶段，气压的最大降幅分别为13.8 hPa和13.2 hPa；在突变阶段，气压则突然上升，最大升幅为 7.1 hPa 和 8.6 hPa（见表 4-5）。这两个时段的持续时间都超过 3 天，气压最大降幅都超过 10 hPa；然后在偏冷空气过境下，气压的突然上升（超过 7 hPa），已蓄积好黑臭物质和能量的湖泛被触发形成。但刘俊杰等（2018）根据湖泛发生前 10 日的气压统计研究则认为，虽然也发现湖泛首日气压有较大的上升（如 6 月 16～17 日梅梁湖闾江口上升近 10%），但是在大气压 1000～1005 hPa 区间，而在 1005～1010 hPa 区间的比例则下降了约 12 个百分点。并且总体分析反映，湖泛发生首日会较前 10 日及前 1 天气压下降（平均下降 0.4 hPa，最大降幅达 15 hPa），71.1% 的湖泛发生首日气压低于 1010 hPa。

表 12-8　稳定低气压天数与藻源性湖泛发生风险

气压	无风险	低风险	中风险	高风险
＜1005 hPa	＜1 天	1 天≤天数＜3 天	3 天≤天数＜5 天	≥5 天
1005～1013 hPa	＜3 天	3 天≤天数＜5 天	5 天≤天数＜7 天	≥7 天

12.3　藻源性湖泛水体指标风险及险态预警

在水体中与湖泛有关的物理、化学和生物参数有数十个，但由于水体中参数（特别是化学和生物学）大多需要进入实验室分析才能获得，不适合作为风险和预警的指示参数要求，因此只有那些既能反映湖泛发生风险，又能在现场或快速分析获得参数，方可作为湖泛发生风险指标。另外，湖泛的发生最早来自底部，因此对水体指标的调查和取样要尽可能来自于水体下层。湖泛进行到不同阶段（见图 9-10），对水体指标信息的获取时间频率要求是不同的。在生物聚集阶段（Ⅰ），此时系统变化较慢，时间精度可允许 1 天至 12 小时即可；在耗氧缺氧阶段（Ⅱ），物理指标变化相对剧烈，时间精度可加密至 6 小时至 3 小时；在爆发成灾（Ⅲ）阶段，湖泛已经形成，此时时间精度对湖泛风险的评估已无实际意义。

12.3.1　水体物理参数风险及其预警

水体中物理参数是最方便直接采用仪器设备快速测定获取的数值指标。从已有的研究成果反映，水体的 pH、溶解氧（DO）和氧化还原电位（E_h）是 3 个变化最激烈的物理参数。水体 pH 与藻类生长关系密切，不同藻类有一定的 pH 适应范围，超过相应的 pH 就有可能引起藻类死亡。如水华鱼腥藻（*Anabaena flos-aquae*）适宜 pH 为 8.0～9.0；铜绿微囊藻（*Microcystis aeruginosa*）则为 8.0～9.5。在湖泛进程中的生物聚集阶段和缺氧厌氧阶段，生物体的耗氧降解必然使水体生成大量的 CO_2。虽然二氧化碳不能电离出氢离子 $[H^+]$，但在水中能与水形成弱酸（$CO_2+H_2O\Longrightarrow H_2CO_3$），从而使得水体 pH 降低。另外大多数（藻源性）有机质降解中会经过有机质的脱羧，产生小分子有机酸或产硫化氢等涉 H^+ 过程，这也将大幅改变水体的酸碱性，导致 pH 值迅速下降（一般会在 7.0 以下）。

八房港水域湖泛模拟精细地反映了 pH 变化过程（图 12-13）。在对照 CK 中，pH 值呈上升趋势，上覆水处于中性-碱性（pH 7.07～7.78）状态；但在湖泛模拟处理中，pH 值则呈明显下降，与 CK 相比，在湖泛爆发前，处理组上覆水体明显呈酸性（pH 6.64～7.01）。

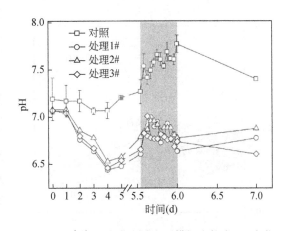

图 12-13　太湖八房港水域湖泛模拟水柱中 pH 变化

邵世光（2015）曾模拟太湖月亮湾藻体不同堆积密度下的湖泛形成过程，当藻体堆积速率在 6～16 kg/(m²·d) 时，湖泛发生于第 5.5 天。在 8 天的藻体聚集实验中，以蓝藻为主要种群的藻类不断死亡（叶绿素 a 含量降低），水体中也就少了活性藻休，光合产氧作用减弱，水体氧含量（DO）降低；另外，大量死藻被微生物氧化分解，也会消耗大量溶解氧，甚至使得 DO 大幅降低接近于零。

李未等（2016）选取表征藻源性湖泛的代表性指标叶绿素 a、DO 作为预测变量，以天气预报中的风场为驱动力，通过三维水动力水质耦合数值模型求解，建立了一种富营养化浅水湖泊藻源性湖泛的短期数值预报方法。以 3 天中的叶绿素 a 和 DO 含量时空分布，结合未来 3 天的气象因子信息建立经验公式，计算湖泛易发水域未来 3 天发生湖泛的概率。

$$F=f_1(N1_t) \cdot f_2(V) \cdot f_3(R) \cdot f_4(N2_t)$$

其中，$f_1(N1_t)$ 为由 t 时刻藻类数量引起的概率，$f_2(V)$ 为由风速条件引起的概率，$f_3(R)$ 为由降雨条件引起的概率，$f_4(N2_t)$ 为由 t 时刻 DO 浓度引起的概率(表 12-9)。在每个计算网格上利用此概率预报模型，可以得到全湖湖泛发生的概率分布。

表 12-9　叶绿素 a 和 DO 含量、风速、降雨与湖泛发生概率（李未等，2016）

Chl a(μg/L)	$f_1(N1_t)$	风力［风速(m/s)］	$f(V)$	降雨	$f(R)$	DO(mg/L)	$f_1(N2_t)$
>60.0	1.0	1～2 级（0.3～3.3）	1.0	晴、多云	1.0	1.0	1.0
50.0	0.9	3 级（3.4～5.4）	0.9	阴、小雨	0.9	2.0	0.8
40.0	0.8	4 级（5.5～7.9）	0.8	阵雨、雷阵雨	0.8	4.0	0.6
30.0	0.6	5 级（8.0～10.7）	0.7	中雨	0.7	6.0	0.4
20.0	0.4	5 级以上（>10.8）	0.5	大、暴雨	0	8.0	0

较之 DO 参数，对水体氧化还原体系反应更为敏感的为氧化还原电位（ORP 或 E_h）。在湖泛发生前，出现风险时 E_h 值的变化幅度远没有 pH 和 DO 大，但进入湖泛发生阶段，E_h 则断崖式大幅下降（见图 9-9），湖泛全过程的 E_h 值大致在 350～-200 mV 之间变动。但从风险预警方面，聚藻区水体如果已低于 200 mV，即表明系统已经进入湖泛即将发生的高风险状态（图 12-14）。如果聚藻水体的 E_h 向低值方向变化，同时 pH 值也出现较明显的降低，则湖泛发生的风险将会加大。虽然理论上聚藻区水体在 pH 6 左右时，湖泛高风险

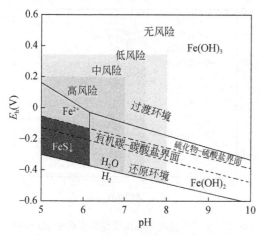

图 12-14 太湖藻源性湖泛发生风险 pH-E_h 图

状态的 E_h 值可以下探至 <-100 mV，但实际在 pH7.5 左右、氧化还原电位小于 200 mV 的过渡环境中，由于藻体和悬浮颗粒物的多介质体系的非均一性，会使水层中出现很多相对独立的微环境。这些微小环境中的氧化还原电位可大大低于整个体系的电位，从而也可短暂或局部形成低 E_h 和低 pH 环境，发生硫化物-硫酸盐界面产 S^{2-} 和从过渡环境向还原环境产 Fe^{2+} 的反应，使得实际湖泛风险等级较图 12-13 有所提前。

综合各种因素并结合研究结果，推荐水体主要物理参数的湖泛发生风险如表 12-10 所示。

表 12-10　聚藻区水体主要物理参数与湖泛发生风险

	无风险	低风险	中风险	高风险
pH	≥ 8	$8<\text{pH}\leq 7.5$	$7.5<\text{pH}\leq 7$	<7
DO（mg/L）	≥ 6	$6<\text{DO}\leq 4$	$4<\text{DO}\leq 2$	<2
E_h（mV）	≥ 350	$350<E_h\leq 300$	$300<E_h\leq 200$	<200

12.3.2　水体化学物质含量风险及其预警

湖泛发生过程中，在含量上会发生大幅变化的物质大多数都是与总量有关的指标（如 COD、TP、TN 和 TOC 和有机质等），而这些指标基本需要操作复杂费时的实验操作，不能满足风险数据获得的及时性要求。与湖泛过程密切相关的 3 种可游离的离子（NH_3、Fe^{2+} 和 S^{2-}）是风险分析中符合性相对较高的 3 个水质项目。

1. NH_3 的测定

湖泛发生水体中氨（NH_3）的含量会出现异常性增加。尹桂平（2009）研究发现，高藻量（10000 g/m²）水体 NH_4^+-N 含量的上升与感官有很好的对应关系（见图 11-8），湖泛发生第 8 天，水柱中 NH_4^+-N 含量大致在 30 mg/L 左右（28.1~32.4 mg/L）。但不同湖区及聚藻量不同下，湖泛发生时间和进程中水体 NH_4^+-N 会有差异（见表 11-3 和图 11-9），其中在藻体聚集前的 4~7 天内，水体 NH_4^+-N 含量（低藻量 4~6 mg/L、中藻量 5~9 mg/L 和高藻量 8~11 mg/L），即使远超过非聚藻区实际湖体 NH_4^+-N 含量（2006 年全湖未发生湖泛，NH_4^+-N 平均含量 1.16 mg/L，值域 0.026~9.21 mg/L），湖泛模拟仍尚未发生。邱阳等（2016）用波浪水槽模拟了鲜藻体低藻量（2000 g/m²，1#）、中藻量（5000 g/m²，2#）高藻量（8000 g/m²，3#）聚集下湖泛的形成过程，分析了水体 NH_4^+-N 的变化（图 12-15）。在发生湖泛的中藻量和高藻量处理中，第 3 天感觉有异味，第 5 天全部发黑；中藻量和高藻量 NH_4^+-N 含量在 9 天的实验周期内，上下层基本都呈上升性变化，与尹桂平采用 Y 型再悬浮模拟装置研究结果基本一致（图 11-18）。但湖泛发生时，低藻量上层水体 NH_4^+-N 含量约为 7 mg/L，下层为 5 mg/L；而高藻量水体上下层则大约为 11 mg/L。

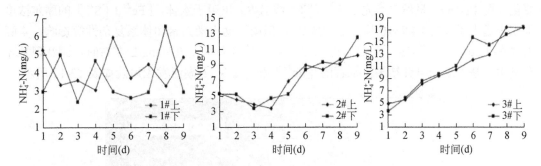

图 12-15　竺山湖藻源性湖泛模拟中 NH_4^+-N 含量变化（邱阳等，2016）

在藻源性湖泛进程中，水体 NH_3 可来源于多种途径和阶段，一般以副产物生成方式，几乎伴随着与生物质好氧和厌氧降解有关反应的所有阶段（见表9-4），因此对于藻体的分解阶段具有极好的表观指示性。在湖泛早期（如死亡藻体降解）进程中，藻体的生物降解会为水体带来大量的氨 [见式（9-5）～式（9-7）]；NO_x^-（NO_3^- 和 NO_2^-）和氮（N_2）还原最后的产物均是 NH_3 [见图9-9、图9-10和（9-18）、式（9-21）和式（9-28）]，甚至当硫酸根（SO_4^{2-}）作为有机质降解的电子受体时，其分解副产物中也有 NH_3 产生 [式（9-26）]。

湖泛进程中的聚藻区水体中，不仅对发生湖泛的水体，即使最后未发生湖泛水体，氨氮含量在初期几天总体是上升的（见图 11-9～图 11-10；图 12-12）。由于低藻量下黑臭不能形成，而中高藻量则在 4～7 天内发生湖泛，因此依据不同代表性湖区的研究成果和太湖正常水体全年平均氨氮含量（约为 1.16 mg/L，太湖湖泊生态系统研究站 2006 年监测数据），以及根据取低原则（以中藻量为依据），推荐聚藻区 NH_3-N 含量的湖泛风险阈值见表 12-11 所示。

表 12-11　聚藻区水体氨氮含量的湖泛发生风险

	无风险	低风险	中风险	高风险
NH_3-N（mg/L）	<2	2≤NH_3-N<4	4<NH_3-N≤7	>7

水体氨含量的测定已有可实现现场分析仪器，其中电导法氨测量仪是目前常用的氨测量仪器之一，其原理是通过电极检测测试液中氨的含量。该法可快速、准确地测量污染相严重的水体氨含量测定，因此适用于湖泛水域的现场监测。

2. Fe^{2+} 和 S^{2-} 的测定

Fe^{2+} 是湖泛进程水体中最早出现的、可与 S^{2-} 形成致黑物（MS↓）的金属离子。理论上，在高密度聚藻区，氧化还原电位大致在 70 mV 即可出现游离态 Fe^{2+}。但湖泛进程中，水体 pH 是不断变化的，从铁的 pH-E_h 图（图 12-14）可见，当水体 pH 10 时，氧化还原电位达到 -200 mV 左右时，铁才可以二价铁 [$Fe(OH)_2$] 的形式存在；当水体 pH 6 时，E_h 上升到-100 mV 左右时，Fe^{2+}出现。由于水体中有机质对体系氧化还原电位主导下造成组分的复杂性，实际需要的 E_h 或 pE^0（w）比实际测定或计算的值更低。

申秋实等（2018）曾分析了藻源性湖泛发生前后主要致黑组分（$\sum S^{2-}$ 和 Fe^{2+}）的含量变化（图 12-16），虽然 Fe^{2+} 先于 S^{2-}（$\sum S^{2-}$ 或 H_2S）出现于水体，$[Fe^{2+}][S^{2-}]$ 的摩尔浓度乘积也远大于 K_{sp}（4.9×10^{-18}，18～25℃），但由于动力学因素和体系复杂性等影响，实际大致在 $[Fe^{2+}]$：$[\sum S^{2-}]$ < 1（摩尔比）且 $\sum S^{2-}$ 含量大于 0.6 mg/L 左右时，湖泛现象才会发生。基于这一研究结果，推荐的 $[Fe^{2+}]$ 和 $[\sum S^{2-}]$ 湖泛发生风险如表 12-12 所示。

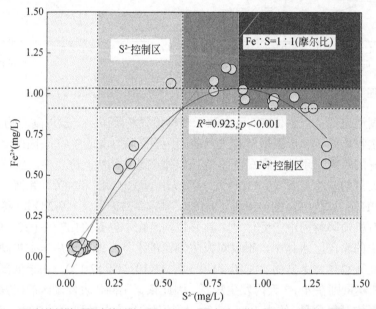

图 12-16　湖泛发生前后水体游离 Fe^{2+} 和 $\sum S^{2-}$ 含量变化过程

表 12-12　聚藻区水体 $\sum S^{2-}$ 和 Fe^{2+} 含量的湖泛发生风险

等级	湖泛发生风险	Fe^{2+} 阈值（mg/L）	S^{2-} 阈值（mg/L）	水体相应状态
0	无风险	$Fe^{2+}\leqslant0.24$	$S^{2-}\leqslant0.16$	水色正常
1	低等风险	$Fe^{2+}>0.24$	$S^{2-}\leqslant0.16$	水色正常，有水华藻类堆积
		$Fe^{2+}\leqslant0.24$	$S^{2-}>0.16$	
2	中等风险	$0.24<Fe^{2+}\leqslant0.91$	$0.16<S^{2-}\leqslant0.60$	水色正常，有臭味
3	高风险	$Fe^{2+}>0.91$	$0.16<S^{2-}\leqslant0.60$	水体浑浊，有臭味
		$0.24<Fe^{2+}\leqslant0.91$	$S^{2-}>0.60$	
4	极高风险	$0.91<Fe^{2+}\leqslant1.04$	$0.60<S^{2-}\leqslant0.88$	水色发灰，臭味强烈
5	湖泛形成	$Fe^{2+}>1.04$	$0.60<S^{2-}\leqslant0.88$	水体黑臭明显
		$0.91<Fe^{2+}\leqslant1.04$	$S^{2-}>0.88$	
6	严重湖泛	$1.04<Fe^{2+}$	$0.88<S^{2-}$	整个水柱黑臭

采用主因子分析法确定湖泛形成潜在的内在关系显示（图 12-17）：首先，提取了两个

特征值大于 1 的成分，解释了 82.59% 的总累积方差。在可解释总方差 46% 的第一个成分加载 [图 12-17（a）] 中，DO、pH 和 Fe^{2+} 是主要的贡献者，而 Fe^{2+} 是影响发黑物质 FeS 的两个直接因素之一。根据研究结果，溶解氧和 pH 值的降低对 Fe^{2+} 的增加有积极的影响。因此，第一部分显示缺氧条件影响了 Fe^{2+} 的浓度，导致了湖泛。在可解释总变异 36.59% 的第二部分中，$\sum S^{2-}$ 和 ORP 对负荷的贡献最大，很明显显示了氧化还原条件影响了 $\sum S^{2-}$ 浓度，从而导致湖泛的出现。CCA 分析 [图 12-17（b）] 也显示了与 PCA 类似的结果，即 Fe^{2+} 受 DO 和 pH 的影响很大，而 $\sum S^{2-}$ 对 ORP 更敏感。

此外，$\sum S^{2-}$ 浓度与水的黑色（black）呈正相关 [图 12-17（b）]。在沉积物的生物地球化学反应中，电子受体（氧化剂）的利用顺序为氧气、硝酸盐、金属氧化物和硫酸盐。在湖泛形成期间，Fe^{2+} 总是在溶解氧和亚硝酸盐耗尽后开始积累。伴随着缺氧程度的加深，ORP 迅速下降，水体变得缺氧，最终导致 $\sum S^{2-}$ 的积累。PCA 和 CCA 的分析结果与沉积物中 Fe 和 S 的生物地球化学循环机制相吻合。因此，综合结果表明，组分 1 为湖泛的形成提供了缺氧和高 Fe^{2+} 的前提条件，而组分 2 在形成阶段通过 $\sum S^{2-}$ 浓度控制湖泛的爆发。

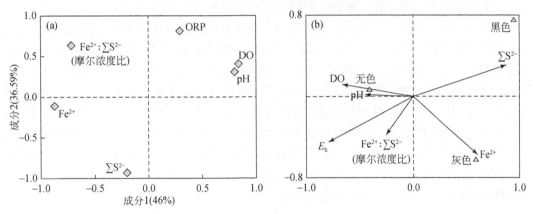

图 12-17　湖泛形成中 PCA（a）和 CCA（b）分析

12.3.3　水体生物指标风险及其预警

湖泛的发生离不开藻体或草体等生物质的参与，并且这些生物质的死亡状态（或鲜活程度）与湖泛发生所需时间直接有关（见表 2-5）；另外从聚藻过程开始，处于湖泛进程中的高量聚藻区水体微生物优势种类一般会遵循好氧细菌→兼性厌氧菌→厌氧菌的变化规律，以及湖泛发生前后水面往往会发现漂浮着活体或死体鱼类等，这些现象都是具有生物含量、性质和比例变化的强度信息，理论上可以用于湖泛风险等级和阈值评估。

活性藻体可以采用专业仪器设备对叶绿素 a 含量进行现场测定，但死亡藻体量尚未出现适当的现场测定方法，也没有合适的方法进行分离。因此，以活性藻体或死亡藻体比例方式指示湖泛风险目前尚难实现。微生物（细菌）分析是一类需时间相对较长的操作，且专业性较强。涂片检测可以较快地观察到水体中当前出现的细菌种类，但只是定性；细菌培养是一类较好的微生物定量方法，但细菌生长需要一定的时间，生长较快的细菌一般需要 2~3 d，有些细菌生长比较慢，可能需要 1 周甚至更长时间；细菌核酸检测（PCR 检测）

可以检测出微小的细菌核酸，具有很高的敏感性，另外二代测序法（即NGS方法），可以较准确地检测出细菌的种类性质等。但是这些方法都是非常耗时，不符合风险判断的时效性要求。另外，如果采用现场观察方式统计漂浮鱼类的单位面积数量和种类等，由于调查水域水体中鱼类按种类区分的总数量等不清，也只能属于定性分析；而且鱼类漂浮实际上大多已经发生湖泛，不属于湖泛风险判断阶段。因此，以生物指标度湖泛风险进行快速评估和预警，目前尚缺乏直接的生物学分析手段。

12.4 藻源性湖泛水体现场感官风险及水色预警

已有的现场和室内模拟研究均反映，当人的感官已对水体有嗅觉或视觉差异时，湖泛即将发生，即已处于湖泛高风险的即发状态（商景阁，2015）。人体感官信息属于主观性，即使具有程度上的差异，也仅能达到半定量，不过由于这种感官信息是直接来自于实际水体，因此在湖泛形成的风险判断和实时性方面，仍具有一定优势。

自2009年4月起湖泛监测就已纳入江苏省水文水资源监测部门太湖藻类巡测的例行工作。巡查监测范围的确定主要考虑入湖河道较集中的且蓝藻易聚集的太湖西部沿岸，太湖湖体淤泥和流泥分布厚度较大区域、湖流流速较小的太湖北部湖湾区及蓝藻水华易爆发的区域，同时考虑对太湖重要饮用水源地的巡查（陆桂华和张建华，2011）。经对巡查水域和线路的逐步完善，巡查区域逐步覆盖了湖泛易发区域（西北部沿岸、竺山湖、月亮湾、梅梁湖、贡湖）以及梅梁湖、贡湖和东部几处敏感取水区（见图1-10）。现场巡查可使得专业和队伍稳定的监测人员能规律和及时到达湖泛易发水域，规范化采集水体、保存和现场监测（包括感官识别）湖泛状态，为实验室湖泛发生中嗅觉和视觉感官结果，用于现场实时藻源性湖泛感官风险判断及险态预警提供了可能。

12.4.1 嗅觉感官半定量评估湖泛发生状态

实验室的藻源性湖泛模拟反映，大多数湖泛发生前是从嗅觉差异开始而非视觉（刘国锋，2009；尹桂平，2009），但这两种感官差异由于受观察的时间分辨率（天）和湖泛发生时段（嗅味多在凌晨）的影响，往往都被记录在同一天发生（见表2-3～表2-5），实际两者之间大约有1～12小时的时间差，全部都是为嗅味发生早于水体发黑。

实验室判断湖泛水体的嗅觉变化，主要有无味、微臭、臭和浓臭四种程度上的差异，但当嗅觉感到"臭"的等级时，此时水体已经发黑（湖泛形成）。因此实际上，嗅觉对水体的感觉有程度差异时，此时不仅是湖泛风险的问题，而是即将发生湖泛（即发态），应以湖泛发生的级别进行评估。

12.4.2 视觉感官半定量评估湖泛发生状态

采用再悬浮装置（见图2-2）模拟藻源性湖泛过程中，从视觉可分辨差异上，先后出现过无色、灰、浅黑、黑色、深黑（见表 2-1），无色、微黄、浅黑、黑、深黑（见表 2-2 和表 3-4）和无色、微黄、灰、浅黑、黑、深黑（见表 2-3）3 种序列色差，从可区分度而言，最后一种序列最多（6 种），主要是同时包含了微黄和灰两种颜色。从发生颜色变化的时间差上分析，从微黄→灰为 1 天，灰→浅黑也为 1 天，未发现需要 2 天或 2 天以上的情况，这说明水体的微黄色或灰色出现，预示着高风险状态湖泛的实质性发生。即一旦湖水出现颜色（加深）的变化，水体已不是有没有险的问题，而是已进入湖泛的发生状态。水体在视觉分辨上的差异则是对湖泛发生程度级别的半定量判断。根据多次的室内模拟研究经验的总结，推荐将湖泛发生级别与视觉判断关系如表 12-13 所示。

表 12-13　湖泛发生级别与水体颜色的对应关系

	无色	黄色	灰色	淡黑色	黑色	深黑
湖泛发生级别	0	1	2	3	4	5

但在湖泛形成中，微黄和灰并非在一天的时间间隔内都可观察到（见表 3-4），从黄色→灰大约只需 0.5～1 天。在这一变化阶段，有机质和微生物参与下系统内氧化还原反应十分激烈，每时每刻都进行着高强度的反应，其中涉及与显黑物质（如 FeS）有关的致黑物组分在水柱中的还原层形成是其主要过程之一（见图 9-9）。在实际湖面上，视觉感官与嗅觉感官不同，如果不将水体采集出水面观察，是很难通过感官辨别出颜色间差异的。因此，对湖泛已发状态的发生级别的划分，需在避强光照射、白背景环境下对有机玻璃采水器管壁所观察的结果为准。对照表 12-13，给出水体湖泛发生级别。

12.4.3　巡查和水体遥感监测湖泛发生等级的定量评估

虽然逐日人工巡查监测和日报制度直接地掌握了藻源性湖泛敏感水域的风险状况，但湖泛发生的时间和空间的不确定性、持续时间相对短等特点，也增加了人工巡查的难度。同时，受固定巡查线路和巡查时间的影响，会使得在确定湖泛的位置，特别是发生范围（面积）上出现误差（李旭文等，2012a；张思敏，2016）。另外人工巡查的方法会浪费大量的人力、物力和财力，同时也无法做到长时间跟踪监测，只能获取湖某个区（甚至局部）的水环境信息，对于整个湖泊而言仍具有很大的局限性。水体遥感监测技术的应用，可对湖泊藻类和已发湖泛的大面积分布信息定量，甚至为湖泛进程中的风险状态提供评估和预警（孔繁翔等，2009；李佐琛等，2015a）。

湖泛形成过程中水体光学特性将发生明显变化，人们可从光学角度分析湖泛水体组分对湖泛遥感反射率的影响，通过建立的遥感影像中湖泛区域面积的算法模型，从而实现运用遥感技术手段定量监测湖泛现象的目的。1993 年有研究者开始利用遥感手段监测黑色水体，在 Landsat TM 影像上，成功地识别了新加坡一个河口的黑水区域（Nichol，1993）。何贤强等（2009）对长江口东南部海域的黑水水体进行测量分析，认为水体产生黑色的主要原因是由于低的颗粒物后向散射系数。自 2008 年来，在结合湖泛的现场监测和模拟分析成果下，采用遥感监测技术对太湖湖泛的定量监测，已逐步被专业人员广泛使用（李旭文等，2012a；李佐琛等，2015a；张思敏，2017）。遥感方法虽易受天气（云层）及低时间频率等影响，目前尚不能替代现场巡查，但因能较准确提供污染发生位置、面积和程度，以及可获得人不能到达的地方的水环境状况，可作为重要补充，使得湖泛监测系统更为完善。

湖泛的发生风险最主要的驱动因素就是活性藻体的死亡降解。第 2 章湖泛模拟研究表明，同样质量的鲜藻和死藻所产生的视觉变化完全不同（见表 2-5）。1000 g/m² 鲜藻量下，虽第 4～13 天出现微臭异味，但水柱全程视觉未见变化；而加入 1000 g/m² 的死亡藻体，自第 2 天起就出现变微臭异味，第 3 天水体已发黑，即形成湖泛。对大的空间尺度的湖泛风险评估及预警，就是要求能对藻体聚集区、水体中活性藻体和死藻降解产物的定量评估。藻体生长到一段时间后，会发生微生物作用下的死亡降解（冯胜等，2009），藻类的死亡必然产生出溶解性有机碳（DOC）或溶解性有机质（DOM）（Duan et al，2014；周永强等，2015）。天然湖泊水体中，有色可溶性有机物（CDOM）的来源主要有两类：一种类型是浮游植物自身降解带来的产物，另一种类型是来源于陆地地表。内源型的 CDOM 主要来自土壤和水生植物降解产物，由腐殖酸和富里酸等物质组成。湖泊中浮游植物（水华蓝藻）及沉水植物（马来眼子菜）微生物降解时，均能释放出极具活性的类蛋白荧光组分，只是藻源以类色氨酸组分为主，而草源以类酪氨酸为主（姚昕等，2014）。孙伟等（2018）研究藻体的光降解，形成类腐殖质、类色氨酸和类络氨酸等物质。在藻源性降解产物中很大一部分物质都属于 CDOM，因此是 DOM 的主要组成。

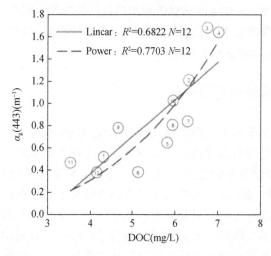

图 12-18　水体溶解性有机碳与 $\alpha_g(443)$ 的相关关系
（Duan 等，2014）

CDOM 是由不同大小分子量组成的物质，其中物质的组分难以确定，但吸收系数在短波处差异较大，其通常用 443 nm 处的吸收系数 $\alpha_g(443)$ 来表征 CDOM 的浓度，其值越大，表征对应样品中的有色可溶性有机物质浓度也就越高（Diaz et al，2008；Duan et al，2014）。李佐琛等（2015a）采用室内大型模拟装置模拟了湖泛发生过程，发现水体中的 CDOM 是重要光吸收物质，并确证随着湖泛的发生，$\alpha_g(443)$ 逐渐增加（图 12-18）。张思敏等（2016）对太湖一处湖泛黑臭发生区的 $\alpha_g(443)$ 分析，相比另外两个对照水体高出 2 倍左右，导致黑水团区域水体具有很低的遥感反射率，被人眼感知时呈现为黑色。由于 DCOM 的高吸收以及水体低的后向散射，对水体呈现的黑色产生显著贡献（段洪涛等，2014）。

Li 等（2022）研究了 254 nm 粒子 ［$\alpha_p(254)$］ 的吸收系数在评估水体黑色水平中的可能作用。对于 $\alpha_p(254)$ 小于 20 m⁻¹ 以下水域特征为无黑色；20～70 m⁻¹ 之间为浅黑色，大于 70 m⁻¹ 为深黑色。对 $\alpha_p(254)$ 和黑色水平的 SDD 的评估提供了一致的结果，但 $\alpha_p(254)$ 比 SDD 更客观。总之，这些发现为深入了解黑臭水体的机制提供了一种合理的方法。但在太湖实际湖泛区以及室内湖泛模拟过程中，湖泛黑臭现象并非在藻体全部死亡后发生，而是与藻类的死亡同时在进行（见表 2-5），甚至有些情况下，藻类在湖泛发生阶段还时有小幅增加

（申秋实，2011；李佐琛等，2015a，2015b）。一方面藻体分解成溶解性有机物之前风险就已经开始产生，即使产生的 DOM 或 CDOM 也并非全是湖泛中的黑色贡献物质，也即单纯只对水体的黑色（发黑）进行定量，不一定能正确评估出湖泛发生风险和发生程度。

叶绿素 a（Chl a）含量可反映湖水中活性藻体含量。采用大型实验装置模拟分析发现，水柱中叶绿素 a 含量出现了先增大后减小、再增大再减小的规律（图 12-19）。实验初期鲜藻被投放分散于营养、温度和溶氧等条件适宜的水柱中，即使藻密度已很高，仍能出现几天的快速生长过程，使得水柱中叶绿素 a 迅速增加；随着 DO 含量的下降，水体由好氧转为缺氧，藻类出现大量的死亡和分解，叶绿素 a 浓度急剧下降。藻死亡分解会产生营养物又可为残存的藻体提供生长的营养条件，在充足的营养物质下，濒死而未死的藻类再次出现快速繁殖，叶绿素 a 含量出现小幅度增加。若对湖泛模拟过程水柱按上下层采集水样分析，实际上湖泛发生后，水柱的上下层 Chl a 含量差异明显（申秋实等，2011）。活性藻体（Chl a 含量高）因需要接收氧含量和光照，趋向于上浮；衰弱的和半活性藻体则逐渐下沉，分布于下层，叶绿素 a 上层含量高，下层含量低（图 12-20）。

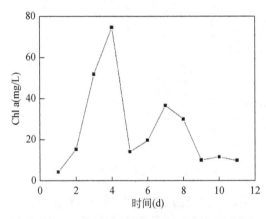
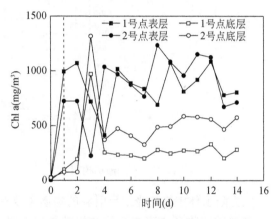

图 12-19　湖泛模拟中水体叶绿素 a 含量变化　　　图 12-20　湖泛模拟中水体上下层叶绿素 a 含量变化
（李佐琛等，2015a）　　　　　　　　　　　（申秋实等，2011）

刘国锋（2009）将太湖藻体按 5264 g/m^2（1#）和 7896 g/m^2（2#）进行湖泛模拟，结果显示，2#和 3#柱在第 6～7 天发生湖泛（1#柱未发生）。水体叶绿素 a 含量平行分析反映，所有水柱表层叶绿素 a 含量均呈稳定的下降趋势，而下层含量，1#和 2#柱叶绿素 a 含量全程几乎接近于零。但高藻量 3#柱，下层叶绿素 a 含量在第 3 天则开始逐步上升，反映在高藻量下，表层高密度藻体部分下沉到了底部（图 12-21）。分析湖泛均已发生的第 7 天，中藻量（2#）表层叶绿素 a 含量下降了 80%，高藻量（3#）表层仅下降了 58%，绝对值分别约下降了 1500 mg/m^3 和 1400 mg/m^3。其中到第 7 天时，高藻量下层的叶绿素 a 含量还上升至 700 mg/m^3 水平，结合上下层活性藻体量（叶绿素 a），即到湖泛发生时，中藻量剩余 14.5%、高藻量剩余 35.4%的活性藻体仍存活于"湖泛"水体中。

虽然可通过对水体有色可溶性物质（CDOM）α_g(443)进行湖泛状态的定量分析，但对湖泛发生风险的评估重点应是在湖泛未发生阶段，对图 12-21 而言则是中、高藻量聚集下，鲜活度从 100%下降至 14.5%、35.4%的过程中，而且在高藻量聚集下，下层还可能会有鲜藻沉降和累积，因此采用遥感方式定量评估湖泛形成风险，除需关注 443 nm 处的吸收系数的变化外，还应关注如何在藻类死亡沉降状态下，以及藻类降解产物的干扰下，对活性藻体（Chl a）的定量，以及 Chl a 在水柱中的降幅。

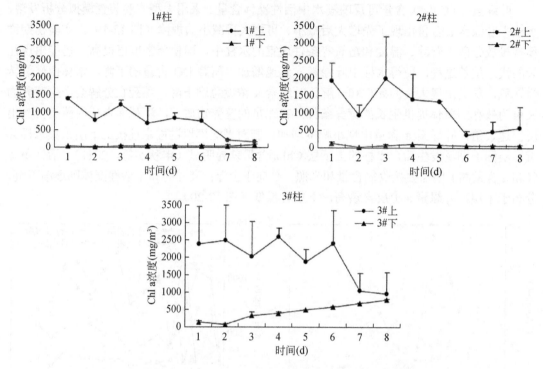

图 12-21   不同藻量模拟下上下层水体叶绿素 a 含量变化（刘国锋，2009）

内陆水体中影响光谱反射率的物质主要有 3 类：一是浮游植物，主要是各种藻类；二是由浮游植物死亡而产生的有机碎屑以及陆生或湖体底泥经再悬浮而产生的无机悬浮颗粒，总称为非色素悬浮物；三是由黄腐酸、腐殖酸等组成的溶解性有机物，通常称为黄色物质。叶绿素 a 在蓝波段的 440 nm 附近和红波段的 678 nm 附近都有显著的吸收，当藻类密度较高时，水体光谱反射曲线在这两个波段附近出现吸收峰值。550～570 nm 附近的绿反射峰值可作为叶绿素 a 定量标志，含藻类水体较显著的光谱特征是在 685～715 nm 出现反射峰，其位置和峰值是叶绿素 a 浓度的指示。

叶绿素是浮游植物色素（aph）组成中最主要种类。李佐琛等（2015a）在湖泛研究中对太湖 aph（665 nm）、叶绿素 a（Chl a）相关性分析表明，两者具有显著相关（$R^2=0.54$，$p<0.01$），但 aph(443) 和 Chl a 则仅呈弱相关性（$R^2=0.32$）。相关系数 aph(443)＜aph(665)，说明黑水团发生过程水体的浮游藻类吸收系数并不仅是由 Chl a 决定的，应该还有其他色素的影响。张思敏（2017b）将室内模拟与野外湖泛实测数据对比分析：在长波（380～700 nm）范围内湖泛中色素颗粒物吸收系数对总吸收的贡献率占主导作用，但在短波（350～380 nm）范围内 CDOM 对总吸收的贡献率高于色素颗粒物和非色素颗粒物的吸收系数。借助 Hydrolight 软件模拟湖泛形成中遥感反射率与后向散射变化认为：当藻体生物量（Chl a 浓

度）不断增加时，遥感反射率光谱曲线在可见光范围内呈不断降低趋势；在湖泛水体中，高的 CDOM 和 Chl a 浓度造成水体在可见光范围内的强吸收，低的无机悬浮物浓度造成水体低的后向散射，两者共同作用使得黑水团水体整体具有很低的遥感反射率。

　　湖泛水体的强还原环境，使水中的无机矿物质和部分有机物被还原分解，早期非色素颗粒物（SPIM）含量小，随着分解速率减小，SPIM 增大。张思敏等（2016）曾对 2015 年 7 月在太湖湖泛区、蓝藻水华区和清水区 3 处水域，结合水样分析比较了水体遥感反射率以及吸收特性，给出了各区域之间在水体总颗粒物、色素颗粒物、SPIM 吸收系数和 CDOM 吸收系数之间的相互关系。为了能将遥感技术将活体藻类、色素颗粒物、SPIM 和 CDOM 等对不同波长光的吸收系数相联系，并以期用于湖泛的预测，李佐琛等（2015b）利用 Hydrolight 和 CIE 颜色匹配函数模拟水体颜色，分析湖泛水色变化规律。研究反映，随着 Chl a 浓度由 0 mg/m^3 增大到 60 mg/m^3，水体颜色逐渐由棕色变为绿色，由长波向短波方向移动；随着藻体死亡降解 SPIM 浓度增大，水体颜色由短波向长波方向移动；当 SPIM 浓度增至 40 mg/L 时，水体颜色已呈现棕色（图 12-22）。当表征 CDOM 的 a_g（443）增至 6 m^{-1} 时，水体颜色逐渐变为棕色，达到 10 m^{-1} 之后呈现红棕色。

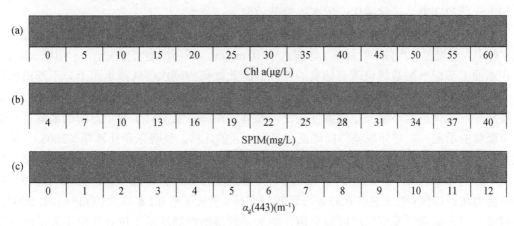

图 12-22　水色模拟（李佐琛等，2015b）

（a）Chl a 变化模拟；（b）SPIM 浓度变化模拟；（c）CDOM 变化模拟

第13章　聚藻区藻体打捞和高压处理对湖泛的预控作用

风险预控是指在危险源辨识和风险评估的基础上，预先采取措施消除或控制风险的过程。风险预控的措施都是在危险源正式暴露之前制定并开始执行措施的，按照应用阶段可划分为事先控制措施、接触控制措施和事后控制措施。2007年5月底至6月初间爆发于贡湖水源地的湖泛事件，使得有关太湖水环境和水生态保护工作的重点向藻源性湖泛预控方向转变。自2008年起，先后提出并实施或示范了一大批有关湖泛的预控项目，其中涉及监测预警、环保清淤、蓝藻打捞、调水引流、人工增雨、应急曝气、控源截污和生态修复等措施（张利民等，2011；袁萍和朱喜，2014；辛华荣等，2020）。多数项目和措施经过多年计划、运行和完善，已常态化，发挥出整体效能。

湖泛的形成首先需要水面形成高度聚集状的蓝藻水华，一般认为蓝藻水华是蓝藻在富营养化水体中大量增殖，水体中叶绿素a浓度大于10 mg/m³，或藻细胞密度大于1.5×10^7 cells/L，并在水面上形成一层蓝绿色或有恶臭的浮沫。因此如何控制水中（或水面上）不形成浓度大于10 mg/m³叶绿素a浓度，或藻细胞密度不大于1.5×10^7 cells/L聚集程度，将不会形成蓝藻水华，水体也就不会发生藻源性湖泛。藻体的聚集主要来自于两个方面的因素：一是原位藻体的增殖；二是异域藻体向湖泛（易发）区的迁移。吴晓东和孔繁翔（2008）、陈丙法等（2016）分别在太湖梅梁湾和巢湖西北湖湾对微囊藻细胞分裂频率研究发现，最大生长速率分别为0.37 d⁻¹和0.27 d⁻¹，相当于在3 d左右藻数量就可翻一番。蓝藻的这种快速增殖能力在近岸区（生长速率0.35 d⁻¹）远较敞水区（生长速率0.1 d⁻¹）大（Tsujimura，2004）。通过多年对太湖湖泛发生出现区域分析，绝大多数藻源性湖泛发生位置都位于近岸区（纪海婷等，2020）。另外，对于实际湖体藻体的聚集，难以区别藻体聚集区的生物质的增量是来自原位的增殖还是异域的迁移，因此对聚藻区藻体采用足够有效的人工移除方式来削减藻体聚集量，对藻源性湖泛的预控，将会是有效和必要的。

在太湖藻源性湖泛预控措施中，应用最多的是针对藻体的移除技术。移除是指对事物的移走和去除。在湖泊中，具有较高藻体聚集量区域一般处于局部水域，尤其是是近岸区。人为的方法就是针对藻体本身通过直接或间接的方法，使原水域中的藻含量或藻活性减少，或停留时间降低，或是在藻群体移动路径减少其聚集程度等，从而达到控制藻源性湖泛形成的目的。蓝藻的快速生长和规模性聚集都是可在数天之内发生，因此"挡、引、捞、控"并举成为蓝藻应急防控体系的主要工作内容（殷鹏等，2022）。为提高蓝藻打捞效果和控制范围，管理机构还制定了从近岸打捞向离岸设防转变、从固定打捞向机动打捞转变、从单一捞藻向防控结合转变的指导原则。在重点水域增设围隔导流设施和藻水打捞分离船，强化增氧曝气等技术装备支撑，提升湖泛防控水平。对于一些尚处于规模性示范和试验中的预控措施，仍需要继续完善和有效性甄别。

13.1　太湖湖泛预控的藻体打捞技术特点及有效性

针对蓝藻水华大规模暴发的问题，我国主要采取以蓝藻打捞为起点，以藻、水分离为核心的治理方法。2007 年无锡供水危机发生后，江苏省和无锡市政府组织开展了多种应急措施，其中蓝藻打捞因技术实用、效果直接，对水域无遗留和次生环境问题，成为没有争议的针对蓝藻治理的措施，得到了各方面专家一致肯定。湖泛主要就是因藻体的大量积聚而产生，因而藻体的打捞就是一种针对性强和最直接的藻源性污染控制方式。2008 年成立了太湖蓝藻打捞协调组，水利部门统筹太湖沿湖地区蓝藻打捞和处置工作。经过多年的运行，蓝藻打捞不仅成为太湖湖泛的主要控制手段，而且也成为太湖富营养化治理的重要组成部分（陆桂华和张建华，2011）。

蓝藻打捞是指采用人工或机械方法将蓝藻从水体中捞取出来，避免局部水域因过量聚集、死亡而形成黑臭，影响水体水质。对于湖泛已发区域，所有针对藻体的治理措施已失去意义，因此蓝藻打捞的目的主要在于预控性。太湖从早期的人工方式和分散组织，逐步融入机械化、自动化和信息化技术以及集湖泛预警的打捞组织体系，构建成"应急防控"和"日常打捞"双保障系统，在太湖"两个确保（确保饮用水安全、确保不发生大面积湖泛）"中发挥了重要作用，使得蓝藻打捞成为太湖湖泛治理中，连续应用时间最长的技术之一。

13.1.1　太湖蓝藻打捞组织形式及装备配置

2007 年太湖蓝藻湖泛灾害发生后，蓝藻打捞的目的转变为控制蓝藻暴发和湖泛黑臭，从而逐步纳入地方政府，有组织地管理。2007 年 5 月 21 日下午，当藻类大量聚集于梅梁湖（湖泛尚未发生）时，无锡市政府就通过《太湖蓝藻防治应急预案》，提出从预警、调水、打捞和拦截等方面，对蓝藻现状做出快速反应的应急措施，并组织大批群众开展蓝藻打捞工作，人工捞取湖湾港汊等近岸水域堆积的藻体（陆桂华和张建华，2011）。虽然当时打捞工具简陋，但通过人力密集性作业，效果较好，且无争议，被纳入国家和省部级蓝藻和湖泛防控的主要措施之一。并被明确：蓝藻打捞处置及湖泛巡查防控作为国务院《太湖流域水环境综合治理总体方案》以及《江苏省太湖湖泛应急预案》《江苏省太湖蓝藻暴发应急预案》中的太湖蓝藻、湖泛应急防控主要措施。2008 年起，该项工作由地方各级水利部门承担实施。

太湖环湖岸线全长 480.5 km，其中江苏段 420.5 km，自 2008 年 5 月开始，沿湖 8 个市（县区）建立了专业打捞队伍，逐步配备专业打捞和针对藻源性湖泛控制及应急装置。2018 年底江苏省环太湖蓝藻打捞能力为：打捞点（段）数量 120 个，打捞队伍 76 支，打捞总人数 1823 人，岸上吸藻泵 380 台，船用吸藻泵 165 台，蓝藻打捞船 408 条（殷鹏等，2019）。为积极应对太湖蓝藻暴发和水色异常（湖泛），加大预控和治理的投入，截至 2020 年，江苏省太湖沿岸已组织有 125 个蓝藻打捞点（段），其中无锡市 71 个（其中市区 38 个，宜兴市 33 个）、常州市 4 个、苏州市 50 个，绝大多数位于太湖岸边（图 13-1）。共组织有蓝藻各打捞人员 4063 人，吸藻泵 244 台，1645 只打捞船（其中近 200 只机械船）、曝气船/泵 63 台套和应急船 1285 只（表 13-1）。

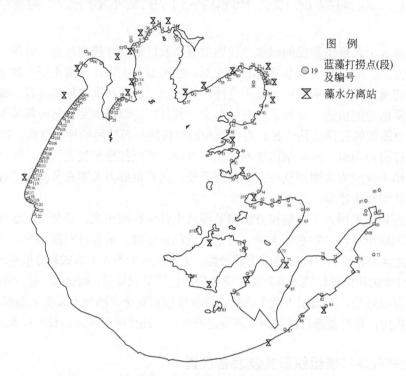

图 13-1　太湖蓝藻打捞点及藻水分离站分布（2022 年）

表 13-1　太湖蓝藻各打捞点人员和装备数量（2022 年）

序号	打捞点（段）名称	打捞人员	吸藻泵	打捞船 人工	打捞船 机械	曝气船/泵	应急船	序号	打捞点（段）名称	打捞人员	吸藻泵	打捞船 人工	打捞船 机械	曝气船/泵	应急船
1	杨干港、壬子港	24	4	3			3	13	千波桥、古竹运河	34	9	9			6
2	庙港-黄泥田港	31	5	4			3	14	檀溪湾	8	1				
3	喇叭口、南大堤二号站	33	7	4			1	15	上海纺工	12	2				
4	大箕山咀	15	3	1			1	16	东泉湾	8	1				
5	姚湾	15	3	2			1	17	月亮湾	43	8	7			
6	华藏	10	4	2			1	18	灵湖码头	11	2				6
7	杨湾	22	4	2			1	19	七里堤嶂青段	8	1				
8	三湾、胶片厂	10	3	1			1	20	七里堤和平段	8	1				
9	闾江口	11	2					21	七里堤元一段	8	1				
10	闾江口大堤	7						22	七里堤西村段	8	1				
11	北闸口	16	2					23	万丰湾	11					
12	武进港	18	9	8			5	24	新开港	7	2	1			

续表

序号	打捞点（段）名称	打捞人员	吸藻泵	打捞船 人工	打捞船 机械	曝气船/泵	应急船	序号	打捞点（段）名称	打捞人员	吸藻泵	打捞船 人工	打捞船 机械	曝气船/泵	应急船
25	大溪港	9	3	2		1		58	新天地	54		35	2		8
26	六步港	11	2	1		1		59	苏州水厂	16		8	1		10
27	高墩港	5	1	1				60	胥山镇	16		8	1		10
28	湿地公园	5	1	1				61	姚家村	26		13	1		5
29	锡东水厂沿岸	10	4	2				62	渔洋码头	54		35	2		8
30	望虞河	4	1	1				63	文化论坛	54		35	2		8
31	小溪港	4	5	2		4		64	大鲶鱼口	20		10	1		10
32	许仙港	4	2					65	寺前港闸	16		8	1		10
33	张桥港	4	3					66	西塘河口	42		8	2		20
34	管社山庄	12	4					67	横山岛	246		107	3		30
35	鼋头渚（市委党校）	36	9					68	江兴西路	42		8	2		20
36	十八湾区域	60	9					69	松陵大桥	42		8	2		20
37	南泉水厂沿岸	12	10		2	16		70	临湖镇	26		13	1		5
38	锡东水厂取水口	10	4		2	9		71	花园道路	40		6			18
39	仁巷港闸	6		2	1			72	尧太河桥道路	2		1	1		1
40	田鸡港桥	24		15	8		18	73	元山码头	246		107	3		30
41	金墅港桥	24		15	8		18	74	后堡江	246		107	3		30
42	马山游客中心	64		26	1		11	75	石滨路段	15		9	1		11
43	濮舍	64		26	1		11	76	云龙西路	42		8	2		20
44	朱家村	7		12	2		10	77	大缺港	118		59	3		20
45	石帆港	64		26	1		11	78	军运港	42		8	2		20
46	杵山避风港	64		26	1		11	79	北箭湖	118		59	3		20
47	南山	68		28	3		8	80	乌龟山	246		107	3		30
48	三洋	64		26	1		11	81	白浮门	118		59	3		20
49	安山	68		28	3		8	82	朱家港闸	42		8	2		20
50	窑上	68		28	3		8	83	三山岛景区	118		58	3		20
51	大趾头	64		26	1		11	84	横扇街道	42		8	2		20
52	潭东	68		28	3		8	85	亭子港桥	42		8	2		20
53	南山公园	68		28	3		8	86	庙港桥	42		8	2		20
54	长沙叶山	54		35	2		8	87	七都段	42		8	2		20
55	蓝藻监测站	54		35	2		8	88	浪沙滨	16		2	1		
56	大风车	54		35	2		8	89	凌波桥	16		5			
57	小石湖区域	15		9	1		11	90	百渎湿地	16		5			

序号	打捞点（段）名称	打捞人员	吸藻泵	打捞船 人工	打捞船 机械	曝气船/泵	应急船	序号	打捞点（段）名称	打捞人员	吸藻泵	打捞船 人工	打捞船 机械	曝气船/泵	应急船
91	太滆港	16			5			108	城东港	8	2				
92	武进港内	20			4			109	大浦港	4	2				
93	小泾港	12	5					110	林庄港	6	4				
94	符渎港	6	12					111	朱渎港	4	4				
95	欧渎港	6	2					112	黄渎港	4	4				
96	邾渎港	6	2					113	庙渎港	4	4				
97	和渎港	6	2					114	双桥港	4	4				
98	师渎港	8	3					115	八房港	5	4				
99	王干港	7	2	1				116	定化港	6	6				
100	旧渎港	12	4					117	乌溪港	6	2				
101	洋溪港	11	4					118	南黄渎	3	2				
102	新渎港	4	2					119	居渎港	3	2				
103	中新村	23	8					120	兰佑港	3	3				
104	茭渎港	17	6					121	新港	7	2				
105	杜渎港	15	4					122	大港	7	2				
106	官渎港	16	4						合计	4063	244[1] / 1645[2]	142	19	63	1285
107	洪巷港	15	4												

①仁巷港闸到渔洋码头间打捞点吸泥泵没有统计入；②部分打捞船没有注明人工和机械性质。

环太湖蓝藻打捞点全部实现机械化打捞船、专用化打捞泵作业，极大提高了打捞效率，最大日打捞量达 5.5 万 t。根据 2019 年初统计，全湖共设有蓝藻打捞点（段）120 个，蓝藻打捞队伍 76 只，打捞人员 1800 余人，岸上吸藻泵 380 套，船用吸藻泵 165 套，打捞船 400 余艘。

13.1.2　蓝藻打捞技术特点

蓝藻打捞是学术界最没有争议的方法之一，这种方法不但可以除藻还可以减少湖泊内氮磷等污染物，是一项标本兼治的重要治理措施。太湖藻类的沿岸打捞在 20 世纪 60 年代时就有，主要是由地方组织和群众自发的分散组织行为，采用的是勺舀瓢取的极简易人工方式，打捞的主要目的是利用蓝藻作为集体农田或农家肥料。随着人工成本的增大，水藻机械打捞技术越来越受到重视。我国的除蓝藻技术发展于 20 世纪 90 年代，在"九五"期间研制出第一艘捞藻船"太湖一号"，该船既能够实现藻体收集，也能够初步实现分离。随着 2007 年太湖蓝藻暴发和湖泛灾害事件的发生，极大地促进了蓝藻打捞技术的应用和发展。各种快速、高效的机械化蓝藻打捞方式应运而生。经过 10 多年的装备技术的进步和机动性和实用性比较，涉及前端的蓝藻打捞技术为：蓝藻浓集技术和蓝藻采吸技术。

1. 蓝藻浓集技术

无论是固定式抽吸或是移动式打捞，其作业对象均是漂浮在湖面的蓝藻。由于风向和湖流方向的不稳定性，完全依赖风和湖流的推移是很难在预设的蓝藻打捞区形成藻体的持续性聚积。因此欲高效地在打捞区获得较高浓度藻体，以便将蓝藻吸取出湖体，一般都需要在湖面人为建设固定设施浓集蓝藻。蓝藻会受盛行风或稳定风向的驱使，向迎风向岸边汇聚，但是作业区范围通常不可过大（会产生无效作业距离），另一方面作业区的蓝藻并不总是呈高度聚集状，需要采用围隔引导技术将漂浮的藻体通过导流引入到指定的作业区内，增加藻体在单位水体的聚集量或浓度，以达到高效打捞条件。围隔技术源自于 20 世纪 80 年代初的太湖渔业围网养殖技术（高爵一，1990）；80～90 年代主要应用于水生植物种植（马剑敏等，1997）；21 世纪初起开始应用于蓝藻的拦截（李文朝等，2007）。

几乎所有应用于蓝藻打捞作业的围隔均采用软围隔方式。软围隔的基本结构由裙体、浮体和重物三部分构成（图 13-2）。

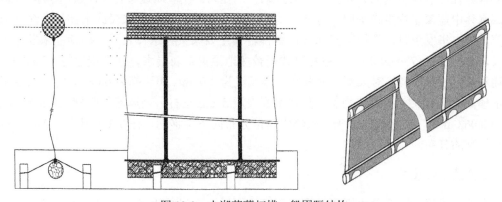

图 13-2 太湖蓝藻打捞一般围隔结构

左图：引自李文朝等（2007）；右图：引自蒋建平等（2020）

在湖泊中风力和风向是决定水体流速和流向的最主要因素，因此太湖迎风湖岸区将会接受来自开阔水域漂移的藻类进入，从而导致区域藻类大量堆积。由于围隔所建区域大多为下风向、吹程长、风浪较大；再加上有些区域靠近岸边（混凝土湖堤），反射波影响大。但围隔裙体是由高强度的柔软材料制作而成，除普遍具有抗风性和透水性外，还具有良好的乘波性和抗拉强度。根据水面放置形态和长度要求，导藻围隔多由若干节拼接而成，节与节之间通过绳索或铁链相互连接。在湖面根据风向、以往该区域聚藻量情况、固定船的位置、移动打捞船只数量等，往往拼接成弧形、V 字形（图 13-3 左）或 U 字形。根据蓝藻打捞区的分布位置、受波浪影响强弱、沿岸流速的大小等，对于单层围隔蓝藻导流效率低的区域，还可采用双层围隔方式（图 13-3 右）。一方面，对单层围隔因风浪湖流造成藻体翻越浮体形成逃逸；另一方面，增加围隔对波浪的抗拉扯强度。

软围堰易于展开和回收；高浮沉比率和良好的静力学及动力学稳定性；良好的流体力学特性；密实、不阻塞、易于水洗；其结合部件能抗紫外线、抗水解、抗磨损、抗穿刺。此外，围堰材质还够应付由于作业环境造成的结构上的加载（侯樱等，2017）。

图 13-3　太湖蓝藻打捞围隔 V 字形态（左）和双层围隔（右）

藻体在岸边或局部水域的大量聚集，此时湖泛的风险已经产生。为对藻源性湖泛易发区进行更为有效的预控，实际上很多打捞作业是在水面已出现一定量的蓝藻水华或是其正处于聚集过程中，但尚未达到规模性聚集状态。作为我国典型浅碟型湖泊，蓝藻生物量及其群体粒径在水体中垂向分布受水动力扰动影响显著。在低风速条件下（风速小于 3 m/s），太湖水体中蓝藻生物量在垂向上分布不均匀，其垂直分布剖线在水表或水柱某一深度形成峰值，当水华发生时，直径>75 μm 的蓝藻群体主要聚集在水体表层；即使在未发生水华阶段，大粒径（175～250 μm）蓝藻群体仍较多地聚集于表层水体（李俊达等，2022）。孔繁翔和宋立荣（2011）对太湖研究发现，当风浪为 2.0 m/s 和波高为 0.04 m 时，微囊藻形成水华，大约有 37% 的总生物量聚集在水面表层 5 cm 左右；当风速加强到 3.1 m/s、波高达到 0.062 m 时，表层水华消失，蓝藻生物量分布向下层移动，在 0.3 m 甚至 1.0 m 左右处均有较高的分布。

2. 蓝藻采吸技术

在蓝藻积聚期间或是由围隔被聚集于打捞区域后，只需用蓝藻吸提技术便可对藻体进行收集，但是已经形成蓝藻规模性聚集时，由于蓝藻和水的流体之间的黏性，运动快的流层对运动慢的流层施以拉力；流动慢的流层对运动快的流层施以阻力（内摩擦力）。不同的流体，其黏性（或流动性）差别很大。由于藻的流动性比水大很多，当用泵抽藻水时，下层的水很更容易被泵抽上来，而藻很少；如果光抽藻，流动性又很差，影响抽藻效率，因此在将藻体采集之前，需要使得其在采集区域或断面达到足够的浓度。为获得足够高的蓝藻打捞效率，将涉及针对水体表层高浓度藻水的采集方法、技术和装备（侯樱等，2017）。其中吸藻泵、藻体吸头和打捞船是湖泊蓝藻采吸技术中最主要的关键装备。

1）吸藻泵

蓝藻的尺寸大小约为 2～5 μm，黏稠度很高，普通的泥浆吸取设备并不能对藻体有效吸取。据殷鹏等（2019）2019 年初统计，全湖共设有岸上吸藻泵 380 套，船用吸藻泵 165 套。水泵是输送液体或使液体增压的机械。它将原动机的机械能或其他外部能量传送给液体，使液体能量增加，主要用来输送液体，包括水、油、酸碱液、乳化液、悬乳液和液态金属等。根据不同的工作原理可分为容积泵、叶片泵等类型。容积泵是利用其工作室容积的变化来传递能量；叶片泵是利用回转叶片与水的相互作用来传递能量。目前在太湖使用的吸藻泵都属于容积泵，主要有潜水泵、泥浆泵、转子泵和螺杆泵（表 13-2），有离心泵、轴流泵和混流泵等类型。

表 13-2　常用吸藻泵的原理和性能

类型	工作原理	主要种类	自吸	扬程	流量	效率	优缺点
潜水泵	叶轮高速旋转，带动液体旋转，在离心的作用下，高速旋转的液体飞离叶轮向外抛出，甩出的液体在泵壳扩散室内速度逐渐变慢，压力逐渐增加，然后从泵出口排出管流出	SSP-WQB 潜水泵	—	51 m	560 m³/h	—	防缠绕、无堵塞，移动性好，适合应急；但易将藻体碎化，不利脱水减容
泥浆泵	由动力机带动泵的曲轴回转，曲轴通过十字头再带动活塞或柱塞在泵缸中做往复运动。在吸入和排出阀的交替作用下，实现压送与循环冲洗目的	WT40HX 本田泥浆泵（4寸本田重力污水泵）	8 m	31 m	120 m³/h	80%	体积小，无需外接电源，操作简单；但易将藻体碎化，不利脱水减容
转子泵	借助于工作腔中的多个固定容积输送单位的周期性变化，将机械直接转化压力能，达到输送流体的目的	FCLZ125 控藻泵	8.7 m	210 m	0.5～3700 m³/h	75%～80%	耐腐蚀，可适用高黏性，应用广泛；不易打碎蓝藻，价格较高
螺杆泵	利用螺旋叶片的旋转，使水体沿轴向螺旋形上升或向前，对流体形成连续不断输送的目的	G50-2 螺杆泵	5.0 m	120 m	20 m³/h	80%	耐腐蚀，可适用黏性流体，不易打碎蓝藻；不可干运转，价格较高

2）藻体吸头

针对不同藻体浓度和不同打捞区域，需采用不同的藻体吸头。如在藻类水华暴发期岸边藻体处于高浓度状态时，此时通常藻体堆积厚、密度高，需采用大流量藻体吸头；对于近岸浅水区、芦苇密集区内以及船侧藻体的打捞，则采用漂浮式和手持式吸头打捞。用于岸边的大流量蓝藻吸头的吸藻能力可达到 ≥50 m³/h（A 型）和 ≥130 m³/h（B 型）；针对边角水域藻体打捞的漂浮式吸头，其吸藻能力为 ≥25 m³/h；用于芦苇区的手持式吸头，对藻体的吸取能力约 ≥15 m³/h。

无论采用哪种方式都将考虑在确定的打捞环境下，尽可能高效地通过抽吸表层藻水而采集更多的藻体。人们先后研制出围堰式（图 13-4）、鸭嘴式（图 13-5）、漂浮式（图 13-6）和喇叭口式（图 13-7）四种主要移动式吸头（侯樱等，2017），其中喇叭口式吸头在实际捞藻船船载装备中使用相对较多。

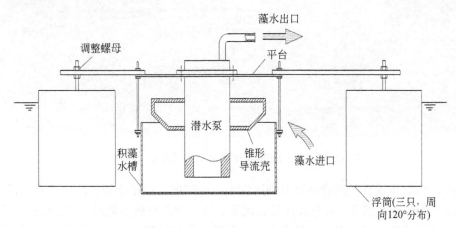

图 13-4　围堰式吸头示意图（侯樱等，2017）

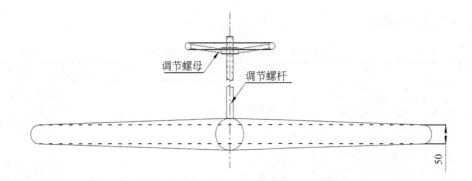

图 13-5 鸭嘴式吸头示意图（侯樱等，2017）

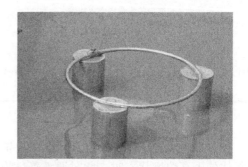

图 13-6 漂浮式吸头实物图（侯樱等，2017）

图 13-7 喇叭口式吸头半成品图（侯樱等，2017）

另外，针对蓝藻暴发高峰期部分湖区大量、高浓度、超厚堆积蓝藻打捞及蓝藻转运、输送需求，因时因地制宜，开发大流量蓝藻吸头进行应急打捞及输送，如悬挂式、漂浮式、自吸式等藻水采集装置。在满足其安全性和防堵塞性能的基础上，根据不同的蓝藻厚度而调节吸取流量，提高藻水采集效果。此外，针对不同藻水浓度及湖面、湖岸复杂环境，完成多种船载固定式藻水采集装置研发及试验（图 13-8），考察其吸藻浓度，通过改变吸头构型、喇叭口布局、设置深度等，提高藻水采集效率。同时，针对船载要求，开发的固定式藻水采集装置还需要具备灵活收放、高度可调节，并与船体具备良好的匹配，以满足航行及作业不同要求。如简易型船载采集装置：大喇叭口摆放在双体船的中间，船体在波浪中发生纵摇时，总是绕船舯转动，这样船舯的高度几乎不变。喇叭口支架固定在船舯，这样大喇叭口所在水层的位置就能得以保证。

船载固定型

船载简易型

图 13-8　两种船载型藻水收集装置

3）打捞船

机械打捞是一种常用的蓝藻水华处理方法，它通过使用专业的船只和设备，将水体中的蓝藻集中到一起，然后利用机械设备将其捞取出水面。这种方法适用于蓝藻浓度较高的水域，可以迅速直接地清除蓝藻，改善水质。太湖蓝藻打捞船主要有 3 种类型：吸取型、分离型和综合型。

（1）吸取型蓝藻打捞船。水动力打捞法实际上是一种机械打捞的前端辅助方法，即利用水流动力将蓝藻导向指定位置，有利于藻体取出的方法。通过改变水流方向、速度和压力等参数，将蓝藻推向水体的一侧或水面上，然后再利用人工或机械设备将其捞出（图 13-9）。

（2）分离型蓝藻打捞船。一般为单体结构的双体玻璃钢船型，具有机动、高效的特点。主要由船体、推进动力、电源、蓝藻分离等固定设备几部分组成，另外用于蓝藻收集的装置主要有可升降吸藻头、吸藻泵、滚动筛（或旋转筛）及藻水舱等。分离型蓝藻打捞船的主要流程为：藻水采集→藻水分离→藻浆收集，藻水经吸藻头由吸藻泵输送至缓冲水箱再流入滚动筛（或旋转筛），进行藻水分离，滤出清水由专用管路排出，浓藻水则由收集装置流入藻水舱，再由吸藻泵排出舷外供后续作业用。

分离型蓝藻打捞船，不同的生产厂家和型号技术参数差别很大，主要体现在藻水的处理能力和处理后藻渣的含水率方面，如"太湖生态岛消夏号"分离型蓝藻打捞船（图 13-10）。为提高藻水处理效率，吸藻泵将藻水吸提至船体缓存池后，首先拦截过滤掉大颗粒杂质，然后混合药剂进入脱水机絮凝混合槽，形成藻渣。藻渣经过水面浮力进入椭叠机进行渣、水分离。浊液返回缓存池循环处理，去除蓝藻的清水返回水体，压缩后的藻渣外运处置。

该型号打捞船藻水处置量为 80 t/h，每天可打捞出的藻渣≥5 t。

图 13-9　吸取型蓝藻打捞船

图 13-10　分离型蓝藻打捞船

（3）综合型蓝藻打捞船。综合型蓝藻打捞船是将藻水采集、浓缩和藻体减容全流程作业而设计的，不仅满足一般水域的蓝藻高效打捞，而且可移动式地对藻水进行有效浓缩，同时还可对浓缩的（新鲜）藻体进行减量化甚至干化，以减轻和减去水陆转运及在岸上的处理作业的难度和过程。一般涉及的工艺流程为：藻水采集→藻水分离→藻浆收集→减容（→干化）。该类船由于是对分离型蓝藻打捞船的升级，增加了末端处理（减容）工艺程序，因此主要是对一些难以设置或无需设置藻水分离设置的湖区，具有实际应用价值。

太湖武进港购入的"蓝天一号"综合型蓝藻打捞船（长 36 m、宽 9 m，图 13-11），由船体、藻水分离模块和尾水净化模块等组成，将打捞点的蓝藻通过软管吸进船舱，采用快速絮凝、高效分离、带式压滤及溶气气浮等技术，处理藻水能力≥200 m³/h，最大藻泥产出量 6 t/d，藻泥含水率 90% 以下，净化处理的排放水外观无色、透明，明显优于原水，可直接排放。

13.1.3　太湖藻体打捞量及预控效果

图 13-11　综合型蓝藻打捞船

太湖蓝藻打捞是防止蓝藻在近岸堆积发臭、引发湖泛灾害的重要措施。据殷鹏等（2022）分析：2021 年全湖累计打捞蓝藻 213 万 t，其中无锡市区 107 万 t、宜兴市 73 万 t、常州市武进区 21 万 t、苏州市 12 万 t。在 2021 年度蓝藻水华面积和湖体蓝藻生物量均有所降低的情况下，2021 年蓝藻打捞量比 2020 年提高 5%，较"十三五"期间年均值提高 8.8%。蓝藻打捞也直接削减了湖体内的营养物质，相当于减少湖体内的 1000 t 氮、200 t 磷。蓝藻打捞量的提升主要有两方面原因，一方面是环湖各地打捞能力的不断提升，从源头打捞，到中端藻水分离，再到末端藻泥资源化利用及无害化处置，能力均有不同程度的提升。特别是作为蓝藻打捞处置能力较为薄弱的宜兴市，通过提升藻水处置分离能力，2021 年蓝藻打捞量同比提升了 26.7%。另一方面是蓝藻打捞处置监管力度的加强，江苏省水利厅派出督查组，在蓝藻打捞高峰期，实施不间断的驻点督查，大力强化了地方蓝藻打捞责任的落实。

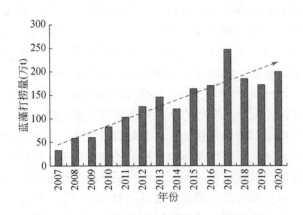

图 13-12　太湖蓝藻打捞量逐年变化（2007～2020年）（殷鹏等，2022）

据估算，2015 年环太湖共建造或配置藻水分离站 18 座，2007～2015 年太湖周边城市共打捞藻水 850 万 m³（含藻率 0.5%），相当于清除蓝藻干物质 4.25 t。太湖蓝藻含氮、磷分别为 6.7%、0.68%，相应分别清除 2850 t、290 t。另据殷鹏等（2022）统计，蓝藻年打捞量（鲜藻）从 2008 年的 60 万 t 已提升至 2020 年的 200 余万吨（图 13-12），2007 年以来，全湖累计打捞蓝藻 1900 万 t，相当于减少湖体 8500 t 氮和 1900 t 磷。

蓝藻打捞是防止蓝藻在近岸堆积引发湖泛的重要措施，但是并不能从根本上遏制蓝藻暴发。根据测算，太湖年蓝藻打捞量约为太湖年生成蓝藻数量的 2%～4%。遇到蓝藻水华高峰期，蓝藻打捞处置能力明显不足，但是大幅度提升蓝藻打捞处置能力不仅投资巨大，也会造成设施长时间闲置，并带来高昂的养护成本。但集中于每年 4～10 月对湖泛易发区聚集性藻体进行高效打捞，仍可能是太湖藻源性湖泛控制的有效手段之一。随着相关科技成果的产生，这项例行性和规模性生态环境保护工作应在更加科学和合理的指导下进行。

13.2 湖泛预控的蓝藻打捞方式及其优化

太湖藻体的打捞由人工岸边打捞逐步发展到固定式和移动式设备打捞、专业船只打捞。人工打捞就是用勺或孔径细小的网，将聚集于岸边的漂浮于水面上的藻体从湖体取出；固定式设备打捞是依托岸边或近岸固定平台，采用吸水泵或吸泥泵将圈围的高含量藻水从湖体抽出；移动式设备打捞也具有固定平台，但平台可以自由移动，到达指定（通常是岸边）聚藻区后，抽吸的藻水通过运输船输送出水体；专业船只打捞也叫捞藻船打捞，是在到达藻类密集区后通过捞藻船移动及吸藻装置的配合，将藻水吸入船体或输送到伴随的储藻船，既可近岸区也可敞水区实施藻类的打捞。移动式设备和捞藻船打捞因具有较高的主动性并适应藻类聚集位置的不确定性，故极大地提高了藻体打捞效率。2008 年全年出行打捞船 1.1 万只（次）、打捞人员 43351 人次，打捞蓝藻 9.7 万 t；2013 年出动打捞人员 161036 人次，打捞蓝藻 129.4 万 t，较好地保障了水源地的供水安全。

但是以湖泛控制为主要目的的水质保障，多还是以几乎不计成本的投入换来的。在掌握先进的打捞技术基础上，如何科学地指导藻类的打捞，防止湖泛的发生是今后研究的重要课题之一。已有的研究发现，藻源性湖泛的发生，既需要湖区有足够的聚藻量，还需要有足够的聚藻时间。在太湖藻类打捞控制湖泛的成本中，人和船的使用数和出行次数是其主要因素。既然打捞人员装备的安排、船只出港以及设备运转的频繁程度是成本支出的主要方面，那么现有的打捞人员安排和打捞船只出港频率以及设备运转模式是否合理？在多个局部（通常岸边）湖区出现藻类大量聚集应如何调度安排？在藻类高密度聚集的湖泛易发区，控制湖泛发生的合适打捞频次应是多少等等？这些问题显然是需要依据相关的研究才能做出正确回答的。本节针对我国太湖、巢湖、滇池等许多藻类打捞湖泊尚缺乏打捞方式的研究，拟通过研究较高聚集藻量下，不同频率和不同方式打捞对藻源性湖泛的控制效果及其过程，为太湖乃至其他实施蓝藻打捞控制湖泛黑臭的湖面管理提供决策依据。

打捞频率是指单位时间打捞次数。在湖面实施的打捞作业，具体打捞量往往受到需要打捞面积的影响，而打捞面积又取决于适宜风速下异地藻体向打捞区的移动速率、聚藻区水体湖流大小和方向以及本底水体中藻体的增殖状况等，因此每次出船移动打捞或围隔水域单位时间固定打捞的量不完全相同，即对打捞区藻体消减的量或比例难以确定。但是，若以每天打捞次数或是以若干天打捞一次的打捞频率方式将可以作为藻体打捞方式的优化方向。打捞方式则根据太湖藻类实际采用的藻水采集和捞取装置的使用情况模拟，主要有抽吸式打捞和铲式打捞两种（图 13-4～图 13-8）。

13.2.1 藻体打捞频率对湖泛控制效果

1. 藻体打捞频率模拟

藻体打捞控制湖泛效果实验在室内利用 Y 装置进行。具体实验方法为通过模拟自然状态下藻体的不断聚集和人工的不断打捞过程，在设定不同的打捞频率下干扰湖泛的发生过程，研究藻体打捞对其控制效果。前期研究表明，装置模拟月亮湾藻源性湖泛只需 50 g 太湖新鲜藻体（25℃±1℃），约 3 天就会出现湖泛（刘国锋，2009）。

向装有月亮湾底泥和上覆水的大型模拟装置中加入 50 g 太湖鲜藻（折合干物质 3～4 g），在 25℃±1℃时进行藻体降解的缺氧和厌氧过程培养。邵世光等（2016）以太湖捞藻船现有的机械打捞频率大致在 2 次/天 ～1 次/5 天之间（陆桂华和张建华，2011）为参考，将藻类聚集速率设定为 25 g/d［折算到水面为 2.5 kg/(m²·d)］，试验设 7 组，分别为对照组（无打捞）、1 组（1 次/天）、2 组（1 次/2 天）、3 组（1 次/3 天）、4 组（1 次/4 天）、5 组（1 次/5 天）、6 组（1 次/6 天），以涵盖实际蓝藻打捞出船频率。

原位柱状沉积物样品采用上顶法于装置下部装入，备用水样采用虹吸法从装置的侧部取样口，无扰动缓缓注入，直至柱子中水深与实际湖水深度（约 1.85 m）相等为止。静置 24 h 后开动上下部扰动装置，完成一个风速运转周期（6 h）后再静置 24 h。于每天 17：00 自装置的上门向水柱中加入经低速离心后的新鲜藻体细胞 25 g（首次加藻时间指定为 0 d），模拟藻体在局部湖区的多次聚集。根据太湖平均风情（3～4 m/s）模拟表层水体及水柱大致处于太湖常见水动力环境，并完成一个风速运转周期（6 h）后再静置 24 h 方式启动或关闭装置。试验期间（0～6 d）测定水柱上覆水中 DO、E_h 和 pH，采集沉积物-水界面以上 90 cm 处上覆水，0.45 μm 滤膜过滤，保存和分析 Fe^{2+}、S^{2-}、NH_4^+-N 和 PO_4^{3-}-P 含量。自第 1 天起，用网兜（150 目，孔径约 100 μm）捞取 0～10 cm 水层漂浮藻体，模拟湖面船只蓝藻打捞作业。

为使装置中的管柱水体在 4～6 天时间内发生湖泛（视觉上发黑），从 0 天起，每天向管柱中加入 25 g 经离心（1000 r/min，10 min）后的鲜藻（折算到水面为 2.5 kg/m² 标准），模拟藻体在局部湖区的多次聚集。以保证即使至第 6 天，管柱中最多聚集 150 g 鲜藻（折算到水面藻体聚集情况约为 15 kg/m²），以满足水柱中的聚藻量基本处于太湖北部迎风岸区极端状态。

藻体打捞频率设定：现有的机械打捞频率是不固定的，但大致在 2 次/天～1 次/5 天之间（邵世光，2015），考虑到实验管柱的 3 平行对管柱数量的要求，以及即使高量聚藻在 2 天之内也不可能发生湖泛的已有实验结论（见表 2-3 和表 2-4），设计了 1 次/天、1 次/2 天、1 次/3 天、1 次/4 天、1 次/5 天和 1 次/6 天和无打捞（对照）7 个藻类打捞频率。自第 1 天起，于每天 10：00 用自制网兜模拟湖面船只打捞作业，打捞水体上层 0～10 cm 内所有漂浮藻体。

2. 藻体打捞对湖泛发生时间影响

藻体打捞实验研究发现，除了频率 1 次/天和 1 次/2 天外，其他所有处理均在实验的 6 天里发生了湖泛（发黑）现象（表 13-3）。其中无打捞对照和 1 次/3 天打捞频率发生湖泛的所需时间为 4 天和 6 天，1 次/4 天～1 次/6 天打捞处理湖泛发生所需时间在 5～6 天之间。

湖泛形成过程可通过视觉和嗅觉感受，一般嗅觉差异先于视觉。所有的藻体打捞处理，第 1～2 天，所有水柱均没有嗅觉差异，视觉变化也仅有无打捞对照水柱出现微黄色，即前两天无论是否打捞，对人的感官而言差异不大。但从第 3 天开始，对照组出现臭味（湖泛前兆），并且水柱下部发灰色，透光性也变差；打捞频率 1 次/6 天处理组，水柱变微黄。第

4 天对照组水柱散发臭味并发黑（湖泛形成），而 1 次/5 天和 1 次/6 天处理水柱也出现湖泛前兆（下层变灰）；第 5 天时 1 次/4 天～1 次/6 天打捞频率水柱中也发生湖泛现象（淡黑、微臭）。第 6 天，打捞频率较高的 1 次/天水柱也出现了典型的湖泛发黑发臭现象（表 13-3）。

表 13-3　不同打捞频率下嗅觉和视觉变化

打捞频率		1 次/天	1 次/2 天	1 次/3 天	1 次/4 天	1 次/5 天	1 次/6 天	无打捞
嗅觉（味）	第 1 天	无	无	无	无	无	无	无
	第 2 天	无	无	无	无	无	无	无
	第 3 天	无	无	无	无	无	无	臭味
	第 4 天	无	无	无	无	无	微臭	浓臭
	第 5 天	无	无	无	微臭	臭	臭	浓臭
	第 6 天	无	无	臭	臭	浓臭	浓臭	浓臭
视觉（颜色）	第 1 天	绿色	绿色	绿色	绿色	绿色	绿色	绿色
	第 2 天	绿色	绿色	绿色	绿色	绿色	绿色	微黄
	第 3 天	绿色	绿色	微黄	微黄	微黄	微黄	灰（下层）
	第 4 天	绿色	黄色	黄	黄	灰（下层）	灰（下层）	黑
	第 5 天	黄色	黄色	灰	淡黑	淡黑	黑	黑
	第 6 天	黄色	黄色	黑	黑	黑	深黑	深黑

3. 藻体打捞对水体氧化还原电位影响

图 13-13 为实验中无打捞组与 1 次/天、1 次/2 天、1 次/3 天的上覆水 DO 变化情况。不同打捞频率对水体 DO 的影响存在差异，打捞频率越高 DO 含量降低的幅度越小，1 次/天打捞频率 DO 含量要高于其余两组和无打捞组。1 次/2 天和 1 次/3 天的打捞频率对 DO 的影响相差不大，基本处于同一状态。1 次/2 天的打捞频率下 DO 变化过程处于一个波动状态，即每次打捞之后 DO 含量会有一个小幅的增加。较高含量 DO 的维持是控制湖泛发生的主要原因之一。通过对藻体的人为打捞，可去除水体表层藻体，使得水体中氧气因藻类降解而被消耗的速率大幅降低，有利于水体中 DO 的迅速恢复。

低打捞频率往往使得水体长时间处于低 DO 环境，随着藻体的死亡降解和耗氧，水体溶解氧含量和氧化还原电位不断降低（图 13-14），以致出现缺氧和厌氧环境，促进湖泛的

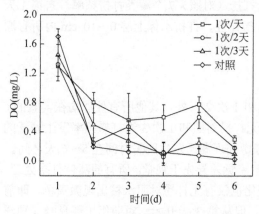

图 13-13　藻体的不同打捞方式下上覆水 DO 变化

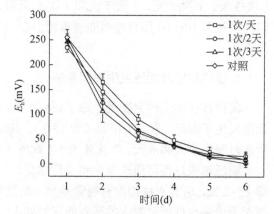

图 13-14　藻体的不同打捞方式下上覆水 E_h 变化

发生过程。在实验的前 3 天时段内，表现为打捞频率越高，E_h 值越高，从第 4 天开始，各个打捞处理组与无打捞组之间 E_h 无明显差异，但打捞频率高的处理组 E_h 值一般较频率较低的大。

4. 藻体打捞对水体致黑组分变化影响

水体湖泛的发生主要依赖于水体能形成足够含量的低价硫和低价铁。实验反映，无论是较高频率或是较低频率的打捞，聚藻区水体中均会产生出一定量的低价硫 ΣS^{2-} 和低价铁 Fe^{2+}（图 13-15），特别是在第 2～3 天之间增长速率远大于其他时段。无打捞组的 ΣS^{2-} 浓度增长得最快，打捞频率为 1 次/天与 1 次/2 天的 ΣS^{2-} 浓度增长的速率与浓度大小相近。1 次/3 天的打捞频率经过第一次打捞后 ΣS^{2-} 浓度小于无打捞组，但高于 1 次/天与 1 次/2 天的打捞组。

虽然藻体的打捞频率对水体中 Fe^{2+} 含量的后期变化不如对 ΣS^{2-} 具有明显的规律性，但总体而言，打捞频率越高对上覆水中 Fe^{2+} 的形成也具有较好的抑制作用（图 13-15）。Fe^{2+} 浓度在实验开始后的 4 天时间内，无打捞处理水体中 Fe^{2+} 含量呈现出明显的增长趋势，除 1 次/3 天的处理外，1 次/天与 1 次/2 天的高频率打捞处理组均可使得 Fe^{2+} 处于低含量水平。总体可以看出，打捞频率越大，水体的 ΣS^{2-} 和 Fe^{2+} 含量越低。由于 ΣS^{2-} 和 Fe^{2+} 是藻源性湖泛发生（FeS 致黑性）水体中基本组分，高频打捞对这两种组分均具有较好的控制作用，因此藻体打捞控制湖泛的形成是一条行之有效的工程措施。虽然藻体打捞频率越大对湖泛的控制效果越好，但从人力和物力优化而言，1 次/天与 1 次/2 天的打捞频率可保障在聚藻区不发生湖泛现象。

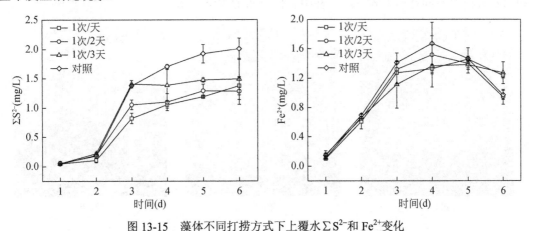

图 13-15　藻体不同打捞方式下上覆水 ΣS^{2-} 和 Fe^{2+} 变化

13.2.2　藻体打捞方式对湖泛控制效果影响

太湖水面藻体实际打捞采用的抽吸式和铲式是经实践检验对藻水收集效果较好的两种方式，抽吸式较多地应用于固定打捞装备和设施中，而铲式则多用于移动捞藻船只上。据侯樱等（2016）研究，由于不同深度藻水浓度差异较大，吸头的放置位置对收集藻水中的含固率影响很大（表 13-4）。另外，即使在风平浪静下，铲口下沿下放位置过高，藻浓度虽大但单位时间收集体积小，折合鲜藻的收集效率不一定高；铲口下沿下放过低，单位时间收集体积大但藻浓度小，因此对鲜藻的收集效率也不一定高。因此如何围绕鲜藻收集效率和兼顾收集足够小，是藻体打捞方式的装备设计中需要考虑的主要问题。但对于藻源性湖泛控制而言，可能更加关注不同打捞方式对藻源性湖泛发生中致黑组分（$\sum S^{2-}$和Fe^{2+}）的控制效果。

表 13-4　吸头放置距水面不同深度藻水集采含固率（侯樱等，2016）

	距水面深度（mm）	吸口藻水含固率（%）*
1	5	2.1
2	10	1.2
3	20	0.91
4	50	0.35
5	100	0.18

* 水体藻水为 0.5%。

1. 藻体打捞方式模拟

模拟实验采用在水柱高 1.65 m 的有机玻璃管柱中进行。1#～3#模拟抽吸式藻体打捞；4#～6#模拟铲式打捞。水柱中初期投放藻体设计 1#和 4#为 100 g/柱、2#和 5#为 400 g/柱、3#和 6#为 800 g/柱，投放后藻体基本集中在表层 10 cm 深度范围，但模拟微风扰动后，部分藻体下沉，大致与聚藻区水体实际藻体分布状态相似。图 13-16 分别为第 1 天、第 3 天和第 6 天模拟不同打捞方式下，水柱中藻体分布的视觉状态。

第1天　　　　　　　　第3天　　　　　　　　第6天

图 13-16　不同打捞方式下水柱中藻体变化过程

结合吸头放置距水面不同深度藻水集采含固率研究结果（表 13-4），以及装置的取样口位置，将吸式打捞深度设置在 31.5 cm 处，每次水藻取样量为 3 L；铲式打捞则设置铲口位置（深度）为 10.5 cm，每次水藻取样量为 1 L。实验获得的两种打捞方式下藻体打捞效率如表 13-5 所示。

2. 藻体打捞方式对水体致黑组分 $\sum S^{2-}$ 含量的影响

图 13-17 为两种藻体打捞方式下水柱中 $\sum S^{2-}$ 含量随时间变化。由图可见，虽然对模拟

聚藻状态开展打捞作业，但水体中的ΣS^{2-}含量仍然会随时间而上升，但两种打捞方式下的含量变化略显差异。首先，抽吸式打捞方式对水体ΣS^{2-}含量的控制作用较铲式略强，特别是对于低藻量状态下的打捞；其次，铲式打捞ΣS^{2-}含量在开始的 4 天内，增长速度高于抽吸式打捞，但在 5～6 天后，高藻量（400 g/柱和 800 g/柱）ΣS^{2-}含量会出现较大幅度的下降。由于大多数藻源性湖泛发生在聚藻后的 5 天左右，因此铲式打捞对水体ΣS^{2-}含量的减低或对湖泛的形成具有的抑制作用应更明显。但从模拟额度扑捞效率（表 13-5）分析，无论高浓度或是低浓度，铲式打捞效率均低于抽吸式 10%～20%左右，因此从控制湖泛易发水体中ΣS^{2-}的形成分析，两种打捞方式各有优势。

表 13-5　两种打捞方式下藻体打捞效率比较

	柱号	初始投鲜藻量（g）	藻/水浓度	打捞效率（%）
抽吸式	1#	100	83 g/100 mL	83.0
	2#	400	296 g/400 mL	74.0
	3#	800	614 g/800 mL	76.8
铲式	4#	100	62 g/100 mL	62.0
	5#	400	268 g/400 mL	67.0
	6#	800	538 g/800 mL	67.2

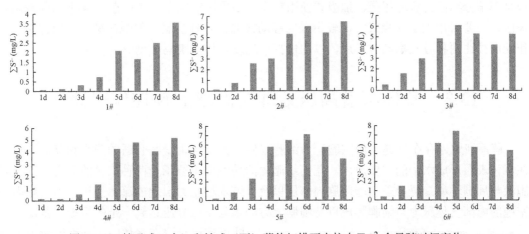

图 13-17　抽吸式（上）和铲式（下）藻体打捞下水柱中ΣS^{2-}含量随时间变化

3. 藻体打捞方式对水体致黑组分 Fe^{2+}含量的影响

Fe^{2+}也是湖泛形成的主要组分之一。由图 13-18 可见，两种打捞方式对水体中Fe^{2+}含量的影响大致相似，即虽然随着时间增加，打捞出的藻体量增加，但水体中的Fe^{2+}含量仍会上升。在低浓度下，铲式较抽吸式对Fe^{2+}的控制作用略强；在中等浓度的藻体聚集下，在初期的 1～5 天，铲式的打捞对Fe^{2+}含量的控制明显高于抽吸式，但第 6～8 天，铲式对水体中Fe^{2+}含量的抑制作用明显减弱，水体中含量出现明显上升（图 13-18 中 5#柱）；在高浓度下，虽然末期（第 6～8 天）两种打捞方法下的水体中，Fe^{2+}无论在含量值和变化上大致相同，但在前 5 天铲式对Fe^{2+}含量的控制效率几乎高于抽吸式 1 倍以上。由于高藻量聚集区，湖泛的形成主要发生在 3～5 天时段内，因此铲式打捞对水体中Fe^{2+}含量的抑制作用更明显，也即对湖泛的形成具有更好的控制作用。

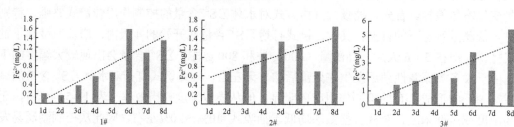

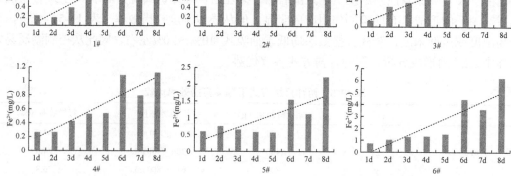

图 13-18　抽吸式（上）和铲式（下）藻体打捞下水柱中 Fe^{2+} 含量随时间变化

抽吸式和铲式打捞方式的使用并非都是一样的，即各有优势和适用范围。在围隔区外，或是芦苇分布区内和近岸区，抽吸式使用较少，多采用铲式等方式；在 V 字形态的围隔拦藻区，主要采用固定抽吸式，而较少采用移动式的铲式打捞船。但是在湖泛应急打捞时，作业面往往两种方式都同时使用，以加快打捞速度，控制围隔区湖泛的发生。

13.3　藻体深潜高压处理对湖泛的预控作用评估

蓝藻细胞内存在气囊（伪空胞）为细胞提供浮力，这也是在合适的阳光和营养条件下在水体表面形成水华的主要原因。蓝藻细胞内的伪空胞主要承受两种来源的压力，一是细胞液与周围环境渗透势差引起的胞内膨压以及上方水柱重力引起的流体静压。当细胞内伪空胞的内部气体压力与细胞膨压以及细胞上方的水与空气静压达到一定的平衡，蓝藻细胞即可实现悬浮在水体中。当细胞所受压力高于临界压力时，会引起伪空胞的破裂，从而使蓝藻细胞失去浮力。因此，如果可以有效破坏蓝藻内部的伪空胞，抑制蓝藻上浮到水体表面并聚集，从而达到控制水华暴发的目的。无锡德林海环保科技股份有限公司据此设想开展了大量试验研究及在太湖等一些湖泊工程示范，采用深潜式高压控藻技术，以 0.7 kPa 压力将藻体施行物理破坏，使得处理后的出水其上层几乎无漂浮藻类水华的感官效果（图 13-19）。

图 13-19　藻细胞加压前后藻体在水中状态

　　为解决符渎港区藻类聚集区极易形成藻源性湖泛问题，2020 年 7 月宜兴市地方政府引入"深潜式高压控藻技术"及其装备，首批项目建设于宜兴市周铁镇太湖近岸的符渎港港口。工程采用"挡+围+控+冲"的技术路线，通过在周铁镇符渎港近岸水域建设深潜式高压控藻、泵式加压原位控藻、水动力调水，以及相关蓝藻围挡等设施（图 13-20）。项目共建设深潜式高压控藻成套装备 1 套（设计藻水处理量 3600 m³/h），泵式加压控藻设备 1 套（设计流量 360 m³/h），水动力调水工程一项（利用水泵从符渎港内河向符渎港节制闸外蓝藻打捞点调水，设计流量 2.5 m³/s），以及 4.4 km 橡胶围隔。

图 13-20　深潜式高压控藻工程实景

　　伪空胞是一些蓝藻细胞内具有的可使藻体产生漂浮的气泡，实际上是由内层疏水、外层亲水的膜包裹的空腔，空腔内充满气囊的聚集体。淡水蓝藻的细胞膨压为 0.1~0.6 MPa（孔繁翔和宋立荣，2011），因伪空胞较为坚硬，完全由细胞膨压升高伪空胞破裂来达到细胞下沉是很难的，因此采用人为对藻体就可能实现使伪空胞破裂。深潜式高压控藻技术的核心装备是可对藻体形成高压（约 0.7MPa）的深井，位置固定具有非移动性；对藻类的所谓控制主要还是改变了藻体的物理形态（塌瘪），处理后出水中的藻体大多会下沉于湖底，即有很大概率与表层底泥接触。由于湖泛的发生，除生物质（藻体）外底泥也是充分条件之一，因此深潜式高压控藻技术对藻源性湖泛是否具有控制作用，或是有多大的控制效果，需要给予科学的分析和判断。

　　为研究深潜高压控藻对符渎港水色异常发生的影响，使用原藻浆和伪空胞高压破裂后的藻浆分别进行湖泛模拟实验。将原藻浆放置在装置里面后，通过加压至 0.7 MPa 使藻细胞伪空胞破裂、沉降（图 13-21），减小水体中藻细胞量。

13.3.1　深井压藻对湖泛发生及水质变化影响

　　1）对湖泛发生的影响

　　将原藻浆和高压处理后的藻浆用于模拟实验，设置了高压处理藻体和原浆藻体（对照），每组各设 3 个相同的藻浓度：1 kg/m²，加 9.5 g 藻（低藻量）；3 kg/m²，加 28.5 g 藻（中藻量）；5 kg/m²，加 47.5 g 藻（高藻量）。由于高压处理后藻浆会迅速沉降至水底，因此，在加入至模拟实验柱时处理后藻浆与原藻浆在上覆水体中的状态有显著差异。原藻浆依然漂浮在上覆水表面（图 13-22 右侧 3 根柱），而处理后的藻浆则全部沉降至水底（图 13-22 左侧 3 根）。

现场加压实验装备

经加压处理后试验藻体

图 13-21　实验藻体现场加压处理装备和处理后藻体

图 13-22　伪空胞高压处理藻浆和原藻浆加入后状况

湖泛发生时间影响：通过 14 天的模拟实验，结果发现，原藻浆堆积的实验组（5 kg/m²）在实验进行第 3 天时即发生了水色异常，而高压破壁处理（简称破壁）的实验组（5 kg/m²）在第 7 天时才发生水色异常，可见，高压破壁对延缓水色异常（湖泛的发生）具有较显著的作用。

水体致黑物质变化影响：水体中 S^{2-} 和 Fe^{2+} 浓度依然会在水体发黑后降低（图 13-23），其中，原浆 5 kg/m² 的实验组 S^{2-} 和 Fe^{2+} 浓度最高，其余各组 S^{2-} 和 Fe^{2+} 浓度各有波动，但总体较为接近。

2）对水体叶绿素和 SS 变化的影响

经高压破藻处理后，水柱中叶绿素 a 含量变化趋势与未经高压破藻处理组相比具有明显差异。高压破藻处理后，水柱中叶绿素 a 含量整体呈现随时间延长持续降低的变化趋势（图 13-24）。而对于原藻处理组，均呈现出添加蓝藻后短时间内水柱叶绿素 a 迅速升高，之后随时间逐渐降低的趋势。经高压破藻处理后所有藻体基本均已死亡，因此添加这类藻体的积聚并未引起水体叶绿素 a 的升高。藻类添加第 5 天以后，所有处理组水体叶绿素 a 含量减少速率基本一致,藻类死亡率已经接近 100%。水体 SS 总体呈现下降趋势,破壁 1 kg/m²的实验组由于电机故障出现了较大的底泥再悬浮,后期稳定后 SS 也快速下降。

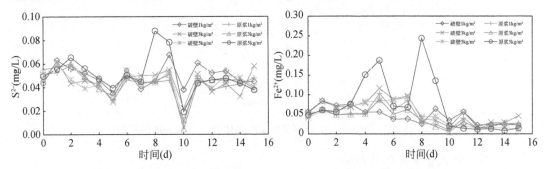

图 13-23　伪空胞高压处理藻浆及原藻浆对水体 S²⁻和 Fe²⁺浓度的影响

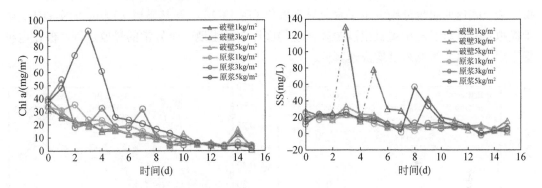

图 13-24　伪空胞高压处理及原浆对水叶绿素 a、SS 浓度的影响

3)对水体 DO、E_h、pH 变化的影响

对各实验组水体 DO、E_h、pH 的分析结果表明,DO 在 2 天后显著降低,其中,5 kg/m²的实验组基本降至 0,原浆 5 kg/m²的实验组也降至接近 0,而破壁 3 kg/m²的实验组 DO 则仍在 2 mg/L 左右,破壁 1 kg/m²的实验组 DO 最高(图 13-25)。可见,破壁后由于藻体迅速下沉至水底,使得上覆水中 DO 仍可保持在一定的水平,并不会立即出现整个水柱极度厌氧状况。此外,随着藻堆积量的增加,E_h 和 pH 逐渐下降,这一结果与前述模拟实验结果相近。

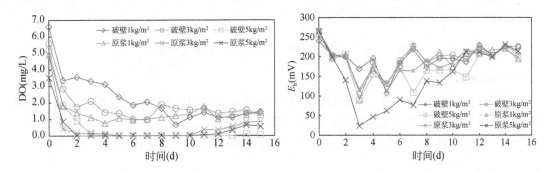

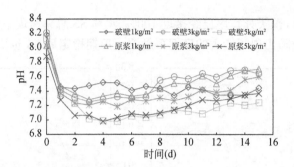

图 13-25 伪空胞高压处理及原浆对水体 DO、E_h、pH 的影响

4）对水体氮含量变化的影响

原浆和破壁 5 kg/m² 的实验组水体中总氮（TN）和氨氮（NH₃-N）浓度上升最大，模拟实验反映这两组也分别发生了水色异常现象（图 13-26）。虽然破壁 1 kg/m² 的实验组，由于模拟实验进行过程中电机出现故障，使得底泥中氮出现一个异常的释放过程，但在电机稳定后，总氮和氨氮浓度均快速降低。

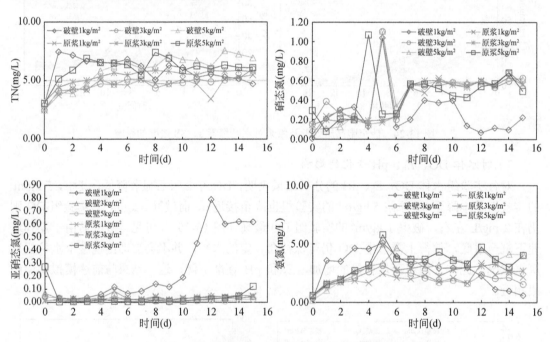

图 13-26 伪空胞高压处理及原浆对水氮浓度的影响

5）水体磷变化

与水体氮浓度变化相似，原浆和破壁 5 kg/m² 的实验组 TP 和磷酸盐浓度上升最大，且均在实验进行 2 天后出现快速上升。与此同时，这两个实验组在 2 天后 DO 迅速降至 0，由此造成厌氧条件下磷的释放，与前述模拟实验结果总体相近（图 13-27）。

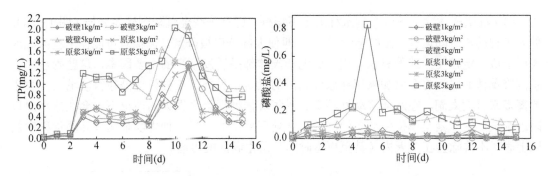

图 13-27　伪空胞高压处理及原浆对总磷和磷酸盐含量影响

13.3.2　深井压藻对藻源性湖泛控制成效分析

1）深井压藻推迟藻源性湖泛形成的原因

已有研究表明，藻源性湖泛的发生对于藻体和底泥缺一不可。一般认为，湖泛发生的难易程度主要根据湖泛发生所需时间（天），以及湖泛发生后持续时间（天）来分析判断。因此对湖泛的控制效果主要从是否阻止了湖泛的发生，或是增加了湖泛发生的难度两方面分析。

首先，中低藻量的深潜高压处理，驱散了藻体在表层的聚集，改善了水体的复氧能力，有效阻止符渎港水色异常的发生。通过高压处理和不处理对照，在低浓度鲜藻（$1.0\ kg/m^2$、$3.0\ kg/m^2$）和有底泥存在条件下，符渎港区水色异常（湖泛）没有发生。虽然藻体生物量在水体里的浓度（如叶绿素 a）并没有减少，但低浓度鲜藻量状态时，受外压力挤压（不一定形成破壁效果）的藻体已很难在湖水上层因竞争阳光而形成聚集层，严重削弱了表层水体对氧气和光的阻碍能力，一定程度上改善了水体的复氧能力，使得湖泛发生的低氧和缺氧环境难以建立，从而有效阻止湖泛的发生。

其次，在高藻量深潜高压处理，若生物量过渡聚集仍会发生湖泛，但湖泛发生难度加大，时间推迟。通过高压处理和不处理对照，在低浓度鲜藻（$1.0\ kg/m^2$、$3.0\ kg/m^2$）和有底泥存在条件下，符渎港区水色异常（湖泛）没有发生；即使与不处理对照，在高浓度鲜藻（$5\ kg/m^2$）和有底泥存在条件下，水色异常（湖泛）发生时间仍明显有了延迟，从 3 天推迟到 7 天（即发生时间上推迟了 133%），湖泛发生难度明显加大。

太湖西部沿岸流等活水流动，对垂向分散的破壁藻体在符渎港区形成湖泛，也会起到积极的控制作用。藻水出口区为一开敞湖区，而模拟实验是在上下层（垂向）可移动、水平向不可迁移的柱状环境中实施，鲜藻体一次性加入。实际太湖西部除波浪外，沿岸流也非常强烈，在这样实际滨岸水体中，经压藻处理后的藻体，除因伪空胞破裂而不可能很好聚集，被分散于水柱甚至沉降到底部外，还将自藻水出口区外，立即向水平方向分散开来，因此在藻体生物量在水柱中没有减少，但得到有效分散的状态，是不利于湖泛的发生和形成的主要原因。

2）深潜高压控藻措施的风险评估

深潜高压控藻工程属于非移动式处理方法，是一类需要其他辅助设施（围栏）协助的工程，由于藻体受压后大部分藻会沉降到底部（或底表层），因此有形成湖泛的风险。

（1）破壁藻体除分散分布到水柱的上下层外，还有一些会沉降到底泥表层（图 13-28）。随着工程的长时间运行（比如年际运行），即使大部分已被降解，但极有可能在工程区底泥表层形成一定程度的残藻累积。由于底泥和藻体都是诱发湖泛的主要因素，这些附着高含量沉降藻体的底泥将会增加来年在原位湖泛的风险。另外，工程处理是在符渎港口，收集的藻多来自大太湖。在水体流动性不良、水华藻体处理量又很大的情况下，会在藻水出口附近水域，逐步聚集单位生物量较高的深井处理后藻体。当这种生物量达到高藻量程度及以上时，不排除会在 7 天内（甚至更短时间）发生湖泛的可能。

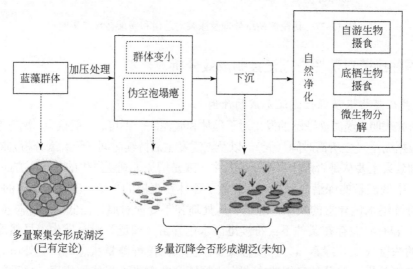

图 13-28　蓝藻群体加压处理后藻体的状态和去向

（2）围隔设施对水体流动性影响风险。为对大太湖方向进行高效集藻至井口，符渎港水面上建设了多条数千米长的不间断围隔设施。这些设施对于高效集藻是有利的，但对于深井出水口周边水体的流动却形成了很大的阻碍。如果沿岸流受到的物理阻碍过大，将对破壁藻体的水力扩散产生影响，增加发生湖泛的风险。深潜高压控藻技术都围绕固定式处理井，该技术的可能隐患主要在于水力阻碍和藻体过量沉降两方面，因此如何规避上述两方面风险隐患和建设辅助工程措施是该技术需要积极应对和完善的。

第14章 底泥疏浚对藻源性湖泛形成的
影响及预控

环保疏浚（environmental dredging）是疏浚工程和环境工程相交叉的边缘工程技术，它是以减少底泥（又称沉积物）内源负荷和污染风险为目标，用机械方法，将富含污染物（如营养物、重金属和有机污染物等）的指定量上层沉积物进行精确、有效和安全的清除技术。这项起源于日本和欧美的水污染防治环保工程和技术（Pequegnat，1975；Peterson，1977；Ogiwara and Morgi，1995），经过近50年的研究和发展，已形成了一个将科学与技术紧密联系的湖泊水环境治理系统门类。自20世纪90年代末引入我国以来，环保疏浚就成为我国湖泊污染治理的主要技术手段之一。从1998年在滇池草海开展的污染底泥疏挖项目起（金相灿等，1999），环保疏浚工程就已在包括太湖、滇池、巢湖在内的我国100多个湖泊水库的富营养化控制及生态修复中开展和实施，发挥了较积极的作用（柳惠青，2000；房玲娣和朱威，2011）。

绝大多数用于湖泊的底泥疏浚工程的主要目的是保护水环境或提升水环境质量。在我国，湖泊疏浚主要目标是控制湖泊的富营养化，或是减少来自湖泊底泥（氮磷）内源负荷。但人们发现底泥也是湖泛形成中的重要因素后，将底泥疏浚用于太湖湖泛治理，不仅成为科研领域的主要内容，而且也是实际工程应用最多的方式。不同于简单以几何尺寸和相对低精度的常规性工程疏浚，环保疏浚是以精确、低扩散、无泄漏方式清除指定污染性底泥，以减低水体内源污染负荷或规避生态风险，同时还考虑为水生态系统的良性恢复创造条件，以及对疏挖出的底泥进行后续安全性处理处置等（Ogiwara and Morgi，1995）。湖泛的形成虽然主要是因为藻体（或死亡水草）在局部水域的大量聚集，但没有底泥的参与湖泛不能形成也不能持续，因此对（藻源性）湖泛易发湖区开展底泥疏浚，就成为预防太湖湖泛发生的主要工程措施之一。自2007年5月贡湖水厂湖泛灾害事件发生之后，在太湖水域开展的环保疏浚，绝大多数是针对潜在或已有态势的湖泛发生区域的预控。

2007年以来，人们在将疏浚用于太湖湖泛控制的研究中，主要关注疏浚前期的决策内容（疏浚位置、范围和深度）、疏浚方式以及疏浚后期的湖泛控制效果评估等方面。对于相对新产生的湖泊特殊污染现象——湖泛黑臭的控制，除涉及营养性污染物外，还需考虑关键的致黑组分等控制参数。其中综合考虑下对疏浚深度的确定是湖泛易发区底泥疏浚决策中的关键问题，疏浚深度参数是疏浚量（工程资金）、疏浚效果的主要决定因素。

14.1 底泥疏浚深度对藻源性湖泛形成的影响

对疏浚深度确定的合适与否直接关系到环保疏浚的效果好坏及工程费用的高低，被认为是环保疏浚研究的焦点所在（范成新等，2020；王雯雯等，2011）。但关于环保疏浚深度，不仅对于控制湖泛，即使是针对控制富营养化的氮磷内源释放，国内外尚未有合适的方法可以借鉴，多是理念性或定性的（Rosiu et al，1989；Joop Van der Does et al，1992；Hutchinson，2005），或主要关注的是生物种群的保护和有毒有害污染物的去除，因此，针对湖泛形成控制要求的底泥疏浚深度确定的研究和设计方面，国内外几乎处于空白。

一般而言，底泥中污染物含量随着深度的加大而逐渐降低。过小的疏浚深度（欠挖），底泥释放和生态风险仍未实质性消除，疏浚效果难以得到保证和长效维持；而过大的疏浚深度（超挖），则不仅会使疏浚成本增加，还可能对湖底部生态系统造成破坏，增加后期生态修复的难度（Yu et al，2010）。He 等（2013）研究后指出，底泥疏浚虽可永久性地从湖泊中部分污染物连同底泥一起移出湖泊体系，但底泥疏浚成本高昂，即使高精度的施工技术，在不适当的深度进行疏浚，对湖泛等污染的控制作用不大。

国际上关于疏浚深度的研究，主要来自于我国。在多年的研究中，已推出了近 10 种方法（吴永红等，2005；王雯雯等，2011；周铭浩，2019；范成新等，2020），从单一技术上分，大致有：视觉法、拐点法、背景值法、标准偏差倍数法、频率控制法、生态风险指数法、释放法和吸附解析法等 8 种方法，其中实际应用最多的是视觉法、拐点法、生态风险指数法、释放法和吸附解析法。

湖泛的发生具有一系列典型特征。大量研究（陆桂华和马倩，2009；沈吉等，2020）已经证明，湖泛总是伴随着极低的溶解氧（接近 0 mg/L）、低氧化还原电位（E_h）、高浓度的金属硫化物（通常为 FeS）和有气味的挥发性有机硫化合物（VOSCs）。只有去除或削减这些致黑致臭物质的供给来源，才能对湖泛实施预控，消除湖泛后减低湖泛发生频率。在所有涉及底泥疏浚控制湖泛的参数中，疏浚深度的确定在一定程度上代表着环保疏浚的决策研究水平（范成新等，2020）。研究表明，不同污染湖区的环保疏浚深度有很大差异，采用不同疏浚深度，疏浚后对湖泛的控制效果会有很大不同。由于疏浚工程效果评估的滞后性和施工作业后难返工和难弥补特点，对湖泛预控湖区疏浚前开展模拟研究尤为重要。

14.1.1 典型湖区疏浚对泥-水界面氧化还原环境影响

湖泊底泥疏浚是对水下一定厚度的表层底泥移除出湖体的物理性作业，其结果将会在水下形成一新的底泥表层，同时也改变了原来疏浚前的泥-水界面性质，这其中影响较大的就是泥-水界面氧化还原环境。大量的研究表明，湖泛的形成离不开表层底泥物化环境的影响及致黑组分的供给等（详见第 9 章和第 10 章）。底泥表层受外部变化环境影响较大的性质主要有 E_h 和溶解氧（DO）等，这些参数与湖泛形成的关系非常密切，分析疏浚对泥-水界面氧化还原环境影响，对湖泛的预控和治理具有非常重要的实际意义。

2008~2012 年期间针对湖泛控制而开展疏浚的太湖湖区，多在梅梁湖、贡湖、竺山湖、月亮湾和西部沿岸带水域开展（图 14-1）。2012~2013 年对以上 5 个湖区各选一个疏浚区（包括对照点）进行效果评价，其中泥-水界面氧化还原环境是主要内容之一。所选选择的点位为贡湖南泉水厂（壬子港）、梅梁湖（闾江口）、月亮湾、竺山湖（百渎口）和西部沿岸（八房港）。

1. 溶解氧（DO）

DO含量对水体中尤其是泥-水界面生物地球化学循环过程起着决定作用。由图14-2可见，5个研究区中，除竺山湖外，疏浚使得5个湖区表层底泥溶解氧含量得到较大提升。

DO 在介质中达到零的深度被称为溶解氧渗透深度（OPD），对于底泥而言，它主要是反映底泥表层微生物的有氧呼吸以及下层还原性物质向上的氧化能力。

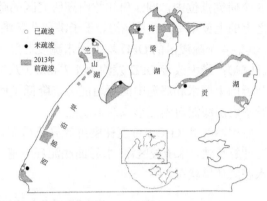

图 14-1　太湖疏浚效果评估采样点分布（2012～2013 年）

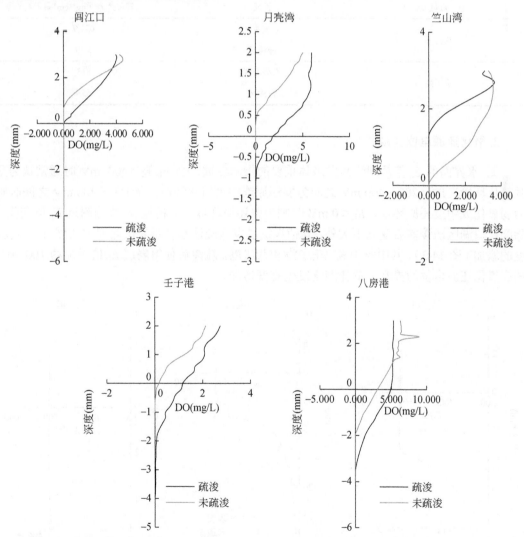

图 14-2　疏浚和未疏浚区泥-水微界面溶解氧（DO）含量剖面比较

在 5 个研究点位中，闽江口和竺山湖研究区的疏浚和未疏浚对照底泥中 OPD 是在泥-水界面之上的上覆水中，而月亮湾、壬子港和八房港则都在泥-水界面之下的底泥中。除竺山湖外，其他 4 个疏浚区的 OPD 均大于未疏浚对照，疏浚对 OPD 的最小改善深度差为 0.82 mm（闽江口）；最大改善 OPD 差约为 1.7 mm（八房港）。总体反映，疏浚改善了氧在泥-水界面附近的上覆水和底泥中的穿透能力，降低了底泥中还原性物质的向上的扩散性，也间接提升了表层底泥对湖泛形成的抑制能力。

应用溶解氧（DO）浓度梯度可计算获得泥-水界面耗氧速率（表 14-1）。对八房港和壬子港计算反映，未疏浚区泥-水界面底泥耗氧速率要高于疏浚区，反映疏浚改善了该两湖区的水底氧环境状况。

表 14-1　疏浚区和未疏浚区沉积物-水界面的耗氧速率

点位	性质	耗氧速率［ng/(cm³·s)］
八房港	未疏浚区	631.9
	疏浚区	3.39
壬子港	未疏浚区	813
	疏浚区	658

2. 氧化还原电位（E_h）

泥-水界面的 E_h 值是湖泛易发水体重要的指示参数，当 E_h 值>400 mV 时通常认为是强氧化环境，介于 200～400 mV 之间为弱还原或中度氧化环境，介于 0～200 mV 之间时则为弱氧化或中度还原环境，E_h<0 mV 时则为强还原环境。分析泥-水界面附近 E_h 值变化，除闽江口湖区疏浚前后变化不大外，其他湖泛易发区疏浚都使得表层底泥 E_h 值得到一定程度的增加（图 14-3）。其中竺山湖、壬子港和八房港，疏浚后使得表层 E_h 值增加约 100 mV。湖底氧化还原电位的提升，意味湖泛发生难度增加。

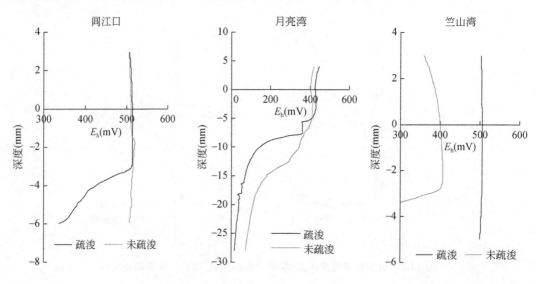

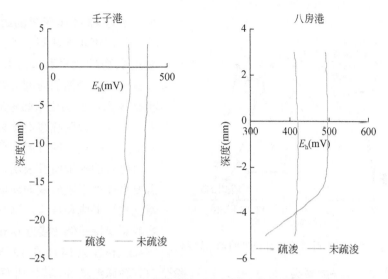

图 14-3　泥-水界面氧化还原电位剖面特征

14.1.2　疏浚深度对八房港区湖泛形成的预控

八房港位于太湖西部沿岸宜兴市滨岸区南部水域（见图 1-10），该水域是湖泛多发区。自 2009 年 6 月 3～5 日发现以来，共发生 6 次（见表 1-4）。Liu 等（2015）于 2012 年 8 月在该湖区（N31°13′33″，E119°54′41″）对采集的 15 个柱状沉积物开展了模拟不同疏浚深度（0 cm、7.5 cm、12.5 cm 和 22.5 cm）下对藻源性湖泛形成的控制影响实验。

1. 疏浚对湖泛发生时间影响

Liu 等（2015）研究反映，虽然模拟疏浚下，在所有添加的藻类处理中都检测到因藻类分解而产生的高浓度挥发性有机硫化合物，即无法抑制藻华的恶臭出现，但湖泛（水体发黑）模拟则反映，未疏浚（UDR）、7.5 cm 疏浚（7.5DR）和 12.5 cm 疏浚（12.5DR）处理中都出现了湖泛，22.5 cm 疏浚（22.5DR）处理中却未出现湖泛典型的黑色（表 14-2），反映八房港底泥有可能存在抑制湖泛的适宜疏浚深度。另外，即使对仍能发生湖泛的其他疏浚深度处理，疏浚深度越小，湖泛发生时间越短（5～6 天）。虽然淡黑色或最终黑色出现时间相差仅 1 天，但也大致反映对表层底泥疏浚较之未疏浚，可推迟湖泛的发生时间。

表 14-2　不同模拟疏浚深度处理下八房港湖泛致黑和致臭发生时间

	空白	未疏浚	疏浚 7.5 cm	疏浚 12.5 cm	疏浚 22.5 cm
淡黑色出现时间（d）	无	5	6	6	无
黑色出现时间（d）	无	7	8	7	无

陈超等（2013）也曾模拟疏浚表层底泥 20 cm 对八房港和梅梁湖闾江口藻源性湖泛控制影响，研究结果表明：疏浚处理组水体色度的数值明显低于未疏浚对照组（图 14-4）。在试验前 8 d，所有柱状样水体色度呈现增加的趋势，八房港未疏浚沉积物柱状样和闾江口未

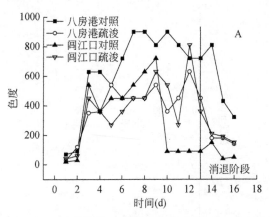

图 14-4　八房港和闾江口疏浚度水体色度的影响过程

疏浚柱状样水体变黑的时间分别是试验开始后第 4 天和第 6 天，而八房港疏浚沉积物柱状样和闾江口疏浚沉积物柱状样水体变黑的时间分别是第 10 天和第 8 天，分别比未疏浚对照延迟了 6 天和 2 天，说明疏浚对水体中致黑物质的形成具有较好的抑制作用。

已有的模拟研究表明，湖泛的形成需要水体处于还原或弱还原状态，否则湖泛难以形成和持续，这其中需要水体溶解氧保持极低（接近 0 mg/L）的状态（Shen et al，2014）。在 12 天的藻源性湖泛模拟中观察到：在添加藻类（第 0～2 天）后，除空白有轻微波动外，其他所有处理（UDR、7.5DR、12.5DR 和 22.5DR）DO 和 E_h 均发生急剧下降（图 14-5），其中未疏浚或疏浚深度较浅的 UDR、7.5DR、12.5DR 处理，几乎全过程 DO 和 E_h 都处于较低水平；而疏浚最深的 22.5DR 处理，其水柱中的 DO 和 E_h 自第 2 天起就略高于其他处理，并在第 8 天之后出现较大幅度的增加。

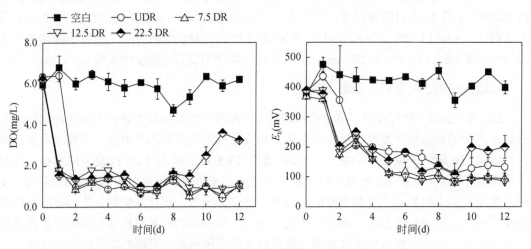

图 14-5　太湖八房港不同深度疏浚下水体 DO 和 E_h 变化

2. 疏浚对水体致黑组分形成的影响

Fe^{2+} 和 S^{2-} 是湖泛发生中的主要致黑组分。在八房港模拟不同疏浚实验过程中，空白处理的 Fe^{2+} 浓度全程较稳定地处于低浓度（小于 0.15 mg/L）状态；而对于 3 个疏浚处理组（UDR、12.5DR 和 7.5DR），在添加藻类后，Fe^{2+} 浓度急剧升高，并在第 7 天达到峰值（图 14-6）。比较湖泛发黑的视觉结果（表 14-2），5～6 天该 3 个处理组就出现淡黑色，因此实际上在 Fe^{2+} 峰值出现前，湖泛就已经发生。另外比较可见，模拟疏浚 22.5 cm（22.5DR）的处理组，虽然在第 6 天和第 10 天后浓度出现急剧下降，但在湖泛发生前（0～5 天）并没有对系统

中的 Fe^{2+} 浓度形成有效控制，这也佐证湖泛的发生不主要依赖（八房港）水体 Fe^{2+} 浓度的提升。

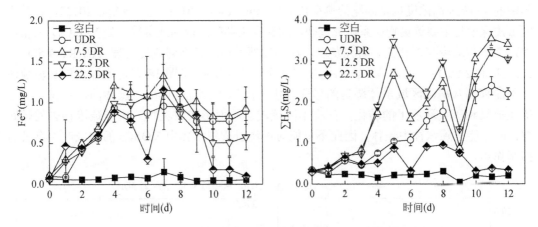

图 14-6　八房港不同深度疏浚下水体 Fe^{2+} 和 $\sum H_2S$ 浓度变化（$n=3$）

同 Fe^{2+} 相似，空白处理的 $\sum H_2S$ 浓度在整个实验中也保持在较低水平（$0.17\sim0.32$ mg/L），较薄疏浚深度（UDR、12.5DR 和 7.5DR）处理对水体 $\sum H_2S$ 浓度控制较弱，其中在第 $5\sim8$ 天时段普遍出现高于 1.5 mg/L 浓度的 $1\sim2$ 个峰值（图 14-6），而这个时间段也大致与表 14-1 中水体淡黑色和黑色出现时间（$5\sim8$ 天）相吻合。模拟疏浚 22.5 cm 的 22.5DR 处理组，除疏浚初期 $2\sim3$ 天外，3 天后水体 $\sum H_2S$ 含量均显著低于其他处理（图 14-6），而未疏浚的 UDR 处理，$\sum H_2S$ 浓度全过程均高于 7.5DR 和 12.5DR 处理。水体低 $\sum H_2S$ 浓度的形成可能来自两方面原因：①疏浚后下层（22.5 cm）底泥中低含量酸挥发性硫化物减小了硫化氢向上覆水释放速率；②低孔隙度（≤疏浚后观察到的 60.5%）显示疏浚底泥具有较高密度，这将不利于 S^{2-} 在底泥中的扩散和迁移，抑制了包括 Fe^{2+} 在内的 $\sum H_2S$ 释放进入上覆水体。由此可见，合理的疏浚深度对湖泛关键致黑组分（$\sum H_2S$）在沉积物表层的迁移转化控制非常重要。

3. 疏浚对水体致臭组分形成的影响

Liu 等（2015）采用顶空固相微萃取（HS-SPME）技术，结合气相色谱法分析水中的 VOSCs（Lu et al，2013，详见第 7 章），对八房港不同模拟疏浚深度（UDR、7.5DR、12.5DR 和 22.5DR）下的柱状样品及空白水体，进行了全程取样分析（VOSCs 检测限为 $2.2\sim4.0$ ng/L）。

在 12 天的模拟疏浚实验中，空白处理的水样中主要 VCOSs 致臭组分（MTL、DMS、DMDS 和 DMTS）的浓度均处于较低状态。对于疏浚处理组，二甲基二硫（DMDS）浓度在第 3 天开始升高，而其他 VOSCs 的浓度在第 $4\sim6$ 天才开始上升。VOSCs 的浓度在第 $9\sim10$ 天达到了各自的峰值。在第 $3\sim12$ 天期间，几乎所有的 VOSCs 浓度都大大超过其嗅觉阈值浓度（Zhang et al，2010）。在实验过程中，所有添加的藻类处理都表现出高含量的 VOSCs，释放出极其难闻的气味，并且添加藻类处理反映在 VOSCs 浓度差异上无统计学意义（$p>0.05$）。

有机化合物的微生物降解可能是缺氧湖水中 VOSCs 产生的原因（Hu et al，2007）。含硫氨基酸蛋白质是藻类诱导湖泛期间 VOSCs 的前体（Lu et al，2013），此外，蛋白质样溶解有机物（DOM）可能在缺氧条件下积累（Wang et al，2014）。同水体的致黑性相似，水体中的 VOSCs 高浓度也是湖泛的典型特征（Feng et al，2014；沈爱春等，2012），但从不同疏浚深度与主要致臭物关系研究反映，湖泛发生期间出现的致臭物（如 VOSCs）大幅增加，并非与疏浚与否有关。研究发现，在添加藻类后所有不同疏浚处理（UDR、7.5DR、12.5DR 和 22.5DR）的水体中，均检测到高含量的 VOSCs（图 14-7），也即表层底泥疏浚并不能抑制八房港区域水体恶臭的形成。由于藻体中含有有机硫，藻体的微生物分解包括在缺氧和厌氧环境下的转化，都将不因疏浚影响而形成致臭物。由于疏浚移去的是底泥，而不能去除水柱中藻体，因此不可能对湖泛过程中水体中 VOSCs 的生成产生有效的抑制作用。

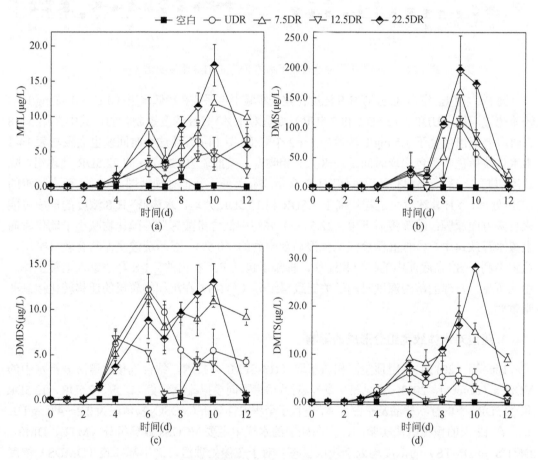

图 14-7　太湖八房港不同深度疏浚下水体 VOSCs 浓度变化（$n=3$）

（a）MTL；（b）DMS；（c）DMDS；（d）DMTS

14.1.3　疏浚深度对月亮湾湖泛形成的预控

月亮湾是位于竺山湖和梅梁湖之间的一个约 10 km² 的湖湾，夏季极易聚集从太湖开阔水域涌入的蓝藻。据对 2008～2021 年统计，月亮湾水域共发生 18 次藻源性湖泛（见表 1-4 和图 1-11），是太湖湖泛主要易发湖湾之一。理论上疏浚是可以在一年中的任何时间（或季节）进行，但高度藻类生物质是湖泛发生的主要物质基础，湖泊中藻体的大量形成和在岸边规模性聚集，是需要有适当的水文和气象条件的（王成林等，2011；范成新，2015）。

邵世光（2010）于 2009 年 8 月 27 日在月亮湾对疏浚 30 cm 深度施工区和对照区采集底泥柱状样品，实验室内模拟成不同疏浚深度（0 cm、30 cm、50 cm、70 cm）的底泥柱样，模拟藻源性湖泛发生过程。10 天的模拟藻源性湖泛过程反映，所有柱状样水柱均发生湖泛的发黑发臭感官现象（表 14-3）。首先，作为未疏浚的对照样（0 cm，3 号），分别于第 4 和第 3 天发生湖泛黑臭（灰和微臭）。已疏浚施工的 1 号和 2 号样品，湖泛黑臭的发生均迟后 1 天。据现场记载，由于先期已实施疏浚（准确时间不清），但采样时底泥新表层已生成氧化层（邵世光，2010），反映新生表层与上覆水体间已有较充分的物质交换，氧对表层底泥已有明显渗入和氧化作用。

表 14-3　不同模拟疏浚深度处理下月亮湾湖泛致黑和致臭发生时间

感官	柱样编号	疏浚深度（cm）	时间（d）									
			1	2	3	4	5	6	7	8	9	10
视觉	1 号	30（施工）	无色	无色	浅黄	浅黄	灰	浅黑	黑	黑	黑	黑
	2 号	30（施工）	无色	无色	浅黄	浅黄	灰	浅黑	黑	黑	黑	黑
	3 号	0（对照）	无色	无色	浅黄	灰	浅黑	黑	黑	黑	黑	黑
	4 号	30（模拟）	无色	无色	浅黄	灰	浅黑	黑	黑	黑	黑	黑
	5 号	50（模拟）	无色	无色	浅黄	灰	浅黑	浅黑	黑	黑	黑	黑
	6 号	70（模拟）	无色	无色	浅黄	浅黄	浅黄	灰	灰	浅黑	浅黑	黑
嗅觉	1 号	30（施工）	无	无	无	微臭	臭	浓臭	浓臭	浓臭	浓臭	浓臭
	2 号	30（施工）	无	无	无	微臭	臭	浓臭	浓臭	浓臭	浓臭	浓臭
	3 号	0（对照）	无	无	微臭	臭	浓臭	浓臭	浓臭	浓臭	浓臭	浓臭
	4 号	30（模拟）	无	无	微臭	臭	浓臭	浓臭	浓臭	浓臭	浓臭	浓臭
	5 号	50（模拟）	无	无	无	微臭	臭	浓臭	浓臭	浓臭	浓臭	浓臭
	6 号	70（模拟）	无	无	无	微臭	臭	浓臭	浓臭	浓臭	浓臭	浓臭

对不同深度的底泥疏浚湖泛模拟结果比较，除模拟疏浚 30 cm 的视觉和嗅觉感官与未疏浚对照一样外，50 cm 和 70 cm 疏浚深度的处理湖泛发黑时间分别迟 1 天和 2 天，发臭时间迟 1 天（表 14-3）。虽然较高的疏浚深度对控制湖泛形成有利，但 50 cm 和 70 cm 疏浚深度意味着比 30 cm 要多疏浚 66.7% 和 133% 的底泥量，并不符合科学合理的投入产出原则。而同样已实际施工疏浚 30 cm 的 1 号和 2 号样，也同样达到了推迟黑臭发生（1 天）的效果，因此调整疏浚时间抑制湖泛的形成，更有实际意义和价值。

14.2   底泥疏浚后时长对藻源性湖泛形成影响

适当的水文和气象条件（尤其是温度条件）就几乎决定了湖泛只可能发生于一年中的 5～10 月之间，再考虑到太湖春季蓝藻水华 4 月即可发生较大程度的聚集，因此理论上疏浚时间可以避开敏感月份（5～10 月）至少 6 个月。因此如果疏浚时间与藻源性湖泛发生之间存有较大关系，则将对疏浚施工时间的安排提供科学指导。

14.2.1   以藻源性湖泛控制为主要目的的疏浚时间选择

采集太湖月亮湾未疏浚区底泥，模拟相同疏浚深度（疏浚 15 cm）、环境温度为 28℃± 2℃和中等规模风情下，视觉和嗅觉感官定性分析疏浚后不同时间长度对湖泛的控制作用。由于嗅觉（臭味）方面的变化难以判断，而视觉（黑色）上的变化比较容易察觉，因此通常以水体颜色突然变黑作为湖泛最终形成和爆发的判断依据。藻源性湖泛模拟实验反映，不同疏浚时长下月亮湾水体可能变黑也可能不变黑，即使水体变黑（湖泛），爆发时间点（天数）也出现不同（表 14-4）。

表 14-4   月亮湾底泥疏浚后时间对藻源性湖泛发生的影响

所用柱状底泥	未疏浚对照	浚后 0 天	浚后 1 个月	浚后 3 个月	浚后 5 个月
湖泛爆发时间	9 天	8 天	10 天	未发生	未发生

从感官上看，疏浚后时长对藻源性湖泛的发生影响很大。模拟疏浚 15 cm 当天（0 天）、疏浚后 1 个月、3 个月和 5 个月，就有大量藻体聚集的疏浚区，则湖泛爆发时间分别 8 天、9 天、未发生和未发生。嗅觉感受也具有相似结果，模拟试验第 4 天，疏浚 0 天、1 个月和未疏浚底层水体率先嗅出有轻微的臭味（但颜色未发生变化）；随着时间推移，3 个处理水柱臭味逐渐增强，至第 8～10 天，臭味均已达到较浓烈的程度（视觉发黑）。观察疏浚后 3 个月和 5 个月的湖泛模拟水柱，虽也出现微臭，但远不如前面 3 个处理浓烈（且水色未变）。即对于月亮湾水域而言，疏浚后 3 个月之内如果在疏浚区域发生藻体大量聚集，即使采用疏浚技术，湖泛的发生仍不可避免；但如果疏浚活动放在最早敏感月（5 月）之前的 3～5 个月（即当年 10 月～翌年 2 月），藻源性湖泛将不会或难以发生。

如果不选择合适的疏浚时间，疏浚就难以有效控制和推迟藻源性湖泛的发生。研究发现，疏浚后 0 天的柱状底泥模拟湖泛发生（8 天）反而比未疏浚对照（9 天）更容易发生湖泛（表 14-4）。尹桂平（2009）曾通过室内模拟疏浚的方法研究了太湖竺山湾底泥疏浚对湖泛的控制作用，结果同样发现刚疏浚的底泥甚至使得藻源性湖泛更易形成。疏浚后的新生表层底泥通常仍处于厌氧或缺氧状态，底泥以及间隙水中的物质（包括游离态组分）以还原性为主。在泥-水界面两边浓度差梯度驱动下，间隙水中的还原性物质向上覆水释放，形成湖底局部或薄层低氧层。如果底泥中有足够物质来源的供给，这种现象将会持续一段时间，从而延续这种有利于湖泛发生的湖底环境。由于物理环境的改变，原本处于埋藏状态的物质，在化学和生物作用下进入沉积物间隙水中，这一行为将引起间隙水中物质浓度的改变，以及从沉积物中向上覆水的释放（范成新和张路，2009）。

14.2.2　疏浚后不同时长对聚藻水体 Fe^{2+} 含量变化的影响

由于非晶态无定形 FeS 是湖泛水体显黑物质的主要致黑组分（刘国锋，2009；申秋实等，2011），因此缺氧/厌氧的还原性环境下 Fe、S 元素在沉积物和上覆水体间的物质循环对湖泛的形成和消亡具有重要的意义，湖泛水体特有的极端厌氧环境对泥-水界面间 Fe、S 元素的地球化学循环产生重要影响（刘国锋等，2010a）。冯紫艳（2013）对月亮湾底泥按 15 cm 疏浚深度后的藻源性湖泛模拟结果反映，未疏浚、疏浚后 0 天和疏浚后 1 个月在 14 天藻源性湖泛模拟中，Fe^{2+} 含量和 $\sum S^{2-}$ 含量均较浚后 3 个月和浚后 5 个月为高，除未疏浚对照的 $\sum S^{2-}$ 含量未出现明显峰形外，其他都在 7～8 天间出现一个明显峰值（图14-8）。由于湖泛致黑物形成中，$\sum S^{2-}$ 含量是主控因子，其峰值滞后于 Fe^{2+} 含量约 1 天，且此后大幅下降接近零，与采用疏浚处理的湖泛发黑时间较为吻合（表 14-4），推测如果底泥未疏浚、疏浚后 0 天以及疏浚后 1 个月情况下遇到足够量藻体的聚集，具有很大的湖泛发生风险。

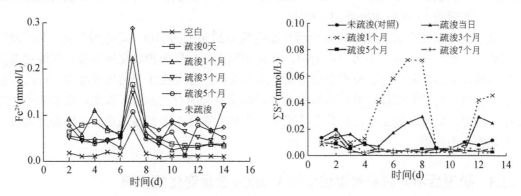

图 14-8　不同浚后时长藻源性湖泛模拟下泥-水界面处 Fe^{2+} 和 $\sum S^{2-}$ 含量变化

在还原环境下，底泥可成为低价态元素组分（如 Fe^{2+} 和 $\sum S^2$）的供给来源。疏浚初期由于新生表层接触新的环境后，上覆水与间隙水之间的物质浓度梯度促使界面物质不断交换；沉积物中 Fe^{2+} 浓度呈现出在沉积物-水界面较低，随沉积物深度增加而不断升高的剖面特征。通常界面 10 cm 下 Fe^{2+} 含量较高（申秋实等，2011），因此疏浚移去 15 cm 表层沉积物后，在界面交换频繁的初期 Fe^{2+} 释放速度比疏浚时间较长或未疏浚处理的快，并且省去了 Fe^{2+} 由下层向界面移动、释放的过程，因此模拟实验初期疏浚时间短的 Fe^{2+} 含量反而高。但第 6 天后，由于未疏浚沉积物中微生物的生物化学活动更为频繁，Fe^{2+} 释放速率较快；此外，由于疏浚 0 天和 1 个月沉积物还原程度高于未疏浚对照，硫酸还原反应早于未疏浚对照发生，形成的 S^{2-} 与 Fe^{2+} 产生 FeS 而使 Fe^{2+} 含量降低。

各浚后时长处理柱藻源性湖泛黑度（FeS）变化过程如图 14-9 所示。浚后 0 天水柱中的黑度值最高，然后依次为疏浚 1 个月、未疏浚对照、疏浚 5 个月、疏浚 3 个月及未疏浚

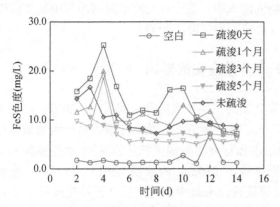

图 14-9 不同浚后时长下湖泛模拟水柱黑度变化过程

空白。尹桂平（2009）研究表明，相同环境条件及加藻量下，底泥疏浚水柱溶氧消耗比未疏浚水柱的快，厌氧程度高。太湖原底泥具有维持原系统性质的特性，而疏浚过后的底泥系统比较脆弱，所以水体中溶解氧很快就消耗接近于零。此外，由于疏浚表层原本处于厌氧状态，短时间内难以恢复到未疏浚表层相同的氧化状态，蓝藻堆积时缩短了底泥表层由好氧向厌氧转换过程，加上 Fe^{2+} 释放速率快，与形成的 H_2S 生成黑色的硫化物，因此疏浚初期（1 个月）添加蓝藻反而使水体色度值更高。经过 3 个月的疏浚期后，即使藻体大量堆积也不能诱导水体-沉积物系统产生藻源性湖泛现象，疏浚的控制作用开始显现。原因是沉积物新生表层与上覆水物质交换趋于平衡，新生界面由缺氧或无氧环境转变为有氧环境。范成新和张路（2009）研究已表明，疏浚后一段时间（约 12 周）内，沉积物间隙水中营养物含量并不稳定，只是在疏浚 12 周后才变得相对稳定。

从以上不同浚后时长泥水体系藻源性湖泛模拟结果可归纳出，疏浚对黑臭、Fe^{2+} 及黑度等致黑过程的控制作用不可一概而论，疏浚初期因新生界面物质交换频繁，疏浚对湖泛的发生难以呈现控制作用，反而会促进湖泛的爆发；经过大致 3 个月的疏浚期，疏浚后短期的不利因素将得到消除，并逐步显现疏浚对湖泛控制的有利一面。因此，在实际疏浚工作中，应合理安排疏浚工期，尽量在蓝藻水华季节来临前 3 个月完成疏浚，以避开疏浚不稳定期的负面作用。

14.2.3 疏浚后不同时长对聚藻水体 VOSCs 含量变化的影响

水体发生湖泛前往往首先出现的是嗅味物质，卢信（2012）对不同浚后时长底泥进行藻源性湖泛模拟，采用系统优化的 HS-SPME-GC/FPD 法，分析了湖泛模拟全过程中水体 VOSCs 含量。从产生的 VOSCs 总量看，疏浚后时长（0 天、1 个月、3 个月和 5 个月）的不同，对致臭物均有一定的控制作用，但效果存在明显差异（图 14-10）。疏浚初期（0 天、1 个月）水柱中 VOSCs 最高浓度分别为 346.6 µg/L、337.4 µg/L，与未疏浚对照的 423.5 µg/L 相比有所减少，表明疏浚初期对 VOSCs 的产生的控制作用不明显。随着

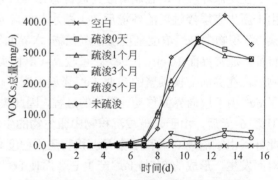

图 14-10 不同浚后时长底泥藻源性湖泛模拟中 VOSCs 总量随时间变化

疏浚时间的延长,疏浚 3 个月和 5 个月水柱中 VOSCs 含量分别低至 49.6 μg/L 和 33.9 μg/L,远远小于未疏浚对照,疏浚效果显著,显示 3 个月以上的浚后时长的疏浚安排,将能显著减少蓝藻降解释放出的致臭物 VOSCs 的量。

　　进一步对不同浚后时长湖泛模拟 VOSCs 致臭组分分析显示,在模拟月亮湾疏浚的泥-水体系中的主要致臭物以 DMS 和 H₂S 为主,其次为 DMTS、MeSH 和 DMDS(图 14-11)。在所考察的浚后时长(0 天、1 个月、3 个月和 5 个月)对上述 5 种主要致臭 VOSCs 组分

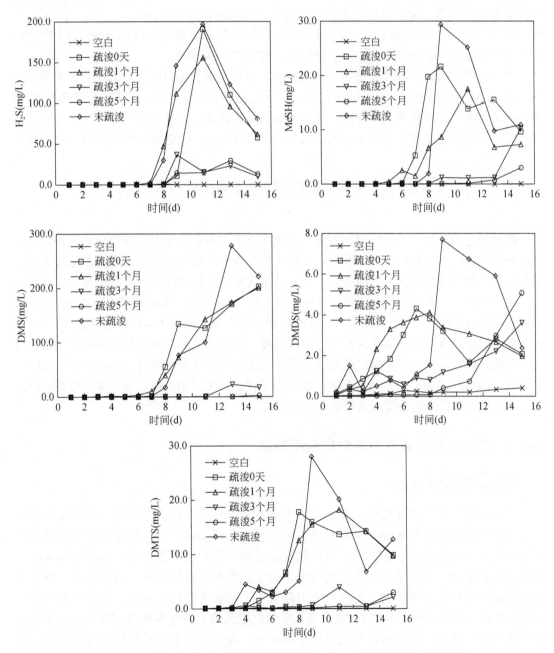

图 14-11　不同浚后时长湖泛模拟水柱中各 VOSCs 组分含量随时间变化

均表现出较好的控制作用,且随着浚后时长的增加,控制效果越加显著。尤其疏浚后 3 个月和 5 个月湖泛模拟中,所产生的 H_2S、MeSH、DMS、DMDS 和 DMTS 含量均远低于疏浚 0 天、1 个月和未疏浚处理。钟继承等(2010)研究表明,未疏浚对照底泥表层呈明显的氧化环境($E_h > 200$ mV),而疏浚的底泥表层则呈还原环境($E_h < 200$ mV),因此添加蓝藻后体系较未疏浚对照会更快地进入厌氧状态,各种 VOSCs 组分也先于未疏浚对照而产生。然而随着时间的延长,未疏浚沉积物也逐渐进入厌氧状态,由于疏浚沉积物中微生物多样性及数量恢复较慢,即使疏浚一年后仍显著低于未疏浚对照($p < 0.05$),当未疏浚的沉积物-水体系达到极度厌氧状态后,由于体系微生物活性与疏浚相比高得多,分解过程更活跃,产生的 VOSCs 也随之明显增多并超过疏浚处理的 VOSCs 含量。

从湖泛模拟过程主要致臭物组分变化反映,虽然疏浚初期(0 天、1 个月)对致臭物 VOSCs 也有一定的控制作用,但对致黑过程反而起负面作用。无论致黑还是致臭方面,3 个月的浚后时长对湖泛的控制作用才显现明显效果。因此,在实际疏浚工作中,应合理安排工期,尽量在蓝藻水华季节来临的前后 3 个月完成疏浚,以避开疏浚初期的负面效应。

14.3 疏浚方式对湖泛形成影响及控制机理

疏浚是一类应用水力或机械的方法,挖掘水下的淤积物并进行输移处理的工程。除了疏浚出湖体的底泥因异地处理处置外,在水下的疏浚活动因所选的疏浚方式、疏浚工具、定位装置、防扩散装备等工艺的不同,将会产生欠挖、漏挖和底泥泄漏等现象,在新生表层底泥上将会产生不同量的残留物(范成新等,2020)。另外,疏浚中因刀具或流体对底泥的剪切和湍流作用,产生颗粒再悬浮,其中大颗粒物在重力作用下会迅速回落到泥层表面,较小颗粒则会在水体中扩散迁移直至沉降。疏浚中扰动扩散的颗粒物和残留的疏浚物,将会对周边水环境质量和生物体产生影响,降低疏浚后的污染控制效果(胡进宝等,2008;仇开涛,2020)。因此,在疏浚实施前,疏浚方式或疏浚工具的选择,也是藻源性湖泛控制为主要目的的环保疏浚决策所必须要考虑的内容。

14.3.1 疏浚方式对底泥表层物化性质影响

1. 底泥环保疏浚方式

底泥疏浚分干法和湿法两大类方法。干式方法又称排干法或空库法,即将整个湖区或围堰后分隔水体中的水排干后,用推土机推积、车辆装载运出;或用高压水枪冲淤等将底泥与水体混合推积于低洼区,再用输送泵将集中的泥水抽走。前者也称机械疏浚,后者为水力疏浚。干法疏浚的优点是将水下施工的隐蔽工程变成陆上直观施工,施工中规避了再悬浮对水体的影响,而且对地形起伏大、杂物多的底部能以可视和无死角的方式进行作业(周铭浩等,2019),缺点是几乎难以按照确定的环保疏浚深度进行污染底泥的有效清除,残留率高,超挖和欠挖发生概率大;残留污染底泥易与清洁底泥混杂,污染控制的效果较低(朱敏等,2004)。湿法疏浚又称带水或水下疏浚,该法都需要将疏浚机械安装在可漂浮移动的作业船上（徐子令等，2018），通过疏浚工具，如斗、吸头或刀头等，将污染底泥清除出水体。具有环保理念的疏浚方式基本都来自湿法疏浚。在底部杂物不多且疏浚面积不是非常小的情况下，环保疏浚的设备选型，实际上就是根据湖泊水深、底泥性质、疏浚泥深、工期，低扩散低残留等工艺和环保要求，对需要疏浚船的挖掘方式的选择。

　　湿法疏浚主要分抓斗式、链斗式、铲斗式、泵吸式、耙吸式、绞吸式和斗轮式等疏浚方式（沈成新等，2020），其中耙吸式、绞吸式和斗轮式都属于吸扬方式。这些湿法疏浚设备具有不同的工作原理及优缺点，疏浚决策可根据污染物控制目标及疏浚水体自身的环境条件选择适合的疏浚工艺设备。虽然湿法疏浚有多种方式，从施工效率、经济性、适应性等方面，不同疏浚方式各有所长，但真正较多在湖泊中应用的主要有抓斗式、泵吸式和绞吸式，其中泵吸式主要针对的是深水水体（如水库和深水湖），在太湖环保疏浚治理中，主要涉及抓斗式和绞吸式两种疏浚方式。这两种方式可以通过对底泥形成"V"形表面（抓斗式）和表面有适当残留物（绞吸式）来模拟（陈超等，2013），理想疏浚效果则使底泥模拟疏浚后形成平整表面来获得。可以通过疏浚模拟对太湖不同湖区的底泥疏浚效果进行研究。

2. 不同疏浚方式对底泥表层性质影响

　　太湖湖西岸的八房港和梅梁湖闾江口是藻源性湖泛历史发生区。陈超等（2013）将采集于八房港水域的底泥，按不同疏浚方式（理想式、绞吸式和抓斗式）模拟疏浚好的底泥样品，分别用于即刻进行的模拟湖泛试验和置于太湖原位水体中，1 个月后进行湖泛试验模拟。待水柱发生湖泛现象后，对底泥基本性质进行分析。沉积物含水率、TN、TP 以及 LOI（图 14-12）的含量均表现为未疏浚对照大于不同疏浚方式处理后的沉积物柱状样，并且垂向分布明显，说明疏浚能有效削减沉积物营养盐负荷。而有机质含量则表现出随深度增加而增加。值得注意的是，不同疏浚方式处理后的沉积物上述指标差别不是特别明显，这可能是因为沉积物柱状样品均来自太湖八房港，而深层埋藏的沉积物其异质性相差不大。由于试验过程中添加的藻类死亡后沉降于沉积物表面，经微生物分解转化释放出大量的氨氮，所以试验结束后测定的沉积物表层氨氮的含量普遍偏高。

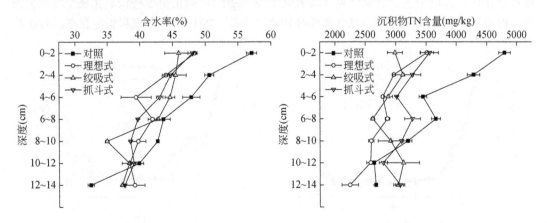

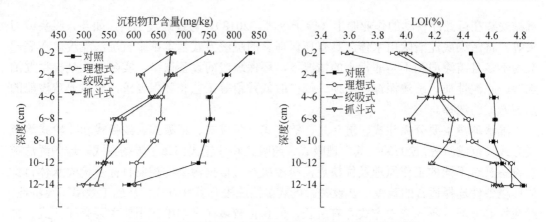

图 14-12 不同疏浚方式模拟下底泥主要物化指标垂向分布

14.3.2 疏浚方式对湖泛发生前后水体性质的影响

藻类水华的聚集与污染性底泥是湖泛发生的两个主要原因,低价铁和硫是发生湖泛的主要致黑组分,且极易在缺氧厌氧环境的表层底泥形成,对湖泛易发区污染底泥通过疏浚移除方式,则可能把与藻华形成协同作用的关键条件之一污染底泥去除(陆桂华和马倩,2009;2010),从而对湖泛的发生形成抑制作用。但是,疏浚质量和疏浚后底泥新生界面有直接的关系,并且由于疏浚工程对致黑过程的控制作用往往需要一定的时间才能显现出来(卢信,2012)。因此,探讨不同疏浚方式对湖泛发生关键组分和参数的关系就具有重要的实际意义。

1. 上覆水柱 DO 含量、E_h、pH 变化

对八房港底泥疏浚模拟试验过程中,不同疏浚方式处理后的上覆水柱中 DO 含量、E_h、pH 数值与未疏浚对照样品差别不大(图 14-13),总体反映疏浚处理对水体中 DO 含量、E_h、pH 的影响较小。

由于藻类呼吸及分解作用,水柱中的溶解氧含量在添加藻浆 1 天后即出现急剧的下降,使水柱在试验过程中呈现缺氧环境(溶氧低于 2 mg/L),而正是这种低氧化还原电位的条件,促进了致黑物质 FeS 和甲基含硫嗅味物质(卢信,2012)的形成和稳定存在。对比疏

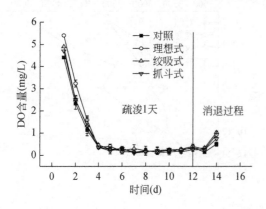

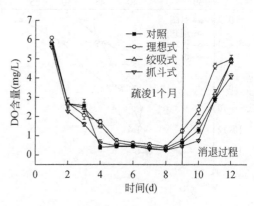

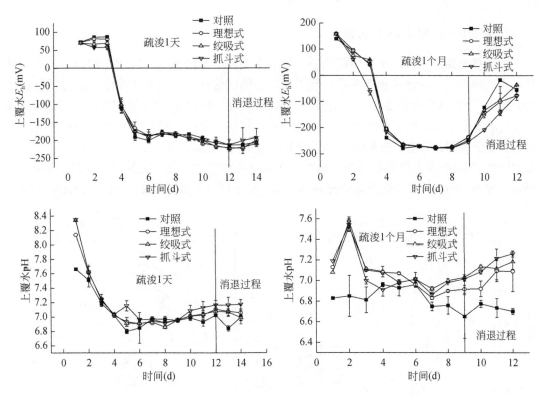

图 14-13　不同疏浚方式疏浚后上覆水 DO 含量、E_h、pH 变化

浚 1 天后和疏浚 1 月后的沉积物水柱中 DO 含量的变化，后者水柱中 DO 的含量要明显高于前者，并且在消退过程中后者水柱中 DO 的恢复速率也快于前者（过程结束后，疏浚 1 个月后的沉积物水柱中 DO 基本恢复到与试验开始时相当，疏浚 1 天后的沉积物水柱中 DO 含量仍较低）。

对比 E_h 的变化，疏浚 1 月后的沉积物水柱中 E_h 的初始值要明显高于疏浚 1 天后的沉积物水柱，并且在消退过程中 E_h 的恢复速率要高于后者，反映随着疏浚时间的延长，体系中被破坏的氧化还原体系已得到恢复。值得注意的是，在湖泛的消退过程中，即使水柱中的黑色逐渐消退，DO 有所上升，但是水柱中 E_h 却仍然呈现负值，说明水柱中溶氧已不是决定体系中氧化还原电位的关键因子（王晓蓉和华兆哲，1996）。

沉积物-水界面硫和铁元素的循环与 E_h 和 pH 有很大的关系，pH 值决定了 Fe^{2+}、Fe^{3+} 的化合态分布，而 E_h 值决定了 Fe^{2+}、Fe^{3+} 之间的分配（宋金明，1997）。对比疏浚 1 天后和疏浚 1 个月后的沉积物水柱中 pH 的变化，后者水柱中 pH 变化较小（最大差值为 1.5pH 单位），并且在试验过程中 pH 基本维持在 7.0 左右，而前者水柱中 pH 在试验前 4 天急剧降低，之后基本维持在 7.0 左右。通过以上比较，疏浚稳定 1 个月后的沉积物样品水柱中上述指标更容易恢复到湖泛发生前的水平，对湖泛发生的抑制作用相应更好。随着时间的延长，疏浚对湖泛的控制效果将会得到逐渐显现。

2. 底泥中 Fe^{2+} 和 AVS 的含量

如没有外源的输入，水体中的物质变化将主要受底泥的影响。陈超（2014）按不同疏浚方式（理想式、绞吸式和抓斗式）模拟疏浚好的底泥样品，研究了湖泛模拟前后柱状底泥中的 Fe^{2+} 和 AVS 含量变化。分析反映，疏浚前 Fe^{2+} 和 AVS 的含量均要远低于疏浚后 1 天进行湖泛模拟试验的沉积物样品（图 14-14），这可能是因为疏浚使深层呈还原环境的沉积物暴露于表面，促进了沉积物中 Fe^{3+} 向 Fe^{2+} 的转化（范成新等，2013），并且由于疏浚破坏了原有沉积物-水界面的物质循环平衡，而新平衡的建立需要一定的时间（Zhong et al，2008）。在这期间，一些生物群落逐渐恢复，促使 S 逐渐以 H_2S 释放到大气中（Stahl，1979）。

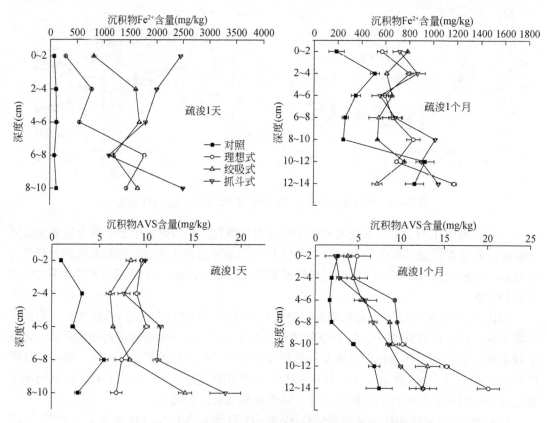

图 14-14 不同疏浚方式对底泥 Fe^{2+} 和 AVS 垂向分布影响

不同疏浚方式下底泥 Fe^{2+}/Fe^{3+}、AVS 的含量均呈现出随深度的增加而增加的趋势，并且基本表现出抓斗式疏浚＞绞吸式疏浚＞理想式疏浚，其中疏浚 1 天后的沉积物样品表层 8 cm 中 Fe^{2+} 的含量差异尤其明显。虽然未疏浚对照底泥中 Fe^{2+}、AVS 的含量均要低于疏浚后的沉积物样品，但是与未疏浚对照相比，疏浚后 1 个月底泥表层 10 cm 上述指标含量的差异要远低于疏浚后 1 天的沉积物样品，说明随着时间的推移，疏浚对沉积物内源负荷的削减效果逐渐显现出来。并且也反映出，无淤泥残留的理想式疏浚效果要优于绞吸式和抓斗式疏浚，即残留率低是底泥疏浚内源污染控制所要追求的主要目标。

3. 上覆水柱 Fe^{2+}/Fe^{3+}、S^{2-} 含量变化

不同疏浚方式下上覆水柱中 Fe^{2+} 和 S^{2-} 的含量均呈现出先升高后降低的现象（图 14-15）。在加入藻浆后（试验第 2 天）Fe^{2+} 和 S^{2-} 的含量均有明显的上升，直至出现最大值后逐渐下降，但是水柱中 S^{2-} 含量的峰值要比 Fe^{2+} 晚 5 天左右，这可能是因为蓝藻细胞的大量聚集、沉降死亡后对沉积物–水界面处 Fe 循环具有驱动作用（刘国锋等，2010a；2014），随后由于 Fe^{2+} 与水体中的 S^{2-} 化合形成铁硫化物而逐渐降低（卢信，2012）。两次湖泛模拟试验水柱中 Fe^{2+} 以及总铁含量的变化趋势相一致，均是在试验第 5 天达到最大值后逐渐降低的，而由于 S^{2-} 含量的峰值要比 Fe^{2+} 更晚，视觉观察水柱泛黑现象发生在试验第 5 天左右。

湖泛致黑组分主要为 FeS 沉淀物（刘国锋，2009；申秋实等，2011），其 $[Fe^{2+}]$ 和 $[S^{2-}]$ 化学计量关系为 1∶1。疏浚后 1 天的样品模拟湖泛过程中，发生湖泛时（第 5 天）$[Fe^{2+}]$ 的摩尔浓度约为 0.0179 mmol/L（0.45 mg/L），而 $[S^{2-}]$ 此时的摩尔浓度约为 0.0203 mmol/L（0.65 mg/L），即发生湖泛时 $[S^{2-}]$ 浓度大于 $[Fe^{2+}]$ 13.4%，$[S^{2-}]$ 浓度过量，并且这种过量关系在 5～12 天之间还持续升高（图 14-15）。因此对于疏浚底泥而言，由于 $[S^{2-}]$ 的化学计量几乎全程过量，因此系统中 Fe^{2+} 对湖泛的形成不仅较 S^{2-} 含量更为重要，甚至对湖泛发生时间而言具有决定性的作用。

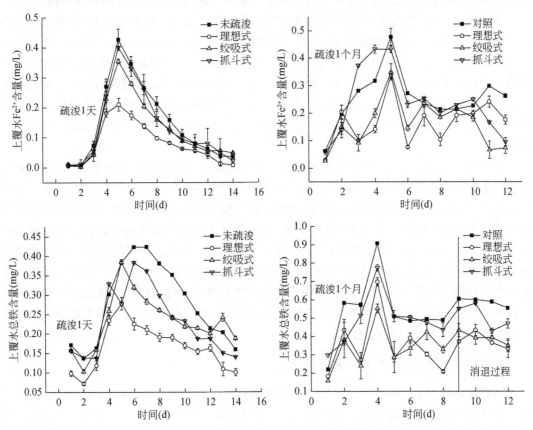

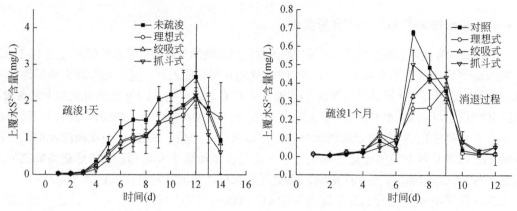

图 14-15　不同疏浚方式下上覆水 Fe^{2+} 和 S^{2-} 含量变化

不同疏浚方式处理后上覆水柱中 Fe^{2+} 和总铁含量可呈现较大差别，大致表现为未疏浚对照＞理想式疏浚＞绞吸式疏浚＞抓斗式疏浚（图 14-15）。疏浚改变了新生沉积物的物理环境，使深层含 Fe^{2+} 较高的底泥暴露出来，因而在刚疏浚初期底泥中 Fe^{2+} 的释放速度比起未疏浚和疏浚时间较长的均快得多（Shen et al，2013；Shen et al，2014）。图 14-15 也反映了疏浚后平衡时间越长，Fe^{2+} 的释放速率越低，显示了疏浚对湖泛抑制的积极作用。

上覆水柱中 S^{2-} 的峰值要较 Fe^{2+} 的峰值晚几天出现，这是因为水柱中 S^{2-} 的变化主要受控于硫酸还原菌，而微生物通常要经过一个驯化的过程（Feichter et al，1996），也可能是因为初期水柱中 Fe^{2+} 含量较多，硫铁化合物的生成抑制了 S^{2-} 在水柱中的累积，随着试验的进行，水柱中 Fe^{2+} 的含量逐渐减少，因而 S^{2-} 的含量逐渐增加。随着时间的推移，疏浚后新生底泥表层与上覆水物质交换逐渐趋于平衡，新生界面由于缺氧或无氧环境逐渐转变为有氧环境，对抑制底泥中的物质向上覆水体的释放具有一定的积极作用（范成新和张路，2009）。

与疏浚后 1 天水柱中 S^{2-} 含量变化相比，不同疏浚方式在疏浚 1 月后的 S^{2-} 含量大幅度降低，前 6 天后者浓度甚至仅为前者的 1/10，即使分别在第 7~9 天处于峰值含量时，$[S^{2-}]$ 也才相当于刚疏浚 1 天模拟湖泛发生时的浓度值（图 14-15）。虽然疏浚 1 月后模拟湖泛体系中含量自峰值（约第 4 天）后呈持续下降，但在第 4 天之后所有疏浚方式都保持水体 Fe^{2+} 含量在 0.35~0.60 mg/L 之间变化，而 S^{2-} 含量更低水平，因此在湖泛发生前，支撑湖泛形成的限制性因子有可能变为 $[S^{2-}]$。比较各种疏浚方式对水体中 Fe^{2+} 和 S^{2-} 的抑制作用，疏浚 1 个月后明显好于刚疏浚（1 天），说明延长疏浚后时间，可较好地显现疏浚对湖泛的控制效果。另外，综合分析不同疏浚方式对湖泛形成水体 Fe^{2+} 和 S^{2-} 浓度的控制影响，理想式和绞吸式对湖泛的控制效果更好。

4. 上覆水柱挥发性有机硫化物含量变化

藻源性湖泛形成的刺激性致臭物主要是来自挥发性有机硫化物（VOSCs），其中以二甲基一硫（DMS）、二甲基三硫（DMTS）和二甲基二硫（DMDS）为主（卢信，2012）。陈超（2014）通过模拟研究不同疏浚方式对藻源性湖泛水体 VOSCs 致臭物产生过程发现（图

14-16)，水柱中 DMS、DMTS 和 DMDS 的含量均表现为先升高后降低，并与水柱变黑（FeS）出现时间基本一致，也是在第 5 天左右达到最大值。所有的疏浚方式（包括未疏浚对照）下 VOSCs 浓度没有明显峰值，但大致在第 9 天左右各种含量的浓度均呈逐步下降直至模拟实验结束。

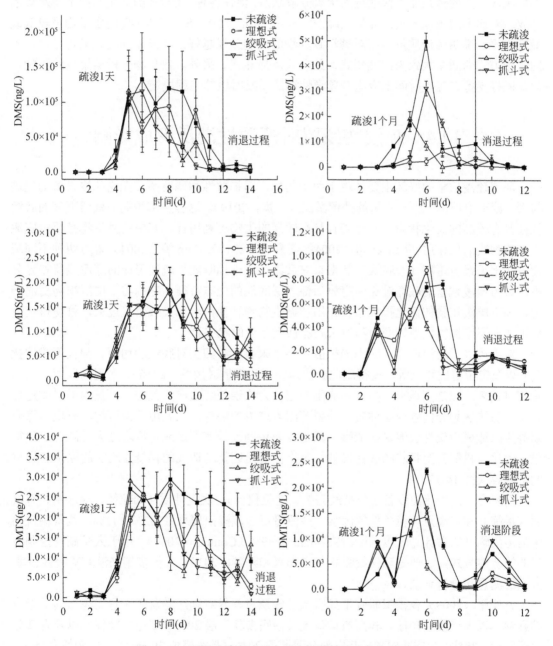

图 14-16　不同疏浚方式下上覆水挥发性硫化物含量变化

采用疏浚 1 个月后的底泥模拟藻源性湖泛显示，各组分的 VOSCs 均较刚疏浚 1 天的底泥湖泛模拟水体含量低（约 40%～80%），且不仅各组分具有峰形最大值，而且最大值（峰值出现）位置较刚疏浚 1 天处理有所推迟（图 14-16）。疏浚短期内新生界面尚不稳定，且厌氧程度高，研究表明疏浚后沉积物表层呈还原环境（$E_h < 200$ mV），而疏浚 1 月后沉积物由于风浪扰动的复氧作用会使表层的氧化环境逐步恢复（钟继承等，2010），因此添加蓝藻后疏浚 1 天的体系能更快地进入厌氧分解状态，促使各种 VOSCs 的产生和向上覆水体的释放。对比不同疏浚方式，理想式疏浚水柱中 DMS、DMTS 和 DMDS 的含量均呈较低或最低水平，说明疏浚质量越高对湖泛致臭物的控制效果越好。从控制湖泛致臭物考虑，不同疏浚方式的效果大致为：理想式＞绞吸式＞抓斗式。另外，致臭物分析结果与致黑物一样，同样支持在疏浚时间上应避开藻源性湖泛易发时段的工程决策。

14.4　疏浚物残留对藻源性湖泛形成影响

环保疏浚质量的好坏主要体现于两个指标，即扩散性和残留率。无论疏浚设备的先进与否，施工中都会产生一定量的残留淤泥（王寅，2019）。这些从疏浚泥中残留下来的底泥往往具有较高的流化状态、易迁移且具有较高的生物可利用性，其中的微生物甚至对底泥产生接种式活化作用（Fan et al，2004；姜霞等，2017）。Fan 等（2004）曾对两种不同疏浚方式下无锡五里湖（绞吸式）和南京玄武湖（排干抽吸式）疏浚形成的底泥残留差异分析，认为疏浚残留的底泥难免带有原活性表层底泥的生态特征，它们与下层沉积物交混一起，为下层沉积物的活化提供接种作用和微生物物种保留，如果残留量过大，将使得疏浚后形成表层底泥很快地转变为与原来底泥性质接近的状态。

对于绞吸式疏浚而言，底泥的扩散主要是来自于绞刀头对底泥的切削、刮吸形成的扰动，以及定位桩的移动等，使得底泥会快速向周边扩散（周兰，2016）。底泥的残留涉及因素相对较多：一是因地形平整度差或垂向定位允许误差等造成的欠挖；二是由于平面定位误差、疏浚区划分问题或船体定位偏斜等因素造成的漏挖；三是由于构造物、石块和障碍物等原因造成污染性底泥未被清除；四是绞刀头抽吸效率不足或是泥块过大过硬等，使得已被碎化、松散甚至扬起的底泥没被抽吸走；五是因扰动造成的再悬浮底泥的原位和异位的沉降等（图 14-17）。

据研究，由于疏浚设备（包括绞刀头、定位仪器）、底泥性质（如粒径、含水率、有机质含量等）和疏浚点环境条件等因素，残留量可占疏浚挖掘总量的 2%～11%，残留颗粒物中的污染物则约占计划疏浚清除污染物的 5%～9%（Council，2007）。用于太湖湖泛控制为目的的疏浚方式，主要是环保绞吸式（冉光兴和陈琴，2010），但多年来没有疏浚残留率方面的测量和分析记录。

尹桂平（2009）曾模拟研究了绞吸式疏浚质量差异对湖泛易发区（月亮湾）湖泛形成的影响。以未疏浚（1#柱）和高质量疏浚（彻底去除表层 20 cm 底泥，3#柱）以及有部分底泥残留（2#柱）为实验对象。其中部分残留的 2#柱，是在模拟 20 cm 深度的疏浚基础上，从切去的泥柱上层取 2 cm 厚度的圆饼泥块（总重 456.51 g），取 1/16 的泥量（28.53 g）模拟疏浚施工残留，均匀地涂抹到已模拟疏浚 20 cm 的泥柱表层。所有用于实验的 3 个柱中分别加藻 47.52 g（藻密度为 5000 g/m^2），在 25℃小风环境下模拟湖泛发生过程。

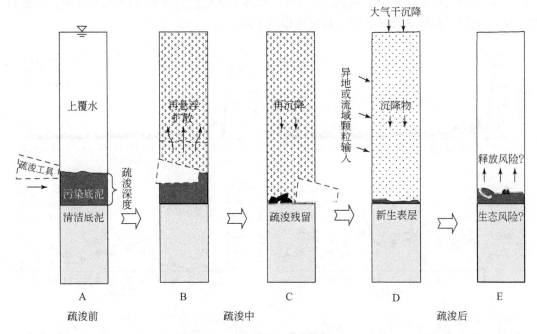

图 14-17　湿法施工中疏浚物残留等对新生表层释放风险影响示意图

视觉观察反映，1#柱（未疏浚）在整个实验过程未出现黑色现象，在实验的最后三天水体出现微臭味。2#柱（1/16 的表层泥）在实验的第 8 天出现黑色现象，3#柱（疏浚）在实验的第 10 天出现黑色，较 2#柱晚 2 天（表 14-5）。由于 1/16 的表层泥处理是模拟疏浚残留对湖泛形成的影响，因此反映疏浚的残留率越大对湖泛控制不利。

表 14-5　疏浚残留对湖泛形成感官变化的影响

	天数	1	2	3	4	5	6	7	8	9	10	11	12	13
视觉	1#（未疏浚）						全程无变化							
	2#（1/16 残留）			无变化					浅黑	浅黑	黑色	黑色	黑色	黑色
	3#（疏浚）				无变化						浅黑	浅黑	黑色	黑色
嗅觉	1#（未疏浚）				无味觉变化							微臭	微臭	微臭
	2#（1/16 残留）			无味觉变化		微臭	微臭	臭味	臭味	臭味	臭味	臭味	臭味	
	3#（疏浚）				无味觉变化				微臭	臭味	臭味	臭味	臭味	臭味

模拟疏浚实验中，所有的嗅觉结果都较视觉敏感，虽然 1#柱全程视觉未见变化，但其水体在培养到 11 天时出现微臭的嗅觉感受，并且发生湖泛黑色的 2#和 3#都是在发生黑色现象前 1 天出现微臭味。显然与八房港模拟疏浚结果不同，月亮湾模拟疏浚促使湖泛更容易形成。在未疏浚的 1#柱样，在 13 天的实验中视觉未出现发黑（第 11 天起出现微臭），在湖泛形成的程度上远小于模拟疏浚的 2#和 3#两组。

比较 1#、2#和 3#柱状样上下层水体中主要物化指标变化（图 14-18），无论是否模拟疏

浚，上下层水体中溶解氧含量均呈现大幅降低。大约在 2#和 3#柱样中致臭物出现前的第 7
天，含量处于低值（DO≤0.2 mg/L）。另外，水体上下层的叶绿素（Chl a）含量，大致自
第 5 天（下层）和第 7 天（上层）起出现稳步下降。

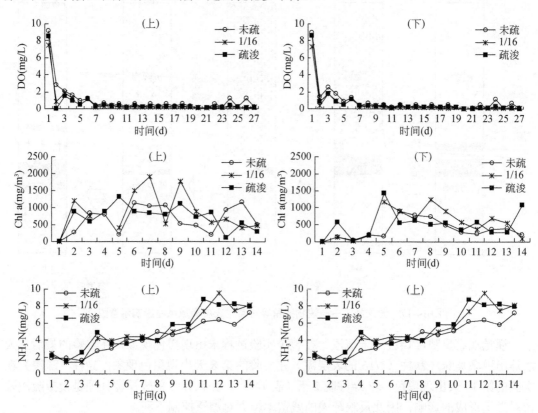

图 14-18　底泥疏浚物残留对湖泛模拟水体 DO、Chl a 和 NH$_3$-N 含量的影响

　　无论是上层水或是下层水，Chl a 含量均是实验前后过程低、中间过程（5～9 d）高。
1/16 疏浚物残留模拟的 2#柱，Chl a 含量具有幅度较大的波动性；在湖泛形成的第 8 天，
上层水体的 Chl a 含量出现明显下降，而下层含量上升（图 14-18）。反映湖泛形成发黑状
态，迫使一部分活性藻体下沉底部，继而随着湖泛过程的延续，剩余藻体大量并快速死亡。
包括疏浚物残留模拟所有处理的水体氨氮（NH$_3$-N）含量均呈上升趋势，但总体反映疏浚
物残留模拟和疏浚处理组中，氨含量水平略高于未疏浚。藻源性湖泛模拟中，水体氨主要
来自藻体的微生物降解和底泥的释放，其中来自藻体的降解各自差别应不大，但底泥表层
是否产生了新生表层或界面（或有没有疏浚），特别是有无疏浚物残留落在底泥表层等等，
是水体氨氮含量产生差异的主要原因。

14.5　太湖底泥疏浚工程对湖泛预控效果评估

　　自 2007 年下半年起，为控制湖泛和富营养化，先后在梅梁湖、竺山湖、贡湖、东太湖、

西部沿岸带、月亮湾等湖区实施了底泥疏浚，涉及无锡市、常州市、苏州市以及武进区和宜兴市等市县区。疏浚是一类投资相对较大的工程，这样浩大的工程到底对太湖水环境的改善起到了多大作用，尤其是对湖泛的控制到底贡献如何都需要一个客观评估。2013 年中国科学院南京地理与湖泊研究所受太湖流域水资源保护局委托，在 2012 年 4 月对已开展的 6 个疏浚区 28 个样点的疏浚评估[①]基础上，增加 2012 新开展的湖泛控制疏浚区样点研究内容，对第一轮疏浚 2007～2012 年阶段的底泥疏浚效果进行系统性评估[②]。

14.5.1　典型湖泛发生区底泥疏浚相关特征和指标变化

梅梁湾、贡湖、竺山湖、月亮湾和西部沿岸带是太湖湖泛发生的典型水域，2008～2012年期间曾先后开展过底泥疏浚。为主要评价底泥疏浚对湖泛的控制效果，2012～2013 年对以上 5 个湖区各采集疏浚点和未疏浚对照湖区进行效果评价（见图 14-1）。

由于疏浚区往往只占湖泊总面积的一小部分，而湖泊水体是具有流动性的，因此采用分析疏浚区和非疏浚区水质对疏浚效果进行评估并不是一个令人信服的方法。日美及西欧一些国家主要依据底泥释放强度和底泥表层生物种类、数量及多样性等疏浚前后的变化进行评价，有些还涉及表层底泥生物毒性和危害风险项目（Ho et al，2002；Guerra-García et al，2006）。反映疏浚效果的环境指标有很多方面，不同的湖泊问题，评估效果的内容和技术参数也会不同。2007 年及其以后的疏浚倾向于针对湖泛和蓝藻的控制，因此设置的评估项目和指标更趋向与此密切相关的目的和评价原则。

将底泥污染性重点、时效性资料的借用、指标在评价中的重要程度、指标的代表性、指标和标准的可发展性作为太湖疏浚效果评价的 5 个原则，采用网格分层设置的综合指标体系用于太湖生态环境质量空间评价（刘云霞等，2007）。所选的指标是直接用于评估疏浚区疏浚后环境特征或状态好坏的指标，包括底泥特征、水体特征和生态状况 3 个方面。一方面是考虑疏浚后与疏浚前相比，底泥在物理、化学（污染物含量）、生物生长情况等差异或改善情况；另一方面则是考虑疏浚后与疏浚前相比，底泥界面环境的间接变化或改善情况，如内源释放、湖泛黑臭控制等。由于底泥释放是内源污染的重要标志，因此底泥疏浚是否控制了底泥释放，疏浚区是否去除了翌年形成蓝藻水华的藻源，疏浚是否有效控制（藻源性）湖泛，以及生态风险是否减少等。

2006 年 7 月，中国科学院南京地理与湖泊研究所刘云霞和陈爽等根据太湖底泥污染影响因子及其关系，从控制底泥污染风险和水体富营养化为主要目的，对底泥污染特征和生态保护状况等控制指标，确定可疏浚区域的疏浚优先次序。再依据指标对湖泊底泥污染及生态环境影响程度，进一步划分为关键性控制指标和一般性控制指标（表 14-6）。

---

① 中国科学院南京地理与湖泊研究所，太湖底泥生态清淤效果评估研究报告，2012 年 4 月。
② 中国科学院南京地理与湖泊研究所，太湖底泥疏浚效果评估研究报告，2013 年 8 月。

表 14-6 底泥疏浚分区疏浚控制指标

一级指标	二级指标	三级指标
底泥污染	底泥营养物含量	总磷 TP（mg/kg）
		总氮 TN（mg/kg）*
		有机质 OM（mg/kg）
	底泥重金属污染风险	底泥重金属污染风险指数（As、Cd、Cr、Cu、Hg、Pb）*
	污染物质活性	活性磷含量比例（%）
	底泥物理影响	E_h 值（mV）*
	内源静态通量	静态 PO_4^{3-}-P 释放速率 [mg/(m²·d)]*
		静态 NH_3-N 年均释放速率 [mg/(m²·d)]*
		静态 TOC 年均释放速率 [mg/(m²·d)]*
水体污染	水质级别	水质综合评价指标（DO、COD_{Mn}、BOD_5、TP、NH_3-N）
	水体营养水平	富营养化评价指标（Chl a、TP、TN、COD_{Mn}、SD）
生态保护	水生生物多样性	水生植物多样性指数*
		底栖动物生物多样性指数*
	水生植物丰度	水生植物生物量（g/m²）
		夏季水生植物覆盖度（%）*
	底栖动物丰度	水生寡毛类生物量（g/m²）
		软体动物生物量（g/m²）

* 关键控制指标。

　　表 14-6 虽然较好地确定了底泥疏浚分区疏浚的控制指标，但主要针对的是富营养化控制，侧重实施前的疏浚决策和规划（范成新等，2020）；而 2007 年后的太湖底泥疏浚主要针对的是湖泛控制，且为疏浚后的疏浚效果评估。在参照表 14-6 中的部分二级和三级指标基础上，需适当增加与底泥有关的湖泛控制和附着蓝藻等有关的参数指标等。所选指标的等级划分，将倾向于疏浚后可获得、可定量的原则，依据指标对释放污染的影响程度，以及对湖泊生态系统影响程度定量化分析。结合太湖相关指标背景数据和新近模拟结果的完整性情况，从底泥污染物含量、底泥污染性、水华藻源影响、湖泛影响和生物影响等 5 个方面进行疏浚效果评价。指标评估中，共涉及 5 个一级指标、9 个二级指标和 20 个三级指标（表 14-7）。评价步骤是从三级指标开始，按照专家打分所分配的权重进行。在得到各三级指标的评估值后，再按照二级指标及其权重来计算二级指标的评估值。

14.5.2　疏浚效果评价指标的控制值

1. 底泥污染物含量

1）营养物

　　据对太湖底泥 215 个样点的分析：总磷的最大值为 0.16%，位于梅梁湖西端；最小值为 0.032%；位于贡湖西南端，平均值为 0.057%。总氮的最大值为 0.307%，在东太湖；最小值为 0.031%，在小梅口附近；平均值为 0.108%。有机质的最大值为 9.00%，位于东太湖南端；最小值为 0.72%，位于太湖南部区域；平均值为 1.71%。根据等分原则，将总磷、总氮和有机质含量数据分为 9 等分（表 14-8）。

表 14-7　底泥疏浚后湖泛控制效果评估指标及权重表

一级指标	二级指标	权重	三级指标	权重
表层底泥含量	营养物	0.5	1. 总磷 TP（mg/kg）	1/3
			2. 总氮 TN（mg/kg）	1/3
			3. 有机质 OM（mg/kg）	1/3
	重金属	0.5	4. 砷 As（mg/kg）	1/10
			5. 镉 Cd（mg/kg）	2/5
			6. 铬 Cr（mg/kg）	1/10
			7. 铜 Cu（mg/kg）	1/10
			8. 汞 Hg（mg/kg）	1/5
			9. 铅 Pb（mg/kg）	1/10
底泥污染性	氧化还原环境	0.25	10. E_h 值（mV）	1
	释放速率	0.75	11. PO_4^{3-}-P 释放（mg/m²·d）	1/2
			12. NH_4^+-N 释放（mg/m²·d）	1/2
有害藻类	底泥附着蓝藻	1	13. 冬季藻蓝素（ng/g）	1
藻源性湖泛	酸性挥发性硫化物（AVS）	0.40	14. 含量（μmol/kg）	1
	湖泛黑臭发生时间	0.60	15. 模拟发生所需时间（d）	1/2
			16. 湖泛发生后持续时间（h）	1/2
底栖生物状况	生物多样性	0.50	17. 底栖动物多样性指数	1
	生物丰度	0.50	18. 水生寡毛类生物量	1/3
			19. 软体动物生物量	1/3
			20. 水生昆虫幼虫生物量	1/3

表 14-8　底泥中总磷、总氮和有机质含量等级划分（%）

等级	9	8	7	6	5	4	3	2	1
总磷	<0.046	0.046~0.052	0.052~0.059	0.059~0.065	0.065~0.072	0.072~0.078	0.078~0.084	0.084~0.091	>0.091
总氮	<0.055	0.055~0.087	0.087~0.118	0.118~0.149	0.149~0.181	0.181~0.212	0.212~0.243	0.243~0.275	>0.275
有机质	<0.96	0.96~1.44	1.44~1.93	1.93~2.89	2.89~3.85	3.85~4.81	4.81~6.25	6.25~7.69	>7.69

2）底泥重金属污染风险指数

选用湖泊底泥常见的 6 种重金属（砷 As、镉 Cd、铬 Cr、铜 Cu、汞 Hg 和铅 Pb），其中 Cu、Hg 和 Pb 若在厌氧环境下形成低价离子，则会与水中的 S^{2-} 形成黑色或深色金属硫化物（CuS/Cu_2S、HgS、PbS）。由于其与 ΣS^{2-} 形成的沉淀物的溶度积远小于 $FeS\downarrow$（见表 5-1），因此会促进湖泛的形成。根据对太湖底泥中重金属的多年分析，各种重金属含量变动范围为：As 含量在 $0.98\sim70.17$ mg/kg 之间，平均值 13.92 mg/kg；Cd 含量最小值 0.153 mg/kg，最大值 7.61 mg/kg，大多在 $1\sim5$ mg/kg 之间；Cr 含量在 $6.73\sim237.40$ mg/kg 之间，平均值 53.48 mg/kg；Cu 含量在 $8.61\sim214.51$ mg/kg 之间，平均值 39.33 mg/kg；Hg 含量在 $0.004\sim0.955$ mg/kg 之间，平均值 0.091 mg/kg；Pb 含量在 $2.34\sim245.12$ mg/kg 之间，平均值 49.41 mg/kg（表 14-9）。

表 14-9 底泥中主要重金属含量等级划分（mg/kg）

等级	9	8	7	6	5	4	3	2	1
As	<4.5	4.5~8.9	8.9~13.4	13.4~17.8	17.8~22.3	22.3~26.7	26.7~31.2	31.2~35.6	>35.6
Cd	<0.33	0.33~0.67	0.67~1.00	1.00~1.33	1.33~1.67	1.67~2.00	2.00~2.33	2.33~2.67	>2.67
Cr	<21.2	21.2~42.4	42.4~63.5	63.5~84.7	84.7~105.9	105.9~127.1	127.1~148.2	148.2~169.4	>169.4
Cu	<15.7	15.7~31.4	31.4~47.1	47.1~62.8	62.8~78.5	78.5~94.2	94.2~109.9	109.9~125.6	>125.6
Hg	<0.18	0.18~0.35	0.35~0.53	0.53~0.70	0.70~0.88	0.88~1.05	1.05~1.23	1.23~1.41	>1.41
Pb	<21.2	21.2~42.4	42.4~63.5	63.5~84.7	84.7~105.9	105.9~127.1	127.1~148.2	148.2~169.4	>169.4

底泥污染风险指数是表征底泥污染的指标之一。此指标数值越大，说明对底泥疏浚的贡献越大。底泥污染风险指数共有 23 个样点，最大值为 87，位于梅梁湖北部；最小值为 30，位于湖心区；平均值 48。根据底泥污染风险指数在全太湖的 23 个点的测量结果及底泥污染风险指数与底泥污染释放的关系，将数据分为 9 个等级，各等级的数值变化范围如表 14-10 所示。

表 14-10 底泥污染风险指数等级划分

等级	9	8	7	6	5	4	3	2	1
数值	>78	72~78	66~72	60~66	54~60	48~54	42~48	36~42	<36

2. 底泥污染性

1）氧化还原环境

疏浚对底泥物理性质影响较大的有含水率、孔隙度、pH 和 E_h 的变化。虽然含水率、孔隙度的变化对容纳底泥中的污染物的量有影响，但这些影响往往具有不确定性。而底泥中的 E_h 值则相对而言具有较明确的指示意义：在低 E_h 值时，底泥常常可形成厌氧或缺氧状态，从而底泥中的氮、磷、有机质在底泥向水界面上的释放速率增加，产生内源污染。因此，E_h 值越低，产生的内源污染潜在风险越大。另外，对于藻源性湖泛易发和藻类易聚区，电位值低（往往由于死亡藻类分解造成），AVS 和二价铁等物质易于形成，会营造更好的湖泛形成环境。

据对太湖 42 个样点观测，太湖 E_h 最大值为 +327 mV，位于竺山湖南部；最小值为 19 mV，位于东太湖东部；平均值为 89.51 mV。在划分等级时，首先根据 E_h 值对于底泥污染释放的作用机理，将 -200～0 mV 之间划分为还原状态，即底泥向水界面上的释放速率较强；将 0～200 mV 之间划分为弱还原状态，即底泥向水界面上的释放速率一般；将 200～400 mV 之间划分为氧化状态，即底泥向水界面上的释放速率较弱。将处于还原状态、弱还原状态和氧化状态分别等分为 3 级，形成 9 等分值（表 14-11）。

表 14-11　太湖底泥 E_h 值等级划分（mV）

等级	1	2	3	4	5	6	7	8	9
数值	< 133.34	-133.3～-66.7	-66.7～0	0～66.7	66.7～133.3	133.3～200	200～266.7	266.7～333.3	>333.3

2）氮磷静态释放

释放速率是反映底泥对水体产生实质性影响的主要指标，静态则是评估湖泊底泥内源贡献大小的常用背景条件，但在湖泛发生阶段，氮磷的释放会有很大增加。太湖底泥的静态 PO_4^{3-}-P 释放速率最大值为 5.67 [mg/(m²·d)]，最小值为 -3.25 [mg/(m²·d)]，平均值 1.28 [mg/(m²·d)]。根据静态 PO_4^{3-}-P 释放速率在全太湖 25 个点的测量结果，将数据分为 9 个等级（表 14-12）。太湖底泥的静态 NH_3-N 最大值为 95 mg/(m²·d)；最小值为 -108 mg/(m²·d)，平均值 5.59 mg/(m²·d)。根据静态 NH_3-N 释放速率在全太湖 25 个点的测量结果及释放速率与底泥污染释放的关系，也将数据分为 9 个等级（表 14-12）。

表 14-12　静态 PO_4^{3-}-P 和 NH_3-N 释放速率等级划分 [mg/(m²·d)]

等级	9	8	7	6	5	4	3	2	1
PO_4^{3-}-P	<2.0	2.0～3.0	3.0～4.0	4.0～5.0	5.0～6.0	6.0～7.0	7.0～8.0	8.0～9.0	>9.0
NH_3-N	<15	15～30	30～45	45～60	60～75	75～90	90～105	105～130	>130

3. 有害藻类

对太湖而言，主要有害藻类是可形成藻类水华乃至可形成藻源性湖泛的蓝藻。一部分蓝藻会在底泥表层越冬，因此与底泥疏浚藻源有关的就是冬春季底泥表层藻蓝素含量的变化。水华微囊藻虽然不能形成特殊形态的休眠细胞，但秋冬季时也会在底泥中聚集，以度过一段不利于生长的时期。在这一时期，藻体的分析主要是通过采集沉积物表层样品，分析其中的藻蓝素来确定蓝藻的活性状态。据对太湖底泥的附着藻类的藻蓝素分析，太湖不同湖区底泥中藻蓝素的含量差异较大，在 32～176 ng/g 干重之间，根据疏浚去除的藻蓝素越多效果越好的理念，按 9 级划分，见表 14-13。

表 14-13   太湖底泥中藻蓝素含量分级（ng/g）

等级	9	8	7	6	5	4	3	2	1
数值	<2	2~4	4~6	6~8	8~10	10~12	12~14	14~16	>16

4. 藻源性湖泛

1）酸性挥发性硫化物（AVS）

在浮游植物残体沉降后的厌氧环境中，AVS 易形成 H_2S 气体释放出来，并且会与沉积物间隙水中的 Fe^{2+} 等重金属离子形成黑色物质。据尹洪斌等（2008a）和申秋实等（2016）分析，太湖主要湖湾（梅梁湖、竺山湖、贡湖、月亮湾和西部沿岸）底泥中，表层 40 cm 内 AVS 含量的变化值为 0.15~12.5 μmol/g，因此将 AVS 变化范围按 9 等份划分，各等份的数值变化范围如表 14-14 所示。

表 14-14   太湖底泥中 AVS 含量等级划分（μmol/g）

等 级	9	8	7	6	5	4	3	2	1
数 值	<1.39	1.39~2.78	2.78~4.17	4.17~5.56	5.56~6.94	6.94~8.33	8.33~9.72	9.72~11.11	>11.11

2）湖泛黑臭发生时间

据大量的室内模拟和室外调查分析表明，湖泛的发生具有很大的不确定性，但是对于湖泛发生源或底部基质的去除，将很大程度抑制了湖泛的发生。考虑到数据的获取难易度，其中有两个相对可定量指标将被采用，即模拟湖泛发生所需时间和湖泛发生后持续时间。

（1）模拟湖泛发生所需时间。

将新鲜藻体细胞 50.0 g 装于再悬浮装置中，设置（25±1）℃，小风（~2 m/s）情况，模拟藻源性湖泛发生过程，记录湖泛发生所需时间和湖泛发生后持续时间。

考虑到设备的安全性，完成一个风速运转周期后静置一天，主要通过视觉并结合嗅觉的变化，记录最终确定湖泛发生的时间（d）。根据模拟研究总结，在小风（~2 m/s）情况下，藻源性湖泛在 12 d 之内大部分可以发生，但发生的时间差别较大。对于易发湖泛区域，所需时间仅 3~4 d，因此将其分成 9 个等级（表 14-15）。

表 14-15   底泥湖泛发生所需时间等级划分（d）

等级	1	2	3	4	5	6	7	8	9
数值	<2	2~3	3~4	4~5	5~7	7~9	9~11	11~13	>13

（2）湖泛发生后持续时间。

根据模拟研究发现，在小风（~2 m/s）情况下，湖泛发生后的消失时间在 6~220 h（0.25~9.17d）之间，将其分成 9 个等级（表 14-16）。

表 14-16　湖泛发生后出现时间的等级划分（h）

等级	9	8	7	6	5	4	3	2	1
数值	<24	24～48	48～72	72～96	96～120	120～144	144～168	168～192	>192

5. 生物状况

底泥疏浚主要涉及的是与底泥有关的生物是底栖生物和水生植物，但对以控制太湖藻源性湖泛而言，底泥疏浚主要涉及的是非水生植物区，因此实际上在太湖开展的底泥疏浚主要影响的是底栖生物。刚疏浚后，质量好的疏浚施工厚度≤10 cm 的表层底泥连同其中的底栖生物，理论上都被彻底清除出湖体。但实际由于疏浚物的残留，浚后新生表层存留有少量底栖生物。随着时间的推移，底栖生物的种类数量等会出现变化。出现得越多，意味底泥疏浚对生态保护的贡献越大，反之亦然。

A. 底栖动物多样性指数

底栖动物多样性指数越高，说明该区域对于物种多样性保护更有意义，对疏浚前后变化而言，主要关心疏浚对生物种群的影响或生物多样性改善程度的大小。据对太湖 15 个样点底栖动物多样性指数的分析，最大值为 1.638（东太湖）；最小值为 0.426（西山南部与梅梁湖西部）；平均值为 1.070。根据等分原则，将数据分为 9 等份，各等份的数值变化范围如表 14-17 所示。

表 14-17　底栖动物多样性指数 H' 等级划分

等级	1	2	3	4	5	6	7	8	9
数值	<0.56	0.56～0.694	0.694～0.827	0.827～0.961	0.961～1.094	1.094～1.227	1.227～1.36	1.36～1.494	>1.494

B. 底栖生物丰度

（1）水生寡毛类生物量。

水生寡毛类是污染物指示种，它的出现意味着环境质量改善效果不大，因此越多越不利于疏浚效果的评价。据分析，太湖水生寡毛类生物量最大值为 4.9 g/m^2（贡湖东部）；最小值为 0（湖心处）；平均值为 1.22 g/m^2。根据等分原则，将数据分为 9 等份，各等份的数值变化范围如表 14-18 所示。

表 14-18　太湖水底水生寡毛类生物量等级划分（g/m^2）

等级	9	8	7	6	5	4	3	2	1
数值	0～0.554	0.554～1.107	1.107～1.66	1.66～2.212	2.212～2.765	2.765～3.318	3.318～3.87	3.87～4.424	4.424～4.977

（2）软体动物生物量。

太湖的软体动物（螺蚬）类生物量最大值为 188 g/m^2，位于梅梁湖；最小值为 0.65 g/m^2，位于大浦口附近；平均值为 45.67 g/m^2。根据等分原则，将数据分为 9 等份，各等份的数值变化范围如表 14-19 所示。

表 14-19   太湖水底软体动物类生物量等级划分（g/m²）

等级	1	2	3	4	5	6	7	8	9
数值	<21.4	21.4～42.6	42.6～63.8	63.8～85.0	85.0～106.2	106.2～127.4	127.4～148.5	148.5～169.7	>169.7

（3）水生昆虫幼虫生物量。

太湖水生昆虫幼虫生物量最大值为 1.88 g/m²（梅梁湖）；最小值为 0（湖心位置）；平均值为 0.407 g/m²。根据等分原则，将数据分为 9 等份，各等份的数值变化范围如表 14-20 所示。

表 14-20   太湖水底水生昆虫幼虫生物量等级划分（g/m²）

等级	9	8	7	6	5	4	3	2	1
数值	0～0.05	0.05～0.10	0.10～0.15	0.15～0.20	0.20～0.25	0.25～0.30	0.30～0.35	0.35～0.40	0.40～0.45

通过对以上 20 个评估指标的 9 等级的数值划分，可将所涉及的数值与底泥疏浚的某一特征的效果进行联系，从而为综合判断疏浚效果积累了贡献值。

14.5.3   主要湖区底泥疏浚湖泛控制效果

1. 疏浚前后参数评估赋值

对所选的点位贡湖南泉水厂、梅梁湖闾江口、月亮湾、竺山湖百渎口和西部沿岸八房港，分别从底泥疏浚前后、底泥直接变化、底泥间接变化、藻华控制、湖泛控制和生态改善等 5 个方面进行了数据获取和疏浚评估赋值，结果见表 14-21。

2. 底泥疏浚综合改善比较

根据底泥含量（营养物、重金属）、底泥污染性（E_h、氮磷静态释放）、藻类控制（有害藻类）、湖泛控制（AVS、湖泛发生时间）、生态改善（底栖生物多样性、丰度）的等级划分表（表 14-8～表 14-20）及底泥污染物含量评估指标及权重表（表 14-7），将太湖 5 个主要湖泛疏浚湖区所选点位的疏浚评估值数据，对照所述表格进行综合贡献值、综合改善值及改善百分比计算（表 14-22）。

在太湖湖泛易发的 5 个湖区开展的底泥疏浚，从综合改善值和改善百分比而言，都得到了改善，但不同湖区疏浚的改善效果差异较大。月亮湾、竺山湖百渎口和贡湖南泉水厂三湖区改善的效果较好，分别改善了 31.3%、30.1% 和 26.1%；闾江口和八房港的疏浚效果则偏低，分别为 5.6% 和 6.0%。闾江口和八房港属于太湖 2012 年新疏浚的区域，采样点位的疏浚结束时间分别约在 2012 年 12 月和 2012 年 4 月，疏浚时间距离调查时间均相对较短，疏浚区对藻华的控制均赋值为零；另外由于刚疏浚不久，底栖生物还没有足够时间恢复，使得生态改善效果在所有 5 个评价湖区中成为仅有的两个呈负值的疏浚区（图 14-19）。

对太湖 5 个主要湖泛发生区疏浚后的综合改善百分比分析（图 14-19）可见，疏浚对底泥含量、底泥性质、藻华控制和生态改善，就每个采样湖区而言，虽并不都是正效应；但对藻源性湖泛的控制，所有疏浚湖区的底泥疏浚效果均呈正效应，平均达到 70%。其中对

表 14-21　大湖主要湖泛发生区疏浚前后各疏浚参数及计算的疏浚评估值

项目			底泥直接变化									底泥间接变化			湖泛控制					生态改善			
			底泥营养物含量(%)			重金属(mg/kg)						底泥物性改善	静态释放[mg/(m²·d)]		藻华控制	活性物质	底泥模拟			底栖多样性				
	位置	疏浚	总磷TP	总氮TN	有机质OM	As	Cd	Cr	Cu	Hg	Pb	E_h值(mV)	PO_4^{3-}-P	NH_4^+-N	冬季藻蓝素(ng/g)表层底泥藻源去除	AVS(μmol/g)	湖泛发生所需时间(日)	湖泛发生后持续时间(h)	H'	水生裹毛类生物量	软体动物生物量(g/m²)	水生昆虫幼虫生物量
疏浚前后数据	南泉水厂	前	0.063	0.091	5.07	25.6	0.571	58.0	25.1	1.31	34.5	360	0.96	15.0	9.5	1.03	5	120	0.42	0	4.84	0
		后	0.052	0.074	3.21	3.1	0.397	56.4	19.0	1.02	29.4	410	3.08	240.3	3.5	0.88	13	0	2.055	0	10.12	0
	闾江口	前	0.064	0.12	5.31	14.8	1.703	129	81.1	0.78	44.8	505	0.41	9.7	601	0.943	6	144	0.56	0.074	176.2	0
		后	0.041	0.104	4.54	9.3	0.822	62.8	33.9	0.19	31.2	507	1.62	24.2	325	1.284	8	96	0.67	3.21	0	1.732
	月亮湾	前	0.058	0.121	2.59	7.1	0.968	53.1	15.0	0.06	26.0	391	9.51	98.6	3.2	39.54	3	168	1.3	0	166.7	0
		后	0.069	0.136	2.73	8.1	1.013	60.3	17.1	0.05	29.3	420	1.45	30.2	2.1	9.87	13	0	2.117	0.258	616.8	0
	百渎口	前	0.107	0.126	2.63	15.4	0.758	89.2	60.3	0.12	43.9	400	1.61	5.4	6.4	6.9	4	168	0.465	51.84	0	0
		后	0.063	0.103	1.14	17.5	1.059	55.9	38.9	0.05	36.9	505	1.34	-3.9	3.8	4.68	11	24	0.689	8.07	1.21	0
	八房港	前	0.042	0.196	3.48	15.07	0.913	41.34	18.41	0.262	52.82	411	-1.22	14.7	785	1.084	4	192	0.67	0.0448	110.5	0
		后	0.031	0.121	3.22	4.2	0.4	71.1	37.9	0.2	37.2	491	0.61	6.9	698	0.887	10	48	0.5	0.208	0	0
疏浚评估赋值	南泉水厂	前	6	7	3	4	8	7	8	2	8	9	9	8	4	9	5	4	1	9	1	1
		后	7	8	5	9	8	7	8	4	8	9	6	1	7	9	9	9	9	9	1	1
	闾江口	前	6	6	3	9	4	3	4	5	7	9	9	9	1	9	5	3	2	9	9	1
		后	9	6	6	8	7	7	7	8	8	9	8	8	1	9	6	5	2	4	1	9
	月亮湾	前	7	5	6	8	7	6	9	9	8	9	1	1	9	1	3	3	7	9	8	1
		后	5	6	6	6	6	7	8	9	8	9	8	7	9	9	9	9	9	9	9	1
	百渎口	前	1	7	6	6	7	5	6	9	7	9	8	9	5	4	9	9	1	9	9	1
		后	6	4	5	6	6	7	7	8	8	9	9	9	7	5	9	8	2	9	6	1
	八房港	前	9	6	5	9	8	8	8	8	8	9	9	9	1	9	4	3	2	9	1	1
		后	9	6	5	9	8	6	7	9	8	9	9	9	1	9	7	7	1	1	1	1

表 14-22　太湖主要湖泛发生湖区疏浚前后主要性质综合改善比较

项目		底泥含量	底泥性质	藻华控制	湖泛控制	生态改善	综合贡献值	综合改善值	改善百分比(%)
南泉水厂	前	5.8	8.6	4	6.3	2.3	5.4	1.4	26.1
	后	6.9	4.9	7	9.0	6.3	6.8		
闾江口	前	4.8	9.0	1.0	6.0	4.2	5.0	0.3	6.0
	后	7.0	8.3	1.0	6.9	3.3	5.3		
月亮湾	前	7.1	3.8	7	2.2	6.5	5.3	1.7	31.3
	后	6.5	7.9	7	5.8	7.7	7.0		
百渎口	前	5.7	8.6	5	3.7	1.0	4.8	1.4	30.1
	后	7.0	8.6	7	7.1	1.5	6.2		
八房港	前	6.7	9.0	1.0	5.7	3.7	5.2	0.3	5.6
	后	7.3	9.0	1.0	7.8	2.3	5.5		

月亮湾的控制效果作用最大，达到 164%；其次为竺山湖百渎口。疏浚对生物环境（生态）的改善，平均也达到 37%；其次是底泥污染物含量、藻华控制和底泥污染性质的改善。

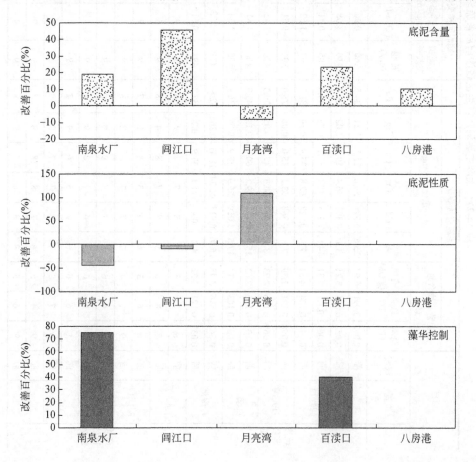

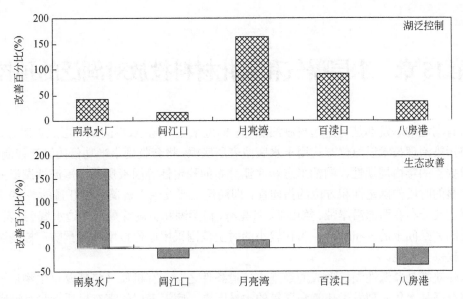

图 14-19　太湖不同湖区底泥疏浚后生态环境改善效果

第15章　水层曝气和氧化材料投放对湖泛的预控

所有湖泛的爆发都是首先起自湖泊底部，即近水底的泥-水界面或表层底泥附近，因此直接将污染治理技术以原位方式用于水底或表层底泥，将会收到事半功倍的湖泛控制效果。受气象要素的年内周期性、湖泊形态和底泥分布的稳定性等因素影响，藻源性湖泛的形成具有明显的时段的确定性和方位的指向性，即湖泛主要发生于蓝藻水华旺盛的5～9月，易发位置主要分布在西部沿岸带、竺山湖、月亮湾、梅梁湖和贡湖等局部岸边水域（见表1-4），这种时间和空间上的分布特征，为在较小的时空范围采用原位技术高效预防和控制湖泛的形成，提供了可能。

水体缺氧是藻源性湖泛形成的最基本环境条件之一。有机质（包括藻草生物质）分解和碎屑沉降是水体底部发生缺氧和厌氧的主导因素，底泥表层的高有机质含量对湖底缺氧的持续作用影响更大。在厌氧和兼性厌氧微生物作用下，泥-水界面和底泥表层的还原性物质将主动提供电子使得硫、铁等还原，为湖泛的形成蓄积所需的物质组分；表层底泥不仅是湖泛形成中铁的最主要来源，而且也是湖泛持续中无机硫的主要来源之一，并主要通过含量较高的表层底泥在低氧环境下的迁移转化作用，将低价硫铁物质提供给上覆水体。因此原位消除黑臭形成的水底缺氧环境，抑制和阻隔表层底泥中硫、铁等高含量物质与上覆水体的接触，将会有效地或一定程度控制湖泛的形成。

底泥疏浚可将高含量表层底泥去除并对湖泛的形成具有较好的预控效果，属于异位处理技术（第14章中已做了重点总结和介绍）。现有与湖泛预控有关的湖泊原位治理技术主要有水下曝气（邵世光，2015a；Liu et al，2016a）、氧化材料投放（商景阁，2013）、底泥覆盖（商景阁等，2015；Yin et al，2019）和底泥翻耕等（何伟等，2015a；Zhong et al，2022）。其中，水下曝气已在太湖得到了应用（陆桂华和张建华，2011），氧化材料投放已在实际水域实验[①]，其他两种方法主要用于实验室阶段。

15.1　水下曝气对藻源性湖泛预控模拟

缺氧对湖泊水体生态环境具有一定的破坏作用，会对活体生物的生存构成巨大威胁。无论是藻、草聚集发生了湖泛或是最终未形成湖泛，水体的缺氧都会造成水质的恶化，其中 COD_{Cr}、总磷、总氮和氨氮等参数往往可达到异常水平（陆桂华和马倩，2009）。采用曝气装备控制高有机负荷的黑臭污染是公认的最为安全和高效的预控和应急处理手段，曝气可以增加水体溶解氧含量，提高水体的氧化还原电位；高效和足够长的增氧作用，甚至可

---

① 中国科学院南京地理与湖泊研究所，南京领先环保技术有限公司，太湖湖泛的底泥诱发风险及防控技术研究与示范（TH2013214），2015年5月。

使得水体厌氧还原环境转变到好氧的氧化环境。

曝气充氧技术因其投入成本低、治理见效快，在国内外污染水体治理中被广泛使用。曝气是指将空气中的氧气通过物理手段转化为水中的溶解氧，以提供给水中的生物进行呼吸作用的过程。曝气充氧有利于氧传质，提高水体溶解氧水平，恢复和增强水体中好氧微生物活性，抑制底泥氮、磷的释放，增加液体混合，从而可提高水体氧含量，达到控制黑臭，改善河湖水质的目的（唐其林，2019）。常见的人工曝气设备类型大体分为五种：机械曝气、鼓风曝气、射流曝气、推流曝气和其他（如微纳米曝气等）。国内外治理河湖污染的增氧技术主要有以下几种：①液态氧水底增氧。德国莱茵河上采用这一技术，我国上海的苏州河也曾用该技术进行示范，但这种方法成本较高，不适宜在水域面积宽广的湖面进行推广。②旋桨负压吸氧及注水法。美国曾采用此技术并用于韩国的汉江，但这种技术不适合向下层水体充氧，充氧的深度有限。③喷射引氧与振荡射流扩散相结合的充氧技术，这种技术提高了氧溶入水中的比例，加强了物质间的交换，避免有机物质在水底累积，效果相对较好。但所需动力成本较高。相比较下快速、高效、廉价、无副产物的应急处理方法是向湖泛水体中充入空气，该方法只需要船只携带气压泵于缺氧水域实施即可实现，是最为快速地方法之一。向水体中充入空气可以增加水体互相融合的程度，能够快速地去除水体臭味，提高透明度等。

15.1.1　太湖湖泛控制实际投放的曝气装备

对于大水体的人工增氧，从经济性和可行性考虑，多采用成本低、效率较高的机械曝气和推流曝气方式。太湖湖泛发生后，曾先后测试和使用的曝气装置（机泵、船等）近 10 种，但经过多次或多年的试验和观察，在湖泛易发区域实际被应用的为 4 种曝气（或增氧）机及 2 种曝气船（图 15-1）。4 种曝气（或增氧）机为：空气能增氧机、涌浪双速型曝气机、横轴式机械曝气机和艾溥（IPOCH）太阳能增氧机；2 种曝气船为：双侧曝气船和半浸桨

空气能增氧机

涌浪双速型曝气机

横轴式机械曝气机

太阳能增氧机

双侧曝气船

半浸桨船尾曝气船

图 15-1　太湖湖泛控制常用曝气装置

船尾曝气船。所有曝气或增氧机工作中不可移动，因此均属于固定式；曝气船则为移动式，双侧曝气船移动较慢（约 5~8 km/h），半浸桨船尾曝气船因动力来自摩托艇引擎，速度可达 45 km/h。曝气船使用一般是应用于湖泛已发区域的水体增氧。双侧曝气船适合小范围已发湖泛水域的增氧处理，半浸桨曝气船则更适合应用于湖泛发生范围较大水域。另外，根据需要双侧曝气船亦可在指定区域固定使用。

曝气效果的大小主要体现于水体溶解氧含量的增加。江苏省水利厅 2007 年曾采购了半浸桨式曝气船用于太湖湖泛控制。后经科技人员的改进和性能提升，2010 年 8 月 18 日和 20 日太湖宜兴西岸湖泛水域对该船进行曝气试验，在水下 0.5 m 深度处测量的曝气前后表明，曝气时长 32~38 min，溶解氧增加 11.8%~53.5%；曝气时长 68~69 min 时，溶解氧增幅 50%~62.8%，取得了较满意的增氧效果（陆桂华等，2012）。但移动式和大部分固定式曝气增氧装备都属于针对表层水体的处理，即处理后溶解氧得到改善的水层主要在表层 1.2 m 甚至 0.6 m 之内，即使提高曝气强度，实际对底层缺氧和厌氧环境的改善效果相对较小。另外，移动式曝气一般只应用于湖泛已发时段，因此如何更直接地从湖泛起始发生区（水底）处提升氧含量和氧化还原电位，对湖泛的高效预控具有指导意义。

太阳能增氧机是一种曾在太湖北部月亮湾和贡湖壬子港投放使用的曝气装备，该固定式曝气装备是以太阳能为能源，使水体垂向运动和混合，以期改善水体底层氧含量。由于太阳能增氧机是在太湖应用的唯一具有可能改善水底部（包括泥-水界面）氧含量的曝气装备，故分别从室内模拟和现场原位，以太湖藻源性湖泛易发区底泥的条件缺氧和厌氧环境为对象，系统研究水下不同曝气强度和曝气时长对泥藻系统湖泛发生的预控效果；并结合太阳能增氧机（又称太阳能水生态修复系统）在实际湖面大范围放置的依托工程，对其放置间距、深度、曝气强度和曝气时长等进行底泥-水界面 DO 等物化性质垂向分析，确定装置对湖泛预控的最佳工况[①]，对太湖湖泛的控制提供装备选择和工艺条件等，具有现实意义。

影响水下曝气效果的因素主要有曝气设备、曝气方式（强度、时长等），当设备确定后，单位时间曝气量（曝气强度）和指定曝气强度下的曝气时长，就将成为影响曝气效果的两个主要因素。虽然湖泛形成最早指示物是来自于泥水界面致臭物（如 VOSCs）的形成（卢信，2012），但致黑物更容易为人的感官发觉（视觉发黑），而主要致黑物为 FeS，因此以水体中低价硫（$\sum S^{2-}$）和 Fe^{2+} 含量的下降，以及营造 FeS 形成的强还原环境（低 DO、低 E_h）的减弱和消除，是相对简便和最为直接反映湖泛预控效果的指标。

15.1.2 曝气强度对湖泛形成的影响及改善

根据太阳能曝气装备在太湖实际投放区域（贡湖壬子港），曝气强度对藻源性湖泛和水底氧含量改善效果的模拟实验的实验样品（底泥、新鲜藻体和上覆水）均取自贡湖壬子港水域；所有实验均在湖泛模拟发生实验装置（见图 2-1）体系内进行，每一组实验条件做 3 份平行，表层底泥厚度为 20 cm，滤除重力水后的新鲜藻体均按每柱 5000 g/m² 投放。

---

① 中国科学院南京地理与湖泊研究所，南京领先环保技术有限公司，太湖湖泛的底泥诱发风险及防控技术研究与示范（TH2013214），2015 年 5 月。

1. 曝气强度对湖泛形成的影响

增氧机出气量是指单位时间内增氧机向水中释放氧气的量（L/min）。影响增氧机出气量的因素主要有增氧机的功率和压力；增氧机出口的直径和数量；水温和水深；水体污染程度等。对于指定的增氧机类型，其功率、压力、出口直径和数量都是确定的；水体污染程度则与增氧机投放水体（湖泛易发区）的性质有关。污染程度高会导致供氧不足，增氧效果可能减小（使出气量减少）。水温一般与季节或时间有关，水温高氧气难以溶解；出口放置过深，水头形成的水压高，出气量小，但在所有主要影响因素中，能够人为调整的增氧机出气量主要是水深。一般增氧机的合适吃水深度为 50~80 cm，前期对实验室空气增压泵实验反映，内径 6 mm 硅胶管放置于距水面 0.5 m 处出气状态仍畅通，可满足调节 0~2.0 L/min 范围空气出气量，相当于每 m³ 空气出气量 127.4 L/min（水柱高 1650 mm 内径 110 mm，体积约为 15.7 L）；湖面常用增氧机（如 YS-200 型），出气量虽为 200 L/min，但接触或处理水体的面积要大得多（一般以亩计）。

1）预实验

在曝气强度对湖泛控制响应预实验中，设计固定曝气时间 30 min 下，单位时间曝气强度梯度为：0 L/min（对照）、0.6 L/min、0.7 L/min、0.8 L/min、0.9 L/min、1.0 L/min、1.2 L/min、1.5 L/min、2.0 L/min。在 9 天的模拟实验中，所有的曝气强度处理组都发生了湖泛。其中对照样（0 L/min）发生于第 3 天（微黑），第 5 天湖泛特征已很明显（黑）；0.6~1.5 L/min 曝气处理组，在第 6~8 天呈现湖泛特征，2 L/min 则在第 9 天才开始有湖泛特征（表 15-1）。

表 15-1　不同曝气强度下湖泛预实验发生时间（每天曝气 30 min）

曝气强度（L/min）	0	0.6	0.7	0.8	0.9	1.0	1.2	1.5	2.0
视觉发黑/发生天数	第 5 天	第 6 天	第 6 天	第 6 天	第 7 天	第 7 天	第 8 天	第 8 天	第 9 天

2）条件选择实验

实际湖体极少发生聚集 9 天时长后才发生藻源性湖泛案例，实验中增加每日曝气时长 50%，由预实验中的 30 min 延长至 45 min，并适当调整进气量。仍将空气增压泵硅胶管放置于距水面 0.5 m 处，于每天 10：00 统一开始曝气。曝气强度依次为：0（对照样不曝气）、0.75 L/min、1.2 L/min、1.75 L/min。不同曝气强度下，三平行模拟贡湖壬子港湖泛发生情况（表 15-2）反映，不曝气的 3 个对照组在第 4 天全部发生湖泛（发黑发臭）；曝气强度为 0.75 L/min 的实验组，3 个水柱有两个在第 8 天发生湖泛现象；强度为 1.2 L/min 和 1.75 L/min 的则在 9 天内均未发生湖泛（1.2 L/min 呈黄色），但 1.2 L/min 曝气组视觉和嗅觉较正常湖水略有差异；而 1.75 L/min 曝气强度处理组均未发生感官变化。不同曝气强度下湖泛模拟反映，曝气强度的增加，可推迟甚至抑制湖泛的发生。

在指定的藻类堆积量诱发湖泛实验中，0.75 L/min 和 1.2 L/min 曝气强度下每天曝气 45 min 可使湖泛的发生时间比常规推迟 4~5 d；1.75 L/min 曝气强度下每天曝气 45 min 就可保障感官效果与正常湖水无明显差别，反映 1.75 L/min 曝气强度下每天 45 min 曝气时间是预防控制湖泛发生的经济有效的方案。另外，通过预实验和条件选择实验反映，足够大的日曝气量（曝气强度与时长的积）可以控制湖泛的发生；即使日曝气量不足以控制湖泛的发生，但曝气强度越大，湖泛发生的时间越向后推延。

表 15-2　不同曝气强度下藻源性湖泛发生时间（每天曝气 45 min）

	0 L/min（CK）	0.75 L/min	1.2 L/min	1.75 L/min
视觉	黑（4 天）	黑（8 天）	黄色（9 天）	全程未变
嗅觉	臭（4 天）	臭（8 天）	微臭（9 天）	全程无味

注：曝气时长均为 45 min/d。

2. 曝气强度对水体氧化环境影响

1）溶解氧（DO）变化

水体氧化还原环境集中反映了水体 DO 和 E_h 指标的变化。对壬子港曝气条件选择实验结果分析，受鲜活藻体刚加入及底泥呼吸的影响，注入底泥上层的湖水 DO 含量起始阶段（0～1 d）就迅速降低。但此后除对照（CK）外，其他处理大致在第 3 天后出现逐步增加的变化过程。曝气量越大，水体 DO 增幅也越大（图 15-2），其中 1.75 L/min 曝气强度在实验结束时（第 9 天），DO 含量（1.96 mg/L）已接近 2 mg/L 水平，较同期 1.2 L/min 曝气量的处理（DO1.32 mg/L），DO 含量高出 48.5%。显然曝气强度 1.75 L/min 是管口放置距水面 0.5 m、日曝气长度 45 min 时控制湖泛发生的较合理曝气量。

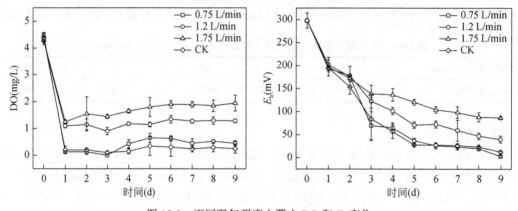

图 15-2　不同曝气强度上覆水 DO 和 E_h 变化

2）氧化还原电位（E_h）变化

各组 E_h 在整个实验过程中一直处于下降趋势，对照组 E_h 基本低于曝气处理组。实验开始前 3 天时间内全部实验组 E_h 值大幅降低，从初始的 300 mV 左右降低到 150 mV 以下。从第 4 天开始不同曝气处理对 E_h 影响效果出现统计学差异（图 15-2）。实验结束时 1.75 L/min 曝气组 E_h 仍可控制在 90 mV 以上，是 1.2 L/min 曝气组此时 E_h 值（40 mV）的 1.25 倍。

3. 曝气强度对水体致黑组分形成影响

1）二价铁（Fe^{2+}）含量变化

曝气强度对聚藻区上覆水 Fe^{2+} 含量的影响很大（图 15-3）。自第 3 天后，明显反映出，曝气强度最大的 1.75 L/min 曝气组，对 Fe^{2+} 含量的控制效果最好，不曝气的对照组 3 天后均处于最高含量水平。但曝气量 1.2 L/min 与 0.75 L/min 曝气组对 Fe^{2+} 的控制效果相当，说明对水体 Fe^{2+} 含量的控制，曝气量的提升设置尤为重要。

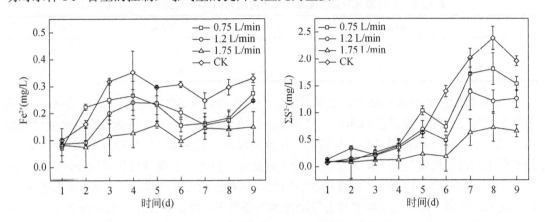

图 15-3　不同曝气强度上覆水 Fe^{2+} 和 $\sum S^{2-}$ 变化

2）$\sum S^{2-}$ 含量变化

从统计学反映，曝气强度对水体 S^{2-} 含量的控制效果差异从第 3 天后才开始显现（图 15-3）。虽然从实验开始到结束，所有处理组的上覆水中 S^{2-} 含量都表现出不同程度的增加，但曝气量大小对 S^{2-} 含量的抑制效果从第 5 天起体现差异并直至实验结束，呈现出了 1.75 L/min＞1.2 L/min＞0.75 L/min＞CK。其中 1.75 L/min 曝气强度下对 S^{2-} 含量增长效果远高于其他处理。

藻类堆积死亡和降解过程中，会使得含硫物质在微生物的作用下生成大量的 S^{2-}，这些 S^{2-} 进入上覆水后与金属离子结合生成黑色悬浮颗粒物质，引发湖泛的发生。曝气会使一部分 S^{2-} 被氧化成 SO_4^{2-}，一部分会以 H_2S 气体的形式从水中排出。虽然曝气也可有效地控制致黑组分 Fe^{2+} 的含量，由于 S^{2-} 被认为是湖泛形成中具有决定性的组分，曝气强度越大对其的控制效果也越好，但从经济性而言，采用曝气方式预控湖泛的发生，应采取合适的曝气量，其中对 S^{2-} 形成的控制效果尤其重要。

15.1.3　曝气时长对湖泛形成的影响及改善

对湖泛易发水体单位时间的曝气总量越大，对湖泛发生具有较好的控制效果。但当设备选定后，单位时间曝气强度也就已确定，另外从经济性、安全性等考虑，对水体的曝气都是采用间歇性方式，因此曝气时长对湖泛的形成影响及改善效果也将是工况选择的重要内容。

1. 曝气时长对湖泛形成的影响

以曝气强度湖泛模拟实验结果为参考，以 0.7 L/min 曝气强度，三平行下模拟了不同曝气时长（10 min、20 min 和 30 min）下湖泛的发生，结果均先后发生湖泛的预期结果（表 15-3）。其中，不曝气的对照组最早发生了深黑色；曝气处理组虽然每天都有一定时间的曝气补充水体中的氧气，但是由于在给定的曝气强度（0.7 L/min）下，曝气时长越短，湖泛出现的时长越早。

表 15-3　不同曝气时长下藻源性湖泛发生时间（曝气强度 0.7 L/min）

	0 min（CK）	10 min	20 min	30 min
视觉	深黑（4 天）	黑（6 天）	浅黑（8 天）	浅黑（9 天）
嗅觉	臭（4 天）	臭（6 天）	臭（8 天）	微臭（9 天）

曝气时长为 30 min 的处理，虽然其中一个实验柱第 9 天时呈灰色（湖泛前兆），但其他两个此时已出现了浅黑色（湖泛）。发生湖泛的两个水柱中刺激性气味的嗅觉感受较对照组、10 min、20 min 都明显小，呈微臭；其他处理组，发生湖泛时均散发刺激性臭味。虽然采用不同时长的曝气处理均未能阻止湖泛的发生，但所有的曝气时长（10 min、20 min 和 30 min）的处理，均推迟了湖泛的发生时间，与对照相比分别推迟了 2 天、4 天和 5 天。由于在充足的藻、泥、温度和水动力等湖泛诱发条件下，湖泛的发生一般仅需 3~7 天（表 4-4），平均 5 天，因此理论上曝气强度 0.7 L/min、曝气时长 20 min 将可对实验水柱中湖泛的发生起到预控作用。

2. 曝气时长对水体氧化环境影响

1）溶解氧（DO）变化

实验开始后的第 2~3 天起，各处理组之间的 DO 浓度开始出现差异性变化，但与不同曝气强度影响（图 15-2）比较，曝气时长的差异较之曝气强度的差异要小得多（图 15-4）。另外，从同样 9 天的实验时长下，0.7 L/mim 曝气强度曝气 30 min，水体 DO 含量仅从 0.2 mg/L 提升到 1.0 mg/L，不足以达到控制湖泛的水体溶氧水平。从第 4 天开始 30 min 曝气时长的处理组的 DO 含量一直高于其他处理组和对照组。30 min 曝气处理组上覆水 DO 浓度维持在接近 1 mg/L，而对照组低于 0.5 mg/L。此时间对照样已经发生湖泛，而曝气组还未发生。虽然曝气时间较少的处理组最终发生了湖泛现象，但时间要比不曝气的对照组延迟至少 2 天。湖泛时间的推延效果虽不及湖泛现象的消除，但从预控要求而言，属于可接受的环境治理效果。

2）氧化还原电位（E_h）变化

与曝气强度对上覆水 E_h 变化过程相似，不论是否曝气和曝气时长多少，上覆水 E_h 均全程下降，其中开始的前 3 天内下降尤为明显，几乎都下降到了 80 mV 左右。第 3 天后，30 min 曝气时长的处理组 E_h 值要显著高于其他处理组（图 15-4），其中第 8 天时，E_h 值（约 30 mV）几乎是其他处理组的 2 倍。虽然 30 min 曝气时长在实验末期仍未能控制湖泛的发生（表 15-3），但有效地推迟了湖泛形成的时间。

3. 曝气时长对水体致黑组分形成影响

1）二价铁（Fe^{2+}）含量变化

不同曝气时长与不同曝气强度处理相似，大致在第 3~4 天水体 Fe^{2+} 含量出现峰值，但峰形更为明显，尤其日曝气时长最大的 30 min 处理，出现较明显的弧状峰。但随着实验时间的推延，明显呈现出日曝气时长越长，水体 Fe^{2+} 含量越低的变化特征（图 15-5）。至结束时的第 9 天，30 min 曝气时长的水体 Fe^{2+} 含量仅不到 0.1 mg/L，较 20 min 曝气时长降低 30% 以上。结果表明，在同样曝气强度下，曝气时间越长水体中充氧量越大，水体中 Fe^{2+} 浓度就越低，间接反映曝气时长对湖泛致黑物（Fe^{2+}）组分的形成预控具有积极作用。

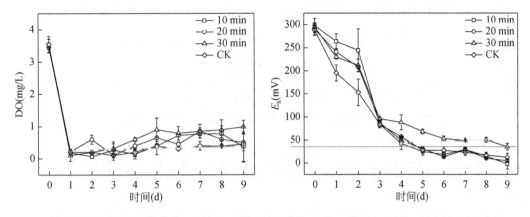

图 15-4　不同曝气时长上覆水 DO 和 E_h 变化

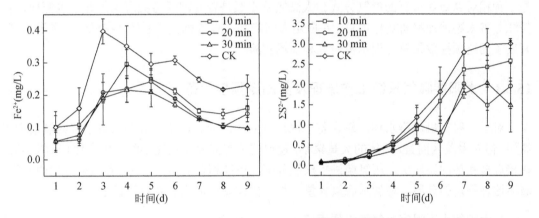

图 15-5　不同曝气时长上覆水 Fe^{2+} 和 ΣS^{2-} 变化

2）ΣS^{2-} 含量变化

与曝气强度结果（图 15-4）相似，无论是曝气处理组还是不曝气对照组，ΣS^{2-} 的浓度都随时间不断增加。但曝气时长的差异相对较小，尤其是日曝气 20 min 和 30 min 时长在后期对水体 ΣS^{2-} 含量影响的差异很小或无明显规律性。总体反映，日曝气时长较大的 20 min 和 30 min 对 ΣS^{2-} 的控制效果远大于 10 min 和对照，因此仍然可认为，日曝气时长对主要致黑组分 ΣS^{2-} 具有较好的预控作用。

水体发生湖泛现象主要依赖于来自表层底泥（铁硫和铁氧等化合物）和被分解藻体（CH_2O）中的低价态硫和铁等物质，而后两者又必须在水下低 DO 和低 E_h 的缺氧或厌氧环境下才能形成（图 15-6）。曝气是使空气与水体强烈接触的一种手段，其目的在于将空气中的氧溶解于水中，或者将水中不需要的气体和挥发性物质放逐到空气中。对于藻源性湖泛潜在爆发水体，曝气带入的氧高效地破坏了低氧和低 E_h 环境，还可能通过水-气界面带走一部分硫化氢气体，对水体中∑S²⁻和Fe²⁺的含量形成起着抑制作用。上述曝气强度和曝气时长模拟实验证明：采用水下曝气装置向水体中注入空气的方式可以有效预控湖泛的发生；低频间隙式和高强度曝气是较为经济的方式。

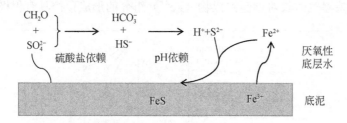

图 15-6　藻源性湖泛在厌氧性底层水和底泥间的致黑物形成环境

15.2　基于水底复氧的湖泛预控效果及工程示范

已有的实验室模拟研究反映，基于水体底部溶解氧和氧化还原环境改善的曝气或复氧，是一种相对高效和可行的增氧方式。太湖敏感水域是曾发湖泛污染现象的北部水源地，依托江苏省太湖治理科研竞标项目，在应用太阳能水下曝气机复氧系统，在贡湖壬子港水域，开展了湖泛预控效果及工程示范研究和现场实验[①]。

15.2.1　太阳能曝气系统工作原理及其湖泛预控示范

对于一般有机污染水体，氧在整个水体垂向上的分布可依次分为富氧层、兼氧层和厌氧层。但对聚藻区而言，藻体的大量聚集，使得这种垂向分布尺度不断发生变化（见图9-8）。在接近最底部的还原层，厌氧菌进行厌氧分解，可能积蓄 H_2S、NH_3、有机酸等代谢产物。破坏这种稳定的分层，增加水底氧含量，将是预控湖泛形成的有效途径之一。

1. 太阳能水下曝气机复氧工作原理

图 15-7 为太阳能水下曝气机复氧工作原理示意图。相对于河流湖泊为静水水体，在藻草等生物质高度聚集水域，底部经常出现缺氧或厌氧水层。该装置利用太阳能作为该水下曝气设备的动力源，以纵向和横向循环方式，将水体底层低溶解氧的水体提升到表层，形成表面流使表层水体不断更新；通过改善水体的表面张力，提高水-气界面氧的浓度梯度，提高水体大气复氧效率。

该水下曝气复氧系统将太阳能转化为电能并带动高效涡轮扇驱动。涡轮扇旋转将水体底层低溶解氧的水提升到水面，在托水盘与分水盘的作用下，提升到水面的低溶解氧水以平流状缓慢流出而形成表面流，理论上其流长可达 100 m。在水体自重作用下，被抽走的底层水由邻近的富氧上层水体替代，实现了上下层水体的交换。如此往复循环，水体溶解

① 中国科学院南京地理与湖泊研究所，南京领先环保技术有限公司，太湖湖泛的底泥诱发风险及防控技术研究与示范（TH2013214），2015 年 5 月。

氧含量应获得提高并逐渐均化。另外，静态水体在改变为内部循环流态中，有可能会促进好氧微生物的发育和有机物质的分解，进一步抑制低氧环境的形成。

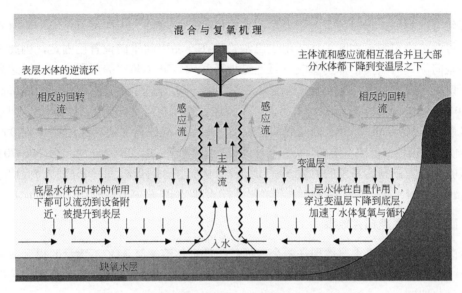

图 15-7　太阳能水下曝气复氧系统工作原理示意图

从原理上看，该类型产品的理论基础属于人工混合和水体去层化技术，对湖泛的预控有益，但到底采用什么样的主要工艺条件（如深度）和产品的空间分布（如密度等），才能满足对太湖湖泛的预控作用，需进行一定程度的定量化预控效果和经济性评估。

2. 示范工程的位置和规模

2014 年 3 月 25 日～12 月 31 日，在贡湖新港与庙港外布设了太阳能水下曝气复氧系统 6 台（编号分别为 1#～6#），涉及水域约 47 000 m² （图 15-8）。

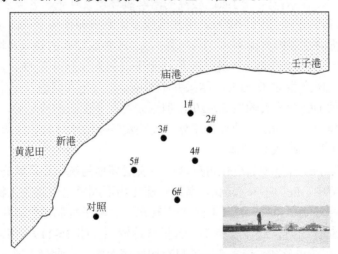

图 15-8　水下复氧系统水面布设及其位置示意图

15.2.2　系统运行参数对湖泛预控效果影响

系统可调整的运行参数主要是系统放置深度和运行速度。太阳能水下曝气复氧系统单体尺寸可满足浅水和深水区工作，由于出水管口在产品中的垂向位置已固定，因此为考察水管口垂向位置对黑臭指标的影响，可通过调节和固定整个装置的放置水深，以达到改变出水管口距水底的高度（或距水面深度）。实际现场调节设置了水管出水管口距底部高度分别为 20 cm、30 cm 和 40 cm 三种。另外，系统运行速度也可在一定范围内调整。但设置的转速过慢（≤30 r/min），可能会造成装置启动困难或过载；设置的转速过快（>70 r/min）可能会使装置损坏维护成本增加。实际设计两种转速：低速 30~40 r/min 和高速 60~70 r/min。

试验选择太湖湖泛易发的时段 5~7 月时段，共进行了四次，时间分别为 5 月 8 日、5 月 27 日、6 月 18 日、7 月 14 日。

1. 装置距底高度预控效果

对湖泛的预控效果主要体现在两个方面：一是水体溶解氧（DO）含量的提升或氧化还原电位（E_h）的增加；二是对水体致黑组分（Fe^{2+} 和 S^{2-}）和主要致臭组分（如甲基硫化物类）含量的抑制。

1）水体 DO 变化

比较试验期 DO 含量，除 6 月 18 日外，试验区距底不同深度的 DO 含量大多高于对照区（图 15-9），但含量差不大，约为 0.05 mg/L。另外同样除 6 月 18 日外，出水管口距底部最近的处理组（20L 和 20H）较之最远的处理组（40L 和 40H）有更高的 DO 含量。虽然 DO 含量的差异最大也仅约为 1 mg/L（5 月 8 日），但在水下低位层溶氧环境的改善，还是可反映装置的距底高度越低增氧作用越明显，同时也间接证明增氧水团确实存在垂向混合效果。

2）水体 E_h 变化

现场监测反映，在示范区与对照区较高的溶解氧环境条件下，各监测点上下层水体 E_h 普遍在 200~300 mV 之间（图 15-10）。表明太阳能复氧系统即使将水管至底泥以上 20 cm 处，也能通过较强的复氧能力提高水-土界面的 E_h，改善底层水的缺氧环境。但比较 5 月 8 日和 5 月 27 日上下层 E_h 和 DO 含量，E_h 值在上下层的差异远没有 DO 那样大，另外出水管口距底高度不同所产生 E_h 值与 DO 结果并不对应。5 月是太湖进入藻体生长旺盛期，虽然示范期间水体的 DO 含量大约在 6 mg/L，但远未对藻体生长构成威胁，水体氧化还原体系的敏感性尚未体现。现场监测的异常差异，反映实际湖泊水体氧化还原体系的复杂性。

3）底泥中 Fe^{2+}、Fe^{3+} 变化特征

底泥中 Fe^{2+}、Fe^{3+} 含量及其变化可反映底泥表层环境的氧化还原状态及发展趋势。在厌氧及还原性环境中，Fe^{3+} 向 Fe^{2+} 转化，易结合硫化物形成黑色金属硫化物 FeS（主要致黑物）。而在氧化性环境中，Fe^{2+} 趋向于向 Fe^{3+} 转化，有利于抑制黑色硫化物的生成。在藻类聚集量相对较少的 5 月，底泥表层 Fe^{2+} 含量普遍较低（图 15-11）。其含量不及 Fe^{3+} 的 1/3。5 月 27 日监测结果反映，较之 5 月 8 日对照区底泥中 Fe^{2+} 含量大幅上升 Fe^{3+} 含量则下降，此时示范区底泥 Fe^{2+} 含量虽也大幅上升，但 Fe^{3+} 含量基本高于 Fe^{2+}，即说明此时太阳

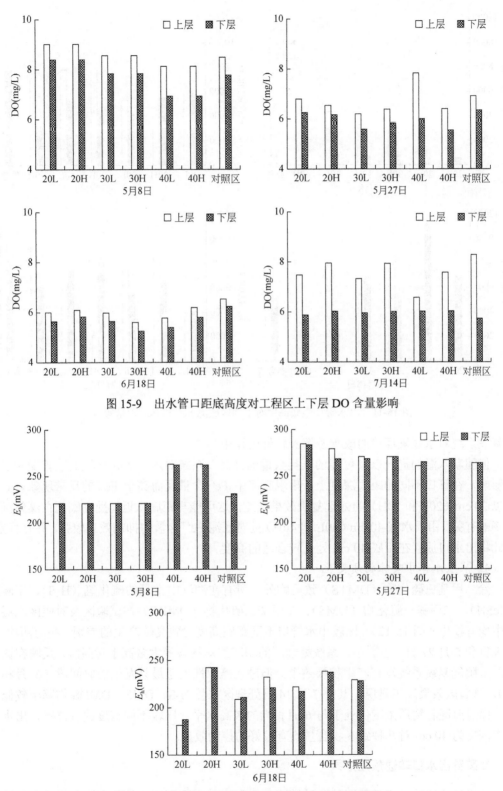

图 15-9　出水管口距底高度对工程区上下层 DO 含量影响

图 15-10　出水管口距底高度对工程区上下层 E_h 值影响

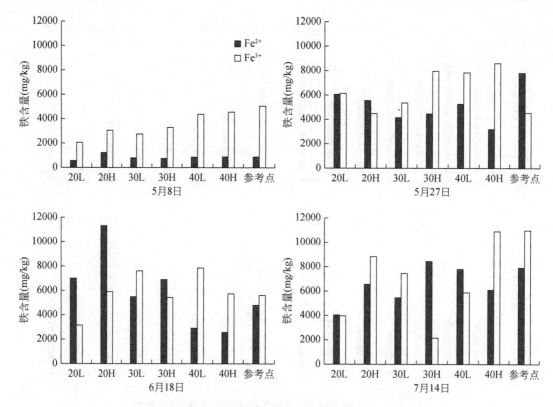

图 15-11   出水管口距底高度对工程区底泥 Fe^{2+} 和 Fe^{3+} 含量影响

能复氧系统对水底氧环境的改善发挥着较好的作用。

但随着水温的提升以及可能的藻类数量的升高，系统对水底氧化环境的改善受到了较大影响，在管口不同的距底深度上，出现底泥中 Fe^{2+} 含量反而高于 Fe^{3+} 的反常现象，其中尤以 20 cm（20L 和 20H）的处理复氧效果最差，这可能与距底太近，受湖底死亡藻体沉降的影响有关。由于水深 40 cm（40L 和 40H）处对底泥 Fe^{2+} 含量的抑制效果较强，并且稳定，因此将出水口放置在距底 40 cm 处是较合适的高度。

4）底层水体中嗅味物质变化

除二甲基三硫化物（DMTS）致臭物外，所有在湖泛中常见的硫化氢（H_2S）、甲硫醇（MeSH）、二甲基一硫化物（DMS）、二甲基二硫化物（DMDS）在试验区及对照区底层水体中均有检出（图 15-12）。比较出水管口不同距底高度对致臭物产生的差别，在前两次（5月 8 日和 5 月 27 日）监测中，系统处理区的相应致臭物含量大多高于对照区，反映在这一时段太阳能复氧系统没有产生积极效果；但进入藻源性湖泛最易发生的时间段（6 月和 7月），试验区效果逐步显现，其中 7 月 14 日处理区水体 H_2S、DMS、DMDS 均降至较低水平，而对照区各物质浓度仍处于与 6 月相当的较高水平。比较不同深度放置位置，出水口放置深度为 40 cm 对几种致臭物含量均有较好的控制效果。

2. 装置出水口转速预控效果

效果试验比较了高低不同的两种转速（H 和 L）在不同深度的差别，分析了两种转速下试验区和对照区之间在 DO、E_h、底泥中二价铁含量和底层水中主要嗅味物质含量的差别（图 15-9～图 15-12）。

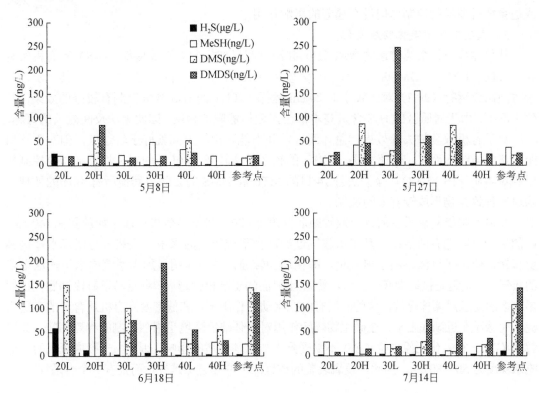

图 15-12　出水管口距底高度对工程区底泥嗅味物质含量影响

H_2S 单位为 μg/L

1）水体 DO 和 E_h 变化

从图 15-9 中同一距底高度下，装置的低速（L）和高速（H）转速对水底溶解氧的影响差异不明显。理论上转速越大，水体的垂向交换程度增加。但在 5 月 27 日和 6 月 18 日的现场示范中，在 30 cm 和 40 cm 的距底高度下，既可能增加又可能减低周边的 DO 含量，没有规律性，初步反映转速的变化对装置及对水体缺氧环境未见明显的改善作用。

比较两种转速对不同出水管口距底高度的 E_h 值的影响，也发现改善效果不十分明显（图 15-10）。但 6 月 18 日的现场调查则反映，3 种管口距底高度下，高转速（H）对管口高度周边水体 E_h 的提升高于低转速。

2）底泥中 Fe^{2+}、Fe^{3+} 变化特征

在 5 月 8 日的示范试验中，转速的提高较之低速对底泥表层中 Fe^{3+} 含量有较好的提升作用，而 Fe^{2+} 含量基本未变（图 15-11）。但其后随着时间的推移（水温的升高），转速的提高并不总是增加底泥中 Fe^{3+} 含量而抑制 Fe^{2+} 含量。在出水口同一距底高度上，5 月 27 日的示范试验反映高度 30 cm 和 40 cm 下，转速大的 30H 和 40H 对表层底泥 Fe^{3+} 有较好的提升，Fe^{2+} 含量呈抑制状态；但对于 6 月 18 日和 7 月 14 日的试验则反映：转速高的 20H、30H

和 40H 下，水底 Fe^{2+} 含量不仅没有被明显抑制，甚至还有所上升，而且相对于对照区，Fe^{3+} 含量也未形成大幅度增加。这些结果反映，转速的大小对水底氧化还原环境的改善作用，或是系统对湖泛的控制作用没有显著的影响作用。

3）底层水体中嗅味物质变化

从总体分析，系统转速的增加（H）并没有明显低抑制无机致臭物（H_2S）和有机致臭物（MTL、DMS 和 DMDS）在水中的含量（图 15-12）。虽然除 7 月 14 日外，其他示范试验时间高速运行（20H）对距底小的 20 cm 运行（20L）的 H_2S 含量控制有较好的效果。其他工况下，由于对照区的 H_2S 含量基本低至接近检测限的程度，因此无法反映效果的好坏。

对于有机致臭物去除效果，总体而言，并不能看出转速高就好于转速低，但对于管口距底深度 40 cm 而言，转速较快（40H）的较之转速较低（40L）的对有机致臭物的控制作用相对明显（图 15-12）。除了 7 月 14 日的 MTL 和 DMS 的去除，其他所有 40H 的处理，均对三种致臭物形成较有效的控制。

为何太阳能复氧系统的管口放置距底高度低（20～30 cm）效果反而不如放置高（40 cm）好的原因，可能有两点：一是出口放置过深，会形成较高的水压，虽然可与低氧水体接触更直接，但由于过深不利于出气量，即使增加转速，并不能明显加大系统向水下输送更多的氧气；二是越是接近湖底，表明其受泥-水界面的影响也就越大。湖泛易发时段湖底往往积累较多的易悬浮藻体碎屑，这些碎屑有时在水动力作用下，和低密度高有机质含量的表层底泥一起悬浮在近湖底上部，在微生物降解作用对水体缺氧环境呈强烈控制的春夏期间，其溶解氧（DO）和氧化还原电位（E_h）不易受到上层水体性质的影响。因此，一般增氧机的合适吃水深度为 50～80 cm，因此，复氧装置的放置深度并非越深越好，而是有一个合适深度。

15.2.3 系统布设间距及湖泛预控效果

对于大水面的复氧控制工程，往往单个设备难以达到整体水域的控制效果，实际工程都是以阵列的方式布设装置进行曝气和复氧的。由于设备的布置间距大小（布置密度）不仅影响对水体环境的改善效果，而且也会影响单位面积水域治理工程的投资。根据投入产出的经济性和效果基本要求，在确定好装置的规模和参数后，对湖泛易发水域分析研究系统装置的合理布设间距，也是较为重要的内容。

根据已有示范工程布设试验结果，单台太阳能曝气复氧系统的有效处理半径最高可达 150 m，布置间距可达 300 m。湖泛易发区水质相对较差，理论上要求设备布置密度越密越好，即布置间距应则相应缩小。示范工程根据设备处理能力、湖泛区水质状况以及工程投资等，设计了 3 种不同布置间距，分别为 80 m、120 m、150 m，考察布置间距对湖泛的预控效果。

考虑到每台曝气设备性能具有一致性，监测设备间距的布设对曝气效果（湖泛主要参数）的影响，将选择的 6 台设备进行相互间距离设置成 3 个不同间隔，其中 1#与 2#台设备布置间距为 80 m，3#与 4#台设备布置间距为 100 m，5#与 6#设备布置间距为 150 m（图 15-8）。为考察设备 3 种布置间距对湖泛的预控效果，每种布置间距设置 2 个监测点（视为 2 组平行），均于每实验组设备叶轮中心以外 10 m 处采样，处理区共计 6 个采样监测点，在设备覆盖范围外设置监测点 7，作为对照点。

1. 水体溶解氧变化

根据现场监测结果，分析了对照区及不同布置间距处理区水体溶解氧的变化趋势，可以看出，由于实验期间为 10～12 月份，水温逐渐下降，水体的溶解氧呈上升趋势，示范区与对照区水体上下层 DO 含量均达到了 6 mg/L 以上（图 15-13）。在空间上，由于设备前期持续的复氧，秋季示范区内 DO 上升比对照区更为明显，但冬季（12 月）水体 DO 普遍上升后，对照区与示范区无明显区别。在示范区内，3 种设备布置间距对 DO 的提升能力无明显区别，表明在对底层水体的复氧能力方面，太阳能水生态修复系统设备布置间距至少达到 150 m。

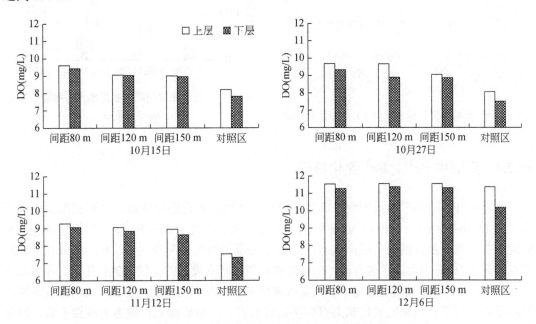

图 15-13　设备布置间距对水体 DO 含量影响

2. 水体高锰酸盐指数（COD_{Mn}）

太阳能复氧设备运行后能够使溶解氧及有益微生物在水体均匀分布，解决水体缺氧问题，促进底层水体中好养菌的繁殖，为有机物的分解提供条件。监测期间，随着示范区水体整体 DO 的提升，实验区和对照区水体中 COD_{Mn} 均呈下降趋势（图 15-14），但对照区的下降趋势小于实验区所有间距的处理（80 m、120 m、150 m）。反映太阳能设备持续运行强化了底层水体的复氧作用，一定程度上控制了水体的 COD_{Mn} 含量。实验阶段 COD_{Mn} 均值比对照区分别低 12%、12%、11%。因此，从对有机污染物的去除效率来看，设备布置间距最大可达 150 m，即每台太阳能复氧设备可控制 COD_{Mn} 含量范围 17600 多平方米。

3. 底泥酸可挥发性硫化物

不同设备布置密度处理区底泥中酸可挥发性硫化物（AVS）含量变化见图 15-15。从时间上看，在 10 月份水温较高时，各区域酸可挥发性硫化物含量较高，但间距 80 m 及 120 m 示范区明显低于对照区。11 月份酸可挥发性硫化物含量均显著下降，主要原因在于可挥发性硫化物的产生受温度条件的影响较大，水温下降会明显抑制其产生，在低温条件下各区域 AVS 的分布没有明显差异。从对底泥中可挥发性硫化物的抑制能力来看，设备最大布置密度为间距 120 m。

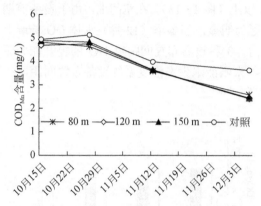

图 15-14　设备布置间距对水体 COD_{Mn} 含量影响

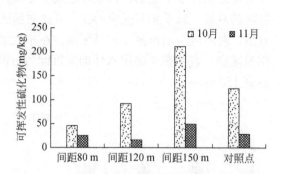

图 15-15　设备布置间距对底泥酸性可挥发性硫化物含量影响

15.2.4　底泥中 Fe^{2+}、Fe^{3+} 变化特征

底泥中 Fe^{2+}、Fe^{3+} 含量的变化能够反映底泥环境的氧化还原状态。从监测结果可以看出（图 15-16），10 月份间距 80 m 和 120 m 处理区底泥处于 $Fe^{3+}/Fe^{2+}>1$ 的氧化状态，而间距 150 m 及对照区则处于还原状态；11 月份随着悬浮物沉降和底泥沉积，各处理区和对照点底泥中总 Fe 的含量显著升高，在自然复氧和高密度设备的持续复氧作用下，各监测点均达到 $Fe^{3+}/Fe^{2+}>1$ 的氧化状态，但设备处理区 Fe^{2+} 向 Fe^{3+} 的转换量更高，表明在设备的水循环复氧作用下，底泥的氧化状态得到明显的改善。从对底泥氧化状态的维持来看，设备最大布置间距为 120 m。

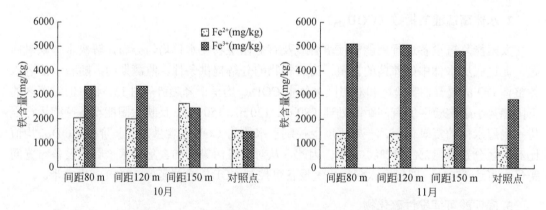

图 15-16　设备布置间距对底泥中 Fe^{2+} 和 Fe^{3+} 含量影响

15.3　环境复合材料对藻源性湖泛的预控

矿物材料等介质因具有易得易加工、表面可改性、易大面积投放等特点，往往被作为水体颗粒的聚沉材料。湖泛最主要的感官特点就是视觉上的"黑"，造成黑的最主要原因就是水体中悬浮致黑质粒。这些质粒都是不完全分解下藻类死亡残体及其在厌氧状态下的致黑物（如重金属硫化物）。研究表明，微小粒径的蒙脱土加入水体，可明显加快高分子复合材料 PA6 的结晶过程，促使了晶核的生成，起到了异相成核作用。若选择多孔矿物材料，制备成微粒水平颗粒，并根据黑臭颗粒大多是死亡生物有机大分子的性质，需要制成在水柱中慢沉降的特性，以增加与湖泛水体中致黑质粒的作用机会，再结合材料表面携氧能力增强的改性，研发出针对湖泛控制的新型矿物改性材料，破坏黑臭水体的稳定性，消除黑臭质粒的厌氧环境，从而控制已发湖泛的受灾程度和影响范围。

15.3.1　湖泛即发态氧化除泛材料的选择和组配

以当地土壤为主，采用高铁酸钾和壳聚糖等廉价氧化和附着功能材料，对模拟湖泛水体分别进行不同材料比例、投加时间（湖泛发生阶段）、投加量模拟，分析藻源性湖泛主要致黑物（FeS）和致臭物（DMS、DMDS 和 DMTS）的消减变化，分析比较其"应急"效果。

针对即发态湖泛的控制要求，选用了高铁酸钾、壳聚糖和黄土 3 种。高铁酸钾作为一种强氧化剂，具有极强的氧化性，其与水反应能释放出氧气并迅速提高水体的氧化还原电位（姜洪泉等，2001）：

$$2K_2FeO_4 + 5H_2O =\!=\!= 2Fe(OH)_3 + 4KOH + \frac{3}{2}O_2 \tag{15-1}$$

另外，高铁酸钾适用的 pH 范围广，特别是 pH 值为 5～12 的范围，可适用于各种复杂条件。高铁酸钾与水反应还原生成新生态的羟基氧化铁（FeOOH），并最终形成氢氧化铁胶体沉淀，这个特性使得高铁酸钾同时具有强氧化、絮凝双重功能，同时又对水体悬浮颗粒物及氮磷具有一定的吸附去除能力。

天然高分子絮凝剂壳聚糖是甲壳素脱乙酰基后的产物，具有无毒、可降解等性质，已被广泛用于生产和科研中，特别是在水质净化中可用于铜镉等重金属离子（Guo et al，2009）、有机化合物（Ding et al，2009）等的去除。邹华等（2004）研究了用壳聚糖改性黏土去除水华优势藻，取得较好的效果。壳聚糖具有较好的絮凝能力，这也是本研究选取壳聚糖为使用材料之一的重要原因。黄土采集于当地岸边，过 100 目筛后，使用去离子水冲洗三遍后，干燥保存。壳聚糖改性黏土的方法参见潘纲等（2003）的研究：称取 100 mg壳聚糖，加入 10 mL 1%的 HCl 溶液，不断振荡或搅拌使之溶解，然后加蒸馏水至 100 mL，混匀，得到 1 mg/mL 的壳聚糖盐酸溶液。将筛分干燥后的黏土 100 mg 加入 10 mL 壳聚糖溶液中形成淤浆并充分浸润。将所得的泥浆干燥后，研磨即可得到壳聚糖包覆改性黏土，壳聚糖负载量为 0.1 g/g 黏土（邹华等，2004）。湖泛控制材料按照表 15-4，设置成 6 种处理进行选择性实验。

表 15-4　湖泛控制材料的处理设置

处理	材料投加量
A	250 mg/L 高铁酸钾
B	125 mg/L 高铁酸钾+0.5 g/L 黄土
C	125 mg/L 壳聚糖黄土
D	125 mg/L 壳聚糖黄土+125 mg/L 高铁酸钾
E	0.5 g/L 黄土
F	对照样

在 6 管 Y 型再悬浮装置中，模拟实验进行至一定阶段后，根据亚铁浓度峰值和水色的变化情况确定材料投加时间，将上述材料按照表 15-4 投加至 Y 装置中，搅拌均匀。每天取 Y 装置中层水体，测定 DO、E_h 及水体嗅味物质。

15.3.2　湖泛"即发态"判断与除泛材料投加时间确定

1. 湖泛即发态判断

湖泛程度的定量研究，目前仍然没有合适的方法和仪器分析。应用较多的仍是依靠人的肉眼感官（黑的程度）来进行半定量，黑臭发生时间的准确判断还难以获得，不可避免带有人为因素。目前常以黑色物质的形成作为判断湖泛发生的依据。据已有研究推断，在水体进入厌氧状态一定时间后，水体会出现逐渐变灰现象，这种状态大约持续 2～3 天；随后亚铁浓度下降，水体中致黑物质逐渐形成，此时认为湖泛发生（卢信，2012）。因此研究中，将根据水体中亚铁浓度峰值和水色的变化情况，确定控制材料的投加时间。

为观察投加除泛材料后应急控制的效果，设计的实验时间为 17 天。前 9 天藻源性湖泛模拟结果表明，所有未投加除泛材料体系的 E_h 均大幅降低、Fe^{2+} 浓度迅速增加，并在实验的第 7～8 天达到浓度峰值并趋于平缓（图 15-17）。根据刘国锋（2009b）和申秋实等（2011）等的研究，水体中游离态的 Fe^{2+} 与还原态硫结合形成的硫化亚铁黑色沉淀，是导致水体发黑和湖泛黑臭形成的主要原因。因此，水体中 Fe^{2+} 浓度峰值与水体致黑物质形成之间有直接关系，即随着水体中的黑色物质逐渐形成，Fe^{2+} 被消耗而浓度逐渐降低（李真等，2010）。水体 E_h 也逐渐降低稳定在较低的状态下。结合 Fe^{2+}、E_h 和水体色度的表观变化结果，水体发黑的时间为第 10 天（D10），即在此前的时间水体处于湖泛有险状态。

湖泛"即发态"是湖泛"有险态"的最高潮时间点，因此考虑到操作需要一定的时间长度，以及相同的模拟条件也会存在一定的时间偏差（SD），将湖泛发生的"即发态"时间确定在第 9 天。除泛材料投加的最佳时间理论上为湖泛发生前的瞬间某时刻为最佳，但实际中很难把握。可接受的材料投加时间为湖泛发生（发黑）的前一天，即为"即发态"的第 9 天（D9）投加（如图 15-17 中箭头位置）。

2. 材料投放后湖泛即发态水体感官变化

室内实验至第 9 天时，各组处理水色由无色逐渐转为浅灰色，并在第 7、8 天左右稳定在浅灰色。此时水体中已经散发出较为强烈的臭味（臭味等级 3）。按表 15-4 配制的除泛材料，于第 9 天（D9）向系统统一时间投加。投加后所有处理的水柱水色均明显改善，并在第 9～17 天第二阶段实验过程内，未见有明显的水体发黑现象出现，而相应的对照组则在第 10 天（D10）出现了明显的发黑（表 15-5）。

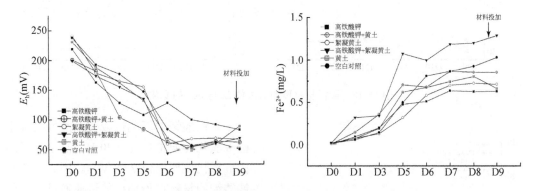

图 15-17　除泛材料投加前各系统水体 E_h 与 Fe^{2+} 浓度变化

表 15-5　不同处理组感官变化特征描述

处理	A	B	C	D	E	F
发黑时长	0	0	0	0	0	第 10 天
臭味分级	0	1	3	1	3	3

比较对水体臭味抑制的感官效果反映，不同材料和处理的作用存在明显差异。含有高铁酸钾的 A、B、D 三组处理，投放后水体的臭味出现了明显的下降。材料投加后表观臭味等级分别降为 0、1、1，而 C 组（125 mg/L 絮凝黄土）与 E 组（0.5 g/L 原状黄土）对臭味的控制作用不明显，仍散发强烈臭味（臭味等级 3）。水体臭味变化的结果表明，高铁酸钾对臭味的控制作用较好，且高铁酸钾的投加量越大，对臭味的控制作用就越好。

嗅觉（发臭）的变化远不如视觉（发黑）敏感，但从所选用的控制材料而言，均有效地抑制了湖泛从即发态向已发态（致黑物质形成为判断标准）的转换。水体感官指标的变化虽能直观地反映除泛材料对湖泛即发态的控制效果，但视觉和嗅觉感官只能是定性或最多半定量，至于材料如何控制或消除湖泛，还需从过程上对主要致黑致臭的变化作定量化分析。

3. 材料投放后湖泛即发态水体 E_h、Fe^{2+} 变化

氧化还原电位（E_h）是湖泛形成过程中指示性极敏感的指标。材料投加后（D9），黄土处理以及对照处理组，E_h 无明显增加，而高铁酸钾处理组则大幅增加（图 15-18）。其中投加 250 mg/L 的高铁酸钾，对 E_h 的增加影响最大，125 mg/L 次之。壳聚糖改性黄土絮凝剂对 E_h 没有明显的促进作用，其主要作用体现在对水体亚铁（Fe^{2+}）以及浊度（NTU）指标的去除（图 15-19）。

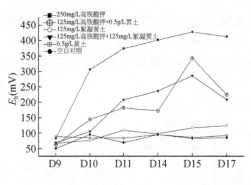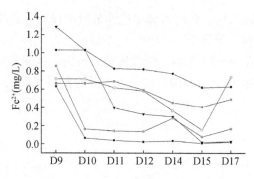

图 15-18　除泛材料投加后水体 E_h 与 Fe^{2+} 的变化

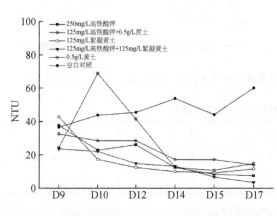

图 15-19　除泛材料投加后水体浊度的变化

高铁酸钾的氧化性较强，酸性条件下标准氧化还原电位为 2.20 V（高于臭氧的标准氧化还原电位 2.08 V）。因此，含高铁酸钾的材料在投加后能迅速通过其氧化作用，提高水体氧化还原电位。而改性黄土处理组主要成分为壳聚糖以及太湖原位黄土，通过絮凝剂的絮凝沉降作用，能够有效地降低水体中的悬浮颗粒物，降低浊度，从而起到抑制水体发黑的效果（刘国锋等，2009a），从实验的结果可以看出，除对照组外，其余组均未发黑。但是，黄土以及絮凝黄土对湖泛的处理，水体的发臭现象并未有明显减轻，主要是因为嗅味物质的形成原因是在厌氧条件下，微生物等对含硫蛋白的厌氧分解形成的，絮凝难以消除厌氧条件，甚至通过吸附作用对水体嗅味的改善作用也有限。所以尽管黄土及絮凝黄土对水体发黑程度控制作用非常明显，但对臭味物质的控制作用要明显弱于含高铁酸钾处理组。

将改性黄土与 1/2 用量高铁酸钾（125 mg/L）联合使用，尽管对氧化还原电位的促进作用略小于 250 mg/L 用量的效果，但结合水体颜色和浊度的变化情况，对湖泛部分指标的控制还是很有效的，并能在一定程度上降低氧化剂的用量。

4. 材料投放后湖泛"即发态"水体典型嗅味物质变化

湖泛水体中嗅味物质的存在严重影响到水体的感官以及饮用水的安全（Yang et al，2008），因此有效地降低嗅味物质浓度也是应急控制的重要目标之一。在所有除泛材料中，投加 250 mg/L 的高铁酸钾对二甲基硫化物（DMS、DMDS、DMTS）的控制效果最好（图 15-20）。在投加 250 mg/L 的高铁酸钾 12 h 后（D10），水样中 3 种二甲基硫化物已呈未检出状态，表明高铁酸钾氧化剂的引入能够有效地在短时间内控制水体嗅味物质的含量。湖泛嗅味物质主要来自含硫蛋白的微生物分解，这需要在强厌氧条件下完成（Stets et al，2004；Yang et al，2008）。而高铁酸钾投加后，能够迅速增加水体的 E_h 值，使系统由还原变成氧化状态，不仅破坏了嗅味物质的生成环境，而且还将已经形成的含硫嗅味物质快速分解。

　　实验发现，降低高铁酸钾用量后仍有较好的嗅味物质控制效果。125 mg/L 的高铁酸钾 B 组处理（125 mg/L 高铁酸钾+0.5 g/L 黄土）材料投加 12 h 后，三种硫化物的去除效率均能达到 89%以上。投加 0.5 g/L 的黄土（E 组）对嗅味物质的去除效率相对较低，投加 12 h 后，DMS、DMDS、DMTS 的去除效率仅为 16%、7.8%、3%（图 15-20），甲硫醇的浓度反而在投加 12 h 后又一定程度的增加。

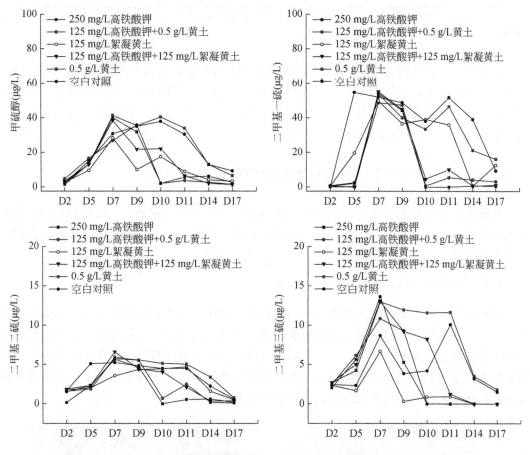

图 15-20　除泛材料投加后水体嗅味物质变化

　　高铁酸钾与壳聚糖改性黄土复合对甲硫醇、DMS、DMDS、DMTS 的有效去除表现在材料投加后第 2 天，其去除效率分别为 70%、77%、53%、86%。同直接投加高铁酸钾相比，复合材料对嗅味物质的去除响应时间稍有滞后，但对几种典型嗅味物质的去除效率仍在可接受的范围内。

　　为定量比较各种控制材料对湖泛致臭物质的去除能力，以加控制材料前（D9）的硫化物浓度为基准，计算了实验结束时各种控制材料对有机硫的平均去除率（表 15-6）。结果表明 250 mg/L 和 125 mg/L 的高铁酸钾对总有机硫和硫醚类物质的平均去除率均在 93%以上，明显高于其他处理。壳聚糖改性黄土对硫化物的控制作用较缓，其投加第 1、2 天后的去除率仅为 1.5%，其效果主要体现在第 4 天，去除率上升到 87%，平均去除率为 52%。对硫醚类的平均去除率为 41%。

表 15-6　不同控制材料对有机硫的平均去除率

	A	B	C	D	E	F
总有机硫去除率（%）	94.5	93.3	52.4	80.0	32.9	31.1
硫醚类物质去除率（%）	98.8	93.3	40.7	86.2	32.9	30.3

注：A.250 mg/L 高铁酸钾；B.125 mg/L 高铁酸钾+0.5 g/L 黄土；C.125 mg/L 壳聚糖黄土；D.125 mg/L 壳聚糖黄土+125 mg/L 高铁酸钾；E.0.5 g/L 黄土；F.对照。

复合材料（改性黏土+高铁酸钾）对硫化物的去除率虽没有单一使用高铁酸钾效果好，但对总有机硫的去除率达到 80%，对硫醚类嗅味物质的去除率也可达到 86%以上。考虑到天然黄土的投加量较大与对嗅味物质的控制效率较低以及经济性，推荐采用复合材料（改性黏土+高铁酸钾）作为湖泛主要预控材料。

15.3.3　湖泛"已发态"除泛材料的应急控制效果

在湖面上跟踪监测并确定湖泛处于"即发态"实际具有一定难度，比较容易掌控的信息是湖泛的"已发态"。除泛材料对于这种已发态，特别是刚发生的湖泛如果也具有较适合的控制效果，则将大大提高除泛材料的实际应用范围。

1. 除泛材料对水体感官的应急改善效果

向刚发生一天的湖泛水体中投加不同材料后，水体的感官变化如图 15-21 和表 15-7 所示。从感官颜色的变化结果看，材料投加后水体发黑程度均有一定程度改善，其中高铁酸钾对水体发黑的控制程度较好，经高铁酸钾处理后水体呈现浅黄色，而黄土与蒙脱石处理组水体颜色呈灰色。同时高铁酸钾处理组水体发臭情况有明显的改善，而黄土与蒙脱石处理组对臭味未能起到明显控制效果，水体仍有强烈的臭味。

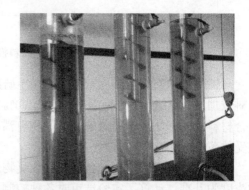

图 15-21　复合材料投加对已发湖泛消除试验前后的感官变化

（左）投放前；（右）投放后

表 15-7　不同材料投放对已发湖泛水体的感官比较

处理	对照	高铁酸钾	黄土	蒙脱石
视觉（黑色）	3	0	2	2
嗅觉（臭味）	3	0	2	1

注：表观色度的划分，0 为正常水色，1 为浅灰色，2 为深灰色，3 为水体有严重黑色。水体黑臭的划分，0 为水体无臭味，1 为水体微臭，2 为明显臭味，3 为强烈臭味。

2. 除泛材料对已发湖泛的应急控制效果

1）水体 E_h 和还原性 Fe^{2+}

在春夏季节，藻类大量堆积、死亡往往使部分湖体经历了一个由显著好氧到缺氧再到厌氧的阶段，正是水体的这种持续的缺氧 / 厌氧条件为湖泛的爆发提供了有利的条件。湖泛发生水体处于低氧化还原环境下，进而影响了 Fe、S 等环境敏感元素的地球化学循环，改变了它们在生态系统中的赋存形态（Duval and Ludlam，2001；刘国锋等，2010b）。如 Duval 等（2001）通过对 Mystic 湖（美国马萨诸塞州）水体黑臭现象的研究发现，由于水体分层造成的还原环境使得以 FeS 为代表的黑色金属硫化物大量形成，有机硫化物及 H_2S 气体的释放，从而造成局部湖泊水体发黑发臭。因此水体 E_h 条件的改善对于厌氧水体以及湖泛的应急控制有重要的意义（申秋实等，2012）。

高铁酸钾的强氧化性，使得处理组水体 E_h 明显增加，在处理 30 min 后迅速上升。从图 15-22 可看出，高铁酸钾处理组，水体 E_h 在 30 min 后迅速升高至 357.1 mV 并在整个实验过程中保持在较高的水平。而正是由于高铁酸钾对厌氧化境的破坏和对还原性物质 Fe^{2+} 的氧化作用，水体中 Fe^{2+} 含量也有明显的下降。

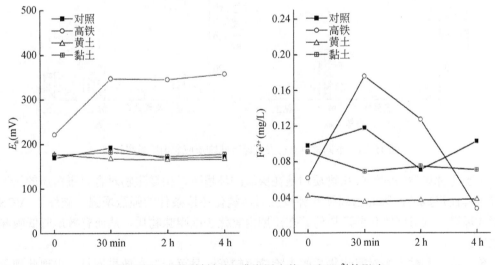

图 15-22　不同材料对已发湖泛水体 E_h 和 Fe^{2+} 的影响

高铁酸钾材料的引入，在迅速增加水体氧化还原电位的同时，也破坏了湖泛致黑物质与嗅味物质的形成基础，同时使得致黑物质、嗅味物质在较高的氧化还原条件下难以累积（申秋实等，2012），从而能够起到迅速控制湖泛的目的。而黄土、蒙脱石处理组对 E_h 无显著影响，处理前后水体 E_h 的变化无明显差异（图 15-22）（$p > 0.05$），受氧化还原电位变化缓慢的影响，其处理组中 Fe^{2+} 浓度在整个实验周期内变化也较为缓慢。

2）除泛材料对水体致臭物的应急控制效果

甲基硫醚类有机嗅味物质是湖泛水体中主要挥发性有机硫化物（VOSCs）污染物。已发湖泛的应急消除实验表明，高铁酸钾对几种嗅味物质均具有极高的去除效率，而黄土、蒙脱石对嗅味物质无明显的抑制效果（图 15-23）。在材料投加 30 min 内，对甲硫醇的去除效率高达 81.4%，对 DMS、DMDS、DMTS 的去除效率分别为 76.6%、74.7% 和 71.2%，高铁酸钾表现出较好的嗅味物质控制效果，有效地降低了水体中典型嗅味物质的浓度。

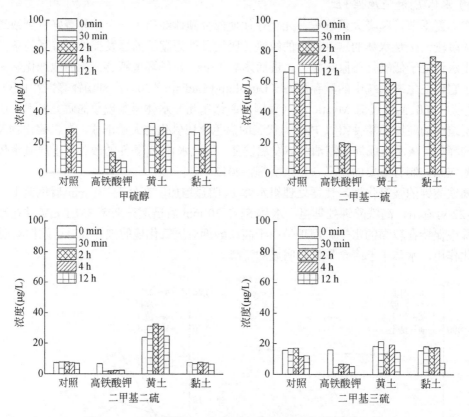

图 15-23　不同材料对已发湖泛嗅味物质应急消除效果比较

由于几种典型的湖泛嗅味物质均是在厌氧的环境下，由微生物对含硫蛋白质的厌氧分解等过程而形成的，因此当高铁酸钾投加后，氧化还原条件的强烈增强，破坏了 VOSCs 的形成环境，同时强氧化的环境能够在短期内氧化去除嗅味物质，从而有效地降低嗅味物质浓度。

单一黄土和黏土等对嗅味物质的去除效率较低，且可能存在效果反复。出现此现象的原因可能为：黏土类吸附剂对嗅味物质的吸附容量普遍较低，而已发湖泛水体中嗅味物质浓度高达数万 ng/L 甚至更高（Yang et al，2008），以吸附作用来高效抑制水体中含量不现实；另外，黏土类物质几乎没有氧化性，因此不能通过获得自由电子来改善水体厌氧环境。

15.3.4   复合材料对藻源性湖泛应急控制的围隔示范

实验室研究效果扩大到实际湖体的应用往往需要经过小试或中试规模的试验阶段，由于湖泛的特殊环境（低氧）要求，围隔示范是研究湖泛控制较合适的试验规模。

1. 围隔示范区建设和湖泛原位模拟

于中国科学院太湖湖泊生态系统研究站实验围隔区内，开展中试规模现场试验，围隔面积 200 m² (25 m×8 m)。对围隔藻体模拟的湖泛水体，采用黄土担载的氧化絮凝复合材料，采用喷洒方式进行湖泛控制，如图 15-24 所示。

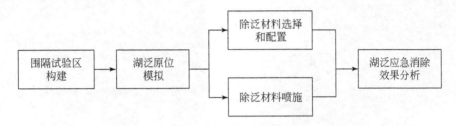

图 15-24   除泛材料湖泛应急消除技术路线图

现场模拟藻源性湖泛的形成具有很大的难度，感官上的黑臭现象往往不能获得（沈爱春，2012）。根据室内多批次湖泛模拟经验，除选择合适的季节（水温）和风情外，原位模拟湖泛的困难之处在于水体交换带来的复氧影响。为了既能反映真实水体的水动力作用，又可一定程度地控制风浪对表层水体的破碎形成的复氧影响，在试验围隔内，再放置 4 个 1.6 m×1.6 m 的单元围隔，以成"田"字形（图 15-25）。另外，为有效阻止内外水体的直接交换，内部再放置双层高强度柔性 PE 膜直至湖水底部。

图 15-25   湖泛控制试验围隔及湖泛模拟

研究湖区底部为硬质层，需要底质改良。底泥取自太湖周边疏浚堆场，为确保围隔底部有能支撑湖泛形成和持续的物源供给，均匀投放泥厚约 30 cm 的泥量，即每个"口"字形单元围隔内底泥投放总量约为 0.8 m³。根据中期（14 天）天气预报，于 6 月上旬将打捞的蓝藻藻体按每个单元围隔投放 15 kg 的量，首先开展湖泛现场模拟试验。经现场定期跟踪观察，约 13 天前后所有试验围隔内均成功发生了湖泛（发黑）现象。

首先在太湖湖泊生态系统研究站内布设小型围隔（起阻挡风浪和保护作用），围隔面积为 1.6 m×1.6 m。将混合均匀后的底泥转移至浮桶内（底泥厚度＞30 cm），再将浮桶放置于围隔内。缓慢向桶中加入新鲜湖水，待底泥稳定 2 周后投加新鲜藻浆进行室外原位湖泛过程模拟。

现场感官反映：模拟水体呈明显黑色，现场弥漫恶臭味，采集的水样上层有大量藻类残体（图 15-26）；水体 DO 为 0，E_h 约为-200 mV，为强还原环境。被采集的水样长期静置未出现分层或絮凝沉淀现象。

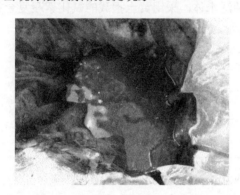 

图 15-26　原位模拟的湖泛现象（左）和从围隔内取出的上中下 3 层水体及对照湖水（右）

2. 应急材料的配制与现场喷施

湖泛的产生往往是突发的，因此对应急处置材料的生产及其现场施用的机动性有较高要求。其中材料经济可调配、可快速生产和转运、现场易于喷洒。

在室内实验的基础上确立了材料的基本配比：壳聚糖改性黏土担载量为 0.1 g/g，投加量为 100 mg/L；高铁酸钾投加量为 40 mg/L。另外，为提高配制溶液中的氧化环境，配制中按 1 L 水加 60 μL 30%双氧水（表 15-8）。

表 15-8　湖泛黑臭应急消除材料配比（按 m² 计）

水深（m）	壳聚糖（g）	黄土（g）	高铁酸钾（g）	双氧水（mL）
2	20	200	80	120
2.5	25	250	100	150
3	30	300	120	180
4	40	400	160	240

试验发现，比较合理的复合材料制备流程是：①壳聚糖溶解；②与黄土混合；③与氧化剂在容器内混合即共同喷洒。通过对喷洒条件进行优化试验，采用 100 目黄土的复合材料能较流畅地通过喷嘴，甚至雾化喷头（图 15-27）。

3. 湖泛已发态复合材料应急消除效果

2012 年 7 月底泥采集于太湖月亮湾湖泛易发区（N31°24′35.64″，E120°6′3.56″），藻

体取自竺山湖。选择复合材料（壳聚糖改性黏土+高铁酸钾）并以黄土作对照，分别研磨成粒径为 0.15 mm（过 100 目筛）。

图 15-27　现场复合材料喷施

1）表观色度和浊度变化效果

围隔水体经复合材料处理后，水体的色度有明显的改善。图 15-28 为原位消除过程前后，水体的颜色由黑色变为浅黄色，浊度也有较为明显的去除，4 h 浊度的去除率达 50%，8h 去除率达 62%。黄土对照处理组，水体浊度虽也有一定改善，但 8 h 去除率仅 30%，水体仍较浑浊。

2）基本理化指标变化

对已发湖泛围隔水体现场投加复合材料后，由于高铁酸钾的强氧化性，水体

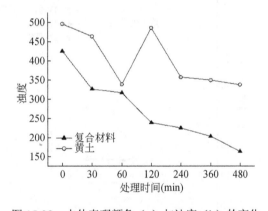

图 15-28　水体表观颜色（a）与浊度（b）的变化

的 E_h 迅速增加，60 min 后水体 E_h 迅速升高至 300 mV，并在整个实验周期内均保持在较高的氧化还原状态（图 15-29）。受水体氧化还原条件改善的影响，水体中 Fe^{2+} 浓度随着 E_h 的增加而降低。黄土处理组 E_h 无明显变化，Fe^{2+} 在试验过程中无明显的降低趋势。

3）嗅味物质浓度变化

甲基类硫化物是藻源性湖泛水体中最主要致臭物（Yang et al，2008）。复合材料投放喷施 60 min 后，水体主要有机致臭物 DMS 由 69 μg/L 迅速下降至 38.46 μg/L，6 h 后 DMS 浓度仅为 12.9 μg/L；DMDS 浓度则由 17.96 μg/L 下降至 2.58 μg/L，DMTS 浓度由 18.3 μg/L 下降至 0.9 μg/L（图 15-30）。分析对致臭物的 6 h 去除率可见，复合材料对甲基类硫化物的去除率均在 80% 以上，对 DMTS 的去除率高达 95%（表 15-9）；而黄土的去除效率则处

于 19.1%～31.6%之间，远小于复合材料处理效率。

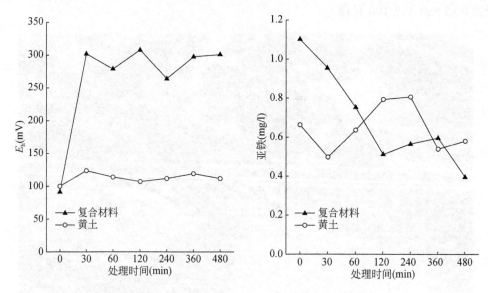

图 15-29 复合材料投放围隔水体 E_h 和 Fe^{2+} 浓度变化

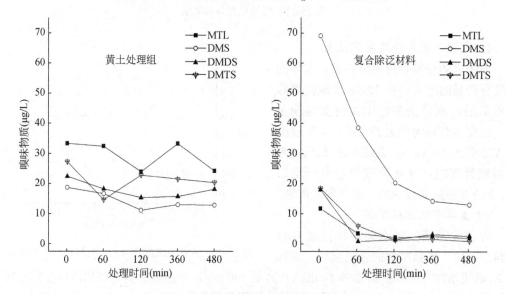

图 15-30 复合材料投放围隔水体嗅味物质变化

表 15-9 不同材料对水体嗅味物质的 6 h 去除率（%）

	复合材料	黄土
甲硫醇（MTL）	83.4	27.4
DMS（二甲基一硫）	81.3	31.6
DMDS（二甲基二硫）	85.6	19.1
DMTS（二甲基三硫）	95.1	25.6

复合材料对致臭物的高效去处能力，与其对水体具有较高的氧化性和在水中形成的絮凝体所具有的吸附性有关。除泛材料是结合了物理絮凝与化学氧化的复合型材料，材料中高铁酸钾的氧化性，可提升被喷施水体的氧化还原电位，这不仅会破坏藻源性湖泛嗅味物质的产生条件，同时也对尚未逸出水体的有机致臭物质（包括 H_2S）形成分解作用。另外，复合材料中的壳聚糖改性黏土在水中可形成高效絮凝体，通过吸附和沉降部分致臭物和致黑颗粒物，从而进一步提高了对有机致臭物的去除效率。围隔试验结果再次说明，含高铁酸钾的除泛材料可作为湖泛已发态的备选应急控制材料之一。

4）材料倍投效果

虽然复合材料已有较高的湖泛黑臭去除效率，但实际湖泛水体面积大且具有一定的移动性，这就要求除泛材料效果不仅快捷，而且还要有相对较长时间的持续控制能力，所以合适的投加量将是需要考虑的。

表 15-10 为投加量对黑臭水体硫化物去除率影响的围隔试验结果。结果反映，以两倍的投加量喷施复合材料，5 h 后，虽然溶解氧和氧化还原电位得到了更大的提高，但硫化物的去除率并未增加。从经济性、安全性角度考虑，按基本量投加就可满足湖泛消除需求。

表 15-10　不同投加量对硫化物的去除效果对比（5 h）

投加量	DO（mg/L）	E_h（mV）	SS	pH	硫化物去除率
基本量	3.6	107	314	6.23	>85%
二倍量	7.3	150	328	6.28	>85%
湖水	9.3	55	320	8.05	—

4. 复合除泛材料的生态风险评估

复合材料中涉及 K_2FeO_4、改性黏土和 H_2O_2，除黏土外，其中涉及两种氧化剂、一种表面活性剂（壳聚糖）。复合材料如投加处理湖泛水体后，大多最后都沉降到湖底，成为表层底泥的一部分。虽然复合材料的投放中也会短暂地接触到水体中的生物体，但从长期而言，产生可能风险最主要受体是底栖生物。铜锈环棱螺（*Bellamya aeruginosa*）与河蚬（*Corbicula fluminea*）是太湖地区常见的大型底栖生物种类，观察和分析底栖生物的生存和呼吸状态是生态风险评估常用的试验手段。

1）底栖生物生存状态

将铜锈环棱螺和河蚬作为试验模式生物，跟踪研究复合材料及其各组分投加前后生物存活情况及其呼吸速率存活随时间的变化。风险评估试验采用如表 15-11 的处理方法。

表 15-11　复合材料投加底栖生物生存风险试验 5 组处理条件

序号	处理组	投加材料
1	对照	不添加任何材料
2	+复合材料	每升水投加 60 μL H_2O_2、40 μg K_2FeO_4、10 μg 改性黏土
3	+H_2O_2	每升水投加 60 μL H_2O_2
4	+K_2FeO_4	每升水投加 40 μg K_2FeO_4
5	+改性黏土	每升水投加 10 μg 改性黏土

试验开始时各处理组的与河蚬添加量分别为 15 只,在试验结束时各处理组的 15 只螺与 15 只河蚬的生存状态良好（表 15-12）。结果反映：无论单独添加双氧水、高铁酸钾、壳聚糖改性黏土,还是添加由三者组成的复合材料,均不会降低铜锈环棱螺与河蚬的存活率。

表 15-12   铜锈环棱螺与河蚬在各处理组中存活情况

生物	处理组	投加数（只）	12 h 存活数（只）	36 h 存活数（只）	72 h 存活数（只）
铜锈环棱螺	对照	15	15	15	15
	+复合材料	15	15	15	15
	+K_2FeO_4	15	15	15	15
	+H_2O_2	15	15	15	15
	+改性黏土	15	15	15	15
河蚬	对照	15	15	15	15
	+复合材料	15	15	15	15
	+K_2FeO_4	15	15	15	15
	+H_2O_2	15	15	15	15
	+改性黏土	15	15	15	15

注: +复合材料处理为每升水投加 40 μg K_2FeO_4、10 μg 改性黏土和 60 μL H_2O_2。

2）呼吸速率

在投加材料前,5 组铜锈环棱螺的呼吸速率分布在 $(93.2\pm17.1)\sim(105.6\pm18.4)$ mg O_2/(kg·h),单因素方差分析显示 5 组之间的呼吸速率相似($F=0.429$; $p>0.05$)[图 15-31（$a_1\sim d_1$）]。投加后第 12 小时,单因素方差分析显示,铜锈环棱螺的 5 组之间的呼吸速率存在显著差异($F=91.7$; $p<0.001$)[图 15-31（b_1）],对照组的螺呼吸速率为 (105 ± 12.4) mg O_2/(kg·h),其他添加了除泛材料的四组具有不同程度的显著下降,其中添加复合材料组呼吸速率最小,仅 (13.8 ± 2.58) mg O_2/(kg·h)；双氧水组次之,为 (22.4 ± 4.80) mg O_2/(kg·h)。

在第 36 小时,5 组螺之间的呼吸速率依旧存在显著差异($F=13.5$; $p<0.001$)[图 15-31（c_1）]。到第 72 h 时,各处理组之间的呼吸速率又回到一致的状态,且与添加材料前基本一致($F=0.399$; $p>0.05$)[图 15-31（d_1）]。

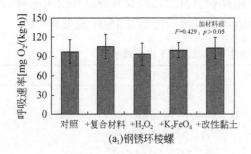

(a_1)铜锈环棱螺

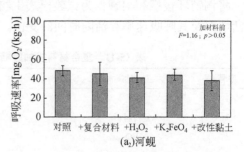

(a_2)河蚬

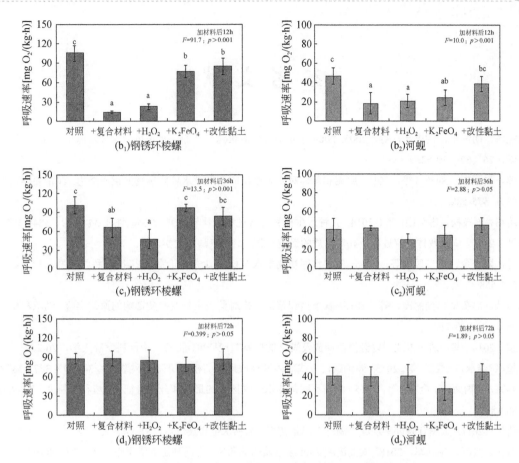

图 15-31　复合除泛材料及其组分对底栖生物呼吸速率的影响

F 与 p 为单因素方差分析结果，不同字母表示相互之间存在显著差异 $p < 0.05$

与铜锈环棱螺情况类似，除泛材料的添加也降低了河蚬的呼吸速率。在加入材料 12 h 时，5 组河蚬呼吸速率之间显著差异（$F = 10.0$；$p < 0.001$）[图 15-31（b_2）]。Tukey 检验显示，与对照组相比，复合材料、双氧水与高铁酸钾均显著减小了呼吸速率，但改性黏土组呼吸速率与对照组不存在显著差异。到第 72 小时，5 组河蚬呼吸速率回复到一致水平，不再有显著性差异检出（$F = 1.89$；$p > 0.05$）[图 15-31（d_2）]。

对铜锈环棱螺和河蚬的呼吸速率影响研究反映，添加材料会降低底栖生物的呼吸速率，其中复合材料的降低作用最大，双氧水次之，高铁酸钾与改性黏土减小作用相对较小。这种减小作用在前 12 小时较显著，随后逐渐缓解，在投加材料 72 h 后，螺与蚬的呼吸速率已回复到正常水平。

参 考 文 献

白晓华，胡维平，胡志新，等，2005. 2004 年夏季太湖梅梁湾席状漂浮水华风力漂移入湾量计算. 环境科学，26（6）：59-62.

蔡萍，吴雨琛，刘新，等，2015. 底泥和藻体对太湖湖泛的诱发及水体致黑物的供应潜力. 湖泊科学，27（3）：575-582.

曹培培，刘茂松，唐金艳，等，2014. 几种水生植物腐解过程的比较研究. 生态学报，34（14）：3848-3858.

曹勋，2015. 草藻残体分解过程及其对水质的影响. 南京：南京师范大学，58.

曹勇，陈吉余，张二凤，等，2006. 三峡水库初期蓄水对长江口淡水资源的影响. 水科学进展，17（4）：554-558.

陈丙法，冯慕华，尚丽霞，等，2016. 秋季聚积蓝藻打捞对蓝藻生长及水质影响的原位实验. 湖泊科学，28（2）：253-262.

陈超，2014. 湖泊疏浚方式对内源氮磷释放及湖泛的控制效应研究. 南京：中国科学院大学，26-28.

陈超，钟继承，范成新，等，2013. 湖泊疏浚方式对内源释放影响的模拟研究. 环境科学，34（10）：3872-3878.

陈春霄，郑丙辉，王金枝，等，2015. 太湖不同营养水平湖区汞的形态和分布特征. 环境科学研究，28（6）：883-889.

陈荷生，2011. 太湖宜兴近岸水域"湖泛"现象初析. 水利水电科技进展，31（4）：33-37.

陈嘉伟，张辉，倪其军，2018. 太湖流域 200t 级运藻船的研发. 青岛理工大学学报，39（2）：90-95.

陈静生，王飞越，夏星辉，2006. 长江水质地球化学. 地学前缘，13（1）：74-85.

陈凯华，夏云峰，闻云呈，2017. 三峡水库运行以来入海径流与盐水入侵响应研究. 人民长江，48（23）：22-28.

陈丽芬，郑锋，2007. 叶绿素荧光技术快速测定水体藻类生物量的应用. 城镇供水，（6）：51-52.

陈默，张雅庆，焦一滢，等. 2020. 菹草残体厌氧分解过程中上覆水的硫酸盐还原特征. 环境科学学报，40（1）：197-204

陈默，张雅庆，李家轩，等，2020. 温度对湖泊沉积物中沉水植物残体厌氧分解的影响. 环境科学学报，40（8）：3013-3019.

陈森，陈颖，赵九强，等，2021. 土壤烧失量与有机质含量的关系研究. 四川环境，40（5）：17-21.

陈小峰，王庆亚，陈开宁，2008. 不同光照条件对菹草外部形态与内部结构的影响. 武汉植物学研究，26（2）：163-169.

陈学政，纪红，陈国华，1999. 杭州湾海水中钾、钠、钙、镁、锶和硫酸根的迁移变化研究. 中国海洋大学学报：自然科学版，（S1）：63-68.

陈贻球，戴晓莹，2011. 吹扫-捕集/气质联用法测定水中硫醚类致嗅物. 中国给水排水，27（6）：94-96.

陈颖，李文彬，孙勇如，1998. 小球藻生物技术研究应用现状及展望. 生物工程进展，（6）：11-15.

陈宇炜，等，1998. 太湖梅梁湾浮游植物动态及其初级生产力周年变化研究//蔡启铭. 太湖环境生态研究.

北京：气象出版社：98-107.

陈正勇，王国祥，杨飞，等，2012. Fenton 试剂对富营养化湖水黑臭的氧化降解作用. 环境工程学报，6（5）：1591-1594.

成芃荣，陈旭清，朱晔宸，等，2021. 微能耗双罐并联加压控制蓝藻生长技术研究. 环境污染与防治，43（9）：1108-1113.

程远月，郭卫东，夏恩琴，等，2008. 厦门湾沉积物间隙水中 CDOM 的荧光特性及其分布研究. 台湾海峡，27（1）：8-14.

池俏俏，朱广伟，张站平，等，2007. 风浪扰动对太湖水体重金属形态的影响. 环境化学，（2）：228-231.

代丹，张远，韩雪娇，等. 2015. 太湖流域污水排放对湖水天然水化学的影响. 环境科学学报，35（10）：3121-3130.

代立春，潘纲，李梁，等，2013. 改性当地土壤技术修复富营养化水体的综合效果研究：Ⅲ. 模拟湖泛水体的应急治理效果. 湖泊科学，25（3）：342-346.

戴全裕，陈源高，郭耀基，等，1990. 凤眼莲对含银废水的净化研究——动态模拟试验. 环境科学学报，10（3）：362-369.

戴树桂，1996. 环境化学. 北京：高等教育出版社：216-217.

戴玄吏，汤佳峰，章霖之，2010. "湖泛"恶臭物质分析及来源浅析. 环境监控与预警，2（3）：39-41.

丁琦，汤利华 谢丹，2012. 校园湖水体黑臭产生机制的研究. 工业用水与废水，43（3）：28-30.

董高翔，1982. "人"型毛细管应用于氢化物火焰原子吸收分光光度法测定化探样品. 岩矿测试，1（4）：68-71.

范成新，1996. 太湖水体生态环境历史演变. 湖泊科学，8（4）：297-304.

范成新，2004. 一种室内模拟水下沉积物再悬浮状态的方法及装置：ZL 200410014329.X. 公开号：CN 1563928.

范成新，2015. 太湖湖泛形成研究进展与展望. 湖泊科学，27（4）：553-566.

范成新，陈宇炜，吴庆龙，1998. 夏季盛行风对太湖北部藻类水华分布的影响. 上海环境科学，17（8）：4-7，11.

范成新，陈宇炜，杨龙元，等，1998. 太湖梅梁湾南部水体有机污染物降解表观动力学初步分析. 湖泊科学，10（4）：48-52.

范成新，冯慕华，华祖林，等，2022. 巢湖西湖湾内负荷污染与控制. 北京：中国环境出版集团：1-3，5-9，59-76，123-154.

范成新，刘元波，陈荷生，2000. 太湖底泥蓄积量估算及分布特征探讨. 上海环境科学，19（2）：72-75.

范成新，王春霞，2017. 长江中下游湖泊环境地球化学与富营养化. 北京：科学出版社，259-262.

范成新，相崎守弘，1998. 霞浦湖沉积物需氧速率的研究. 海洋与湖沼，27（4）：508-513.

范成新，尹洪斌，申秋实，2013. 水生植物死亡区泥源性"湖泛"过程硫化物行为研究//全国环境化学学术大会. 中国化学会;中国环境科学学会.

范成新，袁静秀，叶祖德，1995. 太湖水体有机污染与主要环境因子的响应. 海洋与湖沼，26（1）：13-20.

范成新，张路，2009. 太湖-沉积物污染与修复原理. 北京：科学出版社：115-118，136，175-181.

范成新，钟继承，张路，等，2020. 湖泊底泥环保疏浚研究进展与展望. 湖泊科学，32（5）：1254-1277.

范成新，周易勇，吴庆龙，等，2013. 湖泊沉积物界面过程与效应. 北京：科学出版社：22，60.

范良民，1999. 滇池蓝藻成份分析及利用途径探讨. 云南环境科学，18（2）：46-47，36.

房玲娣，朱威，2011. 太湖污染底泥生态疏浚规划研究. 南京：河海大学出版社：10-21，24-28.

冯胜，刘义，余广彬，2009. 微生物作用下的微囊藻降解试验研究. 现代农业科技，1：253-255.

冯胜，袁斌，王博雯. 2017. 湖泛发生过程中水体理化性质及细菌群落的变化. 生态科学，36（6）：25-34.

冯紫艳，2013. 硫酸盐还原菌和蓝藻对太湖底泥形成湖泛的模拟研究. 南京：南京农业大学.

高爵一，1990. 太湖围网养鱼技术研究成功. 渔业经济研究，（1）：F004.

高培础，黄粟嘉，1992. 东太湖资源开发利用综合研究. 自然资源，（4）：6-12.

耿倩倩，陈晶，李鸿妹，等，2020. 温度对浒苔降解过程中溶解有机物释放及其组成的影响. 渔业科学进展，41（2）：27-34.

谷孝鸿，曾庆飞，毛志刚，等，2019. 太湖2007~2016十年水环境演变及"以渔改水"策略探讨. 湖泊科学，31（2）：305-318.

顾岗，1996. 太湖蓝藻爆发成因及其富营养化控制. 环境监测管理与技术，8（6）：17-20.

管远亮，陈宇，2008. 池塘内设置小体积网箱养殖商品泥鳅技术. 中国水产，25（2）：44-45.

何伟，陈煜权，顾春新，等，2015. 表层底泥翻耕对太湖藻源性湖泛的预控作用. 湖泊科学，27（4）：607-615.

何贤强，唐军武，白雁，等，2009. 2003年春季长江口海域黑水现象研究. 海洋学报（中文版），31（3）：30-38.

何志辉，等，1983. 淡水养鱼. 沈阳：辽宁科技出版社，51-65，240-274.

洪陵成，1983. 定量测定黑臭水体黑度的探讨. 水资源保护，（2）：26-29.

侯豪，朱伟，许小格，等，2022. 太湖底泥垂向构成类型及底泥水界面组成物质. 湖泊科学，34（3）：804-815.

侯樱，倪其军，眭爱国，等，2017. 表层高浓度藻水采集技术及装置开发//2016~2017年北京造船工程学会论文集，第三章船舶建造工艺与动力研究篇，104-115.

胡春华，濮培民，2000. 太湖五里湖沉降通量及其有机质分解率研究. 海洋与湖沼，（3）：327-333.

胡进宝，刘凌，彭杜，等，2008. 底泥环保疏浚新生表层对磷的吸附特征分析. 中国农村水利水电，9：73-75.

胡景波，2015. 湖州地区酸雨特征及变化趋势分析. 安徽农学通报，21（19）：129-130，134.

胡万婷，唐千，孙伟，等，2017. 水体中蓝藻水华分解产甲烷动态过程研究. 中国环境科学，37（2）：702-710.

胡文英，胡洪云，潘红玺，1987. 洱海的水化学特征//大理白族自治州科学技术委员会. 云南洱海科学论文集. 昆明：云南民族出版社，118-127.

黄鹤勇，2019. 藻类水华聚积分解对嗅味物质产生的影响. 南京：南京师范大学.

黄旭敏，2021. 地表水中化学需氧量，高锰酸盐指数和五日生化需氧量的相关性研究分析. 广东化工，48（23）：125-127.

黄漪平，范成新，濮培民，等，2001. 太湖水环境及其污染控制. 北京：科学出版社，1-4，26，31，60-61，101-103，130-143.

黄永平，刘可群，苏荣瑞，等，2014. 淡水养殖水体溶解氧含量诊断分析及浮头泛塘气象预报. 长江流域资源与环境，23（5）：638-643.

纪海婷，吴荣荣，龚慧，等，2020. 太湖西北部近岸水域近10年湖泛情况浅析. 水利技术监督，（2）：287-290，29.

江苏省政府办公厅，2004. 江苏省政府办公厅关于印发江苏省酸雨和二氧化硫污染防治"十五"计划的通知. 江苏省人民政府公报，（2）：17-22.

姜洪泉, 金世洲, 王鹏. 2001. 多功能水处理剂高铁酸钾的制备与应用. 工业水处理, (2): 4-6, 37.

姜加虎, 1997. 贡湖及其相关水域风生流模拟研究. 海洋湖沼通报, (4): 1-7.

姜明, 赵国强, 李兆冉, 等, 2018. 烟台夹河口外柱状沉积物还原性无机硫、活性铁的变化特征及其相互关系. 海洋科学, 42 (8): 90-97.

姜霞, 王书航, 张晴波, 等, 2017. 污染底泥环保疏浚工程的理念·应用条件·关键问题. 环境科学研究, 30 (10): 1497-1504.

蒋建平, 武修文, 周玲, 等, 2020. 一种带管状袋透水裙布的制作方法. CN202021694567. 2020-08-14.

金科, 张晓燕, 梁忠民, 等, 2014. 引江济太对太湖流域抗旱工作影响分析. 中国防汛抗旱, 24 (5): 20-22.

金维明, 2013. 长江入海口北岸单站降水组分10年变化状况探讨. 中国环境监测, (2): 79-85.

孔繁翔, 胡维平, 谷孝鸿, 等, 2007. 太湖梅梁湾2007年蓝藻水华形成及取水口污水团成因分析与应急措施建议. 湖泊科学, 19 (4): 357-358.

孔繁翔, 马荣华, 高俊峰, 等, 2011. 太湖蓝藻水华的预防、预测和预警的理论与实践. 湖泊科学, 21 (3): 314-328.

孔繁翔, 宋立荣, 2009. 蓝藻水华形成过程及其环境特征研究. 北京: 科学出版社, 4-10, 24-33, 292-294, 381-382.

莱尔曼 A, 1989. 湖泊的化学地质学和物理学. 王苏民, 等译. 北京: 地质出版社, 202.

雷慧僧, 1981. 池塘养鱼学. 上海: 上海科学技术出版社, 6-35.

李春华, 叶春, 张咏, 等, 2013. 太湖湖滨带藻密度与水质、风作用的分布特征及相关关系. 环境科学研究, (12): 1290-1300.

李聪聪, 成小英, 张光生, 等, 2010. 太湖梅梁湾水体重金属浓度的时空变化研究. 上海环境科学 (5): 185-191, 212.

李丹, 邓兵, 张国森, 等, 2010. 近年来长江口水体主离子的变化特征及影响因素分析. 华东师范大学学报: 自然科学版, (2): 34-42.

李定梅, 1997. 螺旋藻——人类最理想的食物. 2版. 北京: 警官教育出版社, 1-152.

李和阳, 王大志, 林益明, 等, 2001. 海洋二甲基硫的研究进展. 厦门大学学报, 40 (3): 715-725.

李俊达, 李云梅, 吕恒, 等, 2022. 浅水富营养化湖泊蓝藻垂向分布特征及其动力机制研究——以太湖为例. 环境科学学报, 42 (7): 318-328.

李柯, 关保华, 刘正文, 2011. 蓝藻碎屑分解速率及氮磷释放形态的实验分析. 湖泊科学, 23 (6): 919-925.

李克朗, 2009. 太湖蓝藻资源化利用可行性研究. 无锡: 江南大学, 12-13.

李林, 2005. 淡水水体中藻源异味化合物的分布、动态变化与降解研究. 武汉: 中国科学院水生生物研究所.

李未, 秦伯强, 张运林, 等, 2016. 富营养化浅水湖泊藻源性湖泛的短期数值预报方法——以太湖为例. 湖泊科学, 28 (4): 701-709.

李文朝, 1997. 东太湖菱黄水发生原因与防治对策探讨. 湖泊科学, 9 (4): 364-368.

李文朝, 潘继征, 冯慕华, 2007. 全封闭式柔性深水围隔. CN200710024370.9. 2007-06-15.

李旭文, 牛志春, 姜晟, 等, 2012a. 环境卫星CCD影像在太湖湖泛暗色水团监测中的应用. 环境监控与预警, 4 (3): 1-9.

李旭文, 牛志春, 姜晟, 等, 2012b. 太湖湖泛现象的卫星遥感监测. 环境监测管理与技术, 24 (2): 12-17.

李一平, 罗凡, 郭晋川, 等, 2018. 我国南方桉树 (*Eucalyptus*) 人工林区水库突发性泛黑形成机理初探. 湖泊科学，30（1）：15-24.

李玉祥，2009. 太湖藻类厌氧发酵产挥发性脂肪酸的研究. 无锡：江南大学.

李岳鸿，朱伟，侯豪，等，2023. 太湖湖泛常发区底泥特征及指示性细菌的研究. 河南科学，41（11）：1576-1585.

李真，黄民生，何岩，等，2010. 铁和硫的形态转化与水体黑臭的关系. 环境科学与技术，33（6）：1-7.

李佐琛，段洪涛，申秋实，等，2015a. 藻源性"湖泛"发生过程 CDOM 变化对水色的影响. 湖泊科学，27（4）：616-622.

李佐琛，段洪涛，张玉超，等，2015b. 藻源型湖泛发生过程水色变化规律. 中国环境科学，35（2）：524-532.

林海兰，黎智煌，朱日龙，等，2016. 原子荧光光谱法测定土壤和沉积物中铋. 光谱学与光谱分析，36（4）：1217-1220.

刘恩峰，沈吉，朱育新，2005. 重金属元素 BCR 提取法及在太湖沉积物研究中的应用. 环境科学研究，18（2）：57-60.

刘国锋，2009. 藻源性湖泛对太湖沉积物——水界面物质行为影响及预控研究. 南京：中国科学院研究生院，43-47，50-53.

刘国锋，范成新，张雷，等，2014. 藻源性黑水团环境效应Ⅲ：对水-沉积物界面处 Fe-S-P 循环的影响. 中国环境科学，34（12）：3199-3206.

刘国锋，范成新，钟继承，等，2009a. 风浪作用下太湖改性沉积物对藻体絮凝去除效果研究. 环境科学，30（1）：52-57.

刘国锋，何俊，范成新，等，2010a. 藻源性黑水团环境效应：对水-沉积物界面处 Fe、Mn、S 循环影响. 环境科学，31（11）：2652-2660.

刘国锋，申秋实，张雷，等，2010b. 藻源性黑水团环境效应：对水-沉积物界面氮磷变化的驱动作用. 环境科学，31（12）：2917-2923.

刘国锋，钟继承，何俊，等，2009b. 太湖竺山湾藻华黑水团沉积物中 Fe、S、P 的含量及其形态变化. 环境科学，30（9）：2520-2526.

刘海洪，2016. 富营养化湖泊局部黑臭水体复氧技术研究. 南京：东南大学.

刘海洪，李先宁，蔡杰，2014. 浅水湖泊升流循环复氧装置的研制与性能. 化工学报，65（2）：718-723.

刘景春，严重玲，胡俊，2004. 水体沉积物中酸可挥发性硫化物（AVS）研究进展. 生态学报，（4）：812-818.

刘俊杰，陆隽，朱广伟，等，2018. 2009～2017 年太湖湖泛发生特征及其影响因素. 湖泊科学，30（5）：1196-1205.

刘苗苗，杨琳，吕建超，等，2013. 过表达拟南芥 AtAGT 对浮萍淀粉含量变化的影响. 生态文明建设中的植物学：现在与未来. 中国植物学会第十五届会员代表大会暨八十周年学术年会，50.

刘幸春，王洪杰，王亚利，等，2021. 府河水体及沉积物细菌群落结构分布特征及其影响因素. 生态毒理学报，16（5）：120-135.

刘雪蕊，2020. 内陆河湿地芦苇非结构性碳水化合物的季节动态研究. 兰州：西北师范大学，75.

刘莹，2013. 影响湖泊沉积物中重金属生物有效性的硫生物转化过程的研究. 南京：南京大学，27.

刘云霞，陈爽，彭立华，等，2007. 基于格网的太湖生态环境质量空间评价. 长江流域资源与环境，16（4）：494-498.

刘湛，成应向，向仁军，2006. 腐殖质类物质的形态结构及功能研究进展. 科技资讯，（22）：27-28

刘志光，1983. 土壤氧化还原电位的测定//中国土壤学会农业化学专业委员会. 土壤农业化学常规分析方法. 北京：科学出版社，231.

柳惠青，2000. 湖泊污染内源治理中的环保疏浚. 水运工程，11：21-27.

卢伯生，2004. 水环境综合治理的探索. 江苏水利，（6）：12-15.

卢信，2012. 藻源性湖泛主要致臭物（VSCs）形成机制及底泥疏浚影响研究. 南京：中国科学院研究生院.

卢信，冯紫艳，商景阁，等，2012. 不同有机基质诱发的水体黑臭及主要致臭物（VOSCs）产生机制研究. 环境科学，33（9）：3152-3159.

卢信，刘成，尹洪斌，等，2015. 生源性湖泛水体主要含硫致臭物及其产生机制. 湖泊科学，27（4）：583-590.

鲁成秀，2016. 富营养化湖泊沉积物——水界面重金属释放的生物化学过程研究. 济南：山东师范大学.

陆桂华，马倩，2009. 太湖水域"湖泛"及其成因研究. 水科学进展，20（3）：438-442.

陆桂华，马倩，2010. 2009年太湖水域"湖泛"监测与分析. 湖泊科学，22（4）：481-487.

陆桂华，张建华，2011. 太湖蓝藻监测处置与湖泛成因. 北京：科学出版社，30-31，71-73，77，143-149，222.

陆桂华，张建华，马倩，2012. 太湖湖泛成因及防控关键技术//中国水文科技新发展——2012 中国水文学术讨论会论文集. 南京：河海大学出版社：8.

陆鸿宾，1991. 江苏省主要湖泊的降水量与湖泊的降水效应. 海洋湖沼通报，（2）：23-30.

吕佳佳，2011. 黑臭水形成的水质和环境条件研究. 武汉：华中师范大学.

吕小乔，孙秉一，史致丽，1990. 三角褐指藻体分泌物质对汞的络合作用. 青岛海洋大学学报，20（4）：101-106.

吕振霖，2007. 调水引流在太湖护水控藻中的初步实践. 江苏水利，（9）：4-6.

罗纪旦，1987. 苏州河底质污染、流送特性及其对水体黑臭影响的研究. 上海：中国纺织大学.

马建华，朱喜，胡明明，等，2017. 太湖蓝藻爆发现状及继续治理措施. 江苏水利，33（3）：21-27.

马剑敏，严国安，任南，等，1997. 东湖围隔（栏）中水生植被恢复及结构优化研究. 应用生态学报，8（5）：535-540.

马倩，田威，吴朝明，2014. 望虞河引长江水入太湖水体的总磷、总氮分析. 湖泊科学，26（2）：207-212.

马毅杰，陈家坊，1998. 我国红壤中氧化铁形态及其特性和功能. 土壤，1：1-6.

毛新伟，仵荟颖，徐枫，2020. 太湖底泥主要营养物质污染特征分析. 水资源保护，36（4）：100-104.

茅志昌，沈焕庭，1995. 潮汐分汊河口盐水入侵类型探讨——以长江口为例. 华东师范大学学报：自然科学版，（2）：77-85.

《泥沙研究》编辑室，1991. 太湖除藻成功，泥沙研究，（3）：86.

牛彧文，浦静姣，邓芳萍，等，2017. 1992—2012 年浙江省酸雨变化特征及成因分析. 中国环境监测，33（6）：55-62.

潘纲，张明明，闫海，等，2003. 黏土絮凝沉降铜绿微囊藻的动力学及其作用机理. 环境科学，24（5）：1-10.

潘理中，陈凯，1987. 水利电力部南京水文水资源研究所水文水资源论文选：1978-1985. 北京：水利电力出版社.

潘赞，胡雪峰，叶荣，等，2006. 温度对酸性草酸-草酸铵溶液浸提土壤无定形铁的影响. 土壤通报，37（6）：1188-1190.

祁闯，方家琪，张利民，等，2019. 太湖藻型湖区沉积物中生物易降解物质组成及分布规律. 湖泊科学，31（4）：941-949.

钱嫦萍，陈振楼，王东启，2002. 城市河流黑臭的原因分析及生态危害. 城市环境，16（3）：21-23.

钱昊钟，2012. 风场对太湖叶绿素 a 空间分布的影响规律研究. 南京：南京信息工程大学.

钱仲仓，杨泉灿，2016. 茭白叶青贮料的营养分析及对天台黄牛生长性能的影响. 上海畜牧兽医通讯，（4）：40-41.

秦伯强，胡春华，2010. 湖泊湿地海湾生态系统卷江苏太湖站（1991—2006）. 北京：中国农业出版社，151-270.

秦伯强，胡维平，陈伟民，等，2004. 太湖水环境演化过程与机理. 北京：科学出版社，53-64，177-180，265，268-289.

秦伯强，王小冬，汤祥明，等，2007. 太湖富营养化与蓝藻水华引起的饮用水危机——原因与对策. 地球科学进展，22（9）：896-906.

秦佩瑛，秦介元，1998. 太湖流域水环境污染及对策建议. 水资源保护，（6）：6-10.

邱训平，2014. 长江铁黄沙整治工程水环境影响研究及保护对策. 人民长江，（S2）：57-60.

邱阳，苗作云，刘学芝，2015. 贡湖壬子港藻体堆积下黑水团发生风险研究. 江苏农业科学，43（10）：435-439.

邱阳，苗作云，刘学芝，2016. 藻华黑水团对上覆水体营养盐变化的模拟研究. 环境科学与技术，39（3）：38-44.

曲成龙，2017. 论鱼塘混养管理技术. 农民致富之友，（9）：142.

冉光兴，陈琴，2010. 太湖生态清淤工程中需重视与研究的几个问题. 中国水利，（16）：33-35.

任杰，白莉，李军，等，2021. 太湖表层沉积物重金属污染评价与来源分析. 地球与环境，49（4）：416-427.

任南琪，王爱杰，赵阳国，2009. 废水厌氧处理硫酸盐还原菌生态学. 北京：科学出版社.

商景阁，2013. 藻源性湖泛不同风险的材料预防与控制机制研究. 南京：中国科学院大学，20-21.

商景阁，何伟，邵世光，等，2015. 底泥覆盖对浅水湖泊藻源性湖泛的控制模拟. 湖泊科学，27(4): 599-606.

尚丽霞，柯凡，李文朝，等，2013. 高密度蓝藻厌氧分解过程与污染物释放实验研究. 湖泊科学，25（1）：47-54.

邵秘华，王正方，1991. 长江口海域悬浮颗粒物中钴、镍、铁、锰的化学形态及分布特征研究. 环境科学学报，11（4）：432-438.

邵世光，2010. 湖泛的视觉指标定量及应急消除技术研究. 南京：河海大学.

邵世光，2015. 藻体打捞和水下曝气对藻源性湖泛的控制效果及机理研究. 南京：河海大学，36-38，66-67.

邵世光，薛联青，刘成，等，2016. 藻类打捞对太湖聚藻区湖泛发生的影响. 环境科学研究，29（5）：761-766.

申秋实，2011. 藻源性湖泛致黑物质的物化特征及其稳定性研究. 南京：中国科学院研究生院.

申秋实，范成新，2015. 藻源性湖泛水体显黑颗粒的元素形态分析与鉴定. 湖泊科学，27（4）：591-598.

申秋实，范成新，王兆德，等，2016. 湖泛水体沉积物-水界面 $Fe^{2+}/\sum S^{2-}$ 迁移特征及其意义. 湖泊科学，28（6）：1175-1184.

申秋实，邵世光，王兆德，等，2011. 太湖月亮湾湖泛发生过程模拟及水土物化性质的响应. 水科学进展，22（5）：710-719.

申秋实，邵世光，王兆德，等，2012. 风浪条件下太湖藻源性湖泛的消退及其水体恢复进程. 科学通报，57（12）：1060-1066.

申秋实，周麒麟，邵世光，等，2014. 太湖草源性"湖泛"水域沉积物营养盐释放估算. 湖泊科学, 26（2）：177-184.

沈爱春，2002. 望虞河引江对太湖的影响研究. 水资源保护，（1）：29-32, 38.

沈爱春，徐兆安，吴东浩，2012. 蓝藻大量堆积、死亡与黑水团形成的关系. 水生态学杂志, 33（3）：68-72.

沈炳康，1992. 太湖蓝藻爆发的水文成因和治理方案初议. 水资源保护，（2）：11-14.

沈吉，刘正文，羊向东，等，2020. 湖泊学. 北京：高等教育出版社，582-585.

沈吉，薛滨，吴敬禄，等，2010. 湖泊沉积与环境演化，北京：科学出版社，13-16, 95.

盛东，徐兆安，高怡，2010. 太湖湖区"黑水团"成因及危害分析. 水资源保护, 26（3）：41-44, 52.

石今朝，姜晓东，吴仁福，等，2022. 淡水虾蟹养殖池塘中 5 种水草的营养成分比较. 水产科学, 41（1）：76-84.

水利部太湖流域管理局，2014. 太湖流域片 2012 水情年报. 上海：水利部太湖流域管理局.

宋江腾，2015. 五里湖着生藻类元素组成与水环境因子关系研究. 南京：南京农业大学，21, 35-40.

宋金明，1997. 中国近海沉积物-海水界面化学. 北京：海洋出版社.

宋立荣，李林，陈伟，等，2004. 水体异味及其藻源次生代谢产物研究进展. 水生生物学报, 28（4）：434-439.

宋玉芝，秦伯强，杨龙元，等，2005. 太湖沿岸湿沉降的化学特性及水体酸化的趋势. 南京气象学院学报, 28（5）：593-600.

隋桂荣，1996. 太湖表层沉积物中 OM、TN、TP 的现状与评价. 湖泊科学, 8（4）：319-324.

孙飞飞，范成新，崔广柏，等，2009. 太湖黑臭现象机制初步研究与探索//第十三届世界湖泊大会论文集，2033-2040.

孙飞飞，尹桂平，范成新，等，2010. 藻华聚积及污水入流对太湖上下层水体营养盐含量的影响. 水利水电科技进展, 30（5）：24-28.

孙淑雲，古小治，张启超，等，2016. 水草腐烂引发的黑臭水体应急处置技术研究. 湖泊科学, 28（3）：485-493.

孙顺才，黄漪平，1993. 太湖. 北京：海洋出版社，224-228.

孙伟，巩小丽，陈煜，等，2018. 太湖藻源溶解性有机质光化学降解研究. 湖泊科学, 30（1）：91-101.

孙小静，秦伯强，朱广伟，2007. 蓝藻死亡分解过程中胶体态磷、氮、有机碳的释放. 中国环境科学, 27（3）：341-345.

唐其林，2019. 多种曝气装置在黑臭水体治理中的对比. 中国资源综合利用, 37（7）：31-35.

唐跃平，韩继伟，朱玉东，等，2017. 重金属水质在线分析仪使用前的比测. 水利信息化，（1）：49-53.

田翠翠，肖邦定，2016. 轮叶黑藻（*Hydrilla verticillata*）根系泌氧对沉积物中典型铁氧化菌和铁还原菌的影响. 湖泊科学, 28（4）：835-842.

万国江，唐德贵，等，1996. 湖泊水-沉积物碳系统研究新进展. 地质地球化学，（2）：1-5.

汪福顺，刘丛强，梁小兵，等，2005. 铁锰在贵州阿哈湖沉积物中的分离. 环境科学, 26（1）：135-140.

王博，叶春，杨劲，等，2009. 腐解黑藻生物量对高硝氮水体氮素的影响研究. 环境科学研究, 22（17）：1198-1203.

王博雯，2014 湖泛对太湖细菌丰度及群落结构的影响. 南京：南京师范大学.

王成林，张宁红，张咏，等，2010. 基于气象条件的太湖湖泛预警研究，环境监测与预警, 2（5）：1-4.

王成林，张咏，张宁红，等，2011. 太湖藻源性"湖泛"形成机制的气象因素分析. 环境科学, 32（2）：

401-408.

王方方, 2021. 受纳水体对降雨径流中钯 (Pd) 的响应. 海口: 海南师范大学.

王国芳, 2015. 高密度蓝藻消亡对富营养化湖泊黑臭水体形成的作用及机理. 南京: 东南大学.

王郝为, 吴端钦, 2018. 芦苇青贮前后营养成分及饲用价值分析. 粮食与饲料工业, (2): 59-61.

王磊之, 胡庆芳, 胡艳, 等, 2016. 1954~2013 年太湖水位特征要素变化及成因分析. 河海大学学报 (自然科学版), 44 (1): 13-19.

王绍祥, 朱建荣, 2015. 不同潮型和风况下青草沙水库取水口盐水入侵来源. 华东师范大学学报: 自然科学版, (4): 65-76.

王胜富, 张培男, 李天波, 等, 1994. 张家港境内长江水总硬度与氯离子、硫酸根的相关分析. 中国国境卫生检疫杂志, (5): 264-265.

王苏民, 窦鸿身, 1998. 中国湖泊志. 北京: 科学出版社, 93, 261-268.

王文兴, 1994. 中国酸雨成因研究. 中国环境科学, 14 (5): 323-329.

王雯雯, 姜霞, 王书航, 等, 2011. 太湖竺山湾污染底泥环保疏浚深度的推算. 中国环境科学, 31 (6): 1013-1018.

王晓蓉, 华兆哲, 1996. 环境条件变化对太湖沉积物磷释放的影响. 环境化学, 15 (1): 15-19.

王艳丽, 肖瑜, 潘慧云, 等, 2006. 沉水植物苦草的营养成分分析与综合利用, 生态与农村环境学报, 22 (4): 45-47, 70.

王寅, 2019. 环保疏浚残留底泥的产生与管理. 中国水运 (下半月), 19 (11): 117-119.

王玉, 吴东浩, 徐兆安, 等, 2014. 影响太湖湖泛发生的关键环境因子阈值研究//科技创新与水利改革——中国水利学会 2014 学术年会论文集 (上册): 406-409.

王震, 邹华, 杨桂军, 等, 2014. 太湖叶绿素 a 的时空分布特征与环境因子的相关关系. 湖泊科学, 26 (4): 567-575.

魏浩翰, 许仁杰, 杨强, 等, 2021. 多源卫星测高数据监测太湖水位变化及影响分析. 自然资源遥感, 33 (3): 130 -137.

温超男, 黄蔚, 陈开宁, 等, 2020. 太湖滨岸带浮游动物群落结构特征与环境因子的典范对应分析. 水生态学杂志, 41 (2): 36-44.

温海龙, 2011. 太湖与滇池表层沉积物重金属环境地球化学基线的厘定. 南昌: 南昌大学.

吴东浩, 贾更华, 吴浩云, 2021. 2007~2019 年太湖藻型和草型湖区叶绿素 a 变化特征及影响因子. 湖泊科学, 33 (5): 1364-1375.

吴晓丹, 宋金明, 李学刚, 等, 2012. 长江口及邻近海域溶解铋的分布变化特征及影响因素. 环境化学, 31 (11): 1741-1749.

吴晓东, 孔繁翔, 2008. 水华期间太湖梅梁湾微囊藻原位生长速率的测定. 中国环境科学, (6): 552-555.

吴永红, 胡俊, 金向东, 等, 2005. 滇池典型湖湾沉积物氮磷化学特性及疏浚层推算. 环境科学, 26 (4): 77-82.

夏达英, 王振先, 夏敬芳, 等, 1997. 海水叶绿素 a 现场测量仪研究. 海洋与湖沼, 28 (4): 433-439.

向勇, 缪启龙, 丰江帆, 2006. 太湖底泥中重金属污染及潜在生态危害评价. 南京气象学院学报, (5): 700-705.

谢平, 2008. 太湖蓝藻的历史发展与水华灾害——为何 2007 年在贡湖水厂出现水污染事件? 北京: 科学出版社，118.

谢平，2017. 蓝藻之殇：勿忘 2007 年无锡水污染事件（一）. http://blog. sciencenet.cn/u/wild bull.

谢卫平，江超，蒋科伟，等，2013. 太湖湖泛高发区物联网监测技术与预警系统. 环境科技，（1）：39-42.

辛华荣，朱广伟，王雪松，等，2020. 2009~2018 年太湖湖泛强度变化及其影响因素. 环境科学，41（11）：4914-4923.

邢鹏，胡万婷，吴瑜凡，等，2015. 浅水湖泊湖泛（黑水团）中的微生物生态学研究进展. 湖泊科学，27（3）：567-574.

邢鹏，孔繁翔，高光，2007. 太湖浮游细菌种群基因多样性及其季节变化规律. 湖泊科学，19（4）：373-381.

邢涛，雍毅，张韵洁，等，2022. 底泥与衰亡植物营养释放及细菌群落演替差异的比较分析. 环境科学学报，42（2）：409-421.

徐佳良，杨栋，陈嘉伟，等，2019. 适用船载的藻水高效分离技术研究. 中国环保产业，（4）：52-56.

徐巧云，胡良宇，王梦芝，2017. 蛋氨酸在动物体内代谢途径与周转机制. 动物营养学报，29（11）：3877-3884.

徐苏红，2022. 水质化学需氧量，高锰酸盐指数和生化需氧量之间的关系探究. 皮革制作与环保科技，3（4）：149-150，153.

徐子令，陈鸥，段育慧，2018. 浅水湖泊干法清淤若干问题初探. 江苏水利，12（12）：20-22，27.

许畅畅，温瑶，成思，等，2022. 长江口滨岸浅层地下水化学组分时空分布特征及影响机制. 水资源保护，38（3）：181-188197.

薛志欣，杨桂朋，夏延致，2008. 水环境腐殖质的光化学研究进展. 海洋科学，32（11）：74-79.

杨桂山，朱季文，1993. 全球海平面上升对长江口盐水入侵的影响研究. 中国科学 B 辑，23（1）：69-76.

杨龙元，秦伯强，吴瑞金，2001. 酸雨对太湖水环境潜在影响的初步研究. 湖泊科学，13（2）：135-142.

杨梦，2008. 湖水体有效铁含量与水华蓝藻形成的关系的初步研究. 杭州：浙江大学，15-16.

杨文斌，王国祥，王刚，2010. 菹草衰亡腐烂对水质持续性影响试验研究. 安全与环境学报，10（2）：90-92.

杨雪，张祥志，汤莉莉，等，2017. 江苏省酸雨控制区内城市酸雨污染变化特征分析. 污染防治技术，30（5）：25-27.

杨亚洲，2020. 藻华期溶解性有机质的光谱特性及降解对沉积物钴和锌迁移的影响机制. 淮南：安徽理工大学.

姚昕，张运林，朱广伟，等，2014. 湖泊草、藻来源溶解性有机质及其微生物降解的差异. 环境科学学报，34（3）：688-694.

野庆民，吴秀芹，1999. 气象要素与水面泛塘的关系及对策. 山东气象，（4）：25-28.

叶宏萌，袁旭音，葛敏霞，等，2010. 太湖北部流域水化学特征及其控制因素. 生态环境学报，19（1）：23-27.

叶建春，2007. 实施太湖流域综合治理与管理改善流域水环境. 中国水利学会 2007 学术年会会刊，102-113.

叶建春，2008. 实施太湖流域综合治理与管理，改善流域水环境. 水利水电技术，39（1）：20-24.

叶文瑾，2009. 太湖富营养化水体和底泥中微生物群落的分子生态学研究. 上海：上海交通大学.

易维洁，2007. 水稻土中铁还原微生物的碳源利用特征. 杨凌：西北农林科技大学.

殷鹏，张建华，胡晓雨，2022. 太湖蓝藻水华和湖泛应急防控能力提升对策研究. 水资源开发与管理，（1）：18-22.

殷鹏，张建华，孔繁璠. 2019. 太湖蓝藻无害化处置资源化利用现状分析与对策研究. 江苏水利，（9）：23-25，

55.

尹桂平, 2009. 藻类与底泥对太湖竺山湾湖泛发生的影响. 南京: 河海大学.

尹洪斌, 2008. 太湖沉积物形态硫赋存及其与重金属和营养盐关系研究. 南京: 中国科学院研究生院.

尹洪斌, 范成新, 丁士明, 等, 2008a. 太湖沉积物中无机硫的化学特性研究. 中国环境科学, 28 (2): 183-187.

尹洪斌, 范成新, 丁士明, 等, 2008b. 太湖梅梁湾与五里湖沉积物活性硫和重金属分布特征及相关性研究. 环境科学, 29 (7): 1791-1796.

尹洪斌, 范成新, 李宝, 等, 2008c. 太湖北部沉积物中铁硫的地球化学特征研究. 地球化学, 37 (6): 595-601.

应太林, 张国莹, 吴芯芯, 1997. 苏州河水体黑臭及底质再悬浮对水体的影响. 上海环境科学, 16 (1): 23-26.

于建伟, 李宗来, 曹楠, 等, 2007. 无锡市饮用水嗅味突发事件致嗅原因及潜在问题分析. 环境科学学报, 27 (11): 1771-1777.

尤本胜, 王同城, 范成新, 等, 2007. 太湖沉积物再悬浮模拟方法. 湖泊科学, 19 (5): 611-617.

余岑涔, 马杰, 许晓光, 等, 2018. 太湖近岸带草藻残体分解对水质的影响. 农业环境科学学报, 37 (2): 302-308.

余茂蕾, 洪国喜, 朱广伟, 等, 2019. 风场对太湖梅梁湾水华及营养盐空间分布的影响. 环境科学, 40 (8): 3519-3529.

袁静秀, 1992. 太湖水情特征. 湖泊科学, 4 (4): 20-21.

袁萍, 朱喜, 2014. 梅梁湖治理现状及继续治理思路. 水利发展研究, 14 (6): 44-48.

袁旭音, 许乃政, 陶于祥, 等, 2003. 太湖底泥的空间分布和富营养化特征. 资源调查与环境, 24 (1): 20-28.

查慧铭, 朱梦圆, 朱广伟, 等, 2018. 太湖出入湖河道与湖体水质季节差异分析. 环境科学, 39 (3): 1102-1112.

张波, 庞弟, 2007. 金属硫化物的溶解、沉淀及其分离的计算. 宁夏师范学院学报 (自然科学版), 28 (3): 92-94.

张晨玥, 韩超南, 胡美嘉, 等, 2021. 藻体消亡过程中水体铁形态含量的动态变化. 森林工程, 37 (2): 74-78.

张二凤, 陈沈良, 刘小喜, 2014. 长江口北支异常强盐水入侵观测与分析. 海洋通报, 33 (5): 491-496.

张继恒, 1993. 东太湖菱草资源生态评价及利用对策. 农村生态环境, (3): 54-57, 64.

张晋华, 王雷, 聂亚峰, 等, 2001. 水稻土中半胱氨酸分解产生含硫气体的研究. 环境化学, 20 (4): 356-361.

张利民, 钱江, 汪琦, 2011. 江苏省太湖应急防控形势及对策体系研究. 环境监测管理与技术, 23 (2): 1-7.

张路, 范成新, 王建军, 等, 2006. 太湖水土界面氮磷交换通量的时空差异. 环境科学, 27 (8): 1537-1543.

张路, 范成新, 王建军, 等, 2008. 长江中下游湖泊沉积物氮磷形态与释放风险关系. 湖泊科学, 20 (3): 263-270.

张圣照, 1996. 东太湖的植被及其环境条件, 海洋湖沼研究文集 (一). 南京: 江苏科学技术出版社, 84-87.

张树春, 张帆, 1995. 警惕湖泊植物营养物污染. 环境, (2): 25-26.

张思敏, 2017. 太湖黑水团水体光学特性及遥感监测研究. 南京: 南京师范大学, 55-58.

张思敏, 李云梅, 王桥, 等, 2016. 富营养化水体中黑水团的吸收及反射特性分析. 环境科学, 37 (9): 3402-3412.

张四海，曹志平，胡蝉娟，2011. 添加秸秆碳源对土壤微生物生物量和原生动物丰富度的影响. 中国生态农业学报，19（6）：1283-1288.

张小菊，彭展进，黄慧艳，2019. 变温条件下颗粒煤吸附甲烷微生物降解能力实验. 矿业安全与环保，46（1）：10-13.

张于平，瞿文川，2001. 太湖沉积物中重金属的测定及环境意义. 岩矿测试，（1）：34-36.

张运林，秦伯强，朱广伟，2020. 过去40年太湖剧烈的湖泊物理环境变化及其潜在生态环境意义. 湖泊科学，32（5）：1348-1359.

张运林，秦伯强，朱广伟，等，2005. 长江中下游浅水湖泊沉积物再悬浮对水下光场的影响研究. 中国科学D辑，35（增刊Ⅱ）：101-110.

赵健，代丹，王瑞，郝晨林，等，2019. 太湖流域降雨和湖水酸根阴离子长期变化及其环境意义. 湖泊科学，31（1）：88-98.

赵悦鑫，程方，门彬，等，2019. 铊在水-沉积物界面过程的研究进展. 环境化学，38（9）：2047-2054.

郑会超，柳俊超，虞勇泉，等，2016. 添加剂与辅料对茭白鞘叶青贮品质和营养成分的影响. 浙江农业科学，57（10）：1622-1625.

郑九文，邢鹏，余多慰，等，2013. 不同水生植物残体分解过程中真菌群落结构. 生态学杂志，32（2）：368-374.

钟继承，刘国锋，范成新，等，2010. 湖泊底泥疏浚环境效应：Ⅳ. 对沉积物微生物活性与群落功能多样性的影响及其意义. 湖泊科学，22（1）：21-28.

周杰，任小龙，杨金艳，等，2017. 望虞河引江济太工程的水生态环境影响. 科技资讯，15（11）：142-144.

周凯，2017. 无锡市政府副秘书长朱仲贤：尽快让市民喝上安全水. 中国青年报，2007年7月1日.

周兰，2016. 疏浚底泥绞吸过程中的防扩散机理和模型研究. 天津：天津科技大学.

周立国，冯学智，王春红，等，2008. 太湖蓝藻水华的MODIS卫星监测. 湖泊科学，（2）：203-207.

周铭浩，邱静，洪昌红，等，2019. 水体内源污染及环保疏浚措施研究. 江西水利科技，45（4）：290-294，312.

周麒麟，何宇虹，程寒飞，等，2019. 底泥翻耕对巢湖西部聚藻区黑臭风险的预控效果. 环境科学研究，32（4）：609-618.

朱瑾灿，吴雨琛，尹洪斌，2017. 太湖蓝藻聚集区沉积物硫形态的时空变异特征. 中国环境科学，37（12）：4690-4700.

朱丽珺，张金池，宰德欣，等，2007. 腐殖质对Cu^{2+}和Pb^{2+}的吸附特性. 南京林业大学学报（自然科学版），31（4）：73-76.

朱敏，王国祥，王建，等，2004. 南京玄武湖清淤前后底泥主要污染指标的变化. 南京师范大学学报（工程技术版），4（2）：66-69.

朱培瑜，魏轲，2014. 藻型湖泊大量藻类衰亡后致嗅物的分析以及水质变化的研究. 干旱环境监测，28（2）：60-65.

朱松泉，窦鸿身，等，1993. 洪泽湖. 合肥：中国科学技术大学出版社，94-95.

朱文轶，2007. 无锡水危机，太湖蓝藻的攻击. 三联生活周刊，第21期.

朱喜，1996a. 无锡市城市规划区的水污染型缺水及其对策. 水利规划，（2）：46-51.

朱喜，1996b. 无锡市水质型缺水及其对策初探. 水资源保护，（1）：62-68.

朱喜，1997. 对无锡市区水资源保护的几点意见. 水利规划，（2）：45-48.

朱喜，2004. 从五里湖谈太湖水污染防治，江河治理，19-21.

朱喜，2007. 太湖蓝藻大爆发的警示与启发. 上海企业，（7）：7-9，13.

朱喜，张扬文，2002. 梅梁湖水污染现状及防治对策. 水资源保护，（4）：28-30.

朱永春，蔡启铭，1997. 风场对藻类在太湖中迁移影响的动力学研究. 湖泊科学，9（2）：152-158.

邹华，潘纲，陈灏，2004. 壳聚糖改性粘土对水华优势藻铜绿微囊藻的絮凝去除. 环境科学，（6）：40-43.

邹士倩，苏明玉，2021. 2020年度苏州望虞河水质变化趋势分析. 区域治理，（17）：0035-0036.

Adolfo Campos C，2010. Analyzing the relation between loss-on-ignition and other methods of soil organic carbon determination in a Tropical Cloud Forest（Mexico）. Communications in Soil Science and Plant，41（12）：41，1454-1462.

Aller R C，Rude P D，1988. Complete oxidation of solid phase sulfides by manganese and bacteria in anoxic sediments. Geochimica et Cosmochimica Acta，52：751-765.

Andreae M O，1990. Ocean-atmosphere interactions in the global biogeochemical sulfur cycle. Marine Chemistry，30（1-3）：1-29.

Anonymous，2001. Gulf of Mexico dead zone grows. Marine Pollution Bulletin，42（9）：707.

Anttila S，Fleming-Lehtinen V，Attila J，et al.，2018. A novel earth observation based ecological indicator for cyanobacterial blooms. International Journal of Applied Earth Observation and Geoinformation，64：145-155.

Arfi K，Landaud S，Bonnarme P，2006. Evidence for distinct L-methionine catabolic pathways in the yeast *Geotrichum candidum* and the bacterium *Brevibacterium linens*. Applied and Environmental Microbiology，72（3）：2155-2162.

Battin T J，1997. Assessment of fluorescein diacetate hydrolysis as a measure of total esterase activity in natural stream sediment biofilms. Science of the Total Environment，198（1）：51-60.

Belzile N，Pizarro J，FilellabM，et al.，1996. Sediment diffusive fluxes of Fe，Mn，and P in a eutrophic lake：Contribution from lateral vs bottom sediments. Aquatic Sciences，58（4）：327-354.

Bentley R，Chasteen T G，2004. Environmental VOSCs—Formation and degradation of dimethyl sulfide，methanethiol and related materials. Chemosphere，55（3）：291-317.

Berberich M E，Beaulieu J J，Hamilton T L，et al.，2020. Spatial variability of sediment methane production and methanogen communities within a eutrophic reservoir：Importance of organic matter source and quantity. Limnology and Oceanography，65（6）：1336-1358.

Binding C E，Pizzolato L，Zeng C，2021. EOLakeWatch：Delivering a comprehensive suite of remote sensing algal bloom indices for enhanced monitoring of Canadian eutrophic lakes. Ecological Indicators，121：106999.

Bloes-Breton S，Bergère J L，1997. Production de composès soufrès volatils par des Micrococcaceae et des bactèries corynèformes d'origine fromagère. Lait，77（5）：543-559.

Bonnarme P，Lapadatescu C，Yvon M，et al.，2001. L-methionine degradation potentialities of cheese-ripening microorganisms. Journal of Dairy Research，68（4）：663-674.

Böttcher M E，Oelschläger B，Höpner T，1998. Sulfate reduction related to the early diagenetic degradation of organic matter and "black spot" formation in tidal sandflats of the German Wadden Sea（southern North Sea）：stable isotope（13C，34S，18O）and other geochemical results. Organic Geochemistry，29（5-7）：

1517-1530.

Bouffard D, Ackerman J D, Boegman L, 2013. Factors affecting the development and dynamics of hypoxia in a large shallow stratified lake: Hourly to seasonal patterns. Water Resources Research, 49: 2380-2394.

Burbank H M, Qian M C, 2005. Volatile sulfur compounds in Cheddar cheese determined by headspace solid-phase microextraction and gas chromatograph-pulsed flame photometric detection. Journal of Chromatography A, 1066 (1-2): 149-157.

Burdige D J, Nealson K H, 1986. Chemical and microbiological studies of sulfide-mediated manganese reduction. Geomicrobiology Journal, 4: 361-387.

Burton E D, Bush R T, Sullivan L A, 2006a. Elemental sulfur in drain sediments associated with acid sulfate soils. Applied Geochemistry, 21 (7): 1240-1247.

Burton E D, Bush R T, Sullivan L A, 2006b. Reduced inorganic sulfur speciation in drain sediments from acid sulfate soil landscapes. Environmental Science & Technology, 40 (3): 888-893.

Burton E D, Bush R T, Sullivan L A, et al., 2007. Reductive transformation of iron and sulfur in schwertmannite-rich accumulations associated with acidified coastal lowlands. Geochimica et Cosmochimica Acta, 71 (18): 4456-4473.

Burton E D, Richard T B, Sullivan L A, 2006c. Fractionation and extractability of sulfur, iron and trace elements in sulfidic sediments. Chemosphere, 64: 1421-1428.

Cao J X, Sun Q, Zhao D H, et al, 2020. A criticl review of the apperance of black-ordours waterbodies in China and treatment methods. Journal of Hazardous Materials, 385: 121511.

Cheam V, Lechner J, Desrosiers R, et al., 1995. Dissolved and total thallium in great lakes waters. Journal of Great Lakes Research, 21 (3): 384-394.

Chen C, Gong G, Shiah F K, 2007. Hypoxia in the East China Sea: One of the largest coastal low-oxygen areas in the world. Marine Environmental Research, 64 (4): 399-408.

Chen C X, Zheng B H, Jiang X, et al., 2013. Spatial distribution and pollution assessment of mercury in sediments of Lake Taihu, China. Journal of Environmental Sciences, 25 (2): 316-325.

Chen G H, Leong I M, Liu J, et al., 2000. Oxygen deficit deter minations for a major river in eastern Hong Kong, China, Chemosphere, 41 (1-2): 7-13.

Chen J, Xie P, Ma Z M, et al., 2010a. A systematic study on spatial and seasonal patterns of eight taste and odor compounds with relation to various biotic and abiotic parameters in Gonghu Bay of Lake Taihu, China. Science of the Total Environment, 409 (2): 314-325.

Chen M, Chen F, Xing P, et al., 2010b. Microbial eukaryotic community in response to *Microcystis* spp. bloom, as assessed by an enclosure experiment in Lake Taihu, China. FEMS Microbiology Ecology, 74 (1): 19-31.

Chen M, Zhang Y Q, Krumholz Lee R, et al., 2022. Black blooms-induced adaptive responses of sulfate reduction bacteria in a shallow freshwater lake. Environmental Research, 209: 112732.

Chen Y, Higgins M J, Maas N A, et al., 2005. Roles of methanogens on volatile organic sulfur compound production in anaerobically digested wastewater biosolids. Water Science and Technology, 52 (1-2): 67-72.

Cheng X, Peterkin E, Burlingame G A, 2005. A study on volatile organic sulfide causes of odors at Philadelphia's Northeast Water Pollution Control Plant. Water Research, 39 (16): 3781-3790.

Chin H W, Lindsay R C, 1994. Ascorbate and transition–metal mediation of methanethiol oxidation to dimethyl disulfide and dimethyl trisulfide. Food Chemistry, 49 (4): 387-392.

Chin H, Bernhard R, Rosenberg M, 1996. Solid phase microextraction for cheese volatile compound analysis. Journal of Food Science, 61 (6): 1118-1129.

Cholet O, Hénaut A, Bonnarme P, 2007. Transcriptional analysis of L-methionine catabolism in Brevibacterium linens ATCC 9175. Applied Microbiology and Biotechnology, 74 (6): 1320-1332.

Council N R, 2007. Sediment Dredging at Superfund Megasites: Assessing the Effectiveness. National Academies Press.

Del Castillo C E, Coble P G, 2000. Seasonal variability of the colored dissolved organic matter during the 1994–95 NE and SW monsoons in the Arabian Sea. Deep Sea Research Part II: Topical Studies in Oceanography, 47 (7): 1563-1579.

del Castillo-Lozano M L, Mansour S, Tache R, et al., 2008. The effect of cysteine on production of volatile sulphur compounds by cheese–ripening bacteria. International Journal of Food Microbiology, 122 (3): 321-327.

Desa E, Madhan R, Maurya P, et al., 2009. The detection of annual hypoxia in a low latitude freshwater reservoir in Kerala, India, Using the Small AUV Maya. Marine Technology Society Journal, 43 (3): 60-70.

Dévai I, DeLaune R D, 1995. Formation of volatile sulfur compounds in salt marsh sediment as influenced by soil redox condition. Organic Geochemistry, 23 (4): 283-287.

Dias B, Weimer B C, 1998. Purification and characterization of L-methionine gamma-lyase from *Brevibacterium linens* BL2. Applied and Environmental Microbiology, 64 (9): 3327-3331.

Diaz R J, Rosenberg R, 1995. Marine benthic hypoxia: A review of its ecological effects and the behavioural responses of benthic macrofauna. Oceanography and Marine Biology, 33: 245-303.

Diaz R J, Rosenberg R, 2008. Spreading dead zones and consquences for marine ecosystems. Science, 321 (5891): 926-929.

Ding Y, Zhao Y, Tao X, et al, 2009. Assembled alginate/chitosan micro-shells for removal of organic pollutants. Polymer, 50 (13): 2841-2846.

Duan H, Ma R, Steven A L, et al., 2014. Optical characterization of black water blooms in eutrophic waters. Science of the Total Environment, 482: 174-183.

Duval B, Ludlam S D, 2001. The black water chemocline of meromictic Lower Mystic Lake, Massachusetts, USA. International Review of Hydrobiology: A Journal Covering all Aspects of Limnology and Marine Biology, 86 (2): 165-181.

Edward D B, Richard T B, Sullivan L A, 2006. Reduced inorganic sulfur speciation in drain sediments from acid sulfate soil landscapes. Environmental Science & Technology, 40: 888-893.

Edwards A C, Withers P J A, 2007. Linking phosphorus sources to impacts in different types of water body. Soil Use and Management, 23: 133-143.

Eller R, Alt F, Tolg G, Tobschall H I, 1989. An efficient combined procedure for theextreme trace analysis of gold, platinum, palladium and rhodium with the aid of graphitefurnace atomic absorption spectrometry and total-reflection X-ray fluorescence analysis. Fresenius Z Anal Chern, 334: 723-739.

Fan C，Zhang L，Wang J，et al，2004. Processes and mechanism of effects of sludge dredging on internal source release in lakes，Chinese Science Bulletin，49（17）：1853-1859.

Fan X F，Ding S M，Gao S S，et al.，2021. A holistic understanding of cobalt cycling and limiting roles in the eutrophic Lake Taihu. Chemosphere，277：130234.

Fan X F，Xing P，2016. Differences in the composition of archaeal communities in sediments from contrasting zones of Lake Taihu. Frontiers in Microbiology，7：1510.

Fan X，Wu Q L，2014. Intra-habitat differences in the composition of the methanogenic archaeal community between the Microcystis-do minated and the macrophyte-do minated bays in Taihu Lake. Geomicrobiology Journal，31（10）：907-916.

Feichter J，Kjellström E，Rodhe H，et al.，1996. Simulation of the tropospheric sulfurcycle in a global climate model. Atmospheric Environment，30（10-11）：1693-1707.

Feng Z，Fan C，Huang W，et al.，2014. Microorganisms and typical organic matter responsible for lacustrine "black bloom". Science of the Total Environment，470-471：1-8.

Finster K，King G M，Bak F，1990. Formation of methylmercaptan and dimethylsulfide from methoxylated aromatic compounds in anoxic marine and fresh water sediments. FEMS Microbiology Ecology，7（4）：295-302.

Fleming E J，Mack E E，Green P G，et al.，2006. Mercury methylation from unexpected sources：Molybdate-inhibited freshwater sediments and an iron-reducing bacterium. Applied and Environmental Microbiology，72：457-464.

Förstner U，Apitz S E，2007. Sediment remediation：US focus on capping and monitored natural recovery. Journal of Soils and Sediments，7（6）：351-358.

Franzmann P D，Heitz A，Zappia L R，et al.，2001. The formation of malodorous dimethyloligosulphides in the treated groundwater：The role of biofilms and potential precursors. Water Research，35（7）：1730-1738.

Freitag T E，Klenke T，Krumbein W E，et al.，2003. Effect of anoxia and high sulphide concentrations on heterotrophic microbial communities in reduced surface sediments（black spot）in sandy intertidal flats of the German Wadden Sea. FEMS Microbiology Ecology，44：291-301.

Freney J R，1986. Forms and reactions of organic sulphur compounds in soils//Tabatabai M A，Ed. Sulphur in Agriculture. Agronomy Monograph No. 27. Madison，WI：American Society of Agronomy，32-207.

Gagnon C，Mucci A，Pelletier É，1995. Anomalous accumulation of acid-volatile sulphides（AVS）in a coastal marine sediment，Saguenay Fjord，Canada. Geochimica Et Cosmochimica Acta，59（13）：2663-2675.

Galicia L，Garcia-Oliva F，2011. Litter quality of two remnant tree species affects soil microbial activity in tropical seasonal pastures in western Mexico. Acid Land Research and Management，25（1）：75-86.

Galloway J N，Norton S A，Church M R，1983. Freshwater acidification from atmospheric deposition model. Environmental Science & Technology，17（11）：541A-545A.

Gälman V，Rydberg J，Shchukarev A，et al.，2009. The role of iron and sulfur in the visual appearance of lake sediment varves. Journal of Paleolimnology，42：141-153.

Garrity G M，Winters M，Searles N B，et al.，2001. Bergry's Manual of Systematic Bacteriology. 2nd Ed. New York：Springer.

Gerhardt S, Schink B. 2005. Redox changes of iron caused by erosion, resuspension and sedimentation in littoral sediment of a freshwater lake. Biogeochemistry, 74 (3): 341-356.

Giese B, Klaessig F, Park B, et al., 2018. Risks, release and concentrations of engineered nanomaterial in the environment. Scientific Reports, 8: 1-18.

Ginzburg B, Chalifa I, Gun J et al., 1998a. DMS formation by dimethylsulfoniopropionate route in freshwater. Environmental Science & Technology, 32 (14): 2130-2136.

Ginzburg B, Chalifa I, Zohary T, et al., 1998b. Identification of oligosulfide odorous compounds and their source in the Lake of Galilee. Water Research, 32 (6): 1789-1800.

Ginzburg B, Dor I, Chalifa I, et al., 1999. Formation of dimethyloligosulfides in Lake Kinneret: Biogenic formation of inorganic oligosulfide intermediates under oxic conditions. Environmental Science & Technology, 33 (4): 571-579.

Giresse P, Maley J, Brenac P, 1994. Late quaternary palaeoenvironment in the Lake Barombi Mbo (West Cameroon) deduced from pollern and carbon isotopes of organic matter. Palaeogeography, Palaeoclimateology, Palaeoecology, 107: 65-78.

Godo T, Kato K, Kamiya H, et al., 2001. Observation of wind-induced two-layer dynamics in Lake Nakaumi, a coastal lagoon in Japan. Limnology, 2: 137-143.

Grasset C, Mendonça R, Saucedo GV, et al., 2018. Large but variable methane production in anoxic freshwater sediment upon addition of allochthonous and autochthonous organic matter. Limnology and Oceanography, 63 (4): 1488-1501.

Gu X, Chen K, Huang W, et al., 2012. Preliminary application of a novel and cost-effective in-site technology in compacted lakeshore sediments for wetland restoration. Ecological Engineering, 44: 290-297.

Guerra-García J, García-Gómez J, 2006. Recolonization of defaunated sediments: fine versus gross sand and dredging versus experimental trays. Estuarine, Coastal and Shelf Science, 68 (1-2): 328-342.

Gun J, Goifman A, Shkrob I, et al., 2000. Formation of polysulfides in an oxygen rich freshwater lake and their role in the production of volatile sulfur compounds in aquatic systems. Environmental Science and Technology, 34 (22): 4741-4746.

Guo L, 2007. Doing battle with the green monster of Taihu Lake. Science, 317: 1166.

Guo Z, Hu X, Ao Y, 2009. Effect of chitosan on the available contents and vertical distribution of Cu^{2+} and Cd^{2+} in different textural soils. Journal of Hazardous Materials, 167 (1-3): 1148-1151.

Hagy J D, Boynton W R, Keefe C W, et al., 2004. Hypoxia in Chesapeake Bay, 1950–2001: Long-term change in relation to nutrient loading and river flow. Estuaries, 27 (4): 634-658.

He W, Shang J, Lu X, et al., 2013. Effects of sludge dredging on the prevention and control of algae-caused black bloom in Taihu Lake, China. Journal of Environmental Sciences, 25 (3): 430-440.

Heitz A, Kagi R I, Alexander R, 2000. Polysulfide sulfur in pipewall biofilms: its role in the formation of swampy odour in distribution systems. Water Science and Technology, 41 (4-5): 271-278.

Henry G, Spratt J, Morgan M D, et al., 1987. Sulfate reduction in peat from a New Jersey Pinelands cedar swamp. Applied And Environmental Microbiology, 53: 1406-1411.

Higgins M J, Chen Y-C, Yarosz D P, et al., 2006. Cycling of volatile organic sulfur compounds in anaerobically digested biosolids and its implications for odors. Water Environment Research，243-252.

Ho K T，Burgess R M，Pelletier M C，et al. 2002. An overview of toxicant identification in sediments and dredged materials. Marine Pollution Bulletin，44（4）：286-293.

Howard D E，Evans R D，1993. Acid-volatile sulfide（AVS）in a seasonally anoxic mesotrophic lake-seasonal and spatial changes in sediment AVS. Environmental Toxicology and Chemistry，12（6）：1051-1057.

Howarth R W，Jørgensen B B，1984. Formation of ^{35}S-labelled elemental sulfur and pyrite in coastal marine sediments（Limfjorden and Kysing Fjord，Denmark）during short-term $^{35}SO_4^{2-}$ reduction measurements Geochim. Cosmochim. Acta，48：1807-1818.

Hu H Y，Mylon S E，Benoit G，2007. Volatile organic sulfur compounds in a stratified lake. Chemosphere，67（5）：911-919.

Huang X，Lu Q，Hao H，et al.，2019. Evaluation of the treatability of various odor compounds by powdered activated carbon. Water Research，15：6414-6424.

Huang Y，Xu L，Han R，2015. Using chitosan-modified clays to control black-bloom-induced black suspended matter in Taihu Lake：Deposition and resuspension of black matter/clay flocs. Harmful Algae，45：33-39.

Hutchinson S M，2005. The recent sedimentation history of Aqualate Mere（central England）：assessing the potential for lake restoration. Journal of Paleolimnology，33（2）：205-228.

Hwang Y，Matsuo T，Hanaki K，et al.，1994. Removal of odorous compounds in wastewater by using activated carbon，ozonation and aerated biofilter. Water Research，28（11）：2309-2319.

Jensen H S，Thamdrup B，1993. Iron-bound phosphorus in marine sediments as measured by bicarbonate-dithionite extraction. Hydrobiologia，253（1）：47-59.

Jordan T E，Cornwell J C，Boynton W R，et al.，2008. Changes in phosphorus biogeochemistry along an estuarine salinity gradient：The iron conveyer belt. Limnololgy and Oceanography，53（1）：172-184.

Jørgensen B B，1977. The sulfur cycle of a coastal marine sediment（Limfjorden，Denmark）. Limnology and Oceanography，22（5）：814-832.

Jorgensen B B，1982. Mineralization of organic matter in the sea bed-the role of sulfate reduction. Nature，296：643-645.

Jørgensen B B，Weber A，Zopfi J，2001. Sulfate reduction and anaerobic methane oxidation in Black Sea sediments. Deep-Sea Research I，48（9）：2097-2120.

Juttner F，1988. Biochemistry of biogenic off-flavour compounds in surface waters. Water Science and Technology，20（8/9）：107-116.

Kaiserli A，Voutsa D，Samara C，2002. Phosphorus fractionation in lake sediments – Lakes Volvi and Koronia，N. Greece. Chemosphere，46（8）：1147-1155.

Kalff K，2011. 湖沼学——内陆水生态系统. 古滨河，刘正文，李宽意，等译. 北京：高等教育出版社，245.

Kalle K，1938. The problem of Gelbstoff in the sea. Oceanogr Mar Biol Annu Rev，4：91-104.

Kappler A，Benz M，Schink B，et al.，2004. Electron shuttling via humic acids in microbial iron（III）reduction in a freshwater sediment. FEMS Microbiology Ecology，47（1）：85-92.

Kennett D M，Hargraves P E，1985. Benthic diatoms and sulfide fluctuations：Upper basin of Pettaquamscutt

River，Rhode Island. Estuarine，Coastal and Shelf Science，21（4）：577-586.

Kiene R P，1993. Microbial sources and sinks for methylated sulfur compounds in the marine environment//Murrell J C，Kelly D P，Ed. Microbial Growth on C1 Compounds. Andover：Intercept，15-33.

Kiene R P，1996. Production of mehtanethiol from dimethylsulfoniopropionate in marine surface waters. Marine Chemistry，54（1-2）：69-83.

Kiene R P，Hines M E，1995. Microbial formation of dimethylsulfide in anoxic Sphagnum peat. Applied and Environmental Microbiology，61（7）：2720-2726.

Kiene R P，Malloy K D，Taylor B F，1990. Sulfur–containing amino–acid as precursors of thiols in anoxic coastal sediments. Applied and Environmental Microbiology，56（1）：156-161.

Kiene R P，Visscher P T，1987. Production and fate of methylated sulfur compounds from methionine and dimethylsulfoniopropionate in anoxic salt marsh sediments. Applied and Environmental Microbiology，53（10）：2426-2434.

Kiene R P，Kieber D J，Slezak D，et al.，2007. Distribution and cycling of dimethylsulfide，dimethylsulfoniopropionate，and dimethylsulfoxide during spring and early summer in the Southern Ocean south of New Zealand. Aquatic Sciences，69（3）：305-319.

Kim K H，Andreae M O，1992. Carbon disulfide in the estuarine，coastal，and oceanic environment. Marine Chemistry，40：179-197.

Koshcheeva Y，Khushvakhtova S D，Levinskii V V，2007. Interaction of Cr（III）with the humus acids of soil，water，and bottom sediments. Geochemistry International，45（2）：178-184.

Kostka J E，Luther G W，1994. Partitioning and. speciation of solid phase iron in salt marsh sediments. Geochimica Et Cosmochimica Acta，58：1701-1710.

Krasner S W，McGuire M J，Ferguson V B，1985. Tastes and odors：the flavor profile method. Journal American Water Works Association，77（3）：34-39.

Kristensen E，2000. Organic matter diagenesis at the oxic/anoxic interface in coastal marine sediments，with emphasis on the role of burrowing animals. Hydrobiologia，426（1）：1-24.

Lal S，Romano S，Chiarini L，et al.，2012. The *Paenibacillus polymyxa* species is abundant among hydrogen-producing facultative anaerobic bacteria in Lake Averno sediment. Archives of Microbiology，194：345-351.

Landaud S，Helinck S，Bonnarme P，2008. Formation of volatile sulfur compounds and metabolism of methionine and other sulfur compounds in fermented food. Applied Microbiology and Biotechnology，77（6）：1191-1205.

Leloup J，Fossing H，Kohls K，et al.，2009. Sulfate-reducing bacteria in marine sediment（Aarhus Bay，Denmark）：Abundance and diversity related to geochemical zonation. Environmental Microbiology，11（5）：1278-1291.

Li H，Xing P，Chen M，et al.，2011. Short-term bacterial community composition dynamics in response to accumulation and breakdown of Microcystis blooms. Water Research，45：1702 -1710.

Li H，Xing P，Wu Q L，2012. Characterization of the bacterial community composition in a hypoxic zone induced by Microcystis blooms in Lake Taihu，China. FEMS Microbiology Ecology，79：773-784.

Li K，2009. The feasibility study on the use of cyanobacteria of Taihu Lake. Wuxi：Jiangnan University.

Li L, He Y J, Song K, et al., 2021a. Derivation of water quality criteria of zinc to protect aquatic life in Taihu Lake and the associated risk assessment. Journal of Environmental Management, 296: 113175.

Li L, Sun F H, Liu Q, et al., 2021b. Development of regional water quality criteria of lead for protecting aquatic organism in Taihu Lake, China. Ecotoxicology and Environmental Safety, 222: 112479.

Li L, Xue B, Yao S C, et al., 2018. Spatial-temporal patterns of methane dynamics in Lake Taihu. Hydrobiologia, 822: 143-156.

Li P, Ye J, Zhang J, et al., 2022. Evaluation of levels of black in black-odor waters through absorption coefficient method. Science of the Total Environment, 820: 153241.

Li Y, Zhang D, 2014. Determination of palladium in surface water and gold ore samples by flame atomic absorption spectrophotometry after pre-concentration with the porous nano-calcium titanate by sorghum straw template method. Asian Journal of Chemistry, 26 (14): 4416-4418.

Liang X, Zhang X, Sun Q, 2016. The role of filamentous algae *Spirogyra* spp. in methane production and emissions in streams. Aquatic Sciences, 78 (2): 227-239.

Liu C, Shao S G, Fan C X, et al., 2016a. Removal of volatile organic sulfur compounds by aeration during algae-induced black blooms in shallow lakes. Journal of Water Supply: Research and Technology-Aqua, 65 (2): jws2015260.

Liu C, Shao S G, Zhang L, et al., 2019a. Sulfur development in the water-sediment system of the algae accumulation Embay Area in Lake Taihu. Water, 11 (9): 1817.

Liu C, Shao S, Shen Q, et al., 2016b. Effects of riverine suspended particulate matter on the post-dredging increase in internal phosphorus loading across the sediment-water interface. Environmental Pollution, 211: 165-172.

Liu C, Shen Q, Zhou Q, et al., 2015. Precontrol of algae-induced black blooms through sediment dredging at appropriate depth in a typical eutrophic shallow lake. Ecological Engineering, 77: 139-145.

Liu J, Luo X W, Sun Y Q, et al., 2019b. Thallium pollution in China and removal technologies for waters: A review. Environment International, 126: 771-790.

Liu X, Shi C, Xu X, et al., 2017. Spatial distributions of β-cyclocitral and β-ionone in the sediment and overlying water of the west shore of Taihu Lake. Science of the Total Environment, 579: 430-438.

Lomans B, Pol A, Op den Camp H, 2002. Microbial cycling of volatile organic sulfur compounds in anoxic environments. Water Science and Technology, 45 (10): 55-60.

Lopez R, Lapena A C, Cacho J, et al., 2007. Quantitative determination of wine highly volatile sulfur compounds by using automated headspace solid–phase microextraction and gas chromatography–pulsed flame photometric detection critical study and optimization of a new procedure . Journal of Chromatography A, 1143 (1-2): 8-15.

Lovley D R, 1991. Dissimilatory Fe(III) and Mn(IV) reduction. Microbiology and Molecular Biology Reviews, 55 (2): 259-287.

Lovley D R, Holmes D E, Nevin K P, 2004. Dissimilatory Fe(III) and Mn(IV) reduction. Advances in Microbial Physiology, 49: 219-286.

Lovley D R, Phillips E J P, 1988. Novel mode of microbial energy metabolism: organic carbon oxidation coupled to dissimilatory reduction of iron or manganes. Applied and Environment Microbiology, 54 (6): 1472-1480.

Lu X, Fan C X, Shang J G, et al., 2012. Headspace solid-phase microextraction for the determination of volatile sulfur compounds in odorous hyper-eutrophic freshwater lakes using gas chromatography with flame photometric detection. Microchemical Journal, 104 (1): 26-32.

Lu X, Fan C, He W, et al., 2013. Sulfur-containing a mino acid methionine as the precursor of volatile organic sulfur compounds in algea-induced black bloom. Journal of Environmental Sciences, 25 (1): 33-43.

Luef B, Fakra S C, Csencsits R, et al., 2013. Iron-reducing bacteria accumulate ferric oxyhydroxide nanoparticle aggregates that may support planktonic growth. ISME J. 7, 338-350.

Luo L, Li S, Wang D, 2009. Hypoxia in the Pearl River Estuary, the South China Sea, in July 1999. Aquatic Ecosystem Health & Management, 12 (4): 418-428.

Luockgea A, Horsfield B, Littke R, et al., 2002. Organic matter preservation and sulfur uptake in sediments from the continental margin off Pakistan. Organic Geochemistry, 33: 477-488.

Ma Z, Niu Y, Xie P, et al., 2013. Off-flavor compounds from decaying cyanobacterial blooms of Lake Taihu. Journal of Environmental Sciences, 25: 495-501.

Mackin J E, Swider K T, 1989. Organic matter decomposition pathways and oxygen consumption in coastal marine sediments. Journal of Marine Research, 47 (3): 681-716.

Maia P D, Maurice L, Tessier E, 2009. Mercury distribution and exchanges between the Amazon River and connected floodplain lakes. Science of the Total Environment, 407 (23): 6073-6084.

Mallevialle J, Suffet I H, 1987. Identification and treatment of tastes and odors in drinking water. Denver, CO: American Water Works Association Research Foundation/Lyonnaise des Eaux, AWWA: p. 118. AWWARF Report 1987.

Marschall C, Frenzel P, Cypionka H, 1993. Influence of oxygen on sulfate reduction and growth of sulfate-reducing bacteria. Archives of Microbiology, 159 (2): 168-173.

Matsuda Y, Colman B, 1995. Characterization of sulfate transport in the green alga *Chlorella ellipsoidea*. Plant and Cell Physiology, 36 (7): 1291-1296.

Michaelis H, Kolbe K, Thiessen A, 1992. The "black spot" disease(anaerobic surface sediments)of the Wadden Sea. Contrib. ICES Statutory Meeting, Rostock, Code Nr. E: 36.

Middelburg J J, Levin L A, 2009. Coastal hypoxia and sediment biogeochemistry. Biogeosciences, 6: 1273-1293.

Moeslund L, Thamdrup B, Jørgensen B B, 1994. Sulfur and iron cycling in a coastal sediment: radiotracer studies and seasonal dynamics. Biogeochemistry, 27: 129-152.

Müller A, Mathesius U, 1999. The palaeoenvironment of coastal lagoons in the southern Baltic Sea, The application of sedimentary C_{org}/N ratios as source indicators of organic matter. Palaeogeography, Palaeoclimatology, Palaeoecology, 145: 1-16.

Müller R B, Berg M, Zhi P Y, et al., 2005. How polluted is the Yangtze River? Water quality downstream from the Three Gorges Dam. Science of the Total Environment, 402 (2): 232-247.

Neira C, Rackeman M, 1996. Black spot produced by buried macroalgae in intertidal sandy sediments of the Wadden Sea: Effects on the meiobenthos. Journal of Sea Research, 36 (3/4): 153-170.

Nichol J E, 1993. Romote sensing of tropical blackwater rivers: A method for environmental water quality analysis. Applied Geography, 13 (2): 153-168.

O'Neill D H，Phillips V R，1992. A review of the control of odour nuisance from livestock buildings. Part 3. Properties of the odorous substances，which have been identified in livestock wastes or in the air around them. Journal of Agricultural Engineering Research，53（1）：23-50.

Ogiwara K，Morgi K，1995. The purification of Lake-Suwa（Dredging）. 6th International Conference on Conservation and Management of Lakes，Kasumigura，1：434-437.

Pan G，Dai L，Li L，et al.，2012. Reducing the recruitment of sedimented algae and nutrient release into the overlying water using modified soil/sand flocculation-capping in eutrophic lakes. Environmental Science & Technology，46（9）：5077-5084.

Pequegnat W E，1975. Meiobenthos ecosystems as indicators of the effects of dredging//Geology and Engineering. Elsevier，573-583.

Peter A，Von Gunten U，2007. Oxidation kinetics of selected taste and odor compounds during ozonation of drinking water. Environmental Science & Technology，41：626-631.

Peterson S A，1977. Hydraulic Dredging as a Lake restoration technique：Past and future，proceeding，management of bottom sediments containing toxic substances. Tokyo：Proceeding of the second US Japan Experts Meeting.

Phillips E J P，Lovley D R，1987. Deter mination of Fe（Ⅲ）and Fe（Ⅱ）in oxalate extracts of sediment. Soil Science Society of America Journal，51（4）：938-941.

Piriou P，Devesa R，Lalande M D，et al.，2009. European reassessment of MIB and geos min perception in drinking water. Journal of Water Supply Research & Technology.

Plugge C M，Zhang W，Scholten J C，et al.，2011. Metabolic flexibility of sulfate-reducing bacteria. Front Microbiol，2：81.

Portman J E，Riley J P，1966. The deter mination of bismuth in sea and natural waters. Analytica Chimica Acta，34：201-210.

Postma D，1985. Concentration of Mn and separation from Fe in sediments -I. Kinetics and stoichiometry of the reaction between birnessite and dissolved Fe（Ⅱ）at 10℃. Geochimica et Cosmochimica Acta，49：1023-1033.

Pucciarelli S，Buonanno F. Pellegrini G，et al.，2008. Biomonitoring of Lake Garda：Identification of ciliate species and symbiotic algae responsible for the "black-spot" bloom during the summer of 2004. Environmental Research，107（2）：194-200.

Rabouille C，Conley，D J，Dai M H，et al.，2008. Comparison of hypoxia among four river-do minated ocean margins：The Changjiang（Yangtze），Mississippi，Pearl，and Rhone rivers. Continental Shelf Research，28（12）：1527-1537.

Rai H，Hill G，1981. Physical and Chemical Studies of Lago Tupe—A Central Amazonian Black Water Ria Lake. Internationale Revue Der Gesamten Hydrobiologie，66（1）：37-82.

Rappert S，Muller R，2005a. Odor compounds in waste gas emissions from agricultural operations and food industries. Waste Management，25（9）：887-907.

Rappert S，Muller R，2005b. Microbial degradation of selected odorous substances. Waste Management，25（9）：940-954.

Rauret G，Lopez-Sanchez J F，Sahuquillo A，et al.，2000. Application of a modified BCR sequential extraction （three-step）procedure for the determination of extractable trace metal contents in a sewage sludge amended soil reference material（CRM 483），complemented by a three-year stability study of acetic acid and EDTA extractable metal content. Journal of Environmental Monitoring，2（3）：228-233.

Ravindra K，Bencs L，Van Grieken R，2004. Platinum group elements in the environment and their health risk. Science of the Total Environment，318（1-3）：1-43.

Rees G N，Baldwin D S，Watson G O，et al.，2010. Sulfide formation in freshwater sediments，by sulfate-reducing microorganisms with diverse tolerance to salt. Science of the Total Environment，409（1）：134-139.

Ren M Y，Ding S M，Fu Z，et al.，2019a. Seasonal antimony pollution caused by high mobility of antimony in sediments：*In situ* evidence and mechanical interpretation. Journal of Hazardous Materials，367：427-436.

Ren M Y，Wang D，Ding S M，et al.，2019b. Seasonal mobility of antimony in sediment-water systems in algae- and macrophyte-do minated zones of Lake Taihu（China）. Chemosphere，223：108-116.

Rhoads D C，Morse J W，1971. Evolutionary and ecologic significance of oxygen-deficient marine basins. Lethaia，4：413-428.

Rickard D，Morse J W，2005. Acid volatile sulfide（AVS）. Marine Chemistry，97（3-4）：141-197.

Rixen T，Baum A，Pohlmann T，et al.，2008. The Siak，a tropical black water river in central Sumatra on the verge of anoxia. Biogeochemistry，90（2）：129-140.

Roden E E，Tuttle J H，1992. Sulfide release from estuarine sediments underlying anoxic bottom water. Limnology and Oceanography，37（4）：725-738.

Rognerud S，Fjeld E，2001. Trace element conta mination of Norwegian lake sediments. AMBIO，30（1）：11-19.

Ronald P K，Laura J L，2000. The fate of dissolved dimethylsulfoniopropionate（DMSP）in seawater：tracer studies using ^{35}S-DMSP. Geochimica et Cosmochimica Acta，64（16）：2797-2810.

Rosenfeld P E，Henry C L，Benett D，2001. Wastewater dewatering polymer affect on biosolids odour emissions and microbial activity. Water Environment Research，73（3）：363-367.

Rosiu C J，Giesy J P，Kreis Jr R G，1989. Toxicity of vertical sediments in the Trenton Channel，Detroit river，Michigan，to *Chironomus tentans*（Insecta：Chironomidae）. Journal of Great Lakes Research，15（4）：570-580.

Rusch A，Töpken H，Böttcher M E，et al.，1998. Recovery from black spots：Results of a loading experiment in the Wadden Sea. Journal of Sea Research，40：205-219.

Rutkin A，2014. Black bloom in the Atlantic skirts Brazil's coast. New Scientist，Regulars，2014-01-31.

Saheed I O，Da Oh W，Suah F B，2021. Chitosan modifications for adsorption of pollutants：A review. Journal of Hazardous Materials，408：124889.

Selman M，Greenhalgh S，Diaz R，et al.，2009. Eutrophication：An overview of status，trends，policies，and strategies. Water Quality：Eutrophication and Hypoxia，WRI Policy Note，（3）：1-16.

Shen Q，Fan C，Liu C，et al.，2018. The limiting factor to the outbreak of lake black bloom：Roles of ferrous iron and sulfide ions. CLEAN—Soil，Air，Water，46（9）：1800305.

Shen Q，Liu C，Zhou Q，et al.，2013. Effects of physical and chemical characteristics of surface sediments in the formation of shallow lake algae-induced black bloom. Journal of Environmental Sciences，25（12）：1-8.

Shen Q，Zhou Q，Shang J，et al.，2014. Beyond hypoxia：Occurrence and characteristics of black blooms due to the decomposition of the submerged plant *Potamogeton crispus* in a shallow lake. Journal of Environmental

Sciences，26：281-288.

Sheng Y Q，Qu Y X，Ding C F，et al.，2013. A combined application of different engineering and biological techniques to remediate a heavily polluted river. Ecological Engineering，57：1-7.

Simpson S L，Apte S C，Batley G E，2000a. Effect of short-term resuspension events on the oxidation of cadmium，lead，and zinc sulfide phase in anoxic estuarine sediments. Environmental Science & Technology，34：4533-4537.

Simpson S L，Rosner J，Ellis J，2000b. Competitive displacement reactions of cadmium，copper，and zinc added to a polluted，sulfidic estuarine sediment. Environmental Toxicology and Chemistry：An International Journal，19（8），1992-1999.

Smet E，Lens P，Van Langenhove H，1998. Treatment of waste gasses contaminated with odorous sulfur compounds. Critical Reviews in Environmental Science and Technology，28（1）：89-117.

Søndergaard M，Kristensen P，Jeppesen E，1992. Phosphorus release from resuspended sediment in the shallow and wind-exposed Lake Arres，Denmark. Hydrobiologia，228（1）：91-99.

Song C，Liu X L，Song Y H，et al.，2017. Key blackening and stinking pollutants in Dongsha River of Beijing：Spatial distribution and source identification. Journal of Environmental Management，200：335-346.

Song T，Zhu X F，Zhou S H，et al.，2015. DNA derived fluorescent bio-dots for sensitive detection of mercury and silver ions in aqueous solution. Applied Surface Sciences，505-513.

Stahl J B，1979. Black water and two peculiar types of stratification in an organically loaded strip- mine lake. Water Research，13（5）：467-471.

Stets E G，Hines M E，Kiene R P，2004. Thiol methylation potential in anoxic，low–pH wetland sediments and its relationship with dimethylsulfide production and organic carbon cycling. FEMS Microbiology Ecology，47（1）：1-11.

Stubberfield L C F，Shaw P J A，1990. A comparison of tetrazolium reduction and FDA hydrolysis with other measures of microbial activity. Journal of Microbiological Methods，12（3）：151-162.

Su Y，Liu H，Yang J，2012. Metals and metalloids in the water–bloom-forming cyanobacteria and ambient water from Nanquan Coast of Taihu Lake，China. Bulletin of Environmental Contamination and Toxicology，89：439-443.

Suffet I H，Khiari D，Bruchet A，1999. The drinking water taste and odor wheel for the millennium：Beyond geosmin and 2-methylisoborneol. Water Science and Technology，40（6）：1-13.

Sun J，Hu S，Sharma K R，et al. . 2015. Degradation of methanethiol in anaerobic sewers and its correlation with methanogenic activities. Water Research，69：80-89.

Sutherland R A，Pearson G D，Ottley C J，et al.，2015. Platinum-Group Elements in Urban Fluvial Bed Sediments—Hawaii. Berlin：Springer，163-186.

Suthers I M，Gee J H，1986. Role of hypoxia in limiting diel spring and summer distribution of juvenile yellow perch（*Perca flavescens*）in a prairie marsh. Canadian Journal of Fisheries and Aquatic Sciences，43（8）：1562-1570.

Tamaki H，Sekiguchi Y，Hanada S，et al.，2005. Comparative analysis of bacterial diversity in freshwater sediment of a shallow eutrophic lake by molecular and improved cultivation-based techniques. Applied and

Environmental Microbiology，71（4）：2162-2169.

Tessier A，Campbell P G C，Bisson M，1979. Sequential extraction procedure for the speciation of particulate trace metals. Analytical Chemistry，51（7）：844-851.

Thamdrup B，FinsterK H J W，1993. Bacterial disproportionation of elemental sulfur coupled to chemical reduction of iron and manganese. Applied and Environmental Microbiology，59：101-108.

Thamdrup B，Fossing H，Jorgensen B B，1994. Manganese，iron and sulfur cycling in a coastal marine sediment，Aarhus Bay，Denmark. Geochimica et Cosmochimica Acta，58（23）：5115-5129.

Timothy E，Mccarthy M，Sullivan X，1941. A new and highly specific colorimetric test for methionine. Journal of Biological Chemistry，141（3）：871-876.

Toshimitsu Y，Yoshimura K，Ohashi S，1979. Ion-exchanger colorimetry—IV Microdeter mination of bismuth in water. Talanta，26（4）：273-276.

Tsujimura S，2004. Application of the frequency of dividing cells technique to estimate the *in situ* growth rate of *Microcystis*（Cyanobacteria）. Freshwater Biology.，48（11）：2009-2024.

Turner R E，Rabalais N N，Swenson E M，et al.，2005. Summer hypoxia in the northern Gulf of Mexico and its prediction from 1978 to 1995. Marine Environmental Research，59（1）：65-77.

Van der Does J，Verstraelen P，Boers P，et al.，1992. Lake restoration with and without dredging of phosphorus-enriched upper sediment layers. Hydrobiologia，233（1-3）：197-210.

Vogt R，Mozhayeva D，Steinhoff B，et al.，2019. Spatiotemporal distribution of silver and silver-containing nanoparticles in a prealpine lake in relation to the discharge from a wastewater treatment plant. Science of the Total Environment，696：134.

Vöros L，Callieri C，Balogh K V，et al.，1998. Freshwter pico-cyanobacteria along a trophic gradient and light quanlity range. Hydrobiologia，369/370：117-125.

Vosjan J H，1974. Sulphate in water sediment of the Dutch Wadden Sea. Netherlands. Journal of Sea Research，8：208-213.

Wajon J E，Heitz A，1995. The reactions of some sulfur of some sulfur-compounds in water-supplies in Perth，Australia. Water Science and Technology，31（11）：87-92.

Wang C，Jiang H，2019. Real-time monitoring of sediment bulking through a multi-anode sediment microbial fuel cell as reliable biosensor. Science of the Total Environment，697：134009.

Wang G F，Li X N，Fang Y，et al，2014. Analysis on the formation condition of the algae-induced odorous black water agglomerate. Saudi Journal of Biological Sciences，21（6）：597-604.

Wang H，Lu J，Wang W，et al.，2006. Methane fluxes from the littoral zone of hypereutrophic Taihu Lake，China. Journal of Geophysical Research，111：D17109.

Wang J，Zhou Y T，Dong X H，et al.，2020. Temporal sedimentary record of thallium pollution in an urban lake：An emerging thallium pollution source from copper metallurgy. Chemosphere，242：125172.

Watson S B，2004. Aquatic taste and odor：A primary signal of drinking-water integrity. Journal of Toxicology and Environmental Health—Part a—Current Issues，67（20-22）：1779-1795.

Watson S B，Ridal J，2002. Periphyton：A primary source of widespread and severe taste and odour. Water Science and Technology，49：33-39.

Weiss J V，Emerson D，Backer S M，et al.，2003. Enumeration of Fe（II）-oxidizing and Fe（III）-reducing bacteria in the root zone of wetland plants：Implications for a rhizosphere iron cycle. Biogeochemistry，64：77-96.

Wheeler A C，1969. Pollution and fish life in the River Thames，England. Biological Conservation，1（3）：251-252.

Wijsman J W M，Herman P M J，Middelburg J J，et al.，2022. A model for early diagenetic processes in sediments of the continental shelf of the Black Sea estuarine. Coastal and Shelf Science，54（3）：403-421.

Wu Y-F，Zheng H，Wu Q L，et al.，2014. *Clostridium algifaecis* sp. nov，a novel anaerobic bacterial species from decomposing algal scum. International Journal of Systematic and Evolutionary Microbiology，64：3844-3848.

Xing P，Guo L，Tian W，et al.，2011. Novel *Clostridium populations* involved in the anaerobic degradation of *Microcystis* blooms. ISME Journal，5：792-800.

Xing P，Li H，Liu Q，et al.，2012. Composition of the archaeal community involved in methane production during the decomposition of *Microcystis* blooms in the laboratory. anadian Journal of Microbiology，58（10）：1153-1158.

Xue S M，Jiang S Q，Li R Z，et al.，2024. The decomposition of algae has a greater impact on heavy metal transformation in freshwater lake sediments than that of macrophytes. Science of the Total Environment，906：167752.

Yamanaka M，Nakano T，Tasec N，2007. Sulfate reduction and sulfide oxidation in anoxic confined aquifers in the northeastern Osaka Basin，Japan. Journal of Hydrology，335：55 -67.

Yan X C，Xu X G，Ji M，et al.，2019. Cyanobacteria blooms：a neglected facilitator of CH_4 production in eutrophic lakes. Science of the Total Environment，651：466-474.

Yan Z，Zheng X，Fan J，et al.，2020. China national water quality criteria for the protection of freshwater life：Ammonia. Chemosphere，251：126379.

Yang J W，Holbach A，Wilhelms A，et al.，2020. Identifying spatio-temporal dynamics of trace metals in shallow eutrophic lakes on the basis of a case study in Lake Taihu，China. Environmental Pollution，264：114802.

Yang M，Yu J W，Li Z L，et al.，2008. Taihu Lake not to blame for Wuxi's woes. Science，319：158.

Yao Y，Hu X，Zhang Y，et al.，2022. Visible light promoted the removal of tetrabromobisphenol A from water by humic acid-FeS colloid. Chemosphere，289：133192.

Yao Y，Li D，Chen Y，et al.，2021. High-resolution distribution of internal phosphorus release by the influence of harmful algal blooms（HABs）in Lake Taihu. Environmental Research，201：111525.

Yi Z G，Wang X M，Sheng G Y，et al.，2008. Exchange of carbonyl sulfide（OCS）and dimethyl sulfide（DMS）between rice paddy fields and the atmosphere in subtropical China. Agriculture Ecosystems & Environment，123（1-3）：116-124.

Yin H，Fan C，2011. Dynamics of reactive sulfide and its control on metal bioavailability and toxicity in metal-polluted sediments from Lake Taihu，China. Archives of Environmental Contamination and Toxicology，60：565-575.

Yin H，Fan C，Ding S，2008. Geochemistry of iron，sulfur and related heavy metals in metal-polluted Taihu Lake sediments. Pedosphere，18（5）：564-573.

Yin H，Wang J，Zhang R，et al.，2019. Performance of physical and chemical methods in the co-reduction of internal phosphorus and nitrogen loading from the sediment of a black odorous river. Science of the Total Environment，663：68-77.

Yin H，Wu Y，2016. Factors affecting the production of volatile organic sulfur compounds（VOSCs）from algal-induced black water blooms in eutrophic freshwater lakes. Water，Air，& Soil Pollution，227（9）：1-11.

You B S，Zhong J C，Fan C X，et al.，2007. Effects of hydrodynamics processes on phosphorus fluxes from sediment in large，shallow Taihu Lake. Journal of Environmental Sciences，19（9）：1055-1060.

Young W，Horth H，Crane R，et al.，1996. Taste and odour threshold concentrations of potential potable water contaminants. Water Research，30：331-340.

Yu C，Shi C，Ji M，et al.，2019. Taste and odor compounds associated with aquatic plants in Taihu Lake：distribution and producing potential. Environmental Science and Pollution Research，26：34510-34520.

Yu D，Xie P，Zeng C，et al.，2016. *In situ* enclosure experiments on the occurrence，development and decline of black bloom and the dynamics of its associated taste and odor compounds. Ecological Engineering，87：246-253.

Yu G W，Lei H Y，Liu K S，et al.，2007. *In-situ* sediment remediation technology for control of black and odorous water in Tidal River. China Water & Wastewater，23：5-9，14.

Yu H，Ye C，Song X，et al.，2010. Comparative analysis of growth and physio-biochemical responses of *Hydrilla verticillata* to different sediments in freshwater microcosms. Ecological Engineering，36（10）：1285-1289.

Yu R Q，Flanders J R，Mack E E，et al.，2012. Contribution of coexisting sulfate and iron reducing bacteria to methylmercury production in freshwater river sediments. Environmental Science & Technology，46（5）：2684.

Yvon M，Thirouin S，Rijnen L，et al. 1997. An aminotransferase from *Lactococcus lactis* initiates conversion of amino acids to cheese flavour compounds. Applied and Environmental Microbiology 63（2）：414-419.

Zeng J，Yang L，Chen X，et al.，2012. Spatial distribution and seasonal variation of heavy metals in water and sediments of Taihu Lake. Polish Journal of Environmental Studies，21（5）：1489-1496.

Zhang D，Yang H，Lan S，et al.，2022. Evolution of urban black and odorous water：The characteristics of microbial community and driving-factors. Journal of Environmental Sciences，112：94-105.

Zhang L，Liu C，He K，et al.，2020. Dramatic temporal variations in methane levels in black bloom prone areas of a shallow eutrophic lake. Science of the Total Environment，767：144868.

Zhang S，Peiffer S，Liao X，et al.，2021a. Sulfidation of ferric（hydr）oxides and its implication on contaminants transformation：A review. Science of the Total Environment，151574.

Zhang W，Li Q，Wang X，et al.，2009. Reducing organic substances from anaerobic decomposition of hydrophytes. Biogechemistry，94：1-11.

Zhang X J，Chen C，Ding J Q，et al.，2010. The 2007 water crisis in Wuxi，China：Analysis of the origin. Journal of Hazardous Materials，182（1-3）：130-135.

Zhang Y，Shi K，Liu J，et al.，2016. Meteorological and hydrological conditions driving the formation and disappearance of black blooms，an ecological disaster phenomena of eutrophication and algal blooms. Science of the Total Environment，569-570：1517-1529.

Zhang Y，Zhao M，Cheng Q，et al.，2021. Research progress of adsorption and removal of heavy metals by chitosan and its derivatives：A review. Chemosphere，279：130927.

Zhong J，Chen C，Yu J，et al.，2022b. Effect of dredging and capping with clean soil on the mitigation of algae-induced black blooms in Lake Taihu，China：A simulation study. Journal of Environmental Management，302（Part B）：114106.

Zhong J，You B，Fan C，et al.，2008. Influence of sediment dredging on chemical forms and release of phosphorus. Pedosphere，18（1）：34-44.

Zhou B T，Shang M S，Wang G Y，et al.，2018. Distinguishing two phenotypes of blooms using the normalised difference peak-valley index（NDPI）and Cyano-Chlorophyta index（CCI）. Science of the Total Environment，628-629：848-857.

Zhou C，Miao T，Jiang L，et al.，2020. Conditions that promote the formation of black bloom in aquatic microcosms and its effects on sediment bacteria related to iron and sulfur cycling. Science of the Total Environment，751：141869.

Zhou Q L，Liu C，Fan C X，2016. Application of plow-tillage as an innovative technique for eli minating overwintering cyanobacteria in eutrophic lake sediments. Environmental Pollution，219：425-431.

Zhou Y L，Jiang H L，Cai H Y，2015. To prevent the occurrence of black water agglomerate through delaying decomposition of cyanobacterial bloom biomass by sediment microbial fuel cell. Journal of Hazardous Materials，287：7-15.

Zhou Y Q，Jeppesen E，Zhang Y L，et al.，2015b. Chromophoric dissolved organic matter of black waters in a highly eutrophic Chinese lake：Freshly produced from algal scums? Journal of Hazardous Materials，299：222-230.

Zhu G，Wang F，Zhang Y，et al.，2008. Hypoxia and environmental influences in large，shallow and eutrophication Lake Taihu，China. Verh. Internat. Verein. Limnol.，30（3）：361-365.

彩 图

(a)宜兴沙塘港口(2008年5月26日)

(b)宜兴大浦港口(2008年5月26日)

(c)宜兴邾渎港东(2010年7月23日)

(d)贡湖水韵广场(2020年6月7日)

(e)竺山湖小泾港口(2020年6月7日)

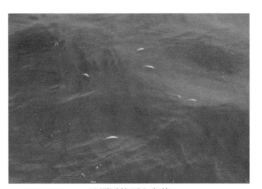

(f)漂浮的死亡鱼体

图 1-1 太湖西岸和贡湖西岸湖泛发生水域现场

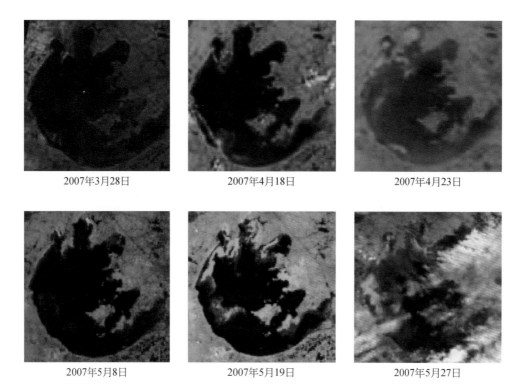

2007年3月28日   2007年4月18日   2007年4月23日

2007年5月8日   2007年5月19日   2007年5月27日

图 1-3　2007 年 3～5 月底间卫星资料解译的藻类分布图

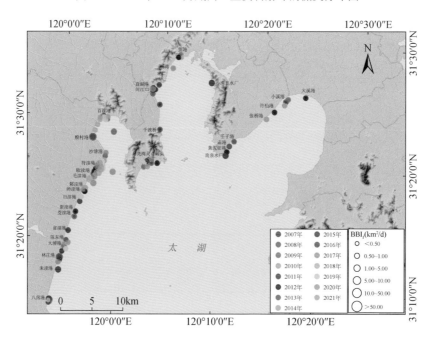

图 1-12　2007～2021 年太湖湖泛发生位置分布

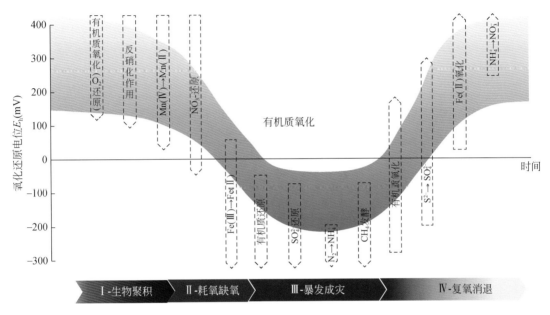

图 9-10 湖泛生消四阶段与系统氧化还原反应关系示意图

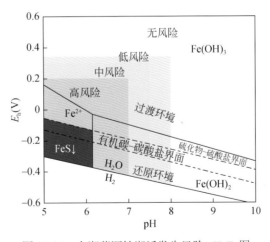

图 12-14 太湖藻源性湖泛发生风险 pH-E_h 图

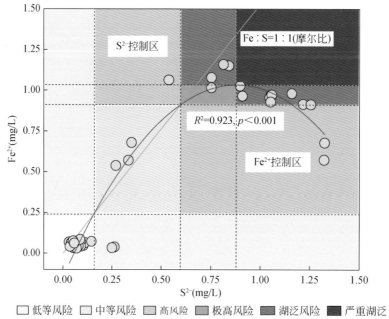

图 12-16　湖泛发生前后水体游离 Fe^{2+} 和 $\sum S^{2-}$ 含量变化过程